Bohl · Döbereiner · Keyserlingk

Die Haftung des Ingenieurs im Bauwesen

Die Haftung des Ingenieurs im Bauwesen

von
Thomas Bohl, Walter Döbereiner,
Archibald Graf Keyserlingk
Rechtsanwälte in München

Friedr. Vieweg & Sohn   Braunschweig/Wiesbaden

CIP-Kurztitelaufnahme der Deutschen Bibliothek

Bohl, Thomas:
Die Haftung des Ingenieurs im Bauwesen / von Thomas Bohl;
Walter Döbereiner; Archibald Graf Keyserlingk. – Braunschweig,
Wiesbaden: Vieweg, 1980.

NE: Döbereiner, Walter; Keyserlingk, Archibald Graf:

Alle Rechte vorbehalten
© Friedr. Vieweg & Sohn Verlagsgesellschaft mbH, Braunschweig 1980

Die Vervielfältigung und Übertragung einzelner Textabschnitte, Zeichnungen oder Bilder, auch für Zwecke der Unterrichtsgestaltung, gestattet das Urheberrecht nur, wenn sie mit dem Verlag vorher vereinbart wurden. Im Einzelfall muß über die Zahlung einer Gebühr für die Nutzung fremden geistigen Eigentums entschieden werden. Das gilt für die Vervielfältigung durch alle Verfahren einschließlich Speicherung und jede Übertragung auf Papier, Transparente, Filme, Bänder, Platten und andere Medien.

Satz: Vieweg, Braunschweig

ISBN 978-3-528-08893-4   ISBN 978-3-322-89737-4 (eBook)
DOI 10.1007/978-3-322-89737-4

Inhalt

Vorwort			XIX
Abkürzungsverzeichnis			XXI
A	**Vertragsrecht**		1[1)]
I	Rechtsnatur des Ingenieurvertrages: verschiedene Vertragstypen		1
1	Werkvertragsrecht des BGB	1[2)]	1
2	Dienstvertragsrecht des BGB	2	2
3	Unterschiedliche Regelungen bei verschiedener Vertragsgrundlage	3	3
4	Besonderheiten der VOB/B	4	4
II	Das Zustandekommen des Ingenieurvertrages		6
1	Form	5	6
2	Vertragsabschluß durch schlüssiges Verhalten	6	6
3	Auftrag über Teilleistungen	7	7
4	Bestätigungsschreiben	8	8
5	Auftragsbestätigung	9	9
6	Vertragsparteien	10	9
7	Allgemeine Geschäftsbedingungen und Formularverträge	11	11
8	Ingenieurvertrag und AGB-Gesetz	12	11
9	Gerichtsstand		15
	9a Gesetzlicher Gerichtsstand	13	15
	9b Gerichtsstand durch Individualvereinbarung	14	19
	9c Gerichtsstand durch Allgemeine Geschäftsbedingungen und Formularverträge	15	20
10	Die bei Vertragsabschluß vom Ingenieur zu beachtenden Risiken	16	21
III	Grundzüge des Vergütungsrechts	17	22

[1)] Seitenziffer [2)] Randziffer

IV	**Die Bauwerksicherungshypothek**			24
1	Allgemeines		18	24
2	Der Ingenieur als Unternehmer i.S. des § 648 BGB		19	25
3	Unmittelbares Vertragsverhältnis zum Bauherrn		20	26
4	Identität zwischen Auftraggeber und Grundstückseigentümer		21	27
5	Wertsteigerung des Grundstücks		22	29
6	Sicherungshypothek und Wohnungseigentum		23	30
7	Mangelhafte Leistung und Sicherungshypothek		24	31
8	Umfang des Anspruchs gemäß § 648 BGB		25	32
9	Abtretung, Pfändung		26	34
10	Ausschluß der Rechte aus § 648 BGB			35
	10a	Durch Individualvertrag	27	35
	10b	Durch Allgemeine Geschäftsbedingungen	28	36
11	Eintragung der Sicherungshypothek — Vormerkung — Einstweilige Verfügung — Aufhebung		29	36

B	**Die Haftung des Ingenieurs**			38
I	**Haftung aus Verschulden bei Vertragsschluß**		30	38
II	**Verzögerung der vertraglich geschuldeten Leistung**			40
1	Allgemeines		31	40
2	Abgrenzung des § 636 BGB zu den allgemeinen Vorschriften des BGB		32	41
3	Regelungsinhalt des § 636 BGB		33	41
4	Haftung gemäß § 636 BGB bei Verschulden		34	42
5	Fristsetzung als Voraussetzung für die Ansprüche aus § 636 BGB		35	44
6	Ausschluß des Rücktrittsrechts aus § 636 BGB		36	45
7	Wirkungen des Rücktrittsverlangens		37	46
8	Prozessuales		38	47
III	**Mängelhaftung aus Werkvertrag**			48
1	Rechtsnatur des Vertrages mit dem planenden Sonderfachmann		39	48
2	Fehlerbegriff		40	49
	2a	Wertbeeinträchtigung	41	51
	2b	Beeinträchtigung der Gebrauchsfähigkeit	42	51
		(1) Vertraglich vorausgesetzter Gebrauch — ausdrückliche Vereinbarung	43	53

		(2) Vertraglich vorausgesetzter Gebrauch – stillschweigende Einigung	44	55
		(3) Vertraglich vorausgesetzter Gebrauch – besondere Umstände	45	55
		(4) Vertraglich vorausgesetzter Gebrauch – besondere Anforderungen durch Eigenart der Konstruktion	46	57
	2c	Zugesicherte Eigenschaft	47	58
	2d	Persönliche Leistungsverpflichtung, § 664 BGB	48	60
	2e	Gewöhnlicher Gebrauch		61
		(1) Wirtschaftlichkeit	49	61
		(2) Genehmigungsfähigkeit	50	64
		(3) Fehler und behördliche Genehmigung	51	69
3		Abgrenzung der Erfüllungs- und Gewährleistungsansprüche des § 633 Abs. 1 BGB	52	71
IV		Regeln der Technik		72
1		Begriff	53	72
2		Geltungsbereich	54	73
3		Allgemeine Anerkennung technischer Regeln	55	74
4		Anerkennung durch Fachleute	56	76
5		Form der Anerkennung	57	77
6		Rechtliche Bedeutung der „anerkannten Regeln der Technik"	58	78
7		Verweisungen auf allgemein anerkannte Regeln der Technik	59	78
8		DIN-Normen als allgemein anerkannte Regeln der Technik	60	80
9		DIN-Normen, technischer Fortschritt und „anerkannte Regeln der Technik"	61	81
10		DIN-Entwürfe	62	83
11		Prüfungspflicht bei Versagen der Regelwerke	63	84
12		Bauaufsichtliche Einführung technischer Normen	64	86
13		Unterschiedliche bauaufsichtliche und zivilrechtliche Anforderungen	65	89
14		Beweisvermutung für technische Normen als anerkannte Regeln der Technik	66	90
15		DIN-Entwurf und Beweisvermutung	67	93
16		Beweisvermutung bei bauaufsichtlich eingeführten Normen	68	93
17		Regeln der Technik und werkvertragliche Leistungspflicht	69	95
18		Exkurs VOB/B und VOB/C	70	96
19		Technische Normen als AGB	71	100
20		Richterliche Überprüfung technischer Vorschriften	72	103

V	**Fehlerfreiheit — maßgeblicher Zeitpunkt**	73	106
1	Änderung technischer Vorschriften zwischen fertiggestellter Planung und Bauausführung	74	110
2	Beweislastverteilung	75	111
VI	**Mängelansprüche vor Abnahme**		113
1	Abnahme		113
	1a Begriff der Abnahme	76	113
	1b Voraussetzungen der Abnahme	77	113
	1c Abnahmezeitpunkt	78	114
	1d Teilabnahme	79	117
	1e Durchführung der Abnahme	80	119
	1f Billigung der Leistung durch den Auftraggeber	81	121
	1g Folgen der unberechtigt verweigerten Abnahme	82	122
	1h Wirkungen der Abnahme	83	123
	1i Anfechtung der Abnahmeerklärung	84	124
2	Erfüllungsanspruch vor Abnahme	85	125
VII	**Mängelansprüche nach Abnahme**		129
1	Erfüllungsanspruch nach Abnahme		129
	1a Nachbesserungsanspruch	86	129
	1b Voraussetzung des Nachbesserungsanspruches	87	131
	1c Nachbesserungsrecht	88	132
	1d Wirkungen des Nachbesserungsverlangens	89	133
	1e Verweigerung der Nachbesserung	90	135
	1f Mitverschulden des Auftraggebers	91	136
	1g Leistungsverweigerungsrecht — Vergütung	92	139
	(1) Umfang des Leistungsverweigerungsrechtes	93	140
	(2) Erlöschen des Leistungsverweigerungsrechtes	94	142
	(3) Ausschluß des Leistungsverweigerungsrechtes	95	143
	(4) Prozessuales	96	144
	1h Verzögerte oder fehlgeschlagene Nachbesserung	97	144
2	Gewährleistungsansprüche	98	145
	2a Wandelung	99	145
	(1) Voraussetzungen der Wandelung	100	146
	(2) Durchführung der Wandelung	101	148
	(3) Prozessuales	102	149
	2b Minderung	103	150
	(1) Berechnung der Minderung	104	150
	(2) Durchführung der Minderung	105	153
	2c Schadensersatz wegen Nichterfüllung, § 635 BGB		154
	(1) Schadensersatz in Geld	106	154
	(2) Ausnahmen vom Geldersatzanspruch	107	155

		(3) Voraussetzungen des § 635 BGB		156
		(3.1) Fristsetzung	108	156
		(3.2) Abnahme	109	157
		(3.3) Kausalität	110	159
		(3.4) Verschulden	111	161
		(4) Schadensersatz — Umfang	112	163
		(5) Einzelfälle	113	167
		(6) Ersatzberechtigte	114	170
		(7) Mitverschulden des Auftraggebers	115	172
		(8) Geltendmachung des Schadensersatzanspruches gem. § 635 BGB	116	172
		(9) Prozessuales	117	173
	2d	Verjährung der Ansprüche auf Nachbesserung, Wandelung, Minderung und Schadensersatz gemäß § 635 BGB		173
		(1) Verjährung der Ansprüche vor Abnahme bzw. Beendigung der Ingenieursleistung	118	173
		(2) Verjährung der Ansprüche nach Abnahme bzw. nach Fertigstellung	119	174
		(3) Beginn der Verjährungsfristen	120	175
		(4) Hemmung des Verjährungsablaufes	121	177
		(5) Unterbrechung des Verjährungsablaufes	122	177
		(6) Verjährung bei arglistigem Verschweigen	123	179
		(7) Vertragliche Verkürzung von Verjährungsfristen	124	180
VIII	Positive Vertragsverletzung (P.V.V.)			181
1	Anwendungsbereich		125	181
2	Mängelfolgeschäden		126	181
3	Verletzung vertraglicher Nebenpflichten		127	184
4	Umfang der Ansprüche aus p.V.V.		128	186
5	Verschulden des Auftragnehmers		129	187
6	Mitverschulden des Auftraggebers		130	188
7	Verjährung		131	188
8	Prozessuales		132	189
IX	Garantiehaftung			189
1	Garantie für einen bestimmten Erfolg		133	189
2	Garantie im Kostenbereich		134	192
3	Termingarantie		135	196
4	Verjährung von Ansprüchen aus Garantiezusagen		136	197

X	**Vertragsstrafe**		198
1	Begriff	137	198
2	Anwendungsbereich — Umfang von Vertragsstrafenversprechen	138	200
3	Voraussetzungen für die Durchsetzung der Vertragsstrafe	139	201
4	Vertragsstrafe für nicht erbrachte Leistung	140	202
5	Vertragsstrafe für nicht gehörige, insbesondere verspätete Erfüllung	141	203
6	Vorbehalt der Vertragsstrafe	142	206
7	Vorbehaltserklärung — Form — Adressat	143	207
8	Höhe der Vertragsstrafe	144	208
9	Vertragsstrafe und AGB	145	210
10	Verjährung	146	213
11	Prozessuales — Beweislast	147	213
XI	**Ansprüche aus unerlaubter Handlung**		214
1	Anwendungsbereich		214
	1a Mangelhafte Vertragserfüllung	148	214
	1b Verletzung von Verkehrssicherungspflichten	149	218
	1c Die Verkehrssicherungspflicht des Ingenieurs als verantwortlicher Bauleiter	150	220
	1d Eigentumsverletzung durch Überbau	151	220
	1e Verletzung von Schutzgesetzen	152	221
	1f Voraussetzungen des Anspruchs aus § 823 Abs. 1 und Abs. 2 BGB	153	224
2	Verjährung	154	225
3	Prozessuales	155	226
XII	**Verhältnis der Ansprüche aus Unmöglichkeit, Verzug, positiver Vertragsverletzung, Gewährleistung und unerlaubter Handlung**		227
1	Vorbemerkung	156	227
2	Ansprüche aus unerlaubter Handlung — Konkurrenz zu vertraglichen Ansprüchen	157	227
3	Ansprüche aus Gewährleistung und Unmöglichkeit	158	227
4	Ansprüche aus Gewährleistung und Verzug	159	228
5	Ansprüche aus Gewährleistung und positiver Vertragsverletzung	160	228
6	Ansprüche aus Gewährleistung und aus Verschulden bei Vertragsschluß	161	228
7	Gewährleistungsansprüche und Anfechtung	162	229

Inhalt XI

XIII	Gesamtschuldnerische Haftung des Ingenieurs mit Dritten gegenüber dem Auftraggeber		229
1	Gesamtschuldnerische Haftung von Ingenieur und Architekt	163	229
2	Gesamtschuldnerische Haftung von Ingenieur und ausführendem Unternehmer	164	233
3	Inhalt der gesamtschuldnerischen Verpflichtung	165	233
4	Gleichrangigkeit der Ansprüche des Auftraggebers gegen den Ingenieur und den Unternehmer	166	234
5	Gesamtschuldnerische Haftung bei unterschiedlichen Anspruchsgrundlagen	167	234
6	Gesamtschuldnerische Haftung wegen Planungsfehler des Architekten bei Mitverschulden des Ingenieurs	168	235
7	Planungsfehler des Ingenieurs	169	236
8	Gesamtschuldnerische Haftung bei Planungsfehlern des Ingenieurs und Mitverantwortung des Unternehmers	170	237
9	Gesamtschuldnerische Haftung von Ingenieur und Unternehmer bei Ausführungsfehlern	171	239
10	Anteilige Gesamtschuldhaftung bei Planungsfehlern	172	240
11	Gesamtschuldnerische Haftung bei Ausführungsfehlern und mangelhafter Überwachung durch den Ingenieur	173	241
12	Gesamtschuldhaftung außerhalb der Gewährleistung und gegenüber Dritten	174	242
XIV	Haftungsausgleich zwischen Ingenieur und Unternehmer im Innenverhältnis		242
1	Planungsfehler des Ingenieurs	175	242
2	Ausführungsfehler des Unternehmers	176	243
3	Besonderheiten der Durchführung des Haftungsausgleichs	177	243
XV	Beendigung des Ingenieurvertrages		246
1	Vorbemerkung...............................	178	246
2	Ordentliche Kündigung des Auftraggebers	179	246
3	Kündigung seitens des Auftraggebers aus wichtigem Grunde . .	180	247
4	Kündigung durch den Ingenieur	181	248
5	Formalien der Kündigung aus wichtigem Grunde	182	249
6	Einvernehmliche Vertragsaufhebung.................	183	250
XVI	Haftungsbeschränkung des Ingenieurs durch Allgemeine Geschäftsbedingungen		250
1	Verkürzung von gesetzlichen Gewährleistungsfristen	184	250
	1a Zeitliche Verkürzung von gesetzlichen Gewährleistungsfristen......................	185	251

	1b	Verkürzung der gesetzlichen Gewährleistungsfristen durch fixierte Vorverlegung des Abnahmezeitpunkts ...	186	252
2		Haftungsbegrenzung auf die Versicherungs-Deckungssumme ..	187	254
3		Haftungsausschluß bei grobem Verschulden	188	254
4		Haftungsausschluß und Haftungsbegrenzung bei positiver Vertragsverletzung	189	255
	4a	„Unmittelbarkeitsklausel"	190	255
	4b	Zeitliche Beschränkungsklauseln	191	257
	4c	Die Verschuldens-Nachweis-Klausel	192	258
	4d	Die „Subsidiaritätsklausel"	193	258
5		Haftungsbeschränkung, Gesamtschuld und Ausgleichspflicht ..	194	259

C Die Haftung des Ingenieurs für private Gutachten, Ratschläge und Empfehlungen 260

I	Rechtsnatur des Gutachtensvertrages	195	260
II	Anzeigepflicht bei Ablehnung eines Gutachtens	196	260
III	Anforderungen an ein „ordentliches" Gutachten		261
1	Begründung, Verständlichkeit und Nachvollziehbarkeit des Gutachtens......................	197	261
2	Unparteilichkeit, Objektivität	198	262
3	Gewissenhaftigkeit, Sorgfalt	199	262
	3a Überprüfung des Gutachtensthemas in bezug auf den eigenen Wissensstand......................	200	263
	3b Beratung des Auftraggebers zum Thema des Gutachtens .	201	263
	3c Berücksichtigung des Standes von Wissenschaft und Technik	202	264
IV	Pflicht zur persönlichen Gutachtenserstattung; Hilfskräfte ...	203	265
V	Die Schweigepflicht	204	266
VI	Nachvertragliche Aufklärungs- oder Berichtigungspflicht	205	267
VII	Gewährleistung, Schadensersatz.....................		268
1	Vorbemerkung	206	268
2	Der geschuldete Erfolg beim Gutachtensauftrag	207–209	268

3	Abnahme, Abnahmezeitpunkt und Abnahmefolgen	210	270
4	Gewährleistung und Schadensersatz beim feststellenden Gutachten	211	270
5	Gewährleistung und Schadensersatz beim Projektierungsgutachten	212	271

VIII		Haftung für falschen Rat, falsche Auskünfte und Empfehlungen gegenüber dem Auftraggeber		273
	1	Der stillschweigende Beratungsvertrag	213	273
	2	Beratung als Nebenpflicht und bei vorvertraglichen Beziehungen	214	274
	3	Nachvertragliche Beratungspflicht	215	276
	4	Schadensersatzpflicht und Verjährung bei Verletzung vertraglicher oder vorvertraglicher Beratungs- oder Aufklärungspflicht	216	277

IX		Haftung für Auskünfte, Empfehlungen und Gutachten gegenüber Dritten		278
	1	Vertragliche Haftung gegenüber Dritten	217	278
	2	Vertragsähnliche Haftung gegenüber dem, „den es angeht"	218	279

D Regeln der Technik und Haftung der Bauplanungs- und Ausführungsbeteiligten am Beispiel des Schallschutzes im Hochbau 280

I		Vorbemerkung: zum Ziel dieses Abschnittes	219	280
II		Die DIN 4109 (1962) und ihr Verhältnis zu den allgemein anerkannten Regeln der Technik	220	281
III		Der Entwurf 1979 der DIN 4109		284
	1	Schutzzweck des Normentwurfes	221	284
		1a Gesundheit und Wohlbefinden	222	285
		1b Schutz vor „erheblichen Belästigungen"	223	285
	2	Neue oder verschärfte Anforderungen des Entwurfes (1979) gegenüber der DIN 4109 (1962)		288
		2a Luft- und Trittschalldämmung von Bauteilen zum Schutz gegen Schallübertragung aus dem fremden Wohn- und Arbeitsbereich	224	288

	2b	Luft- und Trittschalldämmung von Bauteilen zum Schutz gegen Schallübertragungen aus dem eigenen Wohn- und Arbeitsbereich	225	292
	2c	Vorschläge für einen erhöhten Schallschutz	226	294
	2d	Trittschallschutz bei Treppen und Treppenpodesten	227	295
	2e	Luftschallschutz bei Wohnungseingangstüren	228	296
	2f	Nichtberücksichtigung weichfedernder Bodenbeläge beim Trittschallschutz für Wohnungen	229	297
	2g	Schallschutz und haustechnische Anlagen	230	298
	2h	Schallschutz gegen Außenlärm	231	306
IV		Gewerkübergreifende Probleme — Lüftung und Schallschutz — am Beispiel der Fenster und ihre Auswirkungen auf die verschiedenen Bau- und Planungsbeteiligten	232	310
V		Bauaufsichtliche Einführung der künftigen DIN 4109 und ihr Verhältnis zur zivilrechtlich geschuldeten Leistung	233	312
VI		Maßgeblicher Zeitpunkt für die Fehlerfreiheit einer Ingenieurleistung bezüglich des Schallschutzes	234	314

E		Das Beweissicherungsverfahren		315
I		**Bedeutung**	235	315
II		**Zulässigkeit**		317
1		Allgemeine Zulässigkeitsvoraussetzungen	236	317
2		Besondere Zulässigkeitsvoraussetzungen	237	317
	2a	Zustimmung des Gegners	238	317
	2b	Veränderung der baulichen Anlage	239	318
	2c	Feststellung des gegenwärtigen Zustandes	240	320
3		Zulässiges Feststellungsbegehren	241	323
4		Rechte und Pflichten des Antragsgegners	242	327
5		Prozessuales	243	329
	5a	Erfordernisse eines Beweissicherungsantrages	244	330
	5b	Glaubhaftmachung	245	331
	5c	Auswahlrecht bezüglich des Sachverständigen	246	332
	5d	Ablehnung des Sachverständigen im Beweissicherungsverfahren	247	333
	5e	Die Streitverkündung im Beweissicherungsverfahren	248	334

	5f	Durchführung des Beweissicherungsverfahrens	249	335
	5g	Kosten	250	336
	5h	Rechtliche Wirkungen des Beweissicherungsverfahrens	251	337

F Die Streitverkündung 339

I	Bedeutung	252	339
II	Voraussetzungen	253	340
III	Wirkung der Streitverkündung	254	342
IV	Kosten der Streitverkündung	255	343

G Die Haftung des Ingenieurs als gerichtlicher Sachverständiger 344

I	Pflicht zur Gutachtenserstattung		256	344
II	Pflicht zur Ablehnung der Gutachtenserstattung			344
	1	Gutachtensablehnung bei Gefahr eines Verstoßes gegen die berufliche Verschwiegenheitspflicht	257	344
	2	Hinweispflicht bei Vorliegen eines Grundes für eine Befangenheitsablehnung	258	345
III	Rechtsverhältnis zwischen dem Sachverständigen, dem Gericht und den Parteien		259	346
IV	Keine vertragliche Haftung des gerichtlichen Sachverständigen gegenüber den Parteien		260	347
V	Ausnahmsweise vorliegend vertragliche Haftung des gerichtlichen Sachverständigen bei Empfehlungen außerhalb der gerichtlichen Tätigkeit		261	347
VI	Haftung des gerichtlichen Sachverständigen aus unerlaubter Handlung bei der Vorbereitung des gerichtlichen Gutachtens		262	348

VII		Haftung des gerichtlichen Sachverständigen aus unerlaubter Handlung bei Schadenszufügung durch ein falsches Gutachten .		349
1		Haftung aus unerlaubter Handlung nach § 823 Abs. 1 BGB . . .	263	349
	1a	Haftung bei Vorsatz	264	350
	1b	Haftung bei Verletzung eines absoluten Rechtes durch grobe Fahrlässigkeit	265	350
	1c	Haftung bei Verursachung eines Vermögensschadens . . .	265a	352
	1d	Haftung bei Verletzung eines absoluten Rechtes durch leichte Fahrlässigkeit	266	353
2		Haftung aus unerlaubter Handlung nach § 823 Abs. 2 BGB — Verstoß gegen ein Schutzgesetz	267	353
	2a	Vorsätzlicher Falscheid nach § 54 StGB	268	354
	2b	Fahrlässiger Falscheid nach § 163 StGB	269	354
	2c	Berufung auf den allgemeinen Sachverständigen-Eid . . .	270	355
	2d	Verletzung der Schweigepflicht § 203 Abs. 2 Nr. 5 StGB	271	356
3		Haftung aus § 826 BGB — „Sittenwidrige vorsätzliche Schädigung	272	356
VIII		Künftige gesetzliche Neuregelung der Haftung gerichtlicher Sachverständiger	273	357

H		Versicherungen für Ingenieure		359
I		Die Berufshaftpflichtversicherung		359
1		Gesetzliche Grundlage — VVG, AHB, BHB		360
	1a	Der Versicherungsvertrag		360
	1b	Die neuen Besonderen Bedingungen — BHB	279	360
	1c	Prüfung des Versicherungsfalles		361
2		Gegenstand der Versicherung		361
	2a	Versicherungsschutz nur für die Berufstätigkeit		361
	2b	Berufsfremde Risiken	282	362
	2c	Gutachterliche Tätigkeiten		363
	2d	Personen-, Sach- und Vermögensschaden		364
	2e	Beschränkung auf die Deckungssumme		365
3		Beginn und Umfang des Versicherungsschutzes		366
	3a	Dauer des Versicherungsschutzes		366
	3b	Voraussetzung des Versicherungsschutzes	294	366
	3c	Rückwärtsversicherung für 1 Jahr	396	367
	3d	Haftung für Schadensersatz wegen Nichterfüllung	397	367
	3e	Erweiterung des Versicherungsschutzes		369

4	Arbeitsgemeinschaften und Planungsringe		369
5	Ausschlüsse vom Versicherungsschutz		371
6	Objektversicherungen		372
7	Prämiengestaltung		373

II Die Bauwesenversicherung 373

1	Gegenstand der Versicherung		373
	1a Sachversicherung des Bauherrnrisikos		373
	1b Weitere Bausachversicherungen		374
2	Abgrenzung zur Haftpflichtversicherung		375
	2a Gegensatz Sachversicherung — Haftpflichtversicherung	316	375
	2b Zusammentreffen von Sach- und Haftpflichtversicherung	318	375
	2c Bauwesenversicherung für den Ingenieur		376
3	Rechtsgrundlagen der Bauwesenversicherung		376
	3a Der Versicherungsvertrag		376
	3b Die Prämiengestaltung	322	376
	3c Prüfung des Versicherungsfalls	323	377
4	Versicherte Sachen und Leistungen		377
5	Versicherte Gefahren		378
6	Umfang der Entschädigung		379
7	Pflichten des Versicherungsnehmers		380

III Die Rechtsschutzversicherung 380

1	Gegenstand der Versicherung	380
	1a Rechtsschutz in der Haftpflichtversicherung	380
	1b Umfang der Rechtsschutzversicherung	381
	1c Der Versicherungsvertrag	381
2	Umfang des Versicherungsschutzes	381
	2a Der Personenkreis	381
	2b Versicherte Risiken	382
	2c Geltung des Versicherungsschutzes	383

IV Versicherungsschutz bei der Berufsgenossenschaft 383

1	Gegenstand der Versicherung		383
	1a Der Personenkreis	351	383
	1b Zugehörigkeit zur gesetzlichen Unfallversicherung	353	384
	1c Zuständigkeiten	354	384
2	Versicherungsschutz für Angehörige freier Berufe		384
	2a Zugehörigkeit kraft Satzung		384
	2b Zugehörigkeit aufgrund freiwilligen Beitritts		385
	2c Die Beitrittserklärung	359	385

3		Umfang des Versicherungsschutzes		386
	3a	Versicherungsschutz bei Arbeitsunfällen		386
	3b	Versicherungsschutz bei Berufskrankheiten		386
	3c	Entschädigungsverpflichtungen		386
4		Gegenseitige Pflichten aus der Unfallversicherung		387
	4a	Aufgaben des Versicherers	364	387
	4b	Obliegenheiten des Versicherten	365	387
	4c	Versicherungsschutz bei Auslandstätigkeit	**366**	388

Literaturverzeichnis 389

Stichwortverzeichnis 397

Vorwort

Mit den „Paragraphen" steht der Ingenieur nicht selten auf Kriegsfuß: Er findet kaum Zeit (und ist auch oft überfordert), sich in den lawinenartig anwachsenden Rechtsvorschriften „zu — Recht" — zufinden. Häufig belehrt ihn — dann meist zu spät — der Richter im **Haftungsprozeß**: Der Ingenieur muß mindestens die **Grundzüge des Werkvertrages- und Haftungsrechtes kennen!**
Der Ingenieur steht mitten im Spannungsfeld zwischen Auftraggeber, Architekt, Unternehmer, Geräte- und Baumaterialherstellern mit täglich neuen Produkten und Fertigungsweisen sowie den anderen Sonderfachleuten und in den daraus resultierenden und sich oft überlagernden Interessen und Haftungskonflikten. Nur eine **genaue Kenntnis der ineinandergreifenden Rechtsbeziehungen, Verantwortlichkeiten und Vorschriften** kann den Ingenieur vor **enormen Haftungsrisiken** schützen. Wir haben darum versucht, in möglichst kurzen, in sich geschlossenen Kapiteln diese sich **überlagernden Vertrags- und Haftungsbeziehungen** verständlich, knapp und mit Beispielen aus **den verschiedenen Ingenieursparten** des Baubereiches zu verdeutlichen. Die umfangreichen — zur leichteren Lesbarkeit gesondert abgesetzten — **Nachweise aus der neueren Rechtsprechung und Literatur** sollen dem Juristen die Vertiefung von Einzelproblemen ermöglichen. Detaillierte Gliederung und umfangreiches Sachregister sollen die Benutzung des Buches als **Nachschlagwerk für Ingenieure, Architekten, Sachverständige und Juristen** erleichtern.
Besonderes Gewicht wurde in einem eigenen Abschnitt dem für die Ingenieurs-Haftung ebenso bedeutsamen wie verkannten Begriff der „**anerkannten Regeln der Technik**" beigemessen. Dem risikoträchtigen — im Bewußtsein des Ingenieurs wie auch in der einschlägigen Literatur oft vernachlässigten — Gebiet der **Haftung für Auskünfte, Empfehlungen, Ratschläge und Gutachten** ist ein gesondertes Kapitel gewidmet. Das in der Rechtsprechung immer mehr in den Vordergrund tretende Fachgebiet des „Schallschutzes im Hochbau" schien — vertretend für die anderen Ingenieur-Fachsparten — geeignet, das **Ineinandergreifen und die Abgrenzung von Verantwortlichkeiten der Baubeteiligten in technischer und rechtlicher Hinsicht** aufzuzeigen. Die **Hinweise auf den Versicherungsschutz** und die Ausführungen zu den möglichen und gesetzlich zulässigen **vertraglichen Haftungsbeschränkungen** waren durch die aufgezeigten Haftungsrisiken veranlaßt. Das für den Ingenieur und die Vertragsdurchführung äußerst wichtige **Gesetz zur Regelung der Allgemeinen Geschäftsbedingungen** wurde eingehend behandelt.
Unserer Kollegin Frau Christa Basse schulden wir für ihre wertvolle Mitarbeit besonderen Dank.

München, im Dezember 1979 *Die Verfasser*

Abkürzungsverzeichnis

a.A.	anderer Ansicht
a.a.O.	am angegebenen Ort
Abs.	Absatz
ABG	Allgemeine Bedingungen für die Kaskoversicherung von Baugeräten
ABMG	Allgemeine Bedingungen für die Maschinen- und Kaskoversicherung von fahrbaren Geräten
ABN	Allgemeine Bedingungen für die Bauwesenversicherung von Gebäudeumbauten durch Auftraggeber
ABU	Allgemeine Bedingungen für die Bauwesenversicherung von Unternehmerleistungen
AcP	Archiv für die zivilistische Praxis
AG	Amtsgericht
AGB	Allgemeine Geschäftsbedingungen
AGBG	Gesetz zur Regelung des Rechts der Allgemeinen Geschäftsbedingungen v. 9.12.76
AHB	Allgemeine Versicherungsbedingungen für die Haftpflichtversicherung
Anm.	Anmerkung
ARB	Allgemeine Versicherungsbedingungen für die Rechtsschutzversicherung
AVA	Einheitsarchitektenvertrag mit Allgemeinen Vertragsbestimmungen
BAG	Bundesarbeitsgericht
BauR	baurecht, Fachzeitschrift für das gesamte öffentliche und zivile Baurecht
BayObLG	Bayerisches Oberstes Landesgericht
BayVGH	Bayerischer Verwaltungsgerichtshof
BB	Betriebs-Berater, Fachzeitschrift für Recht und Wirtschaft
BBauG	Bundesbaugesetz
Beil.	Beilage
bestr.	bestritten
Betr.	Der Betrieb, Fachzeitschrift
BGB	Bürgerliches Gesetzbuch
BGBl I	Bundesgesetzblatt, Teil I
BGH	Bundesgerichtshof
BGHSt	Bundesgerichtshof, Entscheidungen in Strafsachen

BGHZ	Bundesgerichtshof, Entscheidungen in Zivilsachen
BHB	Besondere Bedingungen und Risikobeschreibungen für die Berufshaftpflichtversicherung von Architekten und Ingenieurwesen
BMDJ	Bundesministerium der Justiz
BoBauE	Boden- und Baurechtsentscheidungen
BSG	Bundessozialgericht
BVerfG	Bundesverfassungsgericht
BVerwG	Bundesverwaltungsgericht
BVerwGE	Entscheidungssammlung des Bundesverwaltungsgerichts
DAB	Deutsches Architektenblatt, Fachzeitschrift
DAR	Deutsches Autorecht, Fachzeitschrift
ders.	derselbe
DIN	Norm des Deutschen Institutes für Normung e.V.
DHKT	Deutscher Handwerkskammertag
DIHT	Deutscher Industrie- und Handelstag
Diss.	Dissertation
DJZ	Deutsche Juristenzeitung, Fachzeitschrift
DÖV	Die öffentliche Verwaltung, Fachzeitschrift
DRiZ	Deutsche Richterzeitung, Fachzeitschrift
DRspr	Deutsche Rechtsprechung, Entscheidungssammlung mit Aufsatzhinweisen
DS	Der Sachverständige, Fachzeitschrift
DVA	Deutscher Verdingungsausschuß
DVBl	Deutsches Verwaltungsblatt, Fachzeitschrift
DVO	Durchführungsverordnung
DWW	Deutsche Wohnungswirtschaft, Fachzeitschrift
EG	Einführungsgesetz
EGBGB	Einführungsgesetz zum Bürgerlichen Gesetzbuch
EGStGB	Einführungsgesetz zum Strafgesetzbuch
FBW-Blätter	Veröffentlichung der Forschungsgemeinschaft Bauen und Wohnen, Fachzeitschrift
GewA	Gewerbearchiv, Fachzeitschrift
GewO	Gewerbeordnung
GOA	Gebührenordnung für Architekten
GOI	Gebührenordnung für Ingenieure
GG	Grundgesetz für die Bundesrepublik Deutschland
Goltd.Arch	Goltdammers Archiv für Strafrecht
GVBl	Gesetz und Verordnungsblatt

GVG	Gerichtsverfassungsgesetz
gwf	Fachblatt für Gastechnik und Gaswirtschaft sowie für Wasser und Abwasser
HdL	Handbuch des Lärmschutzes und der Luftreinhaltung
HGB	Handelsgesetzbuch
h.M.	herrschende Meinung
HOAI	Verordnung über die Honorare für Leistungen der Architekten und der Ingenieure v. 17.9.1976
IHK	Industrie- und Handelskammer
i.S.	im Sinne
JR	Juristische Rundschau, Fachzeitschrift
JuRBüro	Juristisches Büro, Fachzeitschrift
JuS	Juristische Schulung, Fachzeitschrift
JW	Juristische Wochenschrift, Fachzeitschrift
JZ	Juristenzeitung, Fachzeitschrift
KG	Kammergericht
KdL	Kampf dem Lärm, Fachzeitschrift
LG	Landgericht
LHO	Leistungs- und Honorarordnung für Ingenieure
LM	Lindenmaier/Möhring (Nachschlagewerk des Bundesgerichtshofes)
m.Anm.	mit Anmerkung
MDR	Monatsschrift für Deutsches Recht, Fachzeitschrift
m.w.Nachw.	mit weiteren Nachweisen
NA-Bau	Normenausschuß Bau
NJW	Neue Juristische Wochenschrift, Fachzeitschrift
OLG	Oberlandesgericht
OVG	Oberverwaltungsgericht
pVV	positive Vertragsverletzung
RG	Reichsgericht
RGSt	Reichsgericht, Entscheidungen in Strafsachen
RGZ	Reichsgericht, Entscheidungen in Zivilsachen
Rspr.	Rechtsprechung
RVO	Reichsversicherungsordnung

sbz	Sanitär-Heizungs-Klimatechnik, Fachzeitschrift
Staud.	Staudinger, Kommentar zum BGB, 11. Aufl.
StGB	Strafgesetzbuch
StPO	Strafprozeßordnung
st. Rspr.	ständige Rechtsprechung
str.	streitig
SVO	Sachverständigenordnung
TA	Technische Anleitung
TÜV	Technischer Überwachungsverein
VDI	Verein Deutscher Ingenieure
VerBAV	Veröffentlichungen des Bundesaufsichtsamtes für das Versicherungswesen, Fachzeitschrift
VersPraxis	Versicherungspraxis, Fachzeitschrift
VersR	Versicherungsrecht, Fachzeitschrift
VG	Verwaltungsgericht
VGH	Verwaltungsgerichtshof
vgl.	vergleiche
VO	Verordnung
VOB	Verdingungsordnung für Bauleistungen
VOL	Verdingungsordnung für Leistungen
Vorbem.	Vorbemerkung
VVG	Versicherungsvertragsgesetz
VwGO	Verwaltungsgerichtsordnung
wksb	Wärmeschutz, Kälteschutz, Schallschutz, Brandschutz, Fachzeitschrift
WM	Wertpapier-Mitteilungen, Fachzeitschrift
ZMR	Zeitschrift für Miet- und Raumrecht, Fachzeitschrift
ZPO	Zivilprozeßordnung
ZRP	Zeitschrift für Rechtspolitik, Fachzeitschrift
ZuSEG	Gesetz über die Entschädigung von Zeugen und Sachverständigen
ZZP	Zeitschrift für Zivilprozeß, Fachzeitschrift

A Vertragsrecht

I Rechtsnatur des Ingenieurvertrages: verschiedene Vertragstypen

1 Werkvertragsrecht des BGB

Es ist wichtig zu wissen, in welchen gesetzlich geregelten Vertragstypus der Ingenieur-Vertrag einzuordnen ist, da die gesetzlichen Folgen bei den einzelnen Vertragstypen verschieden sind.

Während sich im Werkvertragsrecht aus fehlerhafter Vertragserfüllung Mängelbeseitigungs- und Gewährleistungsansprüche (§§ 633 ff. BGB) ergeben, die in ihrer Ausgestaltung an einen zu **erbringenden Erfolg** anknüpfen, ist im Dienstvertragsrecht keine derartige „Erfolgshaftung" vorgesehen. Gegenstand der dienstvertraglichen Leistungspflicht ist eine erfolgsunabhängige Dienstleistung.

Nach den bisher veröffentlichten höchstrichterlichen Entscheidungen (1) kann als gesicherte Erkenntnis gelten, daß sich die Ingenieursleistungen **unmittelbar** auf die Herstellung eines Bauwerkes oder Einzelgewerkes selbst beziehen und als **Teilleistungen** des Bauwerkes im Sinne des § 638 Abs. 1 Satz 1 BGB zu werten sind.

Als geistige Beiträge zur Bauerrichtung bestimmen die planerischen Leistungen der Ingenieure maßgeblich die Bauausführung. Dies gilt auch für den Bodenmechaniker, dessen gutachterliche Feststellungen und Schlußfolgerungen – ebenso wie Planungsleistungen von Statikern, Vermessungsingenieuren, Akustikern und anderer Fachingenieuren – ihre Verkörperung im Bauwerk selbst finden.

Inhalt der geschuldeten Leistung des Ingenieurs ist damit das „Entstehenlassen" des mängelfreien Bauwerkes oder Einzelgewerkes, also ein bestimmter Erfolg (2). Auch der nur im planerischen Bereich tätige Ingenieur leistet nach der herrschenden Meinung und Rechtsprechung (vgl. Fußn. 1) nicht lediglich „Vorarbeiten" für die Realisierung eines Bauvorhabens. In der Planungsleistung selbst wird vielmehr ein nicht wegzudenkender wesentlicher Bestandteil der gesamten Bauleistung gesehen (3).

Aus diesem Grunde ist bei fehlerhaften Planungsleistungen – auch dann, wenn der Ingenieurvertrag die Aufgaben der örtlichen Bauaufsicht nicht umfaßt – ein Bauwerksmangel, der sich notwendigerweise aus der Planung ergibt, **als Mangel der Ingenieursleistung selbst anzusehen** (4).

Vergleiche hierzu im einzelnen RdZ 39, 40.

(1) Ingenstau/Korbion, § 13 VOB/B, RdZ 91; Locher, Das private Baurecht, RdZ 367; Palandt/Thomas, § 638 Anm. 2 c); Lewenton/Schnitzer, Verträge im Ingenieurbüro, S. 5; Schmalzl, Die Haftung des Architekten und des Bauunternehmers, RdZ 24; Schmalzl, Zur Rechtsnatur des Statikervertrages, MDR 71/349; von Lüpke, Die Sonderfachleute im Bauwesen, BB 68/651; Kirchner, Rechtliche Probleme bei Ingenieurverträgen, BB 71/67; BGH, 18.9.67, NJW 67/2259; BGH, 5.12.68, NJW 69/419; BGH, 20.1.72, NJW 72/625; BGH, 15.11.73, NJW 74/95; OLG München, 5.4.74, NJW 74/2238; BGH, 9.3.72, WM 72/539, NJW 72/901; BGH, 12.10.78, BB 78/1640; BGH, 26.10.78, NJW 79/214
(2) Lewenton/Schnitzer, Verträge im Ingenieurbüro, S. 5; 6
(3) BGH, 5.12.68, NJW 69/419 m.w. Nachw.; BGH, 15.11.73, NJW 74/95; OLG München, 5.4.74, NJW 74/2238; Schmalzl, Die Haftung des Architekten und Bauunternehmers, RdZ 24 m.w. Nachw.; Schmalzl, Zur Rechtsnatur des Statikervertrages, MDR 71/349
(4) BGH 5.7.71 WM 71/1271; vgl. auch BGH, 22.10.70, WM 71/52; vgl. Übersicht bei Pott/Frieling, Vertragsrecht, RdZ 631

2 Dienstvertragsrecht des BGB

Gegenstand der geschuldeten Leistung beim Dienstvertrag nach BGB ist ein **erfolgsneutrales Wirken** des Dienstverpflichteten (1). Für den gleichgelagerten Fall des Architektenvertrages hat man früher angenommen (2), daß bei Beauftragung des Architekten ausschließlich mit Aufgaben der Bauleitung ein Dienstvertrag im Sinne der §§ 611 ff. BGB vorliege.

Diese Auffassung bezüglich der Vertragsnatur hat der BGH jedoch revidiert: Es wird allein darauf abgestellt, daß sowohl die bauplanende als auch die bauführende Tätigkeit des Architekten allein der Errichtung des Bauwerks dient (3). Der Architekt als Bauleiter ist dafür verantwortlich, daß sich die in den Plänen niedergelegte Konzeption der Planer im körperlichen Bauwerk durch sachgerechte Ausführungsarbeiten realisiert. Damit schuldet der aufsichtsführende Architekt — ebenso wie der nur planerisch tätige — die mängelfreie Entstehung einer baulichen Anlage oder eines Einzelgewerkes als vertragliche Leistung. Geschuldet wird also ein bestimmter Erfolg im Sinne des Werkvertragsrechts (4).

Dieselben Grundsätze sind auf Ingenieurverträge anzuwenden, da sich insoweit das Leistungsbild von Architekt und Ingenieur deckt (vgl. Ziff. 11.11; 11.12; 13.14; 14.8; 14.12 LHO bzw. § 54 Abs. 3 Nr. 8 HOAI).

Damit kommt Dienstvertragsrecht nur dann zur Anwendung, wenn die dem Ingenieur übertragene Tätigkeit **nicht unmittelbar** mit der Erstellung einer baulichen Anlage oder eines Einzelgewerkes verknüpft ist, sondern dem kaufmännischen Bereich bei der Durchführung des Bauvorhabens zuzuordnen ist. Dies gilt zum Beispiel bei gesonderter Übertragung von Einzelaufgaben aus der Oberleitung (Entwurf der Verträge mit anderen Baubeteiligten, Durchführung von Verhandlungen bis zum Vertragsabschluß — Ziff. 14.8 LHO). Aber auch die Übertragung von Aufgaben aus dem technischen Teil der Oberleitung gemäß Ziffer 14.8.2 LHO — zum Beispiel Verhandlungen und Schriftwechsel mit Behörden und Dritten in technischen Fragen – gehört nicht zur unmittelbaren Herstellung einer baulichen Anlage, sondern zur **Vorbereitung der Ausführung** der baulichen Anlage (vgl. Fußn. 4).

Die Problematik der Unterscheidung von Werkvertrag und Dienstvertrag stellt sich dann nicht, wenn die Regelungen der VOB/B zur Vertragsgrundlage gemacht werden, wie dies in Einzelfällen geschieht. Zwar ist das Normenwerk der VOB für die Leistungen der Ingenieure nicht unmittelbar anwendbar, da Gegenstand der Regelungen der VOB die **Ausführung** von **Bauleistungen** ist, die Ingenieure in den seltensten Fällen erbringen. Etwas anderes gilt dann, wenn ein Ingenieur die konzipierten Leistungen im eigenen Betrieb ausführen läßt.

(1) Zur Rechtsnatur des Architektenvertrages nach der neueren Rechtsprechung: BauR 77/81
(2) BGH, 21.4.60, NJW 60/1198; BGH, 6.7.72, NJW 72/1799; weitere Nachweise bei Schmalzl, BauR 77/81 (83); Locher, Das private Baurecht, 2. Aufl., RdZ 224
(3) BGH, 7.3.74, NJW 74/898 = BauR 74/211; BGH, 14.6.73, NJW 73/1458; vgl. auch BGH, 26.11.59, NJW 60/431; Schmalzl, BauR 77/81 (83)
(4) so zutreffend: Schmalzl, BauR 77/81 (84); a.A. Lewenton/Schnitzer, Verträge im Ingenieurbüro, S. 6

3 Unterschiedliche Regelung bei verschiedener Vertragsgrundlage

Die Ausgestaltung des Ingenieur-Vertrages als Dienst- oder Werkvertrag oder als Vertrag auf der Grundlage der VOB/B hat eine erhebliche Bedeutung.

Im Werkvertragsrecht gilt der Grundsatz der **verschuldensunabhängigen Gewährleistung** (z.B. Nachbesserung und Minderung), der dem Dienstvertragsrecht fremd ist.

Gewährleistungsansprüche nach Werkvertragsrecht verjähren innerhalb der kurzen Fristen des § 638 BGB (mangels einer besonderen Regelung in 5 Jahren), während die Verjährungsfrist für Ansprüche aus Verletzung dienstvertraglicher Leistungspflichten der dreißigjährigen Verjährungsfrist unterliegen.

Auch für die **Beendigung des Vertragsverhältnisses** spielt die rechtliche Einordnung des Vertragspypus eine wesentliche Rolle.

Bei Kündigung des Auftraggebers steht dem Ingenieur, wenn Werkvertragsrecht Anwendung findet, gemäß § 649 BGB die **gesamte vereinbarte Vergütung** zu (wobei ersparte Aufwendungen in Abzug zu bringen sind), während beim Dienstvertrag in aller Regel nur der Vergütungsanteil geschuldet wird, der den bis zur Kündigung geleisteten Diensten entspricht (§ 628 Abs. 1 BGB).

Zur **Sicherung seiner Honoraransprüche** steht dem Ingenieur bei Anwendung von Werkvertragsrecht die Möglichkeit offen, auf das im Eigentum des Bauherrn stehende Baugrundstück gemäß § 648 BGB eine Sicherungshypothek eintragen zu lassen. Derartige Sicherungsmittel kennt das Dienstvertragsrecht nicht (vgl. im einzelnen zur Sicherungshypothek RdZ 18 ff.)

4 Besonderheiten der VOB/B

Die Regelungen der VOB/B finden nur dann Anwendung, wenn die Geltung der VOB/B **ausdrücklich** zwischen den Parteien vereinbart ist (1). Zur Rechtsnatur der VOB/B vergleiche Rdz. 70.

Die VOB/B enthält zum Teil gewichtige Abweichungen zum Werkvertragsrecht des BGB, die nur in Stichpunkten aufgeführt werden sollen.

So sind nach der VOB/B eine Reihe von Formerfordernissen einzuhalten, die das Werkvertragsrecht des BGB nicht kennt:

Erfolgt eine Behinderung der Arbeiten des Ingenieurs, so ist gemäß § 6 Nr. 1 VOB/B eine **schriftliche Anzeige** an den Auftraggeber zu richten (2).

Die Kündigung des Ingenieurvertrages kann nur **schriftlich** erfolgen (§ 8 Nr. 5, § 9 Nr. 2 Satz 1 VOB/B) (3).

Gemäß § 13 Nr. 5 VOB/B hat der Auftragnehmer alle während der Verjährungsfrist auftretenden Mängel zu beseitigen, wenn dies vom Auftraggeber vor Fristablauf **schriftlich** verlangt wird.

Etwaige Bedenken gegen die geplante Art der Ausführung hat der Auftragnehmer gemäß § 4 Nr. 3 VOB/B **schriftlich** anzuzeigen.

Unterschiedlich geregelt ist der Übergang der **Gefahr:**

Gemäß § 644 BGB ist der Auftragnehmer auch **vor Abnahme** für den zufälligen Untergang seiner Leistungen (z.B. der Pläne) verantwortlich. Hingegen kann nach § 7 VOB/B der Auftragnehmer einen geleisteten Arbeit entsprechenden Teil seiner vertraglichen Vergütung auch dann beanspruchen, wenn vor Abnahme die erbrachte Leistung durch vom Auftragnehmer nicht zu vertretende Umstände beschädigt oder zerstört wird (4).

Unterschiedlich ist der **Leistungszeitraum** im BGB- und VOB/B-Vertrag geregelt: § 636 BGB regelt nur den Fall, daß das Werk nicht rechtzeitig erstellt ist. Eine Regelung zur Ausführungsfrist (Beginn) ist nicht getroffen. Bei Terminverzug kann der Auftraggeber zurücktreten oder Schadensersatz wegen Nichterfüllung fordern.

Anders die Regelung gemäß VOB/B: Ist für den Ausführungsbeginn keine Frist vereinbart, so muß der Auftragnehmer innerhalb von 12 Werktagen nach Aufforderung des Auftraggebers mit der Ausführung der Leistung beginnen (§ 5 Nr. 2 Satz 2 VOB/B). Kommt der Auftragnehmer mit Beginn oder Vollendung seiner Leistungen in Verzug, so kann der Auftraggeber den Auftrag entziehen bzw. kündigen, wenn er dies vorher unter Setzung einer **angemessenen Frist** angedroht hat (§ 5 Nr. 4 i.V. m. § 8 Nr. 3 VOB/B).

Ein Rücktrittsrecht gemäß § 636 oder § 326 BGB kann der Auftraggeber beim VOB-Vertrag nicht geltend machen (5).

Tritt der Auftraggeber beim BGB-Vertrag zurück oder erklärt er die Kündigung des Vertrages, so kann er **Schadensersatzansprüche nicht mehr geltend machen.**

Besonderheiten der VOB/B

Kündigt der Auftraggeber beim VOB-Vertrag wegen Terminverzugs, so **behält er seinen vollen Schadenersatzanspruch**, der auch entgangenen Gewinn umfaßt (6).

Auch die **Vertragsbeendigung** ist unterschiedlich durchzuführen, je nachdem ob Werkvertragsrecht des BGB Anwendung findet oder die VOB/B.

Will der Auftragnehmer beim VOB/B-Vertrag kündigen, weil der Auftraggeber mit Mitwirkungshandlungen in Verzug ist (vgl. RdZ 181ff.), so kann eine wirksame Kündigung nur unter Fristsetzung mit Ablehnungsandrohung **in Schriftform** erfolgen.

Unterschiedlich ist im BGB-Vertrag und VOB-Vertrag der **Lauf der Gewährleistungsfristen** geregelt: Beim VOB-Vertrag kann die Gewährleistungsfrist bei mangelhafter Ingenieursleistung durch eine **schriftliche** Mängelrüge neu in Lauf gesetzt werden. Im Gegensatz hierzu sind beim BGB-Vertrag die Fristen nicht durch schriftliche Mängelrüge (auch nicht durch Einschreibebrief) beeinflußbar, sondern lediglich durch Klageerhebung, Zustellung eines Mahnbescheides oder Einleitung eines Beweissicherungsverfahrens (vgl. hierzu RdZ 235 ff.).

Die **Gewährleistungsrechte** sind in der VOB und im Werkvertragsrecht des BGB unterschiedlich festgelegt. So kann bei werkvertraglicher Bindung der Auftraggeber statt Wandelung oder Minderung Schadensersatz wegen Nichterfüllung fordern. Im Gegensatz hierzu sieht § 13 Nr. 7 VOB/B daneben einen weitergehenden Schadenersatzanspruch vor, wenn der Auftraggeber Wandelung oder Minderung geltend gemacht hat.

Besondere Bedeutung hat die unterschiedliche Regelung der Verjährungsfrist für Mängel an der geschuldeten Leistung, die nach Abnahme auftreten: Gemäß § 638 Abs. 1 Satz 1 BGB gilt für das gesetzliche Werkvertragsrecht eine Verjährungsfrist von 5 Jahren (vgl. hierzu RdZ 118 ff, 123), nach § 13 Nr. 4 VOB/B eine Verjährungsfrist von 2 Jahren. Die Fristen beginnen einheitlich jeweils ab Abnahme zu laufen.

In der folgenden Darstellung der Haftungsgrundlagen wird vom gesetzlichen Werkvertragsrecht (§§ 631ff. BGB) ausgegangen, da eine Zugrundelegung der VOB/B bei Ingenieurverträgen — abgesehen von der Verjährungsfrist — selten ist und der Rechtsnatur des Vertrages nicht gerecht wird.

Ausführungen zur HOAI/LHO vgl. RdZ 17.

(1) Heiermann/Riedl/Schwab, 2. Aufl., B § 1, RdZ 4 ff.
    Ingenstau/Korbion, Einl. RdZ 7a ff.
(2) Heiermann/Riedl/Schwab, 2. Aufl., B § 6 RdZ 3
    Ingenstau/Korbion § 6 VOB/B, RdZ 6 ff.
(3) Heiermann/Riedl/Schwab, 2. Aufl., B § 8 RdZ 34
    Ingenstau/Korbion § 8 VOB/B, RdZ 47
(4) Heiermann/Riedl/Schwab, 2. Aufl., B § 7 RdZ 5 ff.
    Ingenstau/Korbion § 7 VOB/B, RdZ 3a
(5) Heiermann/Riedl/Schwab, 2. Aufl., B, Einführung zu §§ 8 u. 9 RdZ 11
    Ingenstau/Korbion Vor §§ 8, 9 VOB/B, RdZ 9 ff.
(6) Heiermann/Riedl/Schwab, 2. Aufl., B § 8, RdZ 23 ff.
    Ingenstau/Korbion § 8 VOB/B, RdZ 28 ff.

II Das Zustandekommen des Ingenieurvertrages

1 Form

Zu seiner Wirksamkeit bedarf der Ingenieurvertrag nicht der Einhaltung von Formvorschriften. Der Vertrag kann schriftlich, mündlich und sogar durch schlüssiges Verhalten zustande kommen.

Nur allzu häufig werden Ingenieurverträge lediglich mündlich abgeschlossen, wovon dringend abzuraten ist.

Sehr oft geraten Ingenieure bei Auseinandersetzungen mit ihrem Auftraggeber in Beweisnot, wenn zum Beispiel Leistungen erbracht wurden, die in den Leistungsbildern der LHO nicht erfaßt sind oder über den üblichen Umfang der normierten Leistungsbilder hinausgehen und damit gemäß Ziffer 6 LHO gesondert zu vergüten sind.

Das gleiche gilt im Bereich der HOAI für besondere Leistungen (§ 54 Abs. 3, 2, 5 HOAI), die zusätzlich im Einzelfall zu erbringen sind, weil mit dem Bauvorhaben in Verbindung stehende besondere Umstände solche Leistungen erfordern, deren Vergütung aber von einer **schriftlichen Vereinbarung vor Ausführung** der Sonderleistungen abhängig ist (1).

Der Auftraggeber will sich oft nicht durch einen schriftlichen Vertrag endgültig binden, wenn eine konkrete Bauabsicht noch nicht vorhanden ist. Vielfach wird der Auftraggeber einen **beschränkten** mündlichen Auftrag dahingehend erteilen, daß der Ingenieur eine Durchführung der baulichen Anlage oder des Einzelgewerkes in ganz groben Skizzen umreißt, damit der Auftraggeber sich ein Bild von den technischen Anforderungen machen kann.

---

(1) Hesse/Korbion/Mantscheff, HOAI – Kommentar, § 15 RdZ 3; Locher/Koeble/Frik, HOAI – Kommentar, § 5 RdZ 9; LG Weiden, 2.5.78, BauR 79/71

2 Vertragsabschluß durch schlüssiges Verhalten

Der Ingenieurvertrag kann auch durch schlüssiges Verhalten beider Parteien zustande kommen. Dies wird insbesondere dann der Fall sein, wenn der Ingenieur zunächst einen Vorentwurf in Auftrag bekommt, nach Honorierung dieses Vorentwurfes einen baureifen Ausführungsentwurf vorlegt, und diesen der Auftraggeber billigend entgegennimmt.

Es ist jedoch in jedem Fall beiden Vertragsparteien zu empfehlen, einen schriftlichen Vertrag abzuschließen, der die gegenseitigen Leistungspflichten genau festhält, damit es nicht zu Auseinandersetzungen bei der Vertragsabwicklung kommt.

Beispiel:

Ein Ingenieur ist beauftragt, einen Vorentwurf für eine Kanalisation zu fertigen. Der Vorentwurf wird vom Auftraggeber abgenommen und vergütet. Ohne besondere weitere Absprachen fertigt der Ingenieur einen baureifen Entwurfsplan. Der Auftraggeber verweigert die Abnahme und lehnt eine Vergütungspflicht ab.

Hier kann der Ingenieur eine Vergütung für die Erstellung des Ausführungsplanes nicht verlangen, da insoweit kein Vertrag zustande gekommen ist. Im übrigen kann der Ingenieur einen Schadensersatzanspruch aus Verschulden bei Vertragsschluß auf Zahlung eines Teiles der Vergütung sowie einen Anspruch aus ungerechtfertigter Bereicherung gegen den Auftraggeber nicht geltend machen (1).

Im vorliegenden Fall hätte der Ingenieur seine Vergütung erhalten und eine erfolglose prozessuale Auseinandersetzung mit dem Auftraggeber vermeiden können, wenn ein schriftlicher Vorvertrag oder Gesamtvertrag abgeschlossen worden wäre.

(1) BGH, 6.12.65, Schäfer/Finnern, Z. 3.01 Bl. 344

3 Auftrag über Teilleistungen

Wird ein schriftlicher Vertrag nicht geschlossen, so kann aus dem Auftrag zur Erstellung von Teilleistungen **nicht auf einen weitergehenden Auftrag** geschlossen werden. Diese Annahme ist nur dann gerechtfertigt, wenn der Auftraggeber durch konkludentes Verhalten dem Ingenieur zu erkennen gegeben hat, daß er über den bereits in Auftrag gegebenen Leistungsabschnitt hinaus weitere Leistungen durch den Ingenieur erbracht sehen will.

Beispiel:

Für ein Bauvorhaben ist ein Ingenieur mit der Erarbeitung eines Vorentwurfes einschließlich Massenermittlung beauftragt. Vorentwurf und Massenermittlung werden vom Auftraggeber abgenommen. Die für diesen Leistungsabschnitt vereinbarte Vergütung wird bezahlt.

In der Folgezeit leistet der Ingenieur weitere Planungsarbeiten für das Objekt. Das Bauvorhaben wird gemäß der Ausführungsplanung eines anderen Ingenieurbüros errichtet.

Hat der Auftraggeber die Erstellung der Ausführungsplanung nicht ausdrücklich in Auftrag gegeben oder eine erstellte Ausführungsplanung billigend entgegengenommen, so steht dem Ingenieur für die auftragslos erbrachten Leistungen eine Vergütung nicht zu.

Es besteht **keine Vermutung dahingehend**, daß der mit der Erbringung von Teilleistungen beauftragte Ingenieur sämtliche Ingenieursleistungen erbringen darf, wenn durch schlüssiges Verhalten des Auftraggebers ein Auftrag über eine Teilleistung zustande gekommen ist (1).

(1) BGH, 18.1.71, Schäfer/Finnern, Z. 3.00 Bl. 188, für den Architekten gegen OLG Köln, 8.11.72; Locher, Das private Baurecht, 2. Aufl. 1978, RdZ 215

4 Bestätigungsschreiben

Vielfach handelt der Ingenieur mit seinem Auftraggeber den Vertrag erst mündlich aus, mit der Maßgabe, daß das gemeinsam erzielte Verhandlungsergebnis in Form eines schriftlichen Vertrages niedergelegt werden soll.

Der Vertrag ist in diesen Fällen erst dann wirksam, wenn er schriftlich abgefaßt und von beiden Parteien unterschrieben ist (§ 154 Abs. 2 BGB).

Wird ein Vertrag mündlich ausgehandelt und mündlich abgeschlossen und dann von einer Partei schriftlich bestätigt, so kann das Bestätigungsschreiben keine eigene Wirkung entfalten — **verbindlich sind die mündlich getroffenen Vertragsabreden**. Dem Bestätigungsschreiben kommt dann nur eine Funktion als Beweisurkunde für den Inhalt des mündlich abgeschlossenen Vertrages zu (1). Dabei hat die Rechtsprechung (2) an den **Inhalt des Bestätigungsschreibens** folgende Anforderungen gestellt:

Es genügt, daß das Schreiben erkennbar den Zweck erfüllt, das Ergebnis vorausgegangener Vertragsverhandlungen verbindlich festzulegen. Es ist nicht unbedingt erforderlich, daß das Schreiben die vorangegangenen Verhandlungen ausdrücklich erwähnt oder in Bezug nimmt. Das gleiche gilt für Angaben über die an den Verhandlungen beteiligten Personen, insbesondere dann, wenn nach den Umständen nur wenige Personen als Verhandlungspartner des Bestätigenden in Frage kommen und dies für den Bestätigungsempfänger erkennbar ist.

Achtung:

Wird einem Bestätigungsschreiben nicht widersprochen, so hat das Bestätigungsschreiben im Falle einer prozessualen Auseinandersetzung die Vermutung der Richtigkeit und Vollständigkeit für sich (3).

In der Rechtsprechung ist vereinzelt für den gleichgelagerten Fall des Architektenvertrages die Auffassung vertreten worden, daß Architekten ihre Verträge schriftlich abzuschließen pflegen und in der Regel keine Bestätigungsschreiben verschicken (4). Aus diesem Grunde seien aus dem Schweigen eines Architekten (bzw. Ingenieurs) auf ein Bestätigungsschreiben keine Rechtsfolgen herzuleiten.

Diese Auffassung ist unrichtig. Der Ingenieur hat im Falle der Unrichtigkeit oder Unvollständigkeit des Bestätigungsschreibens sofort schriftlich zu widersprechen. Andernfalls ist das Bestätigungsschreiben für ihn in vollem Umfange verbindlich. Zu Recht hat der BGH in seiner Entscheidung vom 3.10.1974 (5) festgehalten, daß die von der Rechtsprechung entwickelten Grundsätze über das Schweigen auf ein Bestätigungsschreiben nicht nur unter Kaufleuten Anwendung finden, sondern auch im geschäftlichen Verkehr unter Personen, die in erheblichem Umfang am Geschäftsleben teilnehmen und von denen erwartet werden kann, daß sie nach kaufmännischer Sitte verfahren, wie z.B. auch bei Architekten.

Die Beweislast für einen rechtzeitigen Widerspruch auf ein inhaltlich unrichtiges Bestätigungsschreiben trägt als Bestätigungsempfänger der Ingenieur (6).

(1) Döbereiner/Liegert, Baurecht für Praktiker, S. 8
(2) BGH, 13.1.75, BauR 75/276
(3) BGH, 20.3.74, NJW 74/991; BGH, 13.1.75, BauR 75/276; BGH 18.1.78, MDR 78/475 = BB 78/321
(4) BGH, 24.4.69, Schäfer/Finnern, Z. 3.01 Bl. 419
(5) BGH, 3.10.74, BauR 75/67
(6) BGH, 3.10.74, BauR 75/67 (68); vgl. auch Döbereiner/Liegert, Baurecht für Praktiker, S. 9; Locher, Das private Baurecht, 2. Aufl. 1978, RdZ 213; zur Beweislast bezügl. des Zugangszeitpunktes: BGH, 18.1.78, MDR 78/475 = BB 78/321

5 Auftragsbestätigung

Es ist zu unterscheiden zwischen **Bestätigungsschreiben und Auftragsbestätigung**. Seinem Inhalt nach gibt das Bestätigungsschreiben das Ergebnis vorausgegangener Vertragsverhandlungen wieder, mit dem Ziel, diese schriftlich verbindlich festzuhalten (1).

Dagegen ist die Auftragsbestätigung die **schriftliche Annahme eines Vertragsangebotes**, wobei mündliche oder schriftliche **Vorverhandlungen** noch nicht stattgefunden haben müssen.

Auch hier ist eine sorgfältige Prüfung der Auftragsbestätigung geboten, da im Falle eines unterlassenen Widerspruches der Vertrag als mit dem Inhalt zustandegekommen gilt, wie in der Auftragsbestätigung formuliert.

Es gelten die Grundsätze für das Bestätigungsschreiben (RdZ 8).

6 Vertragsparteien

Die Rechtsstellung des Ingenieurs gestaltet sich unterschiedlich, je nachdem ob der Ingenieur durch den Bauherrn selbst beauftragt ist oder vom Architekten im eigenen Namen und für eigene Rechnung eingeschaltet wird.

Besteht ein selbständiger Vertrag unmittelbar mit dem Bauherrn, so ist der Ingenieur **nicht Erfüllungsgehilfe** des Architekten (§ 278 BGB). Vielmehr ist der Ingenieur Erfüllungsgehilfe des Bauherrn gegenüber dem Architekten und den ausführenden Unternehmern: Es ist eine Verpflichtung des Bauherrn, den Bauausführenden das zu bebauende Grundstück oder das sonstige Objekt der Bauleistung tatsächlich und rechtlich bebauungsfähig zur Verfügung zu stellen (1). Diese Verpflichtung des Bauherrn ergibt sich daraus, daß der ausführende Unternehmer im Regelfall keine Verfügungsbefugnis über das Grundstück oder das Objekt hat, so daß er diese Mitwirkungshandlungen überhaupt gar nicht vornehmen kann.

Im übrigen ist der Auftraggeber als Bauherr verpflichtet, für die Erteilung der erforderlichen Erlaubnisse und Genehmigungen zu sorgen, so daß die ausführenden Unternehmer die von ihnen übernommene vertragliche Leistungspflicht **auch erfüllen können** (2). In gleicher Weise kann der Ingenieur gegenüber dem Architekten als Erfüllungsgehilfe des Bauherrn angesehen werden, wenn er vom Bauherrn unmittelbar beauftragt wurde (3). In seiner Entscheidung vom 17.9.1973 (vgl. Fußn. 3) hat das OLG Düsseldorf festgestellt, daß es zu den Pflichten des Bauherrn gegenüber dem Architekten gehört, ihm eine einwandfreie Statik zur Verfügung zu stellen, wenn die Erstellung eines Bauwerks eine spezifische Statikerleistung erfordert. In diesem Rahmen hat dann der Bauherr ein Verschulden des von ihm beauftragten Statikers in gleichem Umfange zu vertreten wie eigenes Verschulden (§ 278 BGB).

Wird der Ingenieur im eigenen Namen und für eigene Rechnung des Architekten beauftragt, so besteht eine vertragliche Bindung zwischen Bauherrn und Ingenieur nicht, mit der Folge, daß **der Architekt** für die Leistungen des Ingenieurs einzustehen hat (§ 278 BGB) (4).

Wird der Ingenieur vom Architekten im Namen und im Auftrage des Bauherrn beauftragt, so ist der Bauherr nur dann Vertragspartner des Ingenieurs geworden, wenn der Architekt zur Auftragserteilung ausdrücklich bevollmächtigt war. **Die Vergabe von Aufträgen an Ingenieure oder auch ausführende Unternehmer bedarf einer besonderen Bevollmächtigung durch den Bauherrn**, da die Vergabe von Aufträgen nicht mehr im Bereich der sog. originären Architektenvollmacht liegt (5).

Will der Ingenieur bei Beauftragung durch den Architekten vermeiden, daß er bei seiner Vergütungsforderung auf die Leistungsfähigkeit des Architekten angewiesen ist, so wird er gut daran tun, sich die Bevollmächtigung des Architekten zur Vergabe von Ingenieuraufträgen durch den Bauherrn nachweisen zu lassen. (Vgl. zur Vollmacht des Architekten bezüglich der Abnahme der Ingenieursleistung RdZ 81).

---

(1) Ingenstau/Korbion, § 4 VOB/B, RdZ 2; Werner/Pastor, Der Bauprozeß, RdZ 613
(2) Ingenstau/Korbion, § 13 VOB/B, RdZ 187
(3) OLG Düsseldorf, 17.9.73, NJW 74/704
(4) Werner/Pastor, Der Bauprozeß, m.w. Nachw.
(5) BGH, 15.11.62, Schäfer/Finnern, Z. 3.01 Bl. 236

7 Allgemeine Geschäftsbedingungen und Formularverträge

Allgemeine Geschäftsbedingungen enthalten regelmäßig einseitig vorformulierte Regelungen zur Abwicklung des Vertrages, die durch **Vereinbarung** zwischen den Vertragsparteien Vertragsinhalt werden können. Dagegen bedarf es dieser Einbeziehung durch eine Vereinbarung bei **Formularverträgen** nicht: Formualrverträge sind bereits Vertragsbestimmungen – es entfällt der Akt der Einbeziehung (1). Sowohl bei Zugrundelegung von Allgemeinen Geschäftsbedingungen als auch bei Vorlage von Formularverträgen ist davon auszugehen, daß beide für eine bestimmte Vielzahl von Verträgen im vorhinein ausgearbeitet wurden und die verwendende Vertragspartei zum Abschluß des Vertrages nur unter den von ihr gestellten Bedingungen bereit ist.

Hierher gehören die Ingenieur-Formularverträge, die von einzelnen Verlagen herausgegeben werden und dem Auftraggeber für den Abschluß des Ingenieurvertrages vorgelegt werden.

Besondere Bedeutung gewinnen die Formularverträge im Bereich der **Haftungsbegrenzung** (vgl. RdZ 184ff.).

Widersprechen sich allgemeine Vertragsbedingungen des Auftraggebers und Regelungen in einem Formularvertrag des Ingenieurs, so ist nach der höchstrichterlichen Rechtsprechung (2) nach den allgemeinen Vorschriften (§ 150 Abs. 2, §§ 151, 154, 155 BGB) zu entscheiden, welcher Vertragsinhalt zwischen den Parteien Geltung erlangt hat. Sind sich die Vertragsparteien über die entscheidenden Regelungen des Vertragsverhältnisses einig, so ist von einem wirksamen Vertragsabschluß auszugehen (§§ 154, 155 BGB). Grundlage des Vertrages sind dann die mündlich ausgehandelten Absprachen, da die Individualvereinbarung Vorrang hat (2).

---

(1) Werner/Pastor, Der Bauprozeß, RdZ 1005
(2) Heiermann/Linke, AGB im Bauwesen, S. 69 (70); Ebel, Die Kollision Allgemeiner Geschäftsbedingungen, NJW 78/1033; BGH 29.9.55, NJW 55/1794; BGH 14.3.63, NJW 63/1248; BGH 26.9.73, NJW 73/2106; BGH 10.6.74, BB 74/1136; OLG Frankfurt, 5.4.75, BB 75/1606; OLG Hamburg, 5.1.77, NJW 77/1402

8 Ingenieurvertrag und AGB-Gesetz

Sowohl Allgemeine Geschäftsbedingungen als auch Formularverträge unterliegen der Beurteilung des AGB-Gesetzes, das seiner Zielsetzung nach auf einen ausgewogenen Interessenausgleich der Vertragsparteien ausgerichtet ist.

Auch für den Ingenieur hat das AGB-Gesetz eine entscheidende Bedeutung, da nicht selten Ingenieurbüros als Unternehmer auftreten, indem sie Teile der übernommenen Leistungen untervergeben oder z.B. bei dem Anlagenvertrag die schlüsselfertige Erstellung eines Objektes vertraglich übernehmen. Hier haben dann die Ingenieure auch die Verantwortung für die Ausführung der Bauleistungen, wobei sie auch die Vertragsgestaltung mit den ausführenden Unternehmern in Händen haben.

Allgemeine Geschäftsbedingungen unterliegen dann den Regelungen des § 1 Abs.1 AGB-Gesetz, wenn sie für eine Mehrzahl von Verträgen vorformuliert sind und **eine Vertragspartei** der anderen Vertragspartei bei Abschluß eines Vertrages diese Bedingungen stellt (§ 1 Abs. 1 Satz 1 AGBG).

Der Begriff „Stellen" i.S. des § 1 Abs. 1 Satz 1 AGBG zeigt den entscheidenden Grund für die Sonderbehandlung von Allgemeinen Geschäftsbedingungen: Sie sind nicht das Ergebnis individueller Vertragsverhandlungen, sondern werden dem anderen Vertragspartner durch den Verwender **einseitig auferlegt** (1).

Dabei genügt es nach herrschender Meinung, daß drei Verwendungsfälle tatsächlich gegeben sind. Dies gilt auch für Formularverträge (2).

Die Regelungen des AGB-Gesetzes sind dann nicht einschlägig, wenn die Vertragsbedingungen zwischen den Vertragsparteien im einzelnen ausgehandelt worden sind (§ 1 Abs. 2 AGB-Gesetz).

Entscheidendes Kriterium für die Anwendung des AGB-Gesetzes auf Formularverträge und Allgemeine Geschäftsbedingungen ist damit der **Begriff des „Aushandelns"**. Die Interpretation dieses Begriffes ist äußerst umstritten.

Ein Aushandeln im Sinne des § 1 Abs. 2 AGBG hat der BGH bereits dann angenommen, wenn der Verwender von Allgemeinen Geschäftsbedingungen oder Vertragsformularen zur **Abänderung** seiner Bedingungen **bereit ist** und der **Geschäftspartner** dies bei den Vertragsverhandlungen weiß. Dies wird nach Auffassung des BGH dann angenommen, wenn der Verwender dem Partner seine trotz vorformulierten Klauseltextes vorhandene Änderungsbereitschaft hinreichend deutlich zu erkennen gegeben hat (3).

Zu Recht weist Loewe (4) darauf hin, daß die Bereitschaft zur Abänderung von Allgemeinen Geschäftsbedingungen kein Aushandeln im Sinne des § 1 Abs. 2 AGBG ist. Denn § 1 Abs. 2 AGBG spricht von Aushandeln „im einzelnen". Loewe führt aus, jede Vertragsklausel sei daher für sich daraufhin zu überprüfen, ob sie ausgehandelt ist oder nicht; nur „soweit" diese Voraussetzungen vorlägen, verlören die ursprünglichen AGB ihren Charakter als solche und würden zur individuellen Vertragsabrede, die nicht mehr den Vorschriften des AGB-Gesetzes unterliege.

In diesem Sinne hat auch das OLG Celle (5) entschieden.

Es kommt entgegen der Rechtsprechung des BGH (vgl. Fußn. 3) für die Prüfung des Begriffes „Aushandeln", darauf an, daß die Allgemeinen Geschäftsbedingungen **im Einzelfall tatsächlich abgeändert worden sind** (6).

Allerdings muß — auch zum Schutze des Verwenders — bei einer tatsächlich unterbliebenen Abänderung von Bestimmungen in Allgemeinen Geschäftsbedingungen eine Individual-Vereinbarung dann angenommen werden, wenn **eine realisierbare Einflußmöglichkeit des Vertragspartners** nachgewiesen werden kann.

Der Verwender der AGB hat die Abänderungsbereitschaft und die tatsächliche Gelegenheit des Vertragspartners, Einfluß auf die Allgemeine Geschäftsbedingungen zu nehmen, **zu beweisen**.

Das „Aushandeln" im Sinne des § 1 Abs. 2 AGBG erfordert nicht nur die deutlich zum Ausdruck gebrachte Abänderungsbereitschaft des Verwenders, sondern auch eine eingehende und klare **Aufklärung** sowie eine **Erörterung** jeder Klausel, um eine Individualvereinbarung bei Aufrechterhaltung von Allgemeinen Geschäftsbedingungen annehmen zu können (7).

Achtung:

Nicht ausreichend ist ein vorgedruckter Hinweis des Inhalts, die Klauseln seien einzeln besprochen und ausdrücklich anerkannt oder vorgelesen und erläutert worden (8).

Zu Recht weist Heinrichs (vgl. Fußn. 8) darauf hin, daß eine derartig vorformulierte und vom Vertragspartner unterschriebene Erklärung ein wirkliches Aushandeln nicht ersetzen kann. Als unzulässige Tatsachenbestätigung steht sie im Widerspruch zu § 11 Nr. 15 b) AGBG und **kann deshalb als Beweismittel nicht berücksichtigt werden.**

Beweisschwierigkeiten, die dem Verwender von AGBs entstehen, wenn eingehende Verhandlungen über einzelne Bedingungen stattgefunden haben, der Text der AGBs jedoch unverändert geblieben ist, werden zu „Aushandelungsabsprachen" führen, die dann als Individualvereinbarungen zu werten sind, wenn sie inhaltlich nachweisbar wahr sind (9). Hier unterbreiten Döbereiner/v. Keyserlingk (vgl. Fußn. 9) folgenden Vorschlag bezüglich des Wortlauts einer solchen (Individual-) Vereinbarung:

„Die vorstehenden Bestimmungen (Alternativ: folgende der vorstehenden Bestimmungen) wurden zwischen den Vertragsschließenden ausführlich einzeln und vollständig erörtert, erklärt und einzeln ausgehandelt. Die vorhandene und erklärte Bereitschaft, die obigen Klauseln auf Wunsch ganz oder teilweise abzuändern, wurde von dem Besteller (Auftraggeber) nicht in Anspruch genommen (Alternativ: wurde nur insoweit in Anspruch genommen, wie dies aus den obigen Änderungen bzw. Ergänzungen ersichtlich ist)."

Zutreffend fordern Döbereiner/v. Keyserlingk aaO., daß diese Bestätigung als solche individuell vereinbart sein muß (vgl. hierzu auch Heinrichs, Der Rechtsbegriff der Allgemeinen Geschäftsbedingungen, NJW 1977/1505, 1507, 1508).

Döbereiner/v. Keyserlingk weisen aaO. unter Bezugnahme auf Heinrichs (vgl. 8) darauf hin, daß es fraglich ist, ob bei wirtschaftlicher Überlegenheit des Verwenders von AGB eine aktive Einflußnahmemöglichkeit des Vertragspartners überhaupt gegeben ist, so daß der Beweiswert von Bestätigungen der oben skizzierten Art in derartigen Fällen wohl als gering zu werten ist.

Da Ingenieurbüros besondere geistige Leistungen zu erbringen haben und keine Massengeschäfte betreiben, wird eine einzelvertraglich ausgehandelte und handschriftlich fixierte Bestätigung ihre Beweiszwecke voll erfüllen, ja sogar zu einer **Umkehr der Beweislast** führen können.

Grundsätzlich hat nämlich derjenige, der sich auf den Schutz des ABG-Gesetzes beruft, im Streitfall zu beweisen, daß die zum Vertragsbestandteil gemachten Vertragsbestimmungen als Allgemeine Geschäftsbedingungen im Sinne des § 1 Abs. 1 AGBG zu werten sind (10).

Der **persönliche Anwendungsbereich** des AGBG ist in § 24 AGBG geregelt.

Danach finden die Vorschriften der §§ 2 (Einbeziehung von AGBs in den Vertrag), 10 (Klauselverbote mit Wertungsmöglichkeit), 11 (Klauselverbote ohne Wertungsmöglichkeit) und 12 (Dauerschuldverhältnisse) keine Anwendung auf Allgemeine Geschäftsbedingungen,

1. die gegenüber einem Kaufmann verwendet werden, wenn der Vertrag im Betrieb seines Handelsgewerbes abgeschlossen wurde,
2. die gegenüber einer juristischen Person des öffentlichen Rechts oder einem öffentlich-rechtlichen Sondervermögen verwendet werden.

Diese Regelungen haben für Ingenieure weitgehend keine Bedeutung, da „Kaufleute" im Sinne des § 24 Satz 1 AGBG nicht auch Angehörige freier Berufe sind (11).

Etwas anderes gilt dann, wenn sich mehrere Ingenieure zu einer GmbH zusammengeschlossen haben. In diesem Fall sind von der Auftraggeberseite unterbreitete Allgemeine Geschäftsbedingungen anhand der Generalklausel des § 9 AGBG auf ihre Wirksamkeit hin zu prüfen.

§ 9 AGBG bestimmt:

„Bestimmungen in Allgemeinen Geschäftsbedingungen sind unwirksam, wenn sie den Vertragspartner des Verwenders entgegen den Geboten von Treu und Glauben unangemessen benachteiligen.

Eine unangemessene Benachteiligung ist im Zweifel anzunehmen, wenn eine Bestimmung

1. mit wesentlichen Grundgedanken der gesetzlichen Regelung, von der abgewichen wird, nicht zu vereinbaren ist oder
2. wesentliche Rechte oder Pflichten, die sich aus der Natur des Vertrages ergeben, so einschränkt, daß die Erreichung des Vertragszwecks gefährdet ist."

Diese Regelungen gewinnen hauptsächlich Bedeutung für vertraglich fixierte Aufrechnungsverbote etc. Wesentliche Bedeutung hat das AGBG im Bereich des Haftungsausschlusses, der unten ausführlich behandelt wird (vgl. RdZ 184ff.).

(1) Palandt/Heinrichs, § 1 AGBG Anm. 2 d)
(2) Werner/Pastor, Der Bauprozeß, RdZ 1010; Palandt/Heinrichs, § 1 AGBG Anm. 2 c)
(3) BGH 15.12.76 NJW 77/624; BGH 8.11.78 NJW 79/367
(4) Löwe, Voraussetzungen für ein Aushandeln von AGB, NJW 77/1328
(5) OLG Celle 28.10.77, NJW 78/326
(6) h.M. in Literatur; vgl. Nachw. bei Palandt/Heinrichs, § 1 AGBG Anm. 4 und Döbereiner/v. Keyserlingk, Sachverständigenhaftung, RdZ 204
(7) OLG Stuttgart 15.8.74 NJW 75/262; Wolf, Individualvereinbarungen im Recht der Allgemeinen Geschäftsbedingungen, NJW 77/1937ff.
(8) BGH 20.10.76 NJW 77/432; BGH 15.12.76 NJW 77/624; Heinrichs, Der Rechtsbegriff der Allgemeinen Geschäftsbedingungen, NJW 77/1505 (1507, 1508)
(9) so zutreffend: Döbereiner/v. Keyserlingk, Sachverständigenhaftung, RdZ 205
(10) Palandt/Heinrichs, § 1 AGBG Anm. 4
(11) Palandt/Heinrichs, § 24 AGBG Anm. 3 b) aa)

9 Gerichtsstand

9a Gesetzlicher Gerichtsstand

Mit dem Begriff „Gerichtsstand" ist die Festlegung des **örtlich zuständigen Gerichts** gemeint, das im Falle einer prozessualen Auseinandersetzung von der Klagepartei anzurufen ist.

Gemäß § 12 ZPO ist für alle Klagen gegen eine Person das Gericht zuständig, in dessen Gerichtsbezirk eine Person ihren allgemeinen Gerichtsstand hat. Dies ist regelmäßig der Wohnsitz des Beklagten (§ 13 ZPO).

Für den hier interessierenden Bereich des Ingenieurvertrages kann der Kläger bei Streitigkeiten aus dem Vertragsverhältnis die Klage auch an dem besonderen Gerichtsstand des Ortes anbringen, an dem die streitige Verpflichtung zu erfüllen ist (besonderer Gerichtsstand des Erfüllungsortes § 29 Abs. 1 ZPO).

Dabei ist zu beachten, daß sich für die Leistungen aus der werkvertraglichen Beziehung zwischen Auftragnehmer und Auftraggeber **verschiedene** Erfüllungsorte ergeben können.

Das OLG Nürnberg hat in seiner Entscheidung vom 22.4.76 (1) im Falle einer Honorarklage eines Architekten, der mit sämtlichen Architektenleistungen betraut war (Planungsleistungen, technische und geschäftliche Oberleitung und Bauaufsicht) entschieden, daß das eingeklagte Honorar vom Auftraggeber des Architekten auf seine Gefahr und seine Kosten an den Wohnsitz des Architekten zu überweisen sei (§ 270 Abs. 1 BGB). Leistungsort und damit Erfüllungsort der Verpflichtung, die vertraglich geschuldete Vergütung zu bezahlen, ist der Wohnsitz oder der Ort der Niederlassung des Auftraggebers zur Zeit des Vertragsabschlusses (§ 269 Abs. 1 BGB). Bei Verbindlichkeiten, die aus einem Gewerbebetrieb herrühren, ist der Ort der Niederlassung ausschlaggebend (§§ 269 Abs. 2, 270 Abs. 2 BGB).

Als Erfüllungsort der Architektenleistungen — bei Übertragung sämtlicher Leistungen — hat das OLG Stuttgart in seinem Beschluß vom 12.5.1975 (2) den Ort angesehen, an dem das Bauwerk erstellt wurde. Dies deshalb, weil die werkvertraglich übernommene Verpflichtung des Architekten auf den Erfolg abgezielt habe, das Entstehenlassen eines mängelfreien **Bauwerkes** zu ermöglichen. Der Ort des Bauwerkes ist somit Erfüllungsort für die vertraglich übernommenen Architektenaufgaben.

In seiner Anmerkung zum Beschluß des OLG Stuttgart weist Locher (3) zutreffend darauf hin, daß eine gegenteilige Meinung verkennen würde, daß die Planung auf ein konkretes Grundstück bezogen ist und daß — bei Übernahme aller Architektenleistungen — Teile des Vorentwurfes, Verhandlungen mit den behördlichen Stellen über Genehmigungsfähigkeit, der künstlerischen Oberleitung sowie der technischen und geschäftlichen Oberleitung — von der Bauleitung ganz abgesehen — **nur am Ort des Bauwerks** bzw. der hierfür zuständigen Behörde erbracht werden können. Zwar schulde der Architekt nicht das mängelfreie Bauwerk als körperliche Sache selbst, sondern sein „Entstehenlassen". Die Verwirklichung seiner planerischen Leistungen und sonstigen Tätigkeiten im Rahmen des Architektenvertrages erfolge jedoch auf dem konkreten Baugrundstück. Dort werde der Leistungserfolg also bewirkt. Aus diesem Grunde sei der Ort des zu erstellenden oder erstellten Bauwerks der Erfüllungsort für Klagen gegen den Architekten aus dem Architektenvertrag.

Soweit dem Ingenieur im Einzelfall neben den rein planerischen Arbeiten auch die örtliche Bauleitung oder die technische und geschäftliche Oberleitung übertragen ist (vgl. Ziff. 11.11; 11.12; 13.9; 13.14; 14.8; 14.9; 14.12; 16.5 LHO oder § 54 Abs. 3 Ziff. 8 HOAI), lassen sich die in den Entscheidungen der Oberlandesgerichte Nürnberg und Stuttgart gemachten Ausführungen auf den Ingenieurvertrag ohne weiteres übertragen (4).

Ein anderer Erfüllungsort als der Ort des zu errichtenden Bauwerkes kann jedoch auch dann nicht angenommen werden, wenn ein Ingenieur lediglich mit der Erstellung der Planung für ein zu errichtendes Bauwerk beauftragt wird, ohne daß der Auftrag Überwachungsleistungen während der Ausführung der baulichen Anlage oder des Einzelgewerkes umfaßt.

Die Planungsarbeit des Ingenieurs ist in diesem Falle auf ein **ganz bestimmtes** Grundstück oder eine bereits bestehende bauliche Anlage bezogen. Auch der nur planende Ingenieur schuldet das „Entstehenlassen" eines mängelfreien Bauwerkes, so daß sich eine sachlich gerechtfertigte Unterscheidung allein durch den

Auftragsumfang (kein Auftrag für Überwachungsleistungen etc.) nicht herleiten läßt. Von Bedeutung ist in diesem Zusammenhang, daß der mit der Erstellung der Planung beauftragte Ingenieur mit der Erbringung planerischer Leistungen Teilleistungen eines Bauwerkes im Sinne des § 638 Abs. 1 Satz 1 BGB liefert (5). Bestimmungsgemäß sollen die Planungsleistungen von Statikern, Vermessungsingenieuren, Akustikern und anderen Fachingenieuren **ihre Verkörperung im Bauwerk selbst finden** (6). Gerade weil der Planer nicht lediglich die Erbringung der Planungsleistung als solche schuldet, sondern eine Planung durchzuführen hat, die die mängelfreie Erstellung eines Bauwerks oder eines Einzelgewerks ermöglichen soll, ist der nur planende Ingenieur auch für Bauwerksmängel haftbar zu machen, die sich nach Ausführung der Bauleistungen aufgrund der von ihm gelieferten Pläne einstellen.

Schon aus diesem Grunde ist als Gerichtsstand des Erfüllungsortes gemäß § 29 Abs. 1 ZPO dasjenige Gericht zuständig, in dessen Bezirk das Bauwerk oder das einzelne Bauteil errichtet werden soll.

Aber nicht nur der Umstand, daß der nur planende Ingenieur das Entstehen eines fehlerfreien Bauwerks oder Einzelgewerks schuldet, rechtfertigt die Ansicht, als Erfüllungsort den Gerichtsstand des zu errichtenden Bauwerks anzunehmen: Eine Vielzahl seiner Aufgaben kann der Ingenieur nur dort erbringen, wo das Bauwerk zu errichten bzw. das Einzelgewerk in ein bereits vorhandenes Bauwerk einzufügen ist. Das gilt insbesondere für den Leistungsbereich der Genehmigungsplanung, der das Verhandeln mit den zuständigen behördlichen Stellen über die Genehmigungsfähigkeit der zu errichtenden baulichen Anlage mit beinhaltet. Diese Verhandlungen sind an dem für das Bauvorhaben örtlich zuständigen Bauaufsichtsamt zu führen, so daß auch unter diesem Gesichtspunkt als Erfüllungsort der Ort in Frage kommt, an dem das Bauwerk zu errichten ist. In diesem Zusammenhang kommt es nicht darauf an, daß die Leistung des nur mit der Planung eines Objektes beauftragten Ingenieurs abgenommen werden kann, ohne daß die bauliche Anlage oder das Einzelgewerk ausgeführt sein muß (7). Umfaßt die vertraglich übernommene Leistung des Ingenieurs auch die örtliche Bauleitung, so ist die Abnahme des Werkes durch den Auftraggeber nicht zwingend an dem Ort zu erklären, an dem sich das Bauwerk befindet. Die Abnahme bedeutet ihrem Wesen nach die Billigung des erbrachten Werkes als vertragsgemäß und setzt eine körperliche Hinnahme der erbrachten Leistung – soweit dies möglich ist – nicht voraus (8).

Erfüllungsort für die Leistungen des nur planenden Ingenieurs kann deshalb nicht das Büro des Ingenieurs sein, in dem er die Konzeption zeichnerisch festhält oder seine Berechnungen anstellt und zu Papier bringt, sondern der Ort, an dem das geplante Objekt stehen soll. Das Objekt ist Gegenstand der Planung und prägt die Planung durch seine jeweils spezifischen, in der Planung zu berücksichtigenden Gegebenheiten.

Hat der Ingenieur einen allgemeinen Gerichtsstand, der mit dem Gerichtsstand der Erfüllung seiner Leistungsverpflichtungen nicht identisch ist, so ist für die Honorarklage des Ingenieurs das Gericht zuständig, an dem der Auftraggeber seinen Wohnsitz oder seine Niederlassung hat, während der Auftraggeber sich an das Gericht wenden muß, in dessen Bezirk das fragliche Bauwerk oder Einzelgewerk sich befindet.

In seinem Urteil vom 22.4.1976 (vgl. Fußn. 8) hat es das OLG Nürnberg abgelehnt, einen aus der „Natur des Schuldverhältnisses" fest bestimmten **einheitlichen Leistungsort** für das Vertragsverhältnis beider Parteien anzunehmen. Bei einer Honorarklage des mit Planungsleistungen beauftragten Ingenieurs ist zu berücksichtigen, daß die Vergütungspflicht des Auftraggebers keinen lokalen Bezugspunkt zum Ort der zu errichtenden oder errichteten baulichen Anlage hat. Einem Beklagten, der ja gegen seinen Willen mit einem Rechtsstreit überzogen werden kann, soll ein Prozeß im Regelfall nur an seinem Wohn- oder Geschäftssitz zugemutet werden. Der Auftraggeber hat seine Leistungspflicht erfüllt, wenn er die Vergütung an seinem Wohnsitz dem Ingenieur überwiesen hat. Im Unterschied zum Erfüllungsort des planenden Ingenieurs läßt sich also ein anderer Erfüllungsort bezüglich der Vergütungsverpflichtung **aufgrund größerer Sachnähe** in Form des lokalen Bezuges zum Ort der zu errichtenden Anlage nicht begründen.

Demzufolge ist davon auszugehen, daß ein gemeinsamer Erfüllungsort für die beiderseitigen Verpflichtungen aus einem Ingenieurvertrag aufgrund des unterschiedlichen Charakters der zu erbringenden Leistungen nicht angenommen werden kann.

Insoweit kann der Auffassung des OLG München (9) nicht gefolgt werden, wonach sich der gemeinsame Erfüllungsort aus den Umständen ergibt. Bei Werkverträgen, die bauliche Anlagen betreffen, ist nach der Auffassung des OLG die Absicht der Vertragsschließenden anzunehmen, daß ihre gesamten Rechtsbeziehungen an dem Ort des Baues erledigt werden sollen. Diese Entscheidung stellt nicht auf den Erfüllungsort der zu erbringenden Leistungen ab, sondern unterstellt einen Parteiwillen. In dieser Allgemeinheit kann jedoch ein einheitlicher Parteiwillen nicht unterstellt werden.

Achtung:

Wird der Ingenieur wegen Verletzung vertraglicher Nebenpflichten oder Rechtsgutverletzungen gemäß den Grundsätzen der p.V.V. in Anspruch genommen, so richtet sich der Gerichtsstand gemäß § 29 Abs. 1 ZPO nach dem Erfüllungsort, an dem die **Hauptverpflichtung** zu erbringen ist (10).

Ansprüche des Auftraggebers aus Verschulden bei Vertragsschluß, Wandelungs-, Minderungsrechten und Vertragsstrafenabreden unterliegen ebenfalls dem Gerichtsstand des § 29 ZPO, wenn dieser Gerichtsstand gemäß § 35 ZPO abweichend vom allgemeinen Gerichtsstand (§§ 12ff. ZPO) durch den Kläger gewählt wird (11).

(1) OLG Nürnberg 22.4.76 BauR 77/70
(2) OLG Stuttgart 12.5.75 BauR 77/72
(3) Locher, BauR 77/72
(4) ebenso Werner/Pastor, Der Bauprozeß, RdZ 213
(5) BGH 18.9.67 NJW 67/2259 m.w. Nachw.
(6) BGH 28.10.78 NJW 79/214; Schmalzl, Die Haftung des Architekten u. Bauunternehmers, RdZ 35
(7) BGH 15.11.73 NJW 74/95 = BauR 74/67
(8) OLG Nürnberg 22.4.76 BauR 77/70
(9) OLG München 27.11.70 – AZ.: 8 U 2414/70, unveröffentlicht
(10) BGH 6.11.73 NJW 74/410; OLG Karlsruhe 21.8.69 NJW 69/1968
(11) Döbereiner/Liegert, Baurecht für Praktiker, S. 18

9b Gerichtsstand durch Individualvereinbarung

Durch Individualvereinbarungen können nach der sog. Gerichtsstandnovelle vom 21.3.1974 Gerichtsstandsvereinbarungen abweichend vom gesetzlichen Gerichtsstand nur sehr beschränkt getroffen werden. Die Neuregelung des § 38 ZPO gilt gemäß Art. 3 der Gerichtsstandsnovelle auch für solche Verträge, die vor Inkrafttreten der Gerichtsstandsnovelle abgeschlossen worden sind, sofern sich eine prozessuale Auseinandersetzung oder die Geltendmachung von Ansprüchen im Mahnverfahren nach dem 1.4.1974 ergeben hat.

Gemäß § 29 Abs. 2 ZPO kann eine Vereinbarung über einen vom tatsächlichen Erfüllungsort abweichenden Gerichtsstand wirksam nur abgeschlossen werden, wenn **beide Vertragspartner Vollkaufleute** (z.B. Handels- oder Kapitalgesellschaften, im Handelsregister eingetragene Kaufleute) oder juristische Personen des öffentlichen Rechts (Gemeinden etc.) sind.

Abgesehen von der Regelung in § 29 Abs. 2 ZPO sind Gerichtsstandsvereinbarungen aufgrund einer Individualabrede gemäß § 38 Abs. 3 ZPO nur dann wirksam, wenn die Vereinbarung **ausdrücklich und schriftlich** — entweder nach dem Entstehen der Streitigkeiten oder — für den Fall geschlossen wird, daß die im Klageweg in Anspruch zu nehmende Partei nach Vertragsschluß ihren Wohnsitz oder gewöhnlichen Aufenthaltsort aus dem Geltungsbereich dieses Gesetzes verlegt oder ihr Wohnsitz oder gewöhnlicher Aufenthalt zum Zeitpunkt der Klageerhebung nicht bekannt ist. Die Regelung des § 38 Abs. 3 ZPO setzt die Kaufmannseigenschaft nicht voraus. Die Vereinbarung kann durch jede prozeßfähige private Person wirksam abgeschlossen werden, wenn die Schriftform gewahrt ist.

Zu beachten ist, daß „Streitigkeit" i.S. des § 38 Abs. 3 ZPO nicht bedeutet, daß ein Rechtsstreit bereits anhängig sein muß. Es genügt vielmehr eine Meinungsverschiedenheit über die Rechtsfolgen aus dem Rechtsverhältnis, z.B. darüber, ob Gewährleistungsansprüche gegeben sind oder nicht (1).

Achtung:

Gemäß § 689 Abs. 2 ZPO ist für das **Mahnverfahren** ein ausschließlicher Gerichtsstand gesetzlich vorgeschrieben. Hier kann auch unter den Voraussetzungen des § 38 Abs. 3 ZPO eine wirksame Individualabrede über einen abweichenden Gerichtsstand nicht getroffen werden. Gemäß § 689 Abs. 2 ZPO ist für das Mahnverfahren ausschließlich das Amtsgericht zuständig, bei dem der Antragsteller (Gläubiger) seinen allgemeinen Gerichtsstand hat. Macht z.B. der Ingenieur bei Zahlungsverweigerung des Auftraggebers seinen Vergütungsanspruch zunächst im Mahnverfahren geltend, so hat er — gleichgültig, wo der Antragsgegner (Auftraggeber) seinen Wohnsitz hat — den Mahnbescheid beim Amtsgericht zu beantragen, das für den Bereich seines Wohnsitzes oder seiner geschäftlichen Niederlassung zuständig ist (2).

(1) Thomas/Putzo, § 38 ZPO Anm. 2 c); Baumbach/Lauterbach, § 38 ZPO Anm. 5 A m.w. Nachw.
(2) BayObLG 20.7.78 MDR 79/145

9c Gerichtsstand durch Allgemeine Geschäftsbedingungen oder Formularverträge

In Allgemeinen Geschäftsbedingungen oder Formularverträgen sind Gerichtsstandsvereinbarungen dann zulässig, wenn beide Vertragspartner Vollkaufleute sind.

Beispiel:

Beauftragt z.B. eine Kommanditgesellschaft ein Ingenieurbüro, das in Form einer GmbH organisiert ist, mit der Erstellung von Planungen, so können die beiden Vertragspartner einen vom gesetzlichen Gerichtsstand abweichenden Gerichtsstand wirksam vereinbaren. In der Literatur ist allerdings umstritten, ob eine solche Gerichtsstandsklausel zwischen Vollkaufleuten der Inhaltskontrolle gemäß §§ 3, 8, 9 AGBG unterliegt (1).

Für den Ingenieur, der kein Vollkaufmann im Sinne des § 38 Abs. 3 ZPO ist, stellt sich die Problematik der formularmäßigen Regelung des örtlichen Gerichtsstandes kaum: Durch die Regelung der §§ 29 Abs. 2, 38 ZPO sind Gerichtsstandsvereinbarungen durch Allgemeine Geschäftsbedingungen oder Formularverträge auf der Auftraggeberseite für den Ingenieur nicht verbindlich. Dabei hat besondere Bedeutung die Regelung des § 331 Abs. 1 ZPO: Eine Gerichtsstandsvereinbarung bei Säumnis des Beklagten gilt nicht mehr als zugestanden, selbst wenn sie wirksam vereinbart werden kann. Das Gericht hat immer von Amts wegen zu prüfen,

ob die behauptete Gerichtsstandsvereinbarung zulässig gemäß §§ 29, 38 ZPO abgeschlossen werden konnte (2).
Damit ist dem Verwender von Allgemeinen Geschäftsbedingungen die Möglichkeit genommen, den Vertragspartner an einem Gerichtsstand seiner Wahl zu verklagen und im Falle des Nichterscheinens des Beklagten im Termin zur mündlichen Verhandlung ein Versäumnisurteil zu erwirken.

(1) vgl. Nachweise bei Werner/Pastor, Der Bauprozeß, RdZ 215
(2) Thomas/Putzo, Vorbem. zu § 38 ZPO; Baumbach/Lauterbach, Anm. 2 zu § 331 ZPO

10 Die bei Vertragsabschluß vom Ingenieur zu beachtenden Risiken

Der Ingenieur erbringt im Rahmen seiner Vertragserfüllung besondere geistige Leistungen. Er hat deshalb aufgrund des durch den Vertragsschluß begründeten **Vertrauensverhältnisses** die ihm übertragenen Aufgaben selbst durchzuführen (**Eigenleistungsverpflichtung**) (1). Ist für den Ingenieur abzusehen, daß er die ihm übertragenen Aufgaben nicht in vollem Umfange selbst wahrnehmen kann (z.B. infolge Termindrucks oder besonderer Anforderungen und Fachkenntnisse, die er nicht besitzt), so hat er sich gleich bei Vertragsschluß beim Auftraggeber zu vergewissern, ob er Teilleistungen (z.B. örtliche Bauleitung) ganz oder teilweise an ein weiteres Ingenieurbüro vergeben darf. Unterläßt er die gebotene Aufklärung über die Leistungsfähigkeit seines Büros, so macht er sich nach den Grundsätzen über die Haftung wegen Verschuldens bei Vertragsabschluß schadensersatzpflichtig (vgl. RdZ 30).
Das gleiche gilt, wenn der Ingenieur einen Auftrag angetragen erhält, ausgiebige Verhandlungen über einen abzuschließenden Vertrag führt und den Auftraggeber in dem sicheren Glauben läßt, der Vertrag werde ohne Vorbehalte zustande kommen. Ist der Ingenieur an der Wahrnehmung der ihm übertragenen Aufgaben gehindert, so hat er dem Auftraggeber unbedingt seine Verhinderung sofort anzuzeigen. Unterläßt er dies, so trifft ihn ebenfalls eine Haftung aus Verschulden bei Vertragsschluß.
Ist ein Ingenieur mit der Gesamtdurchführung einer baulichen Anlage betraut, so hat er sich über den Umfang seiner Befugnisse zu vergewissern. Insbesondere hat er sich darüber Klarheit zu verschaffen, ob er im Namen des Bauherrn und Auftraggebers eventuell weitere Verträge abschließen darf oder Abnahmen bei ausgeführten Bauleistungen durchführen kann. Insoweit gelten die Ausführungen zur Architektenvollmacht (vgl. RdZ 81 ff.).
Vorsicht hat der Ingenieur walten zu lassen bei Abgabe von Garantiezusagen, wie Terminzusagen oder Zusagen über die Einhaltung einer bestimmten Baukostensumme, vgl. hierzu RdZ 133 ff., 137 ff.

Es empfiehlt sich, daß beide Vertragspartner verbindlich einen **Adressaten** für etwaige Mitteilungen seitens des Ingenieurs über Bedenken fachlicher Art bestimmen. Der Architekt kann nicht aus originärer Vollmacht als befugt angesehen werden, Bedenken entgegenzunehmen (vgl. RdZ 81ff., 168).

Sind als Vertragsgrundlage ausdrücklich Pläne, Zeichnungen, Baugenehmigungen etc. festgelegt, so hat sich der Ingenieur im eigenen Interesse über die Genauigkeit der Pläne, über die Genehmigungsfähigkeit des Vorhabens etc. zu unterrichten, will er sich nicht Schadensersatzansprüchen aussetzen (vgl. hierzu Ausführungen zum Fehlerbegriff – RdZ 40ff.).

Der Leistungsgegenstand ist möglichst präzise festzustellen, um bei Sonderwünschen des Bauherrn oder im Falle notwendiger Umplanung Auseinandersetzungen wegen der Vergütung möglichst zu vermeiden.

Unbedingt muß dem Ingenieur § 3 des Gesetzes zur Regelung von Ingenieur- und Architektenleistungen vom 4.11.1971 („Artikel-Gesetz") bekannt sein. Die Bestimmung lautet:

„Eine Vereinbarung, durch die der Erwerber eines Grundstücks sich im Zusammenhang mit dem Erwerb verpflichtet, bei Planung oder Ausführung eines Bauwerks auf dem Grundstück die Leistungen eines bestimmten Ingenieurs oder Architekten in Anspruch zu nehmen, ist unwirksam. Die Wirksamkeit des auf den Erwerb des Grundstücks gerichteten Vertrages bleibt unberührt."

Verstößt der Ingenieur gegen diese Bestimmung, so ist der abgeschlossene Vertrag **nichtig**. Der Ingenieur riskiert in diesem Falle, eventuell erhaltene Vorschußleistungen nach den Grundsätzen über ungerechtfertigte Bereicherung oder wegen Verschuldens bei Vertragsschluß zurückerstatten zu müssen (2).

(1) Lewenton/Schnitzer, Verträge im Ingenieurbüro, S. 34
(2) BGH 10.4.75 NJW 75/1218; BGH 24.11.77 NJW 78/639; OLG Düsseldorf 17.12.74 BB 75/201; Hesse, Das Verbot der Architektenbindung, BauR 77/74 m.w. Nachw.; BGH 21.12.78 BauR 79/169; BGH 20.4.79 BB 79/1066; OLG Düsseldorf 30.5.78 BauR 79/171

III Grundzüge des Vergütungsrechts

Aufgrund Artikel 10 des Gesetzes zur Verbesserung des Mietrechts und zur Begrenzung des Mietanstiegs sowie zur Regelung der Ingenieur- und Architektenleistungen („Artikel-Gesetz") vom 4.11.1971 (BGBl. I 1971 S. 1745) wurde mit Verordnung vom 17.9.1976 (BGBl. I 1976 S. 2805) die Verordnung über die Honorare für Leistungen der Architekten (Honorarordnung für Architekten und Ingenieure – HOAI) mit Wirkung vom 1. Januar 1977 erlassen.

Dabei hat der Verordnungsgeber unter dem Vorbehalt der Erweiterung (vgl. BRDrucks. 270/76, Begründung S. 2) nur die Leistungen der Tragwerksplaner als einen Teilbereich der Ingenieursleistungen speziell geregelt (§§ 51-56 HOAI). Demgemäß wird die LHO von 1969 durch die HOAI nicht vollständig abgelöst, sondern lediglich für den Bereich der Tragwerksplanung (1).

Die Regelung durch eine Verordnung, gestützt auf die Ermächtigungsgrundlage des § 1 des Gesetzes zur Regelung von Ingenieur- und Architektenleistungen hinsichtlich der von der jetzt vorliegenden HOAI noch nicht erfaßten Ingenieurleistungen, bleibt abzuwarten.

Bis zum Erlaß einer derartigen Verordnung bestimmt sich die Vergütung für Ingenieursleistungen, die von der HOAI nicht erfaßt sind, durch die Gebührenordnung für Ingenieure (GOI) sowie durch die LHO.

Die GOI wurde mit Preisverordnung (VO Pr Nr. 1/65) vom 25.1.1965 aufgehoben.

Dennoch können die Regelungen der GOI zur Vertragsgrundlage des Ingenieurvertrages gemacht werden (2).

Dabei ist zu beachten, daß die „Vertragsbestimmungen der Ingenieure", die Bestandteil der GOI waren, nur durch besondere Vereinbarungen zwischen den Parteien wirksam werden können, also nicht Bestandteil der GOI sind.

Achtung:

§ 18 Abs. 1 der Vertragsbestimmungen zur GOI in der Fassung vom 3.4.1956 widerspricht Treu und Glauben (§ 242 BGB). Nach dem Urteil des BGH vom 16.4.1973 (3) ist die Klausel dahingehend auszulegen, daß, wenn der Ingenieur aus einem Grunde kündigt, den der Bauherr zu vertreten hat, der Ingenieur den Anspruch auf die vertragliche Vergütung **behält**, sich jedoch anrechnen lassen muß, was er an Aufwendungen erspart oder durch anderweitige Verwendung seiner Arbeitskraft erwirbt oder zu erwerben böswillig unterläßt.

Anstelle der GOI kann die LHO zur Vertragsgrundlage gemacht werden.

Im Gegensatz zur HOAI besitzt die LHO keinen **Höchstpreischarakter**, da es sich hierbei nicht um eine Preisverordnung handelt. Ihrem Wesen nach ist die LHO als **Allgemeine Geschäftsbedingung** zu qualifizieren, die von Fall zu Fall zu vereinbaren ist, also nicht automatisch im Ingenieurvertrag gilt. Die LHO unterliegt der richterlichen Inhaltskontrolle und hat sich an den Bestimmungen des AGB-Gesetzes zu orientieren (4).

Die Honorarberechnung nach der LHO erfolgt auf der Grundlage der Herstellungssumme des Werkes. Dabei zählen zur Herstellungssumme sämtliche Kosten für Lieferungen und Leistungen, welche bei der Herstellung des Werkes entstehen. Ausgenommen sind dabei die Kosten für Grunderwerb, Finanzierung, Prüfungs- und Genehmigungsgebühren, Honorare für Ingenieur- und Architektenleistungen einschließlich Nebenkosten (8.1 LHO).

Im Gegensatz hierzu sieht für den Bereich der Tragwerksplanung § 52 HOAI als Bemessungsgrundlage **anrechenbare Kosten** vor, die mit den Herstellungskosten nicht übereinstimmen müssen.
Gänzlich unterschiedlich ist die Honorarklasseneinteilung von LHO und HOAI: Während die LHO 3 Honorarklassen unterscheidet (Ziff. 10 LHO), sieht § 54 HOAI 9 Leistungsphasen vor, hiervon 6 als Grundleistungen.
Zu den Einzelheiten der Vergütungsregelung der LHO vgl. Lewenton/Schnitzer (5).

Schlußrechnung

Achtung:

Der Ingenieur bleibt auch bei vorzeitiger Beendigung des Vertrages nach Treu und Glauben an denjenigen Betrag gebunden, den er mit seiner — in Kenntnis der Umstände aufgestellten — Schlußrechnung gefordert hat. **Dies gilt auch dann, wenn der Gebührenanspruch an sich höher ist** (6).

(1) Hesse/Korbion/Mantscheff, HOAI-Kommentar, GJA § 2 RdZ 2; Locher/Koeble/ Frik, HOAI-Kommentar, § 1 HOAI RdZ 10
(2) Locher, Das private Baurecht, 2. Aufl. 1978, RdZ 369
(3) BGH 16.4.73 NJW 73/1190 = BauR 73/260 = BGHZ 60/353
(4) Hesse/Korbion/Mantscheff, HOAI-Kommentar, Einf. RdZ 3; Locher/Koeble/Frik, HOAI-Kommentar, § 1 RdZ 3; BGH 16.4.73 NJW 73/1190 = BGHZ 60/353; Pott/ Frieling, Vertragsrecht, RdZ 635)
(5) Lewenton/Schnitzer, Verträge im Ingenieurbüro, S. 14 ff; zur Minderung der Ingenieurhonorare durch Skonti: Osenbrück, Wenn Nachlässe die Honorare drücken, Consulting 75/10 m.w. Nachw.; Neuenfeld, Rechtsprobleme der HOAI, BauR-Sonderheft 2/78
(6) BGH 7.3.74 NJW 74/945 = BauR 74/213; LG Köln 12.11.76 Schäfer/Finnern Z. 3.022 Bl. 8

IV Die Bauwerksicherungshypothek

1 Allgemeines

§ 648 BGB gewährt dem Bauunternehmer für seine Forderungen aus dem Vertrag einen Anspruch auf Einräumung einer Sicherungshypothek am Grundstück des Bauherrn (Auftraggebers).
Dies ist ein Ausgleich dafür, daß der Auftragnehmer vorleistungspflichtig ist und das Risiko für das Gelingen der versprochenen Leistung trägt (1).

Insbesondere soll dem Auftragnehmer das Grundstück des Auftraggebers als Haftungsobjekt zur Verfügung stehen, weil durch seine Leistung der Wert des Grundstückes erhöht wird (2).

Die Möglichkeit des § 648 BGB steht dem Auftragnehmer grundsätzlich zu — unabhängig von der Vertragsgestaltung im einzelnen (VOB oder BGB) (3).

(1) BGH 4.6.1973 NJW 1973, 1792ff.; Palandt/Thomas, § 320 Anm. 4 a); § 641 Anm. 1 b)
(2) BGH 5.12.1968 NJW 1969/418ff.; Locher, Das private Baurecht, 1976, RdZ 432
(3) Ingenstau/Korbion, § 16 VOB/B, RdZ 92

2 Der Ingenieur als Unternehmer i.S. des § 648 BGB

Nach der gefestigten Rechtsprechung des BGH und der Obergerichte ist „Unternehmer eines Bauwerkes" i.S. des § 648 BGB nicht nur der ausführende Bauunternehmer, sondern auch der Architekt, unabhängig davon, ob er neben der Planung auch weitere Leistungen — z.B. örtliche Bauleitung — übernommen hat (1). Nach dieser Rechtsprechung ist der geistige Beitrag des Planers an der Durchführung eines Bauvorhabens den übrigen Unternehmerleistungen im Hinblick auf § 648 BGB gleichgestellt. Der Architekt wirkt an der Errichtung des Bauwerkes auf Grund eines Werkvertrages mit (2); es kommt nicht darauf an, daß er keine materiellen Bestandteile liefert (3). Denn geschuldet ist nicht das Bauwerk als solches, sondern der Planungs-, eventuell auch der Bauleitungs- und Überwachungsvorgang, der zur mängelfreien Erstellung des Bauwerkes führen soll (4).

Dasselbe gilt für den Ingenieur als Planer:

Der Vertrag mit dem Statiker ist ebenfalls als Werkvertrag zu qualifizieren (5).

In seiner Entscheidung vom 18.9.1967 hat sich der BGH (5) mit der entgegenstehenden Auffassung des OLG München (6) auseinandergesetzt. Das OLG München aaO. hat die Anwendung des § 648 BGB im Bereich des Statiker-Vertrages mit der Begründung verneint, die Statikerleistung beziehe sich nicht unmittelbar auf das Bauwerk; der Statiker habe mit der eigentlichen körperlichen Errichtung des Bauwerkes nichts mehr zu tun, seine Leistung liege bereits abgeschlossen vor.

Zu Recht hat der BGH (5) darauf hingewiesen, daß insoweit zwischen dem Werk des Architekten und dem des Statikers kein grundlegender Unterschied bestehe: Wie der Architektenplan so beziehe sich auch die statische Berechnung mit ihren Plänen und Zeichnungen unmittelbar auf die Herstellung des Bauwerkes. Dieser Auffassung ist zu folgen; § 648 BGB ist für den Statikervertrag anwendbar.

Dasselbe gilt für die werkvertragliche Leistung anderer Ingenieure (für Schall- und Wärmeschutz, für Akustik und Schwingungstechnik usw.), deren Tätigkeit sich im Bauwerk realisiert (7).

Für den Vermessungsingenieur gelten obige Ausführungen ebenso: Die Grundstücksvermessung stellt eine geistige Leistung an einem Bauwerk dar (8), nicht lediglich eine Arbeit an einem Grundstück. Damit ist der Vermessungsingenieur als Unternehmer i.S. des § 648 BGB zu behandeln, so daß ihm der Anspruch auf dingliche Sicherung zusteht (9).

Gleiches gilt für den Bodenmechaniker, wenn Bodenuntersuchungen für die Gründungsarbeiten eines Bauvorhabens durchgeführt werden (10).

(1) Maser, Bauwerksicherungshypothek des Architekten, BauR 75/91; OLG Hamm 28.5.62, Schäfer/Finnern Ziff. 3.01, Bl. 201; KG Berlin 1.2.63 Schäfer/Finnern Ziff. 3.01, Bl. 203; BGH 9.7.62 LM § 638 Nr. 4 = NJW 62/1764; LG Traunstein 21.4.71 NJW 71/1460; Locher, Das private Baurecht, RdZ 438; BGH 24.3.77 NJW 77/1146 m. w. Nachw.
(2) BGH 26.11.59 NJW 60/431 = MDR 60/217; BGH 5.12.68 NJW 69/419; Palandt/Thomas, Einführung vor § 631 Anm. 5
(3) BGH 21.4.60 BGHZ 32, 207 = NJW 60/1198 m.w. Nachw.
(4) BGH 16.11.59 NJW 60/431 = MDR 60/217 = VersR 60/365; BGH 25.5.64 NJW 64/1791
(5) BGH 18.9.67 NJW 67/2259; BGH 15.11.73 NJW 74/95
(6) OLG München OLGZ 1965, 143
(7) OLG München 5.4.74 NJW 74/2238; Locher, Das private Baurecht, 2. Aufl. RdZ 439; Werner/Pastor, Der Bauprozeß, RdZ 87
(8) BGH 21.2.72 NJW 72/901
(9) Werner/Pastor, Der Bauprozeß, RdZ 87
(10) BGH 26.10.78 – unveröffentlicht

3 Unmittelbares Vertragsverhältnis zum Bauherrn

„Unternehmer" i.S. des § 648 BGB ist derjenige, der die Herstellung eines Bauwerkes – oder eines Teiles desselben – durch Vertrag mit dem Bauherrn – Grundstückseigentümer – übernommen hat.

Damit kommt es für den Begriff „Unternehmer" allein auf die rechtlichen Beziehungen zum Bauherrn an; die technische oder wirtschaftliche Beteiligung des Auftragnehmers an der Erstellung des Bauwerks im einzelnen bleibt außer Betracht (1).

Die Eintragung einer Sicherungshypothek gemäß § 648 BGB oder einer Vormerkung kann für Ingenieurleistungen also nur dann gefordert werden, **wenn der Auftrag vom Bauherrn unmittelbar oder in dessen Namen vom Architekten erteilt worden ist** (2).

Soweit Ingenieure als Sonderfachleute auf Grund eines Auftrages des Architekten (und nicht des Bauherrn) tätig geworden sind, können sie ihre Vergütungsansprüche nur gegen den Architekten geltend machen – ein Anspruch gegen den Bauherrn gemäß § 648 BGB scheidet aus (3).

Lediglich eine **werkvertragliche Beziehung** zwischen Auftragnehmer und Besteller löst die Rechte aus § 648 BGB aus. Auf das technische oder wirtschaftliche Gewicht der Beteiligung am Bauvorhaben kommt es nicht an (vgl. Fußn. 1).

(1) BGH 22.6.51 LM § 648 Nr. 1; Ingenstau/Korbion, VOB/B § 16 RdZ 93; Palandt/Thomas, § 648 Anm. 2
(2) v. Lüpke, Die Sonderfachleute im Bauwesen, BB 68/651; Schmalzl, Zur Rechtsnatur des Statikervertrages, MDR 71/349; Locher, Das private Baurecht, 2. Aufl. RdZ 439; Döbereiner/Liegert S. 151
(3) v. Lüpke aaO.; Döbereiner/Liegert aaO.

4 Identität von Auftraggeber und Grundstückseigentümer

Der Anspruch aus § 648 BGB richtet sich gegen den Grundstückseigentümer, der mit dem Besteller identisch sein muß. Denn § 648 BGB gibt nur einen persönlichen Anspruch gegen den Besteller als Grundstückseigentümer auf Einräumung einer Hypothek, nicht aber eine gesetzliche Hypothek (1).
Die Frage der Identität von Auftraggeber und Grundstückseigentümer ist dort unproblematisch, wo es sich um Einzelpersonen handelt. Ferner ist anerkannt, daß der Unternehmer die Rechte aus § 648 BGB dann geltend machen kann, wenn eine Personengesellschaft (OHG, KG) als Bestellerin auf dem Grundstück eines persönlich haftenden Gesellschafters mit dessen Einverständnis bauen läßt. Die Haftung ergibt sich hier aus allgemeinen Haftungsregelungen (§§ 128, 161 HGB) (2).
In den Fällen, in denen Besteller und Grundstückseigentümer zwei verschiedene juristische Personen sind, ist eine eindeutige Lösung nicht erarbeitet, die Rechtsprechung kontrovers:
Zum einen wird gefordert, die Frage der Identität nicht formaljuristisch, sondern in wirtschaftlicher Betrachtungsweise zu behandeln (3), zum anderen wird eine Lösung über die Grundsätze des Vertretungsrechtes gesucht (4).
In einem vom OLG München entschiedenen Fall war Bestellerin der Werkunternehmerleistungen eine GmbH, die zugleich Miteigentümerin des in Anspruch genommenen Grundstückes im Rahmen einer BGB-Gesellschaft sowie alleiniger Komplementär der beiden anderen Miteigentümer (Kommanditgesellschaften) war.
Das OLG München aaO. gab dem Antrag auf Eintragung einer Vormerkung zur Sicherung des Anspruches auf Eintragung einer Bauhandwerker-Sicherungshypothek aus folgender Erwägung statt:
Entscheidend sei allein der Umstand, daß die Bestellerin (GmbH) als Komplementär-GmbH durch ihren Geschäftsführer auf Grund ihrer allgemeinen Geschäfts-

führungs- und Vertretungsbefugnis (§§ 114 I, 125 I, 164, 170 HGB) die Handlungen der beiden anderen Grundstückseigentümer (Kommanditgesellschaften) ausschlaggebend beeinflusse, steuere und bestimme. Diese besondere wirtschaftliche Konstellation rechtfertige es, die Identität von Besteller und Eigentümer des Grundstückes nicht lediglich nach formaljuristischen Kriterien zu bestimmen (5).
Im Ergebnis ebenso: LG Köln aaO.
Einen anderen Ansatzpunkt sah das OLG Braunschweig in seiner Entscheidung als erheblich an (6):
Hier waren Eigentümer bzw. Besteller zwei verschiedene Kommanditgesellschaften mit derselben GmbH als persönlich haftender Gesellschafterin.
Allein die von der Grundstückseigentümer-Kommanditgesellschaften erteilte Ermächtigung, das Grundstück bebauen zu lassen — so führt das OLG Braunschweig aaO. aus —, mache diese nicht zur Bestellerin. Mangels Identität wurde der Antrag des Werkunternehmens abgewiesen.
Interessengerecht und methodisch angemessen erscheint für solche Fälle **eine Abwägung** der beiderseitigen Interessen **unter Berücksichtigung** des wirtschaftlichen **Nutzens**, wobei das Sicherungsinteresse des Unternehmers dann überwiegt, wenn der Eigentümer einen Dritten mit der Erteilung eines Werkauftrages betraut und dazu ermächtigt hat (7).
Bei fehlender Identität muß nach den Grundsätzen von Treu und Glauben der Kommanditist und alleinige Geschäftsführer der Komplementär-GmbH einer GmbH & Co KG die Eintragung der Hypothek dulden (8).
Sind mehrere Besteller Grundstückseigentümer, so kann das Grundstück insgesamt mit einer Sicherungshypothek belastet werden.
Wird eine Bauleistung zum Teil auf dem Grundstück des Bestellers, zum Teil auf dem Grundstück eines Dritten erbracht, so dient das **Grundstück des Bestellers** als Haftungsobjekt für die **gesamte Vergütung** (9).
Bei Bruchteilseigentum des Bestellers kommt lediglich eine Belastung des Bruchteils des Bestellers in Betracht.
Wenn der Besteller im Erbbaurecht baut, ist zur Eintragung der Sicherungshypothek die Zustimmung des Grundstückseigentümers erforderlich, da dieser nicht zugleich Besteller ist (10).

(1) Ingenstau/Korbion, § 16 VOB/B, RdZ 94; Palandt/Thomas, § 648 Anm. 2 b); Locher, Das private Baurecht, 2. Aufl., RdZ 433; Döbereiner/Liegert, Baurecht für Praktiker, S. 151 ff.
(2) Ingenstau/Korbion, § 16 VOB/B, RdZ 94; LG Köln 12.7.73 BB 1973/1375
(3) LG Köln 12.7.73 BB 73/1375; OLG München 11.11.74 NJW 75/220; Palandt/Thomas, § 648 Anm. 2 b)

(4) OLG Braunschweig 19.3.74 BB 74/624; Ingenstau/Korbion, § 16 VOB/B, RdZ 94; Fehl, Zur Identität von Besteller und Grundstückseigentümer als Voraussetzung für die Bestellung einer Bauhandwerker-Sicherungshypothek i.S. des § 648 BGB, BB 77/69ff.; OLG Bremen 19.2.76 NJW 76/1320; OLG Hamm 3.12.76 NJW 77/1640; Wilhelm, Bauunternehmer-Sicherungshypothek und wirtschaftliche Identität von Besteller u. Eigentümer, NJW 75/2322
(5) OLG München 11.11.74 NJW 75/220
(6) OLG Braunschweig 19.3.74 BB 74/624; im Ergebnis ebenso: OLG Hamm 8.12.76 MDR 77/813
(7) Ingenstau/Korbion, § 16 VOB/B, RdZ 94; Fehl aaO.
(8) LG Düsseldorf 13.6.75 BB 1975/901
(9) Palandt/Thomas, § 648 Anm. 2 b); OLG Nürnberg 8.11.50 NJW 51/155
(10) LG Tübingen 14.9.55 Schäfer/Finnern Z 2.321 Bl. 4 = NJW 56/874

5 Wertsteigerung des Grundstückes 22

Die Sicherungshypothek kann erst dann verlangt werden, wenn sich die geistige Leistung des Auftragnehmers wertsteigernd auf das Grundstück ausgewirkt hat (1). Dabei wird auch dem nur planenden Auftragnehmer (Architekt, Statiker, Bauingenieur) nach h.M. das Recht auf eine Sicherungshypothek eingeräumt, weil bereits die im Entwurf enthaltene geistige Arbeit ein nicht wegzudenkender Teil der Gesamtleistung ist und sich unmittelbar auf die Herstellung des Bauwerkes bezieht (2).

Voraussetzung für den Anspruch aus § 648 BGB beim reinen **Planungsauftrag** ist jedoch, daß das Bauwerk — zumindest teilweise — errichtet ist. Andernfalls fehlt es an der vom Planer mitveranlaßten Wertsteigerung des Grundstückes (3).

Vorbereitende Arbeiten am Grundstück, wie z.B. die Errichtung eines Baugerüstes (4), die Beseitigung eines auf dem Grundstück befindlichen Altbaues (5), Ausschachtungsarbeiten etc. genügen also nicht.

Auch die Erstellung eines später genehmigten Baugesuches durch den Planer (hier Bauingenieur) löst die Rechte aus § 648 nach h.M. nicht aus (6), wenn das Bauvorhaben nicht durchgeführt wird.

Allein die Baugenehmigung stellt entgegen der Auffassung Masers (7) noch keine Werterhöhung des Grundstückes dar: Die Baugenehmigung begründet nur eine günstige Rechtsposition gegenüber der Bauaufsichtsbehörde. Fest steht nicht, ob die Baugenehmigung einen **konkreten Wert** darstellt, weil ein späterer Erwerber nicht nach den genehmigten Plänen bauen muß.

Auch ein vom Planer erstellter, vom Auftraggeber vereinbarungsgemäß zu vergütender Zweitentwurf berechtigt nicht zur dinglichen Sicherung des Honoraranspruches, soweit der Zweitentwurf nicht realisiert worden ist.

Wirtschaftliche Betreuungsleistungen des Planers, wie Finanzierungsberatung, Hypothekenbeschaffung etc., sind ebenfalls über § 648 BGB nicht sicherbar (8). Denn sie wirken sich nicht unmittelbar wertsteigernd auf das Grundstück aus (9).

(1) BGH 5.12.68 NJW 69/419
(2) OLG Hamm 28.5.62 NJW 62/1399; KG Berlin 1.2.63 Schäfer/Finnern Z. 3.01 Bl. 203; OLG Düsseldorf 25.4.72 NJW 72/1863 = BauR 72/254
(3) OLG Düsseldorf 25.4.72 NJW 72/1399 m.w. Nachw.; Locher, Das private Baurecht, 2. Aufl. RdZ 438
(4) KG Berlin 17.9.64 Schäfer/Finnern Z. 3.01 Bl. 282
(5) LG Nürnberg-Fürth 19.11.71 NJW 72/453
(6) OLG Düsseldorf 25.4.72 NJW 72/254; Ingenstau/Korbion, § 16 VOB/B RdZ 98
(7) Maser, Bauwerksicherungshypothek des Architekten, BauR 75/91
(8) OLG München 22.9.72 NJW 73/289
(9) Ingenstau/Korbion, § 16 VOB/B RdZ 98; vgl. auch Pott/Frieling, Vertragsrecht, RdZ 308

6 Sicherungshypothek und Wohnungseigentum

Bildet der Grundstückseigentümer **nach Durchführung von Bauarbeiten** Wohnungseigentum, so steht dem Auftragnehmer hinsichtlich der Wohnungen ein Anspruch auf Eintragung einer **Gesamthypothek** in Höhe seiner noch offenen Werklohnforderung zu (1). Dies erscheint folgerichtig:

Bis zur Aufteilung des bebauten Grundstückes steht als **Haftungsobjekt ein einziges Grundstück** zur Verfügung, auf das sich die **einheitliche Hypothek** erstreckt. Wird nach deren Eintragung Wohnungseigentum gebildet, so setzt sich die Hypothek in **voller Höhe an jedem Teil** fort (2). Anders kann die rechtliche Beurteilung nicht sein – auch unter Berücksichtigung der Belange der Erwerber –, wenn eine Hypothek **nach Bildung von Wohnungseigentum** eingetragen werden soll. Dies auch dann, wenn einzelne Teile bereits veräußert sind: Dem Sicherungsbedürfnis des Auftragnehmers ist in diesen Fällen der Vorzug zu geben, die Eintragung einer Gesamthypothek in Höhe des noch offenen Anspruches zu gewähren. Die Aufteilung der Hypothek an den noch im Eigentum des Bestellers befindlichen Teilen entsprechend dem Wert der erbrachten Leistungen bezüglich dieser Teile ist unpraktikabel und schützt den Besteller in unangemessener Weise (3).

War schon **vor der Bebauung Wohnungseigentum gebildet** worden, so kann der Auftragnehmer jeweils nur denjenigen Teil der Vergütung von den einzelnen Eigentümern verlangen, der dem leistungsmäßigen Anteil entspricht. (4) Hier kann der Auftragnehmer die Eintragung einer Sicherungshypothek nur in Höhe der anteiligen Leistung fordern (5).

(1) OLG München 11.11.74 NJW 75/220; OLG Frankfurt 14.11.74 NJW 75/785; OLG Düsseldorf 19.9.74 BauR 76/62; Brych, Bauhandwerkersicherungshypothek bei der Errichtung von Eigentumswohnungen, NJW 74/483; Locher, Das private Baurecht, 2. Aufl. RdZ 437; a.A.: OLG Frankfurt 17.9.73 NJW 74/62; Ingenstau/Korbion, § 16 VOB/B, RdZ 94 a
(2) Palandt/Degenhart, § 890 Anm. 5 c) und § 4 WEG Anm. 1 b)
(3) Vgl. OLG München 11.11.74 NJW 75/220 (221); OLG Frankfurt 14.11.74 NJW 75/785
(4) BGH 18.6.79 BauR 79/440 = WM 79/1000
(5) OLG Frankfurt 14.11.74 NJW 75/785

7 Mangelhafte Leistung und Sicherungshypothek

Es entspricht allgemeiner Auffassung, daß der Anspruch gemäß § 648 BGB nicht Fälligkeit der zu sichernden Forderung voraussetzt. Die Forderung muß nur bereits entstanden sein (1).

Beispiel:

Mangels anderweitiger vertraglicher Regelung ist die Vergütung für Leistungen des Statikers erst nach Abnahme der Planungen und Berechnungen fällig – der Anspruch als solcher ist aber schon vor Abnahme existent.

Umstritten ist, inwieweit sich Mängel am Bauwerk auf die Höhe der dem Auftragnehmer zustehenden Sicherungshypothek auswirken. Hier hat der BGH in seinem Urteil vom 10.3.77 (2) eindeutig Stellung bezogen:

Der Auftragnehmer kann für seine Forderungen aus dem Vertrag die Einräumung einer Sicherungshypothek nicht verlangen, soweit und solange sein Werk mangelhaft ist.

In zutreffender Weise verweist die Entscheidung darauf, daß dem Sicherungsbedürfnis des Auftragnehmers nur insoweit Rechnung getragen werden kann, als er durch seine Leistung eine Wertsteigerung am Grundstück des Auftraggebers bewirkt hat. Dies ist jedoch bei einer mangelhaften Leistung nur bedingt der Fall (3). Die entgegenstehenden Auffassungen verkennen, daß nach § 648 BGB lediglich eine Sicherung des bereits **verdienten** Anteils der Vergütung grundbuchmäßig erfolgen soll, nicht aber eine endgültige Festlegung des Vergütungsanspruches (4).

Wird die Eintragung einer Vormerkung zur Sicherung der Eintragung einer Sicherungshypothek im Wege einer **einstweiligen Verfügung** begehrt, so gilt folgendes:

Vor der Abnahme hat der Auftragnehmer die Mängelfreiheit seiner Leistung durch Abgabe einer eidesstattlichen Versicherung glaubhaft zu machen, **nach der Abnahme** der Auftraggeber das Vorhandensein von Mängeln (5).

Dies gilt auch für die Bewertung etwaiger Mängel und die Höhe der daraus resultierenden Abzüge (6).

In seiner Anmerkung zum Urteil des OLG Köln vom 9.7.1974 weist Jagenburg eindrucksvoll auf die Schwierigkeiten hin, die sich aus dieser Beweislastverteilung für den Auftraggeber ergeben — insbesondere bezüglich der Bewertung der Abzüge der Höhe nach. Dort hat es — wie Jagenburg ausführt — der Auftraggeber selbst in der Hand, gemäß § 926 ZPO dem Auftragnehmer Frist zur Erhebung der Hauptklage setzen zu lassen. Im Hauptsacheverfahren kann dann eine umfassende Beweisaufnahme in Form von ordentlichen Beweismitteln durchgeführt werden, die eine Korrektur der im summarischen Verfahren der einstweiligen Anordnung (§ 287 ZPO!) gewonnenen Ergebnisse bringen kann (7).

(1) Stellvertretend für alle: Palandt/Thomas, § 648 Anm. 2 c)
(2) BGH 10.3.77 NJW 77/947 = BB 77/620
(3) ebenso: OLG Köln 9.7.74 BauR 75/213; OLG Düsseldorf 23.12.75 BauR 76/363; Ingenstau/Korbion, § 16 VOB/B, RdZ 96 a m.w. Nachw.; Locher, Das private Baurecht, 2. Aufl., RdZ 436; a.A: OLG Düsseldorf 25.1.76 BauR 76/211; Kapellmann, Einzelprobleme der Sicherungshypothek, BauR 76/323; Jagenburg BauR 75/216
(4) So zutreffend: Ingenstau/Korbion, § 16 VOB/B, Anm. 96 a)
(5) BGH 10.3.77 NJW 77/947; Ingenstau/Korbion, § 16 VOB/B, Anm. 96 a
(6) a.A: Locher, Das private Baurecht, 2. Aufl. RdZ 436; Jagenburg, BauR 75/216
(7) Jagenburg aaO. S. 218; Locher aaO. RdZ 436

8 Umfang des Anspruchs gemäß § 648 BGB

Aus dem Wortlaut des § 648 I S. 1 BGB ergibt sich, daß der Auftragnehmer eine Sicherung „für seine Forderung aus dem Vertrage" verlangen kann. Nach h.M. besteht dieser Sicherungsanspruch **für alle Forderungen aus dem Vertrag**, also neben dem Vergütungsanspruch für Ansprüche aus Schadenersatz, positiver Vertragsverletzung und Verzug (1).

Beispiel:

Zu den nach § 648 BGB sicherbaren Ansprüchen gehören auch die im Rahmen der Beitreibungsversuche der fälligen Vergütung aufgewendeten Gerichts- und Anwaltskosten.

In seiner Entscheidung vom 17.5.1974 (vgl. Fußn. 1) stellt der BGH klar, daß solche Schadensersatzansprüche **nicht in jedem Falle** durch eine gemäß § 648 BGB eingetragene Hypothek gesichert sind. Im Einzelfall ergibt sich der Umfang **der sicherbaren Forderungen aus der bei der Eintragung in Bezug genommenen einstweiligen Verfügung bzw. Eintragungsbewilligung.**

Umfang des Anspruchs gemäß § 648 BGB

Beispiel:

Ist im Verfahren der einstweiligen Verfügung nur die Sicherung des Vergütungsanspruches in einer bestimmten Höhe durch Eintragung einer Vormerkung beantragt, so sind etwaige Schadensersatzansprüche wegen Verzuges durch eine stattgebende Entscheidung nicht erfaßt (2).

(1) BGH 17.5.74 NJW 74/1761 = MDR 74/1007; Palandt/Thomas, § 648 Anm. 2 c)
(2) BGH 17.5.74 NJW 74/1761

Auch Forderungen des Auftragnehmers gegen den Auftraggeber auf Schadensersatz wegen positiver Vertragsverletzung stellen sicherbare Forderungen i.S. des § 648 BGB dar.

Beispiel:

Ungerechtfertigte, verletzende und abfällige Äußerungen des Auftraggebers veranlassen den Ingenieur, den Vertrag vorzeitig fristlos zu kündigen.
Hier hat der Auftraggeber vertragswidrig die Kündigung des Auftragnehmers provoziert. Dies verpflichtet ihn aus dem Gesichtspunkt der positiven Vertragsverletzung zum Schadensersatz wegen Nichterfüllung: Der Auftragnehmer ist so zu stellen, wie wenn er die vertraglich übernommenen Arbeiten hätte zu Ende führen können (§ 249 BGB). Damit kann der Ingenieur das volle Honorar — unter Abzug ersparter Aufwendungen — beanspruchen.
Darüber hinaus steht aber dem Auftragnehmer gemäß § 249 BGB der Anspruch des § 648 BGB zu. Dies deshalb, weil bei vertragsgemäßer Abwicklung die Honorarforderung im Wege des § 648 BGB sicherbar gewesen wäre. Durch das vertragswidrige Verhalten des Auftraggebers kann insoweit eine Schlechterstellung des Auftragnehmers nicht herbeigeführt werden: Der Anspruch auf Einräumung einer Sicherungshypothek besteht gemäß § 249 BGB bezüglich des **gesamten Honoraranspruches** (abzügl. ersparter Aufwendungen).
Der Anspruch auf Einräumung einer Sicherungshypothek besteht auch dann, wenn der Ingenieur keine Leistungen mehr erbracht hat, die den Grundstückswert hätten steigern können (1).
Hiergegen wenden sich Werner/Pastor (2) unter Hinweis auf den Wortlaut des § 648 Abs. 1 Satz 2 BGB. Die Vorschrift gewähre bei Nichtvollendung des Bauwerkes ausdrücklich eine Sicherungshypothek nur „für einen der geleisteten Arbeit entsprechenden Teil der Vergütung". Im übrigen wolle § 648 BGB eine dingliche Sicherung nur insoweit einräumen, als durch den vorleistungspflichtigen Unternehmer auf Grund seiner Tätigkeit eine Wertsteigerung des Grund-

stückes eingetreten sei — demgemäß stimme die Entscheidung des BGH (1) weder mit Wortlaut noch Funktion des § 648 BGB überein.
Dem ist entgegenzuhalten, daß nach h.M. die Sicherungshypothek für alle **vertraglichen Forderungen** besteht. Dinglich sicherbar sind neben dem Vergütungsanspruch aus §§ 631, 649 BGB auch der Entschädigungsanspruch aus § 642 BGB, der Aufwendungsersatzanspruch aus § 645 Abs. 1 BGB und der Schadensersatzanspruch aus § 645 Abs. 2 BGB (3).
Diese Ansprüche sind gemäß § 648 BGB sicherbar, **ohne** daß eine Wertsteigerung des Grundstückes eingetreten sein muß, da es sich um „Forderungen aus dem Vertrage" i.S. des § 648 Abs. 1 Satz 1 BGB handelt. Das gleiche gilt für die in der Entscheidung des BGH (1) angesprochenen Ansprüche aus positiver Vertragsverletzung.
Im übrigen kann es nicht im Belieben des **Bestellers** stehen, durch vertragswidriges Verhalten eine Beschneidung der Rechte des Auftragnehmers herbeizuführen. Der Entscheidung des BGH (1) ist deshalb zuzustimmen.
Keine sicherbaren Forderungen gemäß § 648 BGB sind Ansprüche aus dem Bauvertrag auf Naturalvergütung, Vertragsstrafe (4) und die Kosten der Rechtsverfolgung bezüglich der Hauptforderung selbst, wenn sich aus der Eintragungsbewilligung oder einstweiligen Verfügung keine Beschränkung auf die Vergütung ergibt (5).
Die Mehrwertsteuerforderung des Auftragnehmers kann erst nach vollständiger Erbringung der Leistung dinglich abgesichert werden (6).

(1) BGH 5.12.68 NJW 69/419 (421)
(2) Werner/Pastor, Der Bauprozeß, RdZ 93
(3) Stellvertretend für alle: Palandt/Thomas, § 647 Anm. 2 a)
(4) Werner/Pastor, Der Bauprozeß, RdZ 99; Soergel/Siebert, § 648 RdZ 11
(5) BGH 17.5.74 NJW 74/1761
(6) Gross, BauR 71/77

9 Abtretung, Pfändung

Wird die Forderung aus dem Bauvertrag wirksam abgetreten oder gepfändet, so folgt der Anspruch aus § 648 BGB der abgetretenen Forderung (1).

(1) Werner/Pastor, Der Bauprozeß, RdZ 102, m.w. Nachw.

10 Ausschluß der Rechte aus § 648 BGB

10a Durch Individualvertrag

Der Anspruch auf Einräumung einer Sicherungshypothek ist durch **Individualvereinbarung abdingbar**. § 648 BGB stellt nicht zwingendes Recht dar (1).
Allerdings gilt dieser Grundsatz nicht uneingeschränkt:
Tritt nach Abschluß der Vereinbarung eine **wesentliche Verschlechterung in den Vermögensverhältnissen des Auftraggebers** ein, so wird der Verzicht auf die Rechte aus § 648 BGB unwirksam (2). Dieses vom OLG Köln in seinem Urteil vom 19.9.1973 gewonnene Ergebnis rechtfertigt sich daraus, daß der Auftragnehmer bei seinem Verzicht regelmäßig von geregelten Vermögensverhältnissen des Auftraggebers ausgeht.
Wird der Auftragnehmer **arglistig** über die tatsächlichen Vermögensverhältnisse des Auftraggebers getäuscht und so zum Verzicht veranlaßt, ist dieser Verzicht unwirksam. In solchen Fällen kann eine Sicherungshypothek eingetragen werden, ohne daß es der vorherigen Anfechtung des Verzichtes bedarf (3).
Ferner ist der Verzicht auf die Rechte des § 648 BGB nach Treu und Glauben – § 242 BGB – an **strengste Vertragstreue** des Auftraggebers geknüpft.

Beispiel:
Leistet der Auftraggeber ohne stichhaltige Einwendungen fällige Zahlungen nicht, so stellt sich sein Berufen auf den Ausschluß des § 648 BGB als unzulässige Rechtsausübung dar (4).
Beruft sich der Auftragnehmer auf die Unwirksamkeit des Ausschlusses, so ist er für das Vorliegen unzulässiger Rechtsausübung darlegungs- und beweispflichtig (5).

(1) LG Köln 21.3.73 Schäfer/Finnern Z. 2.321 Bl. 25; OLG Köln 19.9.73 BauR 74/282; Palandt/Thomas, § 648 Anm. 3; Locher aaO. RdZ 432; Ingenstau/Korbion, § 16 VOB/B RdZ 97
(2) OLG Köln 19.9.73 BauR 74/282; Ingenstau/Korbion, § 16 VOB/B RdZ 97
(3) Locher aaO. RdZ 432
(4) LG Köln 21.3.73 Schäfer/Finnern Z. 2.321 Bl. 26; Ingenstau/Korbion, § 16 VOB/B RdZ 97
(5) LG Köln 21.3.73 aaO.

28   10b Durch Allgemeine Geschäftsbedingungen

Nach dem Inkrafttreten des AGB-Gesetzes ist davon auszugehen, daß ein **Ausschluß der Rechte aus § 648 BGB durch Allgemeine Geschäftsbedingungen oder Formular-Verträge nicht zulässig ist.**

Der Auftragnehmer begibt sich durch einen Verzicht auf die Rechte aus § 648 BGB eines wichtigen gesetzlichen Sicherungsmittels. Insoweit weicht ein Ausschluß, der nicht frei ausgehandelt ist, vom gesetzlichen Leitbild des Werkvertrages erheblich ab. Eine derartige Klausel ist gemäß § 9 AGBG unwirksam, da sie eine mißbräuchliche Verfolgung der Interessen lediglich einer Vertragspartei zum Ausdruck bringt. Der Auftragnehmer verliert durch einen Ausschluß des § 648 BGB ohne Gegenleistung das wichtige Sicherungsmittel für seine vertraglichen Ansprüche, das ihm als Ausgleich für seine Vorleistungspflicht und die grundstücks-wertsteigernde Wirkung seiner Tätigkeit vom Gesetz eingeräumt worden ist.

Unter dem Gesichtspunkt der Vertragsgerechtigkeit sind deshalb derartige Klauseln wegen Verstoßes gegen § 9 AGBG als unwirksam anzusehen (1).

Bereits vor dem Inkrafttreten des AGBG wurden Ausschlußklauseln als Überraschungsklauseln behandelt und abgelehnt (2).

(1) OLG München 21.1.75 BB 76/1001; Palandt/Thomas, AGBG § 9 Anm. 7; Jagenburg, BauR-Sonderheft 1/1977, S. 10; Werner/Pastor, Der Bauprozeß, RdZ 68; Ingenstau/Korbion, § 16 VOB/B RdZ 97; Heiermann/Riedl/Schwab, 2. Aufl. B § 2 RdZ 49a; a.A: Kapellmann, Einzelprobleme der Sicherungshypothek, BauR 76/323ff.
(2) LG Köln 21.3.73 Schäfer/Finnern Z 2.321 Bl. 25; LG Köln 26.11.73 Schäfer/Finnern Z. 2.321 Bl. 26; LG Köln 9.10.74 Schäfer/Finnern Z. 2.321 Bl. 34

29   11 Eintragung der Sicherungshypothek – Vormerkung – Einstweilige Verfügung – Aufhebung

§ 648 BGB gewährt nicht eine Hypothek selbst, sondern den schuldrechtlichen Anspruch auf deren Bestellung (1).

Die Bestellung der Sicherungshypothek erfolgt durch Einigung der Vertragsteile und Eintragung in das Grundbuch (§ 873 BGB). Kommt eine Einigung nicht zustande, so wird die Eintragung auf Grund gerichtlicher Entscheidung vorgenommen (§ 894 ZPO).

Die **Rangstelle** im Grundbuch für die begehrte Sicherungshypothek kann sich der Auftragnehmer durch Eintragung einer **Vormerkung** sichern lassen (§§ 883ff. BGB). Die Vormerkung wird gemäß § 885 BGB entweder auf Grund einer Bewilligung des Auftraggebers oder einer beim Gericht zu erwirkenden einstweiligen Verfügung eingetragen.

Sicherungshypothek

Für den Auftragnehmer ist letzteres Vorgehen zu empfehlen: Stellt der Auftragnehmer das Verlangen auf Erteilung einer Eintragungsbewilligung für eine Sicherungshypothek, so kann der Auftraggeber den beabsichtigten Sicherungszweck durch anderweitige Belastungen des Grundstückes vereiteln.

Sinnvollerweise wird deshalb der Auftragnehmer die Eintragung einer Vormerkung zur Sicherung der Eintragung der Sicherungshypothek im Wege der einstweiligen Verfügung beantragen.

Der Auftragnehmer hat die Kosten des Verfahrens zu tragen, wenn er den Auftraggeber nicht vorher zur Befriedigung der geltend gemachten Ansprüche aufgefordert hat und der Auftraggeber sofort anerkennt (2).

(1) Statt aller: Palandt/Thomas, § 648 Anm. 1
(2) OLG Düsseldorf 29.9.71 NJW 72/1676; OLG Düsseldorf 24.3.72 NJW 72/1955; OLG Hamm 20.8.75 NJW 76/1459; a.A.: OLG Köln 27.11.74 NJW 75/454

Die Umschreibung der Vormerkung in eine Sicherungshypothek selbst kann ebenfalls nur durch Bewilligung des Eigentümers oder durch ein sie ersetzendes rechtskräftiges Urteil erfolgen. Der Auftragnehmer muß dann Klage auf Einräumung der Sicherungshypothek erheben (1).

Gegen den Antrag auf Eintragung einer Vormerkung im einstweiligen Verfügungsverfahren steht dem Auftraggeber gemäß § 924 ZPO der **Widerspruch** zu. In der mündlichen Verhandlung über den Widerspruch können die gegenseitigen Ansprüche **nur** durch gegenwärtige Beweismittel (Zeugen, Sachverständige etc.) nachgewiesen werden (vgl. § 924 ZPO).

Die einstweilige Verfügung ist antragsgemäß wieder aufzuheben, wenn der Auftragnehmer nicht innerhalb der Vollziehungsfrist Antrag auf Eintragung der Vormerkung gestellt hat (§§ 936, 929 Abs. II, 927 Abs. II ZPO).

Ferner kann der Auftraggeber durch Hinterlegung oder durch Stellung einer selbstschuldnerischen **Bankbürgschaft** die Aufhebung einer auf Eintragung einer Vormerkung gerichteten einstweiligen Verfügung erreichen (2).

Wird die Sicherungshypothek nach einer Auflassungsvormerkung für einen **Zweiterwerber** eingetragen, so hat der Auftragnehmer die Hypothek löschen zu lassen, sobald die Eintragung des späteren Erwerbers als Eigentümer im Grundbuch vollzogen ist (§ 883 Abs. 2 S. 1 BGB).

(1) Ingenstau/Korbion § 16 VOB/B RdZ 95; LG Mainz 20.6.73 NJW 73/2294
(2) Ingenstau/Korbion, § 16 VOB/B, RdZ 95 mit weiteren Nachweisen.

B Die Haftung des Ingenieurs

I Haftung aus Verschulden bei Vertragsschluß

Der Sonderfachmann haftet nicht nur für fehlerhafte Planungsleistungen, die zu einem Mangel an der baulichen Anlage oder des Einzelgewerkes führen, sowie für Verletzung von Vertragspflichten während der Ausführung der baulichen Anlage, wenn ihm die örtliche Bauleitung oder Gesamtleitung übertragen ist. Er kann auch bereits nach Eintritt in die Vertragsverhandlungen durch Verletzung von **Aufklärungs- und Treuepflichten** Schadensersatzansprüche des Auftraggebers auslösen.

Eine Anzahl von gesetzlichen Vorschriften verpflichtet zum Schadensersatz wegen Verschuldens während der Vertragsverhandlungen, **ohne** daß ein wirksamer Vertrag zustande gekommen oder der Tatbestand der unerlaubten Handlung verwirklicht sein muß (vgl. hierzu §§ 179, 307, 663 BGB).

In Fortbildung der Gedanken dieser Vorschriften hat die Rechtsprechung den allgemeinen Grundsatz abgeleitet, daß bereits **durch die Aufnahme von Vertragsverhandlungen** ein vertragsähnliches **Vertrauensverhältnis** entsteht, das die Partner zur Sorgfalt in einer Weise verpflichtet, als sei der Vertrag bereits zustande gekommen (1).

Auslösender Haftungstatbestand ist die Verletzung von Pflichten zur gegenseitigen Rücksichtnahme und Fürsorge sowie Aufklärungspflichten.

So ist eine Haftung aus Verschulden bei Vertragsschluß für einen „Sonderfachmann" dann gegeben, wenn er sich bei den Vertragsverhandlungen als Ingenieur ausgegeben hat, obwohl er die Ingenieur-Eigenschaft im Sinne der einschlägigen Ingenieurgesetze nicht hat. Dies deshalb, da der Auftraggeber mit der Beauftragung eines Berufsfremden ein erhöhtes Risiko eingeht, ein Risiko, über das er aufzuklären ist.

Zu beachten ist dabei, daß diese Aufklärungspflicht über die Ingenieur-Eigenschaft im Sinne der Ingenieurgesetze auch dann besteht, wenn der Sonderfachmann bereits erfolgreich Vorhaben geplant und durchgeführt hat, sowie dann, wenn dem Auftraggeber die fehlende Ingenieur-Eigenschaft bekannt ist oder sein konnte (2).

Weiter obliegen dem Ingenieur Aufklärungspflichten über die etwa zu erwartenden Kosten für die zu planende bauliche Anlage oder das Einzelgewerk.

Eine Aufklärungspflicht bezüglich der Vergütungspflicht besteht für den Ingenieur auch gegenüber einem Auftraggeber, der sich über die einschlägigen Vergü-

tungsregelungen (LHO, HOAI) nicht unterrichtet hat. Dies insbesondere dann, wenn besondere Leistungen im Sinne der HOAI (vgl. § 54 Abs. 3 Ziff. 4 HOAI in Verbindung mit § 2 Abs. 3 HOAI und § 5 Abs. 4 HOAI) (3) erforderlich sind.
Allein der Abbruch von Vertragsverhandlungen begründet in der Regel selbst dann keine Schadensersatzpflicht, wenn der Abbrechende weiß, daß der andere Teil bereits Aufwendungen in Erwartung des Vertragsabschlusses gemacht hat (4). Zu Recht stellt der BGH in seinem Urteil vom 14.7.1977 (vgl. 4) darauf ab, daß allein der Abbruch von Vertragsverhandlungen zum Schadensersatz nicht deswegen verpflichten kann, weil der andere Teil in Erwartung des Vertragsabschlusses Aufwendungen getroffen hat. Eine andere Auffassung würde dazu führen, daß sich jeder der Vertragspartner schon allein durch Aufnahme von Verhandlungen schadensersatzpflichtig machen würde, weil er die mehr oder weniger bestimmte Annahme beim Verhandlungspartner hervorruft, daß er zum Vertragsabschluß bereit sei. Allein diese Annahme des Vertragspartners dürfe jedoch die Entschließungsfreiheit hinsichtlich des endgültigen Vertragsabschlusses für beide Parteien nicht beeinträchtigen.
Dem ist zuzustimmen. Etwas anderes gilt allerdings dann, wenn über den Inhalt des abzuschließenden Vertrages zwischen den Verhandlungspartnern Einigkeit bestand und der Vertragsschluß nur noch eine Förmlichkeit sein sollte. (5) Hier macht sich der Teil schadensersatzpflichtig, der sich plötzlich vom Vertrag distanzieren will. Ebenso macht sich schadensersatzpflichtig, wer den Vertragsabschluß nach Verhandlungen über den Inhalt als absolut sicher hingestellt hat (6).
Die Haftung wegen Verschulden bei Vertragsabschluß besteht unabhängig davon, ob der Vertrag zustande kommt oder nicht (7).
Voraussetzung der Haftung ist **Verschulden** (Vorsatz und Fahrlässigkeit). Dabei ist zu beachten, daß derjenige Vertragspartner, der Verhandlungen durch einen Vertreter (Verhandlungs- und Abschlußbevollmächtigten) führen läßt, für das Verschulden des Vertreters gemäß § 278 BGB haftet. § 278 BGB bezieht sich hier auf die Pflicht zum gewissenhaften Verhalten während der vertraglichen Vorverhandlungen und Abschlußverhandlungen (8).
Der Schadensersatzanspruch aus Verschulden bei Vertragsschluß ist seinem **Umfang** nach auf den Ersatz des sogenannten „negativen Interesses" gerichtet. Dies bedeutet, daß der Vertragsgegner so zu stellen ist, als hätte er nicht auf das Zustandekommen des Vertrages vertraut (9). Dies bedeutet, daß dem Auftraggeber bei Verletzung der vorvertraglichen Treue- und Aufklärungspflichten durch den Ingenieur alle Aufwendungen zu ersetzen sind, die er im Vertrauen auf das Zustandekommen des Vertrages getroffen hat.

(1) Palandt/Heinrichs, § 276 Anm. 6 a)
(2) OLG Düsseldorf, 12.12.72, BauR 73/329; vgl. auch OLG Stuttgart, 15.6.77, BauR 79/259

(3) Palandt/Heinrichs, § 276 Anm. 6 b) cc), vgl. auch LG Weiden, 2.5.78, BauR 79/71
(4) BGH, 14.7.67, NJW 67/2199; BGH, 18.10.74, NJW 75/43
(5) BGH, 6.2.69, LM Nr. 28 zu § 276 (Fa)
(6) BGH, 12.6.75, NJW 75/1774
(7) Locher, Das private Baurecht (2. Aufl. 1978) RdZ 246; Palandt/Heinrichs, § 276 Anm. 6 b)
(8) Palandt/Heinrichs, § 276 Anm. 6 b) ff); BGH, 13.11.54, BB 55/429; BGH, 21.6.74, NJW 74/1505
(9) BGH, 4.3.55, BB 55/429

II Verzögerung der vertraglich geschuldeten Leistung

1 Allgemeines

Die Durchführung von Bauvorhaben, insbesondere die Durchführung großer technischer Anlagen, ist schon aus Kostengründen meist einem genauen Terminplan unterworfen. Aus diesem Grunde ist für den Auftraggeber die vertragsgerechte Leistungserbringung in zeitlicher Hinsicht oft von wesentlicher Bedeutung.

Wie bei jeder anderen vertraglichen Beziehung ist der Ingenieur verpflichtet, seine Leistung vertragsgerecht, also auch rechtzeitig zu erbringen.

Der Zeitpunkt des Beginns seiner Leistung wird meist Gegenstand einer besonderen vertraglichen Regelung sein. Ist eine präzise Vereinbarung über den Leistungsbeginn nicht getroffen, so kann sich die Verpflichtung des Ingenieurs, die Arbeiten zu einem bestimmten Termin aufzunehmen, aus den Umständen und den sonstigen vertraglichen Vereinbarungen ergeben, insbesondere dann, wenn dem Ingenieur bei den Vertragsverhandlungen bekannt gemacht wird, daß das Bauvorhaben oder Einzelgewerk innerhalb eines bestimmten zeitlichen Rahmens fertiggestellt werden soll.

Meist gibt der Auftraggeber dem Ingenieur zu erkennen, dieser möge seine Ingenieurleistungen unmittelbar nach Vertragsschluß beginnen lassen.

Wird im Ingenieurvertrag eine Regelung über den Beginn der Aufnahme der Tätigkeit des Ingenieurs nicht getroffen und ist aus den Umständen für den Ingenieur nicht erkennbar, wann seine Leistungen zu beginnen haben, so gilt die gesetzliche Auslegungsregel des § 271 Abs. 1 BGB:

„Ist eine Zeit für die Leistung weder bestimmt, noch aus den Umständen zu entnehmen, so kann der Gläubiger (Auftraggeber) die Leistung sofort verlangen, der Schuldner (Auftragnehmer) sie sofort bewirken."

Das Werkvertragsrecht des BGB enthält gegenüber der allgemeinen Auslegungsregel des § 271 Abs. 1 BGB keine Spezialvorschrift.

In § 636 BGB wird der Fall geregelt, daß das zu erbringende Ingenieurswerk ganz oder zum Teil nicht rechtzeitig hergestellt wird. Eine Bestimmung über die Leistungszeit ist nicht getroffen.

2 Abgrenzung des § 636 BGB zu den allgemeinen Vorschriften des BGB

§ 636 Abs. 1 Satz 2 BGB bestimmt:
„Die im Falle des Verzuges des Unternehmers dem Besteller zustehenden Rechte bleiben unberührt."
Hieraus folgt, daß die allgemeinen Regelungen für eine nicht rechtzeitige Leistungserbringung neben § 636 BGB anwendbar sind. Ist z.B. der Ingenieur mit der Fertigstellung seiner Planungsleistungen in Verzug, so kann der Auftraggeber Schadensersatz gemäß §§ 284 ff. BGB geltend machen (1).
Gegenüber einer Klage des Ingenieurs auf Zahlung der vertraglich vereinbarten Vergütung kann der Auftraggeber die Einrede des nicht rechtzeitig erfüllten Vertrages gemäß § 320 BGB geltend machen. Bei nicht rechtzeitiger Fertigstellung kann der Auftraggeber Klage auf Erfüllung des Ingenieurvertrages erheben, wenn der Auftraggeber ein besonderes Interesse an der Erfüllung des Vertrages gerade durch den beauftragten Ingenieur hat. Hat der Auftraggeber ein rechtskräftiges Urteil erwirkt, so kann er dem Ingenieur zur Erbringung seiner vertraglich geschuldeten Leistung eine angemessene Frist mit der Erklärung bestimmen, daß er die Annahme der Leistung nach Ablauf der Frist ablehne. (§ 283 BGB). Bei fruchtlosem Fristablauf kann der Auftraggeber dann gegen den Ingenieur einen Anspruch auf Schadensersatz gemäß §§ 284ff. BGB geltend machen (1).
Der Auftraggeber kann aber auch nach rechtskräftiger Verurteilung des Ingenieurs, den Vertrag zu erfüllen, die Zwangsvollstreckung gemäß § 887 ZPO durchführen:
Erfüllt der Ingenieur die im rechtskräftigen Urteil ausgesprochene Verpflichtung, den Vertrag zu erfüllen, nicht, so kann das Prozeßgericht gemäß § 887 Abs. 1 ZPO auf Antrag des Auftraggebers dem Auftraggeber das Recht zusprechen, auf Kosten des Ingenieurs mit der Ausführung der Ingenieurleistungen einen Dritten zu beauftragen.
Wählt der Auftraggeber diesen Weg, so kommt die Regelung des § 636 BGB nicht in Frage, die gerade auf die Beendigung des Vertrages abzielt (2).

---

(1) Palandt/ Thomas, § 636 Anm. 2); vgl. OLG Düsseldorf 14.3.78 BauR 78/503
(2) Werner/Pastor, Der Bauprozeß, RdZ 843

3 Regelungsinhalt des § 636 BGB

§ 636 Abs. 1 BGB regelt sowohl den Fall, daß der Auftragnehmer **unverschuldet** die ihm obliegende Leistungspflicht ganz oder teilweise nicht rechtzeitig erfüllt, als auch den Fall der durch den Auftragnehmer **verschuldeten** Verzögerung der Leistungserbringung.

Haftung gemäß § 636 BGB ohne Verschulden

§ 636 BGB sieht für das Gebiet des Werkvertragsrechtes ein verschuldensunabhängiges **Rücktrittsrecht** vor.

Nach Vertragsschluß hat der Ingenieur in der Regel seine Tätigkeit möglichst umgehend aufzunehmen, die Arbeiten zügig zu fördern und zum Abschluß zu bringen. Kommt er seiner Leistungsverpflichtung nicht zeitgerecht nach, so kann der Auftraggeber die Rechte aus § 636 BGB geltend machen, ohne daß den Ingenieur für die Verzögerung bei der Fertigstellung seiner Leistungen ein Verschulden treffen muß (1).

Das Rücktrittsrecht gemäß § 636 BGB kann der Auftraggeber aber gemäß Treu und Glauben (§ 242 BGB) dann nicht geltend machen, wenn lediglich unerhebliche Verzögerungen bei der Fertigstellung der Ingenieurleistungen eingetreten sind (2). Ein Rücktrittsrecht gemäß § 636 BGB kann der Auftraggeber weiter unter dem Gesichtspunkt der unzulässigen Rechtsausübung dann nicht geltend machen, wenn der Auftraggeber die Verzögerungen selbst zu vertreten hat.

Beispiel:

Im eigenen Namen und für eigene Rechnung hat ein Architekt für die Planung eines Hochhauses einen Statiker mit der Erstellung der statischen Berechnungen und Pläne beauftragt.
Trotz wiederholter Mahnungen erhält der Statiker von seinem Auftraggeber keine präzisen Angaben über die Wasser- und Bodenverhältnisse im Bereich des zu errichtenden Objektes.
Hier kann der Architekt ein Rücktrittsrecht gemäß § 636 Abs. 1 BGB gegenüber dem Statiker nicht geltend machen, wenn dieser eine vertraglich vereinbarte Fertigstellungsfrist für seine Pläne und Berechnungen überschreitet.

(1) Palandt/Thomas, § 636 Anm. 1; Schmalzl, Die Haftung des Architekten und Bauunternehmers, RdZ 28
(2) BGH, 7.12.73, NJW 74/360

4 Haftung gemäß § 636 BGB bei Verschulden

Ist eine bestimmte Frist zur Erbringung der Ingenieurleistung kalendermäßig bestimmt (z.B. Fertigstellung der Planung und Abgabe am 1.10. eines Jahres) und überschreitet der Ingenieur den vertraglich fixierten Termin **schuldhaft**, so befindet sich der Ingenieur in Schuldnerverzug. Das gleiche gilt, wenn der Ingenieur bereits während der Ausführungszeit in von ihm zu vertretender Weise seine Leistung nur schleppend vorangebracht hat, vom Auftraggeber gemäß § 284 BGB

Haftung gemäß § 636 BGB bei Verschulden

gemahnt worden ist und dennoch nicht zu einer rechtzeitigen Fertigstellung seiner Leistungen kommt.

In diesem Falle hat der Auftraggeber ein Wahlrecht:
Er kann entweder gemäß § 636 Abs. 1 BGB vom Vertrage zurücktreten oder aber dem Ingenieur gemäß § 326 Abs. 1 BGB eine Nachfrist zur Erbringung seiner Leistungen setzen, verbunden mit der Erklärung, daß er nach fruchtlosem Fristablauf eine Annahme der Ingenieurleistungen ablehne. Nach fruchtlosem Fristablauf kann der Auftraggeber Schadensersatzansprüche wegen Nichterfüllung geltend machen.

Achtung:

Der Auftraggeber kann nur dann Schadensersatzansprüche wegen Nichterfüllung geltend machen, wenn er vorher nicht vom Vertrag zurückgetreten ist oder diesen gekündigt hat.

Beispiel:

Ein Ingenieurbüro ist zur Durchführung eines Großvorhabens mit den Leistungsphasen 1 bis 5 gemäß § 54 Abs. 3 HOAI beauftragt. Für den Abschluß der Arbeiten für Vorplanung, Entwurfsplanung, Genehmigungsplanung und Ausführungsplanung sind feste Termine vertraglich vereinbart.
In schuldhafter Weise kann das Ingenieurbüro den vertraglich vereinbarten Termin (Fix-Termin) zur Vorlage der Genehmigungsplanung nicht einhalten.
Der Auftraggeber setzt gemäß §§ 636, 634 BGB zur Fertigstellung der Genehmigungsplanung eine angemessene Frist und erklärt, daß er bei fruchtlosem Fristablauf die Entgegennahme der Planungsleistungen ablehnen werde. Es gelingt dem Ingenieur nicht, während der gesetzten angemessenen Nachfrist die Arbeiten zur Erstellung der Genehmigungsplanung abzuschließen. Nach Fristablauf kündigt der Auftraggeber den bestehenden Ingenieurvertrag, beauftragt ein anderes Ingenieurbüro mit der Fortführung der Planungsarbeiten und klagt dann die durch Einschaltung des weiteren Ingenieurbüros angefallenen Mehrkosten ein. Der Auftraggeber wird den Prozeß verlieren, da er nach Ausspruch der Kündigung gemäß § 326 Abs. 1 BGB nicht mehr Schadensersatz wegen Nichterfüllung geltend machen kann.
Umstritten ist, ob dem Auftraggeber auch dann noch ein Schadensersatzanspruch wegen Nichterfüllung zusteht, wenn er dem Auftragnehmer eine Nachholfrist setzt, mit der Androhung, daß er nach Fristablauf zurücktreten werde. Ein Teil der Rechtsprechung ist hier der Auffassung, daß der Auftraggeber an die Androhung des Rücktritts bei Nachfristsetzung gebunden sei, so daß er nicht mehr nachträglich auf Schadensersatzansprüche wegen Nichterfüllung übergehen könne (1). Diese Auffassung wird damit begründet, daß der Rücktritt als verfügungs-

rechtliche Gestaltung das gesamte Vertragsverhältnis — also auch die Grundlage für die Forderung auf Nichterfüllungsschaden — aufhebe, während das Schadensersatzverlangen des Auftraggebers das Vertragsverhältnis nicht auflöse, sondern nur die Durchsetzung der wechselseitigen Erfüllungsansprüche hindere.
In seiner Entscheidung vom 17.1.1979 (2) hat der BGH ausgeführt, daß von einem Verzicht auf die spätere Geltendmachung von Schadensersatzansprüchen nicht auszugehen ist, solange ein Rücktritt nur **angekündigt**, nicht aber erklärt sei. Hat der Gläubiger sein Wahlrecht noch nicht definitiv ausgeübt, so ist er auch nicht an seine Ankündigung gebunden, vom Vertrage zurückzutreten.
Dem ist zuzustimmen.

(1) Vgl. Nachweise bei BGH, 17.1.79, WM 79/231 = BauR 78/323
(2) BGH, 17.1.79, WM 79/231 = BauR 79/323, ebenso OLG Düsseldorf, 27.1.72, NJW 72/1051

5 Fristsetzung als Voraussetzung für Ansprüche aus § 636 BGB

§ 636 Abs. 1 Satz 1 BGB bestimmt, daß bei nicht rechtzeitiger Fertigstellung der geschuldeten Leistung die für die Wandelung geltenden Vorschriften des § 634 Abs. 1 bis Abs. 3 BGB entsprechende Anwendung finden.
Dies bedeutet, daß der Auftraggeber bei nicht rechtzeitiger Fertigstellung der Ingenieurleistung eine **angemessene Frist** setzen muß, verbunden mit der Erklärung, daß er nach fruchtlosem Fristablauf die **Annahme der Leistung ablehnen werde**. Ein Rücktrittsrecht gemäß § 636 Abs. 1 BGB ist also erst nach fruchtlosem Fristablauf möglich. Kommt der Auftragnehmer seiner Leistungspflicht innerhalb der gesetzten Nachfrist (verbunden mit Ablehnungsandrohung!) schuldhaft nicht nach, dann kann der Auftraggeber vom Auftragnehmer Schadensersatz wegen Nichterfüllung verlangen. Dieser Anspruch steht dem Auftraggeber aber nur dann zu, wenn er nicht vorher gekündigt hat oder zurückgetreten ist (1).
Die Fristsetzung gemäß § 636 Abs. 1 in Verbindung mit § 634 Abs. 1 BGB ist **in Ausnahmefällen** nicht erforderlich, wenn die Nachfristsetzung zur bloßen Formalität würde und der Sinn der Nachfristsetzung angesichts der Haltung des Auftragnehmers nicht erzielt werden kann. Kommt z.B. der Auftragnehmer seinen Vertragspflichten überhaupt nicht oder in so unzureichender Weise nach, daß dem Auftraggeber ein Festhalten am Vertrag nicht mehr zugemutet werden kann, tritt das Rücktrittsrecht auch ohne die Fristsetzung unter Ablehnungsandrohung ein.
Hat der Auftragnehmer die Vertragserfüllung endgültig verweigert oder ist die Fertigstellung der geschuldeten Ingenieurleistung innerhalb einer angemessenen Nachfrist überhaupt nicht mehr möglich, so entfällt auch hier die Fristsetzung

mit Ablehnungsandrohung als Voraussetzung für die Geltendmachung der Ansprüche aus § 636 Abs. 1 BGB (2).

Ist für die Fertigstellung der Ingenieurleistung ein kalendermäßig bestimmtes Datum vertraglich vereinbart, so kommt der Auftragnehmer bei Nichteinhaltung der Leistungszeit ohne Mahnung und Nachfristsetzung in Verzug, wenn er die Verzögerung der Fertigstellung der Leistungen zu vertreten hat.

Einer Mahnung bedarf es insbesondere bei einer kalendermäßig bestimmten Leistungszeit nicht. Denn Mahnung und Nachfristsetzung haben den Zweck, dem Auftragnehmer vor Augen zu führen, daß das Ausbleiben seiner Leistung Folgen haben werde und ihn daher zur sofortigen Leistung zu veranlassen. Aus diesem Grunde ist eine besondere Mahnung immer dann überflüssig, wenn der mit der Mahnung verfolgte Zweck bereits durch den Vertragsabschluß selbst erreicht ist (3).

(1) Palandt/Thomas, § 636 Anm. 1); BGH, 17.1.79, WM 79/231; Döbereiner/Liegert, Baurecht für Praktiker, S. 60
(2) Palandt/Thomas, § 636 Anm. 1); BGH, 10.6.74, NJW 74/1467
(3) BGH, 4.7.63, LM Nr. 1 zu § 636 BGB

6 Ausschluß des Rücktrittsrechts aus § 636 BGB

Der Auftraggeber kann dann ein Rücktrittsrecht gemäß § 636 Abs. 1 BGB nicht geltend machen, wenn sich die Geltendmachung des Rücktrittsrechts als **unzulässige Rechtsausübung** darstellen würde (§ 242 BGB).

In seiner Entscheidung vom 7.12.1973 hat der BGH (1) ausgeführt, daß unter ganz besonderen Voraussetzungen ein Gläubiger bei schuldloser geringfügiger Überschreitung der Frist die Leistung als noch rechtzeitig bewirkt gelten lassen muß. In dem zur Entscheidung stehenden Sachverhalt hatte die Fristüberschreitung lediglich einen Tag betragen. Zu Recht hat der BGH zur Frage der Geringfügigkeit der Fristüberschreitung und der Ausübung des Rücktrittsrechts bei einer solch unwesentlichen Fristüberschreitung hervorgehoben, daß **besondere Voraussetzungen erforderlich sind**, um dem Gläubiger (Auftraggeber) seine Rechte aus § 636 Abs. 1 BGB abzuschneiden. Dies deshalb, weil die Regelung bezüglich der Fristsetzung mit Ablehnungsandrohung im Interesse der **Rechtssicherheit** die Aufgabe habe, klare Verhältnisse zu schaffen. Diese Zielsetzung kann dann nicht mehr garantiert sein, wenn nach fruchtlosem Fristablauf in Frage gestellt werden kann, ob die Versäumung der Frist wirklich die angedrohten Folgen habe oder nicht. Dem ist zuzustimmen.

Die Geltendmachung des Rücktrittsrechts gemäß § 636 Abs. 1 BGB ist auch dann unter dem Gesichtspunkt der unzulässigen Rechtsausübung treuwidrig, wenn der Auftraggeber selbst die Verzögerungen herbeiführt und zu vertreten hat.

Beispiel:

Ein Ingenieur ist mit der Projektierung der Sanitäranlagen in einem Bürogebäude beauftragt. Um sein Gewerk mit dem Gewerk des Heizungsfachmannes abzustimmen, benötigt er die Planungsunterlagen des Heizungs-Ingenieurs. Werden dem Sanitär-Ingenieur diese Planungsunterlagen nicht rechtzeitig zur Verfügung gestellt, so daß er seine Planungen auf das Gewerk Heizung nicht einrichten kann und verzögert sich aus diesem Grunde ein für die Planungsarbeiten vertraglich fixierter Fertigstellungstermin, so ist der Auftraggeber, dem die Koordination der am Bau beteiligten Planer obliegt, zum Rücktritt gemäß § 636 Abs. 1 BGB nicht berechtigt (2).

(1) BGH, 7.12.73, NJW 74/360
(2) Palandt/Thomas, § 636 Anm. 1); Werner/Pastor, Der Bauprozeß, RdZ 844; vgl. auch BGH 29.11.71 NJW 72/447; BGH 11.12.75 BauR 76/138; OLG Celle 21.12.67 BauR 70/162

7 Wirkungen des Rücktrittsverlangens

§ 636 Abs. 1 BGB verweist lediglich auf § 634 Abs. 1 bis 3 BGB, so daß — abweichend von den Voraussetzungen der Wandelung und Minderung gemäß § 634 Abs. 4 BGB — zur Durchsetzung des Anspruchs auf Rücktritt ein Einverständnis des Auftragnehmers nicht erforderlich ist.

Der Auftraggeber kann dann, wenn für ihn die Teilerfüllung des Vertrages kein Interesse hat, gemäß § 636 Abs. 1 Satz 1 BGB vom **ganzen** Vertrag zurücktreten (1).

In diesem Fall steht dem Auftraggeber gegenüber dem Vergütungsanspruch des Auftragnehmer die Einrede des nicht erfüllten Vertrages gemäß § 320 BGB zu (2).

Hat der Ingenieur die nicht rechtzeitige Fertigstellung seiner Leistungen zu vertreten, so hat er bei Ausübung des Rücktrittsrechts gemäß § 636 Abs. 1 BGB die bereits geleisteten Vorschüsse auf Vergütung zurückzuerstatten.

Trifft den Ingenieur an der verzögerten Fertigstellung seiner Leistungen — z.B. der Planungen — kein Verschulden, so ist gemäß § 327 BGB, auf den § 636 Abs. 1 BGB verweist, eine mildere Haftung gegeben. In diesem Fällen hat der Ingenieur bereits empfangene Vorschüsse nur nach den Vorschriften über ungerechtfertigte Bereicherungen zurückzuerstatten (3).

Beispiel:

Ein Ingenieur ist mit der Planung eines Einzelgewerks (Feuerlöschanlage) an einem großen Bauvorhaben beauftragt. Die bei der zuständigen Genehmigungsbehörde eingegebenen Pläne gehen verloren. Auf diese Weise kann der vertraglich fixierte datumsmäßig bestimmte Abgabetermin für die Pläne durch den Ingenieur nicht eingehalten werden. Hat der Ingenieur die etwa empfangenen Vorschüsse außerhalb eines normalen Bürobetriebes verbraucht — etwa für private Luxusanschaffungen —, so ist er von einer Rückerstattungspflicht befreit.

Nach der Abnahme (§ 640 BGB) gelten die Vorschriften über die nicht rechtzeitige Herstellung des Ingenieurwerks bei **mangelhafter** Ingenieurleistung aus § 636 BGB nicht. Ist jedoch die Ingenieurleistung nur zum Teil erbracht und zum Teil abgenommen, so gelten bezüglich des restlichen Teils die Vorschriften des § 636 BGB neben den allgemeinen Verzugsvorschriften.

(1) BGH, 18.1.73, LM Nr. 3 zu § 636 BGB
(2) Werner/Pastor, Der Bauprozeß, RdZ 845
(3) Staudinger/Riedel, § 636 Anm. 11

8 Prozessuales

Die **Beweislast** ist wie folgt verteilt:

Greift der Ingenieur den vom Auftraggeber erklärten Rücktritt mit der Behauptung an, er habe seine Leistungen rechtzeitig erbracht, so trifft ihn hierfür die Beweislast (§ 636 Abs. 2 BGB).

Hat der Auftraggeber nach Ablauf des Fertigstellungstermins dem Ingenieur zur Erbringung seiner Leistungen keine Nachfrist gesetzt, und behauptet er, eine Nachfristsetzung sei nicht erforderlich gewesen, so trifft ihn die Beweislast für die Umstände, die die Nachfristsetzung entbehrlich machen (1).

(1) BGH, 28.2.66, Schäfer/Finnern Z. 3.01 Bl. 342; Werner/Pastor, Der Bauprozeß, RdZ 1324 m. w. Nachw.

III Mängelhaftung aus Werkvertrag

39 1 Rechtsnatur des Vertrages mit dem planenden Sonderfachmann

Der planende Ingenieur leistet nach der h.M. in Literatur und Rechtsprechung (1) zur Realisierung eines Bauvorhabens nicht lediglich „Vorarbeiten". In der Planungsleistung selbst wird zu Recht ein nicht hinwegzudenkender wesentlicher Bestandteil der gesamten Bauleistung gesehen (2).
Insbesondere ist in Literatur und Rechtsprechung nunmehr gesicherte Erkenntnis, daß sich die planerische Leistung unmittelbar auf die **Herstellung** des Bauwerkes selbst bezieht (3). Insoweit sind die planerischen Leistungen des Ingenieurs als **Teilleistungen eines Bauwerkes** i.S. § 638 Abs 1 S 1 BGB zu werten (4).
Zu Recht betont der BGH in seinem Urteil vom 28.10.1978 (5), daß die planerische Tätigkeit der Ingenieure (und Architekten) als geistige Beiträge zur Bauerrichtung maßgeblich die Bauausführung bestimmen. Dies gilt auch für den Bodenmechaniker. Die gutachterlichen Feststellungen und Schlußfolgerungen des Bodenmechanikers sind — ebenso wie Planungsleistungen von Statikern, Vermessungsingenieuren, Akustikern und anderen Fachingenieuren dazu bestimmt, **ihre Verkörperung im Bauwerk selbst** zu finden (vgl. BGH Urt. v. 28.10.78 aaO.). Da sich der geschuldete Leistungserfolg des planenden Ingenieurs in einem fehlerfreien Gewerk oder Bauwerk zu realisieren hat und somit untrennbar mit der mängelfreien Herstellung des Bauwerkes selbst verknüpft ist, gilt für den Ingenieur als Planer Werkvertragsrecht gemäß §§ 631ff. BGB (6). Insofern ist der planende Ingenieur als „Unternehmer" i.S. der Vorschriften der §§ 631ff. BGB aufzufassen.

---

(1) Ingenstau/Korbion, § 13 VOB/B, RdZ 91; Locher, Das private Baurecht, RdZ 367; Palandt/Thomas, § 638 Anm. 2 c); Lewenton/Schnitzer, Verträge im Ingenieurbüro, S. 5; Schmalzl, Die Haftung des Architekten und des Bauunternehmers, RdZ 24; Schmalzl, Zur Rechtsnatur des Statikervertrages, MDR 71/349; von Lüpke, Die Sonderfachleute im Bauwesen, BB 68/651; Kirchner, Rechtliche Probleme bei Ingenieurverträgen, BB 71/67; BGH 18.9.67 NJW 67/2259; BGH 5.12.68 NJW 69/419; BGH 20.1.72 NJW 72/625; BGH 15.11.73 NJW 74/95; OLG München 5.4.74 NJW 74/2238; BGH 9.3.72 WM 72/539 = NJW 72/901; BGH 12.10.78 BB 78/1640; BGH 26.10.78 NJW 79/214
(2) BGH 5.12.68 NJW 69/419 m.w. Nachw.; BGH 15.11.73 NJW 74/95; OLG München 5.4.74 NJW 74/2238; Schmalzl, Die Haftung des Architekten und Bauunternehmers, RdZ 24 m.w. Nachw.; Schmalzl, Zur Rechtsnatur des Statikervertrages, MDR 71/349
(3) vgl. Nachweise Fußnoten (1) und (2)
(4) Palandt/Thomas, § 638 Anm. 2 c; Ingenstau/Korbion, § 13 VOB/B RdZ 91
(5) BGH 28.10.78 NJW 79/214
(6) Ingenstau/Korbion, § 13 VOB/B, RdZ 91; Palandt/Thomas, Einf. zu § 631 Anm. 5; Werner/Pastor, Der Bauprozeß, RdZ 680; Locher, Das private Baurecht, RdZ 367; Schmalzl, Zur Rechtsnatur des Statikervertrages, MDR 71/349; v. Lüpke, Die Sonderfachleute im Bauwesen, BB 68/651; Lewenton/Schnitzer, Verträge im Ingenieurbüro, S. 5; Schmidt, Die Rechtsprechung zum Bau-Architekten- und Statikerrecht, Sonderbeilage 4/1972 zu WM (S. 27ff.)

2 Fehlerbegriff

§ 633 Abs. 1 BGB bestimmt bezüglich des zu erbringenden Leistungserfolges:
„Der Unternehmer ist verpflichtet, das Werk so herzustellen, daß es die zugesicherten Eigenschaften hat und nicht mit Fehlern behaftet ist, die den Wert oder die Tauglichkeit zu dem gewöhnlichen oder dem nach dem Vertrage vorausgesetzten Gebrauch aufheben oder mindern."

Es sei hier nochmals hervorgehoben: „Werk" i.S. des § 633 BGB sind nicht die Planungsunterlagen als solche — das Papier — sondern ist die im Plan verkörperte geistige Leistung.

Der Begriff des Fehlers i.S. des § 633 BGB ist nach denselben Grundsätzen zu definieren wie der Fehlerbegriff im Kaufrecht (§§ 459ff. BGB) (1).

Ein Fehler liegt danach vor, wenn der tatsächliche Zustand des an Hand der Planung realisierten Bauwerkes von dem Zustand abweicht, den die Vertragsparteien bei Abschluß des Vertrages gemeinsam vorausgesetzt haben und diese Abweichung der im Bauwerk verkörperten Planungsleistung den Wert des Bauwerkes zum vertraglich vorausgesetzten oder gewöhnlichen Gebrauch herabsetzt oder beseitigt.

Der Fehlerbegriff nach obiger Definition gilt auch für die Planung selbst, ohne daß es darauf ankommt, ob sich die fehlerhafte Planungsleistung in einem mangelhaften Gewerk oder Bauwerk niedergeschlagen hat. So hat der BGH wiederholt (2) für den planenden Architekten formuliert:

Ist die Planung fehlerhaft, so daß bei Ausführung der Planung ein Mangel am Bauwerk entsteht, so **haftet dieser Mangel dem Architektenwerk unmittelbar an.**

Wörtlich führt der BGH in seiner Entscheidung vom 5.7.1971 (3) aus:
„Die Schäden, die die Klägerin ersetzt verlangt, sind keine Mangelschäden, sondern unmittelbar durch die fehlerhafte Planung verursacht. Baumängel sind dann zugleich Mängel des Architektenwerkes, wenn sie durch eine — objektiv — mangelhafte Erfüllung der Architektenaufgaben verursacht sind."

Darüber hinaus hat der BGH in seinem Urteil vom 22.10.1970 (4) zum Planungsfehler geäußert:
„Abzustellen ist darauf, ob die Planung fehlerhaft ist. Das trifft zu, wenn die geplante Ausführung des Bauwerks **notwendigerweise zu einem Mangel des Bauwerkes führen muß.**"

Wenn aber feststellbar ist, daß die Plankonzeption notwendigerweise zu einem Baumangel führen muß, so kann es für die Beurteilung der planerischen Leistung nicht mehr darauf ankommen, ob die geplante Ausführung erfolgt ist oder nicht.

Dies hat der BGH (5) für den Statiker ausdrücklich entschieden:
„Da der Beklagte (Statiker) nur die statische Planung und Berechnung schuldete, nicht auch die Bauausführung in statischer Hinsicht zu überwachen hatte, sieht das Berufungsgericht das abzunehmende Werk in den statischen Arbeiten des Beklagten und nicht im Bauwerk. Gegen diese rechtliche Betrachtung wendet sich

die Revision des Klägers (Bauherr) ohne Erfolg. Sie meint, als abzunehmendes Werk müsse auch dann, wenn der Statiker nur die statischen Arbeiten schulde, das Bauwerk angesehen werden, weil erst am Bauwerk geprüft werden könne, ob das in ihm verkörperte geistige Werk des Statikers fehlerfrei sei."

Zu Recht hat der BGH diese Auffassung zurückgewiesen: Die statische Planung und Berechnung könne für sich – etwa durch Einschaltung eines Prüfingenieurs – geprüft und beurteilt werden (6).

Werner/Pastor (7) lehnen zutreffend die sog. erweiterte Werkvertragstheorie ab (8). Diese geht davon aus, daß der Planer auch das Bauwerk selbst als vertragliche Leistung schulde. Daraus folgt zwangsläufig, daß Mängel am Bauwerk zugleich Fehler der Planungslösung darstellen. Die Konsequenz dieser Rechtsansicht wäre, daß im Prozeß der Bauherr lediglich den Mangel am Bauwerk behaupten und beweisen müßte. Folgt man der zutreffenden Ansicht der Rechtsprechung (9), die eine Trennung von Planung und Ausführung sieht, so ist stets zu prüfen, ob der Mangel am Bauwerk auf einer vertragswidrigen Leistung des Planers beruht. Dabei hat der Bauherr den Inhalt der vertraglichen Leistungspflicht darzulegen. Denn allein nach den vertraglichen Verpflichtungen läßt sich die Vertragswidrigkeit der Planungsleistung zutreffend beurteilen – das Vorliegen von Mängeln am Bauwerk für sich genommen gibt noch keinen Anhaltspunkt für eine mangelhafte Erfüllung der planerischen Aufgaben durch den Fachingenieur. Dies ist in der Entscheidung des BGH vom 25.10.1973 (10) ganz klar ausgesprochen:

„M. (Architekt) schuldete auf Grund des Architektenvertrages dem Kläger (Bauherr) nicht das Bauwerk als körperliche Sache, sondern das Architektenwerk von der Bauplanung bis zur Bauausführung. Deshalb haftet er nicht schon, wie die Revision meint, für jeden Mangel des Bauwerks, sondern nur für Mängel des Architektenwerkes. Mängel des Bauwerkes sind nur dann zugleich Mängel des Architektenwerkes, wenn sie durch eine objektiv mangelhafte Erfüllung der dem Architekten obliegenden Aufgaben, sei es der Planung, sei es der Bauführung (örtlichen Bauaufsicht) verursacht sind. Bei von ihm zu vertretender mangelhafter Erfüllung seiner Aufgaben schuldet der Architekt nach § 635 BGB Schadensersatz."

Die Grundsätze der Rechtsprechung zum Planungsfehler des Architekten sind auch auf den Ingenieur als Planer anzuwenden (11).

Demgemäß sind Mängel am Einzelgewerk oder an der Bauleistung nur dann auch zugleich Mängel der Ingenieurplanung, wenn sie durch eine objektiv mangelhafte Erfüllung der vertraglich übernommenen Projektanten-Aufgaben hervorgerufen worden sind.

(1) Palandt/Thomas, § 633 Anm. 1 m.w. Nachw.; Ingenstau/Korbion, § 13 VOB/B RdZ 39
(2) BGH 25.5.64 NJW 64/1791; BGH 5.12.68 NJW 69/419; BGH 12.10.67 VersR 67/1194; BGH 5.7.71 WM 71/1271; BGH 22.10.70 WM 71/52 = NJW 71/92; ausdrücklich für den Statiker: BGH 15.11.73 NJW 74/95 m.w. Nachw.

(3) BGH 5.7.71 WM 71/1271; ebenso schon BGH 22.10.70 WM 71/52
(4) BGH 22.10.70 WM 71/52 = NJW 71/92
(5) BGH 15.11.73 NJW 74/95 m.w. Nachw.
(6) ebenso schon BGH 18.9.67 NJW 67/2259
(7) Werner/Pastor, Der Bauprozeß, RdZ 657
(8) Ganten, Neue Ansätze im Architektenrecht, NJW 70/687 m.w. Nachw.; Werner/Pastor, Der Bauprozeß, RdZ 657, Fußnote 21 m.w. Nachw.
(9) BGH 26.11.59 NJW 60/431; BGH 25.5.64 NJW 64/1791; BGH 15.11.73 NJW 74/95; BGH 18.9.67 NJW 67/2259; BGH 5.7.71 WM 71/1271; BGH 25.10.73 BauR 74/63
(10) BGH 25.10.73 BauR 74/63
(11) Ingenstau/Korbion, § 13 VOB/B, RdZ 5 a; Werner/Pastor, Der Bauprozeß RdZ 680; Locher, Das private Baurecht, RdZ 368; BGH 5.12.68 NJW 69/419

2a Wertbeeinträchtigung   41

„Wert" i.S. des § 633 BGB bedeutet den **objektiven Verkehrswert** der erbrachten Leistung – auf die subjektive Wertschätzung des Auftraggebers kommt es demnach für die Bestimmung eines Mangels nicht an (1), ebensowenig wie auf die subjektive Beurteilung des Auftragnehmers.

Beispiel:

Ein Statiker wird beauftragt, die statischen Berechnungen für ein Parkdeck vorzunehmen, unter welchem Ladengeschäfte untergebracht werden sollen. Es ergibt sich, daß falsche Lastannahmen getroffen werden, so daß das Deck nicht voll als Parkplatz ausgenutzt werden kann. Der Statiker kann sich nicht darauf berufen, seine Leistung sei mängelfrei, da der Parkplatz ohnehin nie voll besetzt sei und das Deck seine Funktion als Überdachung der Ladenräume erfülle.

(1) BGH 18.4.68, Schäfer-Finnern Z. 2. 414/Bl. 200; OLG Stuttgart 26.8.76 BauR 77/129

2b Beeinträchtigung der Gebrauchsfähigkeit   42

Tauglichkeit i.S. des § 633 BGB bedeutet für den Bereich des Bauwesens Brauch- bzw. Benutzbarkeit des Gewerkes oder der baulichen Anlage. Dabei fällt unter den Begriff der Benutzbarkeit auch der merkantile Wert bzw. Minderwert einer baulichen Anlage, wenn technische Mängel deren Verkehrswert wesentlich herabsetzen.

So hat der BGH in seiner Entscheidung vom 14.1.1971 (1) ausgeführt:

„Unter Gebrauchsfähigkeit ist deshalb nicht nur die Möglichkeit der üblichen Nutzung im engeren Sinne, bei einem Wohnhaus also die Bewohnbarkeit, zu verstehen, vielmehr ist auch die **Verkäuflichkeit** mitgemeint."

Eine Minderung der Verkäuflichkeit — gerade eines Wohnhauses — kann gegeben sein durch unzureichende Planung im Schallschutzbereich, beim Wärmeschutz etc. Diese Maßnahmen stellen wesentlich wertbildende Faktoren dar, die die Benutzbarkeit eines Gebäudes und damit den Verkaufswert bestimmen.

Zutreffend weisen Ingenstau/Korbion (2) darauf hin, daß in jedem Stadium der Leistungserbringung die Verpflichtung zur fehlerfreien Leistung besteht. Dabei kann sich der Planer nicht mit dem Argument entlasten, daß Mängelbeeinträchtigungen vorhersehbar seien. So stellt im Bereich des Straßenbaues (DIN 18 315 bis 18 318) ein schneller Verschleiß des Fahrbahnbelages einen Mangel i.S. des § 633 BGB dar. Dies auch dann, wenn Verschleißerscheinungen — z.B. Spurrillen — auf Grund hoher Verkehrsdichte und der damit verbundenen rhythmisch-dynamischen Belastungen unabweisbar sind (3).

Von der Vertragspflicht, eine mangelfreie Leistung zu erbringen, wird der Sonderfachmann auch nicht durch **besondere Beziehungen und vertragliche Abmachungen befreit.**

Beispiel:

Ein Wohnhaus-Altbau soll erweitert und modernisiert werden. Der finanzschwache Bauherr bittet einen befreundeten Statiker, die entsprechenden Berechnungen vorzunehmen. Dieser sagt zu und verspricht, für seine Arbeiten einen „Sonderpreis" zu berechnen. Auf Grund der Angaben des Statikers wird ein unzureichender Unterzug eingebracht; die oberen Geschosse sind deshalb nur mit einer eingeschränkten Nutzlast benutzbar.

Hier haftet der Statiker in vollem Umfange für die fehlerhafte statische Berechnung. Er kann sich nicht darauf berufen, daß durch die Vereinbarung des „Sonderpreises" eine vollwertige statische Berechnung nicht geschuldet gewesen sei.

In seiner Entscheidung vom 13.12.1973 (4) hat der BGH in einem vergleichbaren Fall einen stillschweigenden Gewährleistungs- und Haftungsausschluß auf Grund der Vereinbarung eines „Freundschaftspreises" ausdrücklich abgelehnt. Unberührt von der Vergütungsvereinbarung bleibt der Inhalt der geschuldeten Leistung (§ 633 Abs. 1 BGB). Ein Gewährleistungs- oder Haftungsausschluß muß, um wirksam zu werden, vereinbart sein.

---

(1) BGH 14.1.71 NJW 71/615 = BauR 71/124
(2) Ingenstau/Korbion, § 13 VOB/B RdZ 39 a
(3) Linke, Gewährleistung bei Spurrinnen, Bauwirtschaft 1976/1038; Grün/Grün, Bautaschenbuch, S. 126
(4) BGH 13.12.73 BauR 74/125

(1) Vertraglich vorausgesetzter Gebrauch — ausdrückliche Vereinbarung 43

Ob eine Planungsleistung des Projektanten fehlerhaft i.S. des § 633 BGB ist oder nicht, beurteilt sich **in erster Linie** nach den vertraglichen Anforderungen aus dem Ingenieurvertrag. Entscheidend sind damit die subjektiven Vorstellungen, die die Vertragsparteien zur Erreichung eines bestimmten Leistungszieles (Verwendungszweck der baulichen Anlage etc.) zugrunde gelegt haben.
Der Grundsatz der freien vertraglichen Vereinbarung kann bewirken, daß im Einzelfall die Entwurfsgestaltung entsprechend der Norm, d.h. für den gewöhnlichen Gebrauch, nicht ausreichend sein kann. Denn die Parteien können zur Erreichung eines bestimmten Zwecks (besondere Verwendung der baulichen Anlage) erhöhte Anforderungen an die planerische Aufgabe vereinbaren.

Beispiel:

Für die Erstellung von Luxus-Eigentumswohnungen wird ausdrücklich vereinbart, Maßnahmen zur Erreichung von erhöhtem Schallschutz vorzusehen. Hier hat der Planer besondere Aufmerksamkeit auf die Grundrißplanung zu richten und auf erhöhte Schalldämmungsmaßnahmen bei den Wasser- und Abwasserleitungen im Gebäude zu achten. Die entsprechenden Maßnahmen können hierbei über die jeweiligen Anforderungen der Norm hinausgehen (1).
Oder:
Über einem Hof soll eine Dachkonstruktion aus Stahlbeton errichtet werden, die mit einer bestimmten Maximal-Nutzlast befahrbar sein soll. Selbst wenn das Dach bezüglich der vereinbarten Nutzlast tragfähig ist, aber nicht befahrbar, liegt ein Planungsfehler vor (2).
Werden an eine bauliche Anlage besondere Anforderungen gestellt, so verpflichtet dies den Entwurfsverfasser nur dann zu einer entsprechenden Planung, wenn ihm der besondere Verwendungszweck hinreichend bekannt war **und der Vertrag unter Berücksichtigung dieser Besonderheiten zustande gekommen ist.**
Da der besondere Verwendungszweck einer baulichen Anlage lediglich der subjektiven Bestimmung des Bauherrn unterliegt, muß eine besondere Zwecksetzung der Bauabsicht dem Vertragspartner bekannt gemacht werden, wenn sie eine vertragliche Leistungspflicht bestimmen soll. Lediglich einseitige Wünsche oder Vorstellungen des Bauherrn sind unmaßgeblich, sofern sie nicht für den Planer erkennbar dem Vertrag zugrundegelegt werden.
Die Einbeziehung des Verwendungszweckes einer baulichen Anlage in den Vertrag und damit die besondere Ausgestaltung der planerischen Aufgabe wird meist ausdrücklich erfolgen. Dies kann schon allein durch die Bekanntgabe des Verwendungszweckes einer baulichen Anlage der Fall sein.

Beispiel:

In einem Bauingenieur-Vertrag sieht § X – Vertragsgegenstand – vor: Ingenieurtechnische Planung zur Erstellung einer Wellpappenfabrik mit Lagerhalle und Verladerampe in ...

§ Y des Vertrages bestimmt:
Folgende Unterlagen und Hinweise sind bei der Durchführung der Ingenieurleistung zu beachten:
a) ...
b) Kataster-Lage- und Höhenpläne für das Baugrundstück
c) ...

Die unüberdachte Verladerampe, die an die Lagerhalle anschließt, weist kurze Zeit nach Inbetriebnahme einen schmierigen Belag auf. Die zu Verladezwecken eingesetzten Gabelstapler können nur mit minimaler Geschwindigkeit fahren, ein exaktes Rangieren ist nicht möglich.

Ein Beweissicherungsgutachten kommt zu dem Ergebnis, daß die Schmierschichtbildung auf der Verladerampe auf die hohe Luftfeuchtigkeit der Umgebung (Lage der Anlage in unbebautem, bewaldetem Gelände) und auf Kondensationseffekte durch Ablagerung von produktionsfrischen, warmen Wellpappestapeln mit hoher Feuchtigkeit zurückzuführen ist. Die Rampe ist in vollem Umfang nur dann nutzbar, wenn eine durchgehende Verkleidung an der Rampe angebracht und eine spezielle Belüftung eingebracht wird.

Hier liegt ein vom Planer zu vertretender Planungsfehler vor:
Der Entwurfsverfasser kannte den Bestimmungszweck der Anlage, die geplante Produktion, insbesondere aber die klimatischen Besonderheiten, die sich aus dem zukünftigen Standort der Anlage ergaben. Die Lagepläne waren im Vertrag ausdrücklich zur Beachtung bei der Planungslösung aufgeführt worden. Eindeutig ergaben sich hier die besonderen Anforderungen an die Planungslösung aus dem nach dem Vertrag vorausgesetzten Gebrauch der in Aussicht genommenen Anlage (§ 633 BGB) **durch die Benennung des Verwendungszweckes der zu planenden Baulichkeiten im Vertrag.**

(1) OLG Stuttgart 24.11.76 BauR 77/279; vgl. auch Ingenstau/Korbion, § 9 VOB/A, RdZ 33 ff.
(2) BGH 18.4.68 Schäfer/Finnern Z. 2.414 Bl. 200

(2) Vertraglich vorausgesetzter Gebrauch — stillschweigende Einigung   44

Ist der besondere Verwendungszweck, dem eine bauliche Anlage zugeführt werden soll, im Vertrag ausdrücklich festgehalten oder im Leistungsverzeichnis klar umrissen, so liegt bei Abschluß des Vertrages mit dem Projektanten eine ausdrückliche Einigung über den Gebrauch der zu planenden Bauleistung vor. Aus dem beabsichtigten Gebrauch des Vorhabens, der formulierte Grundlage des Vertrages geworden ist, ergeben sich Inhalt und Umfang der ingenieurtechnischen vertraglichen Leistungspflicht.

Eine derartige Einigung kann aber auch **stillschweigend** erfolgen. Der besondere Verwendungszweck muß sich also nicht zwangsläufig aus dem Vertrag selbst oder den Vertragsunterlagen — insbesondere dem Leistungsverzeichnis — ergeben. Dennoch kann der geplante Verwendungszweck der baulichen Anlage die Planungsarbeiten inhaltlich wesentlich bestimmen. Allerdings sind an eine derartige stillschweigende Abmachung über den Vertragszweck **erhöhte Beweisanforderungen** zu stellen. Dies insbesondere dann, wenn die Vertragsunterlagen die geplante Verwendung nicht erkennen lassen.

Beispiel:

Sind laut Leistungsverzeichnis „Komfort"- oder „Luxuswohnungen" zu projektieren, so sind ohne nähere vertraglichen Vereinbarungen erhöhte Maßnahmen für Wärme- und Schallschutz vorzusehen (1).

Hierbei ist festzuhalten, daß **ein Unterlassen der erforderlichen Planung einer fehlerhaften Planung gleichzustellen** ist, wenn der vertraglich vorausgesetzte Gebrauch beeinträchtigt wird (2).

(1) OLG Stuttgart 24.11.76 BauR 77/279; BGH 9.2.78 BauR 78/222; OLG Stuttgart 5.5.78 BauR 79/432; vgl. hierzu Ingenstau/Korbion, § 13 VOB/B RdZ 41
(2) Werner/Pastor, Der Bauprozeß, RdZ 662; BGH 25.10.73 BauR 74/63 (65); vgl. auch BGH 13.10.77 BauR 79/154

(3) Vertraglich vorausgesetzter Gebrauch — besondere Umstände   45

Erhöhte Anforderungen an die Planung können sich für den Projektanten sowohl aus der besonderen Lage der zu errichtenden baulichen Anlage, als auch aus anderen besonderen Umständen ergeben.

Beispiel:

Ein Ingenieurbüro erhält den Planungsauftrag für das Gewerk Sanitärinstallation in einem zu errichtenden mehrgeschossigen Wohnhaus. Das Bauvorhaben soll in einem Gebiet realisiert werden, in dem die Wasserqualität auf Grund des hohen Kohlenstoffgehaltes aggressiv ist.

Hier ist der Planer nicht nur gehalten, bei der Wahl des Materials für das Sanitärrohrnetz besondere Aufmerksamkeit auf den aggressiven Charakter des Wassers zu richten; er hat zusätzlich besondere Maßnahmen vorzusehen, die geeignet sind, die Korrosion weitgehend zu unterbinden. Je nach Materialwahl und spezifischer Wasserzusammensetzung sind **Dosierchemikalien** präzise vorzuschreiben; eine detaillierte Wartungsanweisung für die Anlage ist vorzugeben.

Soweit Wasseranalysen der Behörden unvollständig sind oder keine signifikanten Chemikalien berücksichtigen, hat der Projektant von sich aus die Erstellung entsprechender Analysen zu veranlassen oder einen diesbezüglichen Hinweis an den Bauherrn zu geben. Diese zusätzlichen Maßnahmen sind auch unter Einhaltung der einschlägigen lebensmittelrechtlichen Vorschriften (insbesondere Trinkwasser-Aufbereitungs-Verordnung = TAV vom 27.6.1960) und der entsprechenden DIN-Vorschriften (DIN 50 930, 50 931) zu treffen. Eine besondere Prüfungspflicht kann sich für den Projektanten dann ergeben, wenn wesentliche, für die Planung ausschlaggebende Umstände dem Planer unbekannt sind.

Beispiel:

Ein ortsfremder Statiker wird mit der Erstellung der Statik für ein mehrgeschossiges Gebäude beauftragt. In Unkenntnis der **besonderen örtlichen** Bodenverhältnisse legt der Statiker seinen Berechnungen **allgemeine Erfahrungswerte** zugrunde. Nach Fertigstellung des Gebäudes treten Risse im Mauerwerk auf.

Hier war die Planung von vornherein fehlerhaft:

Gemäß DIN 1055 Teil 2 Ziff. 4.1 und Ziff. 4.3 sind **nicht allgemeine**, sondern örtliche Erfahrungswerte der statischen Berechnung zugrunde zu legen. Geben diese örtlichen Erfahrungswerte keinen ausreichenden Aufschluß für das spezifische Bauvorhaben, so sind die Bodenverhältnisse durch Schürfungen, Bohrungen und gegebenenfalls durch zusätzliche Sondierungen festzustellen.

Beachtet der ortsfremde Statiker diese Anforderungen nicht, sondern legt allgemeine Erfahrungswerte zugrunde und wird dadurch die Standfestigkeit des Gebäudes beeinträchtigt, so liegt ein Planungsfehler vor (1).

Ausdrücklich hebt der BGH in seinem Urteil vom 2.10.1969 (2) hervor, der Statiker hätte sich über die örtlichen Bodenverhältnisse vergewissern müssen. Dabei wäre es keineswegs erforderlich gewesen, daß sich auf Grund **der erkennbaren** Bodenverhältnisse der Schluß aufgedrängt, der Baugrund besitze nicht die erforderliche Tragfähigkeit.

(1) BGH 2.10.69 Schäfer/Finnern Z. 3.01 Bl. 421
(2) vgl. Fußnote 1; vgl. auch Ingenstau/Korbion, § 13 VOB/B, RdZ 40a ff.

(4) Vertraglich vorausgesetzter Gebrauch — besondere Anforderungen durch Eigenart der Konstruktion

Die Planungslösung für ein Gewerk oder eine bauliche Anlage kann erhöhte Anforderungen mit sich bringen, die durch die Eigenart des Gewerkes oder der Konstruktion der Anlage selbst bedingt sind. Hier hat der Projektant zur Gewährleistung der Tauglichkeit für den beabsichtigten Zweck der Anlage unter Umständen besondere Maßnahmen vorzusehen. Unterläßt er dies, so liegt ein Fehler der Planung i.S. des § 633 Abs. 1 BGB vor.

Beispiel:

Für eine Fabrikanlage im freien Gelände ist ein Stahlschornstein von 30m Höhe zu planen. Um die Ausführung des Schornsteins unter Berücksichtigung der Dauerfestigkeit und Querschwingungsbelastung überhaupt wirtschaftlich durchführbar zu gestalten, wird eine Abminderung der Querschwingungsbelastung errechnet und konzipiert. Das beauftragte Ingenieurbüro führt die entsprechenden Berechnungen zur Abminderung der Querschwingungsbelastungen selbst durch. Gegenmaßnahmen gegen ein überhöhtes Ausschwingen des Schornsteins sind nicht vorgesehen.

Die Planung ist fehlerhaft.

Gemäß dem Einführungserlaß zur DIN 4133 des Bayerischen Staatministeriums des Inneren vom 14.5.1975 (1) ist gemäß Ziff. 2.3.4 die **Zulässigkeit** einer Abminderung der Querschwingungsbelastung von geeigneten Sachverständigen zu beurteilen. Hier hätte also ein Sachverständigengutachten eingeholt werden müssen; die eigenmächtige Vornahme der Abminderung der Querschwingungsbelastung war unzulässig.

Darüber hinaus hätte eine fehlerfreie Planung notwendigerweise Maßnahmen gegen erhöhte Querschwingungen entsprechend DIN 4133 Ziff. 4.3.3.3.4 und 4.3.3.4 vorsehen müssen, z.B. Einrichtungen für Störabspannungen, Schwingungstilger etc. Ferner hätte die Plankonzeption detaillierte Anweisungen für eine Schwingungsüberwachung beinhalten müssen (DIN 4133 Ziff. 6), damit bei größerer Ausschwingung des Schornsteins unverzüglich Abhilfemaßnahmen eingeleitet hätten werden können.

In solchen Fällen kann nur eine sorgfältige Klärung der Aufgabenstellung durch den Projektanten eine fehlerfreie Planung gewährleisten (2).

---

(1) Abgedruckt in MABI Nr. 25/1975, S. 421 ff.
(2) Hesse/Korbion/Mantscheff, HOAI-Kommentar § 15 RdZ 9 ff.

47 2c Zugesicherte Eigenschaft

Das Fehlen einer zugesicherten Eigenschaft ist eine besondere Art des Sachmangels: Im Gegensatz zum Fehler (Minderung der Tauglichkeit zum gewöhnlichen Gebrauch) wird eine Einstandspflicht für das Fehlen einer zugesicherten Eigenschaft auch dann begründet, wenn es sich nach der Verkehrsanschauung um eine unerhebliche Eigenschaft handelt. Die Tauglichkeit zum gewöhnlichen Gebrauch muß durch das Fehlen der zugesicherten Eigenschaft nicht eingeschränkt sein (1).

Beispiel:

Für ein Verwaltungsgebäude sieht der Projektant eine Aluminium-Verkleidung vor. Aus Kostengründen legt der Auftraggeber Wert darauf, daß die Fassade wartungsfrei sein soll. Dieser Wunsch wird Vertragsinhalt. Achtet hier der Projektant nicht auf die besonderen Einflüsse der Umgebung — Luftverschmutzung etc. —, die eine regelmäßige Wartung der Fassade erforderlich machen, so ist die Planung fehlerhaft. Es fehlt die zugesicherte Eigenschaft der Wartungsfreiheit (2).

An der zugesicherten Eigenschaft fehlt es auch, wenn der Auftraggeber eine bestimmte Konzeption zur Ausführung von Details gewünscht hat, der Projektant diese Wünsche aber nicht berücksichtigt hat. Es kann sich dabei um Details handeln, die der Auftraggeber nicht aus funktionellen Gründen, sondern aus ästhetischen Motiven ausdrücklich vorschreibt.

Beispiel:

Der Bauherr einer Luxuswohnanlage wünscht für den Bereich der Sanitärinstallation Mischbatterien eines bestimmten Fabrikats — das Design ist besonders elegant. Dem Sanitärprojektanten wird die Berücksichtigung des Fabrikats der Mischbatterien ausdrücklich vorgeschrieben.

Berücksichtigt der Projektant in der Planung nicht die geforderten Fabrikate der Mischbatterien, sondern plant Mischbatterien einfacher Ausführung ein, so ist die Planung fehlerhaft i.S. des § 633 Abs. 1 BGB: Es fehlt die zugesicherte Berücksichtigung des gewünschten Details. Hierbei kommt es nicht darauf an, ob die konzipierten — anderen — Fabrikate ebenso funktionstüchtig sind wie die gewünschten (3).

Allerdings wird eine Haftung wegen Fehlens einer zugesicherten Eigenschaft dann nicht zum Zuge kommen können, wenn unter Berücksichtigung des Willens des Auftraggebers die Abweichung für den Wert oder die Tauglichkeit der konzipierten Baumaßnahme völlig ohne Bedeutung ist (4). Zutreffend weist Wussow (5) darauf hin, daß eine Haftung in solchen Fällen nach Treu und Glauben ausscheiden müsse.

Beispiel:

In obigem Beispielsfall plant der Projektant — entsprechend der Gesamtausstattung der Luxuswohnanlage — Mischbatterien von anspruchsvollem Design ein und sieht lediglich ein anderes Fabrikat vor.
Ergeben sich keine qualitativen Unterschiede der Fabrikate in Hinsicht auf Funktionsfähigkeit und sonstige Qualität, so wird man einen Planungsfehler wegen fehlender zugesicherter Eigenschaft verneinen können. Die Haftung wegen Fehlens einer Eigenschaft kommt nur dann in Frage, wenn eine **zugesicherte Eigenschaft** fehlt —, wenn also eine ausdrückliche vertragliche Abmachung nicht eingehalten ist. Grundlage der Haftung ist also eine — von der vertraglich vereinbarten — abweichende Eigenschaft des Gewerkes oder der baulichen Anlage.
Nicht ausreichend ist hier, daß irgendwann seitens des Auftraggebers die Berücksichtigung besonderer Umstände oder gewünschter Eigenschaften des zu konzipierenden Gewerkes oder der Anlage erwähnt worden ist. Die Wünsche und Vorstellungen müssen in den Vertrag einbezogen sein, um eine Haftung wegen Fehlens der entsprechenden Eigenschaften auszulösen (6).
Meist wird die Festlegung besonderer Anforderungen an die Planungslösung ausdrücklich vereinbart sein. **Doch kann die Zusicherung einer Eigenschaft auch stillschweigend durch konkludentes Verhalten erfolgen** (7).
Dies wird insbesondere dann der Fall sein, wenn auf Grund des besonderen Verwendungszweckes der zu planenden baulichen Anlage eine besondere Ausstattung bei der Planung zu berücksichtigen ist. Voraussetzung hierbei ist, daß **beiden** Vertragsteilen der in Aussicht genommene Verwendungszweck bekannt ist.
Die Grenzen zur Haftung für die Tauglichkeit zu dem „nach dem Vertrag vorausgesetzten Gebrauch" sind hier allerdings fließend: Für die Annahme einer zugesicherten Eigenschaft genügt allein die Kenntnis des Projektanten vom geplanten Verwendungszweck der baulichen Anlage noch nicht ohne weiteres (8).
Andernfalls würde bei Kenntnis des Projektanten von dem in Aussicht genommenen Verwendungszweck der baulichen Anlage **immer** eine stillschweigende Zusicherung vorliegen. Dies ist aber mit dem Wortlaut des § 633 Abs. 1 BGB nicht zu vereinbaren.
Bei der Beurteilung der Frage, ob eine stillschweigende Zusicherung i.S. des § 633 Abs. 1 BGB anzunehmen ist, wird es deshalb auf die besonderen Umstände des Einzelfalles ankommen (9).

(1) Palandt/Putzo, § 459 Anm. 4
(2) BGH 30.10.75 BauR 76/66
(3) Ingenstau/Korbion, § 13 VOB/B, RdZ 35; BGH 24.5.62 NJW 62/1569 = Schäfer/Finnern Z. 3.01 Bl. 177; BGH 19.3.76 Schäfer/Finnern Z. 2.414.0 Bl. 10 = Betr. 1976/958
(4) Ingenstau/Korbion, § 13 VOB/B, RdZ 35

(5) Wussow, Baumängelhaftung nach der VOB, NJW 67/953
(6) Ingenstau/Korbion, § 13 VOB/B, RdZ 34; Palandt/Putzo, § 459 Anm. 4 a) aa)
(7) Ingenstau/Korbion, § 13 VOB/B RdZ 33; Palandt/Putzo, § 459 Anm. 4 a) bb); BGH 5.7.72 NJW 72/1706; BGH 16.6.71 WM 71/1121; BGH 11.11.74 Schäfer/Finnern Z. 2.414.3 Bl. 14
(8) BGH 12.3.71 WM 71/797; BGH 11.11.74 Schäfer/Finnern Z. 2.414.3 Bl. 14
(9) Für den Bereich des Kaufrechts ebenso: BGH 11.11.74 Schäfer/Finnern Z. 2.414.3 Bl. 14 m.w. Nachw.

2d Persönliche Leistungsverpflichtung, § 664 BGB

Das Fehlen einer zugesicherten Eigenschaft kann damit begründet sein, daß der Ingenieur die übertragene Projektierungsaufgabe ganz oder zum Teil **nicht selbst bearbeitet**.

Für den Bereich des Dienstvertrages ist die höchstpersönliche Leistungspflicht des Vertragspartners gesetzlich festgehalten (§ 613 BGB). Eine vertragliche Bestimmung fehlt im Werksvertragsrecht. Doch ist unbestreitbar, daß die Beauftragung eines Unternehmers (auch der Ingenieur ist Unternehmer i.S. §§ 631ff. BGB) im Rahmen eines Werkvertrages eine Vertrauensangelegenheit ist, so daß zwischen den Vertragsparteien ein besonderes Treueverhältnis besteht (1).

In aller Regel wird ein Ingenieurbüro durch den Bauherrn oder dessen Architekten vor allem wegen besonderer Erfahrungen oder Spezialkenntnisse in einer bestimmten Fachrichtung beauftragt. Mehr noch als bei Verträgen mit Architekten kann es deshalb — je nach Art der baulichen Anlage — gerade auf die höchstpersönliche Leistung durch das beauftragte Büro ankommen.

Die Höchstpersönlichkeit der Leistungserbringung ist regelmäßig stillschweigend Bestandteil des Ingenieurvertrages. Sieht sich also der beauftragte Ingenieur infolge verschiedener Gründe — etwa Überlastung der Bürokapazität durch unerwarteten Arbeitsumfang bei dem zu bearbeitenden Projekt — nicht in der Lage, die Planung allein durchzuführen, so darf er nicht von sich aus Arbeiten weiter vergeben. Die Möglichkeit, Nachunternehmer für die Arbeiten bei der Planung — wie bei der Bauleitung — einzuschalten, muß vertraglich vorgesehen sein. Andernfalls ist die Zustimmung des Auftraggebers nachträglich vor Einschaltung Dritter einzuholen. Ist der Fachingenieur vom Bauherrn selbst eingeschaltet, hat sich der Ingenieur an den Bauherrn zu wenden. Das gleiche empfiehlt sich, wenn die Beauftragung durch den Architekten im Namen des Bauherrn erfolgt ist. Regelmäßig ist nämlich der Architekt **ohne besondere Bevollmächtigung durch den Bauherrn** nicht in der Lage, Vertragsänderungen von dieser Bedeutung wirksam für den Bauherrn zu vereinbaren (2). (Zum Umfang der Architektenvollmacht siehe RdZ 81ff.). Gibt der Ingenieur die Planungsarbeiten ohne Zustimmung des Vertragspartners an Nachunternehmer ganz oder teilweise weiter, so liegt darin für sich noch kein Fehler i.S. des § 633 Abs. 1 BGB. Als Unterfall des **Rechtsmangels** ist bei vertragswidriger Weitervergabe des Planungsauftrages an Dritte die Haftung gemäß §§ 320, 325, 326 BGB — nichterfüllter Vertrag — gegeben (3).

(1) Palandt/Thomas § 631 Anm. 1 b); Kromer/Fleischmann, Ingenieurrecht, S. 85; Lewenton/Schnitzer, Verträge im Ingenieurbüro, S. 34; vgl. auch Pott/Frieling, Vertragsrecht RdZ 631 ff.
(2) v. Lüpke, Die Sonderfachleute im Bauwesen, BB 68/651; Jagenburg, Die Vollmacht des Architekten, BauR 78/180; Werner/Pastor, Der Bauprozeß, RdZ 478; Lewenton/Schnitzer, Verträge im Ingenieurbüro, S. 1; BGH 15.11.62 Schäfer/Finnern Z. 3.01 Bl. 236
(3) Palandt/Thomas, § 613 Anm. 1 a); vgl. auch OLG Stuttgart 15.6.77 BauR 79/259

2e Gewöhnlicher Gebrauch

(1) Wirtschaftlichkeit

Die Haftung des Planers dafür, daß die Planung die Tauglichkeit der baulichen Anlage nach dem Vertragszweck gewährleistet, **ist nicht nur im technischen Bereich gegeben.**
Selbst wenn die Plankonzeption eines Ingenieurs technisch einwandfrei ist, kann sie wirtschaftlich mangelhaft sein — nicht nur bei Zugrundelegung eines besonderen Vertragszweckes. Dies ist insbesondere dann anzunehmen, wenn der Auftraggeber einen festen Kostenrahmen vorgibt oder sich das Erfordernis wirtschaftlicher Planung aus der Besonderheit der Finanzierung ergibt.

Beispiel.

Ein Ingenieur wird mit den statischen Berechnungen eines Wohnblocks beauftragt. Ausdrücklich wird darauf hingewiesen, daß die Finanzierung des Vorhabens weitgehend unter Inanspruchnahme von Mitteln zur Förderung des sozialen Wohnungsbaues gewährleistet ist.
Schreibt hier der Statiker nicht einfache Vollbetondecken, sondern wesentlich teurere Rippendecken vor, so liegt ein Mangel der Planungsleistung i.S. des § 633 BGB vor (1).
Ausdrücklich stellt der BGH in seinem Urteil vom 28.2.1966 (2) fest, daß dann, wenn die Planung des Sonderfachmannes nicht den wirtschaftlichen Gegebenheiten Rechnung trägt, das Planungswerk einen Mangel enthält, der seine Tauglichkeit zu dem „nach dem Vertrag vorausgesetzten Gebrauch" mindert (§ 633 Abs. 1 BGB).

Zutreffend wendet sich in diesem Zusammenhang Locher (3) gegen die Auffassung, daß die Außerachtlassung wirtschaftlicher Gesichtspunkte im Planentwurf grundsätzlich keinen Mangel darstelle.

Es ist allerdings in der Rechtsprechung wiederholt zum Ausdruck gebracht worden, daß eine allgemeine Verpflichtung des Planers, unter Berücksichtigung **aller Möglichkeiten** kostensparend zu projektieren, nicht bestehe (4). Doch ist nicht zu übersehen, daß sich der Projektant nicht wirtschaftlich „im freien Raum" bewegt (so sehr plastisch Locher (5)). Auch der technisch ausgereifte Plan ist für den Bauherrn unverwertbar, wenn er ihn aus Kostengründen nicht realisieren kann.

Demgemäß hat der Projektant alle **im normalen Rahmen** liegenden Maßnahmen bautechnischer, organisatorischer – eventuell auch kaufmännischer – Art zu berücksichtigen, die die Gewähr dafür bieten, die Ausführungskosten gering zu halten (6).

Soweit hierzu im Schrifttum Stellung bezogen wird, steht das Gebot der wirtschaftlichen Planung als Verpflichtung des Architekten im Vordergrund der Erörterungen (7). Hier kann aber für den projektierenden Sonderfachmann nichts anderes gelten: Nicht nur der mit der gesamten Durchführung eines Projektes betraute Architekt ist „Sachwalter" des Bauherrn (8). Für den Vertrag mit dem Ingenieur gilt in rechtlicher Hinsicht nichts anderes als für den Architekten. Bezeichnenderweise hatte § 5 Abs. 1 der Vertragsbestimmungen im Anhang zur GOI diese Formulierung auf den Ingenieur ausdrücklich bezogen. Soweit Ingenieure mit der Projektierung von Einzelgewerken betraut sind, kann man von „Sachwalterverantwortung" sicher nicht sprechen.

Doch ändert dies nichts an der Verpflichtung, verwertbare Planungslösungen zu erarbeiten – auch unter Beachtung wirtschaftlicher Gesichtspunkte.

Für den Bereich der Tragwerksplanung sieht § 54 HOAI „Leistungsbild Tragwerksplanung" in Abs. 3 – Grundleistungen vor:

„2. Vorplanung (Projekt- und Planungsvorbereitung), Beraten in statisch konstruktiver Hinsicht unter Berücksichtigung der Belange der Standsicherheit, der Gebrauchsfähigkeit und der Wirtschaftlichkeit."

Die Verpflichtung des Ingenieurs, wirtschaftliche Gesichtspunkte bei der Projektierung nicht aus den Augen zu verlieren, ist als Bestandteil des Leistungsbildes – zunächst nur für den Tragwerksplaner – ausdrücklich formuliert. Zutreffend weist Mantscheff (9) darauf hin, daß an die Überprüfung der Wirtschaftlichkeit im Rahmen der Grundleistungen keine allzu hohen Anforderungen gestellt werden dürfen. Erfordert ein Vorschlag in dieser Richtung umfangreiche Vergleichsrechnungen – eventuell die Durchrechnung gänzlich verschiedener Planungslösungen –, so sind derartige Berechnungen zu den besonderen Leistungen i.S. des § 54 HOAI zu zählen (10).

Klärt der Bauherr den Projektanten über sein begrenztes finanzielles Leistungsvermögen auf und erteilt er ausdrücklich den Auftrag, die Planung hierauf einzurich-

ten, so ist eine zu aufwendige Planung fehlerhaft i.S. des § 633 Abs. 1 BGB. Gleichgültig ist für die Mangelhaftigkeit, ob der Projektant technisch einwandfreie Lösungen erarbeitet hat (11).
Die Verpflichtung zur wirtschaftlich angemessenen Planung gilt für alle Phasen der Planungsarbeit (Vorentwurf–Entwurf-Ausführungsplanung (vgl. LHO 14.1.-14.2.-14.3.)).
Dabei genügt es, wenn sich der Projektant an den vom Auftraggeber vorgegebenen Kostenrahmen hält. Der Planer ist nicht gehalten, sämtliche kostendämpfenden Maßnahmen für die Planungslösung zu prüfen und einzuarbeiten (12).
Etwas anderes gilt dann, wenn sich die Planung auf ein ausgesprochenes „Renditeobjekt" bezieht.

Beispiel:

Ein Ingenieur wird mit der Planung eines Wohnhauses beauftragt, das vermietet werden soll. Die Vermietungsabsicht des Bauherrn wird dem Ingenieur anläßlich der Vertragsverhandlungen bekannt gemacht.
Hier hat der Ingenieur die Planung insgesamt darauf einzurichten, daß der Bauherr unter Berücksichtigung der Herstellungskosten eine möglichst hohe Rendite durch Vermietung erzielen kann.
Zur Erreichung dieses Zweckes ist der Projektant verpflichtet, den Auftraggeber zumindest auf die Notwendigkeit hinzuweisen, eine Rentabilitätsberechnung erstellen zu lassen (13).
Hierher gehören auch die Fälle, in denen steuerliche Vergünstigungen ein bestimmender Gesichtspunkt bei der Erarbeitung der Planungslösung sein müssen, etwa wenn der Bauherr und Auftraggeber Steuervergünstigungen nach dem 2. Wohnungsbaugesetz in Anspruch nehmen will und dies dem Vertragspartner bekannt gemacht wurde. Grundriß und Größe der Baumaßnahme spielen hier eine entscheidende Rolle. Plant der Projektant an den Voraussetzungen für die Steuervergünstigung „vorbei", so ist die Planung fehlerhaft i.S. des § 633 Abs. 1 BGB (14).
Zur Haftung für Kostenermittlung und Kostenschätzung vgl. RdZ 134.

(1) BGH 28.2.66 Schäfer/Finnern Z. 3.01 Bl. 348
(2) siehe Fußnote 1
(3) Locher, Das private Baurecht, RdZ 272
(4) BGH 28.2.66 Schäfer/Finnern Z. 3.01 Bl. 348 (für Statiker); BGH 23.11.72 NJW 73/237 = BauR 73/120; BGH 12.6.75 NJW 75/1657 (für Architekten); Schmalzl, Die Haftung des Architekten und Bauunternehmers, RdZ 69
(5) Locher, Das private Baurecht, RdZ 272
(6) Hesse/Korbion/Mantscheff, Honorarordnung für Architekten und Ingenieure, § 29 RdZ 7
(7) Locher, Das private Baurecht, RdZ 272; Hesse/Korbion/Mantscheff aaO., RdZ 15/11 m.w. Nachw.

(8) Locher, Das private Baurecht, RdZ 210; Schmalzl, Die Haftung des Architekten und Bauunternehmers, RdZ 4; Ganten, Beratungspflichten des Architekten, BauR 74/78
(9) Hesse/Korbion/Mantscheff aaO. § 54 RdZ 10
(10) vgl. Fußnote 1
(11) Locher, Das private Baurecht, RdZ 272; OLG Düsseldorf 31.12.59 Schäfer/Finnern Z. 3.01 Bl. 133; BGH 28.2.66 Schäfer/Finnern Z. 3.01 Bl. 348; BGH 23.10.72 NJW 73/140; BGH 17.2.72 Schäfer/Finnern Z. 3.01 Bl. 483
(12) OLG Düsseldorf 26.11.59 Schäfer/Finnern Z. 3.01 Bl. 133; BGH 23.10.72 NJW 73/140; Locher, Das private Baurecht, RdZ 271, 272
(13) BGH 12.6.75 NJW 75/1657 = BauR 75/434
(14) BGH 23.11.72 NJW 73/237; OLG Bremen 18.4.73 VersR 73/1050

(2) Genehmigungsfähigkeit

Die Projektierungsleistung des planenden Ingenieurs ist die werkvertraglich geschuldete „geistige Leistung"; sie schlägt sich in Plänen, Entwürfen und Berechnungen nieder. Dabei kommt es nicht darauf an, ob dem Ingenieur die Gesamtbearbeitung eines Vorhabens – also Planung und Überwachung der Ausführung innerhalb seines Fachgebietes – übertragen ist, oder eine oder mehrere Sonderleistungen (z.B. 14.14 oder 27.19 LHO). In keinem Fall schuldet der Projektant die **mängelfreie Herstellung der baulichen Anlage oder des Gewerkes selbst** (1). Dennoch ist die Planung kein „geistiges Werk", das ein Eigenleben in höheren Sphären führt: Das Planungswerk ist in seiner Bezogenheit auf ein konkretes zu bebauendes Grundstück zu prüfen. Damit ergibt sich für den Projektanten die Verpflichtung, die Planungslösung in realisierbarer Weise zu erarbeiten. Dies gilt **nicht nur in technischer, sondern auch in rechtlicher Hinsicht**. Insbesondere muß die Planungslösung bezüglich der vorgesehenen Ausführung im Rahmen der bauordnungsrechtlichen Vorschriften gehalten sein, d.h. der Plan muß **genehmigungsfähig sein** (2). Zutreffend bezeichnet deshalb Mantscheff (3) das Anfertigen und Zusammenstellen der statischen Berechnung für die Prüfung durch die Bauaufsichtsämter als das Kernstück der ingenieurmäßigen Leistung im Bereich der Tragwerksplanung. Nichts anderes gilt für die Ingenieurplanung in anderen Fachbereichen, soweit diese eine genehmigungspflichtige Ausführung vorsehen.

Beispiel:

Ein bereits fertiggestelltes Bauwerk soll mit einer Klimaanlage ausgestattet werden. Es ist nicht zu umgehen, tragende Bauteile in die Installation mit einzubeziehen. Hier ist die geplante Änderung am Bauwerk genehmigungspflichtig. Der von dem Klimafachmann vorgelegte Plan ist mangelhaft i.S. des § 633 Abs. 1 BGB, wenn die bauaufsichtliche Genehmigung gar nicht oder nur nach erheblicher Umplanung erteilt werden kann. Geringfügige Umplanungen zur Erlangung der Genehmigung wird der Auftraggeber allerdings hinnehmen müssen (4). Sind die vorzunehmenden Planungsänderungen so weitgreifend, daß das Einverständnis des Auftraggebers nicht erwartet werden kann, so ist die Planungslösung mangelhaft (5).

Kein Planungsmangel ist anzunehmen, wenn der Projektant **beweisen** kann, daß auf Grund **einer Befreiung** von bauordnungsrechtlichen Bestimmungen (Ausnahmegenehmigung, Auflage etc.) die Planungslösung **genehmigt worden wäre**. Gelingt aber dem Projektanten dieser Nachweis nicht, so gilt die Planung als mangelhaft (6).

Die Pflicht des Projektanten, eine genehmigungsfähige Planung vorzulegen, ergibt sich aus der Obliegenheit des Bauherrn, den Bauausführenden das Grundstück oder sonstige Objekte der Bauleistung **tatsächlich und rechtlich bebauungsfähig** zur Verfügung zu stellen (7).

Die Beibringung der erforderlichen Genehmigung ist deshalb eine Obliegenheit des Bauherrn, da die ausführenden Unternehmer in der Regel nicht tatsächlich wie rechtlich (Verfügungsbefugnis!) in der Lage sind, die entsprechenden öffentlich-rechtlichen Genehmigungen zu erwirken. Die Beibringung etwa erforderlicher öffentlich-rechtlicher Genehmigungen zur Durchführung des Bauvorhabens gehört damit zum Planungsbereich, den der Bauherr gegenüber den ausführenden Unternehmern zu vertreten hat (8).

Die obige Obliegenheit des Bauherrn wird von der Rechtsprechung nicht als einklagbare Vertragspflicht gegenüber den ausführenden Unternehmern angesehen (9). Doch ist das Vorliegen öffentlich-rechtlicher Genehmigungen die Voraussetzung dafür, daß die vom Unternehmer geschuldete Leistung erbracht werden kann. Fehlt diese vom Bauherrn zu schaffende Voraussetzung, so ist der Unternehmer nicht verpflichtet, seine Leistungen zu erbringen.

Ohne Bedeutung bleibt in diesem Zusammenhang, ob der Unternehmer vom Fehlen der entsprechenden Genehmigung weiß oder nicht. Die vertraglich übernommene Leistung des Unternehmers **ist nicht fällig**. Bezüglich der Fälligkeit entscheidet allein die objektive Betrachtungsweise (10).

Schaltet der Bauherr zur Wahrnehmung seiner Mitwirkungspflichten Sonderfachleute oder Architekten ein, so haftet er für deren mängelfreie Leistungserbringung gegenüber dem ausführenden Unternehmer gemäß §§ 278, 276 BGB (11).

Hieraus wird die eminente Bedeutung der Genehmigungsfähigkeit einer Planungslösung deutlich.

Meist werden zur Durchführung eines Vorhabens ein (mehrere) Architekt(en) seitens der Bauherrschaft eingeschaltet sein. Für die **Erwirkung und Beibringung** der entsprechenden öffentlich-rechtlichen Genehmigungen sind gegenüber dem Bauherrn dann die Architekten im Rahmen der technischen Oberleitung einstandspflichtig. Dies gilt auch dann, wenn Sonderfachleute eingesetzt sind (12).

Die Verantwortlichkeit des Architekten gegenüber dem Bauherrn entbindet aber den projektierenden Ingenieur nicht von seiner Verpflichtung, **genehmigungsfähige** Planungslösungen zu erarbeiten.

Ausdrücklich hält das OLG Stuttgart (13) für den Aufgabenbereich des Statikers fest:

„Der Statiker kann sich also bei der Anordnung und in den Ausmaßen der tragenden Teile des Bauwerkes nicht einfach auf seine Erfahrung verlassen. Er hat die Richtigkeit dieser Erfahrung jeweils rechnerisch zu beweisen. Der rechnerische Nachweis ist Ausfluß seiner Aufgabe, eine objektiv den öffentlichen Anforderungen an die Sicherheit eines Bauwerks entsprechende, ohne Einschränkung genehmigungsfähige Bauanlage vorzubereiten. Er hat selbst mit der erforderlichen Sorgfalt nicht nur darauf zu achten, daß er die Genehmigung eines bestimmten Prüfstatikers erhält, sondern auch darauf, daß die Statik auch bei späteren Überprüfungen frei von begründeten Beanstandungen bleibt."

Für die Verpflichtung, eine genehmigungsfähige Planung zu erarbeiten, bleibt es belanglos, ob ein gesonderter Vertrag mit dem Bauherrn selbst besteht oder aber, ob der Sonderfachmann vom Architekten unmittelbar im eigenen Namen als dessen Erfüllungsgehilfe beauftragt worden ist.

Es ändert sich je nach vertraglicher Gestaltung lediglich der anspruchsberechtigte Vertragspartner.

(Zum Verhältnis Architekt-Sonderfachmann vgl. RdZ 163).

Fehlerfreiheit bedeutet in diesem Zusammenhang bauordnungsrechtlich einwandfreie, voll **entwickelte** Planvorlagen. Es genügt nicht, wenn der mit der Ausführungsplanung betraute Ingenieur lediglich **entwicklungsfähige** Entwürfe vorlegt (14).

In seinem Urteil vom 21.11.1955 hat das OLG Hamburg für den analogen Fall der Entwurfsplanung des Architekten ausgeführt (15):

„Zur Fehlerfreiheit kann nicht genügen, daß der (Planer) neben ‚sehr vielen unbrauchbaren' auch einigen ‚entwicklungsfähige' Entwürfe vorlegt. Der Bauherr darf nicht nur entwicklungsfähige, sondern voll entwickelte Entwürfe erwarten; ihm ist im allgemeinen nicht zuzumuten, die Entwicklungsfähigkeit zu erkennen und Weisungen zu geben, wie nun zu ‚entwickeln' ist.

Der Beklagte (Bauherr) durfte unter den Voraussetzungen des § 634 Abs. 1 S. 3 BGB Rückgängigmachung des ganzen Vertragsverhältnisses verlangen, wenn die bis zu diesem Zeitpunkt bewirkten Teilleistungen des Klägers (Planer) mangelhaft waren. Dem Kläger steht ein Vergütungsanspruch auch nicht zum Teil zu, wie der Sachverständige geglaubt hat, annehmen zu sollen ..."

Es kann nun vorkommen, daß ein technisch einwandfreier Planentwurf vorliegt, gleichwohl aber die entsprechende bauaufsichtliche Genehmigung versagt wird.

Gewöhnl. Gebrauch – Genehmigungsfähigkeit

Beispiel:

Ein mit der Projektierung eines Wohnhauses betrauter Ingenieur sieht in der Planung eine Ost-West-Lage des Objektes vor. In dieser Anordnung wird das Vorhaben nicht genehmigt. Allenfalls eine Nord-Süd-Lage würde bauaufsichtlich ohne Beanstandung bleiben. Über die Lage des Objektes wurden zwischen den Parteien keinerlei Abreden getroffen.

Der vom Bauingenieur gefertigte Entwurf muß technisch einwandfrei sein – mangels Genehmigungsfähigkeit ist er fehlerhaft i.S. des § 633 Abs. 1 BGB (16).

Den Fall, daß ein technisch einwandfreier Plan von der Bauaufsichtsbehörde abgelehnt wurde, behandelte das LG Kassel (17). Es stellte fest, daß der Projektant (hier Architekt) das versprochene Werk hergestellt habe. Der Planer habe insbesondere die von seinem Auftraggeber während der Verhandlungen vorgebrachten Raumwünsche in vollem Umfang berücksichtigt, es sei ihm sogar von der städtischen Bauverwaltung bescheinigt worden, daß der von ihm ausgearbeitete Entwurf weit über dem Durchschnitt der sonst eingereichten Entwüfe liege. Da eine bestimmte Lage des Hauses weder ausdrücklich noch stillschweigend zur Bedingung für den Entwurf gemacht worden sei – so das LG Kassel –, bleibe die von der Bauaufsichtsbehörde ausgesprochene Genehmigungsversagung ohne Einfluß auf die Vertragsgerechtheit des Entwurfes. Dabei läßt es das LG Kassel ausdrücklich dahingestellt, ob der Planer bei Beginn seiner Entwurfsarbeiten eine Auskunft der Bauaufsichtsbehörde hätte einholen müssen, ob die geplante Gebäude-Lage genehmigt werden würde.

Dieser Auffassung kann hier nicht zugestimmt werden. Ein für den Bauherrn und Auftraggeber nicht realisierbarer Plan ist für ihn sinnlos.

Mit erfreulicher Deutlichkeit stellt das OLG Düsseldorf in seinem Urteil vom 11.3.1960 (18) klar, welche Bedeutung der Genehmigungsfähigkeit eines Entwurfes zuzumessen ist:

„Die Voraussetzungen des § 635 BGB liegen vor; denn der vom Kläger (Architekt) angefertigte Bauplan war mangelhaft auf Grund von Fehlern, die der Kläger zu vertreten hat. Der von dem Kläger hergestellte Bauplan war **nicht brauchbar**, weil der Kläger bei der Planung den zum Nachbarn erforderlichen Grenzabstand nicht eingehalten hat. Denn für das Genehmigungsverfahren ist entscheidend der vom Bauherrn vorgelegte Entwurf, nicht aber die im Entwurf nicht zum Ausdruck gelangten Absichten des Bauherrn. Es ist ein gröblicher Verstoß gegen die Pflichten eines sorgfältig planenden Architekten, einen Entwurf ohne Rücksicht auf örtliche oder überörtliche Bauvorschriften zu erstellen **und die Beseitigung der Planungsfehler dem Genehmigungsverfahren zu überlassen**."

Gegebenenfalls ist die Genehmigungsfähigkeit einer baulichen Anlage oder eines Einzelgewerkes durch eine **Voranfrage** bei der zuständigen Behörde zu klären (19). Andernfalls liegt ein Planungsfehler vor, der zum Verlust von Vergütungsansprüchen für die nutzlose Vorarbeit und zu Schadensersatzansprüchen führen kann (20). Dabei sind auch nachbarschaftliche Zustimmungen — falls erforderlich — zu berücksichtigen. Gegebenenfalls hat bei Schwierigkeiten ein entsprechender **Hinweis** zu erfolgen (21).

Beispiel.

Zur Vermeidung von Korrosionsschäden im Sanitärversorgungsnetz eines Hochhauses soll über eine Dosieranlage kontinuierlich dem Trinkwasser ein chemischer Zusatz beigefügt werden.

Je nach chemischer Zusammensetzung der Zusatzchemikalien kann eine Kollision mit lebensmittelrechtlichen Vorschriften gegeben sein, die den Korrosionsschutz über chemische Zusätze verbieten. Hier besteht eine Hinweispflicht bezüglich einer etwaigen Ablehnungsmöglichkeit der zuständigen Behörde. Auf einen Korrosionsschutz durch besondere Materialwahl bei der Sanitärinstallation ist zu verweisen.

Soll eine bestimmte Planungslösung unter dem Gesichtspunkt ausgearbeitet werden, daß ein bauordnungsrechtlich möglicher **Dispens** erteilt wird, so trägt nach vorherigem **Hinweis** (!) durch den Ingenieur der Bauherr bzw. Auftraggeber (22) das Risiko der Genehmigungserteilung.

Nicht zu vertreten hat der Projektant die Ablehnung von Planvorlagen, wenn **Ermessungsentscheidungen** der zuständigen Genehmigungsbehörde zur negativen Bewertung der Vorlage geführt haben. Dies allerdings nur dann, wenn der Planer seinen Vertragspartner auf das Risiko der Versagung hingewiesen hat (23).

Eine derartige Hinweispflicht besteht in diesem Zusammenhang für den Projektanten nur, wenn Bedenken bezüglich der Planung offenkundig sind. Nicht zu vertreten hat der Projektant also **offensichtliche Fehlentscheidungen** der Bauaufsichtsbehörde. Hier wird man vom Auftraggeber verlangen können, daß er zunächst unter Ausnutzung der jeweils gegebenen Rechtsbehelfe versucht, die Genehmigung durchzusetzen. Unterläßt der Bauherr dies, so kann er sich auf eine Mangelhaftigkeit der Planungsleistung nicht berufen (24).

(1) BGH 26.11.59 NJW 60/431; BGH 25.5.64 NJW 64/1791; BGH 15.11.73 NJW 74/95; BGH 18.9.67 NJW 67/2259; OLG München 5.4.74 NJW 74/2238
(2) Lewenton/Schnitzer, Verträge im Ingenieurbüro, S. 53; Locher, Das private Baurecht, RdZ 250
(3) Hesse/Korbion/Mantscheff aaO. § 54 RdZ 12
(4) Locher, Das private Baurecht, RdZ 250
(5) OLG Düsseldorf 11.3.60 Schäfer/Finnern Z. 3.01 Bl. 125
(6) OLG Oldenburg 17.5.57 Schäfer/Finnern Z. 3.01 Bl. 103
(7) Ingenstau/Korbion, § 4 VOB/B, RdZ 2; Locher, Das private Baurecht, RdZ 289; Schmalzl, Die Haftung des Architekten und Bauunternehmers, RdZ 24; BGH 29.11.71 NJW 72/447 = BauR 72/112 = MDR 72/316
(8) Ingenstau/Korbion, § 4 VOB/B, RdZ 2; BGH 29.11.71 NJW 72/447; BGH 21.3.74 BauR 74/274; BGH 15.12.69 Schäfer/Finnern Z. 2.222 Bl. 18

(9) Ingenstau/Korbion, § 9 VOB/B, RdZ 4, 5
(10) Ingenstau/Korbion, § 5 VOB/B, RdZ 6; BGH 21.3.74 BauR 74/274
(11) Ingenstau/Korbion, § 4 VOB/B, RdZ 2; BGH 15.12.69 Schäfer/Finnern Z. 2.222 Bl. 18; BGH 29.11.71 NJW 72/447; BGH 18.1.73 NJW 73/518
(12) BGH 3.10.74 BauR 75/67 m.w. Nachw.
(13) OLG Stuttgart 16.7.70 BauR 73/64
(14) OLG Hamburg 21.11.55 Architekt 1956/420
(15) vgl. Roth/Gabler, Kommentar zum Vertragsrecht und zur Gebührenordnung für Architekten, 6. Auflage, S. 195
(16) Locher, Das private Baurecht, RdZ 250; OLG Düsseldorf 11.3.60 Schäfer/Finnern Z. 3.01 Bl. 125; BGH 2.11.72 Schäfer/Finnern Z. 3.01 Bl. 493; BGH 3.10.74 BauR 75/67 m.w. Nachw.
(17) LG Kassel 6.7.50 Architekt 1955/57 mitgeteilt bei Roth-Gaber aaO. S. 195
(18) OLG Düsseldorf 11.3.60 Schäfer/Finnern Z. 3.01 Bl. 125
(19) Werner/Pastor, Der Bauprozeß, RdZ 661; Weyer, Ansprüche der Bauherrn gegen den Architekten bei Ablehnung des Baugesuchs, NJW 67/1998; BGH 9.5.68 Schäfer/Finnern Z. 3.01 Bl. 385
(20) OLG Saarbrücken 17.1.67 NJW 67/2359; OLG Düsseldorf 2.5.75 BauR 76/141; Weyer aaO. NJW 67/1998 m.w. Nachw.; Werner/Pastor, Der Bauprozeß, RdZ 661
(21) Locher, Das private Baurecht RdZ 250; OLG Düsseldorf 11.3.60 Schäfer/Finnern Z. 3.01 Bl. 125; BGH 2.11.72 Schäfer/Finnern Z. 3.01 Bl. 493
(22) Roth-Gaber aaO. S. 196; Locher, Das private Baurecht, RdZ 250
(23) Locher, Das private Baurecht, RdZ 250
(24) Wussow, BauR 70/71; Locher, Das private Baurecht, RdZ 250

(3) Fehler und behördliche Genehmigung

In seinem Urteil vom 11.3.1960 (1) hat das OLG Düsseldorf keinen Zweifel daran gelassen, daß das bauaufsichtliche Genehmigungsverfahren keine „Kontrollinstanz" zu Gunsten des Projektanten darstellt. Der Planer darf die Beseitigung etwaiger Planungsfehler nicht dem Genehmigungsverfahren überlassen. Er hat vielmehr unter Beachtung der örtlichen und überörtlichen Bauvorschriften so zu projektieren, daß die Planung genehmigungsfähig ist.

Ist eine Genehmigung seitens der entsprechenden Behörde erteilt, so ist damit noch nichts über die Fehlerfreiheit der Planung i.S. des § 633 Abs. 1 BGB ausgesagt. Selbst wenn die bauliche Anlage oder das Einzelgewerk bauaufsichtlich abgenommen wird, wäre der Schluß auf eine vertragsgerechte Leistungserbringung verfehlt (2).

Beispiel:

Ein Ingenieur wird mit der Konzipierung der Statik für ein 5-geschossiges Wohnhaus beauftragt. Er ordnet Fundamentstärken an, die für ein 9-geschossiges Gebäude ausreichen würden; die vorgesehenen Fundamente sind überdimensioniert.

Liegt die positive Stellungnahme des Prüfstatikers vor, so bleibt die Leistung des Statikers doch mangelhaft: Nach dem Vertragszweck hat er in von ihm zu vertretender Weise unwirtschaftlich geplant. Es liegt ein Mangel i.S. des § 633 Abs. 1 BGB vor (vgl. oben RdZ 49).

Die bauaufsichtliche Genehmigung kann hier den Statiker deshalb nicht entlasten, weil die Prüfung seitens der Genehmigungsbehörde **nicht die Kontrolle vertragsgerechter Leistungserbringung** zum Inhalt hat. Vielmehr liegt der Schwerpunkt der bauaufsichtlichen Prüfung der statischen Berechnung bei der Feststellung der Standsicherheit (3). Dabei wird durch die Bauaufsichtsbehörde der vorgelegte Plan oder der ausgeführte Bau nur dahin geprüft, ob die im **öffentlichen Interesse** erlassenen Vorschriften eingehalten sind. Entscheidend dabei ist das öffentliche Interesse an der **Gefahrenabwehr.** Dieses öffentliche Interesse besteht immer gleichbleibend und unabhängig von etwaigen besonderen vertraglichen Vereinbarungen zwischen Sonderfachmann und Bauherrn über einzelne Anforderungen an die Planung, die im Eigeninteresse (z.B. geplanter Verwendungszweck der baulichen Anlage durch den Bauherrn) des Bauherrn ausgehandelt worden sind.

Deutlich spricht dies der BGH in seinem Urteil vom 27.5.1963 (4) aus:

„Wenn die Baugenehmigungsbehörde mit den übrigen Bauunterlagen die statischen Berechnungen prüft, so geschieht dies im Hinblick auf das öffentliche Interesse der Gefahrenabwehr, aber nicht zu dem Zweck, den Bauherrn zu sichern oder ihm die Verantwortung zu erleichtern. Die sachkundige und in der Regel gründliche Prüfung der Bauunterlagen durch die Baugenehmigungsbehörde mag – wie das LG richtig bemerkt – für den Bauherrn die erfreuliche Nebenwirkung haben, ihn vor finanziellen Schäden durch falsche Konstruktionsberechnungen zu schützen; **es ist jedoch abwegig,** aus dieser Nebenwirkung der einem anderen Zweck dienenden behördlichen Prüfung **Amtspflichten zum Schutze der Belange des Bauherrn** herleiten zu wollen."

Demgemäß sind entscheidend für die Anforderungen an die Planung und ausschlaggebend für die Feststellung fehlerfreier Leistungserbringung i.S. des § 633 Abs. 1 BGB die sich aus dem **Vertrag** ergebenden Pflichten des Sonderfachmannes.

Für das Verhältnis von vertragsgerechter Leistung und behördlicher Genehmigung vgl. auch BGH Urt. v. 27.2.1975 – AZ VII ZR 138/74 (5).

---

(1) OLG Düsseldorf 11.3.60 Schäfer/Finnern Z. 3.01 Bl. 125
(2) Ingenstau/Korbion, § 13 VOB/B, RdZ 31
(3) Locher, Das private Baurecht, RdZ 378; Ingenstau/Korbion, § 13 VOB/B, RdZ 31; BGH 28.2.66 Schäfer/Finnern Z. 3.01 Bl. 348
(4) BGH 27.5.63 NJW 63/1821
(5) BGH 27.2.75 BauR 76/59

3 Abgrenzung der Erfüllungs- und Gewährleistungsansprüche des § 633 Abs. 1 BGB

§ 633 Abs. 1 BGB formuliert drei Gruppen von Gewährleistungsverpflichtungen:
1. Zugesicherte Eigenschaften müssen vorhanden sein.
2. Die Tauglichkeit zu dem nach dem Vertrag vorausgesetzten Gebrauch darf nicht beeinträchtigt sein.
3. Der Wert und die Tauglichkeit zu dem gewöhnlichen Gebrauch muß gewährleistet sein.

Die Planung so zu gestalten, daß zugesicherte Eigenschaften bei der baulichen Anlage realisiert werden können oder der Verwendungszweck der Anlage nicht gefährdet wird, ist in erster Linie eine Frage der Einhaltung vertraglicher Abmachungen. Allein aus der vertraglich übernommenen Leistungspflicht und deren Inhalt ist die Fehlerhaftigkeit der Planung zu beurteilen. **Fehlerhaftigkeit** heißt hier in erster Linie **Vertragswidrigkeit**.

Meist wird das Fehlen zugesicherter Eigenschaften nicht nur einen Verstoß gegen vertragliche Abreden darstellen, sondern sich auch in einem Fehler am Bauwerk selbst äußern — das muß allerdings nicht sein.

Das Fehlen von zugesicherten Eigenschaften oder die Gefährdung des Vertragszweckes durch eine mangelhafte Projektierung ist eine **vertragswidrige Leistung**. Dagegen ist die Nichtbeachtung der allgemein anerkannten Regeln der Technik und die Gefährdung des gewöhnlichen Gebrauches der baulichen Anlage als mangelhafte Leistung i.S. des § 633 Abs. 1 BGB anzusprechen. **Dabei kommt es auf die vertraglichen Abmachungen der Vertragsparteien im einzelnen nicht mehr an.** Zu Recht formulieren deshalb Ingenstau/Korbion (1): „Die Verpflichtung zur Beachtung der anerkannten Regeln der Bautechnik ist daher unabhängig von den sonstigen Gewährleistungspflichten. Eine Verletzung dieser Verpflichtung führt auch zur Verantwortlichkeit, wenn die Bauleistung sonst einwandfrei ist."

Hierbei ist kein grundsätzlicher Unterschied zwischen Projektant und ausführendem Unternehmer feststellbar.

Eine Umfrage bei Architekten und Ingenieuren (2) hat ergeben, daß über den Begriff „der allgemein anerkannten Regeln der Technik" hinsichtlich seiner Tatbestandsmerkmale und Voraussetzungen weitgehend Unklarheit herrscht. Aus diesem Grunde wird auf diesen zentralen Begriff im folgenden näher eingegangen. Dies deshalb, weil der Begriff der allgemein anerkannten Regeln der Technik den Inhalt der Leistungspflicht und Sorgfaltspflicht des planenden Ingenieurs wie aller am Bau Beteiligten bestimmt.

---

(1) Ingenstau/Korbion, § 13 VOB/B RdZ 38
(2) Baumarkt 1976/1011-1013, 1070-1079, 1107-1111

IV Regeln der Technik

53 1 Begriff

Der Begriff „Regeln der Technik" gehört für sich genommen dem außerrechtlichen Bereich an. Er bezeichnet zunächst — meist durch wissenschaftliche Erkenntnisse untermauert — Erfahrungssätze über bestimmte Arbeitsmethoden zur Erreichung vielfältigster technischer Zwecksetzungen. Zutreffend stellt Herschel (1) die Regeln der Technik als eine Unterart von Erfahrungssätzen besonderer Sachkunde abstrakter Natur dar. Inhaltlich wird der Begriff „Regeln der Technik" ausgefüllt durch die rasch sich erweiternden Erkenntnisse des technischen Fortschrittes und deren Anwendung in der Praxis (2). Insoweit ist der Begriff „Regeln der Technik" von seinem Inhalt her nicht konstanter, sondern **dynamischer Natur (3).**

Der so definierte Begriff „Regeln der Technik" gehört nicht der objektiven Rechtsordnung an; ein etwaiger Verstoß gegen technische Regeln ist für sich noch nicht rechtswidrig. Die rechtliche Relevanz der „Regeln der Technik" ergibt sich daraus, daß durch sie im Zivilrecht die vertraglich übernommene Leistungspflicht bestimmt wird; im Strafrecht setzen sie den Maßstab für fehlerhaftes Bauen unter dem Gesichtspunkt der Baugefährdung (§ 330 StGB), im öffentlichen Baurecht sind sie Richtschnur und Orientierung für die Baubehörden dafür, welche Bauausführung im Interesse öffentlicher Sicherheit und Ordnung zu fordern ist.

Hieraus ergibt sich die Notwendigkeit der Überprüfungsmöglichkeit des Begriffes „Regeln der Technik" in rechtlicher Hinsicht.

Eine gesetzlich geregelte Definition des Begriffes existiert nicht. Deshalb ist die Beantwortung der Frage, ob bestimmte Regeln der Technik im Einzelfall als verbindlich zu beachten sind, nach Beurteilungsmaßstäben zu treffen, wie sie Rechtsprechung und Literatur herausgearbeitet haben.

Für die Eingrenzung des Begriffes „Regeln der Technik" gilt im wesentlichen heute noch die vom Reichsgericht aufgestellte Definition (4). In seinem Urteil vom 11.10.1910 hatte das Reichsgericht den Begriff „Regeln der Technik" wie folgt präzisiert (5):

„Der Begriff der allgemein anerkannten Regel der Technik der Baukunst ist nicht schon dadurch erfüllt, daß eine Regel bei völliger wissenschaftlicher Erkenntnis auch als richtig und unanfechtbar dasteht, sondern sie muß auch allgemein anerkannt, d.h. durchweg in die Kreise der betreffenden Architekten und Techniker gelangt und als richtig erkannt sein. Das bedeutet also, daß es nicht darauf ankommt, ob die Wissenschaft, also die Theorie, eine Regel erkannt und gelehrt habe, ober aber auch, ob diese in der einschlägigen Fachliteratur anerkannt werde, sondern die Überzeugung von der Notwendigkeit muß vielmehr auch die ausübende Baukunst und das Baugewerbe, d.h. also die

Praxis, besitzen, und diese Überzeugung muß sich derartig befestigt haben, daß im Sinne des Gesetzes von allgemeiner Anerkennung gesprochen werden kann. (...) Erst, wenn diese Erkenntnis Allgemeingut, d.h. Gedankengut der überwiegenden Mehrzahl der die Bautätigkeit ausübenden Personen geworden ist, kann von einer allgemeinen Anerkanntheit gesprochen werden. Die Tatsache, daß Vereinzelte diese Kenntnis bereits haben, kann hier nicht ausschlaggebend sein. (...) Unzutreffend ist endlich die Auffassung, es komme hier nur auf die Anschauung der mit Hochschulbildung versehenen Architekten und Ingenieure an. (...) Es kann, wenn schon ein erweiterter Kreis diese Arbeiten ausführen darf, nur darauf ankommen, ob bei der überwiegenden Mehrzahl der Personen, die diesem Kreis angehören, diese Regel der Baukunst allgemein anerkannt ist."

Diese hier sehr ausführlich wiedergegebene Definition des Reichsgerichtes umfaßt nahezu alle Möglichkeiten, bei denen die Fragestellung besteht, ob Regeln der Technik allgemein anerkannt sind oder nicht — so zutreffend Mang/Simon aaO., Art. 3 RdZ 46.

(1) Herschel, Regeln der Technik, NJW 1968/617ff.
(2) Herschel aaO.; Ingenstau/Korbion, § 4 VOB/B, RdZ 69; Mang/Simon, BayBO, 6. Aufl., Art. 3 RdZ 45ff.
(3) Eberstein, Technische Regeln und ihre rechtliche Bedeutung, BB 1969/1291ff.
(4) Mang/Simon aaO. Art. 3 RdZ 46; Ingenstau/Korbion, § 4 VOB/B, RdZ 69 a; Heiermann/Riedl/Schwab, Handkommentar zur VOB, 1975, § 4 VOB/B RdZ 23; RG Urt. 26.6.1891 Goltd Arch. Bd. 39/208; RG Urt. 11.10.1910 RGSt 44, 76ff.
(5) RG Urt. 11.10.1910 RGSt 44, 76ff.

2 Geltungsbereich

Soweit vom Reichsgericht in der oben zitierten Entscheidung der Terminus „Regel der Baukunst" gebraucht worden ist, bedeutet dies Regeln der **Bautechnik**. Nicht gemeint sind also baukünstlerische Regeln, d.h. ästhetische Prinzipien baulicher Gestaltung (1). Die Gleichsetzung der allgemein anerkannten Regeln der Baukunst mit denen der Technik im Sinne von Regeln der Technik ist für das Gebiet des Strafrechtes (z.B. § 330 StGB) geklärt. So formuliert die Begründung zum Entwurf des § 337 StGB (E 1960 und E 1962):

„Der ausgedehnte Begriff des Baues legt es jedoch nahe, statt von den Regeln der Baukunst, bei denen nach dem Wortsinn das Schwergewicht auf den künstlerischen Regeln der Architektur liegt, im Anschluß an den Entwurf 1936 von den 'allgemein anerkannten Regeln der Technik' zu sprechen. Denn es geht um Regeln, deren Verletzung zu Gefahren für Menschen und Sachwerte führen kann." (2)

Für den zivilrechtlichen Bereich legt § 4 Ziff. 2 VOB/B ausdrücklich fest, daß „die anerkannten Regeln der Technik (...) zu beachten" sind. Nach § 13 Ziff. 1 VOB/B hat der Auftragnehmer die Gewähr dafür zu übernehmen, daß seine Leistung den anerkannten Regeln der Technik entspricht. Da die in den beiden zitierten VOB-Vorschriften enthaltenen Regelungen als **Ausfluß des Grundsatzes von Treu und Glauben (§ 242 BGB) von grundsätzlicher Bedeutung sind** (3), ist die Festlegung auf den Begriff „Technik" über die VOB hinaus für den gesamten zivilrechtlichen Bereich maßgebend (4).

Die Regeln der Technik betreffen **nicht nur** die Konstruktion in Entwurf und Durchführung einer baulichen Anlage, sondern wesentliche Bereiche von Vorbereitungs- und Begleitmaßnahmen.

So hat das Reichsgericht in seinem Urteil vom 14.11.1913 (5) bereits festgestellt, daß die Regeln der Technik auch „die Ausführung von Hilfsbauten und Hilfsvorrichtungen, die nur vorbereitender Natur sind oder nach der Fertigstellung des eigentlichen Baues wieder in Wegfall kommen, wie z.B. die Errichtung eines Baugerüstes", betreffen.

Es ist also anerkannt, daß die Regeln der Technik im obigen Sinne bei Vorrichtungen relevant werden, die die Sicherheit beim Bauen gewährleisten sollen. Besonders wichtig ist dies für Arbeits- und Schutzgerüste (DIN 4420), die Baustellen-Absperrung, wie auch überhaupt für Hilfskonstruktionen als Begleitmaßnahmen zur Baudurchführung (6).

(1) Mang/Simon, BayBO, Art 3 RdZ 46; Tomasczewski, Unterschiedliche Auffassungen über die allgemein anerkannten Regeln der Baukunst (Technik), Bauverwaltung 1967/430
(2) Bundesrat-Drucksache 270/60 S. 475 und Bundestag- 4. Wahlperiode, Drucksache IV/650 v. 4.10.62, S. 514, 515
(3) Ingenstau/Korbion, § 4 VOB/B, RdZ 69
(4) Ingenstau/Korbion, § 4 VOB/B, RdZ 69; Tomasczewski, Bauverwaltung 1967/430
(5) RGSt 47/427, vgl. auch RGSt 31, 180 und RGSt 39, 417
(6) Tomasczewski aaO. S. 431; Ingenstau/Korbion, § 4 VOB/B, RdZ 70; BGH 16.2.71 NJW 71/752 = VersR 71/476 = LM § 426 BGB Nr. 31

3 Allgemeine Anerkennung technischer Regeln

Wie schon die Begriffsbestimmung „Regeln der Technik" durch das Reichsgericht, so legen auch neuere Umschreibungen und Erläuterungen fest, daß die im Einzelfall in Rede stehenden Regeln der Technik **allgemein anerkannt** sein müssen.

So fassen Ingenstau/Korbion (1) auf der Grundlage der reichsgerichtlichen Definition den Begriff „Regeln der Technik" unter dem Gesichtspunkt zusammen,

„daß es sich um technische Regeln für den Entwurf und die Ausführung baulicher Anlagen handelt, die in der Wissenschaft als theoretisch richtig erkannt sind und feststehen sowie in **dem Kreise der für die Anwendung der betreffenden Regeln maßgeblichen, nach dem neuesten Erkenntnisstand vorgebildeten Techniker** durchweg bekannt und **auf Grund** fortdauernder praktischer Erfahrung als richtig und notwendig anerkannt sind."

Dies ist die herrschende Auffassung in Literatur und Rechtsprechung (2).

Die allgemeine Anerkennung technischer Regeln hat also zur Voraussetzung, daß sich die entsprechende Anwendungsweise oder Methode **zum Zeitpunkt ihrer Anwendung** in der Praxis durchgesetzt hat. Die Anerkennung – oder gar erst Forderung – einer bestimmten Verfahrensweise allein auf theoretischer Ebene genügt also nicht (3).

Entscheidend kommt es bei der Beurteilung allgemeiner Anerkennung auf die in dem einzelnen Fachzweig herrschende **Durchschnittsauffassung an** (4).

Unerheblich ist, ob einzelne Personen oder Personengruppen einzelne Regeln nicht anerkennen oder sie überhaupt nicht kennen.

Beispiel:

Eine Installationsfirma brachte im Jahre 1950 – also vor dem Vorliegen des Entwurfes der DIN 50 930 – in eine Warmwasseranlage aus verzinktem Eisenrohr zur Erhöhung der Warmwassererzeugung eine Kupferschlange ein. Kleinste Kupferteilchen, die durch das erwärmte Wasser losgerissen wurden, setzten sich an der Innenwand der verzinkten Eisenrohre an und führten infolge galvanischer Vorgänge zur Korrosion der Rohrwände in Form von Lochfraß.

Der BGH (5) ließ einen Schadensersatzanspruch des Bestellers zu, da ein Verstoß gegen die Regeln der Technik gegeben war. Ausdrücklich stellt der BGH in seiner Entscheidung aaO. fest, daß es nicht darauf ankomme, ob eine große Anzahl von Unternehmen Kupfer und Zink zusammenschließe. Entscheidend sei für die Beurteilung, daß in **Installateurkreisen** weitgehend der Zusammenbau von Kupfer und verzinkten Eisenrohren **als regelwidrig** abgelehnt werde.

(1) Ingenstau/Korbion, § 4 VOB/B RdZ 69 a; Werner/Pastor aaO. RdZ 651; vgl. auch: Seelig, Rechtliche Betrachtungen zur Sicherheit des Gasrohrnetzes, gwf 1965/860 (861); Werner, Die allgemein anerkannten Regeln der Baukunst, Die Bauwirtschaft, 1962/359 (360); Scherer, Die allgemein anerkannten Regeln der Baukunst, Bau- und Bauwirtschaft 1963/903 (904)

(2) Schmalzl, Die Gewährleistungsansprüche des Bauherrn gegen den Bauunternehmer, NJW 65/129 (134); Seelig, Rechtl. Betrachtungen zur Sicherheit des Gasrohrnetzes, gwf 1965/861; Nikusch: 330 StGB als Beispiel für eine unzulässige Verweisung auf die Regeln der Technik, NJW 67/811; Scherer, Die allgemein anerkannten Regeln der Baukunst, Bau und Bauindustrie 1963/904; Herschel, Regeln der Technik, NJW 68/617ff.;

Eberstein, Technische Regeln und ihre rechtliche Bedeutung, BB 69/1291ff.; Lipps, Herstellerhaftung beim Verstoß gegen „Regeln der Technik"?, NJW 68/279ff.; Heiermann/Riedl/Schwab aaO. 4 VOB/B, RdZ 23; OLG Stuttgart 26.8.76 BauR 77/129; BGH 9.2.78 MDR 78/657; BGH 11.2.57 Schäfer/Finnern Z. 2.2 Bl. 5
(3) Ingenstau/Korbion, § 4 VOB/B, RdZ 69b
(4) Heiermann/Riedl/Schwab aaO., § 4 VOB/B, RdZ 23; Eberstein, Technische Regeln und ihre rechtliche Bedeutung, BB 69/1291 (1293); Eberstein, Technik und Recht, BB 77/1723 (1724); Lukes, Regeln der Technik und Schadensersatz (S. 28), Veröffentlichungen d. Institutes f. Energierecht an der Universität zu Köln 23/24
(5) BGH 11.2.1957 Schäfer/Finnern Z. 2.2 Bl. 5

4 Anerkennung durch Fachleute

Den maßgeblichen Personenkreis, der technische Verfahrensweisen in relevanter Weise „anerkennen" kann, bilden ausschließlich entsprechend vorgebildete Techniker des maßgeblichen Zweiges (1). Entscheidend ist also nicht die durch Hilfsarbeiter, Facharbeiter oder Vorarbeiter gesetzte Übung einer Verfahrensweise (2). Dies erfordert besonders die **Schutzfunktion** der Regeln der Technik, der zu Recht immer mehr Gewicht beigemessen wird. Zielpunkt technischen Fortschrittes ist immer mehr nicht nur die Steigerung der Leistungsfähigkeit, die Erhöhung der Produktion etc., sondern auch der Schutz des Verbrauchers oder Benutzers technischer Leistungen. Insbesondere wird zunehmend auf die Vermeidung von Beeinträchtigungen durch Lärm, Verschmutzung von Luft und Wasser durch Schadstoffe etc. geachtet (3).

Beispielhaft seien hier die Regelungen des Bundesimmissions-Schutzgesetzes (v. 15.3.1974 BGBl. III 2129ff.) genannt. In § 1 BImSchG wird der Zweck des Gesetzes dahingehend formuliert, Menschen sowie Tiere, Pflanzen und andere Sachen vor schädlichen Umwelteinwirkungen zu schützen und dem Entstehen schädlicher Umwelteinwirkungen vorzubeugen.

Aus dieser Zwecksetzung für die Einführung und Anwendung technischer Anwendungsweisen und Verfahren ergibt sich, daß für die Anerkennung einer technischen Regel als richtig und notwendig **über das rein technische Wissen hinaus weitere Kenntnisse** – etwa medizinische – unabdingbar sind.

So hat der BVerwG in seiner Entscheidung vom 17.2.1978 (4) keinen Zweifel daran gelassen, daß bei der Beurteilung der Schädlichkeit von Immissionen i.S. des § 3 BImSchG besondere Fachkenntnisse auf **zahlreichen** Gebieten außerhalb des Rechts, insbesondere auf dem weiten Gebiet der Naturwissenschaften erforderlich sind.

Es liegt auf der Hand, daß beim raschen technischen Fortschritt, der immer mehr ein Ineinandergreifen verschiedener naturwissenschaftlicher Disziplinen mit sich bringt, die Anerkennung technischer Regeln nur durch einen **entsprechend vorgebildeten** Personenkreis erfolgen kann. Nur dies kann gewährleisten, daß dem

Stand der **Wissenschaft** Genüge geleistet wird, insbesondere dort, wo die Gefahrenabwehr für den Einzelnen Kenntnisse aus angrenzenden naturwissenschaftlichen Disziplinen erfordert.

(1) Ingenstau/Korbion, § 4 VOB/B, RdZ 69 b; Lipps, Herstellerhaftung beim Verstoß gegen „Regeln der Technik"? NJW 68/279 (280)
(2) vgl. Fußnote (1)
(3) zutreffend Herschel, Regeln der Technik, NJW 69/617
(4) BVerwG 17.2.78 BauR 78/201ff.

5 Form der Anerkennung

Wie bereits dargelegt, beziehen Regeln der Technik ihre Autorität als **allgemein anerkannte** technische Regeln aus geübter Praxis vor dem Hintergrund theoretischer Erkenntnisse.

Nach einhelliger Meinung in Literatur und Rechtsprechung kommt es dabei **auf die Einhaltung von Formerfordernissen nicht an** — insbesondere also nicht auf schriftliche Fixierung einer technischen Anwendungsweise oder eine besondere Art der Verkündigung oder Bekanntmachung (1).

Als **unbestimmter Rechtsbegriff** (2) bleibt der Begriff „Regeln der Technik" ausfüllungsbedürftig und kann technische Anwendungsweisen beinhalten, die lediglich praktiziert werden **ohne** etwa kodifiziert zu sein.

Der Verzicht auf Formerfordernissen jeglicher Art für die Qualifizierung „allgemein anerkannte Regel der Technik" ist ein notwendiges Zugeständnis von der rechtsetzenden staatlichen Seite an den technischen Fortschritt, der sich aus der Natur der Sache ergibt. Zutreffend weist Herschel aaO. (3) darauf hin, daß der Staat sich überfordern würde, wollte er versuchen, durch perfekte Rechtsetzung mit dem technischen Fortschritt Schritt zu halten.

Würden Formalien staatlicher Normsetzung als Begriffsmerkmal angenommen werden, so würden technische Regeln schon auf Grund der zeitraubenden Verfahrensabläufe staatlicher Normsetzungsakte zum Zeitpunkt ihrer Verbindlichkeit aus juristischer Sicht durch den technischen Fortschritt oftmals überholt sein. Insoweit ergibt sich die Notwendigkeit, auf Formerfordernisse zu verzichten, aus dem unauflöslichen Gegensatz zwischen der statischen Natur des Rechts und der dynamischen der Technik (4).

Festzuhalten ist in diesem Zusammenhang, daß auch bei Verweisungen in Gesetzen und Verordnungen auf die „anerkannten Regeln der Technik" in derselben Weise die ungeschriebenen Regeln der Technik angesprochen sind, wie etwa die technischen Normen des DIN (5). Bezüglich der rechtlichen Problematik der Verweisung vgl. unten RdZ 59.

(1) Lukes, aaO. S. 28; Mang/Simon, Art. 3 RdZ 47; Ingenstau/Korbion, § 4 VOB/B, RdZ 69 c; Herschel, Regeln der Technik, NJW 68/617 (619); Eberstein, Technik und Recht, BB 77/1723 (1725); Lipps, Herstellerhaftung beim Vertrag gegen „Regeln der Technik"?, NJW 68/279 (280); Schmalzl, Gewährleistungsansprüche, NJW 65/129 (134); Werner, Die allgemein anerkannten Regeln der Baukunst, Bauwirtschaft 1962/360
(2) Mang/Simon Art. 3 RdZ 47
(3) Herschel, Regeln der Technik, NJW 68/617
(4) Eberstein, Technik und Recht, BB 77/1723
(5) Ingenstau/Korbion, § 4 VOB/B, RdZ 69 b

6 Rechtliche Bedeutung der „anerkannten Regeln der Technik"

Wie bereits unter RdZ 53 ausgeführt, bezieht der Begriff „Regeln der Technik" seinen Inhalt aus der Praxis. Zielpunkt technischer Regeln ist die optimale Bewältigung technischer Aufgaben. Als Anleitung für bestimmte technische Anwendungsweisen geben sie lediglich eine Handhabe, **wie** eine technische Aufgabe gelöst werden **kann**, eine Regel der Technik gibt aber noch keine verbindliche Auskunft darüber, **ob** und **wann** sie angewandt werden muß. Insoweit stellen die „allgemein anerkannten Regeln der Technik" für sich keine Rechtsnormen dar (1). Man wird sie auch nicht als Rechtsnormen kraft Gewohnheitsrechts ansehen können. Hierzu fehlt es bei den beteiligten Laien und Technikern über die Anerkennung einer technischen Regel als richtig und notwendig hinaus an dem erforderlichen **Geltungswillen** dahin, daß die anerkannten Regeln der Technik – auch soweit sie im Fluß sind – als **Rechtssätze** gelten sollen (2).

(1) Mang/Simon aaO., Art. 3 RdZ 47; Ingenstau/Korbion, § 4 VOB/B, RdZ 69 e; Herschel aaO., NJW 68/617; Lukes aaO. S. 39; Lipps NJW 68/279 (280); Lindemann, Die Architekten und die DIN-Normen, DAB 78/947 (948); BVerwG 29.8.61 NJW 62/506; Seelig, Rechtliche Betrachtungen zur Sicherheit des Gasrohrnetzes, gwf 1965/861
(2) Lehmann/Hübner, Allgemeiner Teil des Bürgerlichen Gesetzbuches, 16. Aufl., § 3 III 1 1 b; Hammer, Die rechtliche Bedeutung technischer Vorschriften, gwf 1964/12 ff., Hammer, Technische Normen in der Rechtsordnung, MDR 68/977 (978); Lukes aaO. S. 39; dagegen Herschel NJW 68/617 (622)

7 Verweisungen auf allgemein anerkannte Regeln der Technik

Soweit Gesetze oder Rechtsnormen (z.B. VOB/B § 4 Ziff. 2, § 330 StGB, Art. 3 BayBO) auf die „anerkannten Regeln der Technik" verweisen, sind auch diese Verweisungen nicht geeignet, den Regeln der Technik Rechtsnormqualität zu verleihen (1). Vielmehr bleiben die Regeln der Technik in erster Linie Sätze des außerrechtlichen Bereiches; sie selbst haben keinen Rechtsnormcharakter, sondern lediglich die verweisende Norm (2).

Festzuhalten ist allerdings, daß im Falle der Verweisung (vgl. VOB/B § 4 Ziff. 2, § 330 StGB etc.) die in Bezug genommenen Regeln ganz oder zum Teil Bestandteil der verweisenden Norm werden und so an deren Charakter (Gesetzeskraft) teilnehmen (3).

Insoweit wird von Stimmen in der Literatur zu Recht die Verfassungsmäßigkeit solcher Verweisungen — insbesondere für § 330 StGB — angezweifelt (4).

Der Hinweis auf die Verfassungswidrigkeit solcher Verweisungen, besonders im Hinblick auf die Grundsätze des Rechtsstaatsprinzips (GG Art. 20 Abs. III, 28 Abs. I), ist zutreffend. Die öffentliche Gewalt kann Eingriffe in den Rechtskreis des Einzelnen **nur** auf Grund von Rechtsnormen vornehmen (zutreffend Nikusch aaO.). Dabei ist in verfassungsrechtlicher Hinsicht bedenklich, daß **nicht der staatliche Normgeber** den in Bezug genommenen Begriff „Regeln der Technik" ausfüllt, **sondern nichtstaatliche Gremien** wie DIN, VDE, DVGW, etc. Zu Recht wird hier das Problem unzulässiger Delegation vor dem Hintergrund des Art. 80 Abs. I GG gesehen (5). Bedeutsam ist in diesem Zusammenhang, daß gegen die faktische Gesetzeswirkung der nichtstaatlichen Normschöpfungen die Rechtsweggarantie des Art. 19 Abs. IV GG versagt, die sonst gegen Rechtsschöpfungsakte der öffentlichen Gewalt gegeben ist.

Eine Lösung dieser Problematik ist allerdings angesichts der dynamischen Natur technischen Fortschrittes nicht in Sicht, da das Recht der Technik die zeitraubende Prozedur staatlicher Normsetzung nicht verträgt.

Die obigen Grundsätze gelten nicht nur für die nicht kodifizierten „allgemein anerkannten Regeln der Technik", sondern ebenso für die DIN-Normen des DIN sowie für die Richtlinien der Verbände der verschiedenen Branchen (z.B. Bestimmungen des Verbandes Deutscher Elektrotechniker (VDE), des Deutschen Vereins von Gas- und Wasserfachmännern (DVGW) etc., und auch für die internationalen Normen der International Organization for Standardization (6).

(1) Herschel NJW 68/617 (619); Lipps NJW 68/279 (280); Mang/Simon aaO. Art. 3 RdZ 47
(2) Herschel NJW 68/617 (620) m.w. Nachw.; BVerwG 29.8.1961 NJW 62/506 (507)
(3) Mang/Simon Art. 3 RdZ 47; Nikusch, § 330 StGB als Beispiel für eine unzulässige Verweisung auf die Regeln der Technik, NJW 67/811
(4) Nikusch NJW 61/811; Backherms, Unzulässige Verweisung auf DIN-Normen, ZRP 78/261; Staats, Zur Problematik bundesrechtlicher Verweisungen auf Regelungen privatrechtlicher Verbände, ZRP 78/59
(5) Nikusch NJW 68/811 (812) m.w. Nachw.
(6) Herschel NJW 68/617 (619); Lukes aaO. S. 39

8 DIN-Normen als allgemein anerkannte Regeln der Technik

Soweit ersichtlich, wird nirgendwo die Auffassung vertreten, daß DIN-Normen sowie entsprechende Bestimmungen (vgl. z.B. Bestimmungen des Deutschen Ausschusses für Stahlbeton, Unfallverhütungsvorschriften der Berufsgenossenschaften etc.) und Richtlinien (vgl. VDI-Richtlinien etc.) identisch seien mit dem Begriff „allgemein anerkannte Regeln der Technik". Dies erklärt sich wohl schon daraus, daß angesichts des raschen technischen Fortschrittes nicht mit letzter Bestimmtheit gesagt werden kann, eine bestimmte normierte technische Regel enthalte die optimale und einzige Lösung einer technischen Aufgabe.

Deshalb ist es allgemeine Auffassung, daß der Begriff der allgemein anerkannten Regeln der Technik über die allgemein technischen Vorschriften (DIN-Normen bzw. vergleichbare technische Bestimmungen) hinausgeht (1).

Ausdrücklich hat das OLG Stuttgart in seiner Entscheidung vom 26.8.76 ausgeführt (2):

„Welche allgemeinen Anschauungen gelten, ergibt sich aus den in den entsprechenden Branchen allgemein als gültig anerkannten Regeln der Technik. Hierbei ist von Bedeutung, daß DIN-Normen nicht aus sich heraus die allgemein als gültig anerkannten Regeln der Technik wiedergeben. Vielmehr geht der Begriff der anerkannten Regeln der Technik über die allgemeinen technischen Vorschriften hinaus, indem letztere den ersteren unterzuordnen sind. Es besteht aber eine tatsächliche, jedoch jederzeit widerlegbare Vermutung, daß sie die allgemein anerkannten Regeln der Baukunst wiedergeben."

Demgemäß entspricht eine DIN-Norm inhaltlich den Regeln der Technik nur soweit und solange, als sie die oben genannten Grundsätze erfüllt – nämlich allgemeine Übung durch relevante Fachleute vor dem Hintergrund theoretischer Erkenntnisse.

Da – wie Lukes zutreffend ausführt (3) – ein absoluter Erfahrungssatz dahin nicht anzunehmen ist, daß eine bestimmte DIN-Norm oder vergleichbare technische Bestimmung identisch ist mit der allgemein anerkannten Regel der Technik für dieses Problem und auch identisch sein wird, sind DIN-Normen und vergleichbare technische Bestimmungen zwangsläufig Änderungen unterworfen, die der technische Fortschritt mit sich bringt. Damit können DIN-Normen und vergleichbare technische Bestimmungen inhaltliche Ausfüllung des Begriffs „Anerkannte Regeln der Technik" sein. Diese Wertung von DIN-Normen (bzw. vergleichbarer technischer Bestimmungen) im Verhältnis zu den anerkannten Regeln der Technik läßt sich aus den Grundsätzen über die Normungsarbeit des Deutschen Normenausschusses (DIN 820) ablesen. Unter Pos. 4.2.1 ist festgehalten:

„Die Normen müssen dem jeweiligen Stande der Wissenschaft und Technik entsprechen." Zutreffend führen Ingenstau/Korbion (4) hierzu unter Bezugnahme auf Mang/Simon (5) aus, daß eine entsprechend dem Verfahren gemäß DIN 820 entwickelte Norm noch nicht die Qualität einer anerkannten Regel der Technik haben muß, selbst wenn sie entsprechend Pos. 4.2.1. DIN 820 dem Stand der Wissenschaft und Technik entspricht. Durch die Prozedur der Normung soll ja „unter Auswertung wissenschaftlicher Erkenntnisse und praktischer Erfahrungen eine möglichst gute, vollkommene, einfache und billige Lösung gefunden werden (6). Erst wenn die Baunormen weitgehend von der Fachwelt anerkannt werden und sich in der Praxis einbürgern, erhalten sie die Bedeutung „allgemein anerkannter Regeln der Baukunst" (7).

(1) Werner/Pastor aaO. RdZ 653; Mang/Simon aaO. Art. 3 RdZ 53; Ingenstau/Korbion, § § 4 VOB/B, RdZ 69 c; Lukes aaO. S. 34; OLG Stuttgart 26.8.76 BauR 77/129
(2) vgl. OLG Stuttgart 26.8.76 BauR 77/129
(3) Lukes aaO. S. 34
(4) Ingenstau/Korbion, § 4 VOB/B, RdZ 69 c
(5) Mang/Simon Art. 3 RdZ 53
(6) Ingenstau/Korbion, § 4 VOB/B, RdZ 69 c
(7) Ingenstau/Korbion, § 4 VOB/B, RdZ 69 c unter Bezugnahme auf Bub, Baunormung, Bauwirtschaft 1962, Heft 7, Nr. 10 Abs. 2

9 DIN-Normen, technischer Fortschritt und „anerkannte Regeln der Technik"

Plastisch stellt Herschel (1) dar, daß der mit der Lösung einer technischen Aufgabe befaßte Techniker nicht starr an den kodifizierten Baunormen — Regelwerte wie DIN-Normen, VDI-Richtlinien etc. festhalten darf. Vielmehr müsse ihm der Nachweis gestattet sein, aus — technisch — triftigen Gründen eine etwaige Abweichung vorgenommen zu haben. Schnitte man diese Nachweismöglichkeit ab, so argumentiert Herschel, dann würden die als Werkzeug des Fortschritts gedachten Regeln der Technik zu Hemmschuhen der technischen Entwicklung verfälscht werden.

Entsprechend wertet die DIN 820 unter Pos. 4.2.3 die Aufgabe der Normungsarbeit:

„Immer ist zu beachten, daß die technische Entwicklung durch die Normung nicht behindert werden darf."

Die Beachtung dieses Grundsatzes hat zur Folge, daß Baunormen, unabhängig von etwaiger Kodifizierung oder von Normungsverfahren, **ständig neu** am Begriff „Allgemein anerkannte Regeln der Technik" zu messen sind.

Ebenso, wie eine schon kodifizierte Baunorm noch nicht allgemein anerkannt ist und damit nicht unter den Begriff „Allgemein anerkannte Regeln der Technik" subsumierbar ist, kann eine kodifizierte Baunorm die Anerkennung durch die maßgeblichen Fachleute mit derselben Konsequenz **verlieren** (2).

Demgemäß verlieren **DIN-Normen ihre Verbindlichkeit** als Bestandteil der allgemein anerkannte Regeln der Technik, sobald sie von den maßgeblichen Fachleuten **allgemein** als abzuändernde und zu erneuernde angesehen werden (3).

DIN-Normen werden Teil der allgemein anerkannten Regeln der Technik, ohne daß es dabei auf die Einhaltung des Verfahrens gemäß DIN 820 oder auf schriftliche Fixierung ankäme. Ebenso „formlos" verlieren sie auch ihre Verbindlichkeit, wenn sie nicht mehr dem Rang allgemein anerkannter technischer Regeln entsprechen. Insbesondere ist ein besonderer **förmlicher Akt der Außerkraftsetzung** nicht erforderlich. Ausdrücklich hat das BVerwG (4) in seinem Urteil zu den TVR Gas 1950 ausgeführt:

„Die TVR Gas 1950 sind also nicht Regeln des Rechts, sondern Regeln der Technik. Sie können gleichwohl in mancher Beziehung rechtlich bedeutsam sein, bleiben aber mangels eigener Rechtsnormqualität in ihrer Verwertbarkeit als Erkenntnisquellen oder Erfahrungsregeln der richterlichen Nachprüfung u. a. auf ihre Sachgemäßheit und Vereinbarkeit mit neueren technischen Entwicklungen – nicht wie Rechtsnormen nur auf formgerechtes Zustandekommen und Vereinbarkeit mit höherrangigem Recht – unterworfen."

Wird nun in den maßgeblichen Fachkreisen eine DIN-Norm als überholt angesehen, so ist die Frage zu beantworten, wie „die allgemein anerkannten Regeln der Technik" im Einzelfall festzustellen sind. Zutreffend geht Herschel aaO. (5) davon aus, daß die einzelnen Festlegungen technischer Anwendungsweisen in DIN-Normen bei gleichbleibendem Wortlaut sich nicht inhaltlich ändern können. Insoweit sind Interpretationsmethoden, wie sie bei der Anwendung von Rechtssätzen zur Inhaltsbestimmung unabdingbar sind, für die Inhaltsermittlung technischer Regeln ungeeignet.

Beispiel:

Der Begriff „gefährliches Werkzeug" i.S. des § 223a StGB wird sich aus der Zielsetzung der Strafbestimmung – Schutz der körperlichen Unversehrtheit – immer bestimmen lassen. So ist „gefährliches Werkzeug" i.S. des § 223a StGB je nach Handhabung auch der so friedlich anmutende Bierkrug (6).
Dagegen ist **nicht auslegungsfähig** die Bestimmung DIN 18 160 Pos. 7.1: Wangen und Zungen von Schornsteinen aus Mauersteinen müssen mindestens 11,5 cm dick sein."

Zu folgen ist deshalb der Ansicht Herschels aaO., daß es „immer nur auf die ursprünglich getroffene Festlegung (in den Regelwerken) ankommen" kann. **Falls diese Festlegung erkennbar nicht mehr den allgemein anerkannten Regeln der Technik entspricht, ist sie überhaupt ohne Relevanz.** In einem solchen Fall müssen die allgemein anerkannten Regeln der Technik **ohne Zuhilfenahme der Regelwerke** festgestellt werden.

(1) Herschel NJW 68/617 (619)
(2) Ingenstau/Korbion, § 4 VOB/B, RdZ 69 c
(3) Ingenstau/Korbion, § 4 VOB/B, RdZ 69 c: Herschel NJW 68/617 (623); Lipps NJW 68/279 (280); Lukes aaO. S. 32
(4) BVerwG 29.8.1961 NJW 62/506ff.; In diesem Sinne hat sich auch das BVerwG zur Revidierbarkeit der Grenzwerte der TA-Luft geäußert 17.2.78 NJW 78/1450ff.
(5) Herschel NJW 68/617 /623)
(6) RGSt 1/442 ff.

10 DIN-Entwürfe

Die obigen Grundsätze können jedoch nur soweit gelten, als das Regelwerk noch keinen dem Stand der Technik und Wissenschaft (vgl. DIN 820 Pos. 4.2.1) entsprechenden Entwurf einer neuen Baunorm enthält.

So hat der BGH in seinem Urteil vom 15.6.1977 (1) ausdrücklich zur Beurteilung der Zumutbarkeit und Festlegung von Grenzwerten von Lärmimmissionen auch die Richtlinien der **Vornorm DIN 18 005** (Schallschutz für Städtebau) für maßgeblich erklärt. In der genannten Entscheidung hatte der BGH über Erstattungsansprüche zu entscheiden, die ein Flughafenanlieger auf Grund erhöhter Aufwendungen für Schallschutzmaßnahmen an seiner Wohnung geltend gemacht hatte. Bei der Ermittlung von Grenzwerten als Beurteilungsmaßstab für die Zumutbarkeit von Schallbeeinträchtigungen wurde durch den BGH auch die Vornorm DIN 18 005 (Schallschutz im Städtebau) herangezogen. Der BGH führt aaO. aus, „daß die Frage nach der ‚Zumutbarkeit' von Lärm nicht durch die Angabe eines bestimmten Zahlenwertes bestimmt werden könne. Desgleichen ist in der DIN-Norm 45 641 (unter 1) ausdrücklich bemerkt, daß Festlegungen zum Beurteilen der Zumutbarkeit und das Festlegen von Grenzwerten nicht Gegenstand dieser Norm sind, sondern besonderen Vorschriften, Richtlinien oder Normen vorbehalten ist. Richtwerte solcher Art enthalten die VDI-Richtlinien 2058 (Beurteilung von Arbeitslärm in der Nachbarschaft) unter 3. Bestimmte Größen des äquivalenten Dauerschallpegels sind bisher weiter **in der Vornorm DIN 18 005** (Schallschutz Städtebau) als Planungsrichtpegel (unter 1.2 und 5) vorgesehen. **Die im planungs- und entschädigungsrechtlichen Bereich verwendeten oder vorgesehenen Größen** des äquivalenten Dauerschallpegels können auch Anhalt für die Beurteilung der nachbarrechtlichen Zulässigkeit i.S. des § 906 II 2 BGB sein."

Voraussetzung für die Verbindlichkeit eines DIN-Entwurfes bleibt jedoch, daß die entsprechende Bestimmung im Regelwerk überholt ist **und der Neu-Entwurf dem Stand der Technik entspricht** (2).

(1) BGH 15.6.77 NJW 77/1917ff.
(2) BGH 16.10.70 MDR 71/119

11 Prüfungspflicht bei Versagen der Regelwerke

Liegt ein Entwurf nicht vor, so kommt nach dem Gebot der Beachtung der im Verkehr erforderlichen Sorgfalt (§ 276 BGB) **eine Informierungspflicht des Fachmannes in Frage, abweichend vom Regelwerk eine technisch weiterentwickelte Methode zur Lösung der technischen Aufgabe zu ermitteln (1).** Insoweit unzutreffend Eberstein (Technische Regeln und ihre rechtliche Bedeutung, BB 69/1291 (1293). Eberstein aaO. (S. 1293) geht von dem Fall aus, daß zwar nach der Norm gebaut wird, die eingehaltene Norm aber nicht mehr mit dem neuesten Stand der Technik übereinstimmt. Tritt in einem solchen Fall ein Schaden ein, weil lediglich normgemäß, aber nicht entsprechend dem Stand der Technik gebaut wurde, verneint Eberstein ein Verschulden des Technikers: dieser könne sich subjektiv entlasten, da er sich bei Einhaltung der Norm darauf verlassen durfte, den technischen Anforderungen des Gesetzes Genüge zu tun.

Das Gegenteil ist der Fall. Die Tragweite der Verpflichtung, die Regeln der Technik einzuhalten, ist verkannt. DIN-Normen sind nicht so zu verstehen, daß sie aus sich heraus die allgemein als gültig anerkannten Regeln der Technik wiedergeben. Vielmehr geht der Begriff Anerkannten Regeln der Technik über die allgemeinen technischen Vorschriften hinaus (vgl. OLG Stuttgart Urt. v. 26.8.1976 BauR 77/129). Bereits in seiner Entscheidung vom 12.10.1967 hat der BGH die obigen Grundsätze präzisiert. Dem Urteil lag folgender Sachverhalt zugrunde:

Im Jahre 1956 hatte ein Architekt nach den damals geltenden DIN-Vorschriften ein Flachdach entworfen und die Ausführung der Arbeiten überwacht. Infolge hoher Temperaturschwankungen, die innerhalb der Dachkonstruktion wirksam wurden, riß das Flachdach von den Mauern ab. Die Folge waren Risse im tragenden Mauerwerk und Feuchtigkeitsschäden durch eindringende Nässe.

Nach den Erhebungen der Tatsachen-Instanzen wären diese Schäden vermeidbar gewesen, wenn zwischen den tragenden Wänden und dem Dach Gleitfugen, im Flachdach selbst Trennfugen angelegt worden wären und eine Isolierschicht verlegt worden wäre.

Der BGH hat den Schadensersatzanspruch des Bauherrn bejaht, **obwohl der planende Architekt sich an die zum Zeitpunkt der Planung geltenden DIN-Normen gehalten hatte.**

Ausdrücklich führt der BGH in seiner Entscheidung aus, daß der Architekt zu prüfen habe, ob zu der Zeit, zu der er den Bau plant und ausführt, die technischen Erkenntnisse etwa fortgeschritten und die früheren Regeln überholt und veraltet sind. Dabei dürfte sich der Architekt nicht uneingeschränkt auf DIN-Normen verlassen; vielmehr habe er unabhängig von ihnen und selbstständig zu prüfen, ob nicht weitere Vorsichtsmaßnahmen erforderlich seien.

Mit dieser Auffassung wandte sich der BGH unmißverständlich gegen die Auffassung des Berufungsgerichts (KG Berlin), das den Schadensersatzanspruch des Bauherrn abgelehnt hatte. Das Berufungsgericht hatte die Ansicht vertreten, es komme entscheidend darauf an, ob der Architekt von den zum Planungszeitpunkt geltenden DIN-Normen abgewichen sei. Habe sich der Architekt an die DIN-Normen gehalten, könne er nicht schadensersatzpflichtig gemacht werden. Denn die DIN-Normen seien nach sorgfältiger Prüfung der physikalischen Verhältnisse von kompetenter Seite erlassen worden und würden mit Recht als die geschriebenen Regeln der Baukunst bezeichnet. Davon abweichenden Einzelmeinungen sei keine Bedeutung beizumessen, solange jene DIN-Vorschriften nicht geändert seien.

Zu Recht hat der BGH in seinem Urteil den Ausgangspunkt des KG verworfen, das den Begriff „Allgemein anerkannte Regeln der Technik" mit den Normungen der Regelwerke in ihrem jeweils kodifizierten Bestand gleichsetzt. **Die Anforderungen an technisches Können und zweckgerechte Vertragserfüllung können aber nicht von Formalien der Normungsarbeit abhängen, sondern lediglich von den Möglichkeiten, die der technische Fortschritt eröffnet hat und die als anerkannte Praxis in den entsprechenden Fachkreisen Eingang gefunden haben** (vgl. RdZ 56).

So klar der BGH in seiner Entscheidung vom 12.10.1967 zum Ausdruck gebracht hat, daß DIN-Normen nicht „automatisch" identisch mit dem Begriff „Regeln der Technik" sein müssen, so unscharf ist manchmal die Abgrenzung zwischen den Begriffen „Stand der technischen Erkenntnisse" und „Allgemein anerkannte Regeln der Technik". So wird in den Urteilsgründen die unzureichende Würdigung eines Sachverständigengutachtens durch das Berufungsgericht gerügt, das eine Bewertung der Planung des Architekten in bezug auf Übereinstimmung mit den allgemein anerkannten Regeln der Technik vornahm. Dabei wird festgehalten, der Sachverständige habe ausgeführt, die Planung des Architekten habe im Jahre **1956** zwar den anerkannten Regeln der Technik entsprochen, doch sei die Konstruktion **1956** noch nicht erprobt gewesen. Dies ist ein – vom BGH nicht angesprochener – Widerspruch: Anerkannte Regel der Baukunst ist nur eine in Theorie und **Praxis anerkannte und geübte** Anwendungsweise technischer Art (vgl. oben RdZ 56).

Der Stand technischer Erkenntnis kann deshalb über den Begriff „Anerkannte Regeln der Technik" hinausgehen. Daß der BGH in der oben genannten Entscheidung das Verhältnis von DIN-Norm zu allgemein anerkannter Regel der Technik in zutreffender Interpretation des Begriffes „Allgemein anerkannte Regel der Technik" gewürdigt hat, ergibt sich aus folgendem Urteilspassus: Die Prüfungspflicht des Architekten wurde im zur Entscheidung stehenden Falle deshalb bejaht, weil durch die Feststellungen des Berufungsgerichts nicht auszuschließen war, „daß die Entwicklung hinsichtlich der Konstruktion von Flachdächern bereits 1956 andere Wege eingeschlagen hatte, als sie bisher üblich waren". **Das Abstellen auf „die Üblichkeit"** einer technischen Anwendungsweise zeigt die Übereinstimmung in der Auslegung des Begriffes „anerkannte Regel der Technik" mit den Stimmen der Literatur und Rechtsprechung (3). Der BGH hatte also lediglich zum Ausdruck bringen wollen, daß eine DIN-Norm nur solange eine Regel der Technik darstellen kann, wie sie die Voraussetzungen einer Regel der Technik erfüllt (Anerkennung in der Theorie, Übung in maßgeblichen Kreisen der Praxis).

(1) BGH 11.2.1957 Schäfer/Finnern Z. 2.2 Bl. 5; BGH 12.10.67 NJW 68/43 = LM Nr. 20 zu § 635 = VersR 67/1194ff.
(2) BGH 16.10.70 MDR 71/119
(3) BGH 23.3.70 BauR 70/177; Mang/Simon aaO. Art. 3 RdZ 51; Ingenstau/Korbion, § 4 VOB/B, RdZ 69 c; Lukes aaO. S. 30

12 Bauaufsichtliche Einführung technischer Normen

Wie die Betrachtung der Grundsätze der Normungsarbeit gemäß DIN 820 Pos. 4.2.1 gezeigt hat, stehen die DIN-Normen — wie die übrigen technischen Baubestimmungen — unter dem Vorbehalt der Änderung, soweit die technische Entwicklung dies erfordert (Vgl. oben RdZ 61).

Dieser Änderungsvorbehalt bleibt auch dann aufrechterhalten, wenn DIN-Normen im Auftrage der obersten Bauaufsichtsbehörden als Einheitliche Technische Baubestimmungen (ETB) durch den ETB-Ausschuß ausgearbeitet und dann durch die obersten Bauaufsichtsbehörden als Richtlinien eingeführt worden sind (1).

Durch das Fortbestehen des Vorbehaltes der Änderung ist die Verbindlichkeit eingeführter DIN-Normen im Verhältnis zu den übrigen DIN-Normen und anderen Baubestimmungen als Bestandteil der „allgemein anerkannten Regeln der Technik" gekennzeichnet, durch die Einführung werden DIN-Normen **nicht** als anerkannte Regeln der Technik **festgeschrieben**; nach wie vor besitzen sie nicht den Charakter von Rechtsnormen. Dies ergibt sich beispielsweise bereits aus dem Wortlaut des Art. 3 Abs. IV BayBO: „Als allgemein anerkannte Regeln der Technik gelten **insbesondere** die technischen Baubestimmungen, die das Staatsministerium des Innern durch öffentliche Bekanntmachung einführt." Ist eine eingeführte Norm technisch überholt, so gilt das oben (RdZ 61.) Gesagte; ohne daß es irgend eines formellen Aktes bedürfte, verliert auch die eingeführte DIN-Norm ihren verbindlichen Charakter (2).

Durch die Einführung von technischen Baubestimmungen (DIN-Normen usw.) werden diese keine Rechtsnormen. Insoweit ist die Kommentierung bei Mang/Simon (3) nicht eindeutig. Es heißt dort:

„Durch Art. 3 Abs. 1 Satz 3 BayBO werden sie aber in das Gesetz eingeführt und werden damit allgemein verbindlich. Sie nehmen an der Gesetzeskraft teil und bilden im Zusammenhalt mit einer materiellen Rechtsvorschrift, z.B. Art. 3, 14ff., 26ff., deren Inhalt sie ausfüllen, eine gesetzliche Grundlage für Anordnungen der Bauaufsichtsbehörden durch Verwaltungsakte."

Zu Recht weist Hereth (4) auf die Entscheidung des BayVGH (VGH 1949/136) hin, in der es heißt:

„Nach rechtsstaatlichen Prinzipien müssen alle Befugnisse der vollziehenden Gewalt meßbar und daher durch gesetzliche Tatbestände, auf Grund deren Leistungen von den Rechtsunterworfenen beansprucht werden können, nach Inhalt, Gegenstand, Zweck und Ausmaß hinreichend klar umschrieben und begrenzt sein." Gerade dies aber ist durch die Verweisung auf die allgemeinanerkannten Regeln der Technik nicht gewährleistet — der Begriff ist zu unbestimmt.

Daß der Einführung von technischen Baubestimmungen nicht Rechtsnormqualität beizumessen ist, ergibt sich hier aus der gesetzlichen Formulierung in Art. 3 BayBO: „Als anerkannte Regeln der Baukunst gelten insbesondere die technischen Bestimmungen." Vom Gesetzgeber wird also lediglich eine **Vermutung** aufgestellt, daß die eingeführten technischen Baubestimmungen zu den allgemein anerkannten Regeln der Technik gehören (5). Dadurch aber, daß der Gesetzgeber für die eingeführten technischen Baubestimmungen nur die Vermutung einer anerkannten Regel der Technik aufstellt, wird ausgedrückt, **daß diese Bestimmungen nicht kraft der Einführung feststehende Rechtsnormen, sondern nur veränderliche Erkenntnisquellen und Erfahrungssätze sind** (6).

Zutreffend weist Scherer (vgl. Fußn. (6)) die Ansicht Werners (7) zurück, der ausführt:

„Durch entsprechende ministerielle Anordnungen werden die vom Deutschen Normenausschuß erarbeiteten Regeln als für das Baugenehmigungsverfahren geltende Vorschriften eingeführt. Dadurch, und nur dadurch, erhalten diese DIN-Normen ihre besondere Bedeutung. Sie werden durch diesen Vorgang zum Bestandteil des Baurechts."

Diese Auffassung verkennt die Bedeutung einer technischen Baubestimmung (z.B. DIN-Norm) in ihrer **grundsätzlichen Reichweite**. Eine DIN-Norm **kann**, ob eingeführt oder nicht, eine allgemein anerkannte Regel der Technik sein. Dies hängt lediglich von dem Bestehen der Voraussetzungen hierzu ab (vgl. oben RdZ 55). Ist die entsprechende Norm eine technische Regel in diesem Sinne, so sind deren Anforderungen zu berücksichtigen, wenn andere Erkenntnisquellen oder Erfahrungssätze nicht zur Verfügung stehen. Ist sie eingeführt, so hat sie lediglich die Vermutung für sich, daß eine Baumaßnahme, gemäß der eingeführten Norm durchgeführt, den allgemein anerkannten Regeln entspricht.

Diese **Vermutung** ist aber seitens des Bauausführenden **widerlegbar** — durch den Nachweis nämlich, daß die eingeführte Baubestimmung keine allgemein anerkannte bautechnische Regel ist, oder daß sie diese Qualität verloren hat, oder aber daß eine von den Normen abweichende Maßnahme ebenfalls einer allgemein anerkannten Regel entspricht (8). Insoweit haben die bauordnungsrechtlich verbindlichen ETB zivilrechtlich keine abweichende Bedeutung.

Den Standort von DIN-Normen und ETB im Verhältnis zum Begriff „Allgemein anerkannte Regeln der Technik" mag folgende Skizze veranschaulichen:

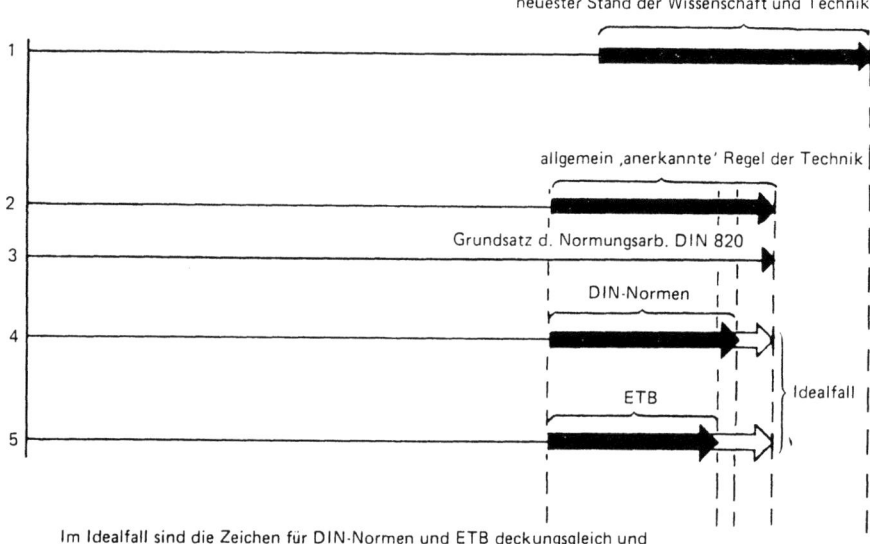

(1) Ingenstau/Korbion, § 4 VOB/B, RdZ 69 e; Mang/Simon, BayBO, Art. 3 RdZ 58; Herschel, NJW 68/617 (623); Eberstein, BB 69/1291 (1293); Scherer, Die allgemein anerkannten Regeln der Baukunst, Bau- und Bauindustrie 1963/903 (906); Hereth zu Mang/Simon, BayBO, NJW 63/1489 (1490); OLG Stuttgart 24.11.76 BauR 77/279
(2) Ingenstau/Korbion, § 4 VOB/B, RdZ 69 e; Herschel, NJW 68/617 (623); Scherer, Bau- und Bauindustrie 1963/903 (906); OLG Stuttgart 26.8.76 BauR 77/129
(3) Mang/Simon, BayBO, Art. 3 RdZ 47
(4) Hereth, Besprechung zu Mang/Simon BayBO, NJW 63/1489 (1490)
(5) Scherer, Bau- und Bauindustrie 1963/903 (906); Tomasczewski, Die Bauverwaltung 1967/430 (432)
(6) Scherer, Bau- und Bauindustrie 1963/906
(7) Werner, Die allgemein anerkannten Regeln der Baukunst, Die Bauwirtschaft 1962/359ff. (362)
(8) so zutreffend Scherer aaO. S. 906; Herschel, NJW 68/617 (623); Ingenstau/Korbion, § 4 VOB/B, RdZ 69 e; Tomasczewski, Die Bauverwaltung 1967/430 (431); Hammer, Technische „Normen" in der Rechtsordnung, MDR 1968/977ff.

13 Unterschiedliche bauaufsichtliche und zivilrechtliche Anforderungen

Die bauaufsichtlich eingeführten technischen Baubestimmungen (DIN-Normen etc.) sind nicht identisch mit den allgemein anerkannten Regeln der Technik. Erstere sollen zwar den Regelbegriff inhaltlich ausfüllen, können aber auf Grund neuer technischer Erkenntnisse und Anwendungsweisen in der Praxis diese Funktion manchmal nicht mehr erfüllen.

Da sich Planer und Bauausführende nach den **jeweils geltenden anerkannten Regeln der Technik** bei Leistungserbringung zu richten haben, bietet die **Einhaltung allein der eingeführten technischen Baubestimmung keine Garantie für eine mängelfreie Leistung.**

In seiner Entscheidung vom 12.10.1967 (1) hat der BGH unmißverständlich klargelegt, daß bei auftretenden Mängeln der Planer dann schadensersatzpflichtig ist, wenn er etwaige Fortschritte und Erkenntnisse unbeachtet gelassen hat und nach Normen plant und baut, die überholt und veraltet sind.

Dieser Grundsatz gilt auch für die Beachtung eingeführter technischer Baubestimmungen.

Sind eingeführte Bestimmungen in Regelwerken überholt, so kann sich der Planer insbesondere nicht darauf verlassen, daß die Bauaufsichtsbehörde die erforderlichen zusätzlichen Maßnahmen im Genehmigungsverfahren durch Auflagenerteilung vorschreibt (2). Ausdrücklich hebt der BGH in seiner Entscheidung vom 27.2.1975 hervor, daß die Verantwortlichkeit des Planers bzw. Bauausführenden bezüglich mängelfreier Leistungserbringung völlig unabhängig ist von der Entscheidung im bauaufsichtlichen Genehmigungsverfahren. Der BGH führt aus:

„Der Bebauungsplan der Gemeinde und die vom Bauaufsichtsamt erteilte Baugenehmigung konnten die Beklagte (Siedlungsträgerin) nicht von der Pflicht befreien, zusätzliche Lärmschutzmaßnahmen zu planen und durchzuführen. Mögen diese Behörden auch verpflichtet sein, bei ihren Planungen und Verfügungen dafür Sorge zu tragen, daß der für Wohngebiete zulässige Geräuschpegel nicht überschritten wird, so berührt dies doch **die eigene Verantwortlichkeit** der Beklagten als Siedlungsträgerin und Baubetreuerin nicht. So wenig sie sich darauf verlassen durfte, daß die Autobahnböschung bei leitplangerechtem Bau den Verkehrslärm hinreichend abschirmen würde, so wenig durfte sie darauf vertrauen, das Bauaufsichtsamt werde die erforderlichen Lärmschutzmaßnahmen zur Auflage machen."

Diese Grundsätze gelten selbstverständlich für jeden mit der Planung oder der Durchführung eines Bauvorhabens befaßten Architekten oder Ingenieur, denn aus der Eigenschaft der Beklagten als Baubetreuerin im vorgenannten Rechtsstreit ergibt sich insoweit keine Besonderheit. Dies deshalb, **weil die bauaufsichtliche Einführung von technischen Normen nicht die Funktion hat, die zivilrechtlich geschuldete Leistung durch öffentlich-rechtliche Bestimmungen zu präzisieren.**

Vielmehr ist die Einführung von technischen Baubestimmungen durch die Bauaufsichtsbehörde der Länder eine Richtschnur für die Baugenehmigungsbehörden bezüglich der Genehmigungsfähigkeit von baulichen Anlagen, und zwar in erster Linie unter dem Gesichtspunkt des Schutzes der Allgemeinheit. Insoweit handelt es sich bei den eingeführten technischen Normen um **öffentliches Recht**. Adressat der Einführung ist ja ein Träger öffentlicher Gewalt (Baugenehmigungsbehörde).

Die Überprüfung einer Planvorlage auf ihre Übereinstimmung mit den eingeführten technischen Baubestimmungen ist deshalb zunächst Verpflichtung der Baugenehmigungsbehörden im (öffentlich-rechtlichen) Genehmigungsverfahren. Mit der Erteilung der Genehmigung ist aber noch nichts darüber ausgesagt, ob eine (zivilrechtlich) mängelfreie Leistung vorliegt, insbesondere ob vertraglich zugesicherte Eigenschaften realisiert sind etc.

Insoweit ist streng zu unterscheiden zwischen den Anforderungen der eingeführten Normen und dem Inhalt der zivilrechtlichen Leistungspflicht.

Allerdings kann man sagen, daß der Projektplaner zumindest die eingeführten Normen einzuhalten hat, um die Erteilung der öffentlich-rechtlichen Genehmigung nicht zu vereiteln (vgl. BGH Urt. v. 23.10.1969 – VII ZR 149/67).

(1) BGH 12.10.1967 VersR 1967/1194
(2) BGH 27.2.1975 BauR 76/59

14 Beweisvermutung für technische Normen als anerkannte Regeln der Technik

Aus den bisherigen Ausführungen wird deutlich, daß Planer – Architekten und Sonderfachleute – und Bauausführende **allein** durch die Beachtung technischer Bestimmungen in Regelwerken noch nicht **unbedingt** die Gewähr dafür haben, in Übereinstimmung mit den anerkannten Regeln der Technik zu konzipieren und zu konstruieren. Maßgebend ist der **tatsächliche** Stand technischer Erkenntnisse und die Praxis der Anwendung solchen theoretischen Wissens.

Worin liegt nun die Relevanz der Regelwerke, wird man sich fragen, wenn die Regelwerke im Verhältnis zum Begriff „Anerkannte Regeln der Technik" nur bedingte Verbindlichkeit haben?

Die entscheidende, für den Praktiker maßgebliche Bedeutung kodifizierter technischer Baubestimmungen (DIN-Vorschriften etc.) liegt darin, daß sie die Vermutung beinhalten, den Begriff „Anerkannte Regeln der Technik" auszufüllen (1). Insbesondere beinhaltet diese den Regelwerken zugeordnete Vermutung, daß die technischen Bestimmungen der Regelwerke richtig im Sinne technischer Verwertbarkeit und vollständig sind (2). Allerdings handelt es sich insoweit nur um eine **widerlegbare Vermutung** (3).

Dies bedeutet, daß der Planer – z.B. Statiker, Klimafachmann –, der bei der Planung die technischen Baubestimmungen (DIN-Normen etc.) eingehalten hat, im Schadensfall vermuten darf, seine Leistung entspreche den anerkannten Regeln der Technik und sei somit mängelfrei. Macht der Auftraggeber gegen den befaßten Planer oder auch Bauausführenden Schadensersatzansprüche geltend, so hat er die Vermutung zu erschüttern, die sich aus der Beachtung der technischen Baubestimmungen ergibt (4). Zu beachten ist, daß die durch die Einhaltung von DIN-Normen etc. aufgestellte Vermutung **widerlegbar** ist.
Ebenso, wie dem Auftraggeber bei Einhaltung der DIN-Normen der Nachweis mangelhafter Leistung (=Nichtbeachtung der Regeln der Technik) offensteht, so gilt dies im umgekehrten Fall:
Hat der Fachmann die einschlägigen DIN-Normen nicht berücksichtigt, so steht noch nicht fest, daß die erbrachte Leistung nicht den Regeln der Technik genügt, also mangelhaft ist. Dies wird aber vermutet. Der Fachmann kann in diesem Fall den Nachweis erbringen, die anerkannten Regeln der Technik eingehalten zu haben. Er muß aber diesen Nachweis auch führen, um die gegenteilige Vermutung zu entkräften.

Beispiel:

Ein Statiker ist mit der Berechnung einer Fabrikhalle betraut. Er berücksichtigt den Lastanfall durch Wind nicht entsprechend der entsprechenden DIN-Vorschrift. Das Dach der Fabrikhalle wird nach einem Sturm zerstört.
Hier hat der Statiker die Vermutung zu widerlegen, seine Konstruktion entspreche nicht den Regeln der Technik, da die entsprechende DIN-Vorschrift nicht eingehalten wurde. Der Statiker hat dabei den Nachweis für die Übereinstimmung seiner Berechnung mit den Regeln der Technik in **beweiskräftiger Form** zu erbringen (5).
Zu dieser Fallgestaltung hat sich der BGH geäußert. Ausdrücklich stellt er in seinem Urteil vom 14.6.1965 (vgl. Fußn. (1)) fest:
„Die statische Berechnung der Dachkonstruktion war nicht richtig. Das Dach war infolgedessen weniger belastbar. Wenn es nun durch einen starken Sturm abgedeckt wurde, so war das ein typischer Geschehensablauf, bei dem die Erfahrung dafür spricht, daß die Dachkonstruktion für den Schadensfall mit ursächlich war. Diesen Beweis des ersten Anscheins kann der Beklagte (Statiker) nur dadurch entkräften, daß er Tatsachen dartut, die die ernsthafte Möglichkeit einer anderen Schadensverursachung ergeben. Diese Tatsachen muß er beweisen."
Wesentlich in dem vorstehend zitierten Passus des Urteils des BGH ist der Begriff „Beweis des ersten Anscheins". Die Vermutung, die Einhaltung einer technischen Norm erfülle die Anforderungen der Regeln der Technik, ist also lediglich mit der „Beweiskraft" des Beweises des ersten Anscheins ausgestattet. Ebenso ist die

Außerachtlassung einer technischen Norm für einen Schadensfall nach den Regeln des Beweises des ersten Anscheins (prima-facie-Beweis) ursächlich.

Dies bedeutet, daß normgerechtes Planen und Bauen im Schadensfall **nicht** zu einer Beweislastumkehr führen (6). Die Vertreter der Auffassung, daß die widerlegbare Vermutung, eine DIN-Norm gehöre zu den anerkannten Regeln der Technik, eine Beweislastumkehr zur Folge habe, verkennen die Bedeutung des prima-facie-Beweises.

Zutreffend umreißt Ganten (7) die Funktion und Wirkungsweise des prima-facie-Beweises wie folgt: Nach h.L. bedeutet diese Beweisfigur **keine Umkehr** der Beweislast, sondern eine Regel der **Beweiswürdigung**. Sie soll den Beweispflichtigen „über die Brücke typischer Erfahrungssätze" dem Beweisergebnis näherbringen. Nur dann ist der Beweispflichtige gezwungen, statt des Hinweises auf einen Anscheinstatbestand vollen Beweis zu führen, wenn vom Gegner die ernsthafte Möglichkeit dargelegt wird, daß die Voraussetzungen des Erfahrungssatzes hier gar nicht vorliegen.

In diesem Sinne hat der BGH in seinem Urteil vom 14.6.1965 entschieden:

„Beweisbelastet war die Klagepartei (Bauherr) bezüglich des Nachweises der Kausalität zwischen Normabweichung in der Berechnung des Statikers und Schadenseintritt. Da Normabweichung vorlag, stritt für den Anspruchssteller die Vermutung der Ursächlichkeit. Da diese Vermutung widerlegbar ist, ist in die Beweislastverteilung nicht eingegriffen — zu konstatieren ist lediglich eine **Beweiserleichterung** für den Bauherrn (8).

Dabei umfaßt die Beweisfigur des prima-facie-Beweises auch die Aussage, daß die technische Norm eine anerkannte Regel der Technik vollständig und richtig darstellt.

Aus diesem Grunde genügt es, wenn der Kläger zunächst dartut, daß eine technische Vorschrift nicht eingehalten worden ist. Es steht ihm die Vermutung zur Seite, daß die anerkannten Regeln der Technik durch die Nichtbeachtung der technischen Norm nicht ausreichend berücksichtigt sind. Der Kläger muß also **nicht** zuerst dartun und beweisen, daß es sich bei der fraglichen technischen Norm „um eine auch auf den Einzelfall fraglos auszuwendende allgemein anerkannte Regel der Technik handelt, die generell und nicht nur unter besonderen Umständen einzuhalten ist" (9).

Die Auffassung von Lipps, die erst mit diesem Nachweis die prima-facie-Vermutung einer Sorgfaltspflichtverletzung als gegeben annimmt, setzt die Beweiserleichterung durch die Anscheins-Vermutung faktisch außer Wirksamkeit.

Wollte man dieser Ansicht folgen, so wäre die Funktion und Wirkungsweise kodifizierter technischer Bestimmungen nicht recht ersichtlich: Die Rolle der kodifizierten technischen Normen als Maßstab und Orientierungshilfe wäre aufgegeben, da der Rückgriff auf diese Normen selbst ohne Aussagekraft wäre.

(1) Ingenstau/Korbion, § 4 VOB/B, RdZ 69 e; Werner/Pastor, Der Bauprozeß, RdZ 653; Tomasczewski, Die Bauverwaltung 1967/430 (432); Scherer, Bau- und Bauindustrie 1963/903 (906); Sauerzapf, Die allgemein anerkannten Regeln der Baukunst, Die Bauwirtschaft 1962/359 (360); Eberstein, Technische Regeln und ihre rechtliche Bedeutung, BB 1969/1291 (1293); Herschel, NJW 68/617 (619); Lukes aaO. S. 31; OLG Stuttgart 26.8.76 BauR 76/129; BGH 14.6.65 Schäfer/Finnern Z. 3.01 Bl. 322; BGH 12.10.67 VersR 67/1194; BGH 22.10.70 NJW 71/92; BGH 23.3.70 Schäfer/Finnern Z. 300 Bl. 182
(2) Herschel, NJW 68/617 (619); anderer Ansicht wohl Lukes aaO. S. 33; Heiermann/Riedl/Schwab, Handkommentar zur VOB § 4 RdZ 23
(3) vergleiche die Nachweise zu (1)
(4) OLG Stuttgart 26.8.76 BauR 77/129
(5) BGH 14.6.65 Schäfer/Finnern Z. 3.01 Bl. 322; BGH 23.3.70 Schäfer/Finnern Z. 300 Bl. 182; OLG Stuttgart 26.8.76 BauR 77/129
(6) BGH 14.6.65 Schäfer/Finnern Z. 3.00 Bl. 182; Lukes aaO. S. 33; Lipps NJW 68/279 (281); a.A. Werner/Pastor, Der Bauprozeß, RdZ 653
(7) Ganten, Kriterien der Beweislast im Bauprozeß, BauR 77/162 (166)
(8) BGH 14.6.65 Schäfer/Finnern Z. 3.00 Bl. 182; ebenso OLG Stuttgart 26.8.76 BauR 77/129; Ingenstau/Korbion, § 4 VOB/B, RdZ 69 e
(9) Unzutreffend Lipps, NJW 68/279 (281)

15 DIN-Entwurf und Beweisvermutung 67

Wird eine DIN-Norm überarbeitet und liegt bereits ein Änderungsentwurf vor, so gilt eine negative Vermutung.

Soweit die bereits vorliegende Norm durch den Änderungsentwurf betroffen ist, spricht eine Vermutung dafür, daß die technische Norm nicht mehr Bestandteil der Regeln der Technik ist. Dies kann aber nicht für jedes Stadium der Erarbeitung eines Neuentwurfes gelten. Ausreichend zur Begründung der negativen Vermutung im obigen Sinne ist sicher nicht für sich allein die Vergabe von Forschungsaufträgen zur Erstellung einer Normvorlage gemäß DIN 820 Pos. 5.2.2.

16 Beweisvermutung bei bauaufsichtlich eingeführten Normen 68

Die Bedeutung bauaufsichtlicher Einführung von technischen Baubestimmungen liegt nicht darin, daß die eingeführten Normen automatisch durch die Einführung zu anerkannten Regeln der Technik oder gar Rechtsnormen würden. Diese Wirkungen vermag die bauaufsichtliche Einführung für sich allein nicht hervorzurufen (1).

Die Tatsache der Einführung technischer Normen durch die Bauaufsichtsbehörden bedeutet vielmehr **die gesetzlich festgelegte Vermutung**, daß die eingeführten technischen Baubestimmungen mit den allgemein anerkannten Regeln der Technik **identisch sind** (2).

Ausdrücklich ist diese gesetzliche Vermutung unter anderem durch Art. 3 Abs. 4 BayBO geregelt:

„Als allgemein anerkannte Regeln der Baukunst gelten insbesondere die technischen Baubestimmungen, die das Staatsministerium des Innern durch öffentliche Bekanntmachung einführt."

Auch die aus der Einführung der technischen Normen resultierende – gesetzliche – Vermutung ist **widerlegbar** (3). Es ist dies eine notwendige Konzession an die Erkenntnis, daß eine eingeführte technische Baubestimmung nicht die einzige allgemein anerkannte Lösungsmöglichkeit für eine technische Aufgabe zu sein braucht (so zutreffend Scherer aaO. S. 906).

Im Verhältnis zu den nicht eingeführten technischen Baubestimmungen kommt den bauaufsichtlich eingeführten technischen Normen eine gesteigerte Bedeutung zu: Die gesetzlich formulierte Identitätsvermutung zwischen eingeführter Norm und allgemein anerkannter Regel der Technik bewirkt **eine echte Beweislastveränderung** (4).

Damit geht die Wirkung der gesetzlichen Identitätsvermutung über die Vermutung nicht eingeführter Normen hinaus. Es steht im Schadensfall dem Geschädigten bei Nichtbeachtung nicht eingeführter technischer Normen die geschilderte Beweisvermutung für die Kausalität des Schadens und Normabweichung nur im Rahmen des prima-facie-Beweises zur Verfügung. Bei der gesetzlichen Identitätsvermutung gilt die Kausalität zwischen Normverstoß und Schadensverursachung solange als **erwiesen**, wie der Gegenbeweis nicht geführt ist (5). Durch diese Wirkung geht die Reichweite der gesetzlichen Vermutung über den rein beweiswürdigenden Charakter des prima-facie-Beweises hinaus.

Lukes führt hierzu aaO. aus:

„Die Beweislaständerung liegt darin, daß für die Frage, ob bei einem schadensstiftenden Verhalten die anerkannten Regeln der Technik beachtet worden sind, der Geschädigte nicht dartun muß, daß eine anerkannte Regel der Technik besteht und daß diese verletzt worden ist. Er muß vielmehr nur dartun, daß das schadensstiftende Verhalten gegen eine (eingeführte) Bestimmung verstoßen hat; bis zu einem eventuellen Beweis des Gegenteils ist damit (wegen der Identitätsvermutung) bewiesen, daß das Verhalten gegen die anerkannten Regeln der Technik verstieß".

Dieser Ansicht ist zu folgen. Allerdings ist zu betonen, daß sich die gesetzliche Identitätsvermutung inhaltlich nur darauf erstreckt, daß die eingeführten Normen **auch** dem Stand der allgemein anerkannten Regeln der Technik entsprechen. Nicht vermutet wird also, daß **ausschließlich** die eingeführten Normen die anerkannten Regeln der Technik wiedergeben (6). Dies wird mit der Formulierung in Art. 3 Abs. 4 BayBO durch das Wort „insbesondere" deutlich gemacht. Auch die bauaufsichtlich eingeführten Normen stehen unter dem Vorbehalt der Änderung infolge neuer technischer Erkenntnisse und geübter Anwendungsweisen (vgl. oben RdZ 61, 69). Insoweit besteht kein Unterschied zu den nicht eingeführten technischen Baubestimmungen (7).

(1) Ingenstau/Korbion, § 4 VOB/B, RdZ 69 e; Mang/Simon, BayBO, Art. 3 RdZ 58; Scherer, Bau- und Bauindustrie 1963/903 (906); Tomasczewski, Die Bauverwaltung 1967/430 (432)
(2) Lukes aaO. S. 30; Scherer, Bau- und Bauindustrie 1963/903 (906)
(3) Scherer, Bau- und Bauindustrie 1963/903 (906); Lukes aaO. S. 31; Sauerzapf, Die Bauwirtschaft 1962/359 (360); Tomasczewski, Die Bauverwaltung 1967/430 (432)
(4) Lukes aaO. S. 31; In diesem Zusammenhang richtig: Werner/Pastor, Der Bauprozeß, RdZ 653
(5) Lukes aaO. S. 31
(6) Lukes aaO. S. 31; Scherer, Bau- und Bauindustrie 1963/903 (906); Herschel, NJW 68/617 (623); Tomasczewski, Die Bauverwaltung 1967/430 (432)
(7) Scherer aaO. S. 906; Lukes aaO. S. 31; Mang/Simon, BayBO, Art. 3 RdZ 59

17 Regeln der Technik und werkvertragliche Leistungspflicht

In verschiedenen Rechtsvorschriften ist ausdrücklich die Pflicht zur Einhaltung der anerkannten Regeln der Technik formuliert (vgl. § 330 StGB, Landesbauordnungen, § 1 a RHpflG etc.). Dabei wird der Begriff „Allgemein anerkannte Regeln der Technik als unbestimmter Rechtsbegriff in die verweisende Norm mit aufgenommen.

Eine derartige Inbezugnahme des Begriffs der Regeln der Technik im Wege der Verweisung kennt das BGB nicht. Die maßgebliche Vorschrift des § 633 Abs. 1 BGB lautet:

„Der Unternehmer ist verpflichtet, das Werk so herzustellen, daß es die zugesicherten Eigenschaften hat und nicht mit Fehlern behaftet ist, die den Wert oder die Tauglichkeit zu dem gewöhnlichen oder dem nach dem Vertrage vorausgesetzten Gebrauch aufheben oder mindern."

Auf eine ausdrückliche Verweisung kommt es bei der Bestimmung der werkvertraglichen Leistungspflicht nicht an.

Aus den bisherigen Ausführungen ergibt sich, daß ein Mangel (Baumangel/Planungsmangel) i.S. des § 633 BGB immer dann vorliegt, wenn gegen die Regeln der Technik verstoßen wurde. Insoweit könnte man das Erfordernis der Einhaltung der allgemein anerkannten Regeln der Technik als ungeschriebenes Tatbestandsmerkmal zur Präzisierung des Fehlerbegriffes gemäß § 633 Abs. 1 BGB ansehen.

Dies betrifft auch die technischen Baubestimmungen, soweit sie als allgemein anerkannte Regeln der Technik gelten (vgl. oben 64).

Steht z.B. eine DIN-Norm, VDI-Richtlinie etc. auf Grund theoretischer Erkenntnisse und praktischer Anwendung in Übereinstimmung mit den allgemein anerkannten Regeln der Technik, so wird die strikte Beachtung der technischen Normen ohne besondere Verweisung oder Bezugnahme im Vertrag Bestandteil der

werkvertraglichen Leistungspflicht (1). Beachtet der Auftragnehmer sie nicht oder nicht hinreichend, so hat er die vertragliche Leistung nicht erbracht.
Auf die entsprechenden Rechtsfolgen (berechtigte Mängelrügen, positive Vertragsverletzung, Schadensersatzpflicht etc.) wird unten eingegangen.

(1) BGH 9.2.78 MDR 78/657; OLG Stuttgart 26.8.76 BauR 77/129; Ingenstau/Korbion, § 4 VOB/B, RdZ 62 in Verbindung mit RdZ 68

18 Exkurs VOB/B und VOB/C

Da Ingenieure nicht selten mit der Gesamtprojektleitung eines Bauvorhabens betraut sind und damit auch mit der Auftragsvergabe an ausführende Firmen, soll im Rahmen dieses Abschnittes kurz auf das Verhältnis zwischen allgemein anerkannten Regeln der Technik und den Regelungen der VOB /Teil B – DIN 1961 – Fassung 1973) eingegangen werden.

Die Bestimmungen der VOB werden Vertragsbestandteil nur dann, wenn zwischen Auftraggeber und Auftragnehmer die Geltung der VOB **ausdrücklich** vereinbart ist. Keinesfalls kommt der VOB insgesamt Geltung zu als Handelsbrauch i.S. des § 346 HGB (1).

Die Vereinbarung der VOB als Vertragsgrundlage bedarf zu ihrer Wirksamkeit nicht der Schriftform – diese empfiehlt sich aber zu Beweiszwecken (2).

Nach Inkrafttreten des AGB-Gesetzes mit Wirkung vom 1.4.1977 entfällt weitgehend die Geltung der VOB als Vertragsgrundlage durch stillschweigende Vereinbarung (3).

Häufig werden durch Parteivereinbarung einzelne Teile der VOB zum Vertragsinhalt gemacht. Wird ausdrücklich zwischen den Parteien VOB/Teil B als Vertragsgrundlage bestimmt, ist VOB/Teil C **automatisch** Vertragsinhalt (vgl. § 1 Nr. 1 Satz 2 VOB/B (4)). VOB/C beinhaltet die Allgemeinen Technischen Vorschriften für Bauleistungen, die die sogenannte **Normalausführung** festlegen.

Gemäß VOB Ausgabe 1973 sind zu einzelnen Sachgebieten Allgemeine Technische Vorschriften erlassen und durch Rundschreiben des Bundesministers für Raumordnung, Bauwesen und Städtebau vom 28.10.1974 (MinBl Fin 1974/677) mit Wirkung vom 1.1.1975 als verbindlich erklärt worden. Hierbei sind Ergänzungen und Berichtigungen ergangen. Folgende Sachgebiete sind dabei berücksichtigt:

Exkurs VOB/B und VOB/C

I Erd- und Grundbauarbeiten

DIN 18 300 Erdarbeiten
     18 301 Bohrarbeiten
     18 302 Brunnenbauarbeiten
     18 303 Vorbauarbeiten
     18 304 Raumarbeiten
     18 305 Wasserhaltungsarbeiten
     18 306 Entwässerungskanalarbeiten
     18 307 Gas- und Wasserleitungsarbeiten im Erdreich
     18 308 Dränarbeiten für landwirtschaftlich genutzte Flächen
     18 309 Einpreßarbeiten
     18 310 Sicherungsarbeiten an Gewässern
     18 315 Straßenbauarbeiten/Oberbauschichten ohne Bindemittel
     18 316 Straßenbauarbeiten/Oberbauschichten mit hydraulischen Bindemitteln
     18 317 Straßenbauarbeiten/Oberbauschichten mit bituminösen Bindemitteln
     18 318 Straßenbauarbeiten/Steinpflaster

II Landschaftsgärtnerische Arbeiten

DIN 18 320 Landschaftsbauarbeiten

III Rohbauarbeiten

DIN 18 330 Mauerarbeiten
     18 331 Beton- und Stahlbetonarbeiten
     18 332 Naturwerksteinarbeiten
     18 333 Betonwerksteinarbeiten
     18 334 Zimmer- und Holzbauarbeiten
     18 335 Stahlbauarbeiten
     18 336 Abdichtung gegen drückendes Wasser
     18 337 Abdichtung gegen nichtdrückendes Wasser
     18 338 Dachdeckungs- und Dachabdichtungsarbeiten
     18 339 Klempnerarbeiten

IV Ausbauarbeiten

DIN 18 350 Putz- und Stuckarbeiten
     18 352 Fliesen- und Plattenarbeiten
     18 353 Estricharbeiten
     18 354 Asphaltbelagarbeiten
     18 355 Tischlerarbeiten

18 356 Parkettarbeiten
18 357 Beschlagarbeiten
18 358 Rolladenarbeiten
18 360 Schlosserarbeiten
18 361 Verglasungsarbeiten
18 362 Ofen- und Herdarbeiten
18 363 Anstricharbeiten
18 364 Oberflächenschutz bei Aluminiumlegierungen
18 365 Bodenbelagarbeiten
18 366 Tapezierarbeiten
18 367 Holzpflasterarbeiten
18 379 Lüftungstechnische Anlagen
18 380 Heizungs- zentrale Brauchwassererwärmungsanlagen
18 381 Gas-, Wasser- und Abwasser- Installationsarbeiten in Gebäuden
18 382 Elektrische Kabel- und Leitungsanlagen in Gebäuden
18 384 Blitzschutzanlagen
18 421 Wärmedämmungsarbeiten

Anhang

DIN 18 451 Gerüstarbeiten, Vergabe, Abrechnung
Diese Allgemeinen Technischen Vorschriften werden auch ohne besondere Hervorhebung im Vertrag Vertragsinhalt. Dies ergibt sich aus § 1 Nr. 1 Satz 2 VOB/B (5).
Auch die Allgemeinen Technischen Vorschriften des § 1 VOB/B haben keine Rechtsnormqualität, sondern füllen die vertragliche Leistungspflicht unter dem Gesichtspunkt der Erreichung des Vertragszwecks aus. Dies ist ausdrücklich in § 4 Nr. 2 VOB/B formuliert:
„Der Auftragnehmer hat die Leistung unter eigener Verantwortung nach dem Vertrage auszuführen. Dabei hat er die anerkannten Regeln der Technik und die gesetzlichen und behördlichen Bestimmungen zu beachten.
Gemäß § 13 VOB/B übernimmt der Auftragnehmer die Gewähr dafür, daß seine Leistung zur Zeit der Abnahme den anerkannten Regeln der Technik entspricht und nicht mit Fehlern behaftet ist."
Hieraus ergibt sich, daß Inhalt der vertraglichen Leistungspflicht nicht nur die Beachtung der Allgemeinen Technischen Vorschriften des Teils C der VOB ist, sondern in **erster Linie** die der allgemein anerkannten Regeln der Technik (6).
Denn durch die Vereinbarung des Teils C der VOB wird der Pflichtenkatalog, der sich aus § 4 Nr. 2 VOB/B und § 13 Nr. 1 VOB/B ergibt, nicht modifiziert – insoweit dient **§ 1 Nr. 1 VOB/B lediglich der Klarstellung,** daß es für die Geltung der Allgemeinen Technischen Vorschriften des Teils C der VOB für das Vertragsver-

hältnis einer gesonderten Hervorhebung nicht bedarf (7). Zutreffend stellen Heiermann/Linke (8) die Vorschriften des Teils C der VOB als geschriebene Auslegungsregeln gemäß § 157 BGB dar. Denn die Verbindlichkeit der Allgemeinen Technischen Vorschriften leitet sich aus den allgemein anerkannten Regeln der Technik ab, die **regelmäßig** bei der Ausführung (selbstverständlich auch Planung!) von Bauleistungen zu beachten sind. Aus diesem Grunde kommt es gar nicht darauf an, ob VOB Teil C ausdrücklich vereinbart ist. Die Leistungspflicht bleibt gemäß § 4 Nr. 2 und § 13 Nr. 1 VOB/B an den allgemein anerkannten Regeln der Technik orientiert.

Ausgangspunkt für die Beurteilung der Vertragsgemäßheit einer Leistung bleibt deshalb § 4 Ziff. 2 und § 13 Ziff. 1 VOB/B (anerkannte Regel der Technik). Soweit § 1 Nr. 1 VOB/B hervorhebt, daß als Vertragsbestandteil auch die Allgemeinen Technischen Vorschriften gelten, werden dadurch auch DIN-Normen ausdrücklich erfaßt.

An vielen Stellen verweisen die Allgemeinen Technischen Vorschriften des Teils C der VOB auf weitere DIN-Normen. So schreibt die DIN 18 330 Pos. 3.2.1 vor: „Mauerwerk jeder Art aus natürlichen und künstlichen Steinen (auch Verblendmauerwerk, Sohlbänke, Gesimse, Mauerabdeckungen etc.) ist nach DIN 1053 ‚Mauerwerk, Berechnung und Ausführung' auszuführen."

Durch diese Verweisungen werden die entsprechenden DIN-Normen über die Allgemeinen Technischen Vorschriften des Teils C VOB ausdrücklich zum Vertragsinhalt gemacht (vgl. § 1 Nr. 1 VOB/B).

Dabei ist zu beachten:

Die Verweisung in Teil C der VOB auf DIN-Normen betrifft jeweils die zur Zeit der Ausführung des Bauvorhabens **gültigen DIN-Normen**. Insoweit zutreffend Eberstein (9), der von der dynamischen Natur der Technik im Gegensatz zur statischen Natur des Rechtes spricht.

Die oben (RdZ 59) geschilderten Bedenken gegen die Verfassungsmäßigkeit der Verweisungstechnik greifen bezüglich der Verweisung durch Teil C VOB nicht. Bei Teil C VOB handelt es sich zum einen nicht – wie z.B. bei § 330 StGB – um strafbewehrte Blankettvorschriften, deren inhaltliche Überschaubarkeit fraglich wäre. Zum anderen steht der zu erbringende Leistungsgegenstand qualitativ zur Disposition der Parteien: Eine Ausführung, abweichend von den Allgemeinen Technischen Vorschriften, ist frei vereinbar (10).

Beispiel:

Für eine Eigentumswohnanlage wird vertraglich „Schallschutz nach DIN 4109/ 1962" vereinbart, und zwar unter Hinweis darauf, daß die Mindestanforderungen der DIN 4109 aus dem Jahre 1962 nicht den Anforderungen an die Schallschutzmaßnahmen genügen, die heute allgemein anerkannte Regel der Technik sind.

Eine derartige Vereinbarung — der entsprechende Hinweis an den Bauherrn vorausgesetzt — ist grundsätzlich möglich (vgl. OLG Stuttgart Urt. v. 24.11.1976 BauR 77/279).

Im übrigen ist die Verweisung auf die jeweils bestehenden und in der Praxis anerkannten DIN-Normen schon deshalb erforderlich, um die Anpassung der Vertragsleistung an die Erkenntnisse technischen Fortschritts zu gewährleisten (11). Festzuhalten ist, daß die Allgemeinen Technischen Vorschriften des Teils C VOB nur solange Vertragsbestandteil sind, als sie nicht in Widerspruch zu den allgemein anerkannten Regeln der Technik stehen (vgl. oben RdZ 69) (12).

(1) Ingenstau/Korbion, Einl., RdZ 8; Locher, Das private Baurecht, RdZ 61; OLG München 7.10.52 Schäfer/Finnern Z. 2.0 Bl. 4; BGH 16.5.57 Schäfer/Finnern Z. 2.51 Bl. 1
(2) Ingenstau/Korbion, Einl., RdZ 7 b; Werner/Pastor, Der Bauprozeß, RdZ 450; Heiermann/Linke, AGB im Bauwesen, S. 72
(3) Werner/Pastor, Der Bauprozeß, RdZ 450; Ingenstau/Korbion, Einl., RdZ 23; Heiermann/Linke, AGB im Bauwesen, S. 72
(4) Locher, Das private Baurecht, RdZ 74; Ingenstau/Korbion, Einl., RdZ 6; Palandt/Thomas, Einf. zu § 631 BGB Anm. 3 c)
(5) Ingenstau/Korbion, § 1 VOB/B, RdZ 6; Heiermann/Linke, AGB im Bauwesen, S. 51
(6) Ingenstau/Korbion, § 1 VOB/B, RdZ 6; BGH 9.2.78 MDR 78/657; Heiermann, Die Bedeutung der anerkannten Regeln der Technik beim Bauen, Bauwirtschaft 79/1916
(7) Ingenstau/Korbion, § 1 VOB/B, RdZ 6
(8) Heiermann/Linke, AGB im Bauwesen, S. 51
(9) Eberstein, Technische Regeln und ihre Bedeutung, BB 69/1291 (1292); ebenso; Lipps, Herstellerhaftung beim Verstoß gegen „Regeln der Technik", NJW 68/279 (280); Herschel, Regeln der Technik, NJW 68/617 (623); Scherer, Die allgemein anerkannten Regeln der Baukunst, Bau- und Bauindustrie 1963/903
(10) Ingenstau/Korbion, § 1 VOB/B, RdZ 6 und § 10 VOB/A RdZ 31; OLG Stuttgart 26.11.76 BauR 77/279
(11) Eberstein, Technik und Recht, BB 77/1723; Scherer, Die allgemein anerkannten Regeln der Baukunst, Bau- und Bauindustrie 1963/903
(12) Scherer, Bau- und Bauindustrie 1963/903 (906)

19 Technische Normen als AGB

Die VOB enthält eine Vielzahl von Vertragsbedingungen, die ergänzende Regelungen zum gesetzlichen Werkvertragsrecht gemäß §§ 631 ff. BGB bringen.

Bedeutung hat hier die Tatsache, daß die öffentlichen Auftraggeber (Bund, Länder und Gemeinden) die VOB weitgehend als verbindliches Muster für die Vergabe von Aufträgen, Vertragsabschluß und Modalität der Vertragsabwicklung eingeführt haben (1).

Aber auch in Verträgen mit privaten Auftraggebern wird die VOB häufig zur Vertragsgrundlage gemacht.

Dabei ist festzuhalten, daß die VOB für eine Vielzahl von Bauverträgen vorformulierte Bedingungen i.S. des § 1 AGBG enthält, die als materiell-rechtliche Regelungen das VOB-Vertragsverhältnis prägen. Der Auftragnehmer hat kaum die Möglichkeit, die Bedingungen der VOB/B im einzelnen auszuhandeln – er steht meist vor der Alternative, die Regelungen der VOB/B anzuerkennen oder aber vom Vertragsschluß überhaupt abzusehen.

Hieraus ergibt sich, daß die VOB/B als AGB i.S. des AGBG anzusehen sind (2). Dies ergibt sich insbesondere aus der Regelung des § 23 Abs. 2 Nr. 5 AGBG, in welcher einzelne Bestimmungen (§ 10 Nr. 5 und 11 Nr. 10 f. AGBG) für VOB-Verträge für unanwendbar erklärt werden. Im übrigen unterliegt die VOB in vollem Umfange dem AGBG.

Entsprechend den §§ 1 Ziff. 1, 2 Ziff. 1, 4 Ziff. 2, 13 Ziff. 1 VOB/B werden die Allgemeinen Technischen Vorschriften (ATV) des Teils VOB/C automatisch Vertragsbestandteil des VOB-Vertrages – auch, wenn nur VOB/B ausdrücklich vereinbart ist. Mit den ATV werden die durch VOB/C in Bezug genommenen DIN-Normen Vertragsinhalt.

Entgegen Löwe (3) und Jagenburg (4) kann jedoch nicht der Schluß gezogen werden, daß die technischen Vorschriften der VOB/C – ebenso wie DIN-Vorschriften, VDI-Richtlinien etc. – AGB i.S. des AGB-Gesetzes sind.

Zu Recht weisen Heiermann/Linke entgegen Locher (5) darauf hin, daß dies der Definition des § 1 AGBG zuwiderliefe. Denn die Verbindlichkeit technischer Normen für die vertragsgerechte Erfüllung ergibt sich nicht aus einer gesonderten Vereinbarung oder durch „Stellen" als Vertragsbedingung i.S. des § 1 AGBG, sondern aus dem Grundsatz von Treu und Glauben (§ 242 BGB) (6). Die Einhaltung der ATV – ebenso wie die der DIN-Normen – steht damit nur äußerst beschränkt zur Disposition der Vertragsparteien. Die Unabwendbarkeit des AGB-Gesetzes folgt aber insbesondere daraus, daß die zentralen Bestimmungen der §§ 8 und 9 AGBG auf ATV und DIN-Normen keine Anwendung finden können.

Technische Normen im Bereich des Bauwesens werden nicht willkürlich von einzelnen – wie etwa Lieferbedingungen etc. – aufgestellt, sondern von Arbeitsausschüssen des Normenausschusses „Bauwesen" des Deutschen Instituts für Normung unter Beachtung der Grundsätze der Normungsarbeit (DIN 820). Die DIN 820 sieht unter Pos. 4.1. (Allgemeine Grundsätze) vor, daß die Normen im Dienste der Allgemeinheit stehen (Pos. 4.1.1.). Pos. 4.1.2. fordert, daß vor jeder Normungsarbeit eine Klärung darüber herbeizuführen sei, ob ein Bedürfnis für die Normungsarbeit bestehe und ob **die interessierten Kreise bereit sind, mitzuarbeiten**.

Das Erfordernis der Eindeutigkeit und damit der Ausschluß von Mißverständnissen ist in Pos. 4.1.3 formuliert. Besonders bedeutsam ist der Grundsatz gemäß Pos. 4.2.1: „Eine Norm soll eine technisch und **wirtschaftlich ausgeglichene** Lösung einer Aufgabe bei angemessener Güte des Genormten darstellen."

Die Unangemessenheitskontrolle gemäß § 9 AGBG würde, auf DIN-Normen angewandt, zwangsläufig die Ergebnisse bringen, die in ATV und DIN-Normen formuliert sind (7). Zutreffend weisen Heiermann/Linke (8) darauf hin, daß die richterliche Kontrolle bezüglich der Angemessenheit von DIN-Normen scheitern müßte. Die Richter wären bei der Bewertung auf die Stellungnahme von Gutachtern bzw. einschlägigen Fachkreisen angewiesen, aus denen die ATV bzw. DIN-Normen stammen.

Gerade diese Gremien füllen durch ihre Normungsarbeit aber den Begriff „Regeln der Technik" nach dem Grundsatz der Ausgeglichenheit (DIN 820 Pos. 4.2.1) aus.

Zusammenfassend ist also zu sagen, daß die ATV und DIN-Normen sowie vergleichbare technische Bestimmungen im Bereich des Bauwesens nicht als AGB i. S. des AGB-Gesetzes anzusehen sind, obwohl sie über § 1 Nr. 1 VOB/B Bestandteil des VOB-Vertrages sind und obwohl die Regelungen der VOB/B dem AGBG unterliegen.

(1) *Bund*

1. Bundesministerium für Raumordnung, Bauwesen und Städtebau: Baumaßnahmen im Bereich der Finanzverwaltungen der Länder, Bundesbaudirektion v. 20.11.1973, MinBlFin. 1973 S. 690;
2. Bundesministerium für Verkehr:
   a) Straßenbaumaßnahmen im Bereich der Straßenbauverwaltungen der Länder v. 20.11.1973, VkBl. 1973 S. 866;
   b) Bundeswasserstraßenbauverwaltung v. 19.11.1973, VkBl. 1973 S. 867;
3. Bundesministerium für Post- und Fernmeldewesen: Baumaßnahmen im Bereich des Post- und Fernmeldewesens v. 6.12.1973, ABlPost. 1973 S. 1751;
4. Deutsche Bundesbahn (Hauptverwaltung), Baumaßnahmen im Bereich der Deutschen Bundesbahn v. 4.12.1973;

Länder

1. Baden-Württemberg v. 15.1.1974 Finanzen; Wirtschaft, Mittelstand und Verkehr; Ernährung, Landwirtschaft und Umwelt; Inneres; GemABl. 1974 S. 121;
2. Bayern:
   a) Finanzbauverwaltung v. 20.12.1973 – Finanzen – FMBl. (Bay) 1974 S. 36;
   b) Staatsbauverwaltung v. 10.1.1974 – Inneres – MABl. (Bay) 1974 S. 49;
3. Berlin (W):
   a) Finanzbauverwaltung v. 21.12.1973 – Finanzen – DienstBl. 1974 S. 17;
   b) Staatsbauverwaltung v. 21.12.1973 Bau- und Wohnungswesen-DienstBl. 1974 S. S. 17;
4. Bremen v. 4.6.1974, Beschluß des Senats;
5. Hamburg v. 18.12.1973 – Beschluß des Senats – AmtlAnz. 1974 S. 65;
6. Hessen v. 14.12.1973 Finanzen; Inneres; Justiz; KultusM; Landwirtschaft und Umwelt; SozialM; Wirtschaft und Technik; StAnz. 1973 S. 2293;
7. Niedersachsen v. 14.12.1973 – Wirtschaft und öffentliche Arbeiten. Im Einvernehmen mit Finanzen, Ernährung Landwirtschaft und Forsten sowie SozialM. – Nds. MBl. 1973 S. 1717;

8. Nordrhein-Westfalen v. 27.11.1973 – Finanzen – im Einvernehmen mit Ernährung, Landwirtschaft und Forsten sowie Wirtschaft, Mittelstand und Verkehr. – MBl. NW 1973 S. 2090;
9. Rheinland-Pfalz
   a) Finanzen v. 17.12.1973
   b) Wirtschaft und Verkehr v. 26.1.1974 – MinABl. 1974 S. 194;
10. Saarland v. 16.12.1973 – Umwelt, Raumordnung und Bauwesen – ABl. Saarl. 1974 S. 48;
11. Schleswig-Holstein
    a) Finanzen v. 17.12.1974
    b) Ernährung, Landwirtschaft und Forsten – ABl. SchlH 1974 S. 272;

Gemeinden und Gemeindeverbände

1. Baden-Württemberg v. 29.7.1974, GemABl. 1974 S. 834;
2. Bayern v. 11.11.1974, MABl. Inn. Verw. 1974 S. 832;
3. Hessen v. 17.12.1973, StAnz. 1973 S. 2307;
4. Niedersachsen v. 26.2.1974, MinBl. 1973 S. 465;
5. Nordrhein-Westfalen v. 27.11.1973, MinBl. 1973 S. 2090;
6. Rheinland-Pfalz v. 29.7.1974, GemABl. 1974 S. 834;
7. Saarland v. 18.12.1973, ABl. 1974 S. 48;
8. Schleswig-Holstein v. 21.12.1973, ABl. 1974 S. 23

(2) Ingenstau/Korbion, Einl., RdZ 23; Dittmann-Stahl, AGB-Kommentar, RdZ 24,31; Palandt/Heinrichs, AGBG § 24 Anm. 2 b) ee); Heiermann/Linke, AGB im Bauwesen, S. 50; Jagenburg, Der Einfluß des AGB-Gesetzes auf das private Baurecht, BauR 1977/Sonderheft 1; Locher, Das AGB-Gesetz und die Verdingungsordnung für Bauleistungen, NJW 77/1801; Werner/Pastor, Der Bauprozeß, RdZ 449

(3) Löwe in Löwe/Graf Westphalen/Trinkner, AGB-Gesetz, Kommentar, § 23 Abs. 2 Nr. 5 RdZ 1

(3) Jagenburg, Der Einfluß des AGB-Gesetzes auf das private Baurecht, BauR 77/Sonderheft 1/5

(5) Heiermann/Linke, AGB im Bauwesen, S. 51; Locher, Das AGB-Gesetz und die Verdingungsordnung für Bauleistungen, NJW 77/1801

(6) Ingenstau/Korbion, § 4 VOB/B, RdZ 69

(7) Heiermann/Linke, AGB im Bauwesen, S. 52

(8) Heiermann/Linke aaO. S. 52

20 Richterliche Überprüfung technischer Vorschriften

Oben wurde gezeigt, daß eine gerichtliche Kontrolle von DIN-Normen (ebenso, wie von anderen technischen Baubestimmungen) im Rahmen der Überprüfung gemäß § 9 AGBG auf Unangemessenheit faktisch kaum durchführbar ist. Ausgangspunkt war dabei, daß sich die entsprechenden Vorschriften auf dem Niveau der allgemein anerkannten Regeln der Technik befinden.

Im Einzelfall **muß** das Gericht prüfen, ob eine technische Anwendungsweise – ob in Regelwerken kodifiziert oder nicht – eine anerkannte Regel der Technik darstellt (1). Diese Prüfung **kann und muß** das Gericht im Einzelfall vornehmen, denn weder die „Allgemein anerkannten Regeln der Technik" noch die technischen Baubestimmungen (DIN-Normen, VDI-Richtlinien, DVGW-Bestimmungen, DNA-Normen etc.) sind Rechtsnormen (2). Das Gericht ist also bei der Prüfung nicht auf die Einhaltung von Formalien der (technischen) Normgebung beschränkt, sondern hat **ausschließlich** die Aussagen bzw. Anforderungen technischer Normen in technischer Hinsicht auf die Übereinstimmung mit den anerkannten Regeln der Technik zu prüfen (3).

Das Gericht **kann** diese Prüfung im Einzelfall auch vornehmen, da es die Möglichkeit hat, bei fehlender eigener Sachkenntnis Sachverständige einzuschalten. Es hat die gutachterliche Stellungnahme darauf zu durchleuchten, ob die tatsächlichen Feststellungen und Schlußfolgerungen zutreffend zu dem Begriff „Allgemein anerkannte Regeln der Technik" in Bezug gebracht sind.

Beispiel:

Ein Bauherr macht gegen den mit der Schallschutzplanung beauftragten Ingenieur Schadensersatzansprüche geltend, weil die vorgesehenen Maßnahmen zur Trittschalldämmung ungenügend sind (kein erhöhter Trittschallschutz TSM 20 dB). Hier hat das Gericht aufzuhellen, welche technischen Maßnahmen der planende Ingenieur hätte vorschreiben müssen (umfassende Schalldämmung der Fußböden, insbesondere Dämmstreifen im Anschluß an die Wände). Soweit Gutachten eingeholt sind, sind deren Bewertungen an Hand des Begriffes „Allgemein anerkannte Regeln der Technik" zu prüfen und nicht einfach hinzunehmen. In seinem Urteil vom 9.2.1978 hat der BGH (4) zu den unrichtigen Feststellungen eines gerichtlichen Sachverständigen eindeutig Stellung bezogen: „ Die Ausführungen des gerichtlichen Sachverständigen U. in seinem Gutachten vom 21.4.1976 liegen dagegen neben der Sache. Er geht nämlich von der irrigen Auffassung aus, die Schallschutzregeln seien erst durch ihre Aufnahme in die Verbandsrichtlinien anerkannte Regeln der Technik geworden.

Aber nicht nur die richtige Interpretation des Begriffs „Regeln der Technik" haben die Gerichte zu kontrollieren, sondern auch die im Einzelfall gewählte technische Anwendungsweise zur Lösung der gestellten Aufgabe. Nur so können sie feststellen, ob ein **Planungsfehler** vorliegt oder der Plan fehlerfrei ist, die Ausführung aber nicht den anerkannten technischen Regeln entspricht (5).

Die Pflicht der Gerichte, technische Vorschriften wie tatsächliche Anwendungsweisen auf die Übereinstimmung mit den anerkannten Regeln der Technik zu untersuchen, ergibt sich ferner daraus, daß bei Einhaltung der einschlägigen DIN-Normen (und der anderen betroffenen technischen Baubestimmungen) lediglich eine **widerlegbare Vermutung** für die Mängelfreiheit der erbrachten Leistung besteht. Der Prozeßgegner kann diese Vermutung widerlegen: Weist er nach, daß die entsprechende DIN-Norm überholt ist, so kann von mangelfreier Leistung nicht mehr gesprochen werden (6). Die vorgetragenen Angriffsmittel, die die Vermutung beseitigen sollen, sind naturgemäß durch das Gericht in **technischer Hinsicht** zu würdigen — entscheidet doch allein die Tragfähigkeit der Argumentation auf technischer Ebene über das Bestehen etwaiger Schadensersatzansprüche.

Gemäß § 286 ZPO hat das Gericht „unter Berücksichtigung des gesamten Inhalts der Verhandlungen und des Ergebnisses einer etwaigen Beweisaufnahme nach freier Überzeugung zu entscheiden, ob eine tatsächliche Behauptung für wahr oder für nicht wahr zu erachten sei".

Keinesfalls darf sich also das Gericht sklavisch an die Beurteilung eines Sachverständigengutachtens halten. Vielmehr hat es sich von allen entscheidungserheblichen Fakten selbst zu überzeugen (7). Dies setzt voraus, daß die **gutachterlichen Schlußfolgerungen und Bewertungen in nachvollziehbarer, überprüfbarer Weise vorgelegt werden.** Der Gutachter muß im konkreten Fall präzise angeben, auf welche tatsächlichen Feststellungen er sein Votum stützt und welche Überlegungen zu seiner Bewertung — anerkannte Regeln der Technik sind beachtet oder nicht — geführt haben (8).

Ist ein Gutachten nicht prüfungsfähig, da das Ergebnis an Hand der gutachterlichen Feststellungen nicht nachvollzogen werden kann, so bleibt das Gutachten für das Gericht unverwertbar (9). Bezüglich der Haftung des gerichtlichen Sachverständigen vgl. RdZ 263.

(1) Ingenstau/Korbion, § 4 VOB/B RdZ, 69 e; Werner/Pastor, Der Bauprozeß, RdZ 656; OLG Stuttgart 26.8.76 BauR 77/129; OLG Stuttgart 24.11.76 BauR 77/279; BGH 23.3.70 BauR 70/177; BGH 9.2.78 BauR 78/222
(2) BVerwG 29.8.61 NJW 62/506; Ingenstau/Korbion, § 4 VOB/B, RdZ 69 e; Herschel, Regeln der Technik, NJW 68/617; Lipps, Herstellerhaftung beim Verstoß gegen „Regeln der Technik", NJW 68/279; Lukes aaO. S. 29
(3) BVerwG 29.8.61 NJW 62/506; BGH 12.10.67 VersR 67/1164; BGH 23.3.70 BauR 70/177; BGH 9.2.78 BauR 78/222
(4) BGH 9.2.78 BauR 78/222
(5) vgl. BGH 11.2.57 Schäfer/Finnern Z. 2.2 Bl. 5; BGH 14.6.65 Schäfer/Finnern Z. 3.01 Bl. 322 = NJW 65/1755; BGH 12.10.67 NJW 68/43; BGH 27.2.75 BauR 76/59; BGH 23.9.76 BauR 76/430; BGH 9.2.78 BauR 78/222
(6) vgl. oben RdZ 66; OLG Stuttgart 26.8.76 BauR 77/129
(7) Baumbach/Lauterbach, Anm. 2 D vor § 402; BGH 10.2.60, LM § 411 ZPO Nr. 3; OLG Celle 16.10.63 NJW 64/462; Döbereiner/v. Keyserlingk, Sachverständigenhaftung, RdZ 37 m.w.Nachw.
(8) OLG Frankfurt 18.10.62 NJW 63/400; OVG Münster 17.11.70 GewA 71/103; Döbereiner/v. Keyserlingk, Sachverständigenhaftung, RdZ 37 m.w.Nachw.
(9) BGH 21.5.75 NJW 75/1556; Döbereiner/v. Keyserlingk, Sachverständigenhaftung, RdZ 37/38

73 V Fehlerfreiheit – maßgeblicher Zeitpunkt

Die Frage, welcher Zeitpunkt zur Feststellung der Fehlerfreiheit des Projektantenwerkes maßgeblich ist, beantwortet sich aus dem Wesen des Vertrages mit dem Sonderfachmann und damit aus dem Inhalt der vertraglich geschuldeten Leistung.

Nach der h.M. in Literatur und Rechtsprechung schuldet der Projektant die geistige Planungsleistung, der ausführende Bauunternehmer das körperliche Bauwerk (1). Allgemein besteht Einigkeit darüber, daß der Planer – auch der planende Ingenieur – zur Durchführung eines Bauvorhabens nicht nur „Vorarbeiten" leistet. Sein Beitrag bezieht sich vielmehr auf die Herstellung der baulichen Anlage selbst. Insoweit sind die planerischen Leistungen des Projektanten als Teilleistungen eines Bauwerkes anzusehen und zu beurteilen (2). Trotz dieser engen Verknüpfung der Leistung des Projektanten mit der Ausführung und Erstellung des Bauwerks schuldet er **nicht** das Bauwerk oder die bauliche Anlage selbst als vertragliches Werk (3).

Hieraus ergibt sich, daß die Leistung des Sonderfachmannes vor Fertigstellung des Einzelgewerkes oder der baulichen Anlage erbracht sein und unabhängig von der Ausführung des körperlichen Bauwerkes abgenommen werden kann (4).

Ausdrücklich hält der BGH in seinem Urteil vom 26.10.1978 (5) für die Leistung des Bodengutachters fest:

„Die Revision meint, das Berufungsgericht hätte statt dessen auf die **Abnahme des Bauwerkes** abstellen müssen. Nur dann könne von einer Gleichbehandlung der geistigen Beiträge zur Errichtung eines Bauwerks mit den handwerklichen Leistungen, welche die Grundlage für die Geltung der fünfjährigen Verjährungsfrist sei, gesprochen werden. Das ist nicht richtig.

Der Senat hat bereits für Ansprüche gegen den Architekten, dem nur die Planung, nicht auch die Oberleitung und örtliche Bauaufsicht übertragen war, ebenso für Ansprüche gegen den Statiker und den Vermessungsingenieur ausgesprochen, daß die Verjährung mit der **Abnahme des von diesen geschuldeten Werks, nicht des Bauwerks** beginnt. Daran ist festzuhalten."

Fallen Fertigstellung und damit Abnahme des körperlichen Bauwerks und Abnahme der Projektantenleistung nicht notwendig auf denselben Zeitpunkt, so ist für die Beurteilung der Fehlerfreiheit des Projektantenwerks der **Abnahme**-Zeitpunkt des Planungswerks ausschlaggebend (6) (zum Begriff der Abnahme vgl. RdZ 76ff.).

Daraus ergibt sich, daß all diejenigen Regeln der Technik zu beachten sind, die bei Abnahme des Planungswerks allgemein anerkannt sind.

Die Abnahme ist im gesetzlichen Werkvertragsrecht in § 640 BGB geregelt:

„Der Besteller ist verpflichtet, das vertragsmäßig hergestellte Werk abzunehmen, sofern nicht nach der Beschaffenheit des Werkes die Abnahme ausgeschlossen ist."

Fehlerfreiheit – maßgebl. Zeitpunkt

Aus dieser Bestimmung ist zu entnehmen, daß eine mängelfreie Leistung zum Zeitpunkt der Abnahme vorzuliegen hat (vgl. den Wortlaut des § 640 Abs. 1 BGB: „vertragsgemäß hergestellte Werk abzunehmen").

Für den Bereich der VOB ist dies noch präziser formuliert. § 13 Ziff. 1 VOB/B bestimmt:

„Der Auftraggeber übernimmt die Gewähr, daß seine Leistung zur Zeit der Abnahme die vertraglich zugesicherten Eigenschaften hat, den anerkannten Regeln der Technik entspricht und nicht mit Fehlern behaftet ist, die den Wert oder die Tauglichkeit zu dem gewöhnlichen oder dem nach dem Vertrage vorausgesetzten Gebrauch aufheben oder mindern."

Die Regelung des § 13 Ziff. 1 VOB/B bedeutet jedoch keine Modifizierung i.S. einer Einschränkung oder Erweiterung der §§ 633 Abs. 1, 640 Abs. 1 BGB, sondern formuliert den Inhalt der §§ 633 Abs. 1, 640 Abs. 1 BGB auf klare und eindeutige Weise (7). Der Grundsatz der Verpflichtung zu einer ordnungsgemäßen Leistung, bezogen auf den Zeitpunkt der Abnahme, gilt deshalb gleichermaßen für das gesetzliche Werkvertragsrecht, wie für den Bereich der VOB-Verträge.

Daraus folgt, daß dem Projektanten kein Planungsfehler und Pflichtenverstoß angelastet werden kann, wenn die von ihm vorgelegte Planungslösung den zur Zeit der Abnahme allgemein anerkannten Regeln der Technik entspricht (8).

Eine andere Auffassung vertritt die Rechtsprechung. In seiner grundlegenden Entscheidung vom 12.10.1967 (9) hat der BGH zur Frage des maßgeblichen Zeitpunktes für die Beurteilung der Fehlerfreiheit einer Planungsleistung wie folgt Stellung bezogen:

„Das Berufungsgericht meint aber, der Kläger (Planer) habe das (Bauwerksschäden) nicht zu vertreten. Seine Planung habe mit den im Jahre 1956 anerkannten Regeln der Baukunst und Technik in Einklang gestanden. Erst später sei bekannt geworden, daß weitere Sicherungsmaßnahmen erforderlich seien. Unter diesen Umständen sei er auch nicht verpflichtet gewesen, die Beklagten (Bauherrn) über etwaige Gefahren der Planung aufzuklären.

Die hiergegen gerichteten Revisionsrügen haben Erfolg. Die vom Kläger entworfenen Pläne waren unrichtig, wie sich aus den Schäden am Bauwerk in Verbindung mit den späteren Erkenntnissen gezeigt hat.

Daraus folgt, daß ihm objektiv eine Pflichtverletzung zur Last fällt. Er hatte dafür zu sorgen, daß seine Planung geeignet war, die Entstehung eines mangelfreien Bauwerks zu gewährleisten. Entsprach seine Arbeit nicht diesen Erfordernissen, so erfüllte sie nicht die gestellten Anforderungen und war daher objektiv mangelhaft.

Hieran würde sich auch dann nichts ändern, wenn man mit dem RG davon ausgeht, daß die Pläne den im Jahre 1956 anerkannten Regeln der Baukunst und Technik gerecht wurden; denn es kommt in diesem Zusammenhang nur darauf an, ob ihnen Fehler anhaften, die sich zwangsläufig auf das Bauwerk übertragen mußten. Das war hier der Fall."

In demselben Sinne hat sich der BGH in seinem Urteil vom 22.10.1970 (10) geäußert.

Der BGH vertritt also bezüglich der Anforderungen des § 633 Abs. 1 BGB an die Planungsleistung eine sehr strenge Auffassung. Das Planungswerk ist schon dann fehlerhaft i.S. des § 633 Abs. 1 BGB, wenn das nach Plan ausgeführte Bauwerk oder Einzelgewerk notwendigerweise einen Mangel aufweisen wird. Der Projektant muß sich dabei den Vorwurf einer mangelhaften Planung selbst dann gefallen lassen, wenn er die zum Planungszeitpunkt allgemein anerkannten Regeln der Technik in vollem Umfange beachtet hat. Damit werden im Zuge der vom BGH eingeschlagenen „rückschauenden Betrachtungsweise" (11) später entwickelte Methoden und Anwendungsweisen für einen Zeitpunkt als verbindlich erklärt, in dem sie noch nicht bekannt waren.

Zu Recht wenden sich gewichtige Stimmen in der Literatur gegen die Verlagerung des Beurteilungszeitpunktes der Fehlerfreiheit des geschuldeten Planungswerkes auf einen zu weit entfernten und vom Planer nicht überblickbaren Zeitpunkt (12).

Zutreffend weist Korbion (13) darauf hin, daß der BGH die Frage der Fehlerhaftigkeit eines Planungswerks nach den Auswirkungen beurteilen möchte, wie sie zum Zeitpunkt der letzten Tatsacheninstanz (also dem Oberlandesgericht) vorgelegen haben. Dieser von der Abnahme der Planungsleistung weit entfernte Zeitpunkt, der ohne Rücksicht auf den Stand der Bautechnik zum Zeitpunkt der Planung selbst ausschlaggebend sein soll, liegt nicht in der Intention des Gesetzgebers.

Für die Frage der Fehlerhaftigkeit oder Fehlerfreiheit eines Planungswerkes kann es gemäß § 640 BGB lediglich auf den Zeitpunkt der Abnahme ankommen. § 640 BGB sieht vor, daß der Auftraggeber das Werk abzunehmen hat, wenn es vertragsgemäß hergestellt ist. Von dem Begriff „vertragsgemäß" wird aber die Tauglichkeit zum gewöhnlichen oder dem nach Vertrag vorausgesetzten Gebrauch mitumfaßt. Auch das Vorhandensein einer etwa zugesicherten Eigenschaft gehört zur „Vertragsgemäßheit" des hergestellten (Planungs-) Werks. Von diesen Prädikaten einer Planungsleistung ist aber die technische Mängelfreiheit, also die Berücksichtigung der allgemein anerkannten Regeln der Technik, nicht abtrennbar und keiner besonderen Beurteilung fähig. Vertragsgemäß ist ein Planungswerk ja erst dann, wenn die einschlägigen Regeln der Technik berücksichtigt sind (14).

Zutreffend stellt Korbion (15) klar, daß insoweit die Betrachtung der Gewährleistungsrechte kein anderes Ergebnis bringen könne:

Zwar kann der Auftraggeber auch nach der Abnahme während der Gewährleistungsfrist die Beseitigung des Mangels verlangen, doch ist damit nichts über die **Beurteilungsgrundlage in zeitlicher Hinsicht** bezüglich der Vertragsgemäßheit des Werkes ausgesagt.

Zwar geht der BGH bei Mangelhaftigkeit der Planung auch unter dem Blickwinkel erst später gewonnener technischer Erkenntnisse von einer „objektiven Pflichtwidrigkeit" des Projektanten aus, doch mildert der BGH die auf **Verschulden** beruhende Haftung des Planers aus § 635 BGB ab: Hat sich der Projektant zum Zeitpunkt der Planung an die einschlägigen DIN-Normen und an sonstige technische Vorschriften sowie an die anerkannten Regeln der Technik gehalten, so ist der objektive **Planungsfehler subjektiv nicht vorwerfbar** (§ 276 BGB) (16).

Allerdings schlägt diese Entlastungsmöglichkeit zu Gunsten des Projektanten nur bei **verschuldensabhängiger Haftung** für das Planungswerk durch – dem Anspruch aus § 635 BGB kann also begegnet werden. Nicht ausgeschlossen aber sind Ansprüche auf etwaige Nachbesserung, Wandelung und Minderung, die **ein Verschulden des Projektanten** zum Planungszeitpunkt **nicht** voraussetzen (17). Es bleibt abzuwarten, in welcher Weise der BGH die Geltendmachung solcher Ansprüche behandeln wird, wenn der technische Erkenntnisstand zum Zeitpunkt der Planung sich vom technischen Erkenntnisstand zu dem der Beurteilung der Fehlerhaftigkeit des Planwerkes unterscheidet.

(1) Schmalzl, Die Haftung des Architekten und Bauunternehmers, RdZ 29 m.w. Nachw.
(2) BGH 18.9.67 NJW 67/2239; BGH 5.12.68 NJW 69/419; BGH 20.1.72 NJW 72/625; BGH 15.11.73 NJW 74/95; OLG München 5.4.74 NJW 74/2238; BGH 12.10.78 BB 78/1640; BGH 26.10.78 NJW 79/214
(3) Lewenton/Schnitzer, Verträge im Ingenieurbüro, S. 6; Werner/Pastor, Der Bauprozeß, RdZ 657; BGH 26.11.59 NJW 60/431; BGH 25.5.64 NJW 64/1791; BGH 5.7.71 WM 71/1271; BGH 25.10.73 BauR 74/63
(4) OLG München 5.4.74 NJW 74/2238; BGH 26.10.78 NJW 79/214
(5) BGH 26.10.78 NJW 79/214 (215)
(6) Ingenstau/Korbion, § 4 VOB/B, RdZ 68; Locher, Das private Baurecht, RdZ 251; Schmalzl, Die Haftung des Architekten und Bauunternehmers, RdZ 40; Jagenburg NJW 71/1431; Korbion, BauR 71/59; Locher, Zur Beweislast des Architekten, BauR 74/293 (298); Werner/Pastor, Der Bauprozeß, RdZ 660
(7) Ingenstau/Korbion, § 13 VOB/B, RdZ 29
(8) Locher, Das private Baurecht, RdZ 251; Ingenstau/Korbion, § 4 VOB/B, RdZ 68; Schmalzl, Die Haftung des Architekten und Bauunternehmers, RdZ 40; Werner/Pastor, Der Bauprozeß, RdZ 660; Hesse/Korbion/Mantscheff, Honorarordnung für Architekten und Ingenieure, § 15 RdZ 17
(9) BGH 12.10.67 NJW 68/43 = VersR 67/1194 = BGHZ 48/310
(10) BGH 22.10.70 WM 71/52 = NJW 71/92 = BauR 71/58
(11) so zutreffend Schmalzl, Die Haftung des Architekten und Bauunternehmers, RdZ 40
(12) Ingenstau/Korbion, § 4 VOB/B, RdZ 68; Korbion, BauR 71/59; Hesse/Korbion/Mantscheff aaO. § 15 RdZ 17; Locher, Das private Baurecht, RdZ 251; Schmalzl aaO. RdZ 40; Werner/Pastor, Der Bauprozeß, RdZ 660 m.w. Nachw.
(13) Korbion, BauR 71/59
(14) Ingenstau/Korbion, § 13 VOB/B, RdZ 36; Schmalzl, Die Haftung des Architekten und Bauunternehmers, RdZ 40
(15) Korbion, BauR 71/59 (60)
(16) BGH 12.10.67 VersR 67/1194 = NJW 68/43; BGH 20.1.72 WM 71/52 (53) = NJW 71/92
(17) Schmalzl, Die Haftung des Architekten und Bauunternehmers, RdZ 40; Locher, Das private Baurecht, RdZ 251; Korbion, BauR 71/59 (60)

74 1 Änderung technischer Vorschriften zwischen fertiggestellter Planung und Bauausführung

Es ist gewiß kein undenkbarer Fall, daß sich technische Vorschriften wie DIN-Normen, VDI-Richtlinien etc. vor Beginn der Bauausführung ändern, das Planwerk aber bereits fertiggestellt ist.

Hier gilt es zu unterscheiden:

Standen bis zum Abnahmezeitpunkt des Planungswerkes dem Projektanten keine gesicherten Anwendungsweisen oder Methoden als anerkannte Regeln der Technik als Planungsmaßstab zur Verfügung, so entfällt eine Haftung nur dann, wenn der Projektant den Auftraggeber (Bauherrn) über das Planungsrisiko aufgeklärt hat. Dies gilt insbesondere dann, wenn in der Planung neuartige Bauweisen, Baustoffe oder Bauteile vorgesehen sind (1). Hier kann der Projektant zwangsläufig nicht auf Erfahrungen hinreichender Art verweisen, so daß ihn eine Hinweispflicht aus Treu und Glauben gegenüber dem Bauherrn trifft. Unterläßt der Projektant die gebotene Aufklärung, so hat er für etwa auftretende Bauwerkmängel einzustehen (2).

Dabei darf sich der Planer nicht auf eine etwa vorhandene Sachkunde des Bauherrn oder Auftraggebers unbedingt verlassen. Insbesondere befreit das Fachwissen des Bauherrn oder Auftraggebers den Projektanten nicht von seiner Aufklärungspflicht.

Die Grenzen der Beratungs- und Aufklärungspflicht lassen sich nur nach den besonderen Umständen des Einzelfalles bestimmen.

Maßstab für die Konkretisierung des Umfangs der Aufklärungs- und Beratungspflicht des befaßten Sonderfachmannes ist das besondere Fachwissen und das daraus resultierende besondere Vertrauensverhältnis zwischen den Vertragsparteien (3).

So umstritten der Umfang der Aufklärungspflicht in Literatur und Rechtsprechung im einzelnen ist, so kann doch als gesichert gelten, daß der Projektant auch gegenüber dem sachkundigen Bauherrn eine Aufklärungspflicht bei risikoreicher Planung hat. Der Projektant kann sich nicht damit zufriedengeben, daß der mit Fachwissen ausgestattete Auftraggeber etwaige Mängel in Kauf nehmen will. Vielmehr trifft auch hier den Planer die Pflicht zur umfassenden Beratung und Aufklärung (4).

So gilt eine Einschränkung der Aufklärungs- und Beratungspflicht dann nicht, wenn Wünsche des Bauherrn — auch wenn dieser sachkundig ist — zu Verstößen gegen die anerkannten Regeln der Technik führen oder in Widerspruch zu gesetzlichen Bestimmungen stehen würden. In solchen Fällen hat der Projektant nicht nur auf die Risiken hinzuweisen, sondern auch seine Mitwirkung an der Planung zu versagen (5).

Den Projektanten trifft aber in diesen Fällen nicht nur eine gesteigerte Beratungs- und Hinweispflicht gegenüber dem Bauherrn. Vielmehr ist der Planer z.B. bei Erprobung neuer Baustoffe oder neuartiger Bauweisen gehalten, die Planung nach zum Planungszeitpunkt objektiv bewertbaren Erkenntnissen auszuführen. Hierzu hat sich der Projektant je nach Lage des Einzelfalles um Auskünfte der Fachverbände, eventuell auch Stellungnahmen der Baubehörden (Genehmigungsfähigkeit!) zu bemühen (6).

In dieser Situation muß sich der Projektant immer darüber klar sein, daß Wünsche oder Weisungen des Bauherrn oder seines Architekten ihn von seiner Verantwortung für eine ausführbare, technische fehlerfreie Planungsarbeit nicht entbinden.

Hatte der Projektant die Planung unter Beachtung der zum Planungszeitpunkt bei vergleichbaren Objekten üblichen Verfahrensweisen und Baustoffen erstellt, so ist ein Verschuldensvorwurf ausgeschlossen. Dies auch dann, wenn die Planung infolge der Änderung von technischen Vorschriften oder einer Wandelung der allgemein anerkannten Regeln der Technik **objektiv** fehlerhaft i.S. der Rechtsprechung des BGH ist (7).

(1) Hesse/Korbion/Mantscheff, Kommentar zur Honorarordnung für Architekten u. Ingenieure, § 15 RdZ 17
(2) BGH 12.10.67 VersR 67/1194 = NJW 68/43; BGH 5.7.71 WM 71/1271; BGH 19.11.71 NJW 72/195
(3) Lewenton/Schnitzer, Verträge im Ingenieurbüro, S. 34
(4) BGH 9.1.64 VersR 64/340; Heinz, Der fachkundige Bauherr, BauR 74/305 m.w. Nachw.
(5) OLG Düsseldorf 25.4.58 Schäfer/Finnern Z. 3.01 Bl. 100
(6) Ingenstau/Korbion, § 4 VOB/B, RdZ 69 d; BGH 27.6.56 BB 56/739; BGH 23.3.70 Schäfer/Finnern Z. 3.00 Bl. 182
(7) BGH 22.10.70 NJW 71/92; Locher, Das private Baurecht, RdZ 251; Ingenstau/Korbion, § 4 VOB/B, RdZ 68

2 Beweislastverteilung

Nach der Rechtsprechung des BGH (1) ist ein Planungswerk dann fehlerhaft, wenn die geplante Ausführung notwendig zu einem Mangel des Bauwerks führen mußte. Hierbei stellt der BGH bezüglich der Mängelfreiheit der Planung nicht auf den Abnahmezeitpunkt des Planungswerkes ab — eine **objektive Pflichtverletzung** wird auch dann angenommen, wenn die zur Zeit der Abnahme der Planung anerkannten Regeln der Technik eingehalten sind, sich aber dennoch später ein Mangel am Bauwerk zeigt.

In seiner Entscheidung vom 22.10.1970 (2) mißt der BGH dem in dem früheren Urteil (3) gebrauchten Ausdruck „objektive Pflichtwidrigkeit" nicht mehr die entscheidende Bedeutung zu — der Begriff „objektive Pflichtwidrigkeit" wird als mißverständlich bezeichnet. Die Konsequenz dieser Rechtsprechung bleibt jedoch dieselbe: „Abzustellen ist darauf, ob die Planung fehlerhaft ist. Das trifft dann zu, wenn die geplante Ausführung notwendig zu einem Mangel am Bauwerk führen muß." Führt aber die Planung **objektiv** zu einem Bauwerksmangel, dann trifft den Projektanten die **Beweislast** dafür, daß er die Mangelhaftigkeit des Bauwerks subjektiv nicht zu vertreten hat. Diese Beweisführung obliegt dem Planer insbesondere dann, wenn das Bauwerk zum Zeitpunkt seiner Fertigstellung nicht den einschlägigen technischen Vorschriften oder den anerkannten Regeln der Technik entspricht. Damit hat der Projektant im Prozeß die Darlegungs- und Beweislast, daß sein Planungswerk zum Zeitpunkt der Abnahme der Planung den anerkannten Regeln der Technik entsprochen habe (4).

Der BGH führt hierzu aus (5):

„... ist es nunmehr Sache des Klägers (Planers) zu beweisen, daß er den Mangel nicht zu vertreten hat. Der Besteller (Bauherr) kennt den Schaden und ist in der Lage, ihn zu übersehen. Anders aber steht es um die Vorgänge zum Schuldvorwurf, die sich allein im Gefahrenkreis des Unternehmers (Planers) abgespielt haben. Diese zu beweisen, ist dem Besteller in der Regel erschwert und nicht zuzumuten; demgegenüber hat der Unternehmer (Planer) die bessere und vollständigere Übersicht. Er ist auch ‚näher daran', den Sachverhalt insoweit aufzuklären und **die Folgen der Beweislast zu tragen, weil er es war, der den Schaden objektiv verursacht hat.**"

Diese Grundsätze geben die zur Beweislastverteilung in Rechtsprechung und Literatur vorherrschende Auffassung wieder (6).

Daß dem Planer die Nachweismöglichkeit fehlenden subjektiven Verschuldens trotz Vorhandensein von Bauwerksmängeln offensteht, ergibt sich daraus, daß es einen allgemeinen dahingehenden Erfahrungssatz nicht gibt, daß sich Planer oder Bauausführender mit der Wahl einer bestimmten Konstruktion bewußt über die Anforderungen technischer Regelwerke oder die anerkannten Regeln der Technik hinweggesetzt habe, wenn Mängel an der Konstruktion aufgetreten sind (7).

Die Konsequenz der gegenteiligen Ansicht wäre, daß der Planer oder Bauausführende wegen arglistigen Verschweigens von Mängeln einer Haftung mit dreißigjähriger Verjährungsfrist ausgesetzt wäre (8).

(1) BGH 12.10.67 NJW 68/42 = VersR 67/1194; BGH 22.10.70 NJW 71/92 = BauR 71/58; BGH 5.7.71 WM 71/1271
(2) BGH 22.10.70 NJW 71/92 = BauR 71/58
(3) BGH 12.10.67 NJW 68/42 = VersR 67/1194
(4) Werner/Pastor, Der Bauprozeß, RdZ 764; BGH 25.5.64 NJW 64/1791; BGH 12.10.67 NJW 68/42; BGH 22.10.70 NJW 71/92
(5) BGH 12.10.67 NJW 68/42 = VersR 67/1194
(6) Werner/Pastor, Der Bauprozeß, RdZ 794 m.w. Nachw.; BGH 23.10.58 Schäfer/Finnern Z. 3.01 Bl. 186; OLG Düsseldorf 8.2.63 Schäfer/Finnern Z. 3.01 Bl. 218; BGH 22.10.70 NJW 71/92
(7) BGH 18.4.68 Schäfer/Finnern Z. 2.414 Bl. 200
(8) Palandt/Thomas § 638 Anm. 1 b)

VI Mängelansprüche vor Abnahme

1 Abnahme

1a Begriff der Abnahme

Die Abnahme i.S. des § 640 BGB bezeichnet eine besondere Verpflichtung des Auftraggebers **werkvertraglicher** Natur. Der Begriff der Abnahme nach dieser Vorschrift ist deshalb nicht zu verwechseln mit der öffentlich-rechtlichen Abnahme des Bauwerks oder der Genehmigung von Planvorlagen durch die Bauaufsichtsbehörden oder andere Verwaltungsstellen.

Die Abnahme ist im Werkvertragsrecht deshalb gesondert geregelt, da bei Vertragsabschluß noch nicht abzusehen ist, ob die geschuldete Leistung vertragsgerecht erbracht wird und dem Willen der Vertragsparteien entspricht. Dies bedeutet einen wesentlichen Unterschied zum Kaufrecht, wo bei Vertragsabschluß der Kaufgegenstand fertig vorliegt und geprüft werden kann (1).

Demgemäß kann von Abnahme i.S. des § 640 BGB nicht schon dann gesprochen werden, wenn der Auftraggeber die vertraglich geschuldete Leistung (z.B. das Planungswerk) entgegennimmt; vielmehr muß der Auftraggeber die Leistung überprüfen und **als vertragsgerecht billigen.** „Abnahme" i.S. des § 640 BGB bedeutet also die Entgegennahme und Anerkennung des Werkes als eine der Hauptsache nach vertragsgemäße Leistung (2). Dabei ist nicht erforderlich, daß das Ingenieurwerk völlig hergestellt ist – es genügt, wenn das Planungswerk im großen und ganzen (also „in der Hauptsache"; vgl. Fußnote (2)) vertragsgemäß erstellt wurde und vom Auftraggeber gebilligt werden kann (3).

---

(1) Palandt/Thomas, § 640 Anm 1 a); Ingenstau/Korbion, § 12 VOB/B, RdZ 1; BGH 18.9.67 NJW 67/2259
(2) BGH 6.5.68 NJW 68/1524; BGH 24.11.69 NJW 70/421; BGH 29.10.70 BauR 71/60; BGH 15.11.73 NJW 74/95 = BauR 74/67; BGH 26.10.78 NJW 79/214; Ingenstau/Korbion, § 12 VOB/B, RdZ 1
(3) Werner/Pastor, Der Bauprozeß, RdZ 429; BGH 2.3.72 BauR 72/251; BGH 4.6.73 BB 73/1002 = Betr 73/1598; BGH 12.6.75 NJW 75/1701; für Einzug: BGH 22.2.71 NJW 71/838 = BGHZ 55/356; BGH 23.11.78 NJW 79/549 = BB 79/134

1b Voraussetzungen der Abnahme

Erste Voraussetzung der Abnahmefähigkeit des vertraglich geschuldeten Werkes ist, daß die geschuldete Leistung im Zeitpunkt der Abnahme noch vorliegt. Andernfalls ist eine Abnahme i.S. des § 640 BGB nicht möglich. Dabei trägt grundsätzlich der Auftragnehmer die Gefahr des zufälligen Unterganges seiner Leistung bis zur Abnahme (1) – vgl. § 644 BGB.

Beispiel:

Wird durch einen unverschuldeten Bürobrand das gesamte Planungswerk des Ingenieurs vernichtet, so kann eine Abnahme der Planungsleistung selbstverständlich nicht durchgeführt werden. Der Ingenieur verliert seinen Vergütungsanspruch für seine geleistete Arbeit.

Dies gilt allerdings dann nicht, wenn die vertraglich geschuldete Leistung vor der Abnahme untergeht und ein Verhalten des Auftraggebers hierfür ursächlich gewesen ist (2).

(1) OLG Düsseldorf 18.1.63 Schäfer/Finnern Z. 2.413 Bl. 28
(2) BGH 11.7.73 NJW 63/1824

1c Abnahmezeitpunkt

§ 640 BGB bestimmt, daß das vertragsmäßig hergestellte Werk durch den Auftraggeber (Besteller) abzunehmen ist. Schwierigkeiten kann die Bestimmung des Zeitpunktes bereiten, zu dem eine abnahmereife Leistung entsprechend den vertraglichen Regelungen gegeben ist.

Hat ein Ingenieur lediglich den Auftrag erhalten, die Planung für eine bauliche Anlage oder ein Einzelgewerk zu erstellen, so ist die vertraglich geschuldete Leistung mit der Vorlage von im wesentlichen mängelfreien Plänen erbracht, das Planungswerk abnahmefähig mit Fertigstellung der Pläne (1).

Nicht klar abgrenzbar ist die dagegen der Fertigstellungszeitpunkt bei Übertragung von Planungsarbeiten und Überwachungsleistungen oder reinen Überwachungsleistungen.

Beispiel:

Einem Elektroingenieur wird die örtliche Bauleitung gemäß Ziff. 14.12 LHO übertragen. Wann ist sein Werk vertragsgemäß ausgeführt?

Auch wenn der Ingenieur die örtliche Bauleitung übernommen hat, schuldet er nicht die körperliche Herstellung der baulichen Anlage oder des Einzelgewerkes selbst, sondern lediglich das „Entstehenlassen" des Objektes nach den Plänen unter seiner Aufsicht (2). Dabei kann die vertraglich übernommene Leistungsverpflichtung über den Fertigstellungstermin der baulichen Anlage oder des Teilgewerkes in zeitlicher Hinsicht hinausgehen:

Die bauaufsichtliche Aufgabe ist erst dann durchgeführt, wenn der letzte Handwerker die Baustelle verlassen hat. Nach der Fertigstellung der baulichen Anlage selbst sind eventuell noch weitere Leistungen auszuführen, wie z.B. die Rechnungsprüfung (Ziff. 14.10 LHO) oder die Feststellung der Gesamtherstellungskosten (Ziff. 11.11 LHO). Zutreffend stellt deshalb Hesse (3) klar, daß es für die Frage, ob die vertragsgemäße Leistung erbracht sei, nicht darauf ankomme, ob das von dem Auftragnehmer zu planende (zu betreuende, zu überwachende) Objekt fertiggestellt sei, sondern lediglich auf den Umfang der von ihm in Zusammenhang mit der Errichtung des Bauwerkes vertragsgemäß zu erbringenden Leistung.

Daraus ergibt sich: Ist der Ingenieur nur mit der Planung beauftragt, so hat er seine vertragliche Leistungspflicht mit der Entgegennahme und Billigung der Pläne oder Berechnungen durch den Auftraggeber erfüllt. Auf die Ausführung des geplanten Objektes kommt es nicht an (4).

Das gleiche gilt für den Projektanten, der mit der Planung und Herbeiführung der entsprechenden behördlichen Genehmigungen betraut ist. Liegen die Pläne vor und ist alles Erforderliche zur Erlangung der bauaufsichtlichen Genehmigung veranlaßt (vgl. Ziff. 11.3 LHO, § 54 Abs. 3 Ziff. 4 HOAI), so ist die vertragliche Leistungspflicht erfüllt.

Dabei kommt es auf die Genehmigungserteilung selbst nicht an: Ist die Genehmigung noch nicht erteilt oder wird sie verweigert (ohne, daß dies der Fachingenieur zu vertreten hätte), so ist die vertraglich geschuldete Leistung gleichwohl ordnungsgemäß erbracht (5).

Übernimmt dagegen der Ingenieur sämtliche Leistungen gemäß Ziff. 11.11/11.12 bzw. 13.9/13.12 – 13.13/13.14, bzw. 14.8 mit 14.12 LHO, so kommt die Erfüllung der Leistungspflicht erst mit Fertigstellung der baulichen Anlage oder des Einzelgewerkes in Betracht (6). Darüber hinaus schuldet der Ingenieur nach der Fertigstellung der baulichen Anlage selbst noch weitere Leistungen, wie z.B. endgültige Feststellung der Gesamtherstellungskosten (Ziff. 11.11 LHO, 13.12 LHO, 14.10 LHO) bzw. Mitwirkung bei der Kostenberechnung nach DIN 276 (§ 54 Abs. 3 Ziff. 3 HOAI).

Hat der Statiker die Aufgaben gemäß § 54 Abs. 3 Ziff. 9 HOAI – Objektbetreuung und Dokumentation – übernommen, so endet die Leistungspflicht erst mit der Beseitigung der innerhalb der für die Ausführenden maßgeblichen Verjährungsfrist festgestellten Mängel. Denn die Beseitigung eventuell festgestellter Mängel hat der Tragwerksplaner innerhalb der Verjährungsfrist zu überwachen.

Dabei ist die Leistung gemäß § 54 Abs. 3 Ziff. 9 HOAI nur dann zu vergüten, wenn die festgestellten und zu beseitigenden Mängel **nur** auf vom Ausführenden nicht zu vertretenden Planungsfehlern beruhen. Andernfalls handelt es sich hier um die Korrektur einer **eigenen** Fehlleistung des Ingenieurs, die ohne besondere Vergütung zu erbringen ist (7).

Demgemäß ist bei Übertragung von Planungs- und Bauleitungsaufgaben davon auszugehen, daß die Leistungen des Ingenieurs erst dann als abgenommen gelten können, wenn das Bauwerk errichtet und abgenommen ist, der Bauherr die Rechnungsprüfung, die endgültige Kostenfeststellung des Ingenieurs und dessen Schlußrechnung entgegengenommen hat (8).

Entdeckt der Auftraggeber nach Abnahme des Ingenieurwerkes Mängel, die auf der Planung des Ingenieurs beruhen, so ist der Ingenieur zur Mitwirkung an deren Beseitigung nach Treu und Glauben verpflichtet. Diese Verpflichtung ergibt sich aus dem durch den Vertrag begründeten **besonderen Vertrauensverhältnis**.

Schuldet der Ingenieur in einem solchen Falle die Mitwirkung an der Mängelbeseitigung, so kann **zeitlich** eine bereits erklärte Abnahme Wirkungen erst nach der Wahrnehmung der Mängelbeseitigungspflicht entfalten (9). Zu den Wirkungen der Abnahme vgl. RdZ 83.

Hiervon zu unterscheiden ist der Fall, daß der Projektant — der auch die Bauaufsicht übernommen hat — wegen etwaiger Mängel der Planung oder Aufsichtsfehler schadensersatzpflichtig ist. Die Beendigung der Leistungen i.S. des § 640 BGB bedeutet, daß eine im wesentlichen vertragsgemäße Erfüllung vorliegt. Kann der Auftraggeber wegen einzelner Mängel am Planungswerk oder ungenügender Bauleitung Schadensersatzansprüche geltend machen, so berührt dies nicht die Abnahmefähigkeit der Ingenieurleistung. In diesem Falle hängt die Abnahme auch nicht vom Ausgleich der erhobenen Schadensersatzforderungen durch den Ingenieur ab. Denn durch die Geltendmachung von Minderungsansprüchen gemäß § 634 BGB oder Schadensersatzansprüchen gemäß § 635 BGB erklärt der Auftraggeber konkludent, daß er die Leistung (Planungswerk, Leistungen zur Errichtung der baulichen Anlage insgesamt) annehmen will. Spätestens in der Erhebung der Ansprüche auf Minderung oder Schadensersatz liegt die Abnahmeerklärung — nur beim Verlangen der Wandelung gemäß § 634 BGB ist von einer Verweigerung der Abnahme durch endgültige Erklärung auszugehen (10).

Da insoweit die Erhebung von Ansprüchen auf Minderung oder Schadensersatz die Abnahmefähigkeit i.S. des § 640 BGB nicht berührt, liegt eine Beendigung der vertraglich übernommenen Leistungen nicht erst mit dem Ausgleich der geltend gemachten Ansprüche vor (11). Allerdings bleibt es dem Auftraggeber vorbehalten, den Abnahmezeitpunkt durch entsprechende Erklärung zu bestimmen. So kann der Auftraggeber das Ingenieurwerk (Planung und Gesamtbauleitung) als im wesentlichen vertragsgemäß abnehmen, wenn noch Mängel beseitigt werden, die vom Ingenieur zu vertreten sind (z.B. fehlerhafte Planung oder ungenügende Überwachung) (12).

Keine Abnahme i.S. des § 640 BGB liegt vor, wenn das Objekt in Benutzung genommen wird und dies unter dem Zwang besonderer Verhältnisse geschieht (13).

Beispiel:

Ein Ingenieur ist mit der Planung und Gesamtleitung eines Einfamilienhauses beauftragt. Die Fertigstellung sollte zum 31.10. erfolgen. Aus verschiedenen Gründen verzögert sich die Beendigung der Arbeiten. Der Bauherr zieht am 5.11. in den fast fertiggestellten Bau ein, da er in der bisherigen Wohnung das Mietverhältnis zum 1.11. gekündigt hatte und eine Verlängerung des Mietverhältnisses nicht gewährt wurde.

Liegt eine derartige Notsituation nicht vor, so ist die Ingebrauchnahme eines Objektes durch den Auftraggeber als Indiz für die Abnahme des Ingenieurwerkes zum Zeitpunkt des Einzuges anzusehen. Dies gilt allerdings nur dann, wenn nicht ein erkennbar unvollständiges Gebäude bezogen werden muß.

Festzuhalten ist, daß der Einzug in ein Objekt für sich allein nicht notwendigerweise den Schluß auf die Abnahme der Ingenieurleistung zuläßt (14).

(1) BGH 6.2.64 NJW 64/1022 = BB 64/411; BGH 15.11.73 NJW 75/95 = BauR 74/67
(2) Hesse/Korbion/Mantscheff, HOAI-Kommentar, § 8 RdZ 4; BGH 21.4.60 Schäfer/Finnern Z. 3.01 Bl. 121; BGH 25.4.60 Schäfer/Finnern Z. 3.01 Bl. 141; BGH 5.7.71 WM 71/1271; BGH 15.11.73 NJW 74/95; BGH 25.10.73 BauR 74/63; Werner/Pastor, Der Bauprozeß, RdZ 657
(3) Hesse/Korbion/Mantscheff, HOAI-Kommentar, § 8 RdZ 4; Werner/Pastor, Der Bauprozeß, RdZ 429; Schmalzl, Die Haftung des Architekten und Bauunternehmers, RdZ 54
(4) BGH 6.2.64 NJW 64/1022; BGH 15.11.73 NJW 74/95 = BB 74/195; OLG Hamm 16.11.73 MDR 74/313; Werner/Pastor, Der Bauprozeß, RdZ 429 m.w. Nachw.
(5) Hesse/Korbion/Mantscheff, HOAI-Kommentar, § 8 RdZ 4
(6) BGH 30.12.63 LM Nr. 1 zu § 640 BGB
(7) Hesse/Korbion/Mantscheff, HOAI-Kommentar, § 15 RdZ 34; § 54 RdZ 18
(8) entsprechend: BGH 29.10.70 Schäfer/Finnern Z. 3.01 Bl. 445; Werner/Pastor, Der Bauprozeß, RdZ 429; Schmalzl, Die Haftung des Architekten und Bauunternehmers, RdZ 54
(9) Werner/Pastor, Der Bauprozeß, RdZ 429; Trapp, Beendigung der vertraglichen Leistungspflicht des planenden und bauleitenden Architekten, BauR 77/322; BGH 29.10.70 Schäfer/Finnern Z. 3.01 Bl. 445; BGH 2.3.72 BauR 72/251; BGH 13.12.73 NJW 74/367 = BauR 74/137; OLG Köln 3.12.71 BauR 72/250; OLG Stuttgart 28.5.76 BB 76/1434
(10) LG Hamburg 23.2.66 NJW 66/1564
(11) BGH 13.12.73 BauR 74/137
(12) OLG Köln 14.7.70 VersR 71/378
(13) OLG Celle 27.11.61 NJW 62/494
(14) OLG Hamm 16.11.73 MDR 74/313; LG Nürnberg-Fürth 13.12.73 BauR 74/137 = NJW 74/367; OLG Celle 27.11.61 NJW 62/494; BGH 30.12.63 LM Nr. 1 zu § 640 BGB; anderer Ansicht: LG Kaiserslautern 27.9.72 VersR 73/868

1d Teilabnahme

Hat der Ingenieur nicht nur den Auftrag zur Erstellung von Plänen für eine bauliche Anlage oder ein Einzelgewerk erhalten, sondern auch zu Planungs- und Überwachungsleistungen, so stellt sich die Frage, ob nicht einzelne, besonders abgrenzbare Teilleistungen einer gesonderten Abnahme bedürfen. In Rechtsprechung und Literatur ist allgemein anerkannt, daß Teilleistungen nicht schon durch die Entgegennahme der Einzelleistungen i.S. des § 640 BGB gesondert **abgenommen** werden (1).

Beispiel:

Ein mit der Planung und Gesamtleitung eines Objektes betrauter Ingenieur legt die Entwurfsplanung gemäß Ziff. 14.2 LHO vor. Nimmt der Auftraggeber die Entwurfsplanung an, so ist über die Abnahme dieser Teilleistung noch nichts ausgesagt. Denn die geschuldete Ingenieurleistung besteht in den erforderlichen Ingenieursarbeiten, die zur Entstehung des gesamten Objektes führen (2). Ein Wille des Auftraggebers, das geschuldete Ingenieurswerk in Teilen abzunehmen, darf nicht unterstellt werden. Ein Recht des Ingenieurs, Teilabnahmen zu verlangen, kann nur aus einer gesonderten Vereinbarung her rühren, die der Ingenieur nachzuweisen hat (3).

Dies gilt insbesondere auch für die etwaige Teilabnahme durch die Ingebrauchnahme einer baulichen Anlage durch Bezug.

In seiner Entscheidung vom 30.12.1963 (4) hat der BGH für den gleichgelagerten Fall der Architektenleistung und deren Abnahme ausgeführt:

„Zu dem Werk, das der Architekt auf Grund eines die Oberleitung sowie die örtliche Bauaufsicht einschließenden Architektenvertrages schuldet, gehören nicht nur die Planung des Bauwerks, die Leitung, Überwachung und Abnahme der Bauarbeiten, sondern ebenso die Feststellung des Aufmaßes, die Prüfung der Rechnungen sowie die Feststellung der Rechnungsbeträge und der endgültigen Höhe der Herstellungskosten. Erst mit dem Abschluß aller dieser Arbeiten hat er das versprochene Werk hergestellt (§ 631 Abs. 1 BGB) und erst dann kann sein Werk abgenommen werden (§ 640 Abs. 1 BGB). Allerdings ist dem Berufungsgericht zuzustimmen, daß ein Werk, wie sich auch aus § 641 BGB ergibt, gegebenenfalls in Teilen abgenommen werden kann und dies auch für das Werk des Architekten gilt. So ist es, wie das Berufungsgericht annimmt, denkbar, daß der Bauherr vom Architekten das Bauwerk selbst als Ergebnis der planenden, bauleitenden und überwachenden Tätigkeit abnimmt, bevor die Rechnungen geprüft, die Rechnungsbeträge festgestellt und die Höhe der Herstellungskosten ermittelt sind.

Eine solche Teilabnahme setzt aber voraus, daß ein dahingehender Wille des Bauherrn klar zum Ausdruck kommt. Der Wille, das fertige Bauwerk vor der Erledigung der übrigen, vom Architekten geschuldeten Leistungen abzunehmen, darf nicht unterstellt werden **und ist auch nicht zu vermuten**, sondern der Architekt muß ihn, wenn er sich auf eine Vorwegabnahme des Bauwerkes beruft, einwandfrei beweisen. Die bloße Tatsache, daß der Bauherr das Haus bezieht, bringt den Willen noch nicht hinreichend zum Ausdruck."

Diese Grundsätze gelten auch für die Leistungen des Ingenieurs gemäß Ziff. 11, 11.1ff., 11.11./11.12 LHO sowie für den Leistungsumfang bei Ingenieurleistungen für Heizungs-, Lüftungs- und Gesundheitstechnik gemäß Ziff. 13.1ff., 13.9ff., 13.14 LHO und der geschuldeten Gesamtleistung der Elektroingenieure für den Leistungsumfang gemäß Ziff. 14.1ff., 14.8ff., 14.12 LHO. Dies deshalb, da die zu erbringende Leistung allein mit der Ausführung der baulichen Anlage oder des Einzelgewerkes nicht beendet ist (vgl. Ziff. 11.11; 11.12 bzw. 13.12; 13.13 bzw. 14.9., 14.10 LHO).
Demgemäß wird man die Abnahme von Teilleistungen nur bei besonderer Vereinbarung der Parteien annehmen können und dies auch nur dann, wenn die Einzelleistungen nicht derartig verknüpft sind, daß sie nicht getrennt abgenommen werden können (5).

Achtung:
Nicht zu verwechseln mit der Problematik der Abnahme von Teilleistungen ist die Frage der Abschlagszahlungen — dies kann für den Bereich der LHO nur Gegenstand einer besonderen vertraglichen Regelung sein, die im übrigen eine Abnahme von Teilleistungen i.S. des § 640 BGB nicht vorzusehen braucht (6). Soweit Ingenieurleistungen nach der HOAI zu beurteilen sind, gilt § 8 Abs. 2 HOAI: „Abschlagszahlungen können in angemessenen zeitlichen Abständen für nachgewiesene Leistungen gefordert werden." Hierzu bedarf es nicht der Abnahme des zu vergütenden Leistungsanteils (7).

(1) BGH 30.12.63 NJW 64/647; Lewenton/Schnitzer, Verträge im Ingenieurbüro, S. 86
(2) Hesse/Korbion/Mantscheff, HOAI-Kommentar, § 8 RdZ 4
(3) Werner/Pastor, Der Bauprozeß, RdZ 430; BGH 30.12.63 NJW 64/647; BGH 31.1.74 BauR 74/215
(4) BGH 30.12.63 NJW 64/647 gegen OLG Celle 27.11.61 NJW 62/494
(5) Lewenton/Schnitzer, Verträge im Ingenieurbüro, S. 86
(6) Lewenton/Schnitzer, Verträge im Ingenieurbüro, S. 29ff.
(7) Hesse/Korbion/Mantscheff, HOAI-Kommentar, § 8 RdZ 9; BGH 31.1.74 BauR 74/215 für den entsprechenden § 21 GOA

1c Durchführung der Abnahme

Das BGB kennt **keine besonderen Förmlichkeiten** für die Abnahme. Zur Billigung des Werkes genügt ein tatsächliches Verhalten des Auftraggebers. Allerdings muß der Auftragnehmer aus dem schlüssigen Verhalten des Auftraggebers erkennen können, daß seine Leistung als im wesentlichen vertragsgemäß erbracht angenommen wird. Beim Auftraggeber intern gebliebene Vorgänge genügen also nicht (1).

Beispiel:

Ein Statiker ist mit der Erstellung der Planung und den erforderlichen Berechnungen für ein Vorhaben beauftragt. Nach Fertigstellung der Arbeiten übergibt er Pläne und Berechnungen dem Bauherrn, der zur Überprüfung einen Prüfstatiker einschaltet, ohne daß der Statiker hiervon Kenntnis erlangt. Auch von dem positiven Prüfbericht erfährt der Statiker nichts.

Allein durch die Zusendung des Prüfberichtes an den Bauherrn ist eine Abnahme des Statikerwerkes i.S. des § 640 BGB nicht erfolgt. Denn gegenüber **dem Statiker** wurde dadurch **nicht erkennbar** deutlich gemacht, daß seine Arbeiten auf Grund des positiven Prüfberichtes als vertragsgerecht angenommen werden.

In seinem Urteil vom 15.11.1973 (2) hat der BGH hierzu ausgeführt, daß die Abnahme des Statikerwerkes nicht darin gesehen werden könne, daß mit billigender Kenntnisnahme des **Prüfberichtes** seitens des Bauherrn die Statikerleistung abgenommen worden sei. Dies auch dann nicht, wenn durch den Bauherrn nach Kenntnis des positiven Prüfberichtes keine Beanstandungen der Statikerleistungen erfolgt seien. Unzutreffend sei, daß die Billigung der statischen Pläne und Berechnungen durch die Nachprüfung des Prüfingenieurs nach außen in Erscheinung getreten sei. Ausdrücklich hält der BGH in der oben genannten Entscheidung fest: „Die Abnahme muß nicht ausdrücklich erklärt werden, sie kann auch durch schlüssiges Handeln zum Ausdruck gebracht werden. Für ein solches schlüssiges Handeln genügt jedoch nicht, wie das Berufungsgericht meint, ein Verhalten, aus dem **objektiv** die Billigung des Werkes geschlossen werden kann, solange dem Werkunternehmer das Verhalten des **Bestellers** nicht zur Kenntnis gelangt. Das Werk hat der Besteller vom Unternehmer abzunehmen. Diesem gegenüber muß deshalb die Billigung wenigstens schlüssig zum Ausdruck kommen. Erforderlich ist zumindest ein Verhalten des Bestellers, aus dem gerade der Unternehmer entnehmen kann und soll, daß der Besteller sein Werk billigt."

Eine derartige, von der Rechtsprechung geforderte Billigung durch schlüssiges Verhalten, die für den Ingenieur erkennbar die Abnahme seiner Leistung bedeutet, kann z.B. in der anstandslosen Bezahlung der Vergütung bestehen (3).

Von einer Abnahme durch konkludentes Verhalten ist auch dann auszugehen, wenn der Auftraggeber die Planungsleistungen vorbehaltlos entgegennimmt (dies dann, wenn sich der Auftrag auf die Erstellung von Planung oder statischer Berechnung beschränkt hat) (4).

Für die Abnahme der Ingenieurleistung — auch durch konkludentes Verhalten — ist nicht erforderlich, daß der Auftraggeber eine Prüfung der Ingenieurleistung (z.B. der Pläne) auf Mängel durchgeführt hat (4a).

Auch liegt im allgemeinen eine Abnahmeerklärung i.S. des § 640 BGB vor, wenn der Bauherr die Pläne mit Wissen des Ingenieurs unterzeichnet und zur bauaufsichtlichen Genehmigung vorlegt (5).

Billigung der Leistung durch Auftraggeber

Dabei stehen gleichzeitig geltend gemachte Mängelrügen und der Vorbehalt von Schadensersatzansprüchen der Abnahme **nicht** entgegen (6).

(1) Ingenstau/Korbion, § 12 VOB/B, RdZ 3; Döbereiner/Liegert, 2.Aufl., S. 75 ff; BGH 24.11.69 NJW 70/421; BGH 15.11.73 NJW 74/95
(2) BGH 15.11.73 NJW 74/95 = BauR 74/67
(3) BGH 24.11.69 NJW 70/421; BGH 28.1.71 Schäfer/Finnern Z. 4.o1 Bl. 65; BGH 26.10.78 NJW 79/214; OLG Düsseldorf 1.6.76 BauR 76/433
(4) BGH 6.2.64 NJW 64/1022 = Schäfer/Finnern Z. 3.01 Bl. 253
(4a) BGH 30.12.63 NJW 64/647; Werner/Pastor, Der Bauprozeß RdZ 429 m.w. Nachweisen
(5) LG Detmold 21.4.71 BauR 71/277
(6) OLG Düsseldorf 15.5.64 Schäfer/Finnern Z.2.50 Bl. 19; LG Hamburg 23.2.66 NJW 66/1564

1f Billigung der Leistung durch den Auftraggeber

Oft werden Ingenieurleistungen von dem mit der Gesamtdurchführung des Bauvorhabens beauftragten Architekten im eigenen Namen und für eigene Rechnung vergeben. Hier ist der Architekt als Auftraggeber selbstverständlich befugt, die Ingenieurleistungen als vertragsgerecht i.S. des § 640 BGB abzunehmen oder aber die Abnahme zu verweigern.

Umstritten ist die Befugnis des Architekten zur rechtsgeschäftlichen Abnahme von Leistungen der Sonderfachleute in Literatur und Rechtsprechung, wenn die Leistungen der Ingenieure im Namen des Bauherrn in Auftrag gegeben worden sind. Hierbei ist zu unterscheiden zwischen technischer und rechtsgeschäftlicher Abnahme (1). Die technische Abnahme von Werkleistungen durch den Architekten bedeutet die Überprüfung der Leistung auf Mängel — sie hat keinen rechtsgeschäftlichen Erklärungswert. Dagegen beinhaltet die rechtsgeschäftliche Abnahme die Erklärung, daß eine Leistung vertragsgemäß erbracht sei, was einen erheblichen Einfluß auf die weitere Abwicklung des Vertragsverhältnisses mit sich bringt — so werden z.B. Verjährungsfristen in Gang gesetzt, für das Vorhandensein von Mängeln ist die Beweislast verändert etc.

Das LG Essen (2) lehnte diese Unterscheidung mit seinem Urteil vom 19.4.1977 ab und nimmt eine Ermächtigung des Architekten zur Abnahme von Ingenieurleistungen auf Grund seiner originären Vollmacht an. Dieser Auffassung kann nicht gefolgt werden.

Zutreffend stellen Brandt aaO. und Jagenburg aaO. (3) fest, daß durch diese Erweiterung der Vertretungsbefugnis des Architekten dessen Pflichtenkreis überspannt würde. Dies würde nicht nur zu einem erhöhten Haftungsrisiko des Architekten, sondern auch zu einem weitgehenden Eingriff in die Dispositionsbefugnisse des Bauherrn führen.

Wie der Wortlaut des § 15 Abs. 2 Ziff. 8 HOAI erkennen läßt, dient die als Grundleistung genannte Abnahme im wesentlichen zur Feststellung etwaiger Mängel. Damit handelt es sich bei der Abnahme i.S. des § 15 Abs. 2 Ziff. 8 HOAI nicht um eine rechtsgeschäftliche Abnahme. Diese bleibt gemäß § 640 BGB eine Hauptverpflichtung des Auftraggebers, die auch nicht durch eine Bestimmung einer Honorarregelung auf den Architekten übertragen werden kann (4). Dies insbesondere auch deshalb nicht, weil der Architekt manchmal die besonderen vertraglichen Abmachungen zwischen Bauherrn und Sonderfachmann nicht kennt (z.B. Vertragsstrafenvereinbarung etc.), so daß hier rechtsgeschäftliche Erklärungen des Architekten mit bindender Wirkung für den Bauherrn nicht als durch die originäre Architektenvollmacht gedeckt anzusehen sind. Zur Abnahme von Ingenieurleistungen bedarf deshalb der Architekt einer besonderen Vollmacht (5). Eine Abnahmeerklärung eines dazu nicht bevollmächtigten Architekten bindet deshalb den Bauherrn nicht und löst die Folgen einer wirksamen Abnahme noch nicht aus (§ 180 BGB).

(1) Brandt, Die Vollmacht des Architekten zur Abnahme von Unternehmerleistungen, BauR 72/69 (72); Jagenburg, Die Vollmacht des Architekten, BauR 78/180 (185); Locher, Das private Baurecht, RdZ 325; Werner Pastor, Der Bauprozeß, RdZ 479; BGH 20.3.77 NJW 77/898 (899)
(2) LG Essen 19.4.77 NJW 78/108
(3) vgl. Fußnote (1)
(4) Hesse/Korbion/Mantscheff, HOAI-Kommentar, § 15 RdZ 31 m.w. Nachw.
(5) Jagenburg, BauR 78/180 (185); Brandt, BauR 72/69 (72); Locher, Das private Baurecht, RdZ 325; Werner/Pastor, Der Bauprozeß, RdZ 478; Schmalzl, die Haftung des Architekten und Bauunternehmers, RdZ 10; LG München 17.7.57 Schäfer/Finnern Z. 2.411 Bl. 7

1g Folgen der unberechtigt verweigerten Abnahme

Fordert der Auftragnehmer den Auftraggeber entsprechend den §§ 293ff. BGB zur Abnahme erfolglos auf, so kommt der Auftraggeber **ohne Verschulden** in Annahmeverzug (1). Die Gefahr des zufälligen Unterganges oder der Verschlechterung der Leistung (z.B. Pläne gehen bei der Bauaufsichtsbehörde verloren) geht auf den Auftraggeber über – § 644 Abs. 1 BGB. Während des Annahmeverzuges hat der Auftragnehmer nur Vorsatz und grobe Fahrlässigkeit zu vertreten (§ 300 BGB).

Beispiel:

Durch leichte Fahrlässigkeit des beauftragten Ingenieurs gehen die fertiggestellten Pläne durch einen Bürobrand verloren.

Der Ingenieur muß die Pläne nicht noch einmal erstellen, er behält seinen Vergütungsanspruch.

Mahnt der Auftragnehmer den Auftraggeber erfolglos zur Abnahme und kommt der Auftraggeber dieser Aufforderung in zu vertretender Weise nicht nach, so liegt Schuldnerverzug i.S. der §§ 284, 285 BGB vor. Der Auftragnehmer kann Ansprüche aus Verzugsschaden geltend machen – z.B. Kosten eines eingeschalteten Rechtsanwaltes (2).

Im übrigen treten die oben genannten Abnahmewirkungen ein (3).

(1) Palandt/Thomas, § 645 Anm. 3b) bb)
(2) Palandt/Thomas, § 286 Anm. 2b); vgl. auch BGH 30.9.71 NJW 72/99
(3) Ingenstau/Korbion, § 12 VOB/B, RdZ 17

1h Wirkungen der Abnahme

Mit der Annahme des als im wesentlich vertragsgerecht erfüllten Ingenieurwerkes sind weitreichende Wirkungen verbunden.

Zunächst endet die Vorleistungspflicht des Auftragnehmers, Erfüllungsansprüche aus dem Vertragsverhältnis erlöschen und konkretisieren sich auf Ansprüche auf Nachbesserung, also auf Gewährleistung bzw. Schadensersatz (1).

Mit der Abnahme beginnt somit die Gewährleistungsfrist und damit der Gang der hierfür maßgeblichen **Verjährungsfrist.**

Ist eine Abnahme i.S. des § 640 BGB nicht durchgeführt, so beginnt die Verjährungsfrist mit der endgültigen Ablehnung der Abnahme durch den Auftraggeber (2). Dies gilt unabhängig davon, ob die Abnahme zu Recht oder unberechtigt verweigert wird (3).

Mit dem Beginn der Gewährleistungsfrist wird die **Beweislast** hinsichtlich der Vertragsgemäßheit der erbrachten Leistung umgekehrt: Nach Abnahme oder verweigerter Abnahme liegt die Beweislast für etwaige Mängel beim Auftraggeber (4). Der Auftragnehmer hat allerdings für die Abnahme als solche die Darlegungs- und Beweislast (5). Bei **vorbehaltloser Abnahme** verliert der Auftraggeber die Gewährleistungsansprüche wegen bekannter Mängel sowie nicht ausdrücklich vorbehaltener Vertragsstrafenansprüche (§§ 640 Abs. 2, 341 Abs. 3 BGB). Wie der Hinweis in § 640 Abs. 2 BGB auf die Regelungen der §§ 633, 634 BGB ergibt, gehen nur diejenigen Gewährleistungsansprüche durch vorbehaltlose Abnahme verloren, die ein Verschulden des Auftragnehmers an der Mangelhaftigkeit der Leistung nicht voraussetzen. Demgemäß bleiben Ansprüche auf Schadensersatz und aus positiver Vertragsverletzung auch ohne Vorbehalt dem Auftraggeber erhalten (6).

Beispiel:

Ein Ingenieurbüro ist mit Planung und Bauleitung für das Gewerk Sanitärinstallation an einem Bauvorhaben beauftragt. Schon vor der Abnahme der Leistungen erweist sich, daß die Leitungsrohre unfachmännisch isoliert wurden und Korrosionsgefahr besteht.

Bei der Abnahme des Gewerks Sanitärarbeiten werden keine Vorbehalte gemäß § 640 Abs. 2 BGB erklärt. Treten infolge der mangelhaften Isolierung Schäden auf, so kann der Auftraggeber Schadensersatz (Aufwendungen zur Mängelbeseitigung) wegen ungenügender Bauleitung oder Planungsfehlers verlangen, obwohl ein entsprechender Vorbehalt bei der Abnahme der Ingenieurleistung trotz Kenntnis der Mängel nicht gemacht worden ist.

Mit der Abnahme geht **die Gefahr** (für den Untergang oder die Verschlechterung) der abgenommenen Leistung auf den Auftraggeber über – § 644 BGB. Hat z.B. der lediglich mit der Projektierung einer Anlage oder eines Einzelgewerkes beauftragter Ingenieur die Pläne dem Auftraggeber als fertiggestellt ausgehändigt und hat dieser sie als vertragsgerecht abgenommen, so trägt er das Risiko, wenn z.B. die Pläne bei der Genehmigungsbehörde verloren gehen. Der Auftraggeber kann eine nochmalige Planherstellung ohne besondere Vergütung nicht verlangen.

Die Fälligkeit der vereinbarten **Vergütung** tritt mit der Abnahme der Ingenieurleistungen ein, soweit keine abweichende Vereinbarung – etwa im Rahmen der LHO – abgeschlossen worden ist – § 641 BGB. Im Bereich der HOAI (Tragwerksplanung) gilt deren § 8:

Das Honorar wird fällig, wenn die Leistung vertragsgemäß erbracht **und** eine prüffähige Honorarschlußrechnung überreicht worden ist.

---

(1) Ingenstau/Korbion, § 12 VOB/B, RdZ 6; Palandt/Thomas § 640 Anm. 1 b)
(2) BGH 2.5.63 Schäfer/Finnern Z. 3.01 Bl. 230; BGH 24.11.69 NJW 70/421; BGH 20.12.73 BauR 74/205; Ingenstau/Korbion, § 12 VOB/B, RdZ 7
(3) Ingenstau/Korbion, § 12 VOB/B, RdZ 17
(4) BGH 10.3.77 NJW 77/947 m.w. Nachw.; Palandt/Thomas, § 633 Anm. 5
(5) Döbereiner/Liegert, 2. Aufl., S. 78; Werner/Pastor, Der Bauprozeß, RdZ 429, 1320ff.
(6) Ingenstau/Korbion, § 12 VOB/B, RdZ 10; Palandt/Thomas, § 640 Anm. 2; BGH 8.11. BauR 74/59 = NJW 74/143

1i Anfechtung der Abnahmeerklärung

Die Abnahme im Sinne des § 640 BGB stellt über die **rein technische Abnahme** eines Einzelgewerkes oder einer baulichen Anlage eine rechtsgeschäftliche Erklärung dar. Dennoch kann eine erfolgte rechtsgeschäftliche Abnahme wegen Irrtums (§ 119 BGB) oder wegen arglistiger Täuschung (§ 123 BGB) nicht angefochten werden (1). Die schließt nicht aus, daß die Voraussetzungen einer Anfechtung gemäß §§ 119 oder 123 BGB vorliegen können, z.B. wenn sich in dem Bauwerk ein wesentlicher Mangel äußert, der als verkehrswesentlich im Sinne des § 119 Abs. 2 BGB anzusehen ist. Auch wenn der Auftraggeber nach Fertigstellung der baulichen Anlage oder des Einzelgewerkes diesen wesentlichen Mangel **nicht erkannt hat**, bleibt ihm die Möglichkeit der Anfechtung der Abnahmeerklärung versagt. Bei den Vorschriften zum Werkvertrag ist für die Abwicklung aller Ansprüche aus der werkvertraglichen Bindung beider Parteien eine Spezialregelung getroffen (2). Nach herrschender Auffassung sind die Gewährleistungsvorschriften gemäß §§ 633ff. BGB, insbesondere aber auch die in den §§ 637, 638 Abs. 1 BGB enthaltenen **Anfechtungstatbestände** ausreichend, um die Belange des Auftraggebers zu schützen.

(1) Ingenstau/Korbion, § 12 VOB/B RdZ 5
(2) Palandt/Thomas, Vorbem. 4 f) zu § 633 und Vorbem. 2 d) zu § 459

2 Erfüllungsanspruch vor Abnahme

Vor der Abnahme steht dem Auftraggeber ein Erfüllungsanspruch bezüglich der vertraglich geschuldeten Leistung zu – § 631 Abs. 1 BGB. Solange der Sonderfachmann seine Leistung nicht oder nur mangelhaft (z.B. durch Vorlage unvollständiger Pläne, etwa fehlerhafte Wärmebedarfsberechnung etc.) erbringt, steht dem Auftraggeber das Recht zu, die **Abnahme zu verweigern**. Darüber hinaus kann der Auftraggeber die Einrede des **nicht erfüllten Vertrages** gemäß §§ 320ff. BGB erheben und die Bezahlung der vertraglich vereinbarten Vergütung verweigern (1). Dies gilt auch bei geringfügigen Mängeln. Keinesfalls ist der Auftraggeber also gezwungen, die fehlerhafte Leistung zunächst hinzunehmen und dann Nachbesserungs- oder Gewährleistungsansprüche geltend zu machen.

Dem Auftraggeber steht in diesen Fällen der Anspruch auf Neuherstellung oder Beseitigung der Fehler der bisherigen Leistung wahlweise zu, sofern eine Nachbesserung möglich und der Neuherstellung gleichwertig ist.

In der Praxis bedeutet der **Erfüllungsanspruch vor Abnahme** die Verpflichtung zur Beseitigung von Fehlern der Leistung, also **Nachbesserung**. Ein Anspruch auf Nachbesserung ist dann nicht gegeben, wenn die Ingenieurleistung – insbesondere Planungsleistung – insgesamt unverwertbar ist. In diesem Falle kann der Auftraggeber die nochmalige – fehlerfreie – Erbringung der geschuldeten Ingenieurleistung verlangen (2). Jedoch entfällt sowohl der Anspruch auf Neuherstellung der Leistung als auch auf Nachbesserung, wenn die Mängelbeseitigung bzw. Neuherstellung einen unverhältnismäßigen Aufwand erfordern würde und die Durchführung der entsprechenden Arbeiten dem Auftragnehmer unzumutbar wäre (analog § 633 Abs. 2 BGB).

Ein Anspruch auf Neuherstellung der Leistung scheidet ferner aus, wenn der Auftraggeber dem Auftragnehmer gemäß § 634 Abs. 1 BGB eine Frist zur Nachbesserung gesetzt hat. Denn durch die Fristsetzung mit Ablehnungsandrohung entsprechend § 634 Abs. 1 BGB macht der Auftraggeber deutlich, daß er an einer gänzlichen Neuerarbeitung der geschuldeten Leistungen nicht interessiert ist: Er will lediglich die Beseitigung der Mängel bei der erbrachten Leistung erreichen. Insoweit ist der ursprüngliche Erfüllungsanspruch gemäß § 633 Abs. 1 BGB erloschen, er konzentriert sich nunmehr auf das vorliegende fehlerhafte Werk in der Form des Nachbesserungsanspruches (3).

Beispiel:

Ein Ingenieur für Heizungstechnik legt im Rahmen der Entwurfsbearbeitung gemäß Ziff. 13.1 LHO einen Entwurf mit fehlerhafter Wärmebedarfsberechnung und unzutreffender Dimensionierung der Schornstein-Querschnitte vor. Hier hat der Auftraggeber zunächst ein Wahlrecht: Er kann die gesamte Entwurfsbearbeitung zurückweisen oder aber lediglich die Richtigstellung der Wärmebedarfsberechnung sowie die Vorlage einer einwandfreien Berechnung der Schornstein-Querschnitte verlangen.

Rügt er im Rahmen der Entwurfsbearbeitung lediglich die falsche Berechnungen des Wärmebedarfs und der Schornstein-Querschnitte und fordert er unter Fristsetzung mit Ablehnungsandrohung (§ 634 Abs. 1 BGB) eine Richtigstellung der Berechnungen an, so kann er nicht mehr eine völlig neue Entwurfsbearbeitung verlangen.

Hat der Auftraggeber von Fristsetzung und Ablehnungsandrohung gemäß § 634 Abs. 1 BGB abgesehen, so ist er berechtigt, bis zur Beseitigung der Fehler der Ingenieurleistungen die Vergütung zurückzubehalten, und zwar auch dann, **wenn der Mangel der Leistung geringfügig ist** (vgl. § 320 Abs. 2 BGB). Eine Klage auf – auch nur teilweise – Leistung der Vergütung würde zurückgewiesen, da der Ingenieur mit der Erfüllung seiner vertraglichen Leistung vorleistungspflichtig ist, die Vergütung mangels besonderer Abreden vor Abnahme nicht fällig werden kann (§ 641 BGB). Nach Fristsetzung gemäß § 634 Abs. 1 BGB hat sich der ursprüngliche Erfüllungsanspruch auf die Nachbesserungsverpflichtung konzentriert, so daß der Auftraggeber wegen einzelner Mängel die Gesamtvergütung nicht mehr zurückhalten darf (4).

Bei der Geltendmachung des Zurückbehaltungsrechtes kommt es nicht darauf an, daß die Ausübung dieses Rechtes gegenüber dem Sonderfachmann ausdrücklich angezeigt wird: Allein das Bestehen der Einrede schließt aus, daß der Auftraggeber mit der Vergütungsleistung in Verzug gerät (5). Handelt es sich um einen völlig geringfügigen Mangel, so ist ein Rückgriff auf das Leistungsverweigerungsrecht seitens des Auftraggebers gemäß § 320 Abs. 2 BGB aus Treu und Glauben ausgeschlossen.

Die oben aufgeführten Grundsätze zur Nachbesserung sind ohne Einschränkung dann anwendbar, wenn der Sonderfachmann lediglich mit der Projektierung einer baulichen Anlage oder eines Einzelgewerkes beauftragt ist und die Planungsleistung im Bauwerk selbst noch nicht realisiert wurde. Demgemäß kann der Auftraggeber bei fehlerhafter Planungsleistung vom befaßten Ingenieur Mängelbeseitigung durch Nachbesserung nur solange fordern, als noch nicht mit der Ausführung der Arbeiten an dem Bauvorhaben begonnen worden ist (h.M.) (6).

Zutreffend stellen Werner/Pastor aaO. RdZ 722 fest, daß im Gegensatz zum Unternehmerrecht der entscheidende Zeitpunkt für das Erlöschen des Herstellungs- bzw. Nachbesserungsanspruches bezüglich des Planungswerkes **nicht die Abnahme der Planungsleistung, sondern die Umsetzung der Planungsleistung in die gegenständliche Bauleistung ist.**

Für den gleichgelagerten Bereich des Architektenrechtes hatte der BGH (7) vor dem Hintergrund der werkvertraglichen Ausgestaltung des Architektenvertrages eine Nachbesserungspflicht des Architekten auch dann angenommen, wenn Mängel am **ausgeführten** Bauwerk aufgetreten waren. Diese Rechtsprechung hat der BGH jedoch aufgegeben. Geschuldete Leistung des Architekten und Ingenieurs sind alle diejenigen Arbeiten, die zur mängelfreien Entstehung des Bauvorhabens führen, nicht aber das Bauwerk als körperliche Sache (8), vgl. RdZ 39. Das vom Architekten und Sonderfachmann zu erbringende geistige Werk ist deshalb nach der Rechtsprechung des BGH vom Bauwerk selbst zu trennen (9).

Aus diesem Grunde gilt § 633 Abs. 2 BGB für den Projektanten nach Bauausführung praktisch nicht, denn die Nachbesserung von Mängeln am Bauwerk selbst kann keine Beseitigung von Fehlern der Ingenieur- und Architektenleistung sein. Die geistige Leistung des Ingenieurs oder des Architekten ist durch körperliche Beseitigung von Bauwerksmängeln nicht behebbar (10), da die Planungsleistung insoweit nicht nachholbar ist. Wurde das Bauwerk oder das Einzelgewerk nach einem fehlerhaften Plan ausgeführt, so ist dem Bauherrn mit der nachgeholten Vorlage eines mängelfreien Planes nicht gedient. Eine Nachbesserung kommt deshalb nur in Betracht, wenn die Ausführung nach dem fehlerhaften Planwerk noch nicht eingeleitet ist. Dann kann auch Fristsetzung mit Ablehnungsandrohung gemäß § 634 Abs. 1 BGB erfolgen (11).

Ist ein Ingenieur mit Planungs- und Überwachungsleistungen bezüglich einer baulichen Anlage oder eines Einzelgewerkes beauftragt, so kann in **Ausnahmefällen** vor Abnahme der Ingenieurleistungen **nach begonnener Bauausführung** eine Nachbesserungspflicht bei fehlerhafter Planung bestehen. Diese Nachbesserungspflicht besteht insbesondere dann, wenn das Planungswerk aus rechtlichen Gründen mangelhaft i.S. des § 633 Abs. 1 BGB ist, also bei **fehlender Genehmigungsfähigkeit** des Planungswerkes.

Beispiel:

Im Zuge der Errichtung eines Bürogebäudes werden entsprechend den Ausführungsplänen Treppen mit einem unzulässigen Steigungsverhältnis eingebracht. Die Bauaufsichtsbehörde verweigert die Abnahme. Die erforderliche Nachbesserung der fehlerhaften Ingenieurleistung hat in diesem Falle durch die Beantragung eines Dispenses bei der zuständigen Bauaufsichtsbehörde zu erfolgen. Hierin liegt eine mögliche Nachbesserung der mangelhaften Planungsleistung, so daß eine analoge Anwendung des § 633 Abs. 2 S. 2 BGB ausscheidet.

Das OLG Hamm hat in seiner Entscheidung vom 14.10.1077 (12) hierzu ausgeführt:

„Die Berichtigung der Planung kann dann nicht mehr zur Behebung des Mangels führen, wenn dieser sich bereits in der Ausführung verkörpert hat. So liegt jedoch der vorliegende Fall nicht. Zwar war eine Behebung des Planungsfehlers infolge der inzwischen erfolgten Errichtung der Treppe nicht dadurch möglich, daß in den Plänen abändernd das zulässige Steigungsverhältnis eingearbeitet wurde. Jedoch konnte der Mangel durch die nachträgliche Erteilung eines Dispenses behoben werden. Denn der Planungsfehler beeinträchtigt die tatsächliche Benutzung der Treppe nicht oder jedenfalls nicht in einem solchen Maße, daß deshalb die Leistung in ihrem Wert oder ihrer Tauglichkeit zu dem gewöhnlichen oder nach dem Vertrage vorausgesetzten Gebrauch gemindert wäre. Der Planungsfehler bewirkte vielmehr die rechtliche Unmöglichkeit der Nutzung wegen fehlender Abnahme durch das Bauordnungsamt.

Mit dem Antrag auf Dispens und dessen Erteilung war der in der fehlenden rechtlichen Benutzbarkeit liegende Mangel zu beheben."

Zur Genehmigungsfähigkeit vgl. RdZ 50.

Abgesehen von diesen Ausnahmefällen, die eine Nachbesserung bei begonnener oder beendeter Bauausführung zulassen, ist festzuhalten, daß eine Nachbesserung von fehlerhaften Planungsleistungen **vor Abnahme** nur solange möglich sein kann, als die Umsetzung der mangelhaften Pläne in das körperliche Bauwerk oder Einzelgewerk noch aussteht. Ist die Ausführung entsprechend den Plänen begonnen oder das körperliche Bauwerk erstellt, so kann eine mängelfreie Planung nicht mehr nachgeholt werden; eine Nachbesserung scheidet aus.

Dasselbe gilt für mangelhafte Oberleitung und ungenügende Bauüberwachung. Auch die mit der Wahrnehmung dieser Aufgaben verbundenen Tätigkeiten können nicht nachgeholt werden, wenn sie einmal – mangelhaft – erbracht worden sind. Ein Neuherstellungs- oder Nachbesserungsanspruch scheidet in diesen Fällen als objektiv unmöglich aus.

(1) Palandt/Thomas, Vorbem. 3 a) zu § 633ff.
(2) Palandt/Thomas, Vorbem. 3 a) zu § 633ff.

(3) Palandt/Thomas, Vorbem. 3 a) vor § 633ff.
(4) Palandt/Thomas, Vorbem. 4 a) zu § 633ff. m.w. Nachw.; vgl. auch BGH 1.7.71 NJW 71/1800 für den Fall der Teilwerklohnforderung
(5) Palandt/Heinrichs, § 320 Anm. 3 a); BGH 26.10.65 NJW 66/200 m.w. Nachw.
(6) Kaiser, Mängelbeseitigungspflicht des Architekten, NJW 73/1910; Ganten, Neue Ansätze im Architektenrecht, NJW 70/687; Werner/Pastor, Der Bauprozeß, RdZ 722 m.w. Nachw.
(7) Werner/Pastor, Der Bauprozeß, RdZ 723 m.w. Nachw.
(8) Hesse/Korbion/Mantscheff, HOAI-Kommentar, § 8 RdZ 4; BGH 21.4.60 Schäfer/Finnern Z. 3.01 Bl. 121; BGH 25.4.60 Schäfer/Finnern Z. 3.01 Bl. 141
(9) BGH 26.11.69 NJW 70/431; BGH 25.5.64 NJW 64/1791; BGH 5.7.71 WM 71/1271; BGH 15.11.73 NJW 74/95; BGH 25.10.73 BauR 74/63
(10) BGH 13.12.73 NJW 74/367 = BauR 74/137; BGH 12.7.71 BauR 72/62; BGH 18.9.67 NJW 67/2259; BGH 25.5.64 NJW 64/1791
(11) OLG Hamm 14.10.77 MDR 78/226
(12) OLG Hamm 14.10.77 MDR 78/226; Locher, Das private Baurecht, RdZ 250

VII Mängelansprüche nach Abnahme

1 Erfüllungsanspruch nach Abnahme

1a Nachbesserungsanspruch

Nach der Abnahme geht der ursprüngliche Erfüllungsanspruch aus dem Vertrage unter, so daß auch ein Neuherstellungsanspruch bei mangelhafter Ingenieurleistung (z.B. Planung) nicht mehr durch den Auftraggeber geltend gemacht werden kann.

Zunächst steht dem Auftraggeber bei fehlerhafter Planungsleistung nach der Abnahme ein Nachbesserungsanspruch zu. Dieser Anspruch ist seiner Natur nach kein Gewährleistungsanspruch, sondern ein modifizierter Erfüllungsanspruch. Der Anspruch auf Nachbesserung beschränkt sich nämlich auf die Beseitigung von Fehlern an dem im übrigen als vertragsgerecht abgenommenen Werk des Ingenieurs. Durch die Abnahme konkretisiert und beschränkt sich der allgemeine Anspruch auf Herstellung eines fehlerfreien Werkes auf das bereits vorliegende Werk in Form des Beseitigungsanspruches bezüglich noch bestehender Mängel (1). Für des Bestehen des Nachbesserungsanspruches ist auch Voraussetzung, daß eine Mängelbeseitigung objektiv noch möglich ist. Dies bedeutet, daß ein Nachbesserungsanspruch **nach Abnahme dann ausscheidet, wenn mit der Durchführung der Arbeiten zur Erstellung des körperlichen Werkes (der baulichen Anlage oder des Einzelgewerkes) begonnen worden ist** (2). Insoweit gilt dasselbe wie für den Neuherstellungs- und Nachbesserungsanspruch vor Abnahme, vgl. oben RdZ 85. Eine Nachbesserung des Ingenieurswerkes kommt also nach Abnahme ebenfalls nur insoweit in Betracht, als noch nicht nach einem fehlerhaften Plan gebaut worden ist. Etwaige Ausnahmen sind auch hier zu berücksichtigen, wenn die im Sinne des § 633 Abs. 1 BGB in rechtlicher Hinsicht fehlerhafte Planung (fehlende Genehmigungsfähigkeit) auch nach Baubeginn korrigiert werden kann.

Die h.M. in Literatur und Rechtsprechung versagt also dem Auftraggeber einen Anspruch auf Nachbesserung der Projektantenleistung, wenn die Umsetzung der Pläne in das körperliche Werk eingeleitet ist (3).

Zu Recht wird diese Auffassung von gewichtigen Stimmen in der Literatur kritisiert (4). Insbesondere Kaiser (vgl. Fußn. 4) stellt für den gleichgelagerten Fall der Nachbesserung durch den Architekten auf die verschiedenen Leistungsebenen von befaßtem Projektant und Bauführer im Gegensatz zum ausführenden Unternehmer ab. Für das Werk des Unternehmers seien körperliche Arbeitserfolge maßgebend, während die Tätigkeit des Architekten (ebenso wie die des Ingenieurs) eine primär geistige Leistung darstelle. Architekt und Unternehmer wirken jedoch **arbeitsteilig**, jeder mit seiner spezifizierten Leistung, zusammen. Diese verschiedenen Leistungsebenen bestimmen zunächst den Inhalt der Mängelbeseitigungspflicht; der Architekt sei nach seiner Leistungsverpflichtung jedenfalls nicht zur körperlichen Mängelbeseitigung bei Baufehlern auf Grund fehlerhafter Planung verpflichtet. Dies schließe jedoch eine Nachbesserungsverpflichtung und ein Nachbesserungsrecht des Architekten bei Mängeln infolge fehlerhafter Planung nicht aus, selbst wenn das Bauwerk vollständig errichtet sei. Denn auch bei der Mängelbeseitigung liege das arbeitsteilige Zusammenwirken von Architekt und Unternehmer vor, wie dies den verschiedenen Leistungsebenen von Architekt und ausführendem Unternehmer entspreche. Bei diesem Ausgangspunkt sei es aber sinnvoll, den fehlerhaften Plan zu ändern, obgleich danach bereits gebaut worden sei. Denn die Bauunternehmer, die die **Sanierung** durchzuführen haben, seien auf eine **einwandfreie Planung angewiesen**. Hier könne eine Abänderung der Ausführungszeichnungen etc. erforderlich werden. Darüber hinaus habe der Architekt dann auch darüber zu wachen, daß die Mängelbeseitigung einwandfrei durchgeführt werde.

Bei der Mängelbeseitigung hole aber auch der ausführende Unternehmer nicht seine geschuldete mängelfreie Leistung nach, sondern führe die erforderlichen Arbeiten ordnungsgemäß **neu** durch. Insoweit bestehe kein Unterschied zur Leistung des Architekten. Aus diesem Grunde sei es nicht ersichtlich, warum für den Unternehmer eine Nachbesserungspflicht und auch ein Nachbesserungsrecht angenommen werde, nicht aber für den Architekten.

Deshalb **schulde** der Architekt ein **arbeitsteiliges Zusammenwirken** mit den bei der Baudurchführung Beteiligten zur Mängelbeseitigung als eigene Nachbesserungsverpflichtung i.S. der §§ 631, 633 Abs. 2 BGB. Dabei habe der Architekt planerisch, bauleitend und bauführend tätig zu werden, soweit dies erforderlich sei.

Dem ist zuzustimmen, wobei diese Grundsätze insbesondere für den mit der Planung und Gesamtleitung eines Vorhabens beauftragten Ingenieur gelten.

Der Auftraggeber kann sich auch unter Ablehnung der Nachbesserung mit einem Geldausgleich zufrieden geben — er muß dies allerdings nicht. Deshalb wird man für die Nachbesserungsverpflichtung zu unterscheiden haben: Wird vom Auftraggeber eine Sanierung angestrebt, so ist der Projektant verpflichtet, erforderliche Umplanungen vorzunehmen und — bei entsprechendem ursprünglichen Bauleitungsauftrag — die Nachbesserungsarbeiten zu überwachen. Insoweit trifft den Ingenieur die Verpflichtung, im Rahmen der Nachbesserung durch seine Tätigkeit die Voraussetzungen für die Nachbesserung des körperlichen Werkes zu schaffen. Da der Ingenieur jedoch nicht die konkret-gegenständliche Baumängelbeseitigung schuldet, muß er zur Durchführung der Nachbesserung **nicht** Werkverträge mit ausführenden Unternehmen im eigenen Namen abschließen — dies kann nicht Gegenstand der Nachbesserungsverpflichtung sein (5).

(1) Palandt/Thomas, Vorbem. 3 b) zu § 633; BGH 6.11.75 NJW 76/143 m.w.Nachw.; BGH 4.6.73 BauR 73/313
(2) Werner/Pastor, Der Bauprozeß, RdZ 722; BGH 25.5.64 NJW 64/1791 = BGHZ 42/16; BGH 18.9.67 NJW 67/2259 = BGHZ 48/257; OLG Hamm 14.10.77 MDR 78/226
(3) Schmalzl, Die Haftung des Architekten und Bauunternehmers, RdZ 31; Werner/Pastor, Der Bauprozeß, RdZ 723 m.w.Nachw.; BGH 25.5.64 NJW 64/1791 = BGHZ 42/16; BGH 13.12.73 NJW 74/367 m.w.Nachw.; OLG Hamm 14.10.77 MDR 78/266
(4) Hess, Die Haftung des Architekten für Mängel des errichteten Bauwerks, S. 72ff.; Kaiser aaO. NJW 73/1910 (1913); Ganten aaO. NJW 70/687 (689); Locher, Das private Baurecht, RdZ 240
(5) Locher, Das private Baurecht, RdZ 240;vgl. hierzu auch BGH 22.5.67 NJW 67/2210

1b Voraussetzung des Nachbesserungsanspruches

Vor Bauausführung muß der Auftraggeber unter Fristsetzung Gelegenheit zur Mängelbeseitigung bezüglich der fehlerhaften Planung geben. Der Auftraggeber kann nicht einfach einen Dritten mit der Neuerstellung von Plänen und Berechnungen beauftragen und dem bisher befaßten Sonderfachmann die Vergütung verweigern (1).

Ist jedoch das fehlerhafte Planungswerk in das Bauwerk umgesetzt, so erübrigt sich eine Fristsetzung gemäß § 634 Abs. 1 BGB, da nach h.M. in Literatur und Rechtsprechung eine Mängelbeseitigung nicht mehr möglich ist (§ 634 Abs. 2 BGB) (2). Nimmt man entsprechend der Auffassung in der Literatur (3) eine Nachbesserungsverpflichtung und damit ein Nachbesserungsrecht des Sonderfachmannes auch nach Bauausführung an, so wird man das Erfordernis der Fristsetzung bejahen müssen.

Auch bei vertraglicher Vereinbarung des Nachbesserungsrechtes wird das Erfordernis der Fristsetzung deshalb abgelehnt, da durch eine derartige Vereinbarung keine Nachbesserungspflicht begründet werde (4). Auch dies ist nicht unbestritten (5).

Ist eine Nachbesserungspflicht gegeben, sind die Regelungen des § 634 Abs. 1 BGB einzuhalten. Insbesondere ist die Ablehnungsandrohung gemäß § 634 Abs. 1 BGB zu formulieren.

Schriftform des Nachbesserungsverlangens wird weder für den BGB-Vertrag noch für den Bereich der VOB gefordert.

Ebensowenig kommt es auf ein etwaiges Verschulden des Auftragnehmers an der Fehlerhaftigkeit der Leistung an (6).

Das Recht auf Mängelbeseitigung erlischt, wenn bei **der Abnahme ein Vorbehalt wegen bekannter Mängel nicht** erklärt worden ist. Auch die Einrede des nichterfüllten Vertrags (§ 320 BGB) kann dann nicht mehr geltend gemacht werden. Es besteht dann lediglich ein Anspruch auf Schadensersatz, der auf Geldleistung gerichtet ist. Im Rahmen dieses Anspruches auf Schadensersatz können Nachbesserungsleistungen nicht verlangt werden (7). Zum Vorbehalt vgl. RdZ 142ff.

(1) BGH 28.2.66 Schäfer/Finnern Z. 3.01 Bl. 348; BGH 20.12.65 Schäfer/Finnern Z. 3.01 Bl. 336
(2) OLG Frankfurt 26.10.73 BauR 74/138; OLG Stuttgart 20.2.76 BauR 77/140
(3) Locher, Das private Baurecht, RdZ 240 m.w.Nachw.; Keine Fristsetzung bei Verweigerung der Nachbesserung: BGH 20.4.78 BauR 78/306
(4) KG 3.3.72 BauR 72/184
(5) Wussow BauR 74/139
(6) Palandt/Thomas, § 633 Anm. 2)
(7) Palandt/Thomas, § 640 Anm. 2; BGH 24.5.73 BauR 73/321; BGH 15.6.78 NJW 78/1853 m.w.Nachw.

88 1c Nachbesserungsrecht

Da in Literatur und Rechtsprechung eine Nachbesserungsverpflichtung, wenn nach dem fehlerhaften Plan schon gebaut worden ist, abgelehnt wird, besteht auch nach dieser Auffassung kein **Nachbesserungsrecht** des befaßten Ingenieurs i.S. des § 633 Abs. 2 BGB (1).

Dies gilt in besonderem Maße für den Ingenieur, der neben der Erstellung der Planung auch mit der örtlichen Bauleitung beauftragt ist. Hat der Ingenieur lediglich den Planungsauftrag erhalten, so bietet die Nachbesserung vor Bauausführung keine Schwierigkeiten (2).

Nach der Rechtsprechung zum gleichgelagerten Architektenrecht (3) besteht ein Nachbesserungsrecht nur „in Ausnahmefällen" im Rahmen der Schadensersatzverpflichtung gemäß § 635 BGB (4).

Diese Auffassung wird aus § 254 BGB – der Schadensminderungspflicht des Auftraggebers – hergeleitet. So wird ein Mitverschulden des Bauherrn dann angenommen, wenn der Auftraggeber dem Architekten keine Gelegenheit gegeben hat, für die Mängelbeseitigung Maßnahmen zu treffen (5). Das Mitverschulden kann sich nur auf die **Höhe** des Schadensersatzanspruches auswirken; ein **Nachbesserungsrecht ist damit nicht begründet.** Der Ingenieur hat in diesen Fällen nachzuweisen, daß er eine Mängelbeseitigung mit geringem Kostenaufwand hätte durchführen können (6). Dabei müssen die vorgeschlagenen Nachbesserungsmaßnahmen erfolgversprechend und dem Auftraggeber zumutbar sein (7).

Hat sich der Sonderfachmann ein Nachbesserungsrecht vertraglich ausbedungen, so ist der Auftraggeber verpflichtet, zur Nachbesserung in ausreichender Weise Gelegenheit zu geben. Durch eine derartige Klausel wird allerdings eine Nachbesserungspflicht nicht ausgelöst (8). Macht der Sonderfachmann von seinem Mängelbeseitigungsrecht Gebrauch, so stehen dem Auftraggeber keine Ansprüche aus §§ 634, 635 BGB zu, es sei denn, daß die Nachbesserung mißlingt (9).

(1) Werner/Pastor, Der Bauprozeß, RdZ 726; Schmalzl, Die Haftung des Architekten und Bauunternehmers, RdZ 30 m.w.Nachw.
(2) BGH 28.2.66 Schäfer/Finnern Z. 3.01 Bl. 348
(3) Locher, Das private Baurecht, RdZ 368
(4) BGH 1.2.65 NJW 65/1175; BGH 22.5.67 NJW 67/2010
(5) BGH 15.6.78 NJW 78/1853 m.w.Nachw.
(6) BGH 9.11.67 Schäfer/Finnern Z. 3.01 Bl. 378
(7) BGH 12.7.71 BauR 72/62 = WM 71/1372 m.w.Nachw.; Schmalzl, Die Haftung des Architekten und Bauunternehmers, RdZ 37 m.w.Nachw.
(8) KG 3.3.72 BauR 72/384
(9) Schmalzl, Die Haftung des Architekten und Bauunternehmers, RdZ 31; Wussow, BauR 74/139; a.A. OLG Frankfurt 26.10.73 BauR 74/138

1d Wirkungen des Nachbesserungsverlangens

Für den **VOB-Vertrag** beginnen mit Zugang einer schriftlichen Mängelrüge die **Gewährleistungsfristen** neu zu laufen. Dies allerdings nur dann, wenn die Mängelrüge innerhalb der ursprünglichen Gewährleistungsfrist **schriftlich** erhoben und bezüglich eines konkret benannten Mangels Nachbesserung begehrt wird (1).

Eine Verjährungsunterbrechung bewirkt beim **BGB-Vertrag** weder ein mündliches noch ein schriftliches Nachbesserungsverlangen. Die Unterbrechung der Gewährleistungs- bzw. Verjährungsfrist kann hier nur durch eine Klage, ein gerichtliches

Beweissicherungsverfahren oder durch ein Anerkenntnis des Auftragnehmers erfolgen. Durch eine Prüfung der Mängel seitens des Auftragnehmers wird eine Hemmung der Verjährungsfrist bewirkt.

Kommt der Sonderfachmann der Aufforderung zur Nachbesserung innerhalb der gesetzten Frist nicht nach, so kann **der Auftraggeber die Mängel auf Kosten des Ingenieurs beseitigen lassen** (§ 633 Abs. 3 BGB, § 13 Nr. 5 VOB/B).

Befindet sich der Ingenieur mit der Nachbesserung nach fruchtlosem Fristablauf (§ 634 Abs. 1 BGB) in **Verzug**, so hat der Auftraggeber einen Anspruch auf **Vorschußzahlung** in Höhe der Mängelbeseitigungskosten. Dieser Vorschußanspruch besteht aber nicht für Schadensersatzansprüche, die über die Mängelbeseitigungskosten hinausgehen. Dies deshalb, weil der Schadensersatzanspruch aus § 635 BGB den Ersatz des zur Mängelbeseitigung erforderlichen Kostenaufwandes beinhaltet. Daher besteht kein Bedürfnis, dem Auftraggeber neben diesem auf Geld gerichteten Schadensersatzanspruch einen Anspruch auf Vorschuß zuzubilligen (2). Die Vorschußzahlungen sind später abzurechnen — etwaige Überzahlungen sind zurückzuerstatten (3).

Neben dem Anspruch auf Ersatz der Mängelbeseitigungskosten, die an einen Dritten zu zahlen sind (§ 633 Abs. 3 BGB), kann der Auftraggeber bei Verzug des Sonderfachmannes den durch den Verzug entstandenen Schaden ersetzt verlangen (4).

Liegt infolge einer groben Pflichtverletzung des Ingenieurs oder bei besonderer Unzuverlässigkeit eine nachhaltige Störung des Vertrauensverhältnisses zwischen den Parteien vor, so kann der Auftraggeber die Nachbesserung durch einen Dritten ausführen lassen, ohne daß er dem bisher befaßten Ingenieur Gelegenheit zur Nachbesserung geben muß. In diesem Fall hat der Ingenieur ebenfalls die dem Auftraggeber entstehenden Aufwendungen zu ersetzen (5).

Dabei kann der Auftraggeber Ersatz all der Kosten begehren, die zur **nachhaltigen und zuverlässigen Mängelbeseitigung** erforderlich sind. Ein Risiko braucht er nicht einzugehen. In zweifelhaften Fällen sind alle Aufwendungen zu vergüten, die den Mangel mit Sicherheit beseitigen (6).

Dies bedeutet, daß der Auftraggeber den Nachbesserungsauftrag auch an einen nicht ortsansässigen Sonderfachmann vergeben darf. Auch muß sich der Auftraggeber nicht auf einen besonders günstigen Honorarsatz festlegen lassen. Läßt der Auftraggeber eine Nachbesserung durch einen Dritten vornehmen, ohne daß eine nachhaltige Störung des Vertrauensverhältnisses vorliegt oder der Ingenieur in Verzug ist, so kann der Auftraggeber Aufwendungsersatz für die Nachbesserung nicht verlangen (7).

Der Kostenerstattungsanspruch für die Mängelbeseitigungskosten **verjährt** in derselben Frist wie die Gewährleistungsansprüche, also nach § 638 BGB, bzw. § 13 Nr. 4 VOB (8).

(1) BGH 29.4.74 NJW 74/1188; zum VOB-Vertrag bei Ingenieurleistungen vgl. LG Darmstadt 7.3.78 BauR 79/65
(2) BGH 24.5.73 BauR 73/321
(3) Palandt/Thomas, § 633 Anm. 4)
(4) Palandt/Thomas, § 633 Anm. 4)
(5) BGH 8.12.66 NJW 67/388 = BGHZ 46/242 m.w.Nachw.
(6) BGH 4.6.73 BauR 73/313; OLG Düsseldorf 25.9.73 BauR 74/61; BGH 22.3.79 BauR 79/333 = BB 79/804; nicht zu ersetzen ist der dem Auftraggeber entgangene Gewinn — hier greift § 635 BGB ein, vgl. BGH 28.9.78 BauR 79/159
(7) BGH 28.9.67 NJW 68/43; zum Verlust des Nachbesserungsanspruches vgl. auch OLG Hamburg 1.2.79 BauR 79/331
(8) Palandt/Thomas, § 638 Anm. 1

1e Verweigerung der Nachbesserung

Vielfach mißverstanden wird die Regelung des § 633 Abs. 2 Satz 2 BGB, wonach der Auftragnehmer berechtigt ist, die Mängelbeseitigung zu verweigern, wenn diese einen unverhältnismäßig hohen Aufwand erfordert.

Hier kommt es allein auf das **Verhältnis der aufzuwendenden Nachbesserungskosten zu dem damit erzielten Nachbesserungserfolg** an. Maßgebend ist also eine Beurteilung nur nach dem erforderlichen Kostenaufwand für die Nachbesserungsarbeiten (1). Dies hat der BGH in seiner Entscheidung vom 26.10.1972 (2) ganz klar ausgesprochen:

„Unverhältnismäßig sind die Aufwendungen für die Beseitigung eines Werkmangels dann, wenn der damit in Richtung auf die Beseitigung des Mangels erzielte Erfolg oder Teilerfolg bei Abwägung aller Umstände des Einzelfalls in keinem vernünftigen Verhältnis zur Höhe des dafür gemachten Geldaufwandes steht. In einem solchen Falle würde es Treu und Glauben (§ 242 BGB) widersprechen, wenn der Besteller diese Aufwendungen dem Unternehmer anlasten könnte. Das wäre für den Unternehmer nicht zumutbar."

Beispiel:

Zur Erstellung der Planung für das Gewerk Sanitär- und Heizungsinstallation hat das beauftragte Ingenieurbüro einen Spezialisten für Korrosionsfragen zur Mitarbeit verpflichtet, da das Bauvorhaben in einer Region mit besonders aggressiven, korrosionsfördernden Gewässern ausgeführt werden soll. Der Planungsauftrag umfaßt auch Wasseranalysen, die vom Ingenieurbüro zu erstellen sind. Schleichen sich bei der Bewertung der Analysen Fehler ein, die zu einer falschen Konzeption bei der Wasseraufbereitung führen, so kann das Planungsbüro — ungeachtet des Kostenaufwandes — verpflichtet sein, zur Vorlage einwandfreier Pläne erneut den Korrosionsspezialisten einzuschalten.

Dabei kommt es für die Beurteilung der Unverhältnismäßigkeit des Aufwandes der Nachbesserungskosten nicht darauf an, ob der erwartete Gewinn eingebüßt wird oder ob gar „draufgezahlt" werden muß. Unbeachtlich ist auch, ob das befaßte Ingenieurbüro durch die Nachbesserung in der Wahrnehmung seiner Verpflichtungen gegenüber anderen Auftraggebern beeinträchtigt wird, vgl. Fußn. (2).
Bei besonders schwerer Vertragsverletzung kann sich der Auftragnehmer auf Unzumutbarkeit der Nachbesserung wegen zu hohen Aufwandes nicht berufen.

Beispiel:

Für ein Bauvorhaben liegt eine Baugenehmigung vor, die die Verwendung bestimmter Materialien bei der konzipierten Konstruktion zur Auflage macht. Weicht der Projektant im nachhinein von dieser Auflage ab und schreibt er nicht zugelassene Materialien vor, so kann er sich im Falle eines Nachbesserungsverlangens des Auftraggebers nicht auf unzumutbar hohe Nachbesserungskosten für die Überarbeitung der Planung berufen (3).
Insoweit liegt ein arglistiges Verhalten des Sonderfachmannes vor, das die Verweigerung der Erbringung einer vertragsgerechten Leistung wegen Unzumutbarkeit ausschließt — vgl. auch § 637 BGB.

(1) Ingenstau/Korbion, § 13 VOB/B, RdZ 193; BGH 26.10.72 BauR 73/112
(2) Ingenstau/Korbion, § 13 VOB/B, RdZ 193; BGH 26.10.72 BauR 73/112; ebenso BGH 22.3.79 BauR 79/333 = BB 79/804 m. zahlreichen Nachw.
(3) Ingenstau/Korbion, § 13 VOB/B, RdZ 193; vgl. auch BGH 4.5.70 WM 70/964

1f Mitverschulden des Auftraggebers

Der Nachbesserungsanspruch stellt sich nicht als Schadensersatzanspruch, sondern als modifizierter Erfüllungsanspruch nach der Abnahme dar (1). Deshalb finden die für das Schadensersatzrecht ausgebildeten Grundsätze des § 254 BGB keine unmittelbare Anwendung.
Nach Treu und Glauben (§ 242 BGB) kann es jedoch im Einzelfall geboten sein, den in der Regelung des § 254 BGB enthaltenen Grundgedanken auf die Nachbesserungs- bzw. Kostenerstattungsansprüche zur Anwendung zu bringen. § 254 BGB sieht eine Einschränkung der Ersatzpflicht des Schädigers dann vor, wenn bei Entstehung oder Entwicklung des Schadens ein „Verschulden" des Geschädigten mitgewirkt hat. Dieses „Verschulden gegen sich selbst", das sich der Geschädigte wegen seines an der Entstehung oder Auswirkung des Schadens mitursächlichen Verhaltens anrechnen lassen muß, kann dem Schädiger nicht angelastet werden. Da der Schädiger nur für den von ihm verursachten Schaden herangezo-

gen werden soll, stellt die Regelung des § 254 BGB selbst eine Ausprägung des Grundsatzes von Treu und Glauben (§ 242 BGB) dar. Bei eigener Mitverantwortung an dem tatsächlich entstandenen Schaden soll der Geschädigte nicht den Ersatz des vollen Schadens verlangen können (2). Unter Beachtung dieser Grundsätze kann der Auftraggeber im Einzelfall verpflichtet sein, zu den Kosten der Nachbesserung beizutragen (3). Dies kann insbesondere dann der Fall sein, wenn die Mängel der Planungsleistung des Ingenieurs auf unvollständige oder unrichtige Angaben des vom Bauherrn eingeschalteten Architekten zurückzuführen sind (4).
Ist der Sonderfachmann ebenso wie der Architekt unmittelbar vom Bauherrn beauftragt worden, so ist der Architekt in Hinsicht auf die Verpflichtungen des Bauherrn gegenüber den übrigen am Bau Beteiligten als **Erfüllungsgehilfe (§ 278 BGB)** des Bauherrn anzusehen (5).
Die **Beweislast** für das Mitverschulden des Auftraggebers trägt der Auftragnehmer (6).
Die Verantwortlichkeit des Auftraggebers und die gemäß den Grundsätzen des § 254 BGB sich ergebende Verpflichtung des Auftraggebers, sich an den Nachbesserungskosten zu beteiligen, unterliegt der Würdigung des **Tatrichters**. Dieser stellt die Verteilung der Verantwortlichkeiten und die Höhe der Beteiligungsquote an den Kosten fest.
Insoweit kann das Revisionsgericht lediglich nachprüfen, ob der Tatrichter alle in den Prozeß eingeführten Unterlagen verwertet und bei der Abwägung der Verantwortlichkeiten nicht gegen Denkgesetze und Erfahrungssätze verstoßen hat (7).
Wird ein Mitverschulden des Auftraggebers festgestellt, so ergibt sich für die Nachbesserung folgende **Abwicklung**:
Zunächst hat der Auftraggeber seinen Kostenanteil zu den Nachbesserungsarbeiten zu leisten, dann ist die Nachbesserung durchzuführen. Nach der Abnahme der nachgebesserten Ingenieurleistung hat der Ausgleich der noch offenen Vergütung zu erfolgen.
Wesentliche, vom Auftraggeber zu vertretende Aufgabe ist in diesem Zusammenhang, den übrigen am Bauvorhaben Beteiligten brauchbare Pläne und Angaben zur Verfügung zu stellen, damit die Aufgaben in Detailplanung und Ausführung einwandfrei gelöst werden können (8). Bedient sich der Auftraggeber zur Wahrnehmung dieser Verpflichtungen eines Architekten, so muß er sich eine unzureichende Leistung des Architekten gemäß §§ 278, 254 Abs. 2 S. 2 BGB gegenüber dem eingeschalteten Sonderfachmann anrechnen lassen. Dabei wird eine Mitverantwortlichkeit des Auftraggebers gemäß den Vorschriften der §§ 278, 254 BGB nicht dadurch aufgehoben, daß der Architekt vom Auftraggeber in Regreß genommen werden kann.
Kommt der Auftraggeber – oder der von ihm beauftragte Architekt – seinen Aufgaben aus der ihm obliegenden Ablaufplanung und Ablaufsteuerung nicht

nach, so verletzt er seine originären Auftraggeberpflichten. Dies hat zur Folge, daß im Einzelfall eine Beitragspflicht des Auftraggebers zu den Nachbesserungskosten gegeben sein kann (9).

Beispiel:

Für den Bau eines Hochhauses wird ein Statiker unmittelbar vom Bauherrn mit der Erstellung der statischen Pläne und Berechnungen beauftragt. Die Gesamtplanung und Bauleitung ist einem Architekturbüro übertragen. Nach Fertigstellung der statischen Berechnungen ergibt eine vom Bauherrn eingeleitete Bodenuntersuchung, daß die Bodenverhältnisse auf Grund unterschiedlicher Vorbelastung und Zusammensetzung des Grundes eine Überarbeitung der statischen Berechnungen erforderlich machen. Hier hatte das Architekturbüro unzutreffende Daten an den Statiker zur Verfügung gestellt.

Die durch die Überarbeitung der statischen Pläne und Berechnungen anfallenden Kosten sind zum Teil vom Bauherrn mitzutragen, da die rechtzeitige Angabe zutreffender Daten bezüglich der Wasser- und Bodenverhältnisse Sache des Bauherrn ist (10). Die gesamten Kosten der Nachbesserung kann der Statiker nicht verlangen, weil er sich über die besonderen örtlichen Bodenverhältnisse nicht selbst vergewissert hat (11).

(1) BGH 24.11.69 NJW 70/421; Ingenstau/Korbion, § 13 VOB/B, RdZ 172; Palandt/Thomas, Vorbem. 3 b) zu § 633
(2) Palandt/Heinrichs, § 254 Anm. 1 a); BGH 21.9.71 NJW 72/334; BGH 3.2.70 NJW 70/756
(3) BGH 28.2.61 Schäfer/Finnern Z. 2.401 Bl. 21; BGH 3.12.64 Schäfer/Finnern Z. 2.400 Bl. 38; BGH 4.3.71 Schäfer/Finnern Z. 3.00 Bl. 197; OLG Hamm 28.10.77 BauR 79/247; OLG Düsseldorf 13.11.78 BauR 79/246
(4) Ingenstau/Korbion, § 13 VOB/B, RdZ 187
(5) Schmalzl, Die Haftung des Architekten und Bauunternehmers, RdZ 24; OLG Düsseldorf 13.11.78 BauR 79/246 m.w.Nachw.
(6) Ingenstau/Korbion, § 13 VOB/B, RdZ 187
(7) Zutreffend Ingenstau/Korbion, § 13 VOB/B, RdZ 187; BGH 18.12.69 NJW 70/461; BGH 19.12.68 BGHZ 51/275 = NJW 69/653; zur Geltendmachung des Zuschußanspruches: OLG Hamm 28.10.77 BauR 79/247
(8) Ingenstau/Korbion, § 3 VOB/B, RdZ 1; Hesse/Korbion/Mantscheff, HOAI Kommentar, § 15 RdZ 17; BGH 15.12.66 VersR 67/260; BGH 4.3.71 Schäfer/Finnern Z. 3.00 Bl. 197 = BauR 71/265; BGH 29.11.71 NJW 72/447; OLG Frankfurt 9.3.73 NJW 74/62
(9) BGH 28.2.61 Schäfer/Finnern Z. 2.401 Bl. 21; BGH 3.12.64 Schäfer/Finnern Z. 2.400 Bl. 38; BGH 4.3.71 Schäfer/Finnern Z. 3.00 Bl. 197 = BauR 71/265 m.w.Nachw. vgl. auch Fußn. (2)
(10) BGH 15.12.66 VersR 67/260; Hesse/Korbion/Mantscheff, HOAI Kommentar, § 15 RdZ 17
(11) BGH 2.10.69 Schäfer/Finnern Z. 3.01 Bl. 421

1g Leistungsverweigerungsrecht – Vergütung

Vor und nach Abnahme der fehlerhaften Ingenieurleistung steht dem Auftraggeber bei Bestehen des Nachbesserungsanspruches (also vor Bauausführung vgl. oben RdZ 85ff.) gegenüber dem Vergütungsanspruch des Sonderfachmannes ein **Leistungsverweigerungsrecht** (Zurückbehaltungsrecht) gemäß § 320 BGB zu (1). Neben diesem Zurückbehaltungsrecht bezüglich der Vergütung besteht ein Rücktrittsrecht entsprechend den allgemeinen Vorschriften nach §§ 325, 326 BGB nicht (2), da die §§ 633ff. BGB eine Sonderregelung beinhalten. Dies gilt auch für den Fall, daß eine verursachte Nachbesserung fehlschlägt.

Solange das Leistungsverweigerungsrecht **objektiv** besteht, kann ein Schuldnerverzug bezüglich der Vergütungsleistung nicht eintreten – es kommt dabei nicht darauf an, ob das Zurückbehaltungsrecht gegenüber dem Sonderfachmann **ausdrücklich** geltend gemacht wird (3).

Hierfür ist allerdings nicht ausreichend, daß der Nachbesserungsanspruch möglicherweise entstehen kann. Der Mängelbeseitigungsanspruch muß nicht nur entstanden, sondern auch fällig sein (4).

Beispiel:

Ein Statiker ist mit der Erarbeitung der statischen Pläne und Berechnungen für ein Bauvorhaben beauftragt. Der Architekt ist der Auffassung, daß in den Berechnungen möglicherweise falsche Lastannahmen getroffen wurden; er kann dies aus eigener Sachkunde jedoch nicht definitiv feststellen. Hier kann ein Leistungsverweigerungsrecht erst geltend gemacht werden, wenn z.B. die Fehlerhaftigkeit der statischen Berechnungen durch einen Prüfingenieur festgestellt ist.

Das Leistungsverweigerungsrecht gegenüber dem Vergütungsanspruch des Sonderfachmannes kann nur solange bestehen, als Nachbesserung durch Überarbeitung der bisher erbrachten Leistung durch den Auftraggeber verlangt wird. Begehrt der Auftraggeber einen Ersatzanspruch in Form einer Geldleistung (z.B. Kostenerstattung wegen Einschaltung eines anderen Ingenieurs, der die Leistung nachbessern soll), so entfällt das Leistungsverweigerungsrecht. In diesem Falle kann mit dem Vergütungsanspruch des Ingenieurs lediglich eine Verrechnung bzw. Aufrechnung erfolgen (5).

Das berechtigt geltend gemachte Zurückbehaltungsrecht schließt die Fälligkeit der Vergütung aus, so daß im Falle einer prozessualen Geltendmachung der Vergütung **keine Prozeßzinsen** anfallen können, solange das Zurückbehaltungsrecht des Auftraggebers besteht (6).

Das Leistungsverweigerungsrecht besteht zugunsten des Auftraggebers auch dann noch, wenn er den Nachbesserungsanspruch an **einen Dritten abgetreten hat** (7). Dies hat vor allem dann Bedeutung, wenn man mit Kaiser (8) eine Nachbesserungspflicht des Sonderfachmannes (bei Beauftragung auch mit der Bauleitung) in Form von arbeitsteiligem Zusammenwirken mit den ausführenden Unternehmern zur Mängelbeseitigung am fertigen Bauwerk annimmt.

Ist die bauliche Anlage unter Abtretung von Gewährleistungsansprüchen, insbesondere des Nachbesserungsanspruches, vom Auftraggeber verkauft worden, so kann dieser für die Dauer der Nachbesserungsfrist des Sonderfachmannes die Vergütungszahlung an ihn verweigern.

Macht der Sonderfachmann nur einen **Teil seiner Vergütung** geltend, so ist das **Leistungsverweigerungsrecht** des Auftraggebers **nicht auf eine bestimmte Quote** der Vergütung beschränkt. Der Auftraggeber braucht sich zur Durchsetzung seines Zurückbehaltungsrechtes nicht auf den nicht eingeforderten Teil des Vergütungsanspruches verweisen zu lassen, da sich das Leistungsverweigerungsrecht auf den gesamten Honoraranspruch bezieht (9). Allerdings sind die Grundsätze des § 320 Abs. 2 BGB zu beachten: Bei geringfügigen Mängeln kann die volle Ausschöpfung des Zurückbehaltungsrechtes gegen Treu und Glauben verstoßen.

(1) BGH 6.2.58 NJW 58/706 = BGHZ 26/337 = MDR 58/332; BGH 22.10.69 NJW 70/383; BGH 22.12.77 BauR 78/344; BGH 18.5.78 BauR 78/308; BGH 21.12.78 BauR 79/159
(2) BGH 10.1.74 BauR 74/199 = BGHZ 62/83 = NJW 74/551
(3) BGH 13.3.63 NJW 63/1149; BGH 26.10.65 NJW 66/200
(4) OLG Düsseldorf 5.3.75 BauR 75/348
(5) BGH 6.2.58 NJW 58/706 = Schäfer/Finnern Z. 2.414 Bl. 60; BGH 27.3.56 LM § 355 HGB Nr. 12
(6) BGH 14.1.71 NJW 71/615; BGH 4.6.73 BauR 73/313
(7) BGH 22.2.71 NJW 71/838 = BauR 71/126; BGH 18.5.78 BauR 78/308
(8) Kaiser, Mängelbeseitigungspflicht des Architekten, NJW 73/1910; ähnlich Locher, Das private Baurecht, RdZ 240
(9) BGH 1.7.71 NJW 71/1800

93 (1) Umfang des Leistungsverweigerungsrechtes

Dem Auftraggeber steht es nach den Bestimmungen des Werkvertragsrechtes zu, neben der Mängelbeseitigung gegenüber dem Honoraranspruch des Ingenieurs gemäß § 320 BGB ein Leistungsverweigerungsrecht geltend zu machen. Dies gilt auch dann, wenn die Ingenieurleistung – z.B. die Erstellung der statischen Berechnungen und Pläne – abgenommen ist (1).

Denn mit der Abnahme konkretisiert sich der Erfüllungsanspruch bezüglich des mangelhaften Werkes dahin, daß der Ingenieur verpflichtet ist, dessen Mängel zu beseitigen. Dies gilt allerdings nur dann, wenn mit der Ausführung der Bauleistung noch nicht begonnen worden ist (vgl. RdZ 85ff.).

Insoweit besteht der Erfüllungsanspruch des Auftraggebers lediglich im Nachbesserungsanspruch. Bis zur Erfüllung dieses Anspruches hat der Auftraggeber das Recht, gemäß § 320 BGB die Zahlung der vertraglich vereinbarten Vergütung zu verweigern.

Unterschiedliche Auffassungen bestehen bezüglich der Höhe des Honoraranteiles, den der Auftraggeber als Druckmittel zur Durchsetzung seiner Ansprüche einbehalten darf.

In seiner Entscheidung vom 6.2.1958 (vgl. Fußn. 1) hat der BGH die Auffassung geäußert, daß es nicht gegen Treu und Glauben verstoße, wenn die Leistungsverweigerung hinsichtlich des ganzen noch ausstehenden Vergütungsanspruches geltend gemacht werde.

Diese Auffassung ist unrichtig. Vielmehr kommt es darauf an, welche Aufwendungen für die mangelfreie Erstellung der geschuldeten Ingenieurleistung erforderlich sind.

In seinem Urteil vom 6.12.1977 (2) hat das OLG Bamberg ausgeführt, daß der Auftraggeber in der Regel nur den Teil der noch offenen Vergütung zurückbehalten dürfe, der nach Treu und Glauben (§ 242 BGB) und billigem Ermessen seinem noch unerfüllt gebliebenen Leistungs- oder Nachbesserungsanspruch etwa gerecht werde. Hierbei sei auf der einen Seite eine gewisse Verhältnismäßigkeit zwischen dem einbehaltenen Teil der Vergütung und dem Kostenanteil für die Durchführung der restlichen Arbeiten – bzw. für die Behebung der Mängel – erforderlich. Auf der anderen Seite seien die Verhältnisse des jeweiligen Einzelfalles maßgebend. Bei der Bemessung des Umfanges des Zurückbehaltungsrechts sei jedoch zu berücksichtigen, daß das Leistungsverweigerungs- und Zurückbehaltungsrecht als Druckmittel auf den Auftragnehmer wirken solle und müsse, die Arbeiten bzw. Mängel möglichst schnell und ordnungsgemäß durchzuführen bzw. zu beseitigen. Unter Berücksichtigung dieser Gesichtspunkte hat das OLG Bamberg in der genannten Entscheidung die Zurückbehaltung auf das drei- bis fünffache der Kosten der ausstehenden Leistung (Nacharbeiten) beschränkt.

In seinem Urteil vom 5.3.1975 (3) stellt das OLG Düsseldorf klar, daß das Wertverhältnis von Leistung und Gegenleistung für sich allein bei der Bemessung des Umfanges des Zurückbehaltungsrechtes nicht maßgebend sein könne. Die Einrede des nichterfüllten Vertrages solle die Wirkung eines **Druckmittels** entfalten können, durch das der Auftragnehmer zur ordnungsgemäßen Vertragserfüllung veranlaßt werden solle. Dieser Zweck sei jedoch in aller Regel nur dann erreichbar, wenn der Auftraggeber mehr einbehalte, als zur Mängelbeseitigung **objektiv erforderlich erscheint**. Entscheidend bei der Bemessung der Höhe der zurückzuhaltenden Beträge seien immer die **Umstände des Einzelfalles**.

Mit der herrschenden Literatur und Rechtsprechung wird man davon ausgehen können, daß die Zurückbehaltung des **dreifachen Betrages** des Wertes der noch zu erbringenden Leistung angemessen und ausreichend sein dürfte (4). Eine Übersicherung des Auftraggebers ist jedoch zu vermeiden. Dies ist vor allen Dingen dann der Fall, wenn der Fehler geringfügig ist, so daß keine nennenswerten Aufwendungen für die Beseitigung des Mangels anfallen.

Wird seitens des Ingenieurs nur ein **Teil seiner Vergütung** geltend gemacht, so kann der Auftraggeber ebenfalls die Rechte aus § 320 BGB dagegen halten.

Ist die vereinbarte Vergütung an den Ingenieur noch nicht — auch nicht teilweise — bezahlt und macht dieser einen Teil seiner Vergütung geltend, so steht dem Auftraggeber gegen den geltendgemachten Teil des Vergütungsanspruchs die Einrede aus § 320 BGB insoweit nicht zu, als der noch nicht beanspruchte Teil der Vergütung zur Mängelbeseitigung der Ingenieurleistung ausreicht.

(1) BGH 6.2.58 Schäfer/Finnern Z. 2.414 Bl. 60 = NJW 58/706; BGH 4.6.73 BauR 73/313
(2) OLG Bamberg 6.12.77, mitgeteilt in Sanitär- und Heizungstechnik 79/4; ebenso Werner/Pastor, Der Bauprozeß, RdZ 1198; Ingenstau/Korbion, § 13 VOB/B, RdZ 184 m.w. Nachw.
(3) OLG Düsseldorf 5.3.75 BauR 75/348
(4) Ingenstau/Korbion, § 13 VOB/B, RdZ 185; OLG Düsseldorf 5.3.75 BauR 75/348; OLG Köln 20.12.77, mitgeteilt in Sanitär- und Heizungstechnik 79/4
(5) Ingenstau/Korbion, § 13 VOB/B, RdZ 184 c); BGH 10.10.66 NJW 67/34 = BB 66/1322

94 (2) Erlöschen des Leistungsverweigerungsrechtes

Mit ordnungsgemäßer Mängelbeseitigung entfällt das Leistungsverweigerungsrecht des Auftraggebers gegenüber dem Vergütungsanspruch des Sonderfachmannes. Es erlischt aber auch dann, wenn der Auftraggeber dem Ingenieur keine ausreichende Gelegenheit gegeben hat, die Nachbesserung vorzunehmen, insbesondere dann, wenn eine mögliche Mängelbeseitigung seitens des Auftraggebers verweigert wird. Insoweit besteht eine **Mitwirkungspflicht** des Auftraggebers. Er muß nicht nur die Mängelbeseitigung ermöglichen und dulden — z.B. durch Herausgabe von Plänen und Berechnungen — sondern auch die nachgebesserte Leistung **abnehmen**. Kommt der Auftraggeber dieser seiner Mitwirkungspflicht nicht nach, so entfällt sein Leistungsverweigerungsrecht gegenüber dem Vergütungsanspruch des Ingenieurs (1).

Ein Leistungsverweigerungsrecht besteht auch dann nicht, wenn dessen Geltendmachung gegen Treu und Glauben verstoßen würde (§ 320 Abs. 2 BGB).

Setzt der Auftraggeber dem Ingenieur zur Nachbesserung eine Nachfrist mit Ablehnungsandrohung gemäß § 634 Abs. 1 BGB und geht er nach fruchtlosem Fristablauf zur Geltendmachung von Schadensersatzansprüchen über, so erlischt der Nachbesserungsanspruch (2). In diesem Fall besteht gegenüber dem Vergütungsanspruch kein Leistungsverweigerungsrecht mehr — es kommt lediglich eine Verrechnung bzw. Aufrechnung mit etwaigen Schadensersatzansprüchen in Betracht (3).

Ausschluß d. Leistungsverweigerungsrechtes

(1) BGH 26.10.65 NJW 66/200; BGH 10.6.70 Betr. 70/1375; LG Köln 13.1.72 BauR 72/314; für verweigerte Nachbesserung vgl. OLG Hamburg 1.2.79 BauR 79/331
(2) BGH 6.11.75 NJW 76/143
(3) BGH 27.3.56 LM § 355 HGB Nr. 12

(3) Ausschluß des Leistungsverweigerungsrechtes

Ein Ausschluß des Leistungsverweigerungsrechtes gemäß § 320 BGB gegenüber dem Vergütungsanspruch des Sonderfachmannes kann gemäß dem Grundsatz von Treu und Glauben (§ 242 BGB) gegeben sein. Dies dann, wenn die Ausübung des Leistungsverweigerungsrechtes **rechtsmißbräuchlich** wäre. So kann zum Beispiel bei geringfügigen Mängeln ein Leistungsverweigerungsrecht gemäß § 320 BGB weitgehend oder ganz ausgeschlossen sein. Rechtsmißbräuchlich ist die Geltendmachung des Zurückbehaltungsrechtes durch den Auftraggeber auch dann, wenn er nach Abnahme der mangelhaften Ingenieurleistung die Einrede des nichterfüllten Vertrages erhebt, obwohl ihm durch den Ingenieur Nachbesserung angeboten worden ist und der Auftraggeber diese endgültig abgelehnt hat (1). Dies gilt insbesondere dann, wenn der Ingenieur lediglich mit der Erstellung der Planung eines Objektes betraut ist und mit der Baudurchführung noch nicht begonnen wurde.

Der Ausschluß des Leistungsverweigerungsrechtes gemäß § 320 kann auch durch **Individualvereinbarung** gegeben sein. Hiergegen bestehen keine Bedenken. Der vertragliche Ausschluß des Leistungsverweigerungsrechtes überschreitet nicht die Dispositionsbefugnis der Parteien im Rahmen der Vertragsfreiheit (2).

Durch **Formularverträge** oder **Allgemeine Geschäftsbedingungen** kann nach Inkrafttreten des AGB-Gesetzes ein Ausschluß der Rechte aus § 320 BGB nicht mehr wirksam erfolgen. Als Regelungen von besonderem Gerechtigkeitsgehalt (3) sind die Bestimmungen der §§ 273, 320 BGB jeder Änderung oder Einschränkung durch Allgemeine Geschäftsbedingungen oder Formularverträge entzogen (vgl. § 11 Nr. 2 AGBG). Durch die Regelung in § 11 Nr. 2 AGBG wird der vom Gesetzgeber gewollte **Gläubigerschutz** ausdrücklich aufrechterhalten, wenn die Zug-um-Zug-Regelung des § 320 BGB dem Ausschluß durch Formularverträge oder Allgemeine Geschäftsbedingungen entzogen wird. Nach der bisher vorliegenden Literatur wird der Ausschluß der Rechte aus § 320 BGB durch Allgemeine Geschäftsbedingungen und Formularverträge im kaufmännischen Verkehr für möglich gehalten (4). Bei groben Vertragsverletzungen des Verwenders (also meist des Auftraggebers) tritt der Ausschluß des Leistungsverweigerungsrechtes allerdings zurück. Dies ist ferner dann der Fall, wenn der Verwender selbst mangelhaft geleistet hat (vgl. Mitwirkungspflichten!). Auch im kaufmännischen Verkehr wird der Ausschluß des Leistungsverweigerungsrechts gemäß § 320 BGB immer unter der Generalklausel des § 9 AGBG (Überraschungsklausel) auf unangemessene Benachteiligung des anderen Vertragsteils zu prüfen sein.

(1) OLG Köln 25.11.75 BauR 77/275 (Revision vom BGH durch Beschluß verworfen); OLG Hamburg 1.2.79 BauR 79/331
(2) Palandt/Thomas, § 320 Anm. 1 m.w.Nachw.; vgl. OLG Köln 25.11.75 BauR 77/275
(3) Palandt/Heinrichs, § 11 AGBG Anm. 3)
(4) Palandt/Heinrichs, § 11 AGBG Anm. 3); Werner/Pastor, Der Bauprozeß, RdZ 1202 m.w.Nachw.

96 **(4) Prozessuales**

Ist die Abnahme der Ingenieurleistung noch nicht erfolgt, so besteht mangels besonderer Vereinbarung keine Fälligkeit des Vergütungsanspruches (§ 641 BGB), so daß eine entsprechende Klage des Sonderfachmannes abzuweisen ist (1).
Solange eine Nachbesserungsverpflichtung des Ingenieurs nach Abnahme seiner Leistung besteht, führt die Geltendmachung des Zurückbehaltungsrechtes bei einer Klage auf Vergütungszahlung zur Verurteilung Zug um Zug gegen die Beseitigung des Mangels. Demgemäß kann der Ingenieur erst dann sein Honorar in voller Höhe verlangen und aus einem etwa erwirkten Titel vollstrecken, wenn er die erfolgreiche Nachbesserung nachweisen kann (2).

(1) BGH 6.2.58 NJW 58/706 = Schäfer/Finnern Z. 2.414 Bl. 60; BGH 4.6.73 BauR 73/313
(2) Werner/Pastor, Der Bauprozeß, RdZ 582; Palandt/Thomas § 320 Anm. 3 c); BGH 4.6.73 BauR 73/313

97 **1h Verzögerte oder fehlgeschlagene Nachbesserung**

Ist der Auftragnehmer mit der Nachbesserung in Verzug (§§ 284ff. BGB), so kann der Auftraggeber den ihm daraus entstehenden Schaden verlangen — z.B. Ausgleichung von erhöhten Gestehungspreisen zur Ausführung der baulichen Anlage infolge von allgemeinen Preissteigerungen. Schlägt die Nachbesserung fehl, ist ein Rücktrittsrecht gem. §§ 325ff. BGB durch die Sondervorschriften der werkvertraglichen Vorschriften (§§ 631ff. BGB) ausgeschlossen. Dies hat der BGH in mehreren Entscheidungen ausgeführt (1). Der Auftraggeber kann in diesen Fällen auf die Geltendmachung von Schadensersatzansprüchen übergehen (2). Hierbei ist insbesondere die Regelung des § 633 Abs. 3 BGB — Erstattungsanspruch für Mängelbeseitigungskosten — im Rahmen des Anspruches aus positiver Forderungsverletzung (Verletzung der Nachbesserungspflicht) entsprechend anzuwenden (3).

(1) Palandt/Thomas, § 633 Anm. 4; BGH 10.1.74 BauR 74/199 m.w.Nachw.
(2) BGH 6.11.75 NJW 76/143 m.w.Nachw.
(3) BGH 22.10.69 NJW 70/383; BGH 29.10.75 NJW 76/234; BGH 19.1.78 BB 78/325 m.w.Nachw.

2 Gewährleistungsansprüche 98

Der Auftraggeber ist nicht auf die Ausübung der Rechte gemäß § 633 Abs. 3 BGB (Beseitigung der Mängel der Ingenieurleistung nach fruchtlosem Fristablauf) beschränkt. Vielmehr kann er die Fristbestimmung zur Mängelbeseitigung mit der Androhung verbinden, daß er nach Fristablauf die Beseitigung der Mängel ablehne (§ 634 Abs. 1 BGB).

Nach fruchtlosem Fristablauf kann der Auftraggeber Rückgängigmachung des Vertrages (Wandelung) oder Herabsetzung der Vergütung (Minderung) verlangen (§ 634 Abs. 1 Satz 3 BGB). Der Anspruch auf Mängelbeseitigung ist nach Ausübung des Wahlrechtes (Wandelungs- oder Minderungsverlangen) ausgeschlossen.

2a Wandelung 99

Der Anspruch auf Wandelung gemäß § 634 Abs. 1 BGB hat im Ingenieursrecht kaum praktische Bedeutung, da dieser Anspruch lediglich die Rückgewähr der beiderseitig empfangenen Leistungen beinhaltet, nicht aber den Ausgleich etwaiger weitergehender Schäden beim Auftraggeber umfaßt (vgl. § 635 BGB). Da ihm dieser Anspruch nicht viel bringt, wird der Auftraggeber selten den Anspruch auf Wandelung geltend machen. Der Wandelungsanspruch ist nämlich kein Schadensersatzanspruch, so daß die Grundsätze der §§ 249 ff. BGB (Anspruch auf Naturalherstellung oder Geldersatz) nicht anwendbar sind.

Darüber hinaus ist der Wandelungsanspruch dann nicht gegeben, wenn der vorhandene Mangel den Wert oder die Tauglichkeit des Werkes nur unerheblich mindert (§ 634 Abs. 2 BGB).

Beispiel:

Aufgrund eines Planungsfehlers sind die Kellerräume um einige Zentimeter zu niedrig ausgeführt worden. Eine Wandelungserklärung gegenüber dem mit der Planung und Oberleitung beauftragten Ingenieur ist unzulässig. Die Durchführung der Wandelung bereitet zudem Schwierigkeiten:

Der Ingenieur muß die erhaltene Vergütung zurückerstatten, der Auftraggeber die vom Ingenieur erhaltenen Leistungen. Diese Rückabwicklung gestaltet sich lediglich dann unkompliziert, wenn der beauftragte Ingenieur lediglich Pläne, Entwürfe oder Detailzeichnungen dem Auftraggeber ausgehändigt hat, die dieser dann im Gegenzug zur Rückvergütung bereits geleisteter Honorarzahlungen an den Ingenieur herausgeben muß. Ist jedoch der Ingenieur auch beratend tätig geworden oder sind Kostenschätzungen, Massenberechnungen etc. erstellt oder gar Aufgaben aus Oberleitung oder örtlicher Bauaufsicht durchgeführt, so besteht die Wandelung in einem anteiligen Ausgleich: Hier müßte der Auftraggeber die mängelfreien Leistungen des Ingenieurs vergüten; den Ingenieur träfe eine Erstattungspflicht bei bereits geleisteter Vergütung nur insoweit, als die geleistete Vergütung die ihm auf Grund der Mangelhaftigkeit seiner Leistungen zustehende Vergütung übersteigt (1).

Ist das Bauvorhaben bereits durchgeführt, so kann der Wandelungsanspruch dem Auftraggeber wenig nutzen. Da sich der Wandelungsanspruch lediglich auf das geschuldete Ingenieurswerk — nämlich auf dessen geistige Leistung — bezieht, steht der Bauherr vor dem Problem des Schadensausgleiches infolge der bestehenden Mängel am Bauwerk selbst; deren Schicksal wird durch die Geltendmachung des Wandelungsanspruches nicht berührt.

Achtung:

Das Wandelungsrecht kann wegen seiner Natur als unselbständiges Gestaltungsrecht nicht gesondert abgetreten werden. Anders die Ansprüche auf Nachbesserung, Ersatz von Nachbesserungskosten und Schadensersatz wegen Nichterfüllung (2).

(1) Locher, Das private Baurecht, RdZ 242; Lewenton/Schnitzer, Verträge im Ingenieurbüro, S. 53
(2) OLG Koblenz 3.1.62 Schäfer/Finnern Z. 3.00 Bl. 55

100 **(1) Voraussetzungen der Wandelung**

Anders als beim Nachbesserungsanspruch gemäß § 633 Abs. 1 und Abs. 3 BGB, der auch hinsichtlich unerheblicher Mängel geltend gemacht werden kann, ist der Wandelungsanspruch **ausgeschlossen, wenn nur eine unwesentliche Beeinträchtigung der Tauglichkeit oder des Wertes der Ingenieurleistung vorliegt.**

Beispiel:

Die Installation einer Klimaanlage ist in der Planung unter ästhetischen Gesichtspunkten nicht einwandfrei gelöst. Abzugsschächte etc. sind nicht harmonisch eingefügt und stellen so „Schönheitsfehler" dar.
Allerdings gilt dies dann nicht, wenn eine bestimmte Eigenschaft eines zu konzipierenden Details zugesichert worden ist. Hier kann auch wegen unerheblicher Beeinträchtigung der Tauglichkeit Wandelung verlangt werden (1).
Kennt der Auftraggeber den Mangel bei Abnahme, besteht der Anspruch auf Wandelung nur dann, wenn er sich bei Abnahme der Ingenieurleistung das Recht auf Wandelung **vorbehalten hat** (§ 640 Abs. 2 BGB).
Zum Vorbehalt vgl. RdZ 142ff.
Hat der Auftraggeber trotz Kenntnis der Mangelhaftigkeit der Leistung des anderen Vertragsteils das Ingenieurswerk ohne Vorbehalt abgenommen, stehen ihm weiter die Schadensersatzansprüche auf Geld gemäß § 635 BGB zu. DieseAnsprü-

che umfassen auch bei vorbehaltsloser Abnahme die Kosten, die zur Mängelbeseitigung erforderlich sind; sie können bereits vor Abnahme geltend gemacht werden (2).

Die Durchsetzung des Anspruches auf Wandelung setzt grundsätzlich eine **Fristsetzung zur Mängelbeseitigung mit Ablehnungsandrohung** für den Fall des fruchtlosen Fristablaufes voraus.

Diese Voraussetzungen sind grundsätzlich auch beim Ingenieurvertrag einzuhalten. Dort ist zu unterscheiden: Die Erfordernisse des § 634 Abs. 1 BGB sind uneingeschränkt zu beachten, wenn die Ingenieurleistung noch nicht im Bauwerk oder Einzelgewerk verwirklicht worden ist. Die Herstellung einer fehlerfreien Ingenieurleistung kann also solange verlangt werden, wie die Ausführung der Bauleistung noch nicht in Angriff genommen ist (vgl. RdZ 85).

Geht man mit der h.M. in Rechtsprechung und Literatur (3) davon aus, daß nach Ausführung der Bauleistung nach fehlerhaften Plänen ein Nachbesserungsanspruch nicht mehr gegeben ist, da die geschuldete Ingenieurleistung nicht mehr nachholbar sein kann, so **entfällt das Erfordernis der Fristsetzung mit Ablehnungsandrohung gemäß § 634 Abs. 1 BGB** – dies würde eine völlig inhaltsleere Formalität bedeuten.

Dieser Rechtsprechung und Meinung in der Literatur ist jedoch zu Recht entgegengetreten worden, so daß eine Nachfristsetzung gemäß § 634 Abs. 1 BGB immer dann Voraussetzung für die Geltendmachung der Gewährleistungsansprüche ist, wenn der Auftraggeber eine Sanierung der aufgetretenen Mängel durchzuführen beabsichtigt und insoweit eine Nachbesserungspflicht in Form einer Mitwirkungspflicht des Ingenieurs besteht (vgl. RdZ 87, 90) (4).

Unter diesen Gesichtspunkten soll die Fristsetzung gemäß § 634 Abs. 1 BGB im folgenden näher betrachtet werden.

Die Geltendmachung des Rechtes auf Wandelung setzt voraus, daß dem Ingenieur eine **angemessene Frist** zur Mängelbeseitigung gesetzt worden ist (§ 634 Abs. 1 BGB). Setzt der Auftraggeber eine zu kurz bemessene Mängelbeseitigungsfrist, so kann das Wandelungsrecht erst nach Ablauf einer angemessenen Frist geltend gemacht werden. Die Angemessenheit der Frist bestimmt sich dabei nach Art und Umfang der zur Nachbesserung notwendigen Arbeiten. Nicht ausschlaggebend sind die subjektive Sicht des Auftraggebers, dessen Wünsche oder weitergehende Terminspläne etc. (5).

Durch eine sachlich nicht gerechtfertigte, zu kurz bemessene Frist wird der **Beginn des Fristablaufes** nicht gehindert – doch wird anstelle der zu kurz bemessenen eine angemessene Frist in Lauf gesetzt (6). Auf Fristsetzung kann der Auftraggeber ohne Verlust seiner Rechte aus § 634 BGB verzichten, wenn eine Nachbesserung der fehlerhaften Ingenieurleistung subjektiv unmöglich ist. Dies ist z.B. dann der Fall, wenn der Ingenieur dem erteilten Planungsauftrag aus fachlichen Gründen nicht gewachsen ist und sich dies an Hand der ersten Entwürfe feststellen läßt (7).

Das gleiche gilt, wenn der Ingenieur die – mögliche – Mängelbeseitigung endgültig verweigert oder aber das Vorhandensein einer Gewährleistungsverpflichtung einfach bestreitet (8). Auch ein nachhaltig gestörtes Vertrauensverhältnis zum Sonderfachmann (wiederholte erfolglose Nachbesserung oder schwerste Mängel in der Planungskonzeption) können die Fristsetzung entbehrlich machen (9). Auch der Fall des § 633 Abs. 2 S. 2 BGB gehört hierher: Ist die Mängelbeseitigung unzumutbar, so entfällt das Erfordernis der Nachfristsetzung. Zur Unzumutbarkeit vgl. RdZ 85, 87.

Ist der Auftraggeber der Auffassung, daß aus einem der obigen Gründe eine Fristsetzung gemäß § 634 Abs. 1 BGB nicht erforderlich sei, so hat er für den Ingenieur **erkennbar** deutlich zu machen, daß statt der Nachbesserung Wandelung begehrt wird (10).

(1) Palandt/Thomas, § 634 Anm. 2 c)
(2) BGH 24.5.73 NJW 73/1457; BGH 8.11.73 NJW 74/143; BGH 12.6.75 NJW 75/1701
(3) Schmalzl, Die Haftung des Architekten und Bauunternehmers, RdZ 31; Werner/Pastor, Der Bauprozeß, RdZ 723 m.w.Nachw.; BGH 25.5.64 NJW 64/1791; BGH 13.12.73 NJW 74/367 m.w.Nachw.
(4) Locher, Das private Baurecht, RdZ 240 m.w.Nachw.
(5) Ingenstau/Korbion, § 4 VOB/B, RdZ 154
(6) Palandt/Thomas, § 634 Anm. 2 d); Ingenstau/Korbion, § 4 VOB/B, RdZ 154
(7) OLG Hamburg 7.11.55 Betr. 56/20
(8) BGH 20.3.75 BauR 76/285; OLG Frankfurt 12.2.70, NJW 70/1084; BGH 12.12.68 Schäfer/Finnern Z. 2.210 Bl. 10 = Betr. 69/346
(9) BGH 17.10.51 BB 51/881; OLG Düsseldorf 14.4.61 Schäfer/Finnern Z. 2.414 Bl. 84
(10) Werner/Pastor, Der Bauprozeß, RdZ 732

101 **(2) Durchführung der Wandelung**

Der Auftraggeber muß dem Ingenieur klar zu verstehen geben, welchen Anspruch aus § 634 Abs. 1 BGB er geltend machen will – ihm steht das Wahlrecht zwischen Wandelung und Minderung zu. Erklärt der Auftraggeber nicht, welchen der beiden Ansprüche – Wandelung oder Minderung – er durchsetzen will, so geht das Wahlrecht auf den Ingenieur über (1).

Beispiel:

Ein Ingenieur für Klima-Technik hat für den Bürobau in der Planung falsche Wärmebedarfsberechnungen angestellt. Das Vertrauensverhältnis zum Auftraggeber ist durch erregte Wortwechsel über die Qualität der Planungsleistung schwer gestört. Der Auftraggeber nimmt die Pläne und Berechnungen entgegen und erklärt, er behalte sich alle Rechte wegen der vorliegenden Mängel vor. Kurz darauf erhält der Klima-Ingenieur einen Brief, in dem der Auftraggeber in dürren Worten die Zustimmung zur Ausübung der — dem Auftraggeber zustehenden — Rechte aus § 634 Abs. 1 BGB fordert.

Hier kann der Ingenieur wählen zwischen Wandelung und Minderung, wobei anzunehmen ist, daß er sich für eine Herabsetzung der vereinbarten Vergütung entschließen wird.

Die Wandelung ist dann vollzogen, wenn sich der Sonderfachmann damit einverstanden erklärt (§ 465 BGB i.V. § 634 Abs. IV BGB).

Kommt eine entsprechende Einigung zustande, so sind die beiderseitigen Leistungen gemäß §§ 346ff. BGB zurückzugewähren: Der Ingenieur hat die Vergütung zurückzuerstatten, der Auftraggeber die Pläne, Zeichnungen, Berechnungen etc.

(1) Palandt/Putzo, § 465 Anm. 2 c); Zur Wandelung beim Bauvertrag vgl. Ingenstau/Korbion, Vor §§ 8+9 VOB/B RdZ 13 und § 13 VOB/B RdZ 208

(3) **Prozessuales**

Der Auftraggeber trägt die **Beweislast** für angemessene Fristsetzung, Ablehnungsandrohung und ergebnislosen Fristablauf sowie für einen Vorbehalt bei Abnahme. Trägt der Auftraggeber vor, daß eine Fristsetzung nicht erforderlich gewesen sei, so trägt er die Beweislast für die Umstände, die die Fristsetzung entbehrlich machen.

Für die fristgemäße Mängelbeseitigung ist im Bestreitensfall der Ingenieur beweispflichtig.

Die Wandelungsklage kann nicht auf Abgabe der Zustimmung zur Wandelung gem. § 634 Abs. 4 i.V.m. § 465 BGB gerichtet werden (1). Vielmehr ist auf die Rechtsfolgen der Wandelung zu klagen, nämlich auf Zug-um-Zug-Verurteilung gegen Rückgewähr der empfangenen Leistungen.

Bei Unmöglichkeit der Rückgewähr (Beratungsleistungen, Planungsleistungen bei begonnener Bauausführung) kann wegen des durchzuführenden **Wertausgleiches** nur Klage auf Zahlung gestellt werden (2).

(1) BGH 8.1.59 NJW 59/62
(2) Werner/Pastor, Der Bauprozeß, RdZ 740

103 2b Minderung

Anstatt der Wandelung (vgl. RdZ 100) kann der Auftraggeber Minderung (§ 634 Abs. 1 BGB) verlangen. Die Minderung kann nur verlangt werden, wenn die Voraussetzung für die Wandelung vorliegt, nämlich eine vorausgegangene erfolglose Fristsetzung. Zur Entbehrlichkeit der Fristsetzung siehe RdZ 100.

Ebenso wie der Wandelungsanspruch ist der Anspruch auf Minderung der Vergütung verschuldensunabhängig — es genügt eine objektive Verletzung der Ingenieurspflichten, die zu einer mangelhaften Leistung führt (1). Für den Minderungsanspruch gilt die Einschränkung des § 634 Abs. 3 BGB nicht; auch bei geringfügigen Fehlern der Ingenieurleistung kann der Minderungsanspruch geltend gemacht werden.

Seinem Inhalt nach bedeutet der Minderungsanspruch eine besondere Verrechnungsart: der infolge der fehlerhaften Ingenieurleistung nicht geschuldete Vergütungsbetrag wird der Höhe nach **durch** den Wert der tatsächlich erbrachten Leistung bestimmt und vom vertraglich vereinbarten Honorar abgezogen. Dies bedeutet jedoch keine Aufrechnung, denn es wird lediglich die geschuldete Vergütung neu bestimmt, nicht etwa gegen einen unverändert hohen Honoraranspruch wegen Mängelbeseitigungskosten etc. aufgerechnet (2).

(1) Palandt/Thomas, Vorbem. 3 c zu § 633
(2) Werner/Pastor, Der Bauprozeß, RdZ 745; BGH 1.7.71 WM 71/1125

104 (1) Berechnung der Minderung

§ 634 Abs. 4 BGB verweist für die Durchführung der Wandelung und Minderung auf die für das Kaufrecht geltenden Vorschriften der §§ 465 bis 467 und §§ 469 bis 475 BGB.

Für die Berechnung der Minderung ist somit die Regelung des § 472 BGB maßgebend. Danach ist die Vergütung in dem Verhältnis herabzusetzen, in welchem zur Zeit des Vertragsabschlusses der Wert der Ingenieurleistung in dem erwarteten ordnungsgemäßen Zustand zu dem später tatsächlich vorhandenen verminderten Wert steht (1).

In dieser Weise kann die Minderung beim Werkvertrag nicht berechnet werden, da § 472 BGB als kaufrechtliche Vorschrift nicht die Besonderheiten des Werkvertrages berücksichtigt.

Für die Minderung beim Werkvertrag — nach BGB oder VOB — hat der BGH in seiner Entscheidung vom 24.2.1972 (2) deshalb ausgeführt:

„§ 634 BGB verlangt nur eine entsprechende Anwendung des § 472 BGB. Die zwischen Kauf und Werkvertrag in Vertragsinhalt und Vertragsgegenstand bestehen-

Berechnung d. Minderung

den Unterschiede dürfen nicht übersehen werden. Der Kauf betrifft regelmäßig eine schon vorhandene Sache, deren Wert feststeht; beim Gattungskauf (§§ 480, 243 BGB) und beim Kauf einer künftigen Sache besteht ebenfalls eine feste Vorstellung von deren Wert. Der Werkvertrag zielt dagegen auf die Herstellung eines Werkes; der Unternehmer schafft erst einen Wert. Der für § 472 BGB maßgebende Gedanke, der Käufer würde bei Kenntnis des Mangels der Kaufsache einem dem Wertverhältnis der mangelhaften zur mangelfreien Sache entsprechenden geringeren Kaufpreis gezahlt haben, ist auf den Bauvertrag nicht anwendbar. Das Bauwerk besteht bei Abschluß des Bauvertrages noch nicht und es gibt keine vertragliche Grundlage dafür, wie bei Fertigstellung vorhandene Mängel aus damaliger Sicht nachträglich veranschlagt werden sollen. Auf den Zeitpunkt des Vertragsschlusses ist deshalb der in § 472 BGB vorgeschriebene Vergleich des Wertes des Werkes in mangelfreiem Zustand mit dem ‚wirklichen Wert' (§ 472) im allgemeinen nicht möglich. Man kann bei vernünftiger Betrachtung nicht ein noch nicht erbautes Gebäude unter Berücksichtigung von Mängeln, die es noch nicht haben kann, abschätzen.

Scheidet somit beim Bauvertrag der Zeitpunkt des Vertragsschlusses für die Wertbestimmung aus, so können hierfür die Fertigstellung, die Ablieferung oder die Abnahme des Werkes in Betracht kommen. Berücksichtigt man, daß – abweichend von der Regelung in § 633 Abs. 1 BGB – nach § 13 Nr. 1 VOB/B der Auftragnehmer Gewähr dafür zu leisten hat, daß seine Leistung zur Zeit der Abnahme keine Mängel aufweist, so muß es auch für die Minderung (§ 13 Nr. 6 VOB/B) jedenfalls bei einem der VOB unterstellten Bauvertrag auf die Werte bei der Abnahme ankommen.

Zwar schuldet der Sonderfachmann nicht das Bauwerk oder Einzelgewerk selbst, sondern das **Entstehenlassen** einer mangelfreien baulichen Anlage oder eines Gewerkes. Doch sind die Grundsätze des Urteils des BGH vom 24.2.1972 in vollem Umfange auch auf den Ingenieur-Werkvertrag anwendbar: Auch die Leistung des Ingenieurs steht ja bei Vertragsschluß noch nicht fest, so daß es für die Berechnung der Minderung auf den Abnahmezeitpunkt ankommt.

Ist die Leistung des Sonderfachmannes für den Auftraggeber völlig wertlos, so kann er im Minderungswege die gesamte Vergütung herausverlangen bzw. verweigern (3). In diesen Fällen geht der Vergütungsanspruch vollständig unter. Dem steht nicht entgegen, daß die Wandelung eventuell vertraglich ausgeschlossen ist (4).

Im einzelnen ergibt sich die Höhe des Minderungsanspruches nach der Rechtsprechung des BGH (5) aus den Kosten einer etwaigen Mängelbeseitigung – berechnet zum Zeitpunkt der Abnahme – zuzüglich eines verkehrsmäßigen und technischen Minderwertes der konzipierten baulichen Anlage oder des Einzelgewerkes (6).

Kann eine Nachbesserung nicht durchgeführt werden und sind deshalb die dafür anfallenden Aufwendungen nicht bestimmbar, so erfolgt eine Herabsetzung des Honorars in dem Verhältnis, in welchem der Wert der mängelfreien Leistung zum Wert der fehlerhaften Leistung bei Abnahme steht (§§ 634 Abs. 4, 472 BGB).
Der Minderungsbetrag (= x) ergibt sich dann aus folgender Formel:

$$\frac{\text{Wert des mängelfreien Werkes}}{\text{Wert der fehlerhaften Leistung}} = \text{volle Vergütung} : x \quad (7)$$

Achtung:

Eine Minderung kann nicht geltend gemacht werden, wenn Einzelleistungen des Ingenieurs nicht oder nur unvollständig erbracht worden sind und diese mangelhaften Teilleistungen zu keinem Bauwerksmangel geführt haben.

Beispiel:

Ein mit der Planung und Gesamtleitung eines Bauvorhabens betrauter Ingenieur nimmt seine Aufgaben aus der örtlichen Bauleitung nach Ansicht des Auftraggebers unzureichend wahr – er besucht die Baustelle nur ganz sporadisch.
Nach Fertigstellung des Bauwerks möchte der Auftraggeber deshalb die Vergütung mindern.
Dies ist nicht möglich, wenn das Bauwerk mängelfrei erstellt worden ist. In dem gleichgelagerten Fall des Minderungsbegehrens für Architektenleistungen hat der BGH (8) einen Minderungsanspruch abgelehnt:
„Wird nämlich der geschuldete Erfolg erreicht, so läßt sich nicht sagen, daß das Architektenwerk mangelhaft wäre und der Bauherr Gewährleistungsansprüche hätte. Vielmehr muß dann der Bauherr grundsätzlich das volle Honorar zahlen, das für die gesamten zu leistenden Architektenarbeiten im Vertrage vorgesehen ist. Es kommt dann nur darauf an, ob jede Teilleistung, die im Vertrage genannt ist, vollständig und genau erbracht ist. Ein aus Werkmängeln hergeleiteter Gewährleistungsanspruch kommt demnach nur dann in Betracht, wenn die unvollständigen Einzelleistungen des Architekten zu einem Mangel des Werkes geführt haben."
Dies gilt jedoch nur dann, wenn der Ingenieur auch mit der Gesamtleitung bei der Erstellung der baulichen Anlage oder des Einzelgewerks beauftragt ist (Ziff. 11.11; 11.12, 13.9., 13.14 LHO).
Hat der Ingenieur lediglich einen Planungsauftrag, so kommt es für die Bewertung der Planungsleistung auf die Durchführung des Projektes nicht an (9). In diesem Fall sind Minderungsansprüche wegen ungenügender Teilleistungen durchsetzbar.
Dies deshalb, da insoweit die Planungsleistung unabhängig von der Fertigstellung der baulichen Anlage oder des Einzelgewerks abgenommen werden kann und die vertragliche Erfüllungspflicht sich nicht auf Überwachungstätigkeiten bei der Erstellung des Bauwerks selbst erstreckt.
Voraussetzung des Minderungsanspruches vgl. RdZ 103.

(1) Ingenstau/Korbion, § 13 VOB/B, RdZ 199
(2) BGH 24.2.72 BauR 72/242
(3) BGH 29.10.64 NJW 65/152; OLG Saarbrücken 17.3.70 NJW 70/1192; KG Berlin 21.4.64 Schäfer/Finnern Z. 2.414 Bl. 167
(4) Werner/Pastor, Der Bauprozeß, RdZ 743 m.w.Nachw.
(5) BGH 24.2.72 BauR 72/242
(6) BGH 14.1.71 NJW 71/615; BGH 8.12.77 VersR 78/328
(7) vgl. auch die Berechnung des OLG Frankfurt 26.10.73 BauR 74/139
(8) BGH 20.6.66 NJW 66/1713
(9) BGH 15.11.73 NJW 74/95; BGH 26.10.78 NJW 79/214

(2) Durchführung der Minderung

Die Minderung der Vergütung stellt eine Neufeststellung des Honoraranspruches dar, also eine Verrechnung mit ursprünglich vereinbarter und tatsächlich geschuldeter Vergütung. Klagt der Sonderfachmann nach Verweigerung des Einverständnisses zur Minderung (§ 465 BGB) einen Teil der vertraglich vereinbarten Vergütung ein, so muß sich der Auftraggeber gefallen lassen, daß ein Minderungsanspruch zunächst aus dem nicht eingeklagten Teil des Honoraranspruches errechnet und entsprechend abgesetzt wird, so daß die eingeklagte Teilforderung in voller Höhe zugesprochen werden kann (1). Dies deshalb, weil sich der Minderungsanspruch auf die **gesamte Vergütungsforderung** bezieht, nicht lediglich auf einen etwa gerichtlich geltend gemachten Teil. Der Auftraggeber kann damit nicht verlangen, daß eine Minderung gerade für den eingeklagten Honoraranteil errechnet wird. Etwas anderes gilt dann, wenn der Ingenieur die ihm zustehende Vergütung **teilweise** an einen Dritten **abgetreten hat**. Hier kann der minderungsberechtigte Auftraggeber die Minderung nur gegenüber jeder Teilforderung im Verhältnis ihrer Höhe zur Gesamtforderung verlangen (2), da die dem Abtretenden verbleibende und die abgetretene Forderung gleichen Rang haben. Aus diesem Grunde kann es nicht in das Belieben des Auftraggebers gestellt sein, welchem der Teilforderungsinhaber gegenüber er seine Rechte auf Minderung geltend machen will.

Auch beim Minderungsanspruch kann seitens des Ingenieurs ein Mitverschulden des Auftraggebers eingewandt werden — insofern gelten die Ausführungen zum **Mitverschulden** des Auftraggebers bei den zu erstattenden Nachbesserungskosten (RdZ 91) entsprechend.

Auch hier folgt eine Beteiligung des Auftraggebers nicht unmittelbar aus § 254 BGB, da auch der Minderungsanspruch kein Schadensersatz-, sondern ein Gewährleistungsanspruch ist. Die Anwendung der Grundsätze des § 254 BGB ist jedoch als Ausfluß des allgemeinen Rechtsgedankens des § 242 BGB (Treu und Glauben) geboten (3).

Zur Bemessung der Mitverantwortlichkeitsquote und Berechnung der Minderung vgl. Aurnhammer VersR 74/1060.

(1) BGH 1.7.71 NJW 71/1800 = WM 71/1125
(2) BGH 8.12.66 NJW 67/388
(3) Werner/Pastor, Der Bauprozeß, RdZ 747; 1142ff.

2c Schadensersatz wegen Nichterfüllung, § 635 BGB

106 **(1) Schadensersatz in Geld**

Gemäß § 635 BGB kann der Auftraggeber vom Ingenieur Schadensersatz wegen Nichterfüllung fordern, wenn die Leistung des Ingenieurs mangelhaft und von diesem zu vertreten ist.

Die Art der Schadensersatzleistung richtet sich grundsätzlich nach den allgemeinen Regeln. Danach wäre von dem Auftraggeber in erster Linie Naturalherstellung zu fordern (§ 249 BGB) und nur in Ausnahmefällen ein Anspruch auf Ersatzleistung in Geld gegeben.

Dies gilt im Werkvertragsrecht deshalb nicht, weil die Naturalherstellung die Erfüllung der vertraglich geschuldeten Leistung im Wege der Neuherstellung bedeuten würde. Damit wäre aber die Regelung des § 635 BGB praktisch außer Wirksamkeit gesetzt. **Demgemäß kann der Schadensersatzanspruch aus § 635 BGB nur einen Ausgleich des Schadens durch Geldleistung beinhalten,** nicht aber die Verpflichtung zur Neuherstellung der vertraglich geschuldeten Leistung (1).

Ein auf Geldleistung gerichteter Schadensersatzanspruch kommt vor allem dann zum Zuge, wenn der Auftraggeber das Ingenieurwerk trotz bekannter Mängel abgenommen hat, ohne eine Vorbehaltserklärung gemäß § 640 Abs. 2 BGB abzugeben. In diesem Fall ist der Ausschluß von Nachbesserungsansprüchen — neben den Ansprüchen auf Wandelung und Minderung — gesetzlich geregelt, so daß der Anspruch aus § 635 BGB **nur auf Geldleistung** gerichtet sein kann (2). Insoweit tritt der Anspruch aus § 635 BGB an die Stelle der ursprünglichen Vertragspflichten und zielt darauf ab, den Auftraggeber so zu stellen, als sei der Vertrag ordnungsgemäß erfüllt worden oder überhaupt nicht abgeschlossen worden (3).

Die frühere Auffassung des BGH, nach welcher sich der Anspruch aus § 635 BGB grundsätzlich auf Naturalherstellung richtet, darf damit als weitgehend überholt angesehen werden (4).

(1) OLG Köln 15.12.59 Schäfer/Finnern Z. 2.414 Bl. 76 = NJW 60/1256; BGH 26.10.72 BauR 73/112 = NJW 73/138; BGH 24.5.73 BauR 73/321 = NJW 73/1457; BGH 8.11.73 BauR 74/59 = NJW 74/143; BGH 15.6.78 BauR 78/498
(2) Ingenstau/Korbion, § 13 VOB/B, RdZ 227 m.w.Nachw.
(3) BGH 8.11.73 BauR 74/59 = NJW 74/143; BGH 24.5.73 BauR 73/321 = NJW 73/1457
(4) BGH 23.11.61 NJW 62/390 = Schäfer/Finnern Z. 3.01 Bl. 164; ausdrücklich BGH 15.6.78 BauR 78/498

(2) Ausnahmen vom Geldersatzanspruch

Die Rechtsprechung hat „in besonderen Fällen" dem Projektanten und Bauführer ein Nachbesserungsrecht im Rahmen seiner Schadensersatzverpflichtung aus § 635 BGB eingeräumt (1). Zu diesem Nachbesserungsrecht kommt die h.M. über die Anwendung des § 254 BGB.

Wenn der Ingenieur den am Bauwerk eingetretenen Schaden durch Mängelbeseitigung in eigener Regie wesentlich billiger beseitigen lassen kann als durch Einschaltung eines weiteren Sonderfachmannes, so verstößt der Auftraggeber bei Verweigerung der Nachbesserung durch den Ingenieur gegen seine Schadensminderungspflicht (§ 254 Abs. 2 BGB). Aus diesem Grunde ist dem Ingenieur auch nach Fertigstellung der baulichen Anlage oder des Einzelgewerkes Gelegenheit zur Nachbesserung zu geben, wenn die Nachbesserungsmaßnahmen erfolgversprechend und dem Auftraggeber zumutbar sind (2). Vgl. im einzelnen RdZ 88.

Die Auffassung, nach welcher der befaßte Ingenieur im Rahmen des Schadensersatzes Leistungen zu erbringen habe, die einer Nachbesserung gleichkommen, wird in der Rechtsprechung durch neue Urteile deutlich, ohne daß hierbei auf die Argumentation des Mitverschuldens bei Verweigerung zurückgegriffen würde (3).

So führt der BGH in seiner Entscheidung vom 22.5.1967 (4) für die gleichgelagerte Verpflichtung des Architekten aus:

„Der Architekt hat gemäß § 635 BGB für Schäden einzustehen, die durch schuldhafte Verletzung der ihm obliegenden Verpflichtungen entstehen, und zwar unabhängig davon, ob sie die Aufsicht oder die Planung betreffen; ein besonderes Entgelt kann er hierfür nicht verlangen.

In solchen Fällen gehört es also zu seinen Aufgaben, Handwerker zur Beseitigung von Gebäudeschäden heranzuziehen, soweit diese mindestens auch auf seine eigene fehlerhafte Leistung zurückzuführen sind. Das gilt erst recht, wenn die Mängel ihm allein zur Last fallen sollten."

Hieraus ergibt sich, daß auch ohne die Ausnahme „besonderer Ausnahmefälle" von einer Mitwirkungspflicht im Rahmen des Anspruches aus § 635 BGB auszugehen ist, der Anspruch aus § 635 BGB sich also nicht in **einer Geldleistung erschöpfen muß.**

Dies ist allerdings noch umstritten und ungeklärt (5). Auch der BGH hat insoweit nicht eindeutig Stellung bezogen. Ohne auf die Urteile vom 22.5.1967 und 29.10.1970 einzugehen, hat der BGH neuerlich festgehalten, daß der Schadensersatzanspruch aus § 635 BGB **grundsätzlich** auf Geld gerichtet sei (6). Es bleibt abzuwarten, in welcher Weise eine Qualifikation der Mitwirkungspflichten bei der Nachbesserung durch die befaßten Unternehmer unter dem Gesichtspunkt der Nachbesserung und Naturalherstellung i.S. des Schadensrechtes des Ingenieurwerkes erfolgen wird. Vgl. auch RdZ 88.

(1) Werner/Pastor, Der Bauprozeß, RdZ 726 m.w.Nach.; Locher, Das private Baurecht, RdZ 240; BGH 15.6.78 BauR 78/498
(2) BGH 7.5.62 NJW 62/1499; BGH 1.2.65 NJW 65/1175; BGH 12.7.71 WM 71/1372
(3) BGH 22.5.67 Schäfer/Finnern Z. 3.01 Bl. 367 = NJW 67/2010; BGH 29.10.70 Schäfer/Finnern Z. 3.01 Bl. 445 = BauR 71/60
(4) BGH 22.5.67 NJW 67/2010
(5) Werner/Pastor, Der Bauprozeß, RdZ 755; Kaiser NJW 73/1910; Ganten NJW 70/687; Locher, Das private Baurecht, RdZ 240
(6) BGH 15.6.78 NJW 78/1853 = BauR 78/498

(3) Voraussetzungen des § 635 BGB

108 (3.1) Fristsetzung

Grundsätzlich ist Voraussetzung für die Geltendmachung des Schadensersatzanspruches wegen Nichterfüllung gemäß § 635 BGB die Setzung einer angemessenen Frist zur Nachbesserung verbunden mit der Erklärung, daß bei fruchtlosem Fristablauf die Nachbesserung abgelehnt werde (vgl. § 634 Abs. 1 BGB) (1).

Dies gilt auch für die Ingenieurleistungen (Planungsleistungen etc.) solange **nach Abnahme** des Ingenieurswerkes mit der Bauausführung nicht begonnen worden ist, da insoweit eine Nachbesserung der als fehlerhaft erkannten Planungsleistung möglich ist (2).

Hier ist der Auftraggeber nicht befugt, bei Feststellung von Mängeln der Planungsleistungen des Ingenieurs durch einen dritten Sonderfachmann einfach andere Pläne anfertigen zu lassen und dann dem ursprünglich beauftragten Ingenieur die Vergütung zu verweigern (3).

Die Fristsetzung — verbunden mit der Ablehnungsandrohung gemäß § 634 Abs. 1 BGB — ist jedoch dann **entbehrlich**, wenn die Ingenieurleistung bereits durch Ausführung des Bauvorhabens in das Bauwerk selbst eingeflossen ist. Nach herrschender Meinung in Literatur und Rechtsprechung ist insoweit von einer **objektiven Unmöglichkeit der Mängelbeseitigung** auszugehen, da die ursprünglich geschuldete Ingenieurleistung nach Verwirklichung der baulichen Anlage oder des Einzelgewerkes nicht mehr nachholbar ist (4).

Achtung:

Ist im Einzelfall der Ingenieur berechtigt, im Rahmen seiner Schadensausgleichungsverpflichtung aus § 635 BGB selbst für die Mängelbeseitigung zu sorgen, so ist ein Fall der Nachbesserung gegeben. Allerdings muß nach herrschender Auffassung in Rechtsprechung und Literatur der Auftraggeber hier dem Ingenieur lediglich **Gelegenheit zur Nachbesserung** geben; ein Nachbesserungsanspruch des Auftraggebers wird nicht angenommen (5).

Auch in diesem Falle kann deshalb als Folgerung angenommen werden, daß der Auftraggeber nicht an die Formalien des § 634 Abs. 1 BGB gebunden ist, die ja gerade einen **Nachbesserungsanspruch** des Auftraggebers voraussetzen.

Ist mit der **Ausführung** des Vorhabens oder mit der Durchführung des Einzelwerkes **noch nicht begonnen worden**, so ist eine Fristsetzung zur Mängelbeseitigung, verbunden mit einer Ablehnungsandrohung gemäß § 634 Abs. 1 BGB, nur dann entbehrlich, wenn der Ingenieur die Mängelbeseitigung bereits ernsthaft und endgültig abgelehnt hat (§ 634 Abs. 2, 2. Alternative BGB) (6).

Im übrigen ist eine Fristsetzung aus denselben Gründen nicht erforderlich, die oben unter RdZ 85, 86 dargestellt worden sind.

(1) Palandt/Thomas, § 635 Anm. 2)
(2) Werner/Pastor, Der Bauprozeß, RdZ 726
(3) Werner/Pastor, Der Bauprozeß, RdZ 736; BGH 28.2.66 Schäfer/Finnern Z. 3.01 Bl. 342
(4) Werner/Pastor, Der Bauprozeß, RdZ 723 m.w.Nachw.; Schmalzl, Die Haftung des Architekten und Bauunternehmers, RdZ 36; BGH 7.5.62 NJW 62/1499; OLG Stuttgart 20.2.76 BauR 77/140
(5) Werner/Pastor, Der Bauprozeß, RdZ 726; Schmalzl, Die Haftung des Architekten und Bauunternehmers, RdZ 31; KG Berlin 3.3.72 BauR 72/384; OLG Frankfurt 26.10.73 BauR 74/138
(6) BGH 20.3.75 BauR 76/285; OLG Frankfurt 12.2.70 NJW 70/1084; OLG Stuttgart 18.2.70 BB 71/239

(3.2) Abnahme

Eine weitere Voraussetzung für die Geltendmachung des Schadensersatzanspruches gemäß § 635 BGB ist, daß das Ingenieurswerk i.S. des § 640 BGB **abgenommen** sein muß. Zur Abnahme vergl. RdZ 76ff.

Die Abnahme ist unabdingbare Voraussetzung der Geltendmachung der Rechte aus § 635 BGB — Schadensersatzansprüche **vor Abnahme** (z.B. wegen verspäteter oder fehlgeschlagener Nachbesserung) sind nach den Regelungen über die positive Vertragsverletzung auszugleichen (1).

Allerdings ist „Abnahme" in diesem Zusammenhang nicht mit der Billigung der Leistung gleichzusetzen, denn der Auftraggeber ist auch berechtigt, im Rahmen der Geltendmachung des Schadensersatzanspruches gemäß § 635 BGB das Ingenieurswerk zurückzuweisen und den durch die Nichterfüllung des ganzen Vertrages eingetretenen Schaden zu fordern (2).

Hier ist allerdings wieder zu unterscheiden: Ist die Ingenieurleistung noch nicht in das Bauvorhaben selbst umgesetzt worden, so hat der Auftraggeber zunächst Nachbesserung zu verlangen, vgl. RdZ 85.

Hat dagegen die Bauausführung oder die Ausführung des Einzelgewerkes bereits begonnen, so ist eine Nachbesserung nicht möglich, so daß auch eine Abnahme im Sinne einer Billigung der fehlerhaften Ingenieurleistung nicht nötig ist. Diese Fallgestaltung wird allerdings kaum vorkommen, wenn der Ingenieur allein mit der Planungsleistung beauftragt ist. Hier wird der Zeitpunkt der rechtsgeschäftlichen Abnahme im Sinne einer Billigung der Planung vor der Ausführung der baulichen Anlage oder des Einzelgewerkes liegen. Lediglich dann, wenn der Ingenieur nicht nur mit der Planungsleistung, sondern auch mit der geschäftlichen und technischen Oberleitung sowie der Bauleitung beauftragt ist, wird die Abnahme der Ingenieurleistung mit der Fertigstellung der baulichen Anlage in zeitlichem Zusammenhang stehen. Abnahmezeitpunkt ist aber hier auch nicht die Fertigstellung der baulichen Anlage oder des Einzelgewerkes, sondern die Beendigung aller geschuldeten Ingenieurleistungen aus dem Vertrage (3). Wird das Bauwerk selbst oder die bauliche Anlage vorher durch den Auftraggeber abgenommen, so ist dies der maßgebliche Zeitpunkt für die Geltendmachung von Ansprüchen gemäß § 635 BGB (4).

Zusammenfassend ist also zu sagen, daß Voraussetzung für die Rechte auf Schadensersatz gemäß § 635 BGB die Abnahme der Ingenieurleistung oder zumindest deren Ausführung ist. Insoweit ist es gleichgültig, ob mit dem Bauvorhaben bereits begonnen wurde oder aber ob die Beauftragung des Ingenieurs sich lediglich auf die Planung bezogen hat, so daß unabhängig von der Durchführung des Bauvorhabens oder Einzelgewerkes die Abnahme möglich ist (5).

Ist die Ingenieurleistung abgenommen, so ist Voraussetzung für die spätere Geltendmachung von Rechten gemäß § 635 BGB **nicht**, daß bei der Abnahme ein Vorbehalt gemäß § 640 Abs. 2 BGB erklärt worden ist. Durch eine Vorbehaltserklärung gemäß § 640 Abs. 2 BGB können lediglich Rechte auf Nachbesserung und Minderung erhalten werden; bei unterlassenem Vorbehalt gehen Schadensersatzansprüche, **die auf Geld gerichtet sind**, nicht verloren (6).

Der Schadensersatzanspruch aus § 635 BGB hat **nicht zur Voraussetzung**, daß die Ingenieurleistung **wesentliche Mängel aufweist**. Es genügt, daß sie unwesentliche Mängel beinhaltet. Insoweit besteht ein wesentlicher Unterschied zu den Voraussetzungen des Wandelungsanspruches (vgl. § 634 Abs. 3 BGB) (7).

Achtung:

Gelten für das Vertragsverhältnis die Regelungen der VOB/B, so ist ein Schadensersatzanspruch nur dann gegeben, wenn die Ingenieurleistung wesentliche Mängel aufweist. Insofern besteht ein Unterschied zu den Regelungen des § 635 BGB, die bezüglich des Schadensersatzanspruches an die Voraussetzungen des Minderungsanspruches gemäß § 634 Abs. 1 i.V. m. Abs. 3 BGB anknüpfen.

(1) Palandt/Thomas, § 635 Anm. 2 d); BGH 30.1.69 NJW 69/838; OLG Düsseldorf 25.5.77 BauR 77/418
(2) Werner/Pastor, Der Bauprozeß, RdZ 752
(3) BGH 30.12.63 NJW 64/647
(4) BGH 30.12.63 NJW 64/647
(5) BGH 6.2.64 NJW 64/1022; BGH 15.11.73 NJW 74/95
(6) Palandt/Thomas, § 640 Anm. 2); BGH 8.11.73 NJW 74/143
(7) BGH 5.5.58 BGHZ 27/215 = NJW 58/1284

(3.3) Kausalität

Eine Haftung des Ingenieurs besteht ausschließlich für seine Leistung. Er hat also nur für Mängel des Ingenieurswerkes einzutreten. An dieser Stelle ist noch einmal darauf hinzuweisen, daß der Ingenieur — ebenso wie der Architekt — nicht das Bauwerk oder das Einzelgewerk selbst als vertragliche Leistung schuldet, sondern „das Entstehenlassen eines mangelfreien Bauwerkes oder Einzelgewerkes" (1).

Da der Ingenieur die mängelfreie Herstellung der baulichen Anlage oder des Einzelgewerkes selbst nicht als vertragliche Leistungspflicht zu garantieren hat, sind Mängel an der baulichen Anlage oder des Einzelgewerkes nur dann zugleich Mängel des Ingenieurswerkes, wenn sie durch eine objektiv mangelhafte Erfüllung der Ingenieursaufgaben hervorgerufen worden sind. Aus diesem Grunde ist nach der ständigen Rechtsprechung des BGH stets zu prüfen, ob im Einzelfall die mangelhafte Bauleistung auf einer Verletzung der vertraglichen Pflichten des Ingenieurs beruht. Hierbei entscheidet lediglich der Inhalt der vertraglichen Leistungspflicht des Ingenieurs (2).

Die hat der BGH in seiner Entscheidung vom 25.10.1973 für den gleichgelagerten Fall für Mängel am Architektenwerk ganz klar ausgesprochen:

„deshalb haftet er (der Architekt) nicht schon, wie die Revision meint, für jeden Mangel des Bauwerks, sondern nur für Mängel des Architektenwerkes. Mängel des Bauwerks sind nur dann zugleich Mängel des Architektenwerkes, wenn sie durch eine objektiv mangelhafte Erfüllung der dem Architekten obliegenden Aufgaben, sei es der Bauplanung, sei es der Bauführung (örtlichen Bauaufsicht) verursacht sind."

Es ist klarzustellen: Auch dann, wenn der Ingenieur nur die Planungen schuldet und diese einen Fehler aufweisen, der bei Umsetzung der Planung zu einem Mangel an der baulichen Anlage oder dem Einzelgewerk führt, haftet der so entstandene Baumangel direkt und unmittelbar dem Ingenieurswerk an (3). Insoweit hat nämlich der Ingenieur seine vertragliche Leistungspflicht, seinen Beitrag zum Entstehenlassen eines mängelfreien Bauwerks zu leisten, nicht erfüllt.

Im Rahmen der Kausalitätsprüfung kann sich der Ingenieur nicht darauf berufen, daß ein ausführender Unternehmer die fehlerhaft konzipierte bauliche Anlage oder das Einzelgewerk zudem nicht fachgerecht ausgeführt habe (4). Dies deshalb, da bei nicht fachgerechter Durchführung einer fehlerhaften Planung der ausführende Unternehmer gegen seine **Hinweispflicht** (§ 4 VOB/B Ziff. 3) verstoßen wird. Dies wird insbesondere dann gelten, wenn eine fehlerhafte Planung sich deshalb in Bauwerksmängeln niederschlägt, weil die vorgesehenen Stoffe oder Bauteile zur Durchführung der vorgesehenen konstruktiven Aufgabe nicht geeignet sind. Hier wird der ausführende Unternehmer am ehesten die notwendige Sachkenntnis besitzen, die zu einer Korrektur der Planungskonzeption führen kann (vgl. hierzu Ingenstau/Korbion, § 4 VOB/B, RdZ 86ff.).

Im Rahmen der Kausalitätsprüfung ist festzuhalten, daß der Ingenieur das „Entstehenlassen einer fehlerfreien baulichen Anlage oder eines Einzelgewerkes" bereits dann erbracht hat, wenn das zu konzipierende Bauwerk nach Fertigstellung keine Mängel aufweist. Es kommt in diesem Zusammenhang nicht darauf an, ob der Ingenieur die eine oder andere Teilleistung nicht vollständig erbracht hat. Ein Schadensersatzanspruch gegen den Ingenieur kommt demnach nur dann in Betracht, soweit nicht oder nicht vollständig erbrachte Einzelleistungen des Ingenieurs zu einer Fehlerhaftigkeit des Ingenieurwerkes geführt haben. Dies gilt insbesondere dann, wenn der Ingenieur nicht nur mit der Planung seines Objektes beauftragt ist, sondern auch mit der Bauführung (örtlichen Bauaufsicht) bei der Durchführung der Ausführungsarbeiten (5).

Zu den Einzelleistungen, die bei Erreichung des vertraglich geschuldeten Erfolges keine Gewährleistungs- und Schadensersatzansprüche auslösen können, falls sie nicht oder nur unvollständig erbracht sind, gehören insbesondere auch die Ausführungszeichnungen gemäß Ziff. 13.6, bzw. Ziff. 14.3 LHO, bzw. § 54 Abs. 3 Ziff. 5 HOAI.

Nimmt also der Auftraggeber eine unvollständige Planung (z.B. mangelhafte Ausführungszeichnungen) des nur **planenden** Ingenieurs ab und wird aufgrund dieser Planung ein wider Erwarten mängelfreies Bauwerk oder Einzelgewerk ausgeführt, so stehen dem Auftraggeber gegen den Ingenieur keinerlei Gewährleistungs- oder Schadensersatzansprüche zu. Insoweit fehlt es an einem Schaden, da die Bauwerksleistung mängelfrei erstellt worden ist.

Nur dann, wenn die Leistung des nur mit der Planung beauftragten Ingenieurs derartig unvollständig ist, daß bei Umsetzung der Planung in die konzipierte bauliche Anlage oder das Einzelgewerk **notwendigerweise** Mängel auftreten müssen, haften der Ingenieurleistung unmittelbar Fehler an, die zu Schadensersatzansprüchen führen. Insoweit ist dann die haftungsbegründende Kausalität zwischen mangelhafter Planungsleistung und Mängeln am Bauwerk selbst gegeben (6).

(1) Schmalzl, Die Haftung des Architekten und Bauunternehmers, RdZ 40; Werner/Pastor, Der Bauprozeß, RdZ 657; Hesse/Korbion/Mantscheff, HOAI Kommentar, § 15 RdZ 31; BGH 26.11.59 BGHZ 31/224 = NJW 60/431; BGH 25.5.64 BGHZ 42/16 = NJW 64/1791; BGH 25.10.73 BauR 74/63

(2) BGH 6.2.64 NJW 64/1022; BGH 15.11.73 NJW 74/95; BGH 25.10.73 BauR 74/63
(3) Schmalzl, Die Haftung des Architekten und Bauunternehmers, RdZ 38; Werner/Pastor, Der Bauprozeß, RdZ 657
(4) Werner/Pastor, Der Bauprozeß, RdZ 664; BGH 4.5.70 WM 70/694; vgl. auch BGH 18.1.73 BauR 73/190
(5) Ingenstau/Korbion, § 13 VOB/B, RdZ 5; BGH 20.6.66 NJW 66/1713
(6) Schmalzl, Die Haftung des Architekten und Bauunternehmers RdZ 38; Ingenstau/Korbion, § 13 VOB/B, RdZ 5; BGH 22.10.70 NJW 71/92

(3.4) Verschulden

§ 635 BGB bestimmt, daß der Auftraggeber statt Wandelung oder Minderung Schadensersatz wegen Nichterfüllung verlangen kann, wenn der Mangel des Werkes auf einem Umstande beruht, den der Auftragnehmer **zu vertreten hat**.

Insoweit ist ein Verschulden des Ingenieurs für seine mangelhafte Leistung zur Geltendmachung des Anspruches aus § 635 BGB Voraussetzung (1).

Ob ein Verschulden im Einzelfalle vorliegt, ergibt sich aus § 276 Abs. 1 BGB. Demnach ist eine Haftung gemäß § 635 BGB für den Ingenieur dann gegeben, wenn er vorsätzlich oder fahrlässig eine mangelhafte Planungsleistung erbracht hat oder aber vorsätzlich oder fahrlässig seine Aufgaben bei der Gesamtleitung (geschäftliche und technische Oberleitung sowie örtliche Bauaufsicht) nicht ordnungsgemäß durchgeführt hat.

Achtung:

Der Ingenieur haftet auch für ein Verschulden von Hilfskräften, die zur Erfüllung der vertraglichen Leistung von ihm eingeschaltet wurden (§ 278 BGB).

Beispiel:

Hat ein Planungsbüro die Planung und die örtliche Bauaufsicht für ein zu erstellendes Bauwerk übernommen und wird der Aufgabenbereich Bauleitung an ein anderes Ingenieurbüro weitergegeben, so haftet das Ingenieurbüro, das mit der Planung und Oberleitung beauftragt worden ist, für vom unterbeauftragten Ingenieurbüro verursachte Schäden.

Weiter haftet der Ingenieur **ohne Verschulden**, wenn er – ohne hierzu vom Auftraggeber ermächtigt zu sein – einen Teil des Auftrages weitervergibt (vgl. § 664 BGB) und ein Schaden verursacht wird.

Fahrlässig im Sinne des § 276 BGB handelt der Ingenieur dann, wenn er die im Verkehr erforderliche (nicht nur die übliche!) Sorgfalt nicht beachtet (vgl. § 276 Abs. 1 Satz 2 BGB). Nach allgemeiner Meinung ist dabei Maßstab für die Sorgfalt das allgemeine Verkehrsbedürfnis. Demgemäß hat der Ingenieur das Maß an Umsicht und Sorgfalt zu beachten, das nach dem Urteil eines besonnenen und gewissenhaften Angehörigen des betreffenden Verkehrskreises von dem in seinem Rahmen Handelnden zu verlangen ist (2).

Dementsprechend kann den Ingenieur beim Vorliegen von Mängeln, die auf seine Planungsleistung zurückzuführen sind, der Umstand nicht entschuldigen, daß eine gewisse Übung in der Branche allgemein üblich sei und ein Verschulden deshalb entfiele (3).

Beispiel:

Einige Zeit war es üblich, in Wohngebäuden die Heizkörper an das Brauchwasser-System anzuschließen, damit an der jeweiligen Zapfstelle für Brauchwasser Wasser mit der jeweils gewünschten Zapftemperatur sofort entnommen werden konnte.

Diese Konstruktion (Verbindung von Heizungs- und Sanitäranlage) entspricht jedoch nicht mehr den Regeln der Technik, da einwandfreies Brauchwasser bei dieser Konstruktion nicht mehr zur Verfügung steht (nach jedem Öffnen der Heizkörper wird „abgestandenes" Wasser aus den Heizkörpern in das Brauchwasser-System eingeführt). Dies widerspricht den Forderungen nach einem hygienisch einwandfreien Warmwasser.

Darüber hinaus sind die in das Gesamtsystem eingeschalteten Heizkörper korrosionsgefährdet. Da durch die Entnahme von Brauchwasser aus dem Gesamtsystem die Zufuhr von Frischwasser erforderlich ist, ist mit erhöhtem Sauerstoffzusatz zu rechnen, der im Frischwasser enthalten ist. Durch den erhöhten Sauerstoffgehalt des zugeführten Wassers wird die Korrosion der Gesamtleitungen gefördert.

Plant ein Ingenieur den Zusammenschluß der Heizungs- mit der Brauchwasseranlage, nachdem sich diese Erkenntnisse durchgesetzt haben, so handelt er fahrlässig im Sinne des § 276 Abs. 1 BGB mit der Folge, daß er schadensersatzpflichtig gemäß § 635 BGB sein kann.

Ein fahrlässiges Verhalten wird jedoch in der Regel dann nicht vorliegen, wenn die Fachleute des betroffenen Verkehrskreises (Branche) die vorgesehenen Maßnahmen zur Lösung der Planungsaufgabe für ausreichend halten (4).

In seiner Entscheidung vom 8.7.1971 (vgl. 4) hat der BGH zum Begriff der Fahrlässigkeit ausdrücklich ausgeführt:

„Wenn wie hier die zuständigen Fachleute allgemein eine Maßnahme nicht für erforderlich halten, so könnte das Unterlassen der Maßnahmen nur schuldhaft sein, wenn die Meinung der Fachleute sich aus tatsächlichen oder aus rechtlichen Gründen als irrig erwiese, und zwar derart, daß derjenige, um dessen Verantwortung es geht, **dies hätte erkennen müssen.**"

Dies entspricht auch der Rechtsprechung des BGH. Allerdings vertritt der BGH zum Fehlerbegriff eine sehr strenge Auffassung:

Das Ingenieurswerk sei schon dann fehlerhaft, wenn die Ausführung des Bauwerks an Hand des Planes des Ingenieurs notwendigerweise zu einem Bauwerksmangel führen muß (5).

Ist diese Fallgestaltung gegeben, so sieht der BGH eine „objektive Pflichtwidrigkeit" des Ingenieurs, die auch dann gegeben ist, wenn sich das Ingenieurswerk (z.B. die Pläne) bei **rückschauender Betrachtungsweise** als objektiv fehlerhaft erweisen. Insoweit stellt der BGH nicht darauf ab, ob die Planungsleistung des Ingenieurs **zum Zeitpunkt der Abnahme** den Regeln der Technik entsprochen haben. Vielmehr geht er von einer „objektiven Pflichtwidrigkeit" auch dann aus, wenn sich die Planung erst **nach Abnahme** und eventuell nach Durchführung des Bauwerkes als fehlerhaft deswegen erwiesen hat, weil sie notwendig zu einem Bauwerksmangel führen mußte (6).

Geht der BGH auf der einen Seite davon aus, daß trotz Beachtung der Regeln der Technik zum Zeitpunkt der Planung und zum Zeitpunkt der Abnahme der Planungsleistung eine „objektive Pflichtwidrigkeit" des Ingenieurs gegeben ist, wenn sich später auf seine Planung zurückzuführende Mängel an der baulichen Anlage oder des Einzelgewerkes einstellen, so läßt er doch für den Ingenieur **den Nachweis mangelnden Verschuldens zu** (7).

Dies bedeutet, daß ein im Sinne des § 635 BGB schuldhaftes Verhalten dann nicht vorliegt, wenn der Ingenieur eine Planungsleistung vorgelegt hat, die zum Zeitpunkt der Abnahme den Regeln der Technik entsprochen hat. Zum Begriff der Regel der Technik vgl. RdZ 53ff.

(1) Palandt/Thomas, § 635 Anm. 2 b)
(2) Palandt/Thomas, § 276 Anm. 4 b); BGH 15.11.71 NJW 71/151
(3) Palandt/Thomas, § 276 Anm. 4 b); BGH 11.2.57 NJW 57/746 = Schäfer/Finnern Z. 2.2 Bl. 5; BGH 12.10.67 NJW 68/43; BGH 22.10.70 NJW 71/92; vgl. auch Ingenstau/Korbion, § 4 VOB/B, RdZ 69ff.
(4) BGH 8.7.71 NJW 71/1881
(5) BGH 12.10.67 NJW 68/43 = VersR 67/1194; BGH 22.10.70 NJW 71/92 = WM 71/52
(6) vgl. Fußnote 5; Schmalzl, Die Haftung des Architekten und Bauunternehmers, RdZ 40
(7) BGH 12.10.67 NJW 68/43 = VersR 67/1194; BGH 22.10.70 NJW 71/92; BGH 25.10.73 BauR 74/63

(4) Schadensersatz — Umfang

Der Schadensersatzanspruch gemäß § 635 BGB ist grundsätzlich auf Geldleistung gerichtet (vgl. RdZ 106).

Nach § 253 BGB kann Geldersatz nur wegen **Vermögensschäden** verlangt werden, nicht aber als Ausgleich für erlittene **immaterielle** Schäden (1).

Beispiel:

Anläßlich des Umbaues eines Wohnhauses wird ein Statiker mit den entsprechenden Berechnungen und Plänen beauftragt. Der Statiker berücksichtigt nicht den durch die Erweiterung des Dachgeschosses sich ergebenden erhöhten Lastanfall und sieht zu schwache Unterzüge vor. Die Unterzüge werden eingebaut – nach kurzer Zeit stellt sich heraus, daß das Gebäude einsturzgefährdet ist. Umfangreiche Sanierungsarbeiten werden erforderlich.

Hier kann der Auftraggeber (Bauherr) keinen Ersatz dafür verlangen, daß er infolge der Mängelbeseitigungsarbeiten verspätet das Haus beziehen kann. Lediglich die Mehraufwendungen durch Fortzahlung der Miete etc. kann er im Rahmen des § 635 BGB geltend machen. Denn allein die Nutzungsmöglichkeit des Gebäudes als solche hat keinen ersatzfähigen Geldwert (2).

Der Schadensersatzanspruch aus § 635 BGB umfaßt nur den Ersatz der Schäden, die der Werkleistung unmittelbar anhaften, so daß die Leistung infolge des Mangels unbrauchbar, wertlos oder minderwertig ist. Dies ist ständige Rechtsprechung des BGH (3).

Demgemäß hat der Auftraggeber das Recht, einen Ausgleich für die Schäden zu fordern, die ihm erwachsen, weil er „die ihm geschuldete Leistung nicht in ihrer vollen vertragsgemäßen Beschaffenheit gegen die ihm obliegende Gegenleistung erhalten hat" (4).

Einen solchen Schaden stellt in erster Linie die bezahlte Vergütung dar, die im Rahmen des § 635 BGB zurückzuerstatten ist. Hat der Auftraggeber die Honorarforderung des Ingenieurs noch nicht ausgeglichen, so kann er die Bezahlung der Vergütung verweigern, ohne daß hierin eine Aufrechnung gegen eine bestehende Forderung des Ingenieurs zu sehen ist (5).

Nach der Systematik des Gewährleistungsrechtes tritt § 635 BGB an die Stelle der ursprünglichen Vertragspflichten, so daß zunächst die Erstattung des Honorars vom Anspruch aus § 635 BGB erfaßt ist (6).

In seiner Entscheidung vom 5.11.1970 (7) hat das OLG Düsseldorf für den gleichgelagerten Fall der Architektenvergütung ausgeführt:

„Der Beklagte hat durch seinen Vortrag Mängel des Architektenwerks gerügt. Mängel dieser Art können Gewährleistungsansprüche des Bestellers (§§ 633ff. BGB), insbesondere einen Schadensersatzanspruch gemäß § 635 BGB begründen. Verteidigt sich der Besteller gegen den Vergütungsanspruch des Unternehmers unter Hinweis auf einen Gewährleistungsanspruch aus § 635 BGB, so rechnet er nicht auf, vielmehr konzentriert sich das Schuldverhältnis auf den Schadensersatzanspruch. Es stehen sich alsdann nicht zwei der Aufrechnung im eigentlichen Sinne fähige und bedürftige gegenseitige Ansprüche der Parteien gegenüber. An die Stelle der ursprünglichen Vertragspflichten beider Teile ist stattdessen der Schadensersatzanspruch des Bestellers getreten. Der Werklohn hat nur die Bedeutung eines die Höhe der Ersatzforderung beeinflussenden Rechnungsbetrages. Es findet keine Aufrechnung, sondern nur eine Abrechnung statt."

Als dem Ingenieurswerk **unmittelbar anhaftende Fehler** sind alle Baumängel anzusehen, die sich aus der Durchführung des Vorhabens anhand der Pläne des Ingenieurs zwangsläufig ergeben haben. Denn die Planungsarbeiten des befaßten Sonderfachmannes sind keinesfalls nur Vorarbeiten zur Durchführung des geplanten Vorhabens. Vielmehr wird die Planungsleistung als wesentlicher Bestandteil der Gesamt-Bauleistung aufgefaßt, da sie sich **unmittelbar** auf die Herstellung der baulichen Anlage oder des Einzelgewerkes selbst bezieht (8). Planungsleistungen sind also als Bauteil i.S. des § 638 Abs. 1 Satz 1 BGB anzusehen. Dabei ist es ohne Belang, ob der Ingenieur nur mit Entwurfsarbeiten oder zusätzlich mit der geschäftlichen und technischen Oberleitung einschließlich der örtlichen Bauaufsicht betraut wird (9). Schmalzl (10) ist deshalb zuzustimmen, wenn er zur Frage des unmittelbaren Zusammenhanges von Planungsleistungen und Baumängeln ausführt, daß ein am Bauwerk auftretender Mangel dann dem Planungswerk unmittelbar anhaftet, wenn der Mangel auf Grund der Planung zwangsläufig entstehen mußte. Insoweit stehen die Planung des Ingenieurs und die Bauleistung des ausführenden Unternehmers in engen Wechselbeziehungen und hängen weitgehend voneinander ab, so daß sie tatsächlich und rechtlich nicht getrennt betrachtet werden dürfen (11).

Der Mangel am Bauwerk stellt sich also nicht als weitere Folge eines Planungsfehlers dar, sondern haftet dem Ingenieurswerk unmittelbar an, weil der Plan schon für sich allein ein wesentlicher Bestandteil des zu errichtenden Bauwerks oder Einzelgewerks ist. Dies hat zur Folge, daß jeder Planungsfehler, der zu einem Bauwerksmangel führt, Schadensersatzansprüche gemäß § 635 BGB auslöst.

Mit dem Schadensersatzanspruch aus § 635 BGB können auch Folgeschäden geltend gemacht werden, soweit sie „eng" und „unmittelbar" mit dem Fehler der Ingenieurleistung zusammenhängen (12). **Entferntere Mangelfolgeschäden** sowie Schäden aus Verletzung **vertraglicher Nebenpflichten** können nur entsprechend den Regeln über die positive Forderungsverletzung geltend gemacht werden. Die Abgrenzung zwischen unmittelbaren Schäden und sog. entfernteren Mangelfolgeschäden ist äußerst umstritten und noch nicht geklärt. Dabei kommt dieser Frage wegen der unterschiedlichen Verjährungsregelung erhöhte Bedeutung zu (vgl. RdZ 118ff.).

Der BGH hat in seiner Entscheidung vom 20.1.1972 in Anlehnung an die bisherige Rechtsprechung ausgeführt (13):

„Denn nach dem Gesetz ist der Unternehmer zunächst nur verpflichtet, den Mangel seines Werkes zu beseitigen (§ 633 BGB); erst dann, wenn er dies nicht fristgemäß tut, oder wenn die Mängelbeseitigung nicht möglich oder fehlgeschlagen ist, oder wenn der Besteller sie ausnahmsweise wegen eines besonderen Interesses ablehnen darf, hat der Unternehmer wegen eines von ihm zu vertretenden Mangels nach § 635 BGB ‚Schadensersatz wegen Nichterfüllung' zu leisten (§ 643 Abs. 3 BGB). Nicht selten führt nun ein Mangel, bevor er überhaupt entdeckt wurde oder jedenfalls behoben werden konnte, zu Schäden an dem außerhalb des Werkes vorhandenen Vermögen des Bestellers. Daß der Unternehmer für eine solche Folge schuldhaft schlechter Erfüllung Ersatz leisten muß, ist selbstverständlich. Daneben bleibt aber seine Pflicht (und sein Recht), den Mangel zu beseitigen, bestehen. **Der Anspruch auf Ersatz für Schäden außerhalb des Werkes ist also nicht derjenige, den das Gesetz in § 635 BGB gerade an die nicht gewährte Mängelbeseitigung knüpft.** Er ist in der Tat aus den erst später von Rechtslehre und Rechtsprechung entwickelten Grundsätzen der positiven Vertragsverletzung herzuleiten. Dieser Anspruch kann übrigens, anders als der im § 635 BGB geregelte, auch neben den Rechten auf Wandelung und Minderung (und nicht an deren Stelle) bestehen. Eine **interessengerechte Rechtsanwendung** kann jedoch hier nicht stehen bleiben. Vielmehr ist es unabweisbar, in die Sachmängelhaftung auf Schadensersatz nach § 635 BGB – auch abgesehen von entgangenen Gewinn i.S. des § 252 BGB – gewisse nächste Folgeschäden einzubeziehen. Diese Notwendigkeit hat sich vor allem in den Fällen gezeigt, in denen ein Werk nur darauf gerichtet ist, in der Hand des Bestellers seine Verkörperung in einem bestimmten weiteren Werk zu finden, so daß sich Fehler des ersten Werkes zwangsläufig auf das zweite übertragen müssen, ja dort erst wirksam werden (‚sich realisieren'). So liegt es bei dem Werk eines Architekten, der nur die Fertigung des Planes, nicht aber dessen Ausführung durch Errichtung des Bauwerkes übernommen hat (vgl. Larenz, aaO.). Hier muß der am Bauwerk aufgetretene Schaden zu demjenigen gerechnet werden, für den der Architekt auf Grund der Gewährleistung nach § 635 BGB einzutreten hat; hier wird ein „enger und unmittelbarer Zusammenhang" der Fehler des Planes mit den Schäden am Bauwerk angenommen (BGHZ 37, 341 = NJW 62, 1974). Ebenso werden Schäden am Bauwerk beurteilt, die sich als Folge einer vom Bauherrn unmittelbar beim Statiker bestellten fehlerhaften statischen Berechnungen ergeben (BGHZ 48, 257 = NJW 67, 2259).

Ein enger Zusammenhang zwischen Mangel und Schaden wurde ferner in dem Fall angenommen, in dem sich die Unbrauchbarkeit des Bauwerks darin zeigte, daß der Besteller **ausziehen und eine Mietwohnung nehmen mußte.** Unter § 635 BGB wurde auch der Schaden eingeordnet, der dem Bauherrn dadurch erwuchs, daß er, um die Ursache zutage getretener Mängel zu erforschen, genötigt war, sich ein Gutachten zu beschaffen."

Bereits aus Formulierungen wie „interessengerechte Rechtsanwendung" und „gewisse nächste Folgeschäden" wird deutlich, daß klare und eindeutige Abgrenzungskriterien zwischen unmittelbaren und entfernteren Mangelfolgeschäden nicht zur Verfügung stehen. Deshalb hat der BGH in ständiger Rechtsprechung (14) darauf hingewiesen, daß der „enge Zusammenhang" anhand der Eigenart des **jeweiligen Falles** zu ermitteln sei. Im übrigen könne sich, wie auch sonst bei Generalklauseln, im Verlaufe der Rechtsprechung eine Typenbildung nach Tatbestands-

Einzelfälle

gruppen ergeben. Eine nähere Eingrenzung und Zurückweisung der in der Literatur formulierten Kritik (15) wird durch den BGH in seinem Urteil vom 10.6.1976 (16) vorgenommen:

„Nur dort, wo der **auf angemessene Risikoverteilung zielende Zweck** dies nötig macht, sind deshalb nächste Folgeschäden in den Schadensbegriff des § 635 BGB einzubeziehen. Der die Einbeziehung voraussetzende ‚enge Zusammenhang' von Mangel und Schaden ist auch insoweit, also nicht nur bei der Feststellung des Mangelschadens im eigentlichen Sinne, nicht ‚kausal', sondern am Leistungsobjekt orientiert (‚lokal') zu ermitteln. Daß der Schaden auf dem Mangel beruhen muß, versteht sich von selbst."

(1) BGH 14.5.76 NJW 76/1630 = BB 76/999 gegen OLG Köln 13.11.73 NJW 74/560
(2) BGH 14.5.76 NJW 76/1630; BGH 21.4.78 NJW 78/1805; a.A. Ingenstau/Korbion, § 13 VOB/B, RdZ 219
(3) BGH 27.4.61 BGHZ 35/120 = NJW 61/1256; BGH 9.7.62 BGHZ 37/341 = NJW 62/1764; BGH 28.11.66 BGHZ 46/238 = NJW 67/340; BGH 18.9.67 NJW 67/2259; BGH 3.7.69 NJW 69/1710; BGH 20.1.72 NJW 72/625; BGH 9.3.72 NJW 72/901; BGH 13.4.72 NJW 72/1195; BGH 10.6.76 NJW 76/1502 = BauR 76/354; BGH 22.3.79 NJW 79/1651 = BauR 79/321
(4) BGH 20.10.64 VersR 65/41
(5) OLG Düsseldorf 5.11.70 NJW 71/567
(6) Schmalzl, Die Haftung des Architekten und Bauunternehmers, RdZ 36
(7) OLG Düsseldorf 5.11.70 NJW 71/567 (568)
(8) BGH 9.7.62 NJW 62/1764; Werner/Pastor, Der Bauprozeß, RdZ 657; Schmalzl, Die Haftung des Architekten und Bauunternehmers, RdZ 38
(9) BGH 15.11.73 NJW 74/95; BGH 12.10.78 BB 78/1640 BGH 26.10.78 NJW 79/214
(10) Schmalzl, Die Haftung des Architekten und Bauunternehmers, RdZ 38
(11) BGH 6.2.64 NJW 64/1022 = Schäfer/Finnern Z. 3.01 Bl. 253
(12) Werner/Pastor, Der Bauprozeß, RdZ 758; BGH 20.1.72 NJW 72/625; BGH 22.3.79 BauR 79/321
(13) BGH 20.1.72 NJW 72/625 (626); BGH 27.4.61 NJW 61/1256; BGH 9.7.62 NJW 62/1764; BGH 13.4.72 NJW 72/1195; BGH 10.6.76 NJW 76/1502; neuerdings: BGH 22.3.79 NJW 79/1651
(14) BGH 20.1.72 NJW 72/625; BGH 9.3.72 NJW 72/901; BGH 10.6.76 BauR 76/354 = NJW 76/1502; BGH 22.3.79 NJW 79/1651 = BauR 79/321
(15) vgl. Übersicht bei Peters, Mangelschäden und Mangelfolgeschäden NJW 78/665
(16) BGH 10.6.76 BauR 76/354 (357) = NJW 76/1502ff. vgl. auch BGH 22.3.79 NJW 79/1651 = BauR 79/321

(5) Einzelfälle

Der Ingenieur schuldet — ob er nun lediglich mit Planungsarbeiten betraut ist oder die Durchführung des Bauvorhabens oder Einzelgewerkes mitzuleiten hat — in jedem Falle das „Entstehenlassen eines mangelfreien Bauwerkes oder Einzelgewerkes" (vgl. RdZ 39). Deshalb sind vom Schadensersatzanspruch gemäß § 635 BGB alle Mängel am Bauwerk erfaßt, die auf eine fehlerhafte Ingenieurleistung zurückzuführen sind.

Es kommt in diesem Zusammenhang nicht darauf an, ob die Bauwerksmängel aus einem vom Ingenieur zu vertretenden Planungsfehler oder einem Fehler bei der Objektüberwachung herrühren. Denn nach § 633 Abs. 1 BGB hat der Ingenieur sein Werk so zu erbringen, daß es die zugesicherten Eigenschaften hat und nicht mit Fehlern behaftet ist, die den Wert oder die Tauglichkeit zu dem gewöhnlichen oder dem nach dem Vertrage vorausgesetzten Gebrauch aufheben oder mindern.

Treten infolge eines Verschuldens des Ingenieurs bei der Planung oder bei der Objektüberwachung Mängel am Bauwerk oder Einzelgewerk auf, so sind die damit verbundenen Schäden bzw. Aufwendungen, die dem Auftraggeber entstehen, zu ersetzen.

Als eng und unmittelbar mit dem Mangel zusammenhängend sind von der Rechtsprechung (1) dem Grunde nach als nächste Schadensfolgen, die im Rahmen des § 635 BGB zu ersetzen sind, folgende Aufwendungen angesehen worden:

Grundsätzlich kann der Auftraggeber im Rahmen des Anspruches aus § 635 BGB **die zur Mängelbeseitigung notwendigen Kosten** verlangen (2).

Den für die Mängelbeseitigung erforderlichen Geldbetrag kann der Auftraggeber bereits vor der Mängelbeseitigung fordern. Da der Anspruch auf Ersatz der Mängelbeseitigungskosten den gesamten notwendigen Umfang der Aufwendungen zur Mängelbeseitigung umfaßt, besteht kein Recht des Auftraggebers, neben dem Schadensersatzanspruch aus § 635 BGB **Vorschuß zu verlangen** (3).

Zum Umfang der Nachbesserungskosten vgl. RdZ 93.

Der Auftraggeber kann neben den Kosten, die zur Beseitigung der vorhandenen Mängel notwendig sind, weitere Schadensfolgen als Ersatzanspruch im Rahmen des § 635 BGB geltend machen, insbesondere den **technischen oder merkantilen Minderwert** (4). Dabei kann der Anspruch wegen Minderung des Verkehrswertes auch bei erfolgter Nachbesserung geltend gemacht werden (5).

Achtung:

Auch dann, wenn der Ingenieur gemäß § 633 Abs. 2 Satz 3 BGB die Beseitigung der Mängel verweigern darf, kann der Auftraggeber grundsätzlich seinen Schadensersatzanspruch gemäß § 635 BGB nach den von ihm für die Mängelbeseitigung gemachten Aufwendungen berechnen. Auf die Geltendmachung des merkantilen Minderwerts ist er nicht beschränkt (6).

Dies bedeutet, daß der Auftraggeber Mängelbeseitigung auf Kosten des Ingenieurs auch dann vornehmen kann, wenn der Ingenieur berechtigt ist, die Nachbesserung zu verweigern, da sie unverhältnismäßig im Sinne des § 633 Abs. 2 Satz 3 BGB ist.

In seiner Entscheidung vom 26.10.1972 (vgl. Fußn. 6) hat der BGH allerdings klargestellt, daß **ausnahmsweise** eine analoge Anwendung des § 251 Abs. 2 BGB dann in Betracht kommt, wenn es für den Auftraggeber unzumutbar wäre, die von dem Auftraggeber **in nicht sinnvoller Weise** getroffenen Aufwendungen tragen zu müssen.

Dabei hat der BGH aaO. unverhältnismäßige Aufwendungen wie folgt gekennzeichnet:

„Unverhältnismäßig sind die Aufwendungen für die Beseitigung eines Werkmangels dann, wenn der damit in Richtung auf die Beseitigung des Mangels erzielte Erfolg oder Teilerfolg bei Abwägung aller Umstände des Einzelfalles in keinem vernünftigen Verhältnis zur Höhe des dafür gemachten Geldaufwandes steht. In einem solchen Falle würde es Treu und Glauben (§ 242 BGB) widersprechen, wenn der Auftraggeber diese Aufwendungen dem Auftragnehmer anlasten könnte. Dies wäre für den Auftragnehmer nicht zumutbar ..."

Allerdings ist die entsprechende Anwendung des § 251 Abs. 2 BGB nach dem Urteil des BGH aaO. nur **ausnahmsweise heranzuziehen**.

Nach der Auffassung des BGH muß es im Grundsatz und in der Regel bei den Folgen des § 635 BGB verbleiben, so daß der Auftraggeber vom Auftragnehmer im Wege des Schadensersatzes die Erstattung der Aufwendungen fordern kann, die erforderlich waren, um das Werk mängelfrei zu machen.

Neben den Aufwendungen, die zur unmittelbaren Mängelbeseitigung am Bauwerk oder Einzelgewerk erforderlich sind, kann der Auftraggeber den **technischen und merkantilen Minderwert** der baulichen Anlage oder des Einzelgewerkes geltend machen (7).

Vom Anwendungsbereich des § 635 BGB sind auch Mehrkosten gedeckt, die durch die Mängelbeseitigung bedingt sind.

Beispiel:

Infolge einer unzutreffenden statischen Berechnung zeigt das errichtete Bauwerk starke Rißbildungen, die eine Einsturzgefahr anzeigen. Werden hier umfangreiche Abstützungsmaßnahmen vorgenommen, so sind die dadurch entstandenen Mehrkosten der Mängelbeseitigung zu ersetzen (8).

Zu ersetzen ist im Rahmen des § 635 BGB **der entgangene Gewinn**, z.B. entgangene Mieteinnahmen bei einem Rendite-Objekt sowie sonstige Nutzungsausfälle (9).

Auch die Kosten für die Einholung eines **Gutachtens** über die Bauwerksmängel sind ebenso zu ersetzen, wie alle sonstigen Kosten, die zum Zwecke der Untersuchung und Auffindung des Mangels erforderlich sind (10).

Die Aufstellung der zu ersetzenden Schadensfolgen kann nicht abschließend sein. Insoweit ist auf die Entscheidung des BGH (11) zu verweisen, in der ausdrücklich auf die besondere Lage des Einzelfalles abgestellt wird. In jedem Falle ist festzuhalten, daß zu ersetzende Aufwendungen bzw. Schadensfolgen in engem und unmittelbarem Zusammenhang mit dem Werkmangel selbst stehen müssen.

(1) vgl. Übersicht bei Werner/Pastor, Der Bauprozeß, RdZ 759; Ingenstau/Korbion, § 13 VOB/B, RdZ 6ff.
(2) BGH 8.11.73 NJW 74/143; BGH 24.5.73 BGHZ 61/28 = NJW 73/1457; KG Berlin BauR 74/424
(3) BGH 26.10.72 NJW 73/138; BGH 24.5.73 NJW 73/1457
(4) BGH 5.10.61 Schäfer/Finnern Z. 2.510 Bl. 12 = BB 61/1216; BGH 14.1.71 BauR 71/124; BGH 8.12.77 BauR 79/158
(5) BGH 5.10.61 Schäfer/Finnern Z. 2.510 Bl. 12 = BB 61/1216
(6) BGH 26.10.72 BauR 73/112 = NJW 73/138; BGH 14.6.62 VersR 62/1062
(7) BGH 25.2.53 Schäfer/Finnern Z. 2.414 Bl. 2; BGH 5.10.61 Schäfer/Finnern, Z. 2.510 Bl. 12; OLG Celle 11.7.61 Schäfer/Finnern Z. 2.414 Bl. 88; OLG Düsseldorf 19.2.74 BauR 75/68
(8) BGH 3.7.69 NJW 69/1710; BGH 22.3.79 BauR 79/333 m.w.Nachw.
(9) BGH 9.3.72 NJW 72/901; BGH 8.6.78 BauR 78/402 = NJW 78/1626; BGH 28.9.78 BauR 79/159
(10) BGH 22.10.70 NJW 71/99
(11) BGH 10.6.76 BauR 76/354 = NJW 76/1502 und BGH 22.3.79 NJW 79/1651

114 (6) Ersatzberechtigte

Grundsätzlich kann der Schadensersatzanspruch gemäß § 635 BGB nur dann vom Auftraggeber geltend gemacht werden, wenn ihm selbst Schäden entstanden sind. Schäden, die aufgrund der mangelhaften Ingenieurleistung **Dritten** erwachsen sind, fallen insoweit nicht unter den Anwendungsbereich des § 635 BGB.
Zu Recht weisen Werner/Pastor (1) darauf hin, daß es durchaus Ausnahmen von diesem Grundsatz geben könne.

Beispiel:

Ein großes Bauunternehmen übernimmt die schlüsselfertige Herstellung einer Wohnanlage. Hierbei verpflichtet sich die Bauunternehmung, das Objekt in eigenem Namen und auf eigene Kosten zu erstellen. Zur Konzipierung der Sanitär- und Heizungsinstallation schaltet die Bauunternehmung ein Ingenieurbüro ein.
Bei der Planung wird übersehen, daß besondere Maßnahmen zum Schutz des Rohrleitungsnetzes gegen vorzeitige Verrottung zu treffen sind, da im Bereich des Objektes vorwiegend aggressive Wässer in die Wasserversorgung eingespeist werden.
Infolge der mangelhaften Maßnahmen zum Korrosionsschutz zeigen sich bald so tiefgreifende Schäden am Rohrleitungsnetz, daß eine vollkommene Sanierung der Sanitär- und Heizungsinstallation notwendig ist.

Bei dieser Fallgestaltung bestehen zwischen der Bauunternehmung und dem Auftraggeber sowie zwischen der Bauunternehmung und dem Ingenieurbüro jeweils gesonderte vertragliche Beziehungen. Die Bauunternehmung kann gemäß § 635 BGB durch den Auftraggeber wegen der aufgetretenen Bauwerksmängel in Anspruch genommen werden. Aber auch die Bauunternehmung kann über § 635 BGB einen Schadensersatzanspruch gegen das planende Ingenieurbüro geltend machen. Aufgrund der besonderen vertraglichen Beziehungen ist der Auftraggeber nur in der Lage, von der Bauunternehmung Ersatz für die aufgetretenen Schäden zu verlangen. Hier kann die Bauunternehmung gegen ihren Vertragspartner, das Ingenieurbüro, einen **Freistellungsanspruch** bezüglich der beim Auftraggeber entstandenen Schäden geltend machen.

Insoweit sind die bei dem Dritten aufgetretenen Schäden (Bauwerksmängel am Objekt des Auftraggebers) im Wege des Freistellungsanspruches durch die zwischengeschaltete Bauunternehmung gegen das Ingenieurbüro im Rahmen des § 635 BGB geltend zu machen.

Zutreffend betonen Werner/Pastor aaO. (2), daß der Weg über den Freistellungsanspruch Vorteile mit sich bringt. In seiner Entscheidung vom 24.6.1970 (3) hat der BGH zu Wesen und Umfang des Freistellungsanspruches ausführlich Stellung genommen. Dabei hat der BGH ausgeführt, daß zum Wesen der Freistellung nicht nur die Befriedigung begründeter Ansprüche gehöre, die Dritte gegen den freizustellenden (im Beispielsfall die Bauunternehmung) erheben, sondern auch die Abwehr unbegründeter Ansprüche, die Dritte geltend machen. Eine Verletzung der Freistellungsverpflichtung führt nach Auffassung des BGH aaO. nicht etwa dazu, daß der Freizustellende **auf seine Gefahr** zu prüfen habe, ob die Ansprüche des Dritten zu Recht bestünden. Der Gefahr, hier einen Mißgriff zu tun, also entweder eine unbegründete Forderung zu erfüllen oder sich wegen einer begründeten Forderung mit Klage überziehen zu lassen, soll der Freizustellende nach dem Sinn der Freistellung gerade enthoben sein. Verweigert der zur Freistellung Verpflichtete (im Beispielsfall das Ingenieurbüro) die Freistellung und überläßt er damit dem Freizustellenden die Entscheidung der Frage, ob dem Dritten Ansprüche zustehen, so muß er die daraufhin getroffene **Entscheidung hinnehmen**.

Der BGH hat betont, daß der zur Freistellung Verpflichtete dann gegenüber dem Anspruch des Freizustellenden nicht mehr unter nachträglicher Aufrollung der Frage, ob der Anspruch des Dritten berechtigt sei, einwenden könne, daß der Freizustellende die Forderung des Dritten zu Unrecht befriedigt habe.

Insoweit kann die Geltendmachung eines Freistellungsanspruches im Rahmen des § 635 BGB ähnliche Wirkungen zeitigen wie die der Streitverkündung (zur Streitverkündung vgl. RdZ 252ff.).

(1) Werner/Pastor, Der Bauprozeß, RdZ 761
(2) Werner/Pastor, Der Bauprozeß, RdZ 762
(3) BGH 24.6.70 NJW 70/1594

115 (7) Mitverschulden des Auftraggebers

§ 635 BGB sieht einen Schadensersatzanspruch vor, so daß die Vorschrift des § 254 BGB (Mitverschulden des Auftraggebers) unmittelbar Anwendung findet (1).

So haftet der Bauherr, der mit dem Statiker einen gesonderten Vertrag abgeschlossen hat, dem Statiker dafür, daß ihm durch die eingeschalteten Architekten ausreichende Angaben über die Wasser- und Bodenverhältnisse erteilt werden (2).

Darüber hinaus trifft den Auftraggeber eine Schadensminderungspflicht im Rahmen des § 254 BGB. Dies bedeutet, daß der Auftraggeber verpflichtet ist, den infolge der mangelhaften Ingenieurleistung entstandenen Schaden möglichst klein zu halten. Insbesondere ist der Auftraggeber im Rahmen des § 254 BGB gehalten, möglichst rasch eine Schadensbeseitigung vorzunehmen, um weitergehende Schäden zu verhindern.

So hat der Auftraggeber im vorgenannten Beispielsfalle die Verpflichtung, bei Korrosionserscheinungen im Rohrnetz der Sanitär- und Heizungsanlage möglichst rasch Maßnahmen zu ergreifen, die eine weitere Ausbreitung von Korrosionserscheinungen verhindern. Unterläßt er dies, so kann er kostenmäßig über § 254 BGB in Anspruch genommen werden, wenn eine Neuverlegung des gesamten Sanitär- und Heizungsrohrnetzes notwendig werden sollte.

Allerdings ist in diesem Zusammenhang darauf hinzuweisen, daß dem Auftraggeber genügend Zeit gelassen werden muß, im Rahmen eines Beweissicherungsverfahrens zu klären, welche Maßnahmen zur Mängelbeseitigung im einzelnen getroffen werden müssen (3).

(1) Ingenstau/Korbion, § 13 VOB/B, RdZ 214; Werner/Pastor, Der Bauprozeß, RdZ 765
(2) Hesse/Korbion/Mantscheff, HOAI-Kommentar, § 15 RdZ 17; vgl. auch Schmidt, Die Rechtsprechung des BGH zum Bau- und Architekten- und Statikerrecht, Sonderbeilage 4/72 zu WM m.w.Nachw. Zur Koordinierungspflicht des Architekten: BGH 23.2.56 NJW 56/787; OLG Celle 21.12.67 BauR 70/162; BGH 29.11.71 NJW 72/447; BGH 11.12.75 BauR 76/138; BGH 7.2.77 BB 77/624
(3) BGH 20.12.73 BauR 74/205

116 (8) Geltendmachung des Schadensersatzanspruches gemäß § 635 BGB

Der Schadensersatzanspruch gemäß § 635 BGB schließt die Geltendmachung von Ansprüchen auf Wandelung oder Minderung gemäß § 634 Abs. 1 BGB aus (1).

Bei der prozessualen Geltendmachung ist es aber möglich, den Schadensersatzanspruch **hilfsweise** neben Wandelung oder Minderung zu fordern (2).

Macht der Auftraggeber Schadensersatzansprüche geltend, so steht es ihm frei, ob er den zur Mängelbeseitigung erforderlichen Geldbetrag auch tatsächlich zur

Mängelbeseitigung verwenden will (3). Insoweit kann auch der Auftragnehmer dem Auftraggeber nicht entgegenhalten, daß die Abnehmer der baulichen Anlage keine Mängelansprüche geltend gemacht hätten (4).

(1) Palandt/Thomas, § 635 Anm. 2 a)
(2) BGH 27.6.63 Schäfer/Finnern Z. 2.414 Bl. 127 = BB 63/995
(3) BGH 24.3.77 NJW 77/1819
(4) vgl. Fußnote 3

(9) Prozessuales

Der Auftraggeber, der Schadensersatzansprüche gemäß § 635 BGB geltend macht, hat den Mangel der Ingenieurleistung zu beweisen. Hierbei kommen dem Auftraggeber die Grundsätze des Anscheins-Beweises zugute (vgl. RdZ 66ff.). Der Ingenieur hat dagegen zu beweisen, daß die aufgetretenen Mängel an der baulichen Anlage oder dem Einzelgewerk nicht in seinen Verantwortungsbereich fallen, so daß er die Mängel nicht im Sinne des § 635 BGB zu vertreten hat (1).

(1) BGH 12.10.67 VersR 67/1194 = NJW 68/43; BGH 22.10.70 NJW 71/92

2d Verjährung der Ansprüche auf Nachbesserung, Wandelung, Minderung und Schadensersatz gemäß § 635 BGB

(1) Verjährung der Ansprüche vor Abnahme bzw. Beendigung der Ingenieursleistung

Vor Abnahme oder Fertigstellung der Ingenieursleistung (vgl. §§ 640, 646 BGB) besteht für den Auftraggeber ein Erfüllungsanspruch auf Erbringung der vertraglich geschuldeten Leistung.
Der Anspruch auf Erfüllung verjährt — außer in den Fallen der §§ 196, 197 BGB — in dreißig Jahren (1).
In § 638 BGB ist eine Regelung bezüglich der Verjährung des Erfüllungsanspruches nicht getroffen. Die Verjährungsfrist des § 638 BGB gilt nur für Ansprüche auf Mängelbeseitigung und Gewährleistung nach Abnahme (§ 640 BGB) oder Ausführung (§ 646 BGB) der werkvertraglich geschuldeten Ingenieursleistung (2).
Ist dem Sonderfachmann die Erbringung der von ihm vertraglich geschuldeten Leistung **in von ihm zu vertretender Weise** unmöglich geworden, so gilt für den

Schadensersatzanspruch wegen Nichterfüllung des Auftraggebers gegen den Sonderfachmann (§ 325 BGB) die Verjährungsfrist von 30 Jahren.

Das gleiche gilt für Ansprüche auf Schadensersatz, die während der Ausführung der Ingenieursleistung entstehen.

Rechtsgrundlage solcher Ansprüche sind die Regeln der positiven Vertragsverletzung. Ansprüche aus positiver Vertragsverletzung unterliegen einer dreißigjährigen Verjährungsfrist (3).

(1) Palandt/Thomas, § 638 Anm. 1); Palandt/Danckelmann, § 195 Anm. 1)
(2) BGH 30.1.69 NJW 69/838
(3) BGH 13.7.59 NJW 59/1819; BGH 30.1.69 NJW 69/838

(2) Verjährung der Ansprüche nach Abnahme bzw. nach Fertigstellung

Gewährleistungsansprüche des Auftraggebers gegen den Sonderfachmann verjähren gemäß § 638 BGB grundsätzlich in 5 Jahren, wenn sich Mängel des Ingenieurswerkes an der baulichen Anlage oder dem Einzelgewerk selbst realisiert haben (1).

In seiner Entscheidung vom 5.4.1974 hat das OLG München (2) unter Hinweis auf die ständige Rechtsprechung des BGH darauf verwiesen, daß Verträge von Ingenieuren, deren Tätigkeit unmittelbar mit dem Baugeschehen im Zusammenhang steht, als Werkverträge gemäß § 638 Abs. 1 Satz 1 der fünfjährigen Verjährungsfrist unterliegen. Dies deshalb, weil solche Leistungen, die geistige Arbeiten zum Inhalt haben, ohne die ein Bauwerk nicht entstehen kann, nicht anders zu beurteilen sind als die Arbeiten der einzelnen Bauhandwerker, die an der Fertigstellung des Bauwerkes beteiligt sind.

Diese Grundsätze gelten auch für Ingenieursleistungen, die die Erstellung von Detailplänen auf bestimmten Fachgebieten zum Inhalt haben. Daß die Arbeit eines Projektingenieurs bereits mit der Ablieferung der von ihm gefertigten Pläne beendet ist, weil er **die Bauausführung selbst** nicht schuldet, spielt hier keine Rolle. Denn in jedem Falle realisieren sich etwaige Planungsfehler – z.B. der statischen Berechnung – erst in den Fehlern am Gebäude selbst.

Zutreffend führt das OLG München aaO. aus, daß Ziel der Entwurfsarbeiten aller mit einem Baugeschehen befaßten Ingenieure nicht die Niederlegung der Planungsidee auf einem Stück Papier, sondern die Ausführung im Bauwerk selbst ist.

Es kommt dabei nicht darauf an, durch wen der Fach-Ingenieur im Einzelfall beauftragt ist:

Bei Beauftragung durch den mit der Gesamtdurchführung einer baulichen Anlage beauftragten Architekten gilt für die Ingenieursleistungen die fünfjährige Verjährungsfrist des § 638 Abs. 1 Satz 1 BGB ab Abnahme des jeweiligen Werkes (3).

Die kurze Verjährungsfrist des § 638 Abs. 1 Satz 1 BGB (1 Jahr) wird nicht zur Anwendung kommen, da Ingenieursleistungen fast ausschließlich zur Durchführung von Arbeiten „bei einem Bauwerk" erbracht werden.
So ist z.B. der nachträgliche Einbau einer Klimaanlage in ein Gebäude als „Arbeit bei einem Bauwerk" anzusehen (4). Denn unter Arbeiten „bei Bauwerken" im Sinne des § 638 Abs. 1 Satz 1 BGB sind nach ständiger Rechtsprechung des BGH **nicht nur Arbeiten zur Herstellung** eines neuen Gebäudes zu verstehen, sondern auch Arbeiten, die für die **Erneuerung oder den Bestand** eines Gebäudes von wesentlicher Bedeutung sind. Voraussetzung ist lediglich, daß die einzubauenden Teile mit dem Gebäude fest verbunden werden (vgl. Fußn. 4).
Dies wird für Ingenieursleistungen, die die Entwurfsplanung zur Ausführung von Einzelgewerken beinhalten, typischerweise der Fall sein.
Auch bei einem **Vermessungsingenieur** gilt die fünfjährige Verjährungsfrist des § 638 Abs. 1 Satz 1 BGB. Entscheidend ist hier der unmittelbare sachliche und zeitliche Zusammenhang mit der Errichtung des eingemessenen Gebäudes. Der durch eine Falscheinmessung entstandene Schaden (merkantiler Minderwert des Gebäudes) ist ein Fehler am bebauten Grundstück, welcher der fünfjährigen Verjährungsfrist ab Abnahme des Vermessungswerkes unterliegt (5).

(1) BGH 18.9.67 NJW 67/2259; BGH 15.11.73 NJW 74/95; OLG München 5.4.74 NJW 74/2238; BGH 2.5.63 Schäfer/Finnern Z. 3.01 Bl. 230; BGH 9.3.72 NJW 72/901; Werner/Pastor, Der Bauprozeß, RdZ 1134
(2) OLG München 5.4.74 NJW 74/2238
(3) OLG München 5.4.74 NJW 74/2238
(4) BGH 22.11.73 NJW 74/136 m.w.Nachw.
(5) BGH 9.3.72 NJW 72/901

(3) Beginn der Verjährungsfristen

Der Beginn der Verjährungsfrist etwaiger Ansprüche des Auftraggebers gegen den Sonderfachmann ist nicht leicht zu bestimmen.
Da der beauftragte Ingenieur nicht die körperliche Herstellung der baulichen Anlage oder des Einzelgewerkes selbst schuldet, kann zur Bestimmung des Beginns der Verjährungsfrist auf den Bezug eines errichteten Hauses oder auf die Ingebrauchnahme einer baulichen Anlage oder eines Einzelgewerkes nicht abgestellt werden (1).
Dies insbesondere dann nicht, wenn der Ingenieur lediglich mit der Erstellung von Planungen beauftragt ist, die technische und geschäftliche Oberleitung oder örtliche Bauaufsicht im Auftrage aber nicht enthalten ist.

Entscheidend ist deshalb der **Zeitpunkt der Abnahme** des Ingenieurwerkes, die eine Ausführung der baulichen Anlage oder des Einzelgewerkes nicht voraussetzt (2). Die Bestimmung des Abnahmezeitpunkts macht in den Fällen, in denen der Ingenieur lediglich mit der Planung einer baulichen Anlage oder eines Einzelgewerkes beauftragt ist, keine Schwierigkeiten – maßgebend ist hier die billigende Entgegennahme der Planungen, die auch konkludent in Form der vorbehaltslosen Bezahlung der von dem Sonderfachmann gestellten Schlußrechnung gesehen werden kann (vgl. hierzu RdZ 80).

Bei Aufträgen, die zugleich Planungs- und Überwachungsleistungen enthalten oder sich auf mehrere bauliche Anlagen beziehen, ist darauf abzustellen, wann die Ingenieursleistung **vollendet** ist (3). Hier sind die besonderen Umstände des jeweiligen Einzelfalles zu beachten.

Allgemein kann das Ingenieurwerk dann als im Sinne des § 640 BGB abgenommen gelten, wenn nach Errichtung der baulichen Anlage oder des Einzelgewerkes eine Rechnungsprüfung und endgültige Kostenfeststellung durch den Auftraggeber entgegengenommen worden ist und die Schlußabrechnung des Ingenieurs ausgeglichen wurde (4).

Dabei spielt es keine Rolle, ob der Auftraggeber auf die Schlußrechnung des Ingenieurs mit Honorarzahlungen „unter Vorbehalt" reagiert hat. Dies schließt nämlich die Abnahme des Ingenieurwerkes als im wesentlich vertragsgemäß nicht aus (vgl. Fußn. 4).

Ein Hinausschieben des Verjährungsbeginns bezüglich der Gewährleistungs- und Schadensersatzansprüche durch nachvertragliche Verpflichtungen ist nicht anzunehmen. Insbesondere kann die Verpflichtung des mit der Planung und örtlichen Bauaufsicht beauftragten Ingenieurs, später auftretenden Baumängeln ohne Rücksicht auf eine mögliche eigene Haftung nachzugehen, den Lauf der Verjährungsfrist nicht beeinflussen. Verstößt der Ingenieur gegen diese, seine nachvertragliche Verpflichtung, so ist bei von ihm zu vertretender Verursachung für die aufgetretenen Mängel ein Schadensersatzanspruch in der Weise gegeben, daß die Verjährung der gegen ihn gerichteten Gewährleistungs- und Schadensersatzansprüche als nicht eingetreten gilt (5).

Hat eine ausdrückliche oder konkludente Abnahme der Ingenieursleistung nicht stattgefunden, so ist derjenige Zeitpunkt für den Beginn der Verjährungsfrist maßgeblich, zu dem der Auftraggeber die Abnahme des Ingenieurwerks endgültig ablehnt (6). Eine derartige Ablehnung kann auch in einer Kündigung des Ingenieurvertrages enthalten sein (7).

---

(1) BGH 30.12.63 NJW 64/647 = BB 64/148; BGH 15.11.73 NJW 74/95
(2) BGH 18.9.67 NJW 67/2259
(3) Lewenton/Schnitzer, Verträge im Ingenieurbüro, S. 85; Werner/Pastor, Der Bauprozeß, RdZ 1131 m.w.Nachw.; Locher, Das private Baurecht, RdZ 248

(4) BGH 2.3.72 Schäfer/Finnern Z. 3.00 Bl. 218 = BauR 72/218
(5) BGH 16.3.78 NJW 78/1311
(6) BGH 2.5.63 Schäfer/Finnern Z. 3.01 Bl. 230
(7) Locher, Das private Baurecht, RdZ 248

(4) Hemmung des Verjährungsablaufes 121

Gemäß § 639 Abs. 2 BGB wird die Verjährungsfrist von Gewährleistungs- oder Schadensersatzansprüchen solange gehemmt, als der Auftragnehmer im Einverständnis mit dem Auftraggeber das Vorhandensein eines Mangels prüft oder eine Mangelbeseitigung in Angriff nimmt (1).

Beispiel:

Der Auftraggeber hat die statischen Pläne und Berechnungen des Tragwerksplaners abgenommen. Vor Bauausführung läßt der Auftraggeber die statischen Berechnungen durch einen Prüfingenieur kontrollieren. Der Prüfingenieur kommt zu der Auffassung, daß falsche Lastannahmen getroffen sind. Die mit der Abnahme in Lauf gesetzte Verjährungsfrist steht für den Zeitraum still, in dem der Tragwerksplaner die zurückgereichten statischen Unterlagen überprüft und berichtigt. Die bereits begonnene Verjährungsfrist läuft weiter, wenn die Hemmungswirkung beendet ist. Dies ist dann der Fall, wenn der Ingenieur nach Prüfung seiner Leistung auf etwaige Fehlerhaftigkeit das Prüfergebnis dem Auftraggeber mitgeteilt hat, den Mangel für beseitigt erklärt oder die Fortsetzung der Beseitigung verweigert hat.

Ist der Ingenieur der Auffassung, seine Leistung fehlerfrei erbracht zu haben und einigt er sich mit dem Auftraggeber auf die Einholung eines **Schiedsgutachtens**, so wird die Gewährleistungsfrist gehemmt bis **beiden** Parteien das Gutachten vorliegt oder die Parteien die Schiedsgutachten-Vereinbarung einverständlich lösen (2).

(1) BGH 15.6.67 NJW 67/2005; BGH 21.4.77 BauR 77/348 m.w.Nachw.; gilt auch dann, wenn Mangelbeseitigung nicht möglich ist, vgl. BGH 31.5.76 BauR 76/361; Hemmung auch bei Prüfung des Werkes eines Dritten: BGH 11.5.78 NJW 78/2393
(2) OLG Hamm 14.11.75 NJW 76/717

(5) Unterbrechung des Verjährungsablaufes 122

Während bei der Hemmung der Verjährungsfrist der Ablauf der Verjährungsfristen lediglich stillsteht, beginnt bei Unterbrechung der Verjährungsfrist die gesamte Verjährungsfrist nach Beendigung der Unterbrechung neu zu laufen.

Die Verjährungsfrist wird durch Anerkenntnis (§ 208 BGB) — z.B. durch tatsächliche Handlung — unterbrochen.

Beispiel:

Kommt im vorigen Beispiel der Tragwerksplaner zu der Auffassung, daß er versehentlich eine falsche Lastannahme getroffen hat und überarbeitet er daraufhin sein Planungswerk nochmals, so beginnt mit Abnahme der überarbeiteten Planung die Gewährleistungsfrist des § 638 Abs. 1 BGB neu zu laufen — der etwa ablaufende Zeitraum vor Überprüfung der Planungen und Berechnungen kommt nicht in Betracht.

Die Verjährungsfrist wird durch Klageerhebung und Antrag auf Erlaß eines Mahnbescheids im gerichtlichen Mahnverfahren unterbrochen.

Achtung:

Bei einem Werkvertrag nach BGB (§§ 631ff. BGB) unterbricht eine schriftliche Mängelrüge die Gewährleistungsfrist nicht. **Eine derartige Unterbrechungswirkung kann auch nicht durch einen Einschreibe-Brief erzielt werden.**
Unterbrechungswirkung hat auch die Stellung des Antrags auf Einleitung eines gerichtlichen Beweissicherungsverfahrens. Nach Durchführung des Beweissicherungsverfahrens beginnt der Lauf der Gewährleistungsfrist **bezüglich der Mängel, die Gegenstand des Beweissicherungsverfahrens waren, neu zu laufen.** Das Beweissicherungsverfahren ist abgeschlossen, wenn ein Sachverständiger sein Gutachten mündlich erstattet oder nach Erstattung eines schriftlichen Gutachtens dieses mündlich erläutert hat (1) oder wenn kein Termin stattfand, mit der Mitteilung des Gutachtens an die Parteien.

Achtung:

Die Hemmung oder Unterbrechung für einen Gewährleistungsanspruch (z.B. Mängelbeseitigungsanspruch) hat die Unterbrechung oder Hemmung auch bezüglich der anderen Gewährleistungsansprüche zur Folge (2), soweit sie auf demselben Mangel beruhen.

(1) BGH 21.2.73 NJW 73/698; BGH 10.10.78 BauR 79/255
(2) BGH 10.1.72 NJW 72/526; für Vorschuß zur Mangelbehebung vgl. BGH 18.3.76 MDR 76/655

(6) Verjährung bei arglistigem Verschweigen

Für den Lauf der Gewährleistungsfristen gemäß § 638 Abs. 1 Satz 1 BGB kommt es grundsätzlich nicht darauf an, ob der Mangel der geschuldeten Leistung bei Abnahme sofort erkennbar ist. Insoweit hat der Begriff „versteckter Mangel" für den Lauf der Gewährleistungsfristen keinerlei Bedeutung.

Beispiel:

Ein Ingenieurbüro ist mit der Projektierung und Wahrnehmung der Aufgaben der Fachbauleitung für die Gewerke Sanitär- und Heizungsinstallation für zwei nebeneinander zu errichtende Wohnhäuser beauftragt.
Für die Warmwasserleitungsanlage des einen Hauses sind in der Planung verzinkte Eisenrohre vorgesehen, für das zweite Haus Kupferrohre.
Die Heizungs- und Warmwasseranlage beider Häuser wurde verbunden.
Durch die Verbindung der verschiedenen Rohrmaterialien entstand an den Warmwasserleitungsrohren des einen Hauses Rohrfraß.
Diese Schäden waren bei Abnahme der Baulichkeiten und Ausgleich der von dem Ingenieurbüro gestellten Schlußrechnung nicht erkennbar.
Sind keine besonderen vertraglichen Absprachen getroffen, so haften die Ingenieure hier gemäß § 638 Abs. 1 Satz 1 BGB für die Dauer von 5 Jahren. Es kommt also nicht darauf an, daß der Rohrfraß bei Abnahme nicht erkennbar gewesen ist.
Etwas anderes gilt dann, wenn dem Ingenieur bei Abnahme seiner Leistung ein schwerwiegender Mangel bekannt ist und er diesen verschweigt.
Hier trifft den Ingenieur eine **Offenbarungspflicht**, deren Verletzung eine Verlängerung der Verjährungsfrist auf 30 Jahre bewirkt (§§ 638, 195 BGB) (1).

Achtung:

Selbst wenn der beauftragte Ingenieur selbst den Mangel nicht kennt, muß er sich ein arglistiges Verschweigen seitens eines Mitarbeiters anrechnen lassen, wenn dieser den Mangel kennt. Dies gilt auch dann, wenn der Mitarbeiter an der Abnahme selbst nicht mitwirkt (2). Dasselbe gilt für ein arglistiges Verschweigen seitens eines Subunternehmers (3).

Beispiel:

Ein Ingenieurbüro 1 ist mit der Planung und Durchführung des Bauvorhabens beauftragt. Die Aufgaben aus der örtlichen Bauaufsicht werden mit Einverständnis des Auftraggebers an ein weiteres Ingenieurbüro 2 vergeben, das als Subunternehmer eingeschaltet wird.
Der mit der örtlichen Bauaufsicht beauftragte Ingenieur läßt es wissentlich zu, daß die Fundamente der baulichen Anlage vom Bauunternehmer schwächer ausgeführt werden, als dies in den Plänen angeordnet ist.

Hier haftet das mit der Planung und technischen Gesamtleitung (einschließlich örtlicher Bauaufsicht) beauftragte Ingenieurbüro 1. Mit der Vergabe der Aufgaben aus der örtlichen Bauaufsicht an das Ingenieurbüro 2 hat das Ingenieurbüro 1 sich eines Gehilfen gerade **zur Erfüllung von Offenbarungspflichten** (mangelhafte Leistungen der ausführenden Unternehmer) gegenüber dem Auftraggeber bedient. Demgemäß haftet das Ingenieurbüro 1 gemäß § 638 Abs. 1 Satz 1 BGB für die Dauer von 30 Jahren bezüglich der aufgetretenen Schäden.

(1) BGH 2.5.63 Schäfer/Finnern Z. 3.01 Bl. 230; BGH 4.5.70 BauR 70/244 = WM 70/964; BGH 20.12.73 BauR 74/130; BGH 15.1.76 BB 76/287; OLG Karlsruhe 28.2.78 BauR 79/335
(2) BGH 20.12.73 NJW 74/553 = BauR 74/130; OLG Karlsruhe 28.2.78 BauR 79/335 m. w.Nachw.
(3) BGH 15.1.76 BB 76/287 = NJW 76/516; BGH 20.12.73 NJW 74/553

124 **(7) Vertragliche Verkürzung von Verjährungsfristen**

Durch Individualvereinbarung ist die Abkürzung der Verjährungsfrist gemäß § 638 Abs. 1 Satz 1 BGB zulässig. Dies ergibt sich aus § 225 BGB, der ausdrücklich eine Erleichterung der Verjährung, „insbesondere Abkürzung der Verjährungsfrist" zuläßt.

Eine einzelvertraglich ausgehandelte Verkürzung der Gewährleistungsfristen kommt jedoch dann nicht zum Zuge, wenn eine arglistige Täuschung im Sinne des § 638 Abs. 1 Satz 1 BGB gegeben ist (§ 637 BGB).

Die Verkürzung von gesetzlichen Gewährleistungsfristen durch Allgemeine Geschäftsbedingungen oder Formularverträge ist nach Inkrafttreten des AGB-Gesetzes nicht mehr zulässig (vgl. § 11 Nr. 10 f AGB-Gesetz) (1). Zur formularmäßigen Verkürzung von Verjährungsfristen siehe im Einzelnen RdZ 185 ff.

(1) Werner/Pastor, Der Bauprozeß, RdZ 1111; Kaiser, Die Bedeutung des AGB-Gesetzes für vorformulierte vertragliche Haftungs- und Verjährungsbedingungen im Architektenvertrag, BauR 77/313 (320) m.w.Nachw.

VIII Positive Vertragsverletzung (p.V.V.)

1 Anwendungsbereich

Der Anwendungsbereich des § 635 BGB umfaßt alle Schäden, die sich am Bauwerk selbst infolge einer fehlerhaften Planung, mangelhaften Oberleitung oder unsachgemäßen Bauaufsicht eingestellt haben. Des weiteren werden von § 635 BGB Vermögenseinbußen erfaßt, die kausal an die Bauwerksmängel selbst anknüpfen (1).

Der Anspruch aus positiver Vertragsverletzung geht dagegen auf Ersatz der Schäden, die nicht mit einem Bauwerksmangel oder einem sonstigen Mangel der Ingenieursleistung unmittelbar zusammenhängen, also den Ersatz der sogenannten **entfernteren Mangelfolgeschäden**. Des weiteren erfaßt der Anspruch aus positiver Vertragsverletzung die Vermögenseinbußen, die aus der **Nichtbeachtung vertraglicher Nebenpflichten** entstanden sind. Zu beachten ist, daß sich die Anspruchsgrundlagen aus § 635 BGB und aus positiver Vertragsverletzung gegenseitig ausschließen (2).

Klare Abgrenzungskriterien für die Schadensersatzanspruchsgrundlagen aus § 635 BGB und aus positiver Forderungsverletzung stehen nicht zur Verfügung.

(1) Schmalzl, Die Haftung des Architekten und Bauunternehmers, RdZ 64
(2) Werner/Pastor, Der Bauprozeß, RdZ 811 m.w. Nachw.; Palandt/Thomas Vorbem. 4 e) vor § 633; BGH 22.3.79 BauR 79/321 mit zahlreichen Nachw.

2 Mängelfolgeschäden

Als Nebenschäden, die dem Auftraggeber durch Verletzung von vertraglichen Nebenpflichten des Ingenieurs erwachsen können, sind im Rahmen der positiven Vertragsverletzung in erster Linie die sogenannten „entfernteren Mangelfolgeschäden" zu ersetzen.

Eine klare Begriffsbestimmung, was unter „entfernteren Mangelfolgeschäden" zu verstehen ist, existiert bis heute trotz mehrerer Versuche in der Literatur und Rechtsprechung nicht (1). So wird in der Literatur zum Teil die Auffassung vertreten (vgl. Fußn. 1), daß durch § 635 BGB nur die Auswirkungen der mangelhaften Leistung selbst am geschuldeten Werk erfaßt werden. Dies deshalb, weil Folge der mangelhaften Ausführung eines Werkes der Anspruch auf Mängelbeseitigung für den Auftraggeber gemäß § 633 Abs. 2 BGB sei. Insoweit sei der Nachbesserungs- bzw. Beseitigungsanspruch gemäß § 633 Abs. 2 BGB das „Mutter-Recht" einer jeden Gewährleistung. Die in § 633 Abs. 2 BGB vorgesehene Nachbesserung beziehe sich aber eindeutig auf einen Schaden, der dem Werk selbst anhaftet. Die Nachbesserung **weiterer nachteiliger Folgen** könne es nicht geben. Aus diesem Grunde ergreife § 635 BGB ebenfalls nur Auswirkungen der mangelhaften Leistung am Werk selbst.

Obwohl der BGH eingeräumt hat (2), daß diese Betrachtungsweise klare Abgrenzungskriterien für die Schadensersatzansprüche aus § 635 BGB und die sogenannten entfernteren Mängelfolgeschäden zur Verfügung stellt, die im Wege der positiven Vertragsverletzung geltend zu machen sind, ist der BGH dieser Auffassung nicht gefolgt.

Wiederholt ist in der Rechtsprechung festgestellt worden, daß stets im **Einzelfall** der „enge und unmittelbare Zusammenhang" zwischen mangelhafter Leistung und eingetretenem Schaden zu prüfen ist (3).

Ausdrücklich hat der BGH in seiner Entscheidung vom 10.6.1976 (vgl. Fußn. 3) „auf die Notwendigkeit einer die Eigenart des jeweiligen Sachverhalts berücksichtigenden Begründung und Wertung" hingewiesen.

Damit lassen sich entferntere Mangelfolgeschäden von den im Rahmen des § 635 BGB auszugleichenden Schäden in der Weise abgrenzen, daß die entfernteren Mangelfolgeschäden in aller Regel Einbußen des Auftraggebers darstellen, die **außerhalb der Werkleistung** entstanden sind. Insbesondere sind die im Rahmen der positiven Forderungsverletzung zu ersetzenden Mangelfolgeschäden typischerweise Schäden, die der Auftraggeber nicht als Vermögenseinbußen erleidet, sondern als Verletzung eines selbständigen Rechtsgutes – wie z.B. Gesundheit, Leben, Eigentum (4).

Beispiel:

Ein Ingenieurbüro wird vom Bauherrn selbst mit der Konzipierung der Sanitär- und Heizungsanlage beauftragt. Aufgrund der Versorgung des Objektes mit aggressiven Wässern ist die Zusetzung von Chemikalien in der Planung vorgeschrieben. Hierbei wird eine Dosierung vorgesehen, die mit den einschlägigen Vorschriften des Lebensmittelgesetzes (insbesondere Trinkwasserversorgung) nicht übereinstimmt. Die zulässigen Dosierungsmengen werden überschritten. Kurz nach Bezug des Objektes stellen sich bei den Bewohnern infolge der falschen Dosierungsmenge Gesundheitsschäden ein.

Der daraus entstehende Schaden (Schmerzensgeld etc.) ist nach den Regeln der positiven Vertragsverletzung zu ersetzen (Ansprüche aus unerlaubter Handlung gemäß § 823 BGB bleiben hier unberücksichtigt), da die Verletzung eines **selbständigen Rechtsgutes** in Frage steht. Zwar beruht die Gesundheitsschädigung der Betroffenen im vorliegenden Beispielsfall letztlich auf dem vom Ingenieurbüro zu vertretenden Bauwerksmangel, doch stellt sich der eingetretene Schaden **nicht als Vermögenseinbuße** dar.

Dasselbe gilt für Eigentumsverletzungen.

p.V.V. — Mängelfolgeschäden

Beispiel:

Ein Statiker wird durch den Bauherrn unmittelbar mit der Erstellung der statischen Pläne und Berechnungen für den Umbau seines Wohnhauses beauftragt. Infolge falscher Lastannahmen werden zu schwache Unterzüge eingebracht. Nach Bezug des Hauses stürzt ein Teil des Bauwerkes zusammen, da der Statiker die infolge der Nutzlasten erhöhten Lasten nicht einkalkuliert hat. Durch den Einsturz werden wertvolle Möbel des Bauherrn total zerstört.

Auch hier liegt die Verletzung eines **selbständigen Rechtsgutes** — Eigentum — vor, wobei die eingetretenen Vermögenseinbußen nach den Regeln der positiven Vertragsverletzung zu ersetzen sind (5).

Hierher gehört auch der Fall, daß infolge einer fehlerhaften statischen Berechnung (Erstellung eines Neubaus auf nicht tragfähigem Baugrund) Schäden am Nachbarhaus des Auftraggebers auftreten.

Hier hat der Auftraggeber gegen den Statiker eine **Freistellungsanspruch** bezüglich all der Ersatzansprüche, die der Nachbar aus den an seinem Hause entstandenen Schäden gegen den Auftraggeber geltend gemacht hat und noch erheben kann (6).

Im Rahmen der positiven Vertragsverletzung sind ferner zu ersetzen etwa Brandschäden, die an dem fertiggestellten Bauwerk oder der baulichen Anlage infolge der Nichtbeachtung von Brandschutzvorschriften aufgetreten sind und ein weiteres Gebäude, das nicht Gegenstand der Planungsleistung oder der sonstigen Ingenieursleistung (Bauüberwachung etc.) war, in Mitleidenschaft gezogen haben (7).

Hierher gehören auch die Schäden, die beim Auftraggeber entstehen und die nur **gelegentlich**, d.h. also anläßlich der Ausübung der vertraglichen Pflichten des Ingenieur (z.B. örtliche Bauaufsicht, Fachbauleitung) ausgelöst werden. Plastische Beispiele bringt Schmalzl (8):

Ein Architekt zeigt dem Bauherrn die Baustelle, wobei der Bauherr in eine vorschriftswidrig nicht abgedeckte Luke stürzt; der mit der Gesamtleitung beauftragte Architekt eines Vorhabens läßt auf dem Baugrundstück mehr Bäume als notwendig entfernen; der Architekt läßt namens des Bauherrn versehentlich zu große Fensterscheiben kommen, die vom Lieferanten nicht mehr zurückgenommen werden.

Diese Beispielsfälle sind ohne weiteres übertragbar auf den mit der Planung, technischen und geschäftlichen Oberleitung, sowie mit der Bauaufsicht beauftragten Ingenieur.

---

(1) Grün, Die Abgrenzung des Schadensersatzanspruches aus § 635 BGB und aus positiver Vertragsverletzung, NJW 68/14; Finger, Die Haftung des Werkunternehmers f. Mangelfolgeschäden, NJW 73/81

(2) BGH 29.11.71 NJW 72/447; BGH 9.3.72 NJW 72/901; BGH 20.1.72 NJW 72/625; BGH 10.6.76 NJW 76/1502 = BauR 76/354
(3) BGH 10.6.76 NJW 76/1502 = BauR 76/354; BGH 22.3.79 BauR 79/321
(4) Schmalzl, Die Haftung des Architekten und Bauunternehmers, RdZ 64; Werner/Pastor, Der Bauprozeß, RdZ 812; Palandt/Thomas, Vorbem. 4 c vor § 633
(5) BGH 30.5.63 LM Nr. 6 zu § 823; BGH 20.1.72 NJW 72/625; vgl. auch BGH 22.3.79 BauR 79/321
(6) BGH 2.10.69 Schäfer/Finnern Z. 3.01 Bl. 421
(7) BGH 13.4.72 NJW 72/1195; vgl. Nachweise bei BGH 22.3.79 BauR 79/321
(8) Schmalzl, Die Haftung des Architekten und Bauunternehmers, RdZ 66

3 Verletzung vertraglicher Nebenpflichten

Der Schadensersatzanspruch aus § 635 BGB erfaßt den Schaden wegen Nichterfüllung der vertraglich geschuldeten Leistungsverpflichtung als solchen. Dagegen betrifft der Schadensersatzanspruch wegen positiver Vertragsverletzung die Verletzung **vertraglicher Nebenpflichten**, die nicht die Erbringung der vertraglich geschuldeten Leistung selbst beinhalten, sondern als Sorgfalts- und Treuepflichten „parallel" (1) zur Hauptleistungspflicht laufen. Das Gebot zur Beachtung der vertraglichen Nebenverpflichtungen ist von dem Grundsatz gegenseitiger Rücksichtnahme geprägt, die sich bei werkvertraglicher Bindung zwischen den Parteien aus dem besonderen Vertrauensverhältnis zwischen den Parteien als Verpflichtung ergibt (2).

So treffen z.B. den Tragwerksplaner im Rahmen der Vorplanung gemäß § 54 Abs. 3 Ziff. 2 HOAI umfassende Beratungspflichten in statisch-konstruktiver Hinsicht. Hierbei ist in § 54 Abs. 3 Ziff. 2 HOAI ausdrücklich eine Beratung „unter Berücksichtigung der Belange der Standsicherheit, der Gebrauchsfähigkeit und der Wirtschaftlichkeit" vorgesehen.

Insbesondere kommt dabei der Beratungspflicht bezüglich der **Gebrauchsfähigkeit** der zu konzipierenden baulichen Anlage zu dem nach dem Vertrag vorausgesetzten Gebrauch erhebliche Bedeutung zu. Hier sind im Rahmen der Vorplanung mit dem Auftraggeber alle Maßnahmen zu erörtern, die das Auftreten von Schäden verhindern können, die die Tauglichkeit zu dem nach dem Vertrag vorausgesetzten Gebrauch aufheben oder mindern können (3). Vgl. hierzu auch die Ausführungen zum Fehlerbegriff RdZ 42ff.

Hierher gehören auch die Beratungspflichten des Ingenieurs, der mit Planung und Gesamtleitung der Durchführung eines Bauvorhabens beauftragt ist, bezüglich der Wahrung der Auftraggeberrechte gegenüber den ausführenden Bauunternehmern. In mehreren Entscheidungen hat der BGH (4) festgestellt, daß dem mit der Gesamtleitung eines Vorhabens beauftragten Projektanten im Rahmen seiner Betreuungsaufgaben nicht nur die Wahrung der Auftraggeberrechte gegenüber den

Bauunternehmern, sondern auch und zunächst die objektive Klärung von Mängelursachen obliegt, selbst wenn diese eigene Planungs- oder Aufsichtsfehler darstellen.
Weitere Hinweispflichten ergeben sich bei Bedenken gegen die Genehmigungsfähigkeit der geplaten baulichen Anlage oder aber des Einzelgewerkes (5), bezüglich der möglichst zweckmäßigen Bauausführung (6) und über die Vermeidung unnötiger Kosten (7).
Ferner obliegen dem Ingenieur eine Reihe von **Auskunftspflichten**, deren Wahrnehmung für die Dispositionen des Auftraggebers wesentlich sein können. So hat der Ingenieur Auskunft über den jeweiligen Baufortschritt und den Zeitpunkt der mutmaßlichen Fertigstellung zu erteilen. Dies kann für den Auftraggeber von entscheidender Bedeutung sein, insbesondere dann, wenn öffentliche Mittel (z.B. Steuervergünstigungen etc.) für die Durchführung des Bauvorhabens eingeplant sind.
Aus diesem Grunde sind die Beratungs- und Hinweispflichten des eingeschalteten Sonderfachmannes im **Kostenbereich** von besonderer Bedeutung (8). Vgl. zur Auskunfts- und Hinweispflicht auch Locher, Die Auskunfts- und Rechenschaftspflicht des Architekten und Baubetreuers (9).

Achtung:

Schadensersatzansprüche aus positiver Vertragsverletzung können sich auch dadurch ergeben, daß **nach Vertragserfüllung** eine Verletzung einer vertraglichen Nebenpflicht zu Schäden in Form von Vermögenseinbußen beim Auftraggeber führt (10).

Beispiel:

Der Bauingenieur ist nicht nur mit der Planung eines Objektes, sondern auch mit der technischen und geschäftlichen Oberleitung, sowie mit der örtlichen Bauaufsicht beauftragt (Ziffer 11.11, 11.12, LHO). Einige Zeit nach Bezug des Gebäudes durch die Auftraggeber zeigen sich starke Rißbildungen, deren Ursache zunächst unklar ist. Ein Sachverständigengutachten bringt an den Tag, daß die Fundamente zu schwach bemessen waren, so daß das Gebäude verschiedenen Setzungsspannungen ausgesetzt ist.
Hier hat der Bauingenieur den Ursachen der aufgetretenen Mängel so rechtzeitig und gründlich nachzugehen, daß eine etwaige Einstandspflicht der ausführenden Firma rechtzeitig geklärt werden kann. Des weiteren hat der Ingenieur rein vorsorglich zu Gunsten des Auftraggebers die Verjährung möglicher Gewährleistungsansprüche (Nachbesserung oder Schadensersatz) durch rechtzeitige Rügen zu verhindern. Dabei hat der Ingenieur den Ursachen der aufgetretenen Mängel ,,entschieden und ohne Rücksicht auf eine mögliche eigene Haftung nachzugehen und dem Auftraggeber rechtzeitig ein zutreffendes Bild der technischen und

rechtlichen Möglichkeiten der Schadensbehebung zu verschaffen, so daß es zur Verjährung der **gegen ihn selbst gerichteten Gewährleistungs- und Schadensersatzansprüche** nicht kommen kann . . . " (11).

Grundsätzlich kann bei der nachvertraglichen Beratungspflicht festgehalten werden, daß die Verpflichtung des Ingenieurs, den Auftraggeber sachgerecht zu beraten, allein durch die Fertigstellung des baulichen Werkes nicht beendet ist.

Dies gilt auch für den lediglich mit der Planung beauftragten Ingenieur:

Hier können sich gemäß § 242 BGB auch **nach Abnahme** der Planungsleistung für die Dauer der Gewährleistungspflicht des Ingenieurs **und darüber hinaus** Beratungspflichten ergeben (12). Allerdings wird man hier auch auf die **Besonderheiten des Einzelfalles** abstellen müssen, insbesondere aber auch darauf, ob der Auftraggeber des Ingenieurs die Gesamtleitung in die Hände eines Architekten oder eines anderen Bauingenieurs gegeben hat.

(1) Schmalzl, Die Haftung des Architekten und Bauunternehmers, RdZ 63; BGH 22.3.79 BauR 79/321 m.w. Nachw.
(2) Lewenton-Schnitzer, Verträge im Ingenieurbüro, S. 34; Palandt/Putzo, § 613 Anm. 1)
(3) Hesse-Korbion-Mantscheff, HOAI-Kommentar, § 54 RdZ 10
(4) BGH 16.3.78 NJW 78/1311 = BauR 78/235; vgl. auch BGH 24.5.73 BauR 73/321; BGH 11.3.71 NJW 71/1130
(5) OLG Saarbrücken 17.1.67 NJW 67/2359
(6) BGH 23.11.67 Schäfer/Finnern Z. 2.00 Bl. 134
(7) vgl. Haftung bei Kostenüberschreitung: BGH 7.2.57 Schäfer/Finnern Z 301 Bl. 70; BGH 23.3.59 Schäfer/Finnern Z.3.01 Bl. 111; BGH 13.7.70 NJW 70/2018; BGH 24.6.71 NJW 71/1840; BGH 12.7.71 WM 71/1371; BGH 23.10.72 NJW 73/140; LG Tübingen 7.12.73 Schäfer/Finnern Z 3.005 Bl. 3; OLG Stuttgart 2.7.76 BauR 77/426; OLG Stuttgart 20.4.77 BauR 79/174; BGH 16.6.77 BauR 79/74
(8) BGH 20.12.65 Schäfer/Finnern Z.3.01 Bl. 336; Lewenton-Schnitzer, Verträge im Ingenieurbüro, S. 34
(9) Locher, Die Auskunfts- und Rechenschaftspflicht des Architekten und Baubetreuers, NJW 68/2324 m.w. Nachw.; BGH 30.4.64 NJW 64/1469; weitere Beispiele bei Werner/Pastor, Der Bauprozeß, RdZ 821
(10) Palandt/Heinrichs, § 276 Anm. 7 d) m.w. Nachw.; BGH 11.3.71 NJW 71/1130; BGH 16.3.78 NJW 78/1311 = BauR 78/235
(11) BGH 16.3.78 NJW 78/1311 (1312); vgl. Locher, Das private Baurecht, 2. Aufl. 1978, RdZ 297
(12) Locher, Das private Baurecht, RdZ 297

4 Umfang der Ansprüche aus p.V.V.

Der Schadensersatzanspruch gemäß § 635 BGB ist beschränkt auf den Ersatz der Schäden, die sich aus dem mangelhaften Ingenieurswerk (z.B. Baumangel) ergeben.

Die durch den Baumangel hervorgerufenen weiteren **Rechtsgutschäden** gehen über das Erfüllungsinteresse des Auftraggebers an der ordnungsgemäßen Vertragserfüllung hinaus und sprengen so den Rahmen der Ersatzverpflichtung gemäß § 635 BGB. Diese Ansprüche sind daher gemäß den Grundsätzen der positiven Vertragsverletzung geltend zu machen – sie sind für diese Anspruchsgrundlage charakteristische Schäden (1).

Darüber hinaus kann im Falle der Verletzung von nachvertraglichen Beratungspflichten der Schadensersatzanspruch aus positiver Vertragsverletzung dahingehend bestehen, daß die Verjährung der gegen den Ingenieur gerichteten Gewährleistungs- und Schadensersatzansprüche als nicht eingetreten gilt (2). Der Schadensersatzanspruch aus positiver Forderungsverletzung muß also nicht auf Geldleistung gehen.

Neben dem Ersatz des Vermögensschadens (soweit er nicht aus den Ansprüchen der Gewährleistungsvorschriften geltend gemacht werden kann) kann die positive Vertragsverletzung für den Auftraggeber ein Rücktrittsrecht oder einen Schadensersatzanspruch wegen Nichterfüllung des ganzen Vertrages begründen, falls die Pflichtverletzung des Ingenieurs den Vertragszweck in einer Weise gefährdet, daß dem Auftraggeber nach Treu und Glauben das Festhalten am Vertrag nicht zugemutet werden kann (3).

Beispiel:

Zwischen dem Auftraggeber und dem Ingenieur bestehen Meinungsverschiedenheiten über das Vorhandensein von Mängel und deren Ursachen. Äußert sich hier der Ingenieur gegenüber dritten Personen in herabsetzender Weise über den Auftraggeber, so ist dem Auftraggeber eine Fortsetzung des Vertragsverhältnisses nicht mehr zuzumuten. Er kann nach den Grundsätzen der positiven Vertragsverletzung den Vertrag kündigen.

(1) Schmalzl, Die Haftung des Architekten und des Bauunternehmers, RdZ 65, 66
(2) BGH 6.2.64 NJW 64/1022; BGH 16.3.78 NJW 78/1311 (1312)
(3) Palandt/Heinrichs § 276 Anm. 7 d) bb); BGH 25.3.58 LM Nr. 3 (H) zu § 276 BGB; BGH 19.2.69 NJW 69/975

5 Verschulden des Auftragnehmers

Voraussetzung für die Anwendung der Grundsätze über die positive Vertragsverletzung ist ein **Verschulden** des Ingenieurs, das auch zum Schaden kausal beigetragen bzw. ihn verursacht hat.

Für das Verschulden ist jede Art von Fahrlässigkeit ausreichend (Zur Fahrlässigkeit vgl. RdZ 111).

130 6 Mitverschulden des Auftraggebers

Der Schadensersatzanspruch nach den Grundsätzen der positiven Vertragsverletzung kann sich zu Lasten des Auftraggebers dann verkürzen, wenn diesen ein Mitverschulden an der Schadensverursachung (§ 254 Abs. 1 BGB) oder eine Verletzung seiner Schadensminderungspflicht (§ 254 Abs. 2 BGB) trifft.

Zum Mitverschulden im einzelnen vgl. RdZ 115.

131 7 Verjährung

Ansprüche aus positiver Forderungsverletzung unterliegen nach allgemeiner Auffassung einer Verjährungsfrist von 30 Jahren, also der gewöhnlichen Verjährungsfrist des § 195 BGB.

Aus diesem Grunde hat die Abgrenzung von Mangel- und Mangelfolgeschäden eine außerordentliche Bedeutung gewonnen. Während die Schäden, die aus einem dem Ingenieurswerk unmittelbar anhaftenden Mngel hervorgerufen werden (Mangelbeseitigungskosten für Fehler am Bauwerk infolge von Planungsfehlern) einer Verjährungsfrist von 5 Jahren unterliegen (vgl. § 638 Abs. 1 Satz 1 BGB), gilt für die von der Rechtsprechung entwickelten Schadenstypen der Mangelfolgeschäden (Rechtsgutsverletzungen) oder Schäden infolge Verletzung vertraglicher Nebenpflichten eine Verjährungsfrist von 30 Jahren.

Daß dies im Einzelfall unbillig sein kann, liegt auf der Hand. Es ist deshalb verständlich, wenn ein Teil der Literatur bei der Abgrenzung des Schadensersatzanspruches aus § 635 BGB gegenüber Ansprüchen aus positiver Vertragsverletzung auf den **Funktionsbereich** des Werkes abstellen will (1).

Nach dieser Auffassung soll es primär nicht darauf ankommen, ob ein anderes Rechtsgut des Auftraggebers verletzt ist, entscheidend soll vielmehr sein, ob die jeweiligen Schäden mit der Beeinträchtigung oder dem Ausfall der Funktion des Werkes zusammenhängen oder nicht. Diese Auffassung hat allerdings der BGH in seiner Entscheidung vom 10.6.76 (2) abgelehnt.

Vergleiche im übrigen zur Verjährung RdZ 118ff., 184ff.

---

(1) Hinweise bei Werner/Pastor, Der Bauprozeß, RdZ 813
(2) BGH 10.6.76 BauR 76/354 = NJW 76/1502; zur Abgrenzung zwischen Ansprüchen aus § 635 BGB und aus positiver Vertragsverletzung, vgl. auch BGH 27.4.61 NJW 61/1256 = BGHZ 35/130; BGH 9.7.62 NJW 62/1764 = BGHZ 37/341; BGH 28.11.66 NJW 67 340 = BGHZ 46/238; BGH 30.1.69 NJW 69/838; BGH 20.1.72 NJW 72/625; BGH 13.4.72 NJW 72/1195; BGH 22.3.79 NJW 79/1651 = BauR 79/321

8 Prozessuales 132

Macht der Auftraggeber Ansprüche aus positiver Vertragsverletzung gegen den Ingenieur geltend, so trifft ihn die **Darlegungs- und Beweislast** bezüglich der objektiven Pflichtverletzung und des eingetretenen Schadens als durch die Pflichtverletzung bedingte Folge.

Anders verhält es sich mit der **Beweislast** bezüglich des **Verschuldens**: Nach herrschender Meinung (1) trifft den Ingenieur die Beweislast dafür, daß ihn ein Verschulden bezüglich der eingetretenen Schäden nicht trifft. Insoweit kommen dem Auftraggeber hinsichtlich der Schuldfrage die Regeln des Beweises des ersten Anscheins zu Hilfe (vgl. RdZ 66ff.). Es tritt eine Umkehr der Beweislast ein. Dies hat der BGH in seiner Entscheidung vom 12.10.1967 (vgl. Fußn. 1) mit der besonderen **Interessenlage** der werkvertraglichen Beziehung begründet. Der BGH hat ausgeführt, daß der Auftraggeber den Schaden kenne und in der Lage sei, ihn zu übersehen. Dagegen habe er bezüglich der Vorgänge zum Schuldvorwurf, die sich allein im **Gefahrenkreis** des Auftragnehmers abgespielt haben, keinerlei Kenntnisse. Deshalb kann der Auftraggeber in der Regel Umstände, die den Schuldvorwurf rechtfertigen, nicht beweisen, so daß ihm dieser Nachweis auch nicht zuzumuten ist. Hier hat der Auftragnehmer die bessere und vollständigere Übersicht. Er ist auch „näher dran", den Sachverhalt insoweit aufzuklären und die Folgen der Beweislosigkeit zu tragen, weil er es war, der den Schaden objektiv verursacht hat.

In diesem Zusammenhang hat der BGH aaO. auch klargestellt, daß diese Erwägungen unverändert auf den Ersatzanspruch aus § 635 BGB zutreffen.

Diese Auffassung ist allerdings in der Literatur zum Teil angegriffen worden (2).

(1) BGH 12.10.67 NJW 68/43 = VersR 67/1194; BGH 2.12.76 BauR 77/202
(2) Locher, Die Beweislast des Architekten, m.w. Nachw. BauR 74/293

IX Garantiehaftung

1 Garantie für einen bestimmten Erfolg 133

Den Vertragsparteien steht es frei, Vereinbarungen über besondere Eigenschaften des zu errichtenden Bauwerks unter dem Gesichtspunkt der in Aussicht genommenen Nutzung zu treffen. Derartige Abreden sind für den Projektanten bei der Planungsarbeit verbindlich. Sie bilden den Maßstab für die Beurteilung der Frage, ob eine i.S. des § 633 Abs. 1 BGB mangelfreie Leistung vorliegt oder nicht.

Zutreffend weisen Ingenstau-Korbion (1) in diesem Zusammenhang darauf hin, daß im (Bauvertragswesen) gerade zur Absicherung bestimmter gewünschter Leistungserfolge Formulierungen auftauchen, wie „Gewähr", „Garantie", „es wird dafür garantiert, daß"... etc. Die rechtliche Tragweite und Bedeutung derartiger Vertragsklauseln ist unerschiedlich, und die Klärung des Parteiwillens bereitet oft Schwirigkeiten (2).

Im Einzelfall ist durch Auslegung zu ermitteln, was die Parteien unter dem Wort „Garantie" verstanden wissen wollten und welche Verpflichtung übernommen werden sollte (3).

Denn die im Zusammenhang mit einem Werkvertrag übernommene „Garantie" kann **mehrere Bedeutungen** haben: Die Garantiezusage eines Projektanten kann zunächst die Zusicherung einer Eigenschaft i.S. des § 633 Abs. 1 BGB beinhalten.

Beispiel:

Der Planer übernimmt die „Garantie" dafür, daß das Projekt nach den einschlägigen DIN-Vorschriften und unter Beachtung der anerkannten Regeln der Technik geplant wird. Die Garantie kann aber auch bedeuten, daß das Werk die zugesicherte Eigenschaft „unbedingt" habe, so daß der Projektant für ihr Fehlen auch ohne Verschulden (entgegen § 635 BGB!) auf Schadensersatz haftet.

Hier liegt ein sogenanntes **unselbständiges Garantieversprechen** vor. Die Leistungspflicht des Planers geht auch beim unselbständigen Garantieversprechen nicht über die in § 633 Abs. 1 BGB normierte normale vertragliche Leistungspflicht hinaus. Die vertragliche Leistungspflicht ist lediglich hervorgehoben durch die **zusätzliche Verpflichtung**, auch ohne Verschulden für die Vertragsgemäßheit der versprochenen Leistung zu haften. In diesen Fällen gilt mangels anderweitiger Absprache die für Gewährleistungsansprüche maßgebende Gewährleistungsfrist (§ 638 BGB) (4).

Beispiel:

Bei Projektierung einer industriellen Anlage wird ein bestimmter Produktionsumfang garantiert.

Oder:

Für ein zu planendes Krankenhaus übernimmt der eingeschaltete Akustiker die unbedingte Garantie, daß bei dem Objekt besondere Maßnahmen notwendig seien, so daß überall ein erhöhter Schallschutz gegeben ist.

Schließlich kann „Garantie" die Übernahme der Gewähr für einen über die Vertragsgemäßheit der Leistung hinausgehenden, noch **von anderen Faktoren** abhängigen **wirtschaftlichen Erfolg** darstellen. Nur in diesem Fall ist von einem selbständigen Garantieversprechen auszugehen (5).

Garantie für einen bestimmten Erfolg

Diese Form der Garantieübernahme ist äußerst selten und wird insbesondere von Projektanten kaum abgegeben.

Von einer selbständigen Garantie im obigen Sinne ist nur dann auszugehen, wenn der unbedingte Verpflichtungswille für den Eintritt eines bestimmten Erfolgs klar und eindeutig erkennbar erklärt ist. Der Inhalt des garantierten Erfolges kann im einzelnen unterschiedlicher Ausprägung sein; es kann ein wirtschaftlicher oder ein technischer Erfolg Gegenstand der Garantiezusage sein.

Beispiel:

Der Projektant einer ausgedehnten Wohnanlage garantiert dem Auftraggeber einen bestimmten Jahresmietertrag. Hier haftet der Planer aus selbständiger Garantie für den in Aussicht gestellten Betrag selbst dann, wenn ihm bei der Wohnflächen- und Wirtschaftlichkeitsberechnung ein Irrtum nicht unterlaufen ist (6). Dies deshalb, weil die Zusicherung eines bestimmten bezifferten Mietertrages über die Zusicherung der Vertragsgemäßheit des zu errichtenden Bauwerks hinausgeht. Eine derartige Garantiepflicht gehört hier zu den dem Planer aus dem Werkvertrag typischerweise obliegenden Vertragspflichten. Ebenso zu qualifizieren ist die Garantieübernahme für einen bestimmten **technischen** Erfolg.

Beispiel:

Ein Statiker übernimmt die absolute Garantie für eine bestimmte Belastbarkeit eines zu errichtenden Parkdecks.

Oder:

Der Projektant garantiert für vorgesehene Materialien eine bestimmte Haltbarkeitsdauer.

Auch hier liegen selbständige Garantiezusagen vor, die den Zweck haben, dem Auftraggeber einen bestimmten Leistungserfolg zu gewährleisten. Dies bringt für den Projektanten die folgenschwere Konsequenz mit sich, daß er auch die Haftung für „untypische Zufälle" übernommen hat – dieses Risiko soll dem Auftraggeber durch die abgegebene Garantie ebenfalls abgenommen werden (7).

Die Haftung aus selbständiger Garantieübernahme wird auch nicht dadurch beseitigt, daß der Schaden auch ohne die Garantie eingetreten wäre. Dies bedeutet, daß ein ursächlicher Zusammenhang zwischen Schaden und Tätigkeit des Garantieübernehmers als haftungsbegründende Voraussetzung nicht vorzuliegen braucht (8).

Wegen dieser weitreichenden Folgen ist grundsätzlich davon abzuraten, in den vertraglichen Vereinbarungen das Wort „Garantie" zu verwenden. Auch bei Formulierungen wie „unbedingt", „absolut", „in jedem Falle" etc. ist Vorsicht geboten: hier kann eine unselbständige Garantie gemeint sein, bei der auch ohne Verschulden die Haftung auf Schadensersatz gegeben ist.

(1) Ingenstau/Korbion, § 13 VOB/B, RdZ 250
(2) Palandt/Thomas, § 633 Vorbem. 3 d); Schmalzl, Bauvertrag, Garantie und Verjährung, BauR 76/221
(3) Palandt/Thomas, § 633 Vorbem. 3 d); Döbereiner/Liegert, Baurecht für Praktiker, S. 81; BGH 5.3.70 BauR 70/107; BGH 25.9.75 NJW 76/43; BGH 20.12.78 NJW 79/645; BGH 28.6.79 NJW 79/2036
(4) Ingenstau/Korbion, § 13 VOB/B, RdZ 252
(5) BGH 5.3.70 BauR 70/107; BGH 20.9.73 BB 73/1511; BGH 25.9.75 NJW 76/43
(6) BGH 8.2.73 BB 73/1602
(7) BGH 5.5.60 NJW 60/1567 m.w. Nachw.; Ingenstau/Korbion, § 13 VOB/B, RdZ 253; Schmalzl, Die Haftung des Architekten und Bauunternehmers RdZ 112 m.w. Nachw.
(8) Ingenstau/Korbion, § 13 VOB/B, RdZ 253

2 Garantie im Kostenbereich

Im Rahmen der von ihm zu erbringenden Vorentwurfsleistungen hat der Ingenieur auch eine überschlägige Kostenschätzung vorzunehmen (vgl. 11.1; 13, 1a LHO, § 54 Abs. III HOAI).

Dieser Kostenanschlag in Form einer überschlägigen Kostenschätzung hat vorläufigen Charakter, für dessen Einhaltung die Rechtsprechung dem Ingenieur einen Spielraum zugebilligt hat (1). Ein Toleranzrahmen bei der Ermittlung der voraussichtlichen Baukosten wird in Literatur und Rechtsprechung vor allem dem Architekten deshalb zugestanden, weil jedes Bauvorhaben mit einer Reihe von Unwägbarkeiten verbunden ist, die bei der Planung noch nicht bis ins einzelne überschaubar sein können (2). Eine Änderung der geschätzten Kosten kann sich insbesondere aus einer nicht vorhersehbaren Baupreisentwicklung ergeben, sowie aus anderen, zum Zeitpunkt der Schätzung nur annähernd kalkulierbaren Umständen (Änderung technischer Vorschriften, veränderte Materialpreise etc.). Aus diesen Gründen haben Literatur und Rechtsprechung eine Haftung für die Fehlschätzung bei der Vornahme der Kostenschätzung durch das Einräumen einer Toleranzspanne (ca. 20–30%) eingeschränkt. Diese für die vom Architekten vorzunehmende Kostenschätzung im Rahmen der Leistungsphase 2 des § 15 HOAI entwickelten Grundsätze sind auf die überschlägigen Kostenansätze für Ingenieurleistungen gemäß 11.1; 13.1a); 14.1; 22.1 LHO entsprechend anzuwenden (3).

Ebenso wie bei der Kostenüberschreitung durch fehlerhafte Kostenschätzung des Architekten hat bei einer Fehleinschätzung der zu erwartenden Kosten durch den Ingenieur die objektive Pflichtverletzung - also das Überschreiten der Toleranzgrenze- der Auftraggeber (Bauherr) darzulegen und zu beweisen (4). Dem Ingenieur obliegt dann der Nachweis, daß ihn ein **Verschulden** an der Baukostenüberschreitung nicht trifft.

Garantie im Kostenbereich

Diese Entlastungsmöglichkeit ist dem Ingenieur jedoch dann abgeschnitten, wenn er eine **Garantie** für die Richtigkeit der vorgenommenen Kostenschätzung übernommen hat. Diese Garantieübernahme kann im Rahmen einer Vorentwurfsleistung oder einer speziellen Beratung des Auftraggebers hinsichtlich der Kosten eingegangen sein. In beiden Fällen muß jedoch der Wille zur **unbedingten** Einstandspflicht deutlich erkennbar geworden sein.

Die Haftung aus einem derartigen Garantieversprechen ist **verschuldensunabhängig** (5).

Hierbei ist zu unterscheiden zwischen **totaler** und **beschränkter Bausummengarantie** (6).

Bei der **totalen Bausummengarantie** verpflichtet sich der Ingenieur, daß auch bei atypischen Umständen die in Ansatz gebrachte Bausumme nicht überschritten wird. In diesem Falle trägt der Projektant auch das Risiko unvorhergesehener Materialpreiserhöhungen, sowie der Notwendigkeit abweichender Bauausführung aus bautechnischen oder baurechtlichen Gründen.

Bei der **beschränkten Bausummengarantie** ist die genannte Bausumme unter Einbeziehung typischer Geschehensabläufe garantiert.

Notwendige und nicht vorhersehbare Änderungen bei der Ausführung des Bauvorhabens sind deshalb von der Garantie nicht mitumfaßt.

Beispiel:

Die erdölexportierenden Staaten sehen sich zu einer drastischen Anhebung der Rohölpreise veranlaßt, was erhebliche Preissteigerungen für baunotwendige Materialien nach sich zieht.

Hier entfällt eine Haftung aus Garantieübernahme, da Preissteigerungen über das normale Maß hinaus in unvorhersehbarer Weise erfolgt sind.

Das gleiche gilt für Änderungen, die auf Grund neuer öffentlich-rechtlicher Bauvorschriften erforderlich werden sollten.

Bei der unbeschränkten wie bei der beschränkten Bausummengarantie entfällt eine Haftung für die Mehraufwendungen, die durch Sonderwünsche des Bauherrn bedingt sind, wenn der Bauherr über eine etwaige Verteuerung des Vorhabens aufgeklärt worden ist (vgl. Fußnote 8).

In allen Fällen der garantierten Bausumme liegt eine verschuldensunabhängige **Erfolgshaftung** des Projektanten vor. Dies hat der BGH in seinem Urteil vom 5.5. 1960 (7) eindeutig klargestellt:

„Vielmehr hat der BGH (...) durchweg hervorgehoben, es sei gerade Sinn und Zweck des Garantievertrages, daß der Gläubiger auf jeden Fall die Leistung, den garantierten Erfolg, erhalten, ihm sogar die Gefahr ‚untypischer Zufälle' abgenommen werden solle (...)."

(Die Erfolgshaftung bezüglich „untypischer Zufälle" bezieht sich insoweit auf die uneingeschränkte Bausummengarantie.)

Hat der Projektant eine entsprechende Garantiezusage erteilt, haftet er stets auf Erfüllung dieser vertraglichen Zusage, im Falle der Überschätzung auf Schadensersatz.

Die Haftung entfällt allerdings dann, wenn der Auftraggeber die Baukostenüberschreitung anerkennt (8). Zu beachten ist ferner, daß eine Garantiehaftung gemäß obigen Grundsätzen erst dann anzunehmen ist, wenn der Projektant die unbedingte Verpflichtung übernommen hat, **persönlich** für die Einhaltung der in Ansatz gebrachten Bausumme einstehen zu wollen, also etwaige Mehrkosten selbst zu übernehmen (9).

Teilt der Auftraggeber dem Ingenieur mit, daß ihm nur ein bestimmter Betrag zur Baudurchführung zur Verfügung stehe, und nimmt der Ingenieur auf dieser Basis den Planungsauftrag an, so liegt hierin keine Garantiezusage im obigen Sinn (10).

Festzuhalten ist allerdings, daß die Zusicherung, daß ein bestimmter Kostenrahmen nicht überschritten werden wird, in **formloser Weise** verbindlich eingegangen werden kann — **die Bausummengarantie ist also formlos wirksam**. Da der Ingenieur in den Fällen einer Garantieübernahme nicht eine Erfüllung eigener Leistung garantiert, sondern die Einhaltung der Kosten **bei fremden Leistungen** (nämlich der ausführenden Unternehmer, Baustofflieferanten etc.), ist von derartigen Zusagen dringend abzuraten.

Zwar haftet der Auftraggeber im Außenverhältnis gegenüber den Unternehmern, Lieferanten etc. auf die höhere Bausumme, doch ist der Ingenieur im Innenverhältnis Ansprüchen des Auftraggebers (Schadensersatz wegen Nichterfüllung) ausgesetzt (11).

Von besonderer Bedeutung in diesem Zusammenhang ist, daß für den Fall der Bausummengarantie in der Literatur zum Teil die Auffassung vertreten wird, daß sich der Auftraggeber den nicht erwünschten etwaigen Wertzuwachs nicht im Wege der Vorteilsausgleichung anrechnen lassen muß — ohne Rücksicht auf etwaige Vorteile, die dem Auftraggeber auf Grund der Bausummenüberschreitung zuwachsen, haftet der Ingenieur auf Ersatz insoweit, als die garantierte Summe überschritten ist (12).

Für die Frage, ob ein Erfüllungs- bzw. Schadensersatzanspruch in Höhe der Differenz zwischen garantierter und tatsächlich angefallener Bausumme gegeben ist, ist vorab zu klären, ob es sich noch um dasselbe Bauobjekt handelt (13).

Zutreffend weist das RG in seiner Entscheidung vom 28.6.1932 (14) auf das Erfordernis dieser Identität hin:

„Es geht nicht an, daß der Bauherr durch Sonderwünsche den ursprünglich geplanten Bau allmählich umgestaltet und so schließlich zu einem anderen, wertvolleren Bau kommt, dessen ungeachtet aber den Architekten an der vereinbarten Bausumme festhalten will."

Garantie im Kostenbereich

Der Ausgleich dieser widerstreitenden Interessen – Sonderwünsche des Bauherrn/ garantierte Bausumme – ist nach § 242 BGB zu ermitteln.

Nach den Grundsätzen von Treu und Glauben (§ 242 BGB) ist auch die Frage der Ausgleichungspflicht zu beantworten, die den Bauherrn bei einer garantierten Bausummenüberschreitung infolge der Wertsteigerung des Grundstückes treffen kann. Eine Anrechnung des Vorteils, der bei einer garantierten Bausumme dem Bauherrn eventuell zufließt, kann nicht stattfinden, da die Verteuerung des Vorhabens **nicht dem mutmaßlichen Willen des Bauherrn** entspricht.

Dies muß auch für notwendige Mehraufwendungen gelten: Ein Ausgleichsanspruch ist dem Garantieübernehmer aus unzulässiger Rechtsausübung gemäß § 242 BGB zu versagen, und zwar unter dem Gesichtspunkt der Ausnutzung unmittelbar vorausgegangener Vertragswidrigkeit (15). Würde der dem Bauherrn zugeflossene – aufgedrängte – Mehrwert ausgleichungspflichtig sein, so würde der Erfüllungsanspruch (16) aus dem Garantieversprechen ausgehöhlt.

Freilich sind die theoretischen Grundlagen im Bereich der sog. aufgedrängten Bereicherung im einzelnen sehr umstritten. Die Bewertung wie die Verweigerung eines etwaigen Anspruches können letztlich nur unter Beachtung der Grundsätze von Treu und Glauben jeweils für den Einzelfall bestimmt werden (17).

(1) BGH 7.2.57 Schäfer/Finnern Z. 3.01 Bl. 10; für Überschreitung von Kostenvoranschlag außerhalb einer Garantiezusage: BGH 16.6.77 BauR 79/74 m.w.Nachw.; vgl. auch zur fehlerhaften Kostenschätzung RdZ 127
(2) LG Freiburg 30.11.54 Schäfer/Finnern Z. 3.01 Bl. 23; BGH 12.7.71 Schäfer-Finnern Z. 3.01 Bl. 472; OLG Düsseldorf 21.5.74 BauR 74/354; Werner/Pastor, Der Bauprozeß, RdZ 832; Locher, Das private Baurecht, RdZ 279; Hesse/Korbion/Mantscheff, HOAI-Kommentar, § 15 RdZ 14
(3) Lewenton/Schnitzer, Verträge im Ingenieurbüro, S. 40
(4) Werner/Pastor, Der Bauprozeß, RdZ 835 m.w.Nachw.; Dostmann, Die fehlerhafte Schätzung der Baukosten durch den Architekten, BauR 73/159; BGH 23.10.72 NJW 73/140; a.A. Locher, Das private Baurecht, RdZ 280
(5) Lewenton/Schnitzer, Verträge im Ingenieurbüro, S. 40; Locher, Das private Baurecht, RdZ 274; Hesse/Korbion/Mantscheff, HOAI-Kommentar, § 15 RdZ 14; Dostmann, Die fehlerhafte Schätzung der Baukosten durch den Architekten, BauR 73/159; BGH 28.2.74 BauR 74/347
(6) vgl. Locher, Das private Baurecht, RdZ 274
(7) BGH 5.5.1960 NJW 60/1567
(8) Werner/Pastor, Der Bauprozeß, RdZ 829; ebenso OLG Schleswig 14.12.54 Schäfer/Finnern Z.3.01 Bl. 14
(9) Hesse/Korbion/Mantscheff, HOAI-Kommentar, § 15 RdZ 14 m.w.Nachw.
(10) Hesse/Korbion/Mantscheff, HOAI-Kommentar, § 15 RdZ 14 m.w.Nachw.; Locher, Das private Baurecht, RdZ 274; BGH 24.6.71 NJW 71/1840 (1842)
(11) Werner/Pastor, Der Bauprozeß, RdZ 829 m.w.Nachw.; OLG Stuttgart 20.4.77 BauR 79/174; keine Widerspruchspflicht des Bauherrn: OLG Karlsruhe 29.10.68 Schäfer/ Finnern Z. 3.00 Bl. 146

(12) Hesse/Korbion Mantscheff, HOAI-Kommentar § 15 RdZ 14; Glaser in Der Architekt 1960/383 — jeweils ohne Begründung zur Anrechnung der Wertsteigerung: BGH 16.6.77 BauR 79/74
(13) RG 28.6.32 RGZ 137/83 (88); BGH 5.5.60 NJW 60/1567
(14) vgl. Fußnote 13
(15) vgl. hierzu Locher, Die Haftung des Architekten für Bausummenüberschreitung, NJW 65/1696 (1698)
(16) RG 28.6.32 RGZ 137/83 (85); BGH 7.2.57 Schäfer/Finnern Z. 3.01 Bl. 70; Locher, Das private Baurecht, RdZ 274
(17) Werner/Pastor, Der Bauprozeß RdZ 1248 m.w.Nachw.

135 3 Termingarantie

Oben wurde ausgeführt, daß der Projektant bezüglich der Einhaltung einer bestimmten Bausumme rechtlich bindend ein Garantieversprechen in formloser Weise abgeben kann. Obwohl hierbei für den Kostenaufwand für Leistungen Dritter mitgehaftet wird, liegt doch keine „rechtliche Unmöglichkeit" vor, die einer Garantieübernahme im Kostenbereich die rechtliche Wirksamkeit versagen könnte (1).

Ebenso kann durch den Projektanten in rechtsverbindlicher Weise ein Garantieversprechen bezüglich des Fertigstellungstermins entweder der Planung oder des Vorhabens selbst abgegeben werden.

Eine gesetzliche Regelung ist hier nicht vorgesehen; es handelt sich — wie bei der Bausummengarantie — um eine vertragliche Abrede besonderer Art (§ 305 BGB), die Vertragsbestandteil des Werkvertrages wird (2).

Ist eine Termingarantie abgegeben, so kann der Auftraggeber bei verzögerter Fertigstellung gemäß § 636 i.V. § 634 Abs. 1 bis 3 BGB von dem Vertrag **zurücktreten**. Dabei **wird ein Verschulden** des Versprechenden an der Terminüberschreitung **nicht vorausgesetzt** (3).

Allerdings ist die Ausübung des Rücktrittsrechtes gemäß §§ 636, 634 BGB erst dann möglich, wenn der Auftraggeber zunächst eine angemessene Nachfrist mit der Androhung gesetzt hat, daß nach fruchtlosem Fristablauf die Leistung abgelehnt wird. **Die Fristsetzung ist nur in Ausnahmefällen entbehrlich.** Insbesondere entfällt das Erfordernis der Nachfristsetzung dann, wenn schon vor Fristablauf feststeht, daß die rechtzeitige Erfüllung nicht möglich ist oder eine endgültige Weigerung der Vertragserfüllung vorliegt (4).

Gemäß § 242 BGB entfällt das Rücktrittsrecht des Auftraggebers bei Terminüberschreitung, wenn er selbst die Verzögerung zu vertreten hat, ferner, wenn die Terminüberschreitung nur unwesentlich ist (5).

Wahlweise kann der Auftraggeber jedoch — statt vom Vertrage zurückzutreten — Schadensersatz wegen Nichterfüllung verlangen.

Bei der Termingarantie setzt dieser Anspruch ebenfalls ein Verschulden für die Nichteinhaltung der Frist nicht voraus. Dies ergibt sich aus dem Wesen des Garantieversprechens: auch hier gelten die Ausführungen des BGH zum Garantievertrag (Bausummengarantie) (6) entsprechend. Sinn und Zweck des Garantievertrages ist es, daß der Gläubiger (Auftraggeber) auf jeden Fall die Leistung, den garantierten Erfolg erhalten solle (7).

Achtung:

Der Schadensersatzanspruch gemäß § 635 BGB aus Nichterfüllung der Garantiezusage besteht dann nicht mehr, wenn der Auftraggeber den Rücktritt gemäß §§ 636, 634 BGB erklärt oder gekündigt hat (8).
Dabei führt nach einer in Literatur und Rechtsprechung vertretenen Ansicht bereits die Androhung des Rücktritts zum Verlust des Schadensersatzanspruches wegen Nichterfüllung (9). Diese Auffassung dürfte aber zu weit gehen — soweit ersichtlich, wird der Verlust des Schadensersatzanspruches durch die bloße Rücktrittsandrohung nicht mehr angenommen (10).
Zu den versicherungsrechtlichen Besonderheiten bei der Fertigstellungsgarantie des Vorhabens selbst vgl. Beeg, Kosten- und Termingarantie durch den Architekten, BauR 73/71 ff.

(1) Zutreffend Beeg, Kosten- und Termingarantie durch den Architekten, BauR 73/71 (73)
(2) Palandt/Thomas, § 650 Anm. 1
(3) Palandt/Thomas § 636 Anm. 1; Werner/Pastor, Der Bauprozeß, RdZ 844
(4) Palandt/Thomas § 636 Anm. 1; Ingenstau/Korbion, § 5 VOB/B, RdZ 15; Locher, Das private Baurecht, RdZ 270; BGH 6.5.68 NJW 68/1524; BGH 10.6.74 NJW 74/1467 m. w. Nachw.
(5) BGH 7.12.73 NJW 74/360
(6) BGH 5.5.60 NJW 60/1567
(7) vgl. auch Werner/Pastor, Der Bauprozeß, RdZ 829
(8) OLG Düsseldorf 27.1.72 NJW 72/1051
(9) Staudinger/Werner, 10/11. Aufl., § 326 Anm. 73; OLG Hamburg HausGZ 26, Beibl. 136
(10) Palandt/Heinrichs § 326 Anm. 5b); OLG Düsseldorf 27.1.72 NJW 72/1051 m.w. Nachw.

4 Verjährung von Ansprüchen aus Garantiezusagen

Auf die wesentlichen Unterschiede zwischen unselbständiger und selbständiger Garantie im Werkvertragsrecht wurde oben hingewiesen. Bei der unselbständigen Garantie haftet der Garantieübernehmer **ohne Verschulden** für die Dauer der Garantiefrist. Diese ist grundsätzlich unabhängig von der Verjährungsfrist aus Werkvertrag (1). Reicht die Garantiefrist nicht über die Verjährungsfrist hinaus, so berührt sie die gewöhnliche Verjährungsfrist nicht (2).

Ist die Garantiefrist auf einen längeren Zeitraum vereinbart als die Verjährungsfrist, so gilt die gewöhnliche Verjährungsfrist als entsprechend verlängert (3).

Für den selbständigen Garantievertrag gilt die Verjährungsfrist von dreißig Jahren (§ 195 BGB) (4).

Bezüglich der Bausummen- und Termingarantie gelten die werkvertraglichen Verjährungsfristen (5).

(1) Heiermann/Riedl/Schwab, Einf. zu § 13 VOB/B, RdZ 8; RGZ, 128/213
(2) BGH 21.12.60 BB 61/228
(3) vgl. BGH Urt. v. 20.12.78 NJW 79/645 m.w. Nachweisen
(4) Palandt/Thomas § 638 Anm. 1 b)
(5) Palandt/Thomas § 650 Anm. 1)

X Vertragsstrafe

1 Begriff

In einem Werkvertrag über Planungsleistungen oder durch gesonderte Vereinbarung können die Vertragsparteien eine Vertragsstrafe als zusätzliche Leistungsverpflichtung bestimmen, falls ein Teil seine vertraglichen Pflichten gar nicht oder nur unvollkommen erbringt. Dabei hat die Vertragsstrafe den Zweck, den Schuldner von Vertragsverletzungen abzuhalten und dem Gläubiger ein rechtmäßiges Druckmittel an die Hand zu geben, um die Erfüllung der Vertragspflichten durch den anderen Teil zu erreichen (1).

Darüber hinaus erleichtert die Vertragsstrafenvereinbarung dem Gläubiger (meist Auftraggeber) die Schadloshaltung bei Vertragsverletzungen durch den Vertragspartner, indem der **Nachweis des tatsächlich entstandenen Schadens im Einzelfall nicht geführt werden muß** (2).

Festzuhalten ist, daß die Vertragsstrafe keine strafähnliche Sanktion für kriminelles oder sonstiges Unrecht darstellt (3); ihr kommt keine öffentlich-rechtliche Bedeutung zu.

Es handelt sich vielmehr um eine gesondert vereinbarte Zahlungsverpflichtung besonderer Art, die als Forderung vor Gericht eingeklagt werden kann, wenn die Voraussetzungen für die Verwirkung der Vertragsstrafe vorliegen und die freiwillige Leistung verweigert wird (4).

Zu unterscheiden ist die Vertragsstrafe begrifflich von der Vereinbarung eines pauschalierten Schadensersatzanspruches: ein pauschalierter Schadensersatzanspruch wird in der Rechtsprechung (5) dann angenommen, wenn die entsprechende Vertragsklausel erkennen läßt, daß die Parteien wirklich auch die Höhe eines Schadenersatzanspruches regeln wollen. Ein Vertragsstrafenversprechen dagegen liegt dieser Auffassung nach dann vor, wenn ein Zahlungsversprechen von einer Partei für den Fall abgegeben wird, daß sie in irgendeiner Weise gegen die Vertragsbestimmungen verstößt.

Selbst wenn die Pauschale als Entschädigung für entgangenen Gewinn und ausgefallene Kosten bezeichnet wird, ist sie mit der Zielsetzung der Druckausübung zur Erreichung des Vertragszweckes als **Vertragsstrafenabrede** auszulegen (6).

Die Vereinbarung einer Vertragsstrafe wird meist im Vertrag über die zu erbringende Planungsleistung festgelegt sein – aber auch eine gesonderte Abrede ist möglich. **Die Abrede** einer Vertragsstrafe bedarf grundsätzlich **keiner Form** (7). Wirksamkeit kann die Vertragsstrafbestimmung nur dann entfalten, wenn die Hauptverbindlichkeit rechtswirksam begründet worden ist. Die Vertragsstrafenvereinbarung ist also **akzessorisch** (8).

Beispiel:

Wird ein Planungsauftrag mit Vertragsstrafenklausel auf der Basis einer rechtskräftig versagten Baugenehmigung erteilt, kann die Vertragsstrafenregelung mangels Wirksamkeit der Hauptverpflichtung (§ 134 BGB!) nicht zum Zuge kommen. Dasselbe gilt bei einer wirksam erfolgten Anfechtung des Werkvertrages (§§ 119, 123 BGB).

Das Vertragsstrafenversprechen kann allerdings auch für sich allein unwirksam sein oder werden, ohne daß dadurch die werkvertragliche Hauptleistungspflicht berührt würde (vgl. AGBG § 11 Nr. 6).

Beispiel:

Der Projektant ficht die Vertragsstrafenabrede wegen Erklärungsirrtums (§ 119 Abs. 1 BGB) an – gleichwohl bleibt die werkvertragliche Hauptpflicht, nämlich die Erstellung von Plänen oder Berechnungen, bestehen.

---

(1) BGH 6.11.67 NJW 68/149; BGH 8.10.69 NJW 70/29; OLG Köln 24.4.74 NJW 74/1953; Ingenstau/Korbion, § 12 VOB/A, RdZ 1; Werner/Pastor, der Bauprozeß, RdZ 958
(2) BGH 27.11.74 NJW 75/163 (164); BGH 13.3.75 BauR 75/209
(3) BGH 13.3.75 BauR 75/209 m. w. Nachw.; BVerfG 25.10.66 NJW 67/195ff.
(4) Ingenstau/Korbion, § 12 VOB/A, RdZ 1
(5) BGH 6.11.67 NJW 68/149 m. w. Nachw.
(6) OLG Köln 24.4.74 NJW 74/1953; zur Beweislast bei pauschaliertem Schadensersatz vgl. BGH 10.11.76 NJW 77/381
(7) Ingenstau/Korbion, § 12 VOB/A, RdZ 2
(8) BGH 13.3.53 BB 53/301

2 Anwendungsbereich — Umfang von Vertragsstrafenversprechen

Meist wird eine Vertragsstrafe für das Überschreiten von vertraglichen Fertigstellungs- und Ausführungsfristen vereinbart. In diesen Fällen ist die Vertragsstrafe dann verwirkt, wenn der eine Vertragsteil mit der Erfüllung seiner vertraglichen Hauptpflicht in **Verzug** gerät.

Vertragsstrafen können, abgesehen von der Fristüberschreitung, für verschiedene Fälle der Nichteinhaltung vertraglicher Verpflichtungen ausbedungen werden, wie z. B. für ganze oder teilweise Nichterfüllung, für nicht ordnungsgemäße Erfüllung, auch für die Außerachtlassung vertraglicher Nebenpflichten (z. B. einzelvertraglich besonders festgelegte Anzeigepflichten, Einholung von Zustimmungserklärungen des Bauherrn bei bestimmten Planänderungen etc.) (1).

Beispiel:

Ein Ingenieurvertrag sieht unter anderem folgende Regelung vor:
„... Der Ingenieur ist verpflichtet, bei einer zu erwartenden Überschreitung des Kostenanschlags dem Auftraggeber innerhalb von 14 Tagen nach Kenntnis schriftlich Mitteilung zu geben."

Eine weitere Regelung sieht vor:
„Verletzt der Ingenieur die ihm aus diesem Vertrage obliegenden Verpflichtungen, insbesondere den für seine Leistung angegebenen Termin gemäß dem Koordinationsplan, so ist eine Vertragsstrafe in Höhe von x % der ihm zustehenden Vergütung zu zahlen."

Zeigt der Ingenieur eine Überschreitung des Kostenanschlags nicht rechtzeitig an (=Nebenpflicht), so ist die Vertragsstrafe verwirkt — das Vertragsstrafenversprechen bezieht sich nicht ausschließlich auf die termingerechte Fertigstellung der Planungsleistung („insbesondere"!).

Beiden Vertragsparteien ist angesichts der Bedeutung einer Vertragsstrafenvereinbarung dringend anzuraten, das Strafversprechen möglichst klar und inhaltlich zweifelsfrei bestimmbar festzulegen. Denn ein Strafversprechen kann in verschiedener Weise Wirkungen entfalten, je nach der zugrunde liegenden vertraglichen Regelung.

Grundsätzlich gelten zwar für eine Vertragsstrafenvereinbarung die §§ 339 bis 345 BGB, doch sind durch Individualabrede abweichende Regelungen möglich. So kann insbesondere in Abweichung von § 339 BGB vereinbart werden, daß eine Vertragsstrafe auch dann verwirkt sein soll, wenn die Leistung des Schuldners aus Gründen unterbleibt, die nicht in seinem Einflußbereich liegen und ihm nicht als Verschulden zurechenbar sind.

Beispiel:

Ein Ingenieurvertrag enthält folgende Klausel:
„Überschreitet der Auftragnehmer den nach dem Zeitplan für seine Leistung maßgebenden Termin, so hat er für jede Kalenderwoche der Verzögerung eine Vertragsstrafe in Höhe von DM . . . . zu bezahlen."
Auch ohne Mahnung – also ohne Verzug i. S. § 339 BGB – ist die Vertragsstrafe mit der Überschreitung des vertraglich festgelegten Leistungstermins verwirkt (2).
In diesen Fällen hat das Strafversprechen eine **garantieähnliche Funktion** – die Vertragsstrafe ist verwirkt, ohne daß es auf ein Verschulden des Strafversprechenden ankäme (§§ 339, 284, 285 BGB). Derartige weitreichende Strafversprechen sind nach der h. M. in Literatur und Rechtsprechung eng auszulegen und nur dann anzunehmen, wenn die besondere Interessenlage der Vertragspartner eine derartige Vertragsgestaltung nahelegt (3). Dies kann eine in den wirtschaftlichen Verhältnissen des Auftraggebers begründete Notwendigkeit fristgerechter Baufertigstellung sein.
Ein unklar formuliertes Strafversprechen ist nicht von vorneherein unwirksam; im Wege der Auslegung ist der Parteiwille zu ermitteln. Hier wird man in erster Linie auf den Zweck des Strafversprechens abstellen müssen (4).

(1) BGH 13.3.75 BauR 75/209 m. w. Nachw.; Ingenstau/Korbion, § 11 VOB/B, RdZ 8
(2) BGH 11.3.71 NJW 71/883 BauR 71/122; OLG Düsseldorf 4.3.74 BauR 75/57; BGH 13.3.75 BauR 75/209 BB 75/581 jeweils m. w. Nachw.; Ingenstau/Korbion, § 11 VOB/B, RdZ 4
(3) BGH 11.3.71 NJW 71/883; BGH 13.3.75 BauR 75/209 jeweils m. w. Nachw.; Ingenstau/Korbion, § 11 VOB/B, RdZ 4; Locher, Das private Baurecht, RdZ 421; Kleine-Möller, Die Vertragsstrafe im Bauvertrag, BB 76/442 (444); Werner/Pastor, Der Bauprozeß, RdZ 959
(4) Ingenstau/Korbion, § 11 VOB/B, RdZ 4; BGH 13.3.75 BauR 75/209

3 Voraussetzungen für die Durchsetzung der Vertragsstrafe

Bis auf die oben (RdZ 137ff.) behandelte Vertragsstrafe mit garantieähnlicher Funktion tritt bei allen Arten von Vertragsstrafen die Verwirkung erst dann ein, wenn sich der Verpflichtete **in Verzug** befindet (§ 339 BGB).
Zur Fälligkeit der Vertragsstrafe ist als Voraussetzung eine vorangegangene **Mahnung** und das **Verschulden** des Verpflichteten erforderlich. Es genügt damit nicht, daß der eine Teil seine vertraglich geschuldete Leistung nicht, schlecht oder nur teilweise erfüllt hat (1).

Eine Mahnung -- und damit Inverzugsetzung — ist nur dann entbehrlich, wenn sich der Verpflichtete endgültig geweigert hat, die geschuldete Leistung zu erbringen oder sich als völlig unzuverlässig erwiesen hat. Ferner kann eine Mahnung unterbleiben, wenn für die Leistungszeit eine kalendermäßig bestimmte Frist vereinbart ist (§ 284 Abs. 2 BGB).

Dieser letztere Fall wird für den Bereich des Strafversprechens bei Ingenieurverträgen hauptsächlich in Betracht kommen.

Wird kalendermäßig nur der Ausführungsbeginn mit der Maßgabe festgelegt, daß nach einer bestimmten Wochenanzahl die Leistung erbracht sein soll, so muß eine Mahnung erfolgen.

Die Vertragsstrafe kann durch den Gläubiger dann nicht geltend gemacht werden, wenn der Schuldner durch ihn zu seinem vertragswidrigen Verhalten veranlaßt worden ist (2).

Weitere Voraussetzung für die Verwirkung einer Vertragsstrafe ist die Beibehaltung des bei Vertragsschluß vorausgesetzten Leistungsumfangs. Liegt die Verzögerung oder Nichterfüllung im Risikobereich des Auftraggebers, so kann eine Vertragsstrafe bei Terminüberschreitung nicht verlangt werden.

Beispiel:

Ein Bauherr äußert laufend Änderungswünsche, die eine Umplanung erforderlich machen.

(1) Ingenstau/Korbion, § 11 VOB/B, RdZ 5; Werner/Pastor, Der Bauprozeß, RdZ 958; BGH 13.3.75 BauR 75/209
(2) BGH 23.3.71 NJW 71/1126

140 4 Vertragsstrafe für nicht erbrachte Leistung

Ist die Vertragsstrafe für den Fall vereinbart, daß die Planungsleistung nicht erbracht wird, so kann sie statt der Erfüllung, aber nicht neben der Erfüllung der vertraglichen Pflicht verlangt werden (§ 340 Abs. 1 BGB).

Eine Planungsaufgabe ist dann nicht erfüllt, wenn sie nicht abnahmefähig ist, d. h. gar nicht oder nur unvollständig erbracht ist. Verlangt der Auftraggeber in diesem Fall die Vertragsstrafe, so ist der Anspruch auf weitere Erfüllung ausgeschlossen. Dies gilt aber nur, wenn die Vertragsstrafe nach den Vertragsbedingungen tatsächlich verwirkt ist. Solange dies nicht geklärt ist, kann der Auftraggeber den Erfüllungsanspruch neben dem Vertragsstrafenanspruch geltend machen (1). Erweist sich der Vertragsstrafenanspruch als unbegründet, bleiben Schadensersatzansprüche wegen Schlechterfüllung (verspätete Leistung) unberührt.

Vertragsstrafe f. nicht gehörige, verspätete Erfüllung

Die verwirkte Strafe kann der Auftraggeber als **Mindestbetrag** des Schadens verlangen, wenn ein Schadensersatzanspruch wegen Nichterfüllung gegeben ist. Dasselbe gilt bei Ansprüchen aus Verzug, verschuldeter Unmöglichkeit oder positiver Forderungsverletzung (2).

Die Geltendmachung eines weitergehenden Schadensersatzanspruches ist also durch die Vertragsstrafenabrede nicht ausgeschlossen.

Der Gläubiger muß **keinen Schadensnachweis** führen, falls er die Vertragsstrafe als Mindestbetrag des Schadensersatzes verlangt.

Bei Geltendmachung weitergehender Schadensersatzansprüche muß sich der Auftraggeber auf diesen eventuell höheren Anspruch die verwirkte Strafe anrechnen lassen.

Ist der Vertragsstrafenanspruch nicht als Geldleistung verabredet, so entfällt ein Schadensersatzanspruch, wenn die Vertragsstrafe verlangt wird (§ 342 BGB).

(1) Ingenstau,Korbion, § 11 VOB/B, RdZ 6
(2) Werner/Pastor, Der Bauprozeß RdZ 963

5 Vertragsstrafe für nicht gehörige, insbesondere verspätete Erfüllung

Eine Vertragsstafenabrede kann auch für den Fall getroffen werden, daß der Schuldner seiner Leistungspflicht nicht in gehöriger Weise, insbesondere nicht rechtzeitig nachkommt (§ 341 Abs. 1 BGB).

Wird eine Vertragsstrafe wegen nicht rechtzeitiger Erfüllung des Werkvertrages vereinbart, so muß sowohl der Ausführungsbeginn als auch der Zeitpunkt der Fertigstellung der Leistung präzise festgelegt sein. Ist für den Zeitpunkt der Fertigstellung der Planungsleistung ein festes Datum angegeben, so ist eine Mahnung — also Inverzugsetzung — abweichend von § 284 Abs. 1 BGB nicht erforderlich (1).

Zu beachten ist in diesem Zusammenhang, daß die Überschreitung bloß unverbindlicher Fristen, z. B. bei annähernd festgelegter zeitlicher Eingrenzung der Fertigstellung der Planungsarbeiten, zu keinem Verfall der Vertragsstrafe führt.

Hat der Projektant sein Planungswerk zwar fristgerecht beendet, ist das Planungswerk als solches jedoch mangelhaft, so **kann** eine vereinbarte Vertragsstrafe verwirkt sein. Dies muß aber nicht so sein. Hier kommt es darauf an, ob auch die mangelhafte Erfüllung der werkvertraglichen Leistung und damit auch die eventuell mit der Mängelbeseitigung verbundene Zeit von der Strafvereinbarung erfaßt ist, da bei verspäteter und mangelhafter Leistung zwei verschiedene Fälle nicht gehöriger Vertragserfüllung i. S. des § 341 Abs. 1 BGB gegeben sind (2).

Zu Recht weisen Ingenstau/Korbion (3) darauf hin, daß wegen der schwerwiegenden Folgen der Strafvereinbarung auch hier eine einschränkende Auslegung der in Betracht kommenden vertraglichen Vereinbarung geboten ist.
Festzuhalten ist in diesem Zusammenhang, daß bei Vorliegen eines schwerwiegenden Mangels beim Planungswerk, der den Auftraggeber zur Verweigerung der Abnahme berechtigen würde, eine Vertragserfüllung nicht anzunehmen ist, so daß die Vertragsstrafe verwirkt sein wird (4).
Bei einer verschuldensunabhängig gestalteten Vertragsstrafenvereinbarung, bei der die Fertigstellungsfrist nach einem bestimmten Zeitraum (eine bestimmte Anzahl von Wochen oder Tagen) bemessen ist, wird die Vertragsstrafe grundsätzlich auch dann wirksam, wenn der in Aussicht genommene Zeitpunkt des Arbeitsbeginns nicht eingehalten werden kann und sich dadurch der Fertigstellungstermin verschiebt (5).
Dies gilt jedoch mit der Einschränkung, daß bei datumsmäßiger Fixierung des Fertigstellungstermins ein Vertragsstrafenversprechen dann hinfällig wird, wenn durch das Verhalten des Auftraggebers der Fristenplan des Auftragnehmers durcheinander kommt, des weiteren, wenn die Frist zur Ausführung der Planung von vorneherein zu knapp bemessen ist (6).

Beispiel:

Ein Statiker verpflichtet sich, für ein großes Objekt die statischen Pläne und Berechnungen bis zum 31.10. eines Jahres vorzulegen. Bei der Auftragserteilung wurde davon ausgegangen, daß die bauliche Anlage mit 5 Geschossen ausgeführt werden soll. Nachträglich wünscht der Auftraggeber die Planung für die Erhöhung des Objektes um zwei Geschosse.
Wird der Statiker mit der Planungsarbeit nicht zum ursprünglich vereinbarten Termin fertig, so ist eine Vertragsstrafe nicht verwirkt (7).
Ist bereits in den Ausschreibungsunterlagen auf die Möglichkeit von Terminverschiebungen hingewiesen – etwa Verschiebung zeitlicher Art infolge von Schwierigkeiten bei der Erteilung von behördlichen Genehmigungen etc. – so ist der Auftragnehmer auch bei erheblichen Terminverschiebungen an eine vereinbarte Vertragsstrafe gebunden, falls er hiergegen nicht bei Vertragsschluß Einwände vorgebracht hat. Dies ist deshalb gerechtfertigt, da sich der Auftragnehmer von vorneherein auf etwaige Terminverschiebungen einzurichten hatte und etwaige Bedenken somit sofort anzumelden verpflichtet war (8).
Ist ein Vertragsstrafenversprechen für den Fall einer nicht gehörigen Erfüllung der werkvertraglichen Verpflichtung abgegeben, insbesondere für den Fall der nicht rechtzeitigen Fertigstellung der Planungsleistung, so ist der Gläubiger berechtigt, die verwirkte Strafe **neben** der Erfüllung zu verlangen. Insoweit unterscheidet sich die Regelung des § 341 BGB (nicht gehörige Erfüllung) von den Bestimmungen des § 340 BGB (Nichterfüllung).

Werden etwaige sonstige Schadenersatzansprüche geltend gemacht, so kann die Vertragsstrafe ebenfalls als Mindestbetrag des Schadens verlangt werden. Über die Vertragsstrafe hinaus kann dann der weitere Schaden geltend gemacht werden. Sind die Voraussetzungen für die Verwirkung der Vertragsstrafe gegeben, so ist sie zu entrichten, ohne daß ein Nachweis über den tatsächlich entstandenen Schaden seitens des Berechtigten geführt werden müßte (9).

Achtung:
Steht dem Gläubiger ein Anspruch auf Schadensersatz gegen den Schuldner wegen nicht gehöriger Erfüllung, insbesondere wegen nicht rechtzeitiger Erfüllung zu, so kann der Gläubiger die Vertragsstrafe zugleich mit dem Schadensersatzanspruch geltend machen, **ohne daß die Vertragsstrafe auf den Schadensersatzanspruch anzurechnen wäre**. In diesem Falle stehen dem Gläubiger also die Vertragsstrafe und der ungekürzte Schadensersatzanspruch zu (10).
Dies ergibt sich aus der Zwecksetzung der Regelung des § 341 Abs. 1 BGB, wonach der Gläubiger berechtigt ist, neben der verwirkten Strafe die Erfüllung zu verlangen. Vor dem Hintergrund dieser Regelung wäre der Gläubiger schlechter gestellt, wenn die Erfüllung für ihn kein Interesse mehr hätte und sein Schadensersatzanspruch durch Anrechnung der verwirkten Vertragsstrafe verkürzt würde.
Insbesondere braucht sich der Gläubiger die Vertragsstrafe auch nicht auf die Verzugszinsen für die Zeit nach der Verwirkung der Vertragsstrafe anrechnen lassen (11).

(1) Ingenstau/Korbion, § 11 VOB/B, RdZ 8
(2) Ingenstau/Korbion, § 11 VOB/B, RdZ 8; Kleine-Möller, Die Vertragsstrafe im Bauvertrag, BB 76/442
(3) Ingenstau/Korbion, § 11 VOB/B, RdZ 8
(4) Kleine-Möller BB 76/442 (446)
(5) Locher, Das private Baurecht, RdZ 424
(6) BGH 13.1.66 NJW 66/971
(7) BGH 29.11.73 BauR 74/206
(8) BGH 9.11.72 Schäfer/Finnern Z. 2.411 Bl. 48
(9) Ingenstau/Korbion, § 11 VOB/B, RdZ 8
(10) Palandt/Heinrichs, § 341 Anm. 1); Ingenstau/Korbion, § 11 VOB/B, RdZ, 7
(11) BGH 25.3.63 NJW 63/1197

142 6 Vorbehalt der Vertragsstrafe

Vertragsstrafe kann für den Fall ihrer Vereinbarung für nicht gehörige, insbesondere nicht rechtzeitige Erfüllung der werkvertraglichen Verpflichtung nur dann verlangt werden, wenn der Auftraggeber sich die Vertragsstrafe bei Abnahme der Leistung vorbehalten hat (§ 341 Abs. 3 BGB).

Dies gilt sowohl für den BGB-Werkvertrag (§ 341 Abs. 3 BGB), als auch für den VOB-Bauvertrag (§ 11 Nr. 4 VOB/B).

Nach herrschender Meinung in Rechtsprechung und Literatur sind die beiden vorgenannten Vorschriften eng auszulegen (1).

Dies bedeutet, daß der Vorbehalt **bei der Abnahme** der Planungsleistung ausgesprochen werden muß — also nicht vorher und nicht nachher. Wird der Vorbehalt nicht bei der Abnahme erklärt, so kann der Vertragsstrafenanspruch nicht realisiert werden (2).

Der Gläubiger kann sich deshalb auch nicht auf den Anspruch aus einer Vertragsstrafenvereinbarung berufen, wenn er bei Vereinbarung von Teilleistungen zunächst mit seinem Vertragsstrafenanspruch gegen den Vergütungsanspruch aufgerechnet, sich aber dann bei der Abnahme einen entsprechenden Anspruch wegen Vertragsstrafe nicht ausdrücklich vorbehalten hat.

Eine Vorbehaltserklärung bezüglich der Vertragsstrafe ist bei Abnahme auch dann notwendig, wenn eine verschuldensunabhängige Vertragsstrafenabrede mit garantieähnlicher Funktion vorliegt (4). Ferner ist der Vorbehalt der Vertragsstrafe bei Abnahme des Planungswerkes auch dann notwendig, wenn bei Abnahme noch nicht eindeutig feststeht, ob der Auftragnehmer die Überschreitung der Vertragsfrist zu vertreten hat (5).

Das Erfordernis der **Vorbehaltserklärung entfällt** lediglich dann, wenn zum Zeitpunkt der Abnahme der Leistung die ausbedungene Vertragsstrafe bereits eingeklagt ist. Voraussetzung dabei ist jedoch, daß der Auftraggeber zum Zeitpunkt der Abnahme seinen Anspruch auf Vertragsstrafe noch im Prozeßwege weiterverfolgt und der Prozeß — auch ein Mahnverfahren — nicht auf Grund des Verhaltens des Auftraggebers eingeschlafen ist (6). Ferner ist ein Vorbehalt bei der Abnahme durch den Auftraggeber dann nicht erforderlich, wenn sich die Vertragspartner schon vor der Abnahme über den Verfall der Vertragsstrafe einig waren.

Der Begriff der Abnahme ist in diesem Zusammenhang identisch mit dem der Annahme im Sinne des § 341 Abs. 3 BGB. Es genügt, daß das Werk im wesentlichen als vertragsgemäße Erfüllung angesehen werden kann; Mängelfreiheit ist nicht Voraussetzung der Abnahmefähigkeit (7).

---

(1) Werner/Pastor, Der Baupozeß, RdZ 965; Locher, Das private Baurecht, RdZ 426; BGH 11.3.71 NJW 71/883 m. w. Nachw.

(2) Ingenstau/Korbion, § 11 VOB/B, RdZ 11; Werner/Pastor, Der Bauprozeß, RdZ 965; BGH 3.11.60 NJW 61/115; BGH 12.6.75 NJW 75/1701; BGH 10.2.77 NJW 77/897; abweichender Zeitpunkt ist durch AGB wirksam bestimmbar: BGH 12.10.78 BauR 79/56 m. w. Nachw.
(3) Ingenstau/Korbion, § 11 VOB/B, RdZ 11; Werner/Pastor, Der Bauprozeß, RdZ 965; OLG Celle in MDR 72/142; BGH 11.3.71 NJW 71/883
(4) BGH 25.1.73 BauR 73/192
(5) Ingenstau/Korbion, § 11 VOB/B, RdZ 11
(6) BGH 24.5.74 BB 74/906
(7) Ingenstau/Korbion, § 11 VOB/B, RdZ 11 m. w. Nachw.

7 Vorbehaltserklärung — Form — Adressat

Bei der Geltendmachung des Vertragsstrafenvorbehaltes ist nicht notwenig, daß der Auftraggeber ausdrücklich das Wort „Vorbehalt" verwendet. Es genügt eine unmißverständliche Äußerung dahingehend, daß der Auftraggeber den Vertragsstrafenanspruch geltend machen will (1).

Die Vorbehaltserklärung selbst kann mündlich — also formlos — erfolgen.

Adressat der Vorbehaltserklärung kann im Zweifel nur der Auftragnehmer selbst sein.

Der bauleitende Architekt kann nicht ohne weiteres als ermächtigt angesehen werden, den Vorbehalt für den Auftraggeber zu erklären. Bei dem Vorbehalt handelt es sich nämlich um ein ausschließlich dem Auftraggeber zustehendes Recht, das nicht mit seinem unmittelbaren Interesse an der Ausführung der Bauleistung und daher mit dem einem Architekten gewöhnlich übertragenen Geschäftsbereich zusammenhängt. Man wird deshalb eine **besondere Vollmacht** des Architekten fordern müssen, wenn er für den Auftraggeber verbindlich bei der Abnahme die Vertragsstrafenvorbehaltserklärung vornimmt. Der Architektenvertrag ersetzt oder beinhaltet diese Vollmacht für gewöhnlich nicht (2).

Etwas anderes gilt selbstverständlich, wenn der Sonderfachmann durch den Architekten im eigenen Namen und für eigene Rechnung beauftragt worden ist: Hier ist der Architekt Auftraggeber und somit zur Vorbehaltserklärung aus eigenem Recht befugt.

Hat ein nicht bevollmächtigter Architekt oder ein vollmachtloser Vertreter des Auftraggebers die Vorbehaltserklärung bei Abnahme abgegeben, so ist und bleibt der geltend gemachte Vorbehalt unwirksam, wenn der Auftragnehmer die fehlende Vertretungsmacht rügt. Eine nachträgliche Heilung der unwirksam abgegebenen Vorbehaltserklärung durch Genehmigung des Auftraggebers ist in diesem Fall nicht mehr möglich, da es sich bei der Vorbehaltserklärung um ein einseitiges Rechtsgeschäft gem. § 180 BGB handelt (so zutreffend Ingenstau/Korbion, § 11 VOB/B, RdZ 13 unter Hinweis auf Kleine-Möller in BB 76/442ff.).

Hat jedoch der Auftragnehmer die von dem vollmachtlosen Vertreter, der den Vertragsstrafenvorbehalt bei der Abnahme erklärt hat, behauptete Vertretungsmacht nicht beanstandet oder war er damit einverstanden, daß der Vertreter ohne Vertretungsmacht handelte, so wird die Erklärung des Vertragsstrafenvorbehalts voll wirksam, wenn sie von dem Vertretenen, also dem Auftraggeber, genehmigt wird (§ 180 BGB).

Achtung:

Hat der Auftraggeber bei Abnahme bezüglich der verwirkten Vertragsstrafe eine Vorbehaltserklärung nicht abgegeben, so ist er dadurch nicht gehindert, gegen den Auftragnehmer einen Schadensersatzanspruch geltend zu machen. Dies deshalb, weil der Auftraggeber wählen kann, ob er die Vertragsstrafe als Mindestbetrag des Schadens oder den vollen Schadensersatz, gegebenenfalls unter Anrechnung der Vertragsstrafe, geltend machen will. Insoweit ist der Auftraggeber bei fehlender Vorbehaltserklärung nicht gehindert, Schadensersatzansprüche aus demselben Sachverhalt geltend zu machen, für den das Vertragsstrafeversprechen abgegeben worden war (3).

Die Verpflichtung zum Vorbehalt einer Vertragsstrafe bei Abnahme der Planungsleistung ist durch **Individualvereinbarung**, nicht aber durch Formularverträge abdingbar (4).

Nicht erforderlich ist eine Vorbehaltserklärung auch bei einer Kündigung des Werkvertrages aus wichtigem Grunde (5).

(1) BGH 24.5.74 BB 74/906 = NJW 74/1324
(2) Ingenstau/Korbion, § 11 VOB/B, RdZ 13; Kleine/Möller, Die Vertragsstrafe im Bauvertrag BB 76/442; Zur Hinweispflicht des Architekten für Vorbehaltserklärung: BGH 26.4.79 BauR 79/344; Werner/Pastor, Der Bauprozeß RdZ 965; OLG Stuttgart 6.2.73 BauR 75/432
(3) BGH 12.6.75 NJW 75/1701
(4) BGH 11.3.71 NJW 71/883; BGH 13.3.75 BauR 75/209; bezügl. des Zeitpunktes der Vorbehaltserklärung bei AGB vgl. BGH 12.10.78 BauR 79/56
(5) Werner/Pastor, Der Bauprozeß, RdZ 968 m. w. Nachw.

8 Höhe der Vertragsstrafe

Grundsätzlich können die Vertragsparteien im Rahmen der Vertragsfreiheit die Höhe der Vertragsstrafe frei vereinbaren. Das Gericht kann aber auf Antrag des Vertragsstrafenversprechenden die Strafe auf einen angemessenen Betrag herabsetzen, wenn die verwirkte Strafe unverhältnismäßig hoch ist (vgl. § 343 BGB).

Achtung:

Will der Auftragnehmer die Rechte aus § 343 Abs. 1 BGB geltend machen, so ist ein **ausdrücklicher Antrag** erforderlich. Diese Vorschrift ist zwingendes Recht. Sie kann demgemäß weder durch Individualvereinbarung noch durch Formularverträge abbedungen werden.

Zu berücksichtigen ist, daß die Vorschrift des § 343 BGB für Vollkaufleute nicht Anwendung findet (z. B. Beauftragung einer Ingenieursgemeinschaft, die als GmbH organisiert ist, durch eine Bauträger-Kommanditgesellschaft).

Wann eine Vertragsstrafe als unangemessen hoch im Sinne des § 343 BGB anzusehen ist, läßt sich allgemein nicht bestimmen. Hier kommt es auf die besonderen Umstände des Einzelfalles an: auf die wirtschaftliche Lage der Vertragsparteien sowie auf den Verschuldensgrad des vertragsuntreuen Vertragsteils.

Im Allgemeinen wird die Vertragsstrafe mit einem Pauschalbetrag oder aber einem bestimmten Prozentsatz der Vergütungs- oder Auftragssumme vereinbart.

Kommt der Auftragnehmer lediglich mit einem bestimmten Teil der zu erbringenden Gesamtleistung in Verzug, so bestimmt sich die Höhe der verwirkten Vertragsstrafe nach dem jeweiligen Prozentsatz desjenigen Teils der Vergütung, der dem verspätet fertiggestellten Anteil an der Gesamtleistung entspricht (1), vorausgesetzt, daß die Funktionsfähigkeit der baulichen Anlage oder des Einzelgewerkes im wesentlichen gegeben ist.

Beispiel:

Ein Ingenieurbüro hat für eine Industrieanlage nicht nur die Gesamtplanung übernommen, sondern auch die Gesamtdurchführung des Bauprojektes. Für den Fertigstellungstermin ist ein bestimmtes Datum vertraglich fixiert. Weiter ist vertraglich festgehalten, daß für jeden Tag der Überschreitung eine Vertragsstrafe in Höhe von 6 % der Auftragssumme zu bezahlen ist.

Ist die Anlage zu dem vertraglich festgelegten Zeitpunkt nicht vollständig fertig – es fehlt z. B. die Ausführung der Außenanlagen –, so ist nicht die gesamte ausbedungene Vertragsstrafe zur Zahlung fällig, sondern lediglich der prozentuale Anteil aus demjenigen Teil der Auftragssumme, der dem verspätet fertiggestellten Anteil an der Gesamtleistung entspricht.

Meist wird eine Abrede zwischen den Parteien in der Weise getroffen, daß die Vertragsstrafe nach Tagen bemessen sein soll (für jeden Tag der verspäteten Fertigstellung gilt eine Vertragsstrafe in Höhe von DM X bis zur endgültigen Fertigstellung als vereinbart).

Hierbei gilt für die Fristberechnung folgendes: Beim BGB-Werkvertrag werden die Sonn- und Feiertage wie die Samstage mitgerechnet. Im übrigen gelten die §§ 187ff. BGB zur Berechnung der Fristen.

Ist die VOB vereinbart, so zählen bei der Berechnung der Vertragsstrafe nur die Werktage, nicht dagegen die Sonn- und Feiertage, wenn die Vertragsstrafe nach Tagen bemessen ist, was allerdings im Bereich des Ingenieurwesens der Ausnahmefall sein dürfte. Insoweit zählen aber auch arbeitsfreie Samstage als Werktage, so daß sie bei der Vertragsstrafenberechnung mitzurechnen sind (2).

(1) Döbereiner/Liegert, Baurecht für Praktiker, 2. Aufl., S. 30; OLG München 17.9.73 Schäfer/Finnern Z.2.411 Bl. 59
(2) Werner/Pastor, Der Bauprozeß, RdZ 971 m. w. Nachw.; vgl. aber BGH 1.4.76 Schäfer/Finnern Z. 2.411 Bl. 70; BGH 25.9.78 BB 78/1592

9 Vertragsstrafe und AGBG

In Formular-Ingenieurverträgen oder Allgemeinen Geschäftsbedingungen großer Baufirmen sind häufig Klauseln über Vertragsstrafeversprechen enthalten. Derartige Regelungen in Allgemeinen Geschäftsbedingungen oder Formularverträgen sind grundsätzlich zulässig (1).

Zu beachten ist in diesem Zusammenhang die Regelung des § 11 Nr. 6 AGBG: Danach ist eine Bestimmung unwirksam, durch die dem Verwender (von AGBs) für den Fall der Nichtabnahme oder verspäteten Abnahme der Leistung, des Zahlungsverzuges oder für den Fall, daß der andere Teil sich vom Vertrag löst, Zahlung einer Vertragsstrafe versprochen wird.

Beispiel:

Folgende Klausel ist unwirksam (§ 11 Nr. 6 AGBG): „Nimmt der Bauherr das Planungswerk nicht zum vereinbarten Termin ab, so ist er verpflichtet, für jeden Tag vom vereinbarten Abnahmezeitpunkt an den Betrag von DM . . . . . . zu bezahlen" (2).

Neben diesem ausdrücklichen Verbot kann ein Vertragsstrafenversprechen wegen Verstoßes gegen die Generalklausel des § 9 AGBG im Einzelfall unwirksam sein.

Beispiel:

Eine große Firma tritt als Bauherrin auf. Um die termingerechte Fertigstellung des Vorhabens abzusichern, werden den Projektanten wie den übrigen Baubeteiligten feste Termine zur Ausführung ihrer Leistungen vorgeschrieben. Dabei sieht eine Klausel in den „Zusätzlichen Vertragsbedingungen", die zu allen Vertragsabschlüssen gehören, folgendes vor:

„(. . .) Eine verwirkte Vertragsstrafe kann bis zur Schlußzahlung geltend gemacht werden (. . .)"

Diese Klausel ist unwirksam, da die getroffene Regelung gegen Treu und Glauben (§ 242 BGB) und damit gegen § 9 AGBG verstößt.

Das OLG Hamm hat hierzu ausgeführt (3): „(...) Im Baugewerbe sind Vertragsstrafen keinesfalls unüblich. Im Wirtschaftsleben wird allgemein damit gerechnet, daß AGB auch Vertragsstrafenversprechen enthalten, vor allem dann, wenn feste Termine vereinbart worden sind (...). Die Abbedingung des § 341 Abs. 3 BGB durch einen einseitig von einer Vertragspartei aufgestellten Formularvertrag oder durch AGB ist jedoch unwirksam (...). Es widerspricht deshalb nicht nur dem berechtigten Interesse des Schuldners, wenn er bei Abnahme seiner — wenn auch verspäteten — Leistung nicht Klarheit darüber erhält, ob der Gläubiger sich hiermit zufrieden gibt oder die verwirkte Strafe geltend macht, sondern auch dem Gerechtigkeitsgebot, wenn der Gläubiger diese Leistung annimmt ohne klarzustellen, ob, wann und in welcher Höhe er jetzt noch die verwirkte Vertragsstrafe verlangt (...). Der Sanktionscharakter des Vertragsstrafenversprechens für den Fall nicht gehöriger Erfüllung gebietet es geradezu, die Rechtsstellung und Dispositionsfreiheit des Schuldners nicht dadurch zu verkürzen, daß er (...) möglicherweise über Jahre hinaus im Unklaren darüber bleibt, ob der Gläubiger seinen Anspruch noch geltend macht oder nicht, zumal ein wichtiger Grund, § 341 Abs. 3 BGB abzubedingen, nicht ersichtlich ist (...)".

Dieser Entscheidung ist in vollem Umfange zuzustimmen (4).

§ 341 Abs. III BGB bestimmt, daß sich der Gläubiger bei der Abnahme die Geltendmachung der Vertragsstrafe vorbehalten muß, wenn er die vertraglich geschuldete Leistung (z. B. das Planungswerk) bei Verspätung annimmt.

Das Erfordernis der Vorbehaltserklärung bezüglich der Vertragsstrafe bei der Abnahme ist nur bezüglich des **Zeitpunktes** nach der Rechtsprechung des BGH durch Formularverträge abdingbar.

Der BGH hat in seinem Urteil vom 12.10.1978 (6) die Entscheidung des OLG Hamm (5) aufgehoben und darauf abgestellt, daß das grundsätzliche Erfordernis der Vorbehaltserklärung nicht weggefallen sei, die Obliegenheit der berechtigten Vertragspartei habe sich nur vom Abnahmezeitpunkt auf den Zeitpunkt der Schlußzahlung verschoben. Dabei wird argumentiert, daß dem Vertragspartner nicht gedient sei, wenn der Berechtigte genötigt wäre, sich die Vertragsstrafe vorsorglich vorzubehalten: Sei das Recht einmal geltend gemacht, liege es nahe, daß es auch durchgesetzt werde, und zwar unabhängig davon, ob ein Schaden tatsächlich entstanden sei. Dies vermag angesichts der Unsicherheit und der Einschränkung der Dispositionsfreiheit des Vertragsstrafenschuldners nicht zu überzeugen, denn der vorsorglich ausgesprochene Vorbehalt **zwingt** nicht zur Geltendmachung der verwirkten Vertragsstrafe. Im Endergebnis ist damit der Entscheidung des OLG Hamm (7) der Vorzug zu geben.

Allerdings stellt der BGH in seinem Urteil vom 12.10.78 (8) klar, daß bei Verweigerung jeglicher Schlußzahlung der Zeitpunkt der Verweigerung ebenso maßgeblich ist für die Erklärung des Vertragsstrafenvorbehalts wie bei der grundlosen Verweigerung der Abnahme der vertraglich geschuldeten Leistung (9).

Grundsätzlich kann also durch Formularvertrag oder Allgemeine Geschäftsbedingungen lediglich der **Zeitpunkt** der Vorbehaltserklärung geregelt werden – **das Abbedingen der Erklärung überhaupt ist rechtlich nicht möglich** (10).

Die §§ 340 Abs. 2 i. V. m., 341 Abs. 2 BGB sehen eine Anrechnung der verwirkten Vertragsstrafe auf den etwa geltend gemachten weiteren Schadenersatzanspruch wegen nicht rechtzeitiger oder ungenügender Vertragserfüllung vor.

Dieses Anrechnungsgebot der §§ 340 Abs. 2, 341 Abs. 2 BGB kann durch Formularverträge oder Allgemeine Geschäftsbedingungen nicht abbedungen werden (11).

Hierzu führt der BGH in seinem Urteil vom 27.11.74 (12) aus, daß eine Vertragsstrafe neben der Zwecksetzung der Erfolgssicherung typischerweise auch ein schadensrechtliches Moment enthalte. Es entspreche zwar dem Wesen des Schadenersatzes, daß der Gläubiger für erlittenen Schaden vollen Ersatz verlangen könne, doch dürfe die „Ersatzleistung" nicht über den tatsächlich erlittenen Schaden hinausgehen. Wäre der Gläubiger berechtigt, **neben** der verwirkten Vertragsstrafe vollen Ersatz des erlittenen Schadens zu fordern, so würde dies zu einer nicht zu rechtfertigenden Bereicherung des Gläubigers führen. Dem ist zuzustimmen, da eine derartige Bereicherung weder unter dem Gesichtspunkt des Erfüllungsinteresses noch aus schadensersatzrechtlichen Gründen hinzunehmen ist.

---

(1) Heiermann/Linke, AGB im Bauwesen, S. 134; BGH 27.11.74 BB 75/9; BGH 30.6.76 BB 76/1289; BGH 1.4.76 BauR 76/279; Schäfer/Finnern Z.2.411 Bl. 70; BGH 12.10.78 BB 79/69
(2) vgl. Heiermann/Linke a.a.O., S. 136
(3) OLG Hamm 20.3.75 BB 75/852
(4) vgl. Werner/Pastor, Der Bauprozeß, RdZ 962; Ingenstau/Korbion, § 11 VOB/B, RdZ 7
(5) OLG Hamm 20.3.75 BB 75/852
(6) BGH 12.10.78 BB 79/69
(7) vgl. Fußnote 5
(8) BGH 12.10.78 BB 79/69
(9) BGH 24.11.69 NJW 70/421 (422)
(10) OLG Köln 21.4.77 Schäfer/Finnern Z.2.141.1 Bl. 22; BGH 12.10.78 BB 79/69; Werner/Pastor, Der Bauprozeß, RdZ 962; anders bei Individualvereinbarungen: OLG Düsseldorf 4.3.74 BauR 75/57 unter Berufung auf BGH 11.3.71 NJW 71/883 m. w. Nachw.
(11) Werner/Pastor, Der Bauprozeß, RdZ 962; Döbereiner/Liegert, Baurecht für Praktiker, 2. Aufl., S. 30; BGH 27.11.74 NJW 75/163 m. w. Nachw.
(12) BGH 27.11.74 NJW 75/163 (164)

10 Verjährung 146

Über die Verjährung des Vertragsstrafenanspruchs herrscht in der Literatur Uneinigkeit:
Zum Teil wird angenommen, daß sich die Verjährung des Vertragsstrafenanspruchs nach der Hauptverbindlichkeit richte, zum Teil, daß eine unabhängige Verjährungsfrist von 30 Jahren für den Vertragsstrafenanspruch gelte.
Zutreffend will Locher (1) differenzieren: Bei Vertragsstrafenversprechen mit garantieähnlicher Funktion — also nur dann, wenn eine Vertragsstrafe unabhängig vom Verschulden des Auftragnehmers verwirkt sein soll — wird man von einem selbständigen Strafversprechen ausgehen müssen. Insoweit ist eine dreißigjährige Verjährungsfrist für Vertragsstrafenansprüche gemäß § 195 BGB anzunehmen.
Ist dagegen die Vertragsstrafe für den Fall der Nichterfüllung der Hauptverbindlichkeit oder für die nicht rechtzeitige Ausführung des Planungswerkes ausbedungen, so tritt die Vertragsstrafe an die Stelle des Erfüllungsanspruches. In diesen Fällen ist die Vertragsstrafenabrede mit der Erfüllung der Hauptverbindlichkeit derartig eng verknüpft, daß auch die Vertragsstrafenabrede der Verjährungsfrist anzugleichen ist, der der jeweilige Schadensersatzanspruch aus der Hauptverbindlichkeit unterliegt (2).
Demgemäß wird man davon ausgehen müssen, daß die Ansprüche aus Vertragsstrafenabreden innerhalb der 5-Jahresfrist des § 638 Abs. 1 BGB verjähren, soweit nicht eine andere Verjährungsfrist für die Hauptverbindlichkeit vereinbar ist (§ 638 Abs. 2 BGB).

(1) Locher, Das private Baurecht RdZ 427
(2) Locher, Das private Baurecht RdZ 427 m. w. Nachw.

11 Prozessuales — Beweislast 147

Dem Auftraggeber obliegt die Beweislast für die Vereinbarung der Vertragsstrafe, die vereinbarte Höhe der Vertragsstrafe und deren Fälligkeit. Für die Fälligkeit muß der Auftraggeber nachweisen, daß er den erforderlichen Vorbehalt bei der Abnahme erklärt hat (1).
Gemäß § 345 BGB hat dagegen der Auftragnehmer den Beweis dahin zu führen, daß er die Leistung ordnungsgemäß — insbesondere fristgemäß — erfüllt habe, wenn er die Verwirkung der Vertragsstrafe bestreitet. Dies gilt auch für die Behauptung mangelnden Verschuldens im Rahmen des Verzuges des Auftragnehmers.

(1) BGH, 10.2.77 NJW 77/897

XI Ansprüche aus unerlaubter Handlung

1 Anwendungsbereich

148 1 a Mangelhafte Vertragserfüllung

Gemäß § 823 Abs. 1 BGB ist zum Schadensersatz verpflichtet, wer vorsätzlich oder fahrlässig das Leben, den Körper, die Gesundheit, die Freiheit, das Eigentum oder ein sonstiges Recht eines anderen widerrechtlich verletzt.

Unter die in § 823 Abs. 1 BGB aufgeführten Rechtsgüter fällt **nicht das Vermögen** des Geschädigten, so daß im Rahmen des § 823 Abs. 1 BGB Schadensersatz nicht verlangt werden kann, wenn der Auftraggeber durch ein schuldhaftes Verhalten des Ingenieurs lediglich Vermögenseinbußen (z. B. durch die Notwendigkeit zusätzlicher Aufwendungen) hinnehmen mußte.

Umstritten ist, ob neben den Ansprüchen aus Gewährleistung, bzw. Schadensersatz gemäß den Vorschriften der §§ 631 ff. BGB Ansprüche aus unerlaubter Handlung gemäß § 823 Abs. 1 BGB (hier Eigentum) bestehen, wenn durch eine mangelhafte Leistung des Ingenieurs Fehler an der errichteten baulichen Anlage oder dem Einzelgewerk auftreten.

Diese Frage hat in der Praxis deshalb an Bedeutung gewonnen, weil die Ansprüche aus unerlaubter Handlung gemäß § 823 Abs. 1 BGB einer Verjährungsfrist von 3 Jahren von dem Zeitpunkt an unterliegen, zu welchem der Verletzte von dem Schaden und der Person des Ersatzpflichtigen Kenntnis erlangt (§ 852 Abs. 1 BGB).

Soweit die Rechtsprechung zu entscheiden hatte, ob bei mangelhafter Erfüllung vertraglicher Leistungspflichten Ansprüche aus unerlaubter Handlung wegen Eigentumsverletzung gemäß § 823 Abs. 1 BGB dem Anspruchsteller zustehen, waren etwaige Ansprüche aus vertraglicher Haftung (Gewährleistung) dem Grunde nach zwar gegeben, doch verjährt.

Der Ingenieur schuldet — auch wenn er lediglich mit der Planung beauftragt ist — das Entstehenlassen eines mängelfreien Bauwerks. Führt die Ausführung der Bauleistung anhand der Planungen notwendig zu einem Bauwerksmangel, so nimmt ein Teil der Literatur eine Eigentumsverletzung im Sinne des § 823 Abs. 1 BGB an (1).

Diese Auffassung wird damit begründet, daß eine Eigentumsverletzung im Sinne des § 823 Abs. 1 BGB nicht nur bei einer Verletzung **vorhandener Substanz** zu bejahen sei, sondern auch dann, wenn ohne eine solche Substanzverletzung der Wert oder die Nutzbarkeit (Tauglichkeit) des Bauwerks oder Einzelgewerks durch Mängel beeinträchtigt wird.

Diese Betrachtungsweise legt ausschließlich die Beeinträchtigung der wirtschaftlichen Verwertbarkeit des Eigentums zugrunde und kommt so zu einem An-

Mangelhafte Vertragserfüllung

spruch aus § 823 Abs. 1 BGB, wenn die Verwendbarkeit der baulichen Anlage für den ursprünglich bestimmungsgemäßen Gebrauch durch Mängel nicht mehr gegeben ist.

Demgegenüber stellt die Rechtsprechung (2) darauf ab, daß bei Baumängeln, die auf Planungs- oder Ausführungsfehlern beruhen, Schadensersatzansprüche aus unerlaubter Handlung gemäß § 823 Abs. 1 BGB deshalb nicht gegeben sind, weil eine Eigentumsverletzung im Sinne des § 823 Abs. 1 BGB allein durch die mangelhafte Vertragserfüllung nicht angenommen werden kann. Liegt eine fehlerhafte Planung vor, aufgrund deren die Ausführung der Bauleistungen vorgenommen wird, und führt die Ausführung anhand der Planung zu Fehlern beim erstellten Bauwerk oder beim Einzelgewerk, so steht die Rechtsprechung auf dem Standpunkt, daß das bebaute Grundstück **nie in mängelfreiem Zustand im Eigentum** des Auftraggebers gestanden hat. Das Eigentum des Auftraggebers erstrecke sich mit dem Fortschreiten der Bauausführung auf den jeweils vollendeten Gebäudeteil, in der Form, in der er erstellt wurde, also **mit** seinen etwaigen Mängeln. Ausdrücklich stellt der BGH in seiner Entscheidung vom 30.5. 1963 (3) fest, daß die Verschaffung eines mit Mängeln behafteten Bauwerks oder Einzelgewerks zu Eigentum keine Verletzung **schon vorhandenen Eigentums** darstellen kann.

Dieser Auffassung hat sich die Literatur weitgehend angeschlossen (4).

Zu Recht weist die Literatur darauf hin, daß die vom BGH entwickelte Rechtsprechung zur Schadensersatzpflicht im Rahmen der unerlaubten Handlung gemäß § 823 Abs. 1 BGB den Intentionen des Gesetzgebers entspricht: Wollte man der Gegenansicht folgen, würde über die Anwendung des § 823 Abs. 1 BGB eine Aushöhlung der vertraglichen Gewährleistungsfristen (§ 637 BGB) erfolgen (5). Aus diesem Grunde ist auch die Auffassung des OLG Stuttgart (6) abzulehnen, nach der auch das Einbringen fehlerhafter Bauteile eine Eigentumsverletzung im Sinne des § 823 Abs. 1 BGB auslösen kann, wenn Schädigungen an dem bereits fertiggestellten Teilrohbau die Folge sind.

Beispiel:

Der mit der Planung der Klimaanlage in einem Bürogebäude beauftragte Ingenieur ordnet aus Versehen Durchbrüche an Wänden an, die von Lüftungsschächten nicht tangiert werden sollen. Bevor er den Planungsfehler korrigieren kann, werden die Durchbrüche ausgeführt.

Die neuerliche Aufmauerung einer Wand, deren konstruktive Qualität durch die Arbeiten beeinträchtigt worden ist, wird notwendig.

Der Bau insgesamt ist jedoch noch nicht fertiggestellt.

Auszugehen ist bei der Lösung dieser Frage von der vertraglichen Leistungspflicht des Ingenieurs für Lüftungstechnik: Er hat am mängelfreien Entstehen des Bauwerkes auch insoweit mitzuwirken, als er die Planung seines Gewerkes

auf die umgebenden Bauteile abzustimmen hat. Insoweit liegt die fehlerfreie Anordnung von Luftschächten etc. im Rahmen der von ihm geschuldeten mängelfreien Planungsleistung — also der geschuldeten Vertragserfüllung. Aus diesem Grunde wird man Ansprüche gemäß § 823 Abs. 1 BGB wegen Eigentumsverletzung (Beschädigung der vorhandenen Wände am Teilrohbau) ablehnen müssen.
Eine Haftung gemäß § 823 Abs. 1 BGB kann bei der Einbringung von Teilgewerken in eine bauliche Anlage nur dann in Frage kommen, wenn durch eine fehlerhafte Planung ein bereits früher im Eigentum des Auftraggebers befindlicher Bauteil, der nicht unmittelbar im Rahmen der werkvertraglichen Leistungspflicht des Ingenieurs „zu bearbeiten" ist, betroffen ist. Eine Haftung des Ingenieurs gemäß § 823 Abs. 1 BGB kann also nur dann eintreten, wenn aufgrund einer fehlerhaften Planung **außerhalb** des in die Planung einzubeziehenden Bereiches Mängel zu Eigentumsverletzungen führen.

Beispiel:

Ein Statiker ist mit der Erstellung der statischen Pläne und Berechnungen für ein Parkdeck eines Einkaufszentrums beauftragt, das über den Geschäftsräumen angeordnet sein soll. Durch falsche Lastannahmen weist das Parkdeck nach Fertigstellung der Bauarbeiten nicht die im Vertrag vorausgesetzte Belastbarkeit auf. Dies wird jedoch erst bemerkt, als das Parkdeck teilweise einstürzt, nachdem alle Stellflächen mit Pkw's ausgelastet waren. Durch das Herabstürzen der Decke werden die in den Verkaufsräumen befindlichen Waren erheblich beschädigt.
Hier haftet der Statiker aus dem Gesichtspunkt der unerlaubten Handlung gemäß § 823 Abs. 1 BGB (Eigentumsverletzung), da Waren außerhalb des im Rahmen des Werkvertrages zu bearbeitenden Bereiches liegen (7).
Man wird also davon ausgehen müssen, daß Schadensersatzansprüche gemäß § 823 Abs. 1 BGB (Eigentumsverletzung) gegen den Ingenieur nur dann in Frage kommen, wenn insbesondere bei Um-, Erneuerungs- und Erweiterungsarbeiten von bereits fertiggestellten baulichen Anlagen infolge fehlerhafter Planung Bauteile betroffen werden, die außerhalb des unmittelbaren Planungsbereiches des Ingenieurs liegen und bereits in sich abgeschlossen waren (8).
Auch die **Verletzung vertraglicher Nebenpflichten** kann zu einer Haftung aus unerlaubter Handlung gemäß § 823 Abs. 1 BGB führen.
Als „sonstiges Recht" im Sinne des § 823 Abs. 1 BGB ist in diesem Zusammenhang der eingerichtete und ausgeübte Gewerbebetrieb des Auftraggebers von Belang.
Soll z. B. eine bereits errichtete bauliche Anlage, die einen Gewerbebetrieb im Sinne des § 823 Abs. 1 BGB darstellt (z. B. Fabrikanlage etc.) durch Einbringung von Einzelgewerken überholt und erneuert werden (Einbringung einer Klimaanlage etc.), so kommt der auch nur planende Ingenieur aufgrund der Prüfung

der örtlichen Verhältnisse zu Kenntnissen, die den Produktionsbetrieb, wie überhaupt die Eigenart des Gewerbebetriebes betreffen.

Aus diesem Grunde trifft den Ingenieur aufgrund des besonderen, durch die werkvertraglichen Beziehungen begründeten Vertrauensverhältnisse eine Verschwiegenheitspflicht (9). Die Verschwiegenheitspflicht bezieht sich in diesem Falle insbesondere auf die gewonnenen Informationen bezüglich besonderer Verfahrensweisen oder Produktionsmethoden. Verletzt der Ingenieur die Verschwiegenheitspflicht, so kann eine Haftung gemäß § 823 Abs. 1 BGB (Verletzung der Rechte am eingerichteten und ausgeübten Gewerbebetrieb als sonstigem Recht) eintreten, wenn dem Auftraggeber aufgrund der weitergegebenen Informationen Schäden entstehen.

Die Verschwiegenheitspflicht bezieht sich auf alle Informationen, die dem Ingenieur im Laufe der Planung und Bauausführung aus der Privat- und Intimsphäre des Auftraggebers bekannt werden. So wird der Ingenieur meist Kenntnisse über die finanziellen Verhältnisse des Auftraggebers gewinnen können, über besondere persönliche Verhältnisse (familiäre Beziehungen), eventuell über Krankheiten und auch besondere Neigungen und „Marotten" des Auftraggebers. Angesichts dieser Sachlage muß sich der Auftraggeber auf die absolute Diskretion des Ingenieurs verlassen können.

Verletzt der Ingenieur durch Weitergabe von Informationen aus dem ganz privaten Bereich des Auftraggebers seine Verschwiegenheitspflicht, so kommt eine Haftung gemäß § 823 Abs. 1 BGB (Verletzung von Persönlichkeitsrechten) in Betracht (10). Durch Verletzung dieser, dem Ingenieur obliegenden, Nebenpflicht werden Schadensersatzansprüche aus positiver Forderungsverletzung ausgelöst, Ansprüche, die neben den Ansprüchen aus unerlaubter Handlung gemäß § 823 Abs. 1 BGB bestehen. Vgl. hierzu im einzelnen RdZ 160.

(1) Freund/Barthelmess, NJW 77/438; vgl. auch Hinweise bei Werner/Pastor, Der Bauprozeß, RdZ 850
(2) BGH 30.5.63 NJW 63/1827 LM Nr. 6 zu § 823 (Bb) BGB; BGH 3.12.64 NJW 65/534; BGH 4.3.71 NJW 71/1131 m. w. Nachw.; OLG München 6.10.76 NJW 77/438; LG Koblenz 15.9.76 NJW 77/812; vgl. auch Hinweise bei Ingenstau/Korbion, § 13 VOB/B, RdZ 14
(3) BGH 30.5.63 NJW 63/1827 LM Nr. 6 zu § 823 (Bb) BGB
(4) Ingenstau/Korbion, § 13 VOB/B, RdZ 14ff.; Werner/Pastor, Der Bauprozeß, RdZ 851 m. w. Nachw.
(5) Ingenstau/Korbion, § 13 VOB/B, RdZ 14; Werner/Pastor, Der Bauprozeß, RdZ 852
(6) OLG Stuttgart 29.7.66 NJW 67/652
(7) vgl. auch BGH 30.5.63 NJW 63/1827; BGH 12.7.73 BauR 73/381
(8) Ingenstau/Korbion, § 13 VOB/B, RdZ 15; über Abgrenzungsschwierigkeiten vgl. Ganten, Gedanken zum Deliktsrisiko des Architekten, BauR 73/148 mit umfangreichen Hinweisen
(9) Locher, Das private Baurecht, 2. Aufl. 1978, RdZ 303
(10) Palandt/Thomas, § 823 Anm. 15 mit ausführlichen Hinweisen

149 1 b Verletzung von Verkehrssicherungspflichten

Die Verkehrssicherungspflicht ist Ausfluß des allgemeinen Grundsatzes, daß derjenige, der einen Verkehr eröffnet oder sonst eine **Gefahrenlage** schafft, im Rahmen des Zumutbaren die nötigen Vorsorgemaßnahmen zu treffen hat, um andere vor Schaden zu bewahren (1).
Schadensfolgen bei Verstoß gegen die Verkehrssicherungspflicht können Gegenstand von Ansprüchen aus positiver Vertragsverletzung sein, wenn der Geschädigte der Vertragspartner des Schädigers ist.
Soweit ersichtlich, besteht Einigkeit darüber, daß einen Ingenieur Verkehrssicherungspflichten dann nicht treffen, wenn ihm lediglich die **Planung** zu einem noch zu errichtenden oder aber schon im Bau befindlichen Objekt übertragen worden ist (2).
Erhöhte Anforderungen aus dem Gesichtspunkt der Verkehrssicherung können infolge besonderer Umstände bei der Planungsarbeit zu erfüllen sein, doch liegt das Schwergewicht der Verkehrssicherung in der Wahrnehmung der Aufgaben aus der dem Ingenieur übertragenen **Aufsicht** über die Ausführung der baulichen Anlage oder des Einzelgewerkes.
Eine Haftung des nur planenden Ingenieurs aus dem Gesichtspunkt der Verletzung der Verkehrssicherungspflicht gemäß § 823 Abs. 1 BGB scheidet von vornherein schon deshalb aus, weil Verkehrssicherungspflichten erst dann bestehen können, wenn eine Gefahrenlage geschaffen und ein Verkehr eröffnet ist. Die Leistungen des nur planenden Ingenieurs sind unabhängig davon zu erbringen oder auch abnahmefähig (3), ob die konzipierte bauliche Anlage oder das Einzelgewerk tatsächlich zur Ausführung gelangt. Dem nur planenden Ingenieur kann aber eine Pflicht, Vorsorgemaßnahmen **für einen noch zu eröffnenden Verkehr** infolge der Aufnahme der Bauausführungsarbeiten vorzusehen, nicht auferlegt werden. Die Haftung bei Planungsfehlern gemäß § 823 Abs. 1 BGB, die zur Verletzung von Rechtsgütern im Sinne des § 823 Abs. 1 BGB führen, bleibt bestehen. Lediglich aus dem Gesichtspunkt der Verletzung von Verkehrssicherungspflichten können Ansprüche nicht gestellt werden.

Beispiel:

Ein Ingenieur ist mit der Planung eines Wohngebäudes beauftragt. In der *Planung* ist bei der Treppe zum Obergeschoß das Steigungsverhältnis entgegen den Regeln der Technik mangelhaft konzipiert — das Steigungsverhältnis ändert sich von Stufe zu Stufe.
Die Treppe wird genau entsprechend den Plänen des Ingenieurs ausgeführt. Nach Fertigstellung des Hauses stürzt der Auftraggeber auf der Treppe und zieht sich schwere Verletzungen zu.

Verletzung v. Verkehrssicherungspflichten

Hier haftet der Ingenieur — abgesehen von der Anspruchsgrundlage der positiven Vertragsverletzung — nach § 823 Abs. 1 BGB (Gesundheitsschädigung) (4).

Umstritten ist, ob den Ingenieur, dem, neben den Planungsleistungen, die örtliche Bauleitung übertragen wurde, oder der allein mit der Wahrnehmung der Aufgaben aus der örtlichen Bauleitung betraut ist, eine Verkehrssicherungspflicht trifft.

Für den insoweit gleichgelagerten Fall der Architektenhaftung geht die überwiegende Meinung (5) dahin, daß den Architekten keine generelle („primäre") Verkehrssicherungspflicht trifft. In erster Linie ist nämlich der Bauherr selbst verkehrssicherungspflichtig, da er Veranlasser der Baumaßnahmen ist und so auch die etwaigen Gefahrenquellen schafft. Allerdings kann sich der Bauherr dann von seiner Verkehrssicherungspflicht befreien, wenn er einen zuverlässigen und sachkundigen Bauunternehmer mit der Ausführung der Bauleistungen beauftragt. Die Verkehrssicherungspflicht des Bauherrn ist dann in aller Regel auf die sorgfältige Auswahl des Bauunternehmers beschränkt (6). Die Verkehrssicherungspflicht liegt bei dem Bauunternehmer, der den Verkehr auf dem Baugrundstück eröffnet und hierdurch Gefahrenquellen schafft.

Allerdings ist nicht allein der Bauunternehmer bezüglich der aus der Ausführung der Bauarbeiten für Dritte entstehenden Gefahren verkehrssicherungspflichtig; vielmehr trifft auch den bauleitenden Ingenieur die Verpflichtung, gewisse **Gefahrenvorsorgemaßnahmen zu treffen** (7).

Mit der Verpflichtung, Gefahrenvorsorgemaßnahmen zu treffen, ist insbesondere der örtliche Bauleiter aufgrund des Leistungsbildes belastet. Allgemein wird jedoch eine nur „sekundäre" Verkehrssicherungspflicht für den örtlichen Bauführer angenommen; dieser muß gegen von ihm erkannte Gefahrenquellen unverzüglich einschreiten (8). Eine lediglich sekundäre Verkehrssicherungspflicht des Ingenieurs bei Übertragung der örtlichen Bauleitung ist deshalb gerechtfertigt, weil der Ingenieur nicht den Verkehr auf der Baustelle eröffnet, er keine Gefahrenlage schafft, aus der eine Sicherungspflicht erwächst.

(1) st. Rechtspr. s. BGH 16.9.75 BauR 76/294; BGH NJW 69/1958; BGH NJW 74/1816; für Bauleiter ohne Vertrag: OLG Koblenz 6.12.77 BauR 79/176
(2) Werner/Pastor, Der Bauprozeß, RdZ 865; Schmalzl, Die Haftung des Architekten u. Bauunternehmers, RdZ 80
(3) BGH 15.11.73 NJW 74/95
(4) BGH 6.10.70 NJW 70/2290 unter Hinweis auf BGH 20.10.64 VersR 64/1250
(5) Schmalzl, Die Haftung des Architekten u. Bauunternehmers, RdZ 80; Kullmann, Zur Verkehrssicherungspflicht eines mit der örtlichen Bauführung oder der Bauleitung betrauten Architekten, BauR 77/84 m. w. Nachw.
(6) BGH 28.1.64 VersR 64/412; OLG Düsseldorf 30.6.61 NJW 61/1925
(7) Schmalzl, Die Haftung des Architekten und Bauunternehmers, RdZ 80
(8) Bindhardt, Über die Rechtsprechung des Bundesgerichtshofs zur Verkehrssicherungspflicht des Architekten, BauR 75/376 m. ausführlichen Hinw.

150 1c Die Verkehrssicherungspflicht des Ingenieurs als verantwortlicher Bauleiter

Ist dem Ingenieur im Einzelfall neben den Planungsaufgaben oder unabhängig hiervon die **verantwortliche Bauleitung** im Sinne der Landesbauordnungen übertragen, so ist entgegen früheren Auffassungen (1) eine inhaltlich gesteigerte Verkehrssicherungspflicht nicht gegeben. In seiner Entscheidung vom 10.3.1977 hat der BGH (2) die Identität der Pflichtenkreise aus der Übertragung der örtlichen Bauaufsicht und dem Aufgabenbereich des verantwortlichen Bauleiters eindeutig klargestellt.

Neben den privatrechtlichen Pflichten, Gefahrenquellen für den Auftraggeber und Dritte möglichst zu vermeiden, trifft den mit der verantwortlichen Bauleitung im Sinne der Landesbauordnung betrauten Ingenieur die **öffentlich-rechtliche Pflicht** zur Schadensvermeidung. Als verantwortlicher Bauleiter ist der Ingenieur verpflichtet, Sorge dafür zu tragen, daß das Bauvorhaben entsprechend den genehmigten Plänen durchgeführt wird und Schutzvorschriften zu Gunsten der Bauarbeiter (Unfallverhütungsvorschriften) in ihrer Einhaltung zu überwachen. Der verantwortliche Bauleiter trägt dabei die Verantwortung, daß Gesundheit und Eigentum Dritter nicht gefährdet werden.

(1) Schmalzl, Die Haftung des Architekten und Bauunternehmers, RdZ 83
(2) BGH 10.3.77 BauR 77/428 (432) mit umfangreichen Hinweisen; für Bauleiter ohne Vertrag: OLG Koblenz 6.12.77 BauR 79/176

151 1d Eigentumsverletzung durch Überbau

Aufgrund von Planungsfehlern oder Verletzung der Aufgaben bei der Bauleitung kann eine bauliche Anlage über die Grundstücksgrenze hinaus in das Nachbargrundstück hineingebaut werden. In diesen Fällen liegt ein „Überbau" im Sinne der §§ 912f. BGB vor.

Ist der Überbau auf Planungsfehler zurückzuführen, die der Ingenieur zu vertreten hat, so kann hierin eine Eigentumsverletzung im Sinne des § 823 Abs. 1 BGB liegen. Gemäß § 912 BGB hat der Nachbar bei entschuldigtem Überbau (Überbau ist nicht durch Vorsatz oder grobe Fahrlässigkeit veranlaßt) gegen den überbauenden Nachbareigenümer einen Anspruch auf Geldrente. Die Beseitigung des Überbaues kann er nicht verlangen.

Ist durch einen Planungsfehler der Überbau infolge leichter Fahrlässigkeit veranlaßt worden, so kann sich der Projektant auf die §§ 912ff. BGB nicht berufen. Die §§ 912ff. BGB gewähren zwar dem vom Überbau betroffenen Grundeigentümer gegen den überbauenden Nachbareigentümer einen Rentenanspruch.

Soweit dieser reicht und nicht anderweitig in die Rechte des betroffenen Grundeigentümers eingegriffen worden ist, ist durch diese Sonderregelung eine Schadensersatzhaftung nach allgemeinen Grundsätzen (insbesondere § 823 BGB) ausgeschlossen. Dieser Haftungsausschluß kommt jedoch nur für die Haftung **des mit der Überbaurente belasteten Eigentümers** in Betracht, nicht jedoch für die Haftung dritter Personen, etwa des Ingenieurs, der infolge eines Planungsfehlers den Überbau mitzuvertreten hat (1). Da der planende — und der mit der örtlichen Bauleitung betraute — Ingenieur sich nicht auf ein nachbarliches Verhältnis berufen kann, kann ihm die Sonderregelung der §§ 912ff. BGB nicht zugute kommen (2).

(1) BGH 21.5.58 NJW 58/1288
(2) Schmalzl, Die Haftung des Architekten und Bauunternehmers, RdZ 85

1 e Verletzung von Schutzgesetzen

Die Haftung des Ingenieurs wegen Schutzgesetzverletzung besteht selbständig neben derjenigen aus § 823 Abs. 1 BGB. Die Besonderheit ist allerdings hier, daß Ansprüche wegen Verletzung eines Schutzgesetzes im Sinne des § 823 Abs. 2 BGB nicht auf die Beeinträchtigung von Rechtsgütern im Sinne des § 823 Abs. 1 BGB beschränkt sind. Es kommen also auch Schadensersatzansprüche wegen Vermögensbeeinträchtigungen in Frage (1). Schutzgesetze im Sinne des § 823 Abs. 2 BGB sind alle Rechtsnormen — also auch Verordnungen —, gleichgültig ob strafrechtlicher oder privater Natur, wenn durch die Norm der Schutz eines anderen bezweckt ist.

Eine Rechtsnorm kann nur dann als Schutzgesetz im Sinne des § 823 Abs. 2 BGB angesprochen werden, wenn sie nach den Intentionen des Gesetzes dem **gezielten Individualschutz** dient, also nicht lediglich Interessen der Allgemeinheit zu schützen beabsichtigt.

So sind insbesondere **Baugenehmigungen** keine Schutzgesetze im Sinne des § 823 Abs. 2 BGB (2), so daß der mit der Bauleitung betraute Ingenieur bei abweichender Ausführung von den genehmigten Plänen für die Aufwendungen, die erforderlich sind, um die Baulichkeiten genehmigungsfähig zu gestalten nicht wegen Verletzung eines Schutzgesetzes im Sinne des § 823 Abs. 2 BGB in Anspruch genommen werden kann.

Auch die Vorschriften der einzelnen Landesbauordnungen haben weitgehend keinen Schutzcharakter im Sinne des § 823 Abs. 2 BGB. Die Regelungen dienen weitgehend dem Schutz „der öffentlichen Sicherheit und Ordnung, insbesondere von Leben und Gesundheit". Soweit zu dem Begriff der „öffentlichen Sicherheit und Ordnung" auch die Unversehrtheit des Vermögens gehört, ändert sich am Charakter der Landesbauordnungen nichts. Denn es ergibt sich aus dem Schutzzweck der einzelnen Vorschriften nicht, daß die Bauordnung jede Einzelperson vor einer möglicherweise von Bauten oder Baumaßnahmen ausgehenden Vermögensschädigung schützen soll.

Die Rechtsprechung hat wiederholt den Standpunkt vertreten (3), daß die gesamte Tätigkeit der Baubehörden und die sie regelnden Bestimmungen der Bauordnungen, besonders der Baugenehmigungsverfahren, lediglich **dem öffentlichen Interesse der Gefahrenabwehr dienen**, aber nicht zum Ziele haben, einen einzelnen Bauherrn vor Vermögensschäden durch vertragswidrige Leistungen zu schützen.

Etwas anderes gilt dann, wenn eine Norm des öffentlichen Baurechts erkennbar den Schutz dritter Personen vor speziellen Baugefahren bezweckt (4). Dies ist insbesondere dann anzunehmen, wenn die entsprechenden Normen des öffentlichen Baurechts sogenannte „nachbarschützende" Regelungen enthalten (vgl. Art. 31, 6 BayBO).

Als ein im Zivilrecht geregeltes Schutzgesetz kommt dem § 909 BGB besondere Bedeutung zu, der eine Vertiefung eines Grundstückes für den Fall verbietet, daß dadurch der Boden des Nachbargrundstücks die erforderliche Stütze verliert.

Auch hier bilden die Planung als solche und die mit der Planung verbundenen Vorarbeiten noch keinen Eingriff im Sinne des § 909 BGB, da die wesentliche Tatbestandsvoraussetzung – die Vertiefung – durch die Planung noch nicht geschaffen wird (5).

Umfaßt die Beauftragung des Ingenieurs auch die örtliche Bauleitung, so hat der Ingenieur die Ausführung der Vertiefungsarbeiten so zu überwachen, daß eine Gefährdung des Nachbargrundstücks ausgeschlossen ist (6). Dabei liegt eine Vertiefung im Sinne des § 909 BGB auch dann vor, wenn sich das Bodenniveau – ohne Entnahme von Bodenbestandteilen – infolge des Gewichts eines Neubaues und der dadurch bedingten Pressung des Untergrundes senkt (7).

Die erforderliche Stütze hat der Boden in diesem Falle auch dann verloren, wenn er infolge einer durch Druck ausgelösten Pressung vom Nachbargrundstück her in Bewegung gerät und in sich seinen Halt verliert.

Auch eine durch Baumaßnahmen bewirkte Senkung des Grundwassers, die ihrerseits zu einer Beeinträchtigung der Standfestigkeit eines Nachbargrundstückes führt, stellt eine Vertiefung im Sinne des § 909 BGB dar (8). Sind bei einer baulichen Anlage, die in einer Hanglage angeordnet werden soll, Abgrabungen am Fuße des Hanges erforderlich, so liegen ebenfalls nach der Rechtsprechung (9) die Voraussetzungen des § 909 BGB vor.

Der Ingenieur hat in diesen Fällen die Pflicht, den Auftraggeber über die mit der Vertiefung verbundenen Risiken zu belehren, dies insbesondere dann, wenn der Bauherr bei Vertiefungsarbeiten eigenmächtige Anordnungen gibt, die zu einer gefährlichen Situation für das Nachbargrundstück führen können (10).

Verletzung von Schutzgesetzen

Achtung:

Besondere örtliche Gegebenheiten des Nachbargrundstückes oder Mängel der darauf befindlichen Baulichkeiten schließen die Haftung des Ingenieurs nicht aus, wenn er seinen Sorgfaltspflichten bei den Ausschachtungsarbeiten nicht nachgekommen ist. Etwa vorhandene Mängel an den Baulichkeiten auf dem Nachbargrundstück begründen für sich allein auch kein Mitverschulden des Nachbarn. Dies deshalb nicht, weil kein Recht des vertiefenden Bauherrn und Eigentümers besteht, vom Nachbarn zu verlangen, etwaige Mängel an den Baulichkeiten auf dessen Grundstück zu beseitigen (11).

Als Schutzgesetze im Sinne des § 823 Abs. 2 BGB kommen auch strafrechtliche Bestimmungen in Betracht.

So haftet der Ingenieur, der mit Planung und örtlicher Bauleitung betraut ist, für alle Gesundheitsbeeinträchtigungen, die durch Unterlassen von erforderlichen Sicherungsmaßnahmen entstanden sind. Hier kommen die Vorschriften der §§ 222, 230 StGB in der Praxis hauptsächlich zum Zuge.

Beispiel:

Bei einem Schulneubau ist zum Schulhof hin eine große — überdachte — terrassenartige Rampe in der Planung vorgesehen, die in den warmen Jahreszeiten zu Schüleraufführungen, Sommerfesten usw. genutzt werden soll. Mit der örtlichen Bauleitung ist ein Ingenieur beauftragt.

Kurz vor der Abnahme sämtlicher Bauleistungen bemerkt der Ingenieur, daß an der terrassenartigen Rampe noch keine Geländer angebracht sind. Er mahnt den ausführenden Unternehmer, unterläßt es jedoch, sich zu vergewissern, ob das Geländer auch tatsächlich angebracht worden ist.

Das Gebäude wird gerade rechtzeitig vor Schuljahresbeginn fertig — die Geländer fehlen.

Zur Einweihungsfeier wird die Terrasse für ein Bankett genutzt. Es sind nur notdürftige Absperrungen durch Zierseile vorhanden. Infolge der gedämpften Beleuchtung (Lampions) stürzt ein Beteiligter über den Rand der Terrasse und bricht sich ein Bein.

Hier haftet der objektüberwachende Ingenieur wegen fahrlässiger Körperverletzung gemäß § 230 StGB.

Von wesentlicher Bedeutung ist die neu gefaßte Vorschrift des § 330 StGB. Nach dieser Vorschrift macht sich strafbar, wer bei Planung, Leitung und Ausführung eines Baues gegen die anerkannten Regeln der Technik verstößt und dadurch Leib oder Leben eines anderen gefährdet.

Ebenso wird bestraft, wer in Ausübung eines Berufes oder Gewerbes bei der Planung, Leitung oder Ausführung des Vorhabens, technische Einrichtungen in ein Bauwerk einzubauen oder eingebaute Einrichtungen dieser Art zu ändern, gegen die allgemein anerkannten Regeln der Technik verstößt und dadurch Leib oder Leben eines anderen gefährdet (§ 330 Abs. 2 StGB).

Für die Anwendung der Strafvorschrift des § 330 Abs. 1 StGB genügt die Anfertigung der Planungsunterlagen, die Grundlage des Baues werden sollen und Ursache späterer Gefährdung sein können. Hierzu gehören insbesondere die Anfertigung der Baupläne und Werkzeichnungen, sowie die statischen Berechnungen (12).

Ob der mit der örtlichen Bauleitung beauftragte Ingenieur sich im Sinne des § 330 Abs. 1 StGB strafbar machen kann, bleibt umstritten.

Von der Rechtsprechung wird davon ausgegangen, daß Überwachungsleistungen allein noch nicht ausreichen, um eine Leitung im Sinne des § 330 Abs. 1 StGB anzunehmen (13).

Zum Begriff „Anerkannte Regeln der Technik" vgl. RdZ 53ff.; 219ff..

(1) Palandt/Thomas, § 823 Anm. 12a)
(2) BGH 3.12.64 NJW 65/534; BayObLG 9.12.66 NJW 67/354
(3) vgl. Nachweise in BayObLG 9.12.66 NJW 67/354; Schmalzl, Die Haftung des Architekten und Bauunternehmers, RdZ 89
(4) LG Dortmund 11.6.64 NJW 64/2065
(5) nicht eindeutig: BGH 13.3.59 VersR 59/470; Schmalzl, Die Haftung des Architekten und Bauunternehmers, RdZ 87
(6) BGH 10.5.61 NJW 61/1523; BGH 4.12.64 MDR 65/197; BGH 2.7.68 Schäfer/Finnern Z. 4.142 Bl. 55; BGH 19.1.79 BauR 79/355
(7) BGH 13.7.65 NJW 65/2099; BGH 5.3.71 NJW 71/935
(8) BGH 20.12.71 NJW 72/527 = BauR 72/257
(9) BGH 28.1.72 NJW 72/629
(10) BGH 27.6.69 NJW 69/2140
(11) BGH 27.6.69 NJW 69/2140
(12) Schwarz/Dreher, StGB-Kommentar, § 330 RdZ 4
(13) vgl. Nachweise bei Schmalzl, Die Haftung des Architekten und Bauunternehmers, RdZ 88 und Schwarz/Dreher, StGB-Kommentar, § 330 RdZ 5

153 1f Voraussetzungen des Anspruchs aus § 823 Abs. 1 und 2 BGB

Die Verletzung von in § 823 Abs. 1 BGB aufgezählten Rechtsgütern setzt für die Schadensersatzpflicht ein **Verschulden** des Schädigers voraus.

Dabei ist zu beachten, daß Vorsatz im Sinne des § 823 Abs. 1 BGB schon dann gegeben ist, wenn der Schädiger weiß, daß sein Handeln einen rechtswidrigen Erfolg herbeiführt und er diesen Erfolg zumindest billigend in Kauf nimmt. Der möglicherweise eintretende Schaden muß seinem Umfange nach vom Vorsatz nicht umfaßt sein.

Fahrlässig handelt, wer die Sorgfalt nicht walten läßt, die von einem besonnenen und gewissenhaften Angehörigen seines Berufsstandes zu verlangen ist (1).

Dabei kann der Ingenieur auch durch **Unterlassen** fahrlässig und damit schuldhaft handeln. Dies tut er dann, wenn er die aus dem Vertrage sich ergebenden Aufklärungs- und Hinweispflichten nicht wahrnimmt und so den Schaden herbeiführt.

Beispiel:

Ein Gebäude soll auf einem bisher unbebauten Grundstück zwischen zwei bestehenden Gebäuden errichtet werden. Aus Kostengründen will der Auftraggeber Bodenuntersuchungen nicht durchführen lassen, obwohl es nicht gesichert erscheint, daß bei den notwendigen Aushubarbeiten für das zu errichtende Bauwerk die Nachbargebäude nicht in Mitleidenschaft gezogen werden können. Unterläßt der bauaufsichtsführende Ingenieur es in diesem Falle, den Auftraggeber nachdrücklich darauf hinzuweisen, daß Bodenuntersuchungen durchzuführen sind, so handelt er fahrlässig im Sinne der §§ 276, 823 Abs. 1 BGB.

Derselbe Verschuldensmaßstab (Vorsatz und Fahrlässigkeit) gilt bei Schutzgesetzverletzungen (§ 823 Abs. 2 BGB).

(1) BGH 15.11.71 NJW 72/150

2 Verjährung

Die Ansprüche gemäß § 823 Abs. 1 und 2 BGB verjähren innerhalb von 3 Jahren von dem Zeitpunkt an, zu welchem der Geschädigte von dem Schaden und der Person des Ersatzpflichtigen Kenntnis erlangt, ohne Rücksicht auf diese Kenntnisse in 30 Jahren von der Begehung der Handlung ab (§ 852 Abs. 1 BGB).

Kenntnis im Sinne des § 852 Abs. 1 BGB hat der Ersatzberechtigte erst dann, wenn ihm Tatsachen bekannt werden, die auf ein schuldhaftes Verhalten des Schädigers hinweisen. Dieser Grundsatz unterliegt allerdings einer Einschränkung: Kann der Geschädigte aufgrund der ihm bekannten Umstände Namen und Anschrift des Ersatzpflichtigen in zumutbarer Weise ohne besondere Mühe in Erfahrung bringen, so gilt ihm die Person des Ersatzpflichtigen als in dem Augenblick bekannt, in dem er auf die entsprechende Erkundigung hin diese Kenntnis erhalten hätte (1).

Der Anspruch aus § 823 Abs. 1 BGB verjährt **selbständig** gemäß § 852 BGB in drei Jahren auch dann, wenn die Voraussetzungen des § 635 BGB (Schadensersatz wegen Nichterfüllung) neben der unerlaubten Handlung vorliegen (2).

(1) BGH 23.9.75 BauR 76/142; Ingenstau/Korbion, § 13 VOB/B, RdZ 92 m. w. Nachw.
(2) BGH 3.4.71 NJW 71/1131

155 3 Prozessuales

Der Geschädigte hat bei Geltendmachung von Ansprüchen aus unerlaubter Handlung gemäß § 823 Abs. 1 BGB den objektiven Tatbestand der unerlaubten Handlung, das Verschulden sowie die Ursächlichkeit der Handlung des Schädigers für den tatsächlich entstandenen Schaden zu beweisen.

Anders als bei Geltendmachung von Ansprüchen aus positiver Vertragsverletzung oder Nichterfüllung (§ 635 BGB) gibt es im Bereich der Ansprüche aus § 823 Abs. 1 BGB **keine Umkehr der Beweislast.**

Dem Geschädigten wird lediglich die Beweisführung für die Ansprüche aus § 823 Abs. 1 BGB hinsichtlich der Verursachung und des Verschuldens durch die Rechtsfigur des Anscheinsbeweises erleichtert. Zum Anscheinsbeweis vgl. RdZ 66ff.. Hierbei steht es selbstverständlich dem Schädiger offen, seinerseits die durch Anscheinsbeweis aufgestellte Vermutung zu widerlegen – z. B. das im Rahmen des Anscheinsbeweises vermutete Verschulden für den Schadenseintritt.

Unterschiedlich ist die Beweislastverteilung bei der Geltendmachung von Ansprüchen aus § 823 Abs. 2 BGB in Verbindung mit einem Schutzgesetz. Der Geschädigte muß in der Regel beweisen, daß zwischen der Verletzung des Schutzgesetzes und dem Schadenseintritt ein ursächlicher Zusammenhang besteht.

Von dieser Beweisregel sind nicht betroffen die Ansprüche aus § 909 BGB, §§ 222, 230 StGB i. V. mit § 823 Abs. 2 BGB, da in diesen Fällen der **erste Anschein** für den Kausalzusammenhang zwischen Schutzgesetzverletzung und Schadenseintritt spricht (1).

Im Gegensatz zur Beweislastregelung bei Ansprüchen aus § 823 Abs. 1 BGB wird **das Verschulden des Schädigers vermutet**, wenn die Schutzgesetzverletzung als solche bewiesen ist. Allerdings handelt es sich nicht um eine unwiderlegliche Vermutung, so daß dem Schädiger unbenommen bleibt, den Nachweis fehlenden Verschuldens zu führen (2).

(1) BGH 30.6.64 VersR 64/1082
(2) BGH 12.3.68 NJW 68/1279

XII Verhältnis der Ansprüche aus Unmöglichkeit, Verzug, positiver Vertragsverletzung, Gewährleistung und unerlaubter Handlung

1 Vorbemerkung 156

Der Ingenieur kann bei Nichterfüllung seiner vertraglichen Leistungsverpflichtungen verschiedensten Ansprüchen des Auftraggebers ausgesetzt sein, die teils im Werkvertragsrecht des BGB geregelt sind, teils außerhalb des Werkvertragsrechts normiert sind (z. B. unerlaubte Handlung/§ 823 BGB) und nichtnormierten Ansprüchen (positive Vertragsverletzung, Ansprüchen aus Verschulden bei Vertragsschluß). Im folgenden wird untersucht, in welcher Weise die Ansprüche nebeneinander gegen den Ingenieur geltend gemacht werden können.

2 Ansprüche aus unerlaubter Handlung – Konkurrenz zu vertraglichen Ansprüchen 157

Ansprüche aus unerlaubter Handlung gemäß §§ 823ff. BGB können regelmäßig **neben** den Ansprüchen aus Unmöglichkeit, Verzug, positiver Vertragsverletzung, Verschulden bei Vertragsschluß und Gewährleistungsansprüchen geltend gemacht werden, wenn der Ingenieur die Tatbestände der jeweiligen Ansprüche erfüllt hat.
So kann zum Beispiel die Verletzung der Verkehrssicherungspflicht Schadensersatzansprüche aus positiver Vertragsverletzung sowie aus unerlaubter Handlung auslösen.

3 Ansprüche aus Gewährleistung und Unmöglichkeit 158

Ist die Ingenieursleistung abgenommen, so richten sich etwaige Ansprüche des Auftraggebers ausschließlich nach den Vorschriften des Gewährleistungsrechts gemäß §§ 633ff. BGB oder nach den Regeln der positiven Forderungsverletzung. Steht dem Ingenieur nach Abnahme der Planungsleistungen ein Mängelbeseitigungsrecht wegen bestehender Fehler in der Planung zu, wird die Mängelbeseitigung unmöglich, so finden allein die Vorschriften der §§ 634ff. BGB Anwendung. Die allgemeinen Vorschriften wegen Unmöglichkeit (§ 325 BGB) sind durch die speziale Regelung, die im Werkvertragsrecht getroffen ist, grundsätzlich ausgeschlossen (1).
Geht die Ingenieursleistung (Planungsleistung) vor Abnahme unter, so kommen grundsätzlich die Vorschriften über die Unmöglichkeit (§§ 325ff. BGB) zur An-

wendung, es sei denn, daß die Pläne des Ingenieurs zu einem Zeitpunkt verloren gehen, zu dem die Gefahrtragung auf den Auftraggeber übergegangen ist (§ 644 Abs. 2 BGB).

Beispiel:

Sollten die Pläne auf Bitte des Auftraggebers nicht an ihn, sondern an einen Dritten (Prüfingenieur, Architekt) übersandt werden, so behält der Ingenieur gemäß § 644 Abs. 2 BGB seinen Vergütungsanspruch, wenn die Pläne bei der Versendung verloren gehen.

(1) BGH 20.1.74 WM 74/195; Palandt/Thomas Vorbem. § 633 Anm. 4 b)

4 Ansprüche aus Gewährleistung und Verzug

Zeigen sich bereits vor Abnahme der Planungsleistung des Ingenieurs Mängel und kommt der Ingenieur mit der Mängelbeseitigung in Verzug, so kommen die Vorschriften des § 633 Abs. 3 in Verbindung mit § 634 Abs. 1 BGB zur Anwendung.

Wird die Ingenieursleistung ganz oder teilweise nicht rechtzeitg erbracht, so gilt § 636 Abs. 1 BGB; bei Verschulden des Ingenieurs gelten die Verzugsvorschriften der §§ 284ff. BGB, die von der Regelung des § 636 Abs. 1 BGB ausdrücklich unberührt bleiben (vgl. § 636 Abs. 1 Satz 2).

5 Ansprüche aus Gewährleistung und positiver Vertragsverletzung

Fällt der entstandene Schaden nicht mehr mit dem aufgrund einer fehlerhaften Planung entstandenen Mangel am Bauwerk oder dem Einzelwerk zusammen, so kann der Auftraggeber Schadensersatzansprüche aus positiver Vertragsverletzung **neben** Ansprüchen aus positiver Vertragsverletzung geltend machen. (vgl. zur Abgrenzung der Ansprüche RdZ 125 ff.)

6 Ansprüche aus Gewährleistung und aus Verschulden bei Vertragsschluß

Ansprüche aus Verschulden bei Vertragsschluß können bei Durchführung des Vertrages neben etwaigen Mängelansprüchen nur dann geltend gemacht werden, wenn sich der Verstoß gegen vorvertragliche Fürsorge- und Aufklärungspflichten nicht in der Auswirkung mit der mangelhaften Vertragserfüllung deckt. Andernfalls sind Ansprüche aus Verschulden bei Vertragsschluß durch die werkvertraglichen Gewährleistungsregelungen verdrängt.

7 Gewährleistungsansprüche und Anfechtung 162

Durch die werkvertraglichen Regelungen — insbesondere die Gewährleistungsansprüche gemäß §§ 633ff. BGB — ist die Anfechtung des Werkvertrages wegen Irrtums ausgeschlossen, da das Gewährleistungsrecht die Abwicklung von Ansprüchen wegen bestehender Mängel regelt.

Ausgeschlossen ist durch die werkvertraglichen Regelungen nicht die Anfechtung wegen arglistiger Täuschung gemäß § 123 BGB — sie kann wahlweise neben der Geltendmachung von Gewährleistungsansprüchen durchgeführt werden.

Erfolgt die Anfechtung des Werkvertrages durch den Auftraggeber gemäß § 123 BGB in wirksamer Weise, so ist das gesamte Vertragsverhältnis von Anfang an als nichtig zu betrachten (§ 142 BGB). In diesem Falle ist der Auftraggeber so zu stellen, als sei der Vertragsschluß nicht erfolgt.

Da insoweit die Ansprüche des Auftraggebers nur auf das „negative Interesse" gehen, wird es für den Auftraggeber günstiger sein, die Anfechtung gemäß § 123 BGB nicht zu erklären, sondern Schadensersatz wegen Nichterfüllung oder positiver Vertragsverletzung geltend zu machen, da der Auftraggeber auf diesem Wege **vollen** Schadensersatz verlangen kann (Erfüllungsinteresse).

XIII Gesamtschuldnerische Haftung des Ingenieurs mit Dritten gegenüber dem Auftraggeber

1 Gesamtschuldnerische Haftung von Ingenieur und Architekt 163

Architekt wie Ingenieur erbringen einen geistigen Beitrag zur Erstellung des Bauwerks, sie schulden das Bauwerk selbst nicht als körperliche Sache (1).

Obwohl beide — Architekt und Ingenieur — als vertraglich geschuldete Leistung das „Entstehenlassen" des mängelfreien Bauwerks schulden, sind ihre Leistungen doch so unterschiedlich, daß eine Gesamtschuld im Sinne des § 421 BGB nicht anzunehmen ist.

Eine Gesamtschuld im Sinne des § 421 BGB würde zur Voraussetzung haben, daß Architekt und Ingenieur getrennt die ganze Leistung zu bewirken verpflichtet wären, der Auftraggeber aber die Leistung nur einmal fordern könnte.

Am Beispiel des Statikers wird deutlich, daß keinesfalls eine im Sinne der Gesamtschuld gemäß § 421 BGB gleichartige Leistungsverpflichtung für den Ingenieur und den Architekten besteht. Der Statiker ist aufgrund seiner besonderen Kenntnisse für die konstruktive Durcharbeitung und Berechnung der zu errichtenden baulichen Anlage verantwortlich. Die statischen Berechnungen erfordern Sonderkenntnisse, die der Architekt nicht zu haben braucht. Er braucht aus diesem Grunde auch nicht die statischen Berechnungen nachzurechnen oder zu kontrollieren (2).

Das gleiche gilt für andere Ingenieure, die gerade wegen ihrer besonderen Spezialkenntnisse und Erfahrungen, über die der Architekt nicht verfügt, eingeschaltet werden. Aus diesem Grunde kann der Architekt die Leistungen des Sonderfachmannes nicht erbringen, so daß Ingenieure und Architekt hinsichtlich der Herstellung der baulichen Anlage oder des Einzelgewerkes keine Gesamtschuldner sind (3).

Ingenieur und Architekt sind dagegen dann Gesamtschuldner, wenn sie beide wegen eines Mangels an der baulichen Anlage auf Schadensersatz in Geld wegen Nichterfüllung gemäß § 635 BGB haften. Auch in bezug auf die Erfüllung dieser Verbindlichkeit besteht zwischen ihnen eine **rechtliche Zweckgemeinschaft**, die nicht nur zufällig und absichtslos zustande gekommen ist. Zweck dieser Gemeinschaft ist es, daß Architekt und Ingenieur, jeder auf seine Art, für die Beseitigung desselben Schadens einzustehen haben, der dem Auftraggeber dadurch entstanden ist, daß jeder von ihnen seine vertraglich geschuldeten Pflichten mangelhaft erfüllt hat (4).

Dabei steht es dem Bauherrn frei, sich nach seinem Belieben an den einen oder anderen zu halten – insoweit besteht der Grundsatz der **Gleichrangigkeit**. Nimmt der Auftraggeber einen der beiden Vertragspartner in Anspruch, so ist der andere von seiner Leistungspflicht gegenüber dem Auftraggeber befreit, denn der Auftraggeber kann die Leistung nur einmal fordern.

Der Große Zivilsenat hat in seinem Beschluß vom 1.2.1965 (vgl. Fußn. 4) für den insoweit gleichgelagerten Fall der Gesamtschuld von Architekt und bauausführendem Unternehmer festgehalten, daß ein Gesamtschuldverhältnis zwischen Architekt und ausführendem Unternehmer auch dann besteht, wenn beide unterschiedliche Leistungen gegenüber dem Auftraggeber zu erbringen haben. So ist eine Gesamtschuld anzunehmen, wenn der Architekt Geldersatz zu leisten und der Bauunternehmer Nachbesserungsverpflichtungen zu erfüllen hat. Dies ist damit begründet, daß die Nachbesserungspflicht des Bauunternehmers in eine Schadensersatzverpflichtung übergehen kann, die auf Geldleistung gerichtet ist (§ 635 BGB). Da weitgehend eine Nachbesserungsverpflichtung nach Bauausfüh-

rung für den Ingenieur ebenso abgelehnt wird, wie für den Architekten (5), schulden nach der wohl überwiegenden Ansicht Architekt und Ingenieur von vorneherein inhaltlich dieselbe Leistung — nämlich Schadensersatz in Geld.
Besteht im Einzelfalle aufgrund besonderer Umstände ein Nachbesserungsrecht für den Architekten oder den Ingenieur, so ist dieselbe Ausgangslage gegeben wie beim Gesamtschuldverhältnis von Architekt und ausführendem Unternehmer: Darf der eine noch nachbessern, so kann der Nachbesserungsanspruch des Auftraggebers in einen Geldanspruch übergehen, so daß wieder die für die Anwendung des § 421 BGB gebotene Gleichartigkeit der geschuldeten Leistung vorliegt, wenn der Nachbesserungsanspruch in einen Geldanspruch übergegangen ist.
Aus diesen Gesichtspunkten hat der BGH (vgl. Fußn. 4) das Erfordernis **genauer Identität** der geschuldeten Leistung aufgelockert. Der BGH führt a.a.O. aus, daß unerläßliche Voraussetzung für das Bestehen einer Gesamtschuld nach § 421 BGB sei, daß dem Gläubiger (Auftraggeber) mehrere Schuldner in der Weise haften, daß er sich mit der Leistung eines von ihnen zufriedengeben müsse. Dies sei auch dann der Fall, wenn — bei unterschiedlichen Leistungsverpflichtungen — die Leistung des einen gegenüber dem Auftraggeber dem anderen zugute komme.
Ein derartiges gesamtschuldnerisches Verhältnis hinsichtlich Gewährleistungs- und Schadensersatzansprüche besteht auch für den Architekten und den Ingenieur gegenüber dem Auftraggeber (6). Dies hat das OLG Karlsruhe (7) bestätigt:
„(. . .) beide, Statiker und Architekt, waren beauftragt, Leistungen in bezug auf ein und dasselbe Bauvorhaben zu erbringen, die „ordnungsgemäß ineinandergreifen" sollten. Darüber hinaus sind beide, der Statiker und der Architekt, miteinander dadurch verbunden, daß sie nunmehr für ein und denselben Schaden Ersatz zu leisten haben."
Voraussetzung der gesamtschuldnerischen Haftung gegenüber dem Auftraggeber — es sei dies nochmals wiederholt — ist, daß sowohl der Ingenieur als auch der Architekt für die aufgetretenen Bauwerksmängel verantwortlich sind.
Demgemäß scheidet eine Verantwortlichkeit und damit gesamtschuldnerische Haftung des Architeken dann aus, wenn aufgrund der besonderen Fachkenntnisse des eingeschalteten Sonderfachmannes eine Verantwortlichkeit des Architekten nicht gegeben ist (8). Eine Mitverantwortlichkeit des Architekten ist bei der Erstellung von baulichen Anlagen oder Einzelgewerken, die von Sonderfachleuten mitprojektiert werden, nur dann gegeben, wenn der Architekt **nach Sachlage begründete Zweifel** hätte haben müssen, ob der eingeschaltete Sonderfachmann die Aufgabenstellung überhaupt bewältigen kann, oder wenn der Architekt aufgrund seiner Erfahrung mit nachteiligen Folgen gerechnet haben müßte oder hätte rechnen müssen (9).

Beispiel:

An einem Bauvorhaben zeigt die Decke einer Halle Risse, die Einsturzgefahr signalisieren. Auf die Weigerung der Baubeteiligten (Architekt, Statiker, Bauunternehmer), Nachbesserungsarbeiten durchzuführen oder Schadensersatz zu leisten, läßt der Auftraggeber auf eigene Kosten die Mängelbeseitigung durchführen. Er nimmt den Architekten, Statiker und Bauunternehmer gesamtschuldnerisch in Anspruch.

Hat es der Architekt bei fehlenden eigenen Fachkenntnissen (einschlägige DIN-Normen bezüglich der Standsicherheit) unterlassen, sich ausreichend über die Leistungsfähigkeit des Bauunternehmers zu unterrichten oder dem Auftraggeber die Überwachung der Stahlbetonarbeiten durch den Statiker vorzuschlagen, so ist der Architekt für den eingetretenen Schaden mithaftbar.

Der Bauunternehmer ist zum Schadensersatz verpflichtet, wenn er aufgrund des zur Verfügung stehenden Personals nicht in der Lage war, die Arbeiten plan- und fachgerecht durchzuführen.

Der Statiker hat den eingetretenen Schaden schuldhaft mitverursacht, wenn er in Kenntnis der Tatsache, daß dem Architekten die nötige Sachkunde auf dem Gebiet der Stahlbetonarbeiten fehlte, es unterlassen hat, den Architekten entsprechend zu unterrichten oder den Auftraggeber direkt darauf hinzuweisen, daß er einen Fachmann zur Überwachung der Arbeiten des Bauunternehmers einschalten müsse.

Achtung:

Eine gesamtschuldnerische Haftung von Architekt und Ingenieur kann sich nur dann ergeben, wenn gesonderte Verträge mit dem Auftraggeber bestehen. Bei Vertragsbeziehungen lediglich zwischen Architekt und Ingenieur, haftet der Architekt für die Leistungen des Ingenieurs gemäß § 278 BGB, da der Architekt bei dieser Vertragsgestaltung zur Leistungserbringung allein verpflichtet ist und sich zur Erfüllung dieser seiner Verpflichtung des Ingenieurs bedient.

Daß die Verträge zwischen Auftraggeber, Ingenieur und Architekt zeitlich nacheinander geschlossen worden sind, spielt hierbei keine Rolle (10).

(1) BGH 18.9.67 NJW 67/2259; BGH 26.10.78 NJW 79/214
(2) BGH 17.11.69 BB 70/15; BGH 4.3.71 BauR 71/265 weitere Nachweise bei W. Schmidt, Sonderbeilage 4 zu WM 1972, S. 30
(3) Ebenso für den Bauunternehmer: BGH 1.2.65 GSZ NJW 65/1175 = BB 65/251 = MDR 65/453
(4) vgl. BGH 1.2.65 GSZ NJW 65/1175 (1176); BGH 19.12.68 NJW 69/653
(5) vgl. Werner/Pastor, Der Bauprozeß, RdZ 723
(6) Ingenstau/Korbion, § 13 VOB/B, RdZ 7: BGH 4.3.71 BauR 71/265

(7) OLG Karlsruhe 20.5.70 MDR 71/45; Werner/Pastor, Der Bauprozeß, RdZ 911; OLG Düsseldorf 8.1.73 BauR 73/253
(8) Ingenstau/Korbion, § 4 VOB/B, RdZ 66 b; OLG Düsseldorf 8.1.73 BauR 73/253; BGH 4.3.71 BauR 71/265; Locher/Koeble/Frik, HOAI, – Kommentar, Einl. RdZ 29
(9) Ingenstau/Korbion, § 4 VOB/B, RdZ 66 b; BGH 6.5.65 Schäfer/Finnern Z. 3.01 Bl 318
(10) Ingenstau/Korbion, § 13 VOB/B, RdZ 7 m. w. Nachw.; BGH VersR 65/804

2 Gesamtschuldnerische Haftung von Ingenieur und ausführendem Unternehmer

Projektanten schulden nicht das Bauwerk selbst als körperliche Sache. Vertraglich geschuldete Leistung ist lediglich das „Entstehenlassen" eines mängelfreien Bauwerks oder eines Einzelgewerks. Daß die Planungsleistungen notwendig im Bauwerk realisiert werden, qualifiziert die planerische Arbeit als Teil des Bauwerks gemäß § 638 Abs. 1 BGB (1). Der ausführende Unternehmer dagegen schuldet die Ausführung der Bauleistung und damit die Herstellung des Werkes als körperliche Sache (2).

Da der Inhalt der geschuldeten Leistungen unterschiedlich ist, kann ein Gesamtschuldverhältnis **hinsichtlich der Errichtung des Bauwerks** nicht angenommen werden (3).

(1) BGH 9.7.62 NJW 62/1764; BGH 15.11.73 NJW 74/95
(2) Werner/Pastor, Der Bauprozeß, RdZ 657 m. w. Nachw.
(3) BGH 2.5.63 NJW 63/1401

3 Inhalt der gesamtschuldnerischen Verpflichtung

Ebenso wie Architekt und Ingenieur, sind auch Ingenieur und ausführende Unternehmer in bezug auf die Gewährleistungs- und Schadensersatzansprüche gesamtschuldnerisch gegenüber dem Auftraggeber verpflichtet, wenn sowohl der Unternehmer als auch der Ingenieur die aufgetretenen Bauwerksmängel zu vertreten haben (1). Dabei besteht die Gesamtschuld zwischen Ingenieur und Unternehmer entsprechend dem Beschluß des BGH (2) auch dann, wenn die von Ingenieur und Unternehmer geschuldeten Leistungen zunächst unterschiedlichen Inhalt haben. Haftet z. B. der Unternehmer auf Nachbesserung oder Minderung, der Ingenieur aber auf Schadensersatz wegen Nichterfüllung, so ist nach der Rechtsprechung von einer rechtlichen Zweckgemeinschaft auszugehen. Dies deshalb, weil sich beide Ansprüche in einen Anspruch auf Geldleistung zu Gunsten des Auftraggebers verwandeln können, so daß Identität der geschuldeten Leistungen besteht (3).

(1) BGH 19.12.68 NJW 69/653; BGH 9.3.72 NJW 72/942
(2) BGH 1.2.65 GSZ NJW 65/1175 vgl. auch BGH 19.12.68 NJW 69/653
(3) BGH 19.12.68 NJW 69/653 vgl. auch BGH 9.3.72 NJW 72/942

166 4 Gleichrangigkeit der Ansprüche des Auftraggebers gegen den Ingenieur und den Unternehmer

Da es aufgrund der gesamtschuldnerischen Haftung im Ermessen des Auftraggebers liegt, an wen er sich wegen der aufgetretenen Baumängel halten will, können Ingenieur und ausführender Bauunternehmer gleichrangig in Anspruch genommen werden (1).

Zu beachten ist dabei, daß es keinen allgemeinen Rechtsgrundsatz gibt, nach welchem der Ingenieur neben dem ausführenden Unternehmer wegen aufgetretener Bauwerksmängel nur subsidiär hafte (2).

Etwas anderes gilt nur dann, wenn im Rahmen einer sog. Subsidiaritätsklausel im Ingenieurvertrag vereinbart worden ist, daß eine Inanspruchnahme des Ingenieurs wegen ungenügender Aufsicht und Prüfung bei fehlerhafter Bauausführung des Unternehmers nur im Falle des Unvermögens des ausführenden Unternehmers zulässig ist.

Achtung:

Diese Klausel gilt nicht bei reinen Planungsfehlern — sie ist lediglich für Fehler der Bauleitung und Überwachungspflicht durch **Individualvereinbarung** zulässig (3).

(1) BGH 7.5.62 NJW 62/1499 = VersR 62/742; BGH 2.5.63 NJW 63/1401
(2) Wussow, Ausgleich zwischen Architekt und Bauunternehmer gemäß § 426 BGB, NJW 74/9ff. m. w. Nachw.
(3) Vgl. RdZ 193; BGH 4.5.70 BauR 70/244

167 5 Gesamtschuldnerische Haftung bei unterschiedlichen Anspruchsgrundlagen

Die Rechtsprechung sieht das Gesamtschuldverhältnis begründet in der rechtlichen Zweckgemeinschaft von Ingenieur, Architekt und ausführendem Unternehmer, einer Zweckgemeinschaft, die gleichartige Verbindlichkeiten gegenüber dem Auftraggeber zum Inhalt hat, da die verschiedenen Leistungspflichten von Architekt, Ingenieur und Bauunternehmer in eine Verpflichtung, Schadensersatz in Geld zu leisten, einmünden können.

Aus diesem Grunde spielt es auch keine Rolle, ob die Ansprüche des Geschädigten aus verschiedenen Rechtsgründen herrühren (Ansprüche aus Vertrag oder unerlaubter Handlung oder positiver Vertragsverletzung) (1).

Beispiel:

Ein Ingenieur fährt mit seinen Planungsunterlagen zur Baustelle. Dort läßt er den Wagen, in dem sich die Pläne befinden, unverschlossen stehen. Der Wagen wird gestohlen. Der Ingenieur haftet hier aus Verletzung einer vertraglichen Nebenpflicht (Obhutspflicht), der Dieb aus unerlaubter Handlung. Beide haften jedoch dem Auftraggeber des Ingenieurs gegenüber gesamtschuldnerisch.

(1) BGH 29.6.72 NJW 72/1802; BGH 27.3.69 NJW 69/1165

6 Gesamtschuldnerische Haftung wegen Planungsfehler des Architekten bei Mitverschulden des Ingenieurs

Beruht ein Baumangel ausschließlich auf einem **Planungsfehler des Architekten**, der für den Sonderfachmann nicht erkennbar war, so entfällt eine gesamtschuldnerische Haftung des Ingenieurs. Demgemäß kann der Auftraggeber Schadensersatzansprüche wegen **ohne Mitverschulden** des Ingenieurs entstandener und in den alleinigen Verantwortungsbereich des Architekten fallender Baumängel nicht gegen den Ingenieur geltend machen.

Liegt der Planungsfehler beim Architekten, hat jedoch der Ingenieur den Planungsfehler fahrlässig nicht erkannt oder eine **Hinweispflicht** schuldhaft nicht wahrgenommen, so haften sowohl der Architekt als auch der Ingenieur als Gesamtschuldner gegenüber dem Auftraggeber.

Beispiel:

Bei der Konzipierung der Klimaanlage für ein Bürogebäude stellt der Klimafachmann fest, daß der mit der Erstellung der statischen Arbeiten und der Gesamtdurchführung des Projekts betraute Architekt für die Lastabtragung entgegen DIN 1053 Endauflager für Unterzüge in Wänden vorgesehen hat, die lediglich entsprechend den Regeln der Technik für Zwischenauflager hätten eingeplant werden dürfen.

Der Klimafachmann unterläßt einen Hinweis sowohl dem Architekten als dem Auftraggeber gegenüber.

Kurz nach Fertigstellung des Gebäudes zeigt sich eine starke Rissebildung – das Gebäude ist einsturzgefährdet.

Hier haftet der Architekt wegen eines von ihm zu verantwortenden Planungsfehlers, der Ingenieur wegen eines unterlassenen Hinweises, was als Ausfluß des besonderen Vertrauensverhältnisses eine ihm obliegende Nebenpflicht gewesen wäre.

7 Planungsfehler des Ingenieurs

Führt ein Planungsfehler eines Ingenieurs zu einem Bauwerksmangel, so ist eine gesamtschuldnerische Haftung zwischen Architekt und Ingenieur nur dann gegeben, wenn der Planungsfehler vom Ingenieur allein zu vertreten war und der Architekt diesen Planungsfehler schuldhaft nicht erkannt hat, aber ihn hätte erkennen müssen.

Beispiel:

Für ein Großvorhaben ist ein Architekt mit der Architektenplanung, der technischen und geschäftlichen Oberleitung sowie der örtlichen Bauleitung betraut. Der Auftraggeber schließt weiter einen selbständigen Vertrag mit dem Ingenieur ab, der die statischen Berechnungen und Pläne zu erstellen hat.

Kurz nach Fertigstellung des Gebäudes zeigen sich am Neubau eine ganze Reihe von zum Teil meterlangen Rissen, es lösen sich Wandteile von den übrigen Wänden; andere Teile der Wände verschieben sich um mehrere Zentimeter gegeneinander. Nach den Feststellungen eines Sachverständigen sind die entstandenen Mängel darauf zurückzuführen, daß sich ein Teil der Gesamtanlage vom anderen gelöst hat und so eine Verwindung des sich ablösenden Gebäudeteiles eintrat. Ursache für diese Gebäudeverwindung ist, daß sich die Bodenteile, auf denen die Anlage errichtet ist, unterschiedlich gesetzt haben.

Hier haften Architekt und Statiker gesamtschuldnerisch für die eingetretenen Mängel. Zwar hat der Architekt grundsätzlich den Statiker nicht dahingehend zu beaufsichtigen, ob der Statiker die ihm gestellte Aufgabe richtig gelöst hat. Der Architekt übernimmt jedoch die Verantwortung für die Bodenuntersuchungen, so daß er dafür verantwortlich ist, wenn das errichtete Gebäude infolge des unterschiedlich vorbelasteten Bodens sich unterschiedlich setzt. Die Untersuchung der Bodenverhältnisse ist demnach entscheidende Voraussetzung für die mangelfreie Erstellung statischer Berechnungen (1).

Die Haftung des Statikers ergibt sich daraus, daß dieser nicht nur eine **rechnerisch richtige** statische Berechnung anfertigen mußte, sondern auch alles zu berücksichtigen hatte, was ihm an Unterlagen zur Verfügung stand. Insbesondere mußte er anhand der Pläne des Architekten, die nur allgemein dessen Vorstellungen über die Gründung wiedergaben, **in eigener Verantwortung prüfen**, welche besonderen Gründungsmaßnahmen aufgrund der aus den Plänen ersichtlichen örtlichen Gegebenheiten erforderlich waren.

Im Einzelfall kann die Abgrenzung zwischen den Verantwortlichkeiten von Ingenieur und Architekt Schwierigkeiten bereiten — dies gilt insbesondere für das Verhältnis von Architekt und Statiker. Hier greifen die Pflichten von Architekt und Statiker schon bei der Klärung der Aufgabenstellung weit ineinander. In der Regel wird deshalb von einem Gesamtschuldverhältnis auszugehen sein. Hat sich der Auftraggeber für die Lösung einer ganz besonderen Spezialaufgabe (z. B. Klimaanlage) eines Sonderfachmannes bedient, so wird man in der Regel zu einem Gesamtschuldverhältnis nicht kommen. Hier sind auftretende Mängel am Einzelgewerk aufgrund des besonderen Kenntnisstandes des Sonderfachmannes allein dessen Verantwortungsbereich zuzuordnen. Eine Ausnahme gilt nur dann, wenn der Architekt nach **Sachlage** begründete Zweifel hätte haben müssen, ob die Planungsleistung des Ingenieurs zu Fehlern führen kann (2). Dies ist jedoch eine Frage des jeweiligen Einzelfalles (3).

(1) BGH 15.12.66 VersR 67/260; BGH 4.3.71 BauR 71/265; vgl. auch Ingenstau/Korbion, § 4 VOB/B, RdZ 66 b m. w. Nachw.
(2) Brügmann, Die gesamtschuldnerische Haftung der Baubeteiligten gegenüber dem Bauherrn — und die Regelung im Innenverhältnis, BauR 76/383ff. vgl. auch OLG Celle 21.12.67 BauR 70/182
(3) Zur Koordinierungspflicht des Architekten: BGH 28.2.56 NJW 56/787; OLG Celle 21.12.67 BauR 70/162; BGH 29.11.71 NJW 72/447; BGH 11.12.75 BauR 76/138; BGH 7.2.77 BB 77/624

8 Gesamtschuldnerische Haftung bei Planungsfehlern des Ingenieurs und Mitverantwortung des Unternehmers

Ist ein Mangel an einer baulichen Anlage oder an einem Einzelgewerk allein auf einen Planungsfehler des Ingenieurs zurückzuführen, der für den Bauunternehmer **nicht erkennbar war**, so besteht keine gesamtschuldnerische Haftung gegenüber dem Auftraggeber (1).
Bei Planungsfehlern, die der Ingenieur zu vertreten hat, wird jedoch eine gesamtschuldnerische Haftung des ausführenden Unternehmers meist durch eine Verletzung der Mitteilungspflicht gemäß § 4 Nr. 3 VOB/B ausgelöst. Dabei kommt es nicht darauf an, ob der Bauunternehmer mit dem Auftraggeber seine vertraglichen Beziehungen auf der Grundlage der VOB regelt — **die Hinweispflicht** gemäß § 4 Nr. 3 VOB/B ist als **allgemeiner Grundsatz** anerkannt, so daß er auch für BGB-Verträge in vollem Umfange gilt (2). Diese Hinweispflicht gilt auch bei Einschaltung eines mit besonderen Fachkenntnissen ausgestatteten Sonderfachmannes. Muß z. B. der Auftragnehmer aufgrund seiner Sachkunde erkennen, daß der Statiker die Fundamente eines Bauwerkes falsch berechnet hat (die Fundamente sind zu groß angelegt) und würden dadurch dem Auftraggeber erhöhte Kosten entstehen, so ist der Bauunternehmer verpflichtet, für eine Nachprüfung der statischen Berechnungen zu sorgen bzw. den Auftraggeber auf die

falsche Berechnung hinzuweisen. Das gleiche gilt, wenn z. B. der Statiker bei einer großen Wohnanlage an einem langen durchgehenden Balkon keine Dehnungsfugen vorgesehen hat (3).

Hinweispflichten treffen den ausführenden Unternehmer insbesondere dann, wenn er aufgrund seiner eigenen Sachkunde Planungsfehler erkennen muß.

Der Umfang der Hinweispflichten wird in der Praxis meist unterschätzt. In diesem Zusammenhang ist die Zusammenstellung „Berufsbilder des Handwerkes" sehr aufschlußreich, aus der ersichtlich wird, welche Sachkenntnisse die ausführenden Unternehmer im einzelnen haben müssen (4). So hat z. B. der ausführende Handwerker für die Gewerke Zentralheizung und Lüftung Kenntnisse zu haben über Baustatik, Korrosions-, Wärme- und Schallschutz, Kenntnisse der Berechnung des Wärmebedarfs, des Kühlbedarfs und der Rohrsysteme. Hierbei werden Kenntnisse über die einschlägigen VDE-Bestimmungen, über die Vorschriften des Immissionsschutzes, insbesondere die jeweils geltenden VDI-Richtlinien, über die Vorschriften des Gewässer- und Brandschutzes, über **die jeweils geltenden DIN-Normen**, insbesondere die Normen 4102, 4108 und 4109 vorausgesetzt. Ähnliche Kenntnisse werden beim Gas- und Wasserinstallateur-Handwerk vorausgesetzt. Auch hier werden Kenntnisse über Korrosions-, Wärme- und Schallschutz erwartet.

Es liegt auf der Hand, daß sich aus den mit dem Berufsbild der mit der Ausführung betrauten Handwerker verknüpften Anforderungen weitgehende Hinweispflichten ergeben. Das Unterlassen von Hinweisen bei Planungsfehlern führt demgemäß zu einer gesamtschuldnerischen Haftung.

Achtung:

Die rechtzeitige und formgerechte Mitteilung bei Bedenken ist für den ausführenden Unternehmer von entscheidender Bedeutung, will er Schadensersatzansprüchen entgehen. Es gilt:

1. Bei VOB-Verträgen ist die Mitteilung in **Schriftform** vorgeschrieben. Macht der ausführende Unternehmer seine Bedenken mündlich geltend, so kann er sich zwar weitgehend entlasten, doch kann bei Nichtbeachtung der Schriftform eine Vertragsverletzung vorliegen (5).
2. Eine Entlastungsmöglichkeit besteht bei Bedenken für den ausführenden Unternehmer nur dann, wenn er seine Bedenken **dem richtigen Adressaten mitteilt**. In der Regel ist der bauplanende oder bauleitende Architekt zur Entgegennahme von Mitteilungen über Bedenken befugt. Zu beachten ist jedoch, daß eine Mitteilung an den mit der Gesamtleitung beauftragten Architekten erforderlich ist, wenn dieser einen eigenen Bauleiter beauftragt hat (6).

Hat der ausführende Unternehmer Bedenken gegen die vom Ingenieur vorgesehene Durchführung von Bauleistungen, so hat er dem Bauherrn **unmittel-**

bar seine Bedenken mitzuteilen. Dies deshalb, weil der Unternehmer gut daran tut, sich nicht den Kopf über die verschiedenen Leistungs- und Verantwortungsbereiche von Architekt und Sonderfachmann zu zerbrechen.

Neben einer gesamtschuldnerischen Haftung infolge unterlassener Hinweispflichten gemäß § 4 Ziff. 3 VOB/B (7) ist eine Haftung gemäß § 421 BGB zusammen mit dem planenden Ingenieur selbstverständlich dann gegeben, wenn nicht nur die Planungsleistung des Ingenieurs zu einem Bauwerksmangel führen muß, sondern der ausführende Unternehmer zusätzlich die bauliche Anlage oder das Einzelgewerk fehlerhaft errichtet hat (8).

(1) OLG Frankfurt 9.3.73 NJW 74/62; vgl. auch Wussow NJW 74/9ff. m. w. Nachw.
(2) Ingenstau/Korbion, § 4 VOB/B, RdZ 83; BGH 23.6.60 NJW 60/1813
(3) OLG Düsseldorf 8.1.73 BauR 73/252
(4) Raspe/Schubert, Berufsbilder des Handwerks; vgl. auch BGH 9.2.78 MDR 78/657
(5) Ingenstau/Korbion, § 4 VOB/B, RdZ 104 b; BGH 10.4.75 BauR 75/278 = NJW 75/1217
(6) Ingenstau/Kobrion, § 4 VOB/B, RdZ 105 a m. w. Nachw.; BGH 29.9.77 BauR 78/54
(7) BGH 19.12.68 NJW 69/653; BGH 18.1.73 NJW 73/518; BGH 10.4.75 NJW 75/1217
(8) Ingenstau/Korbion, § 13 VOB/B, RdZ 9; Brügmann a.a.O., BauR 76/383

9 Gesamtschuldnerische Haftung von Ingenieur und Unternehmer bei Ausführungsfehlern

Für einen Ausführungsfehler, den nur der ausführende Unternehmer zu verantworten hat, kann der Ingenieur nicht im Rahmen der gesamtschuldnerischen Haftung vom Auftraggeber in Anspruch genommen werden.

Hat der Ingenieur allerdings einen Ausführungsfehler infolge mangelhafter Bauaufsicht mitverursacht, so ist die gesamtschuldnerische Haftung von Ingenieur und Unternehmer gegenüber dem Auftraggeber gegeben.

Der Auftraggeber kann auch hier — wie beim Planungsfehler — nach eigenem Ermessen sowohl den Ingenieur als auch den ausführenden Unternehmer auf Schadensersatz in **voller Höhe** in Anspruch nehmen. Ist für die Durchführung eines Einzelgewerks ein Spezialunternehmen eingeschaltet worden, so besteht eine gesamtschuldnerische Haftung zwischen Ingenieur und ausführendem Unternehmer dann nicht, wenn der Bauunternehmer über einen besonders eingerichteten Betrieb verfügt und zur Lösung der Aufgabe insgesamt in der Lage ist (1) (vgl. auch RdZ 172).

(1) BGH 30.10.75 BauR 76/66 vgl. auch: BGH 2.4.64 – VII ZR 128/62 (unveröffentlicht)

10 Anteilige Gesamtschuldhaftung bei Planungsfehlern

Liegt ein Planungsfehler allein des Architekten vor, führt aber ein Mitverschulden des Ingenieurs zu einem Bauwerksmangel (z. B. unterlassene Aufklärungspflicht), so muß sich der Auftraggeber das Verschulden des Architekten wie eigenes Verschulden anrechnen lassen (vgl. §§ 278, 254 BGB). Insoweit ist der Architekt Erfüllungsgehilfe des Auftraggebers. Er hat dem Sonderfachmann alle Angaben und Pläne zur Verfügung zu stellen, die dem Sonderfachmann eine fehlerfreie Planungsleistung ermöglichen.

In solchen Fällen haftet der Ingenieur gegenüber dem Auftraggeber zwar mit dem Architekten zusammen als Gesamtschulder, **jedoch nur in Höhe seiner eigenen Verschuldensquote (1).**

Einen Planungsfehler des Ingenieurs, den dieser allein zu vertreten hat, muß sich der Auftraggeber gegenüber dem Architekten ebenfalls wie eigenes Mitverschulden anrechnen lassen, da der Ingenieur (z. B. der Statiker) die Verpflichtung des Auftraggebers wahrnimmt, dem Architekten eine einwandfreie Ingenieursleistung zur Verfügung zu stellen. Aus diesem Grunde hat der Auftraggeber ein Verschulden des Ingenieurs im gleichen Umfang zu vertreten wie eigenes Verschulden (2). **Auch hier haftet der Architekt dem Auftraggeber gesamtschuldnerisch nur in der Höhe seiner eigenen Verschuldensquote.**

Liegt ein **Planungsfehler des Ingenieurs** vor, so gilt bei Geltendmachung von Ansprüchen gegenüber dem ausführenden Unternehmer ebenfalls das oben Gesagte: Für einen Planungsfehler des Ingenieurs haftet der ausführende Unternehmer dem Auftraggeber im Rahmen der Gesamtschuld nur nach seiner eigenen Verschuldensquote (3).

Hat allein der Ingenieur den Mangel an der baulichen Anlage oder des Einzelgewerkes infolge fehlerhafter Planung zu verantworten, weil der ausführende Unternehmer den Mangel der Planung nicht erkennen konnte, so ergibt sich folgendes:

Der Unternehmer kann im Prozeß des Auftraggebers einwenden, daß sich der Auftraggeber gemäß §§ 254, 278 BGB das Verschulden des Ingenieurs als seines Erfüllungsgehilfen anrechnen lassen muß. Dies kann dazu führen, daß eine gesamtschuldnerische Haftung des Bauunternehmers gegenüber dem Auftraggeber entfällt (4).

Achtung:

Entfällt die Haftung des Unternehmers wegen eines allein vom Ingenieur zu vertretenden Planungsfehlers, so kann der Auftraggeber gegen den Unternehmer im Rahmen der gesamtschuldnerischen Haftung nicht mit dem Argument vorgehen, der Unternehmer habe gegen den planenden Ingenieur einen Ausgleichsanspruch im Rahmen des Haftungsausgleichs gemäß § 426 BGB.

Das gleiche gilt, wenn der ausführende Unternehmer bei Planungsfehlern des Ingenieurs lediglich in Höhe seiner Mitverschuldensquote haftet (5).

Achtung:

Der Auftraggeber muß sich bei Inanspruchnahme des ausführenden Unternehmers ein Planungsverschulden des Ingenieurs dann überhaupt nicht anrechnen lassen, wenn der Unternehmer den Planungsfehler rechtzeitig erkannt hat und trotz Kenntnis, daß der Fehler zu einem Mangel an der baulichen Anlage oder dem Einzelgewerk führen müsse, eine Mitteilung gegenüber dem Auftraggeber unterlassen hat (6).

(1) Werner/Pastor, Der Bauprozeß, RdZ 910
(2) OLG Düsseldorf 17.9.73 NJW 74/704
(3) BGH 2.10.69 Schäfer/Finnern Z. 2.400 Bl. 47; BGH 27.1.77 WM 77/1004
(4) OLG Frankfurt 9.3.73 NJW 74/62; BGH 15.12.69 BauR 70/57
(5) Werner/Pastor, Der Bauprozeß, RdZ 914
(6) BGH 10.11.77 BauR 78/139

11 Gesamtschuldnerische Haftung bei Ausführungsfehlern und mangelhafter Überwachung durch den Ingenieur 173

Hat eine mangelhafte Ausführung der fehlerfreien Planung zu einem Bauwerksmangel geführt, so haftet der Ingenieur nur dann, wenn er mit der Überwachung der Ausführung betraut war. In diesem Falle kann der Auftraggeber gegen den Ingenieur und den ausführenden Unternehmer seine Ansprüche jeweils in voller Höhe geltend machen. Auch hier steht es dem Auftraggeber frei, an wen er sich wenden will.

Dies gilt nicht, wenn im Vertrag zwischen Ingenieur und Auftraggeber eine Subsidiaritäts-Klausel enthalten ist (vgl. RdZ. 193).

Ein **Gesamtschuldverhältnis** besteht nur dann, wenn der Ingenieur seinen Pflichten aus der Fachbauleitung nicht genügend nachgekommen ist. Dabei ist zu beachten, daß der Ingenieur als Fachbauleiter nicht verpflichtet ist, die Baustelle ständig zu besuchen. Er muß sich aber darüber vergewissern, daß das Bauwerk plangerecht und mangelfrei entstehen kann. Diese Verpflichtung führt dazu, daß der Fachbauleiter bei den wichtigsten Bauabschnitten persönlich die auszuführenden Arbeiten zu überwachen hat oder sich zumindest von der ordnungsgemäßen Ausführung der Arbeiten überzeugen muß, wobei typische Gefahrenquellen seine besondere Aufmerksamkeit erfordern werden.

Kommt beim Planungsfehler für den ausführenden Unternehmer eine quotenmäßige Haftung in Betracht, gilt dies nicht bei Ausführungsfehlern und Aufsichtspflichtverletzungen durch den Ingenieur.

Hier kann der ausführende Unternehmer nicht den Einwand erheben, er sei unzureichend beaufsichtigt worden. Der Auftraggeber schuldet nämlich dem Bauunternehmer keine mangelfreie Aufsichtsführung (1).

(1) Schmalzl, Die Haftung des Architekten und Bauunternehmers, RdZ 227; Werner/ Pastor, Der Bauprozeß, RdZ 914; BGH 18.1.73 BauR 73/190; BGH 29.11.71 NJW 72/ 447; BGH 18.1.73 NJW 73/518; BGH 10.4.75 NJW 75/1217

174 12 Gesamtschuldhaftung außerhalb der Gewährleistung und gegenüber Dritten

Die oben aufgeführten Grundsätze für das Gesamtschuldverhältnis von Architekt, Ingenieur und Bauunternehmer gelten auch, wenn gegenüber dem Auftraggeber oder einem Dritten (insbesondere einem Nachbarn – vgl. § 909 BGB!) außerhalb der Gewährleistung gemäß §§ 631 ff. BGB eine Haftung gegeben ist.

So ist die gesamtschuldnerische Haftung gegeben bei Verletzung der Verkehrssicherungspflicht gem. § 823 Abs. 1 BGB (vgl. §§ 830, 840 BGB). Dasselbe gilt bei Verletzung vertraglicher Nebenpflichten (positive Vertragsverletzung).

Hat der Bauunternehmer seine Bauleistung in einer bestimmten Art und Weise erbracht, die zu einem Schaden bei einem Dritten geführt hat und hat der Auftraggeber die Durchführung der Baumaßnahme in dieser Form **angeordnet**, so trägt der Auftraggeber den Schaden allein, wenn der Auftragnehmer seiner Hinweispflicht gemäß § 4 Ziff. 3 VOB/B genügt hat (vgl. § 10 Ziff. 2 VOB/B).

XIV Haftungsausgleich zwischen Ingenieur und Unternehmer im Innenverhältnis

175 1 Planungsfehler des Ingenieurs

Gemäß § 426 BGB sind Ingenieure und Bauunternehmer bei Inanspruchnahme von einem der beiden durch den Auftraggeber **intern** zum **Ausgleich** verpflichtet. Dabei bemißt sich die auf den Ingenieur und Bauunternehmer entfallende Schadensquote gemäß § 254 BGB jeweils danach, inwieweit der Schadenseintritt von dem einen oder dem anderen Gesamtschuldner verursacht worden ist (1).

Liegt ein Planungsfehler vor, so wird der Ingenieur den Ausgleich im Innenverhältnis zum ausführenden Unternehmer allein zu tragen haben (2).

Eine Alleinverantwortlichkeit ergibt sich für den planenden Ingenieur auch dann, wenn der Bauunternehmer einen Planungsfehler dem Auftraggeber nicht unmittelbar gemeldet hat und so seiner Verpflichtung gemäß § 4 Ziff. 3 VOB/B nicht genügt hat (3).

Im einzelnen unterliegt die Bemessung der Höhe des Ausgleichsanspruchs beim Haftungsausgleich im Innenverhältnis der jeweiligen Beurteilung des Einzelfalls (vgl. hierzu Aurnhammer, Ein Versuch zur Lösung des Problems der Schadensquote, VersR 1974 Seite 1060f.).

(1) BGH 17.5.65 Schäfer/Finnern Z. 3.00 Bl. 90; BGH 27.1.77 WM 77/1004
(2) Wussow NJW 74/9; Locher, Das private Baurecht, 2. Aufl. 1978, RdZ 290
(3) BGH 10.11.77 BauR 78/139

2 Ausführungsfehler des Unternehmers 176

Wie beim Planungsfehler im Innenverhältnis den Ingenieur die alleinige oder überwiegende Verantwortung treffen kann, so ist regelmäßig der ausführende Unternehmer bei Ausführungsfehlern, die zu Mängeln an der baulichen Anlage geführt haben, im Innenverhältnis dem in Anspruch genommenen Ingenieur gegenüber zum Ausgleich verpflichtet. Dabei wird regelmäßig der ausführende Unternehmer den Schaden zum größten Teil zu übernehmen haben (1).

(1) Schmalzl, Die Haftung des Architekten und Bauunternehmers, RdZ 228 m. w. Nachw.; Locher, Das private Baurecht, 2. Aufl. 1978, RdZ 290; Wussow NJW 74/9ff.

3 Besonderheiten der Durchführung des Haftungsausgleichs 177

Der Haftungsausgleich zwischen Ingenieur und ausführendem Unternehmer im Innenverhältnis wird **nicht dadurch berührt**, daß Schadensersatzansprüche des Auftraggebers gegen einen von beiden Ausgleichungspflichtigen **verjährt sind**.

So haftet der Bauunternehmer dem Ingenieur im Innenverhältnis auch dann, wenn der Bauunternehmer mit dem Auftraggeber einen VOB-Vertrag mit einer zweijährigen Verjährungsfrist geschlossen hat und die Ausgleichsklage des von dem Auftraggeber in Anspruch genommenen Ingenieurs nach Ablauf der Zwei-Jahresfrist erhoben wird (1).

Achtung:

Für den Ausgleichsanspruch des Ingenieurs kommt es also nicht darauf an, ob der Bauwerksmangel innerhalb der Gewährleistungsfrist, die zwischen Auftraggeber und bauausführendem Unternehmen vereinbart ist, entdeckt wird.

Unbeachtlich für den Haftungsausgleich im Innenverhältnis ist es auch, ob eine etwaige Werklohnforderung des Bauunternehmers gegen den Auftraggeber verjährt ist.

Im Rahmen der Verjährungsfristen ist zu berücksichtigen, daß der Sonderfachmann sich **nicht treuwidrig verhält**, wenn er gegen den Unternehmer einen Ausgleichsanspruch geltend macht, obwohl er bei Abschluß der Verträge zwischen Auftraggeber und Bauunternehmer mitgewirkt hat und deshalb von der kürzeren Verjährungsfrist weiß (2).

Entscheidend für die Geltendmachung des Ausgleichsanspruchs gemäß § 426 BGB ist — unter dem Gesichtspunkt der Verjährung — allein die Verjährungsfrist des Ausgleichsanspruches gemäß § 426 BGB selbst; sie beträgt 30 Jahre (vgl. Fußn. 2).

Insoweit sind also die Gewährleistungsansprüche der Gesamtschuldner **völlig unabhängig** vom Ausgleichsanspruch gemäß § 426 BGB.

Der Ausgleichsanspruch zwischen den Gesamtschuldnern wird nicht dadurch berührt, daß einer der vom Auftraggeber in Anspruch genommenen Gesamtschuldner im Prozeß mit dem Auftraggeber einen **Vergleich** schließt (3). Dies deshalb, weil der Ausgleichsanspruch gemäß § 426 BGB den Gesamtschuldnern jeweils einen gänzlich unabhängigen Anspruch gewährt. Der Anspruch gemäß § 426 BGB setzt eine Befriedigung des Gläubigers nicht voraus. Soweit also einer der beiden Gesamtschuldner im Falle seiner Inanspruchnahme durch den Auftraggeber einen Rechtsstreit im Wege des Vergleichs erledigen kann, kann der Auftraggeber als Gläubiger der beiden Gesamtschuldner durch Annahme des Vergleichs nicht auf die Ausgleichsforderung des in Anspruch genommenen Gesamtschuldners Einfluß nehmen.

Haftungsbegrenzungen in Form von Verkürzung von Gewährleistungsfristen sowie Haftungsausschlüsse wirken immer nur zwischen den Vertragsparteien, so daß sie beim Haftungsausgleich gemäß § 426 BGB keine Wirkung entfalten können (4).

Umstritten ist, wie sich eine **Subsidiaritäts-Klausel** im Ingenieurvertrag auf den Ausgleichsanspruch zwischen Ingenieur und Bauunternehmer auswirkt.

In der Literatur wird die Meinung vertreten, daß in Fällen der Haftungsbegrenzung und Haftungsbeschränkung, wozu auch die Subsidiaritäts-Klausel gehört, von vorneherein ein Anspruch des Auftraggebers gegen den nicht-haftungsprivilegierten Gesamtschuldner eine Minderung erfahren soll. Der Auftraggeber soll nur einen Anspruch gegen den nichthaftungsbegünstigten Vertragspartner, gemindert um den Verantwortungsanteil des privilegierten Gesamtschuldners, geltend machen können. Damit wird der Schadensersatzanspruch des Auftraggebers gegen den nicht haftungsprivilegierten Vertragspartner von vorneherein gekürzt, so daß eine Ausgleichspflicht unter den Gesamtschuldnern entfällt (5).

Dieser Auffassung hat sich der BGH nicht angeschlossen. In der Rechtsprechung wird die Auffassung vertreten, daß ein Gesamtschuldner gemäß § 426 BGB auch dann in Anspruch genommen werden kann, wenn der andere Teil aufgrund vertraglichen oder gesetzlichen Haftungsausschlusses oder einer Haftungserleichterung dem Auftraggeber zur Schadensersatzleistung nicht verpflichtet ist (6).

Der Auffassung des BGH ist beizutreten:

Die in der Literatur vertretene Auffassung hat den Nachteil, daß die Geltendmachung von Ansprüchen auf zwei verschiedenen Ebenen (Verhältnis der Gesamtschuldner zum Auftraggeber/Verhältnis der Gesamtschuldner untereinander) miteinander vermischt wird — mit der Folge, daß der Auftraggeber gerade die durch die Annahme der gesamtschuldnerischen Verpflichtung im Rahmen des § 421 BGB erleichterte Situation verlieren soll. Er muß bei einer Klage den eingetretenen Schaden der Höhe nach beziffern und kann nicht prüfen, in welcher Höhe welcher der beiden Gesamtschuldner haftet.

Darüber hinaus würde in der von der Literatur vorgeschlagenen Lösung eine Haftungsbeschränkung auf einen **Vertrag zu Lasten Dritter** hinauslaufen, der unzulässig ist (7).

Aus diesem Grunde ist auch bei Vorliegen einer Subsidiaritäts-Klausel im Ingenieurvertrag der zunächst vom Auftraggeber in Anspruch genommene bauausführende Unternehmer in vollem Umfange eintrittspflichtig. Beim Rückgriff gegen den Ingenieur bleibt die Subsidiaritäts-Klausel dann unberücksichtigt.

(1) Locher, Das private Baurecht, 2. Aufl. 1978, RdZ 290; Werner/Pastor, Der Bauprozeß, RdZ 929
(2) BGH 9.3.72 NJW 72/942
(3) BGH 19.12.68 NJW 69/653; BGH 9.3.72 NJW 72/942; BGH 29.6.72 NJW 72/1802
(4) Locher, Das private Baurecht, 2. Aufl. 1978, RdZ 290; BGH 27.6.61 NJW 61/1966; BGH 9.3.72 NJW 72/942
(5) Werner/Pastor, Der Bauprozeß, RdZ 930 m. w. Nachw.
(6) BGH 9.3.72 NJW 72/942
(7) a. A. Wussow NJW 74/9 ff.

XV Beendigung des Ingenieurvertrages

178 1 Vorbemerkung

Nach § 649 BGB kann der Auftraggeber bis zur Vollendung des Ingenieurswerks **jederzeit** den Vertrag kündigen. Das gleiche gilt bei dienstvertraglicher Verpflichtung gemäß § 627 BGB — auch hier hat der Auftraggeber die Möglichkeit, den Vertrag ohne wichtigen Grund durch Kündigung aufzulösen.

Diese jederzeitige Kündigungsmöglichkeit des Auftraggebers widerspricht den Interessen des Ingenieurs und wird der besonderen Situation bei Leistungen im Baugeschehen nicht gerecht. Die Planung von baulichen Anlagen oder Einzelgewerken erfordert mitunter eine langfristige Einstellung eines Ingenieurbüros auf gerade einen Auftrag (gerade bei Großobjekten), so daß die Kündigungsmöglichkeit für den Auftraggeber gemäß §§ 649, 627 BGB für den beauftragten Ingenieur zur Existenzfrage werden kann.

Aus diesem Grunde ist die Kündigungsmöglichkeit für den Auftraggeber gemäß §§ 649, 627 BGB meist durch einzelvertragliche Regelung ausgeschlossen bzw. modifiziert, was die Rechtsprechung ausdrücklich zugelassen hat (1).

(1) BGH 23.10.72 NJW 73/140; OLG Celle 1.11.60 Schäfer/Finnern Z. 3.01 Bl. 149

179 2 Ordentliche Kündigung des Auftraggebers

Gemäß § 649 BGB kann der Auftraggeber bis zum Abschluß der Ingenieursleistung (§ 646 BGB) das Vertragsverhältnis **jederzeit kündigen**. Einer Fristsetzung oder der Angabe von Gründen bedarf es dabei nicht (1).

Gemäß § 649 Satz 2 BGB ist der Ingenieur berechtigt, die vereinbarte Vergütung zu verlangen. Dabei muß er sich jedoch dasjenige anrechnen lassen, was er infolge der Aufhebung des Vertrages an Aufwendungen erspart oder durch anderweitige Verwendung seiner Arbeitskraft erwirbt oder zu erwerben böswillig unterläßt.

Für den gleichgelagerten Fall der Kündigung des Architektenvertrages durch den Auftraggeber nach der gesetzlichen Vorschrift des § 649 BGB hat der BGH (2) entschieden, daß sich der Architekt auf den Honoraranteil gemäß § 649 Satz 2 BGB eine Pauschale für noch nicht ausgeführte Leistungen in Höhe von 40 % der Vergütung anrechnen lassen muß. Dies deshalb, da der gekündigte Vertragspartner in aller Regel nicht in der Lage ist, darzulegen, wie hoch im Einzelfall ersparte Aufwendungen zu Buche schlagen oder anderweitige erlangte Einnahmen auf den vollen Vergütungsanspruch anzurechnen sind. Diese Grundsätze gelten auch für den Ingenieurvertrag, so daß bei Kündigung des Vertrages durch

den Auftraggeber gemäß § 649 BGB der Ingenieur für noch nicht erbrachte Leistungen eine Pauschale in Höhe von 60 % des vollen Honorars zu zahlen hat.
Ist diese Regelung nicht vertraglich fixiert, so hat der Auftraggeber eine höhere Ersparnis als 40 % der vollen Vergütungssumme nachzuweisen, wenn er den Vergütungsanspruch des Ingenieurs über die Pauschalsumme von 40 % für noch nicht erbrachte Leistungen kürzen will (3).

Ist eine vertragliche Regelung zwischen den Parteien in der Weise getroffen, daß bei einer vom Ingenieur nicht zu vertretenden Kündigung durch den Auftraggeber der Ingenieur den Anspruch auf das vertragliche Honorar unter Abzug einer Pauschale von 40 % des Honorars für die noch nicht erbrachten Leistungen behält, so ist diese Klausel zulässig – sie verstößt nicht gegen § 10 Nr. 7 und § 11 Nr. 5 AGB-Gesetz, da die Restvergütung von 60 % noch nicht erbrachter Leistungen nicht unangemessen hoch im Sinne des AGB-Gesetzes ist (4).

(1) Palandt/Thomas § 649 Anm. 1)
(2) BGH 5.12.68 NJW 69/419
(3) BGH 6.6.66 Schäfer/Finnern Z. 3.01 Bl. 351
(4) Umstritten: vgl. Locher/Koeble/Frik HOAI-Kommentar Einl. RdZ 16; a. A. Jagenburg BauR-Sonderheft 1/77 S. 29

3 Kündigung seitens des Auftraggebers aus wichtigem Grunde

Der Auftraggeber kann den Vertrag aus wichtigem Grunde kündigen, wenn ihm das Festhalten am Vertrag nicht mehr zumutbar ist. Die Kündigung des Ingenieurvertrags aus wichtigem Grunde seitens des Auftraggebers setzt ein Verschulden eines der beiden Vertragspartner nicht voraus (1).

Unter dem Begriff „Vertreten des Kündigungsgrundes" ist deshalb zu verstehen, daß der Kündigungsgrund in den **Zuständigkeitsbereich** desjenigen fällt, dem gekündigt wird (2).

Kündigt der Auftraggeber den Ingenieurvertrag aus einem wichtigen Grunde, den der Ingenieur nicht zu vertreten hat, so kann dieser das volle Honorar abzüglich der ersparten Aufwendungen verlangen.

Beispiel:

Der Auftraggeber kündigt einem mit der Planung und Gesamtleitung (einschließlich örtlicher Bauleitung) beauftragten Ingenieur, weil er infolge von Überschreitung der veranschlagten Baukosten nicht mehr in der Lage ist, das Bauvorhaben durchzuführen. Hat der Ingenieur die Kostenüberschreitung nicht zu vertreten und auch keine Kostengarantie übernommen, so kann der Ingenieur das volle

Honorar für die bereits erbrachten Leistungen verlangen — er muß sich lediglich ersparte Aufwendungen anrechnen lassen. In diesen Fällen ist § 650 in Verbindung mit § 645 Abs. 1 BGB nicht anzuwenden (3). Der Ingenieur ist also nicht auf einen Vergütungsanspruch beschränkt, der dem gleisteten Teil der Ingenieursleistung entspricht.

Hat der Auftraggeber den Ingenieurvertrag aus wichtigem Grunde gekündigt, den der Ingenieur zu vertreten hat, so steht dem Ingenieur nur ein Vergütungsanspruch in Höhe der tatsächlich erbrachten Leistungen zu (4). Dies deshalb, da der Ingenieur keinen Nutzen aus einer eigenen Vertragswidrigkeit ziehen soll. Ein Anspruch auf Vergütung bezüglich noch ausstehender Teile seiner Leistung scheidet demgemäß aus.

(1) BGH 23.10.72 NJW 73/140; Lewenton/Schnitzer, Verträge im Ingenieurbüro S. 67
(2) so zutreffend Lewenton/Schnitzer S. 67
(3) BGH 23.10.72 NJW 73/140
(4) BGH 20.3.75 BauR 75/363

4 Kündigung durch den Ingenieur

Ein ordentliches Kündigungsrecht steht dem Ingenieur — anders als dem Auftraggeber — nicht zu. Eine entsprechende Regelung zu § 649 BGB fehlt zu Gunsten des Ingenieurs als Auftragnehmer.

Ein Kündigungsrecht besteht für den Ingenieur nur bei Verletzung einer Mitwirkungspflicht des Auftraggebers gemäß § 642 BGB. Ein Verschulden des Auftraggebers ist zu der Kündigung gemäß § 643 BGB nicht erforderlich.

Beispiel:

Ein Ingenieur ist mit der Planung der Sanitär-Installation eines Objektes beauftragt. Der Auftraggeber wünscht die Einstellung aller Planungsleistungen, da er aus finanziellen Gründen nicht in der Lage ist, den in Aussicht genommenen Beginn der Bauausführung einzuhalten. Es ist völlig offen, wann die Planungsarbeiten wieder aufgenommen werden sollen.

Besteht keine besondere vertragliche Regelung für eine Kündigung, so hat der Ingenieur nur die Möglichkeit, nach § 643 BGB vorzugehen: Er kann den Auftraggeber unter Fristsetzung auffordern, ihm seine Planungsleistungen zu ermöglichen. Mit der Fristsetzung ist die Erklärung zu verbinden, daß bei fruchtlosem Fristablauf der Vertrag gekündigt werde.

Gemäß § 643 Satz 2 BGB gilt der Vertrag dann als aufgehoben, wenn die Frist fruchtlos abgelaufen ist. Hier kann der Ingenieur lediglich einen Anspruch auf

Vergütung der bisher erbrachten Leistungen verlangen – einen Anspruch auf entgangenen Gewinn hat er nicht (§ 645 Abs. 1 Satz 2 BGB). Die Regelung des § 649 Satz 2 BGB gilt also nicht.

In diesen Fällen wird der Ingenieur in seinem eigenen Interesse eine Kündigung gemäß § 643 BGB unterlassen, er wird vielmehr den **Entschädigungsanspruch** gemäß § 642 Abs. 1 BGB geltend machen.

Achtung:
Der Anspruch auf angemessene Entschädigung und Ersatz der notwendigen Aufwendungen besteht **neben** dem Anspruch auf Vergütung gemäß § 645 Abs. 1 Satz 2 BGB. Kündigt der Auftraggeber, so besteht der Anspruch auf angemessene Entschädigung gemäß § 642 Abs. 1 BGB neben dem Vergütungsanspruch aus § 649 BGB (1).
Abgesehen von den Rechten aus § 643 BGB kann der Ingenieur wichtige Gründe zur fristlosen Kündigung geltend machen.
Hat der Auftraggeber den Kündigungsgrund zu vertreten, so kann der Ingenieur das vollständige Honorar abzüglich der ersparten Aufwendungen verlangen.
Hat der Ingenieur den wichtigen Grund selbst zu vertreten, so steht ihm nur ein Vergütungsanspruch entsprechend den bisher erbrachten Leistungen zu. Dies gilt dann nicht, wenn die erbrachten Leistungen für den Auftraggeber unbrauchbar sind (2).

(1) Palandt/Thomas § 642 Anm. 2); Jochem, Die Auswirkungen der unterlassenen Mitwirkungshandlung des Bauherrn gegenüber dem Auftraggeber BauR 76/392
(2) BGH 20.12.76 Schäfer/Finnern Z. 3.007 Bl. 7

5 Formalien der Kündigung aus wichtigem Grunde

Bei einer Kündigung aus wichtigem Grunde ist dem Vertragspartner der Grund anzugeben.
Die Kündigung selbst kann – je nach vertraglicher Vereinbarung – schriftlich oder mündlich erfolgen – sie ist also nicht an eine bestimmte Form gebunden.
Beenden Auftraggeber oder Ingenieur das Vertragsverhältnis aus wichtigem Grunde, so muß dieser wichtige Grund bei Vertragsbeendigung noch gegeben sein. Ein später bekannt gewordener wichtiger Grund kann auch nachträglich genannt werden und einen ursprünglich angenommenen wichtigen Grund ersetzen. Deshalb ist es ohne Bedeutung, wann der wichtige Kündigungsgrund dem Ingenieur oder dem Auftraggeber bekannt geworden ist (1).

(1) BGH 6.2.75 NJW 75/825

183 6 Einvernehmliche Vertragsaufhebung

Haben die Parteien für den Fall der einvernehmlichen Aufhebung des Ingenieurvertrages keine besondere Vereinbarung getroffen, so behält der Ingenieur seinen Honoraranspruch auch für nicht erbrachte Leistungen. Auch hier hat sich der Ingenieur ersparte Aufwendungen anrechnen zu lassen, wenn keine andere Vereinbarung getroffen ist.

Achtung:

Auch bei der einvernehmlichen Vertragsauflösung kann der Auftraggeber einen wichtigen Grund „nachschieben" mit der Folge, daß der Gebührenanspruch des Ingenieurs für nichterbrachte Leistungen entfällt, wenn der Kündigungsgrund zum Zeitpunkt der Vertragsbeendigung vorgelegen hat (1).
Es kommt also lediglich darauf an, ob der Auftraggeber zum Zeitpunkt der einvernehmlichen Vertragsauflösung wegen eines vom Ingenieur zu vertretenden wichtigen Grundes den Vertrag hätte kündigen können.

(1) BGH 18.12.75 BauR 76/140

XVI Haftungsbeschränkung des Ingenieurs durch Allgemeine Geschäftsbedingungen (1)

184 1 Verkürzung von gesetzlichen Gewährleistungsfristen

Der Ingenieurvertrag ist regelmäßig ein Werkvertrag (2). Die gewöhnliche Verjährungsfrist für Nachbesserungs- und Gewährleistungsansprüche richtet sich nach § 638 BGB (5 Jahre bei Bauwerken und 1 Jahr bei Arbeiten an einem Grundstück ohne Bauwerkserrichtung). Demgegenüber haftet der Bauunternehmer oder Handwerker für Mängel an Bauwerksarbeiten 2 Jahre, falls VOB/B vereinbart ist. In beiden Fällen beginnt die Gewährleistungsfrist mit der **Abnahme**. Der Abnahmezeitpunkt kann für den Ingenieur vor dem Abnahmezeitpunkt für die Unternehmerleistungen, aber auch erheblich später liegen, z. B. im Falle des Bauleiters oder Fachbauleiters. In zahlreichen Allgemeinen Vertragsbedingungen (insbesondere Vordrucken) wird daher versucht, die Gewährleistungsfrist durch Allgemeine Geschäftsbedingungen zeitlich zu verkürzen und den Abnahmezeitpunkt vorzuverlegen.

(1) Zum Begriff der Allgemeinen Geschäftsbedingungen vgl. RdZ 11f.
(2) So zum Beispiel für den Statiker: BGH 18.9.1967 NJW 67/2259; BGH 20.1.72 NJW 72/625; BGH 15.11.73 NJW 74/95; BGH 12.10.78 BB 78/1640; für den bauleitenden Architekten: OLG Hamburg 20.3.78 MDR 78/845; BGH 7.3.74 NJW 74/898 = BauR 74, 211; für den Haustechnik-Projektanten: OLG München 5.4.74 NJW 74/2238 m. Anm. Ganten NJW 75/391; für den Vermessungsingenieur: BGH 20.1.72 NJW 72/625 m. Anm. Schlechtriem S. 1554 = VersR 72/54 m. Anm. Ganten; BGH 9.3.72 NJW 72/901; OLG Düsseldorf 19.2.74 BauR 75/68; für den Sachverständigen: BGH 26.10.78 NJW 79/214 m. w. Nachw.

1 a Zeitliche Verkürzung von gesetzlichen Gewährleistungsfristen

Eine Verkürzung der gesetzlichen Gewährleistungsfristen von 5 Jahren bei Bauwerksarbeiten durch AGB ist unwirksam, § 11 Ziff. 10f. AGBG (1). Dem begegnen manche Vordrucke wie folgt: „Die Gewährleistungsfrist beträgt (...) Jahre."
Hier soll dann handschriftlich die ausgehandelte Zahl der Gewährleistungsjahre eingetragen werden. Zwar kann durch eine Individualvereinbarung einzelvertraglich die gesetzliche Gewährleistungsfrist abgekürzt werden (2). Wenn in obenstehender Klausel handschriftlich z. B. die Zahl „zwei" eingetragen wird, läßt dies allein noch nicht erkennen, daß sie von beiden Vertragspartnern in Kenntnis von ihrem Inhalt und ihrer Bedeutung im gegenseitigen freien Aushandeln vereinbart wurde (3). Eine wirksame Individualvereinbarung würde allenfalls vorliegen, wenn die Klausel nach handschriftlicher Eintragung der Zahl „zwei" von den Vertragspartnern abgezeichnet und mit einer kurzen Begründung versehen wird, wie z. B. „Einvernehmlich ausgehandelte Verkürzung der Fristen des § 638 BGB, weil Handwerkerverträge nach VOB/B vergeben werden" (4).

(1) Werner/Pastor, Der Bauprozeß, 3. Aufl., RdZ 1113
(2) BGH 15.12.76 NJW 77/624; BGH 26.10.76 BB 77/59; BGH 8.11.78 NJW 79/367; vgl. Kaiser, Die Bedeutung des AGB-Gesetzes für vorformulierte vertragliche Haftungs- und Verjährungsbedingungen im Architektenvertrag, BauR 77/313, 314; Wolf, Individualvereinbarungen im Recht der AGB, NJW 77/1937ff.; Löwe, Voraussetzungen für ein Aushandeln von AGB, NJW 77/1328f.; Jaeger, „Stellen" und „Aushandeln" vorformulierter Vertragsbedingungen, NJW 79/1569
(3) Vgl. BGH 20.10.76 NJW 77/59
(4) Empfehlung in den Erläuterungen zum Einheitsarchitektenvertrag mit Allgemeinen Vertragsbedingungen (AVA) in DAB 79/395, 398

186 1b Verkürzung der gesetzlichen Gewährleistungsfristen durch fixierte Vorverlegung des Abnahmezeitpunkts

Der Muster-Architektenvertrag der Bundesarchitektenkammer (1) sieht in den AVA folgende Bestimmung vor.

„*§ 8 Verjährung*

(1) Die Ansprüche des Bauherrn gegen den Architekten verjähren in der vertraglich vereinbarten Frist, sofern nicht das Gesetz eine kürzere Verjährung vorsieht. Die Verjährung beginnt mit der Abnahme des Bauwerks. Die Abnahme erfolgt spätestens mit der Ingebrauchnahme.

(2) Für Aufgaben, die danach zu erfüllen sind, beginnt die Verjährung mit deren Beendigung. Sind dem Architekten nur einzelne Leistungsphasen oder besondere Leistungen übertragen, so beginnt die Verjährung mit deren Erfüllung."

Dahinter steckt folgendes Problem, das sich sehr häufig in gleicher Weise für den Ingenieur stellt: Zu den Vertragsleistungen des bauleitenden Architekten — und häufig auch des Ingenieurs — gehören auch die **Rechnungsprüfung**, die **Kostenfeststellung** (HOAI § 15 Abs. 2 Ziff. 8), die **Objektbetreuung** (HOAI § 15 Abs. 2 Ziff. 9), sowie das **Betreiben der Nachbesserungsansprüche** des Bauherrn gegenüber den Unternehmern (2) und die Klärung von Mängelursachen (3). Erst mit Abschluß all dieser Arbeiten ist das versprochene Werk hergestellt (§ 631 Abs. 1 BGB), so daß erst dann eine Abnahme in Betracht kommen kann (4), die die Gewährleistungsfristen in Lauf setzt. Dies kann zu einer unangemessenen langen Gewährleistungsfrist des bauleitenden und objektbetreuenden Ingenieurs führen, da die Leistungsphase 9 des § 15 HOAI (Objektbetreuung) erst mit Ende der Gewährleistungsfristen der bauausführenden Unternehmer beginnt, also z. B. 5 Jahre nach Fertigstellung des Bauwerks. Der Haftungszeitraum des Ingenieurs für Werkmängel kann dann insgesamt 10 Jahre betragen.

Dem begegnet der Musterarchitektenvertrag durch die vorstehend wiedergegebene Klausel. In der Literatur wird eine solche Klausel zum Teil für unwirksam gehalten, weil durch die Vorverlegung des Abnahmezeitpunktes die Verjährungsfrist im Sinne des § 11 Nr. 10f. AGB-Gesetz unzulässig abgekürzt werde (5). Dem kann nicht zugestimmt werden. Es ist anerkannt (6), daß auch beim Architektenvertrag die ausdrückliche vertragliche Vereinbarung einer **Teilabnahme** für einzelne Leistungen zulässig ist. In der bloßen Tatsache, daß der Bauherr das Haus bezieht, liegt gegenüber dem bauleitenden Ingenieur oder Architekten, deren Leistungsumfang zeitlich über die Fertigstellung des Bauwerks hinausgeht, noch keine Abnahme (7). Vielmehr muß eine **Teilabnahme ausdrücklich vertraglich vorgesehen sein** oder bei Fertigstellung des Bauwerks vor Beendigung der sonstigen Architekten- oder Ingenieurleistungen vereinbart werden. Eine solche **Teilabnahmeklausel** kann in der vorzitierten Bestimmung des § 8 der AVA zum Musterarchitektenvertrag gesehen werden. Im Hinblick auf die Unklarheitenregel in § 5 des AGB-Gesetzes, wonach Auslegungszweifel in AGB zulasten des Verwenders der AGB gehen, wäre im Musterarchitektenvertrag eine ausdrückliche Bestimmung über die Teilabnahme empfehlenswert gewesen. Die Klausel verstößt aber auch ohne Erwähnung einer „Teilabnahme" nicht gegen § 11 Ziff. 10f. AGBG, weil ihr Erfolg dem durch das AGB nicht verbotenen Zweck einer Teilabnahme entspricht (8).

Die vorstehenden Fragen stellen sich nicht bei dem nur mit der Planung befaßten Architekten und Ingenieur. Hier beginnen die Gewährleistungsfristen mit dem Zeitpunkt, zu dem der Bauherr unabhängig von der Fertigstellung des Bauwerkes den Entwurf als vertragsgemäße Leistung entgegennimmt (9). Diese Billigung muß für den Ingenieur allerdings erkennbar sein, z. B. durch ungekürzte Honorarzahlung (10) oder Verwendung der Pläne mit Wissen des Planers (11). Das gleiche gilt für den Statiker (12) und den Projektingenieur (13), deren Berechnungen und Pläne ungeachtet der Fertigstellung des Werkes für sich geprüft und abgenommen werden können.

Besonders zu beachten ist, daß die vorzitierte Verjährungsklausel des § 8 AVA sich **nicht** auf diejenigen Ansprüche des Bauherrn bezieht, die durch eine Verletzung einer Nebenpflicht entstehen und zu Schadensersatzansprüchen aus **positiver Vertragsverletzung** wegen eines mittelbaren Schadens führen (14). Vgl. dazu unten RdZ 125, 126.

(1) DAB 79/395, 398
(2) BGH 24.5.73 NJW 73/1457; BGH 16.3.78 NJW 78/1311, 1312; BGH 10.11.77 MDR 78/305
(3) BGH 16.3.78 NJW 78/1311, 1313
(4) BGH 30.12.63 NJW 64/647; BGH 29.10.70 WM 71/101; BGH 29.10.70 BauR 71/60; BGH 2.3.72 BauR 72/251; BGH 13.12.73 BauR 74/137 = NJW 74/367; OLG Stuttgart 28.5.76 BB 76/1434, vgl. Trapp, die Beendigung der vertraglichen Leistungspflicht des planenden und bauleitenden Architekten, BauR 77/322, 324
(5) Kaiser, Die Bedeutung des AGB-Gesetzes für vorformulierte vertragliche Haftungs- und Verjährungsbedingungen im Architektenvertrag, BauR 77/313, 321; vgl. für den Steuerberater: BGH 22.2.79 MDR 79/572
(6) BGH 30.12.63 NJW 64/647; BGH 29.10.70 WM 71/101; OLG Stuttgart 28.5.76 BB 76/1434
(7) BGH 30.12.63 a.a.O. und OLG Stuttgart 28.5.76 a.a.O. (Fußn. 6); OLG Hamm 16.11. 73 MDR 74/313
(8) Die von Weitnauer (Einige Fragen zum Verhältnis von VOB und AGB, BauR 78/73, 77) vertretene Auffassung, daß eine Teilabnahme von Bauleistungen nicht üblich sei, kann von einem Praktiker des Bauwesens nicht bestätigt werden.
(9) BGH 9.7.62 NJW 62/1764, 1765; BGH 6.2.64 NJW 64/1022; für den Projektingenieur: OLG München 5.4.74 NJW 74/2238; für den Bodengutachter: BGH 26.10.78 NJW 79/214, 215
(10) BGH 26.10.78 NJW 79/214, 215
(11) BGH 15.11.73 NJW 74/95, 96
(12) BGH 18.9.67 NJW 67/2259; BGH 15.11.73 NJW 74/95
(13) OLG München 5.4.74 NJW 74/2238
(14) Vgl. BGH 16.12.69 BauR 70/185; BGH 7.2.77 MDR 77/486; BGH 16.3.78 NJW 78/1311, 1313

187 2 Haftungsbegrenzung auf die Versicherungs-Deckungssumme

Zum Teil wird in AGBs jeder Schadensersatzanspruch, gleich aus welchem Rechtsgrunde, auf Schäden beschränkt, die der Planer oder Ingenieur dem Grunde und der Höhe nach durch Versicherung seiner gesetzlichen Haftpflicht gedeckt hat oder zu tarifmäßigen üblichen Bedingungen hätte decken können (1). Es handelt sich um eine Schadenspauschalierungsabrede, die auch in AGBs nicht grundsätzlich unzulässig ist (2). Diese Abrede ist nicht von § 11 Nr. 5 AGBG erfaßt, der eine AGB-Schadenspauschale für unzulässig erklärt, die den zu erwartenden Schaden „übersteigt". Die Klausel kann aber im Einzelfall gemäß § 9 AGB-Gesetz unwirksam sein, wenn der Bauherr hier in einer gegen Treu und Glauben vorstoßenden Weise unverhältnismäßig benachteiligt wird (3). Diese Haftungsbeschränkung auf die Versicherungs-Deckungssumme greift überhaupt **nicht**, wenn der Schaden **vorsätzlich** oder **grobfahrlässig** verursacht ist (4), da § 11 Nr. 7 AGBG in diesen Fällen einen Ausschluß oder eine Begrenzung der Haftung durch AGB für unzulässig erklärt. Siehe dazu unten RdZ 188, 189.

(1) So § 5 der AVA zum Einheits-Architektenvertrag der Bundesarchitektenkammer
(2) BGH 10.11.76 NJW 77/381 m. w. Nachw.; Palandt/Heinrichs, AGBG § 11 Anm. 5; Ulmer/Brandner/Hensen, AGBG, § 11 Nr. 5 Anm. 10; Dittmann/Stahl, ABGB, RdZ 189
(3) BGH 27.11.74 BGHZ 63, 256; BGH 10.11.76 NJW 77/381, 382
(4) Palandt/Heinrichs, AGBG § 11 Anm. 7 b

188 3 Haftungsausschluß bei grobem Verschulden

Unwirksam ist nach § 11 Nr. 7 AGBG

„ein Ausschluß oder eine Begrenzung der Haftung für einen Schaden, der auf einer **grob fahrlässigen Vertragsverletzung** des Verwenders oder auf einer vorsätzlichen oder grob fahrlässigen Vertragsverletzung eines **gesetzlichen Vertreters** oder **Erfüllungsgehilfen** des Verwenders beruht; dies gilt auch für Schäden aus der Verletzung von Pflichten **bei den Vertragsverhandlungen**".

Diese Bestimmung gilt auch für Schäden aus positiver Vertragsverletzung (1) und ist für Ansprüche aus unerlaubter Handlung entsprechend anwendbar (2).

(1) Palandt/Heinrichs, 38. Auflage, § 11 AGBG Anm. 7
(2) Palandt/Heinrichs a.a.O. (Fußnote 1); Döbereiner/v. Keyserlingk, Sachverständigen-Haftung, 1979, RdZ 230; Ulmer/Brandner/Hensen, AGBG, § 11 Nr. 7 RdZ 230; BGH 7.2.79 WM 79/435

4 Haftungsausschluß und Haftungsbegrenzung bei positiver Vertragsverletzung

Eine Vertragsverletzung, die zu einem Werkmangel oder zu einem mit einem Werkmangel eng zusammenhängenden Schaden führt, beurteilt sich immer nach den gesetzlichen Gewährleistungsvorschriften (1). Bei Vertragsverletzungen, die nicht zu einem Werkmangel führen oder entferntere Folgeschäden betreffen, gelten die Regeln über die positive Vertragsverletzung mit dreißig-jähriger Verjährung (2). Das gilt z. B. bei einer **Verletzung folgender Nebenpflichten**

— Unterstützung des Bauherrn durch Architekten zur Durchsetzung von Gewährleistungsansprüchen gegenüber Unternehmern (3);
— Beratungspflicht durch Statiker — unterlassene Zuziehung eines Fachmannes (4);
— Pflicht des Architekten zur Aufklärung über eigene Fehlleistungen (5);
— Aufklärungspflicht des Architekten über Vorschriften des öffentlichen Rechts oder der steuerlichen Baubegünstigung (6);
— Koordinierungsfehler des Architekten oder Ingenieurs, soweit er nicht zu einem Baumangel, sondern zu entfernterem Folgeschaden geführt hat (7);
— falsche Rentabilitätsberechnung des Architekten (8);
— fehlerhafte Kostenschätzung, aufgrund derer es zum Vertrag gekommen ist (9);

(1) BGH 20.1.72 NJW 72/625; BGH 9.3.72 WM 72/540 (Merkantiler Minderwert durch falsche Gebäudeeinmessung des Vermessungsingenieurs); BGH 27.2.75 Betrieb 75/1263; BGH 28.2.66 Schäfer/Finnern Z. 3.01 Bl. 348 (unwirtschaftliche Statikerberechnung); vgl. im einzelnen RdZ 49
(2) BGH 16.3.78 NJW 78/1311, 1313 m. w. Nachw.; BGH 22.3.79 BauR 79/321 = NJW 79/1651 m. w. Nachw.
(3) BGH 24.5.73 NJW 73/1457; BGH 10.11.77 MDR 78/305; BGH 16.3.78 NJW 78/1311, 1312
(4) BGH 6.5.65 Schäfer/Finnern Z. 3.01 Bl. 318
(5) BGH 16.3.78 NJW 78/1311
(6) BGHZ 60/1, = NJW 73/237
(7) BGH 7.2.77 NJW 77/714
(8) BGH 12.6.75 NJW 75/1657
(9) BGH 12.7.71 WM 71/1371; BGH 24.6.71 WM 71/1366

4a „Unmittelbarkeitsklausel"

Häufig werden durch AGB Klauseln festgelegt, wonach sich die Haftung des Ingenieurs auf die **unmittelbaren Schäden am Bauwerk** beschränkt. Diese Klausel besagt nur, daß für Folgeschäden aus Bauwerksmängeln nicht gehaftet wird; hingegen wird dadurch die Haftung für Vertragsverletzungen, die nicht zu einem Bauwerksmangel geführt haben, nicht ausgeschlossen. Der BGH hat hierzu ausgeführt: (1)

„Die Bestimmung ist als formularmäßige haftungsbeschränkende Klausel eng auszulegen. Sie bezieht sich nur auf Fälle, in denen durch eine fehlerhafte Architektenleistung (‚Mangel des Architektenwerks') ein Mangel am Bauwerk entstanden ist. Nur in diesen Fällen beschränkt die Bestimmung die Haftung des Architekten auf ‚den Ersatz des unmittelbaren Schadens am Bauwerk' und schließt seine Haftung für ‚Folgeschäden' aus dem Bauwerksmangel aus. Fälle hingegen, in denen die Vertragsverletzung des Architekten nicht zu einem Bauwerksmangel und demgemäß nicht zu ‚Folgeschäden' hieraus geführt hat, sind durch § 7 S. 2 der Allgemeinen Vertragsbestimmungen zum Architektenvertrag nicht geregelt. Insoweit besteht keine Haftungsbeschränkung.
Der Senat hat demgemäß bereits mehrfach entschieden, daß sich diese Klausel nicht bezieht auf die Verletzung vertraglicher Nebenpflichten des Architekten (BGH, MDR 1971/474 = NJW 1971/1130; MDR 1972/40 = NJW 1971/1840, 1842, VersR 1971/1041).
Aus demselben Grunde greift § 7 S. 2 auch bei einem Planungsfehler des Architekten dann nicht ein, wenn dieser Planungsfehler nicht zu einem Mangel am Bauwerk geführt hat, weil z. B. das Bauwerk nicht errichtet, die Planung vor ihrer Verwirklichung aufgegeben worden ist (BGH, MDR 1972/407 = WM 1972/ 540). Ebenso tritt die Haftungsbeschränkung nicht ein, wenn ein Koordinierungsversagen des Architekten geltend gemacht wird, das nicht zu einem Mangel am Bauwerk geführt hat. Ein solches Koordinierungsversagen kann erhebliche Schadensersatzansprüche auslösen. Oft führt es zu Bauverzögerungen oder – wie hier – zu unnützen Aufwendungen, ohne jedoch einen Bauwerksmangel oder einen Folgeschaden zu verursachen."

Diese Grundsätze gelten auch für den Ingenieurvertrag.

Soweit die Haftung aus Schadensfolgen, die unmittelbar aus Bauwerksmängeln resultieren, zulässigerweise beschränkt wird, gilt dies nicht für eine Haftung aus grobem Verschulden (§ 11 Nr. 7 AGBG) (2) und für eine Haftung aus unerlaubter Handlung (3). Etwas anderes wird man nur annehmen können, wenn die Beschränkungsklausel gelten soll „für sämtliche Schadensersatzansprüche, gleich wie, wann und aus welchem Rechtsgrunde sie entstehen" (4).

(1) BGH 7.2.77 MDR 77/486 = NJW 77/714; vgl. u. a. Hesse, Haftungsbeschränkungen in Architektenverträgen, BauR 70/193, 198f.; ders., Einheits-Architektenvertrag und AGB, BauR 75/80ff.; Hochstein, BauR 72/8ff.; Bindhardt, Die Haftung des Architekten, 7. Aufl. 1974, S. 219; Schmalzl, Die Haftung des Architekten und Bauunternehmers, RdZ 51, 52, 76, 237; Kaiser, Die Bedeutung des AGB-Gesetzes für vorformulierte vertragliche Haftungs- und Verjährungsbeschränkungen im Architektenvertrag, BauR 77/313, 317; Jagenburg, Der Einfluß des AGB-Gesetzes auf das private Baurecht, BauR-Sonderheft 1/1977, S. 27ff.; Locher, Das private Baurecht, 2. Auflage, RdZ 310
(2) Kaiser a.a.O., S. 317; h. M.

(3) BGH 24.4.75 NJW 75/1315; Ulmer/Brandner/Hensen, AGB-Gesetz, § 11 Nr. 7 RdZ. 28; Palandt/Heinrichs, 38. Aufl., AGBG § 11 Anmerkung 7 b; Döbereiner/von Keyserlingk, Sachverständigen-Haftung, 1979, RdZ. 232; a. A. Kaiser a.a.O. (Fußn. 1) S. 317
(4) Vgl. für eine inhaltlich ähnliche Regelung BGH 16.3.78 NJW 78/1311, 1313 r. Sp. Mitte sowie BGH 7.2.79 WM 79/435

4 b Zeitliche Beschränkungsklauseln

Nach § 8 AVA zum Einheits-Architektenvertrag der Bundesarchitektenkammer beginnt die Verjährung für Aufgaben, die nach der Abnahme bzw. Ingebrauchnahme des Bauwerks zu erfüllen sind, mit deren Beendigung. Dabei gilt die „vertraglich vereinbarte Frist". Eine solche Klausel erstreckt sich nur auf Erfüllungs- und Schadensersatzansprüche wegen mangelhafter Erfüllung des Architekten- bzw. Ingenieurwerkes (§§ 633–635 BGB), nicht aber auf Ansprüche aus **positiver Vertragsverletzung** (1). Der Architekt oder Ingenieur haftet hier also 30 Jahre für entferntere Mängelfolgeschäden. Dem kann er nur durch eine Klausel entgehen, wonach die vereinbarte Verjährungsfrist für **alle Ansprüche des Bauherrn gelten sollen, gleichgültig wie, wann und aus welchem Rechtsgrund sie entstehen** (2).

Eine solche Beschränkung gilt allerdings nicht für eine **grobfahrlässige Vertragsverletzung** (§ 11 Nr. 7 AGBG) (3). Eine Verkürzung der dreißig-jährigen Verjährungsfrist für positive Vertragsverletzung ist durch AGB für den Fall einfacher Fahrlässigkeit zulässig, da es sich insoweit nicht um eine „gesetzliche Gewährleistungsfrist" im Sinne des § 11 Nr. 10f. AGB-Gesetz handelt. Allerdings unterliegt eine solche Haftungsbeschränkung der Inhaltskontrolle nach § 9 AGBG (4). Unzulässig wäre danach eine Klausel, die wirtschaftlich – z. B. durch übermäßige zeitliche oder summenmäßige Haftungsbegrenzung – auf einen tatsächlichen Haftungsausschluß hinausliefe (5).

(1) BGH 16.3.78 NJW 78/1311, 1313
(2) BGH 16.3.78 a.a.O.
(3) Werner/Pastor, Der Bauprozeß, 3. Auflage, RdZ 1067; Jagenburg, BauR-Sonderheft 1/1977, S. 28; „Zur Teilunwirksamkeit von AGB-Klauseln" siehe Kötz, NJW 79/785ff.
(4) Kaiser, BauR 77/313, 320
(5) Werner/Pastor, Der Bauprozeß, 3. Auflage, RdZ 1052

192 4 c Die Verschuldens-Nachweis-Klausel

Nach verschiedenen AGB – z. B. nach § 5 AVA zum Einheitsarchitekten-Vertrag der Bundesarchitektenkammer – wird eine Haftung davon abhängig gemacht, daß der Architekt bzw. Ingenieur den Schaden „nachweislich schuldhaft verursacht" hat.

Diese Klausel ist insoweit unwirksam, als, abweichend von der gesetzlichen Regelung (§ 634 BGB) (1), Wandelung und Minderung **vom Verschulden abhängig** gemacht werden (§ 11 Nr. 10 a AGBG) (2).

Die Klausel ist auch insoweit unzulässig, als mit dem Wort „nachweislich" die Beweislast des Architekten umgekehrt wird. Nach der Rechtsprechung hat sich der Architekt oder Ingenieur bezüglich seines Verschuldens zu entlasten, wenn ein zu einem Schaden führender Mangel der Architektenleistung feststeht (3). Die Beweislast-Umkehr-Regelung durch das Wort „nachweislich" verstößt gegen § 11 Nr. 15 AGBG, soweit dem Bauherrn die Beweislast dafür auferlegt wird, daß er dem Ingenieur oder Architekten dessen Verschulden am Mangel oder Schaden nachweisen muß (4).

(1) Hesse, Haftungsbeschränkungen in Architektenverträgen, BauR 70/193, 194, m. w. Nachw.
(2) Jagenburg, BauR – Sonderheft 1/77, S. 28; Kaiser BauR 77/313, 318; Locher, Das private Baurecht, 2. Aufl. RdZ 313
(3) BGH 11.2.57 Schäfer/Finnern Z. 2.2 Bl. 5; BGH 23.10.58 BGHZ 28, 251; BGH 12.10.67 VersR 67/1194; BGH 26.4.73 BB 73/1191; BGH 5.7.71 WM 71/1271; BGH 2.12.76 BauR 77/202; vgl. dazu Locher, Zur Beweislast des Architekten, BauR 74/293 Ganten, Kriterien der Beweislast im Bauprozeß, BauR 77/162
(4) Locher, Das private Baurecht, 2. Aufl., RdZ 314; Jagenburg a.a.O. (2) S. 29; Gnad, Auswirkungen des AGB-Gesetzes auf die künftige Gestaltung von Architektenformularverträgen, Schriftenreihe der Dt. Gesellsch. f. Baurecht, Bd. 4, S. 12; Kaiser, BauR 77/313, 318

193 4 d Die „Subsidiaritätsklausel"

Nach dieser Klausel wird eine Inanspruchnahme des Ingenieurs oder Architekten davon abhängig gemacht, daß wegen eines Bauaufsichtsfehlers vom Bauherrn vorher der Unternehmer haftbar gemacht wird, die Durchsetzung von Ansprüchen aber am Unvermögen des Unternehmers scheitert (1). Diese Klausel ist durch **Individualvereinbarung** zulässig (2), jedoch nur im Bereich der Bauleitung, **nicht hingegen bei Planungsfehlern** (3). Soweit durch AGB eine Subsidiärhaftung von einer vorherigen **gerichtlichen** Inanspruchnahme eines Dritten abhängig gemacht wird, ist diese Klausel wegen Verstoßes gegen § 11 Nr. 10 a

AGBG unwirksam (4). Wirksam bleibt aber eine Subsidiaritätsklausel, nach welcher der Bauherr vor dem Architekten oder Ingenieur den Unternehmer außergerichtlich in Anspruch nehmen muß (5).

(1) vgl. Lewenton/Schnitzer, Verträge im Ingenieurbüro, 1974, S. 63 f.; Wussow, Auslegung der Subsidiaritätsklausel in Architektenverträgen, NJW 70/113; Schmalzl, die Haftung des Architekten und des Bauunternehmers, Rdn. 221ff.; Tschenitschek, Die subsidiäre Haftung des Architekten, NJW 63/1133ff.
(2) Werner/Pastor, Der Bauprozeß, 3. Aufl. RdZ. 1069 m. w. Nachw.
(3) BGH 4.5.70 WM 70/964 = BauR 70/244; BGH 23.3.70 BauR 70/180
(4) Kaiser. BauR 77/313, 318; Werner/Pastor a.a.O. (Fußnote 2) RdZ. 1072; Jagenburg, BauR-Sonderheft 1/1977, S. 28
(5) Palandt/Heinrichs, 38. Aufl., AGBG § 11 Anm. 11 b; Ulmer/Brandner/Hensen, AGBG § 11 Nr. 10 RdZ 18; Kaiser a.a.O. (Fußnote 4) S. 318

5 Haftungsbeschränkung, Gesamtschuld und Ausgleichspflicht 194

Der Ingenieur und der Unternehmer haften bei Bauaufsichts- bzw. bei Ausführungsmängeln gesamtschuldnerisch (1). Der vom Bauherrn zuerst in Anspruch genommene Gesamtschuldner kann dann vom anderen Gesamtschuldner Ausgleich in Höhe von dessen Verschuldensanteil verlangen (2). Beim Planungsfehler haftet der Unternehmer von vornherein nur in Höhe seiner Verschuldensquote (3), wenn auch gesamtschuldnerisch mit dem Planer (4). Auch hier besteht ein interner Ausgleichsanspruch (vgl. im einzelnen RdZ 175ff.).
Der Ausgleichsanspruch des einen Gesamtschuldners gegen den anderen (§ 426 Abs. 1 BGB) entsteht nicht erst mit der Befriedigung des Gläubigers (5). Er verjährt in 30 Jahren (6). Ein nachträglicher Erlaß des Gläubigers gegenüber einem Gesamtschuldner verändert – ohne vereinbarte Gesamtwirkung (§ 423 BGB) – nicht die Ausgleichspflicht zum Nachteil des anderen Gesamtschuldners (7). Auch eine vertragliche Haftungsbeschränkung zwischen Gläubiger und einem Gesamtschuldner hat keinen Einfluß auf den Ausgleichsanspruch der Gläubiger untereinander (8).

(1) BGH 2.10.69 Schäfer/Finnern Z. 2.400 Bl. 47; BGH 27.1.77 WM 77/1004
(2) BGH 9.3.72 NJW 72/942; BGH 29.6.72 NJW 72/1802
(3) BGH 27.1.77 WM 77/1004
(4) BGH 4.3.71 BauR 71/265
(5) BGH 9.3.72 NJW 72/942; BGH 29.6.72 NJW 72/1802, 1803
(6) BGH 9.3.72 NJW 72/942, 943
(7) BGH 9.3.72 a.a.O.
(8) BGH 27.6.61 NJW 61/1966; vgl. hierzu im einzelnen Döbereiner/v. Keyserlingk, Sachverständigenhaftung, 1979, RdZ 200 m. w. Nachw.

C Die Haftung des Ingenieurs für private Gutachten, Ratschläge und Empfehlungen

195 I Rechtsnatur des Gutachtensvertrages

Ein Vertrag, der die Erstellung eines Gutachtens zum Gegenstand hat, ist regelmäßig ein **Werkvertrag** (1). Dabei spielt es keine Rolle, ob eine Feststellung getroffen oder eine Bewertung vorgenommen wird. Unzutreffend ist die gelegentlich geäußerte Meinung (2), daß das Festhalten ordnungsgemäßer oder mangelhafter Zustände noch keine Begutachtung sei. Die verantwortliche Feststellung, ob etwas ordnungsgemäß ist oder nicht, setzt regelmäßig eine wertende Subsumierung voraus. Daher sind Feststellungen in Sachverständigengutachten regelmäßig Wertungen (3). Bei solchen Feststellungen durch Sachverständige handelt es sich also regelmäßig um Gutachten (4).

(1) BGH 10.6.76 BauR 76/354 = BGHZ 67/1,4 m. Anm. Doerry LM Nr. 30 zu § 638 BGB; BGH 28.2.74 BB 74/578; BGH 20.10.64 NJW 65/106; BGH 29.11.65 NJW 66/539; BGH 8.12.66 NJW 67/719; BGH 20.1.72 NJW 72/625; BGH 26.10.78 NJW 79/214f.; Ingenstau/Korbion, VOB/A, 8. Aufl., § 7 RdZ A; Werner/Pastor, Der Bauprozeß, 3. Aufl., 1978, RdZ 53; Döbereiner/v. Keyserlingk, Sachverständigen-Haftung, 1979, RdZ. 72; Locher/Koeble/Frik, HOAI, 2. Aufl., § 33 Rdn. 1; Honsell, Probleme der Haftung für Auskunft und Gutachten, JuS 76/621
(2) vgl. Hesse/Korbion/Mantscheff, Komm. z. HOAI, 1978, § 33 Rdn. 1
(3) BGH 21.6.66 NJW 66/2010, 2011; BGH 18.10.77 NJW 78/751
(4) vgl. Döbereiner/v. Keyserlingk, Sachverständigen-Haftung, 1979, RdZ 177; vgl. auch die sehr beachtliche Auseinandersetzung mit der Rechtspr. d. BGH v. Schneider, Der Widerruf von Werturteilen, MDR 78/613

196 II Die Anzeigepflicht bei Ablehnung eines Gutachtens

§ 663 S. 1 BGB lautet:
„Wer zur Besorgung gewisser Geschäfte öffentlich bestellt ist oder sich öffentlich erboten hat, ist, wenn er einen auf solche Geschäfte gerichteten Auftrag nicht annimmt, verpflichtet, die Ablehnung dem Auftraggeber unverzüglich anzuzeigen."

Diese Vorschrift gilt nicht nur für öffentlich-bestellte Sachverständige, sondern auch für Architekten und Ingenieure, die – etwa durch ein Türschild – öffentlich ihre Dienste anbieten, bei denen die Erstellung von Gutachten also zum Berufsbild gehört (§ 33 HOAI). Dies gilt insbesondere auch für „beratende" Ingenieure oder „Institute" auf einem Fachgebiet des Ingenieurwesens, etwa auf dem der Akustik oder der Bodenmechanik. Verletzt ein Ingenieur schuldhaft diese Anzeigepflicht, so haftet er für den Schaden, der dem Auftraggeber aus einer verspäteten oder unterlassenen Ablehnungserklärung entsteht.

(1) Palandt/Thomas, 38. Aufl., § 663 Anm. 1; Döbereiner/v. Keyserlingk, a.a.O. RdZ 26

III Anforderungen an ein „ordentliches" Gutachten

1 Begründung, Verständlichkeit und Nachvollziehbarkeit des Gutachtens

Ein Gutachten ist regelmäßig nur verwertbar, wenn es begründet ist. Die Begründung muß so klar und ausführlich sein, daß sie verständlich, **nachprüfbar** und in ihren wesentlichen Gedankengängen **nachvollziehbar** ist. Für ein Privatgutachten gelten hierbei im wesentlichen dieselben Kriterien wie für ein gerichtliches Gutachten (1). Die Begründung muß in erster Linie nachprüfbar sein (2). Dazu gehört ein **systematischer Aufbau** unter strikter Anwendung aller fachlichen Regeln (3) sowie die Angabe der **Quellen und Erfahrungssätze**, aus denen der Gutachter seine Erkenntnisse gewonnen hat (4). Erforderlich ist vor allem das Bemühen um eine unkomplizierte, **verständliche Sprache**. Nicht alles, was wissenschaftlich ist, muß deshalb auch unverständlich sein (5). Im Gegenteil: Je knapper und konzentrierter Sprache und Satzbau sind, desto klarer sind meist auch die zugrunde liegenden Gedankengänge.

(1) Werner/Pastor, Der Bauprozeß, 3. Aufl., 1978, RdZ 54
(2) so für Mietwertgutachten BVerfG 23.4.74 NJW 74/1499; vgl. zur Nachvollziehbarkeit von Gutachten OLG Frankfurt 18.10.62 NJW 63/400; OVG Münster 17.11.70 GewA 71/103, 104; OLG Frankfurt 24.3.77 BB 78/1690; LG Bremen 17.1.77 NJW 77/2126; OLG Koblenz 5.5.77 DAR 78/26; BGH 14.5.75 – 3StR 113/75 – bei Dallinger, MDR 76/17; BGH 2.2.77 NJW 77/801
(3) Richtlinien zu § 9 Abs. 1 der Muster-Sachverständigenordnung des Deutschen Handwerkskammertages sowie § 9.1.8 Richtlinien zur Muster-Sachverständigenordnung des DIHT
(4) BGH 21.5.75 NJW 75/1156 (Schiedsgutachten); OVG Münster v. 3.5.75 DAR 76/221; LG Mannheim 18.1.78 MDR 78/406 m. w. Nachw.; LG Hamburg 30.4.76 MDR

76/934; vgl. Schneider, Das Mieterhöhungsverfahren – zugleich Anm. zum BVerfG v. 23.4.74 (NJW 74/1499) in MDR 75/1ff.

(5) vgl. dazu Slibar, Möglichkeiten und Grenzen der Rekonstruktion des Unfallherganges, DAR 78/305

198 2 Unparteilichkeit, Objektivität

Beim öffentlich bestellten Sachverständigen ist die Unparteilichkeit und Objektivität eine Grundpflicht seiner beruflichen Tätigkeit (1). Die Pflicht zur Objektivität gilt aber auch für den privaten Gutachter, der nicht öffentlich bestellter Sachverständiger ist (2). Gutachtliche Äußerungen, die nicht objektiv sind und einseitig nur zum Vorteil einer Partei abgefaßt sind („Gefälligkeitsgutachten"), können Haftungsansprüche gegen den Gutachter auslösen (3). Das gilt vor allem dann, wenn solche Gutachten dazu bestimmt sind, als Grundlage für Vermögensdispositionen Dritter zu dienen (Zur Haftung aus fehlerhaften Gutachten gegenüber Dritten siehe RdZ 217ff.).

(1) vgl. dazu BGH 5.12.72 NJW 73/321, 323; BVerwG 27.6.74 GewA 74/333, 337; BayVGH 14.12.72 GewA 74/21; vgl. dazu im einzelnen Döbereiner/v. Keyserlingk, a.a.O. RdZ 20; Bad.-Württ. VGH 8.3.78 GewA 79/18
(2) vgl. Werner/Pastor, Der Bauprozeß, 3. Aufl., 1978, RdZ 54
(3) Ingenstau/Korbion, VOB/A, 8. Aufl., § 7 RdZ 9; Locher/Koeble/Frik, Komm. z. HOAI, 2. Aufl. 1978, RdZ 2

199 3 Gewissenhaftigkeit, Sorgfalt

Von einem Sachverständigen wird erwartet, daß er sein Gutachten „nach bestem Wissen und Gewissen" erstellt (1). Für den öffentlich bestellten Sachverständigen stellen die Handwerkskammern und Handelskammern hierzu in ihren Sachverständigen-Ordnungen detaillierte Einzelkriterien und Anforderungen auf, die die Geltung einer Verkehrssitte erlangt haben und für den öffentlich bestellten Sachverständigen verbindlich sind (2). Diese Sachverständigen-Ordnungen geben insoweit allgemeine Grundsätze wieder, deren Einhaltung im redlichen Geschäftsverkehr von jedem Gutachter erwartet wird, der die Richtigkeit seines Gutachtens nach „bestem Wissen und Gewissen" versichert. Verstößt ein Gutachter gegen diese Grundsätze und wird das Gutachten deshalb unrichtig, so kann der Gutachter für die daraus resultierenden Schäden haftbar sein (3).

(1) vgl. LG Bremen 17.1.77 NJW 77/2126

(2) Döbereiner/v. Keyserlingk, Sachverständigen-Haftung, 1979, RdZ 18; Varrentrapp, Die Stellung des gerichtlichen Sachverständigen, DRiZ 69/351

(3) Zum Schadensersatzanspruch des Bestellers (Bank) gegen den Sachverständigen wegen Schadens aus einer nachlässigen und daher fehlerhaften Grundstücksbewertung vgl. BGH 10.6.76 BB 76/1473 = NJW 76/1502 = BauR 76/354 = MDR 77/44; zur Schadensersatzverpflichtung eines Dritten, der sich auf ein nachlässig erstelltes und darum unrichtiges Bewertungsgutachten verläßt vgl. OLG Frankfurt 19.9.74 WM 75/993; vgl. dazu im einzelnen RdZ 217

3a Überprüfung des Gutachtensthemas in bezug auf den eigenen Wissensstand

Der Gutachter hat sehr sorgfältig zu prüfen, ob er nach seinem **Kenntnisstand** und nach der ihm zur Verfügung stehenden **Ausstattung** in der Lage ist, ein ordentliches und verwertbares Gutachten zu erstellen. Wenn der Gutachter erkennt, daß ein Problem aus einem von ihm nicht beherrschten **Spezialgebiet** vorliegt, darf er den betreffenden Punkt — wenn dieser für das Gutachtensergebnis erheblich ist — nicht einfach offen lassen. Er muß dann vielmehr den Auftraggeber hierauf hinweisen, damit dieser gegebenenfalls einen Spezialsachverständigen heranzieht (1). Unterläßt der Gutachter diesen Hinweis und wird das Gutachten deshalb unrichtig, so kann er den etwaigen Schadensersatzansprüchen des Auftraggebers nicht entgegenhalten, daß er für diese Spezialfrage eben nicht zuständig gewesen sei.

(1) vgl. dazu Grunau, Sachverständige — Universalgenies im Bauwesen, Der Sachverständige, 77/205; Müller, Betrieb 72/1809, 1811; § 9.1.9 Richtlinien zur Muster-Sachverständigenordnung des DIHT; Wellmann, Der Sachverständige in der Praxis, 3. Aufl., 1974, S. 43

3b Beratung des Auftraggebers zum Thema des Gutachtens

Häufig macht sich der Auftraggeber falsche Vorstellungen von dem Sachverhalt, der Grundlage des Gutachtens sein soll. Hier ist der Sachverständige verpflichtet, erst einmal mit dem Besteller des Gutachtens genau zu klären, von welchen tatsächlichen Fakten für die Gutachtenserstellung auszugehen ist sowie den Besteller bei der Abfassung des Gutachtensthemas — also der Aufgabenstellung für das Gutachten — zu beraten (1). Das gilt vor allem dann, wenn von vorneherein abzusehen ist, daß das Gutachten zu einem widersprüchlichen Ergebnis führen wird, mit dem der Besteller dann überhaupt nichts anfangen kann.

Beispiel:

Die Käufer von Eigentumswohnungen rügen starke Schallübertragungen zwischen den Wohnungen. Der Bauträger fordert nun vom Akustiker ein Gutachten darüber, daß die 1978 errichtete Wohnanlage die Mindestanforderungen der DIN 4109 Schallschutz im Hochbau aus dem Jahre 1962 einhält und der Schallschutz „somit" den anerkannten Regeln der Technik entspricht. Hier muß der Akustiker den Besteller darauf hinweisen, daß er bei entsprechenden Meßergebnissen nur die Einhaltung der Anforderungen der DIN 4109 als solche gutachtlich bestätigen könne, nicht hingegen, daß der Schallschutz damit auch den anerkannten Regeln der Technik entspreche. Denn tatsächlich ist die DIN 4109 (1962) schon in bezug auf ihre Mindestanforderungen schon seit vielen Jahren überholt und entspricht somit nicht mehr den Regeln der Technik (2). (Zu den „anerkannten Regeln der Technik" vgl. RdZ 55ff.. Zu den Regeln der Technik im Schallschutz vgl. RdZ 220.).

(1) BGH 28.2.74 BB 74/578, 579; Döbereiner/v. Keyserlingk, Sachverständigen-Haftung, 1979, RdZ 31 m. w. Nachw.
(2) OLG Stuttgart 24.11.76 BauR 77/279; P. Lutz, DAB 78/441; Koch, Zur Bewertung von Lärmbelästigungen durch Diskotheken etc., in Kampf dem Lärm 1976/107, 108; Krane, Lärmbekämpfung aus der Sicht der Verwaltungsbehörden, in Kampf dem Lärm 1975/149ff.

3c Berücksichtigung des Standes von Wissenschaft und Technik

Ein Ingenieur kann ein Gutachten nur dann „nach bestem Wissen und Gewissen" erstellen, wenn er den technischen Fortschritt verfolgt und daher den augenblicklichen Stand technischer und wissenschaftlicher Erkenntnisse berücksichtigen kann (1). Bei der rapiden technischen Fortentwicklung und zunehmenden Auswirkung, Aufgliederung und Spezialisierung mancher Wissensgebiete (2) mit einer Unzahl von Publikationen jeweils für Detailbereiche einzelner Gewerke ist dies für den „Allgemeinpraktiker" ein äußerst schwieriges und zeitlich auch kaum mehr zu bewältigendes Unterfangen (3). Den neuesten Stand der technischen und wissenschaftlichen Entwicklung wird daher auch ein Fachmann nur noch auf einem relativ engen Spezialgebiet überblicken können (4). **Wo aber eine technische Entwicklung zum allgemein anerkannten Erkenntnisstand gehört und in den jeweiligen Fachzeitschriften ausführlich publiziert ist, kann der Gutachter sich zu seiner Entlastung nicht auf die Unkenntnis technischer oder sonstiger Neuerungen berufen (5).**

(1) Musielak, Haftung für Rat, Auskunft und Gutachten, 1974, S. 11, 12; Landmann-Rohmer, Komm. z. GewO, 13. Aufl., § 36 RdZ 38
(2) vgl. dazu OLG München 17.12.73 NJW 74/611, 612 1. Sp.
(3) Zur Verpflichtung und den Möglichkeiten sachgerechter Fortbildung vgl. u. a. Franzius, Voraussetzungen fachgerechter Weiterbildung, in „Der Sachverständige" 1976/38; Müller DB 72/1809, 1811
(4) vgl. OLG München 17.12.73 a.a.O. Fußn. 2
(5) Döbereiner/v. Keyserlingk, Sachverständigen-Haftung, 1979, RdZ 39

IV Plicht zur persönlichen Gutachtenserstattung; Hilfskräfte

Ein Ingenieur — der öffentlich bestellter Sachverständiger ist — darf nach den Sachverständigen-Ordnungen Hilfskräfte zur Vorbereitung des Gutachtens nur insoweit beschäftigen, als er deren Mitarbeit ordnungsgemäß überwachen kann (1). Beim öffentlich bestellten Sachverständigen folgt dies unmittelbar aus seinem Sachverständigen-Eid, wonach er seine Pflichten nach seinem „besten Wissen und Gewissen" erfüllt (2). Die Hinzuziehung von Hilfskräften darf nie zu einer Delegierung der Gutachtenerstellung führen (3). Auch wenn der Sachverständige im Einzelfall Tatsachenfeststellungen einer Hilfskraft übertragen durfte, muß er doch diese Feststellungen — mindestens stichprobenartig — überprüfen und den Schluß hieraus selbst ziehen (4).

Der gerichtliche Sachverständige macht sich unter Umständen strafbar und in einem solchen Fall dann auch schadensersatzpflichtig, wenn er die Richtigkeit eines Gutachtens seiner „Hilfs"-Kräfte nach seinem besten Wissen und Gewissen beeidet, dessen Unrichtigkeit er mangels eigener Überprüfung nicht erkannt hat (5).

Der öffentlich bestellte Sachverständige hat bei der ungeprüften Erstellung eines privaten Gutachtens durch Hilfskräfte ein erhebliches Haftungsrisiko: Die Übertragung der Gutachtensaufgabe als solcher auf Hilfskräfte ist ihm nach den Sachverständigen-Ordnungen untersagt. Diese Regelung hat die Geltung einer Verkehrssitte und ist damit regelmäßig auch Inhalt des Einzelgutachtens-Vertrages (6).

Bei der Erstellung eines Gutachtens durch Hilfskräfte haftet der Sachverständige wegen Verletzung des § 664 Abs. 2 BGB: Die Haftung für die Unrichtigkeit des Gutachtens besteht dann unabhängig von der Vorhersehbarkeit des Schadens oder einem Verschulden der Hilfskräfte (7).

Zwar ist der Gutachtensvertrag ein Werkvertrag, so daß § 664 BGB nicht unmittelbar anwendbar ist. Die Rechtsprechung wendet § 664 BGB aber entsprechend an bei der Übertragung von Aufgaben, die wegen des persönlichen Vertrauensverhältnisses nicht übertragbar sind (8).

(1) vgl. Landmann/Rohmer, Komm. z. GewO, 13. Aufl., § 36 RdZ 33; Stein, Pflichten und Rechte des ö. b. u. v. handwerkl. Sachverständigen unter Berücksichtigung der SVO der HK, Der Sachverständige 1978/71, 74f.; Müller Betrieb 72/1809, 1813
(2) Döbereiner/v. Keyserlingk, Sachverständigen-Haftung, 1979, RdZ 45; Landmann/Rohmer a.a.O.
(3) vgl. BSG 28.3.73 NJW 73/1438; OLG München 17.12.73 NJW 74/611, 612 r.Sp.; Friederichs, Sachverständigenernennung, Hilfskraft und Gutachtenserläuterung, DRiZ 75/336; ders., Sachverständigengruppe und ihr Leiter, JZ 74/257; Mahlberg, Bauwirtschaft 77/1933, 1934; BGH 20.9.78 MDR 79/126 = WM 78/1418; OLG Frankfurt 7.6.77 Rpfl. 77/382
(4) § 23.5 Richtlinien zur Muster-Sachverständigen-Ordnung des DIHT; Müller, Betrieb 72/1809, 1811; vgl. BGH 30.10.68 NJW 69/196
(5) Döbereiner/v. Keyserlingk a.a.O. RdZ 51
(6) Döbereiner/v. Keyserlingk a.a.O. RdZ 28
(7) Palandt/Thomas, BGB-Komm., 38. Aufl., § 664 Anm. 1 a
(8) vgl. Palandt/Thomas, a.a.O. Anm. 4

203a Privatgutachten „freier" Sachverständiger. Hier gibt es keine unmittelbar anwendbare Bestimmung, wonach der Gutachter sein Gutachten persönlich zu erstellen hätte. Es kann aber, je nach Lage des Einzelfalles, stillschweigend Vertragsgrundlage sein, daß der Gutachter sein Gutachten persönlich erstellt. Das kann etwa sein, wenn eine Spezialaufgabe zu lösen ist und der Besteller sich an den entsprechenden Ingenieur gerade wegen dessen Spezialkenntnissen wendet. Denkbar ist auch, daß der Besteller gerade wegen der besonderen Bedeutung des Falles eine persönliche Bearbeitung durch den beauftragten Ingenieur voraussetzen darf. Ähnlich ist es, wenn der Gutachter ungeprüft die Richtigkeit des Gutachtens der Hilfskräfte „nach bestem Wissen und Gewissen" versichert, ohne den Mitarbeiter das Gutachten mitunterschreiben zu lassen. Dann erweckt nämlich der Gutachter den Eindruck, als habe er das Gutachten eigenverantwortlich erstellt. In derartigen Fällen kann die oben in RdZ. 203 beschriebene Haftungsfolge bei entsprechender Anwendung des § 664 Abs. 2 BGB in Verbindung mit dem Rechtsgedanken des § 399 BGB in Betracht kommen.

204 V Die Schweigepflicht

Der **öffentlich bestellte Sachverständige**, der nach dem Verpflichtungsgesetz (1) förmlich verpflichtet ist, kann sich durch eine unbefugte Offenbarung fremder Geheimnisse, die ihm in seiner beruflichen Eigenschaft anvertraut oder sonst bekannt geworden sind, strafbar (§ 203 Abs. 2 Nr. 5 StGB) und auch zivilrechtlich haftbar machen (§ 203 Abs. 2 Nr. 5 StGB i. V. mit § 823 Abs. 2 BGB) (2).

Für den „freien" Sachverständigen gibt es eine derartige ausdrückliche, gesetzliche Verschwiegenheitsverpflichtung nicht. Eine solche Verschwiegenheitsverpflichtung ist aber häufig ausdrücklich vereinbart oder als vertragliche „selbstverständliche Nebenpflicht" (3) vorausgesetzt. Es handelt sich hierbei um eine sich aus dem Grundsatz von Treu und Glauben (§ 242 BGB) ergebende „Leistungstreuepflicht" (4), deren — auch nachvertragliche — Verletzung nach den Regeln über die positive Vertragsverletzung zu einer Schadensersatzverpflichtung führen kann (5). Eine solche Verschwiegenheitsverpflichtung besteht insbesondere dann, wenn sich schon aus den Umständen ergibt, daß der Ingenieur mit einem Betriebs-, Gewerbe- oder sonstigen Geheimnis konfrontiert ist, an dessen Geheimhaltung der Auftraggeber ein natürliches Interesse haben muß. Dies ist regelmäßig der Fall bei neuartigen Fertigungs- oder Vertriebsmethoden, und zwar gerade dann, wenn für sie ein Patent oder Gebrauchsmusterschutz noch nicht besteht.

(1) BGBl. 74 I 469, 547 = Art. 42 EGStGB
(2) LG Krefeld 6.6.78 BB 79/190; vgl. dazu im einzelnen Döbereiner/v. Keyserlingk, Sachverständigen-Haftung, 1979, RdZ 54—62
(3) Der BGH bezeichnet z. B. mit Urt. v. 26.10.53 BB 53/993 und Urt. v. 12.5.58 NJW 58/1232 die Verschwiegenheitspflicht der Bank als „selbstverständliche Nebenpflicht"
(4) Palandt/Heinrichs, BGB-Komm., 38. Aufl., § 276 Anm. 7 c, aa)
(5) vgl. BGHZ 16/11 zur Geheimhaltungspflicht bei einem Vertrag über die Herstellung von Modeneuheiten

VI Nachvertragliche Aufklärungs- oder Berichtigungspflicht

Ist ein Gutachten **von vorneherein falsch,** dann muß der Gutachter den Besteller nachträglich hierauf hinweisen, sobald er die Unrichtigkeit erkennt (1).
Aber auch dann, wenn die für das Gutachten maßgeblichen Umstände sich ändern oder neue Erkenntnisse auftreten, kann eine nachträgliche Aufklärungspflicht des Gutachters bestehen. Das gilt jedenfalls dann, wenn dem Auftraggeber bei einer unterlassenen Aufklärung erheblicher Schaden entstehen kann (2).

(1) BGH WM 62/932; BGH 11.3.71 WM 71/678 (zur nachvertraglichen Beratungspflicht des Architekten); zur Verpflichtung eines Architekten, den Bauherrn (nachträglich) auch über die eigenen Architektenfehler aufzuklären vgl. BGH 16.3.78 NJW 78/1311 = BauR 78/235
(2) Döbereiner/v. Keyserlingk, Sachverständigen-Haftung, 1979, RdZ 43; vgl. BGH 25.6.73 NJW 73/1923, 1924

VII Gewährleistung, Schadensersatz

206 1 Vorbemerkung

Die nachfolgenden Ausführungen nehmen nur zu den Fragen Stellung, die sich spezifisch auf die Besonderheiten des Gutachtens beziehen. Wegen der allgemeinen Erörterung von Gewährleistung, Schadensersatz, Verzug und Unmöglichkeit siehe die jeweiligen Abschnitte in RdZ 52ff., 76ff., 86ff., 97ff., 106ff.

207 2 Der geschuldete Erfolg beim Gutachtensauftrag

Der Vertrag auf Erstellung eines Gutachtens ist ein **Werkvertrag** (1). Nach § 633 Abs. 1 BGB ist ein Werk so „herzustellen, daß es die zugesicherten Eigenschaften hat und nicht mit Fehlern behaftet ist, die den Wert oder die Tauglichkeit zu dem gewöhnlichen oder dem nach dem Vertrage vorausgesetzten Gebrauch aufheben oder mindern".

(1) Nachweise RdZ 195, Fußn. 1; vgl. dazu: Döbereiner, Die Haftung des gerichtlichen und außergerichtlichen Sachverständigen nach der neueren Rechtsprechung des BVerfG und des BGH, BauR 79/282

208 Zugesicherte Eigenschaft

Eine Haftung aus zugesicherter Eigenschaft wird bei einem Sachverständigengutachten nur selten vorliegen. Der Sachverständige darf **Weisungen des Auftraggebers** nur insoweit befolgen und damit Eigenschaften zur Gutachtensaussage nur insofern zusichern, als dadurch das Gutachten nicht objektiv unrichtig wird (sog. „Gefälligkeitsgutachten") (1). Praktisch bedeutsam ist der Fall, daß der Gutachter dem Auftraggeber rät, ein Gutachten erstellen zu lassen, weil der Gutachter jetzt schon mit Sicherheit sagen könne, daß das Gutachten zu einem ganz bestimmten Ergebnis (z. B. Wertminderung von 1 Mio. DM) kommen werde. Wenn dann das Gutachten zu einem tatsächlich zutreffenden, aber von der ursprünglichen „Zusicherung" abweichenden Ergebnis kommt (z. B. Wertminderung 0,5 Mio. DM), dann ist das Gutachten — weil inhaltlich richtig — nicht mangelhaft, und zwar auch nicht unter dem Gesichtspunkt des Fehlens einer zugesicherten Eigenschaft. Hier kann aber in der ursprünglichen falschen „Zusicherung" eine Haftung des Gutachters aus positiver Vertragsverletzung durch einen falschen Rat liegen, wenn die „Zusicherung" schuldhaft nachlässig und ohne den Vorbehalt des tatsächlichen Ergebnisses des in Aussicht genommenen Gutachtens abgegeben worden war (2).

Zugesicherte Eigenschaft

Eine zugesicherte Eigenschaft im Sinne des § 633 Abs. 1 BGB kann aber fehlen, wenn die inhaltliche Ausgestaltung des Gutachtens von einer dahingehenden Zusicherung abweicht, also z. B. zugesicherte Berechnungsmethoden außer acht gelassen wurden, vereinbarte Laboruntersuchungen etc. fehlen. In diesem Falle liegt ein Mangel im Sinne des § 633 Abs. 1 BGB vor.

(1) Döbereiner/v. Keyserlingk, Sachverständigen-Haftung, 1979, RdZ 20 und 81; siehe dazu RdZ 198 m. w. Nachw.
(2) zur positiven Vertragsverletzung siehe RdZ 125ff.

Tauglichkeit zum gewöhnlichen oder nach dem Vertrag vorausgesetzten Gebrauch

Hier ist zu unterscheiden zwischen Gutachten, die exakte Feststellungen oder genau **berechenbare** (feststellbare) **Größen** zum Inhalt haben, z. B. die Berechnungen eines Vermessungsingenieurs (1) sowie Gutachten, die zu einer **wertenden Beurteilung** führen, wie etwa im Falle einer Grundstücksbewertung (2) oder eines Gutachtens über die Höhe eines Bauschadens. Ein Gutachten über genau berechenbare Größen ist mangelhaft, wenn das Rechenwerk falsch ist. Hingegen schuldet der Gutachter bei einer gutachtlich wertenden Beurteilung ein Gutachten „**nach bestem Wissen und Gewissen**" (3). Das ergibt sich daraus, daß jede Schätzung oder gutachtliche Beurteilung einen gewissen Beurteilungsspielraum haben muß. In jedem Falle aber ist ein Gutachten dann mangelhaft, wenn der Gutachter gegen seine Objektivitäts- und Sorgfaltspflichten verstoßen − also sein Gutachten gerade nicht „nach bestem Wissen und Gewissen" abgegeben hat − und diese Pflichtverletzung zur Unrichtigkeit und damit Mangelhaftigkeit des Gutachtens geführt hat oder wenn das Gutachten − unabhängig von seinem Ergebnis − infolge einer solchen Pflichtverletzung unverwertbar ist. Das ist zum Beispiel der Fall, wenn das Gutachten in sich unverständlich oder mangels Begründung oder Quellenangaben nicht nachvollziehbar ist (4). Mangelhaft ist auch ein im Ergebnis richtiges Gutachten, wenn es nicht überprüfbar und nachvollziehbar ist (5). Es fehlt dann die Tauglichkeit zum üblichen Gebrauch i. S. d. § 633 Abs. 1 BGB.

(1) BGH 26.10.78 NJW 79/214
(2) BGH 10.6.76 NJW 76/1502; vgl. auch BGH 14.6.73 NJW 73/1458
(3) so für den Fall des gerichtlichen Sachverständigen LG Bremen 17.1.77 NJW 77/2126 und Hesse, Verlust des Entschädigungsanspruches des gerichtlichen Sachverständigen, NJW 69/2263; vgl. Bleutge NJW 79/640

(4) Zur Notwendigkeit der Nachvollziehbarkeit von gerichtlichen und außergerichtlichen Gutachten vgl. BVerfG 23.4.74 NJW 74/1499 (Mietwertgutachten); BGHSt 14.5.75 – 3 StR 113/75 – bei Dallinger MDR 76/17; BGH 21.5.75 NJW 75/1556 (Schiedsgutachten); OLG Frankfurt 24.3.77 BB 78/1690 und 18.10.62 NJW 63/400; LG Bremen 17.1.77 NJW 77/2126; OVG Münster 17.11.70 GewA 71/103, 104; VG Saarlouis 8.11.74 GewA 75/89; Müller, Der Sachverständige im gerichtlichen Verfahren, 1978, 319f., 321, 322; BGH 2.2.77 NJW 77/801

(5) siehe oben RdZ 197 mit weiteren Nachweisen

210 3 Abnahme, Abnahmezeitpunkt und Abnahmefolgen

Die Mangelfreiheit des Gutachtens muß zum **Abnahmezeitpunkt** gegeben sein. Mit der Abnahme des Gutachtens beginnen die **Gewährleistungsfristen** zu laufen (1). Die Abnahme bewirkt die **Umkehr der Beweislast**: nach der Abnahme muß der Besteller des Gutachtens das Vorliegen eines Mangels beweisen (2).

Bei einem Gutachten ist das Vorliegen einer Abnahme oft nicht leicht feststellbar. Das Gutachten ist ein „geistiges" Werk (3). Die Abnahme bedeutet, daß der Besteller das geschuldete Gutachten als in der Hauptsache vertragsgemäß erstattet anerkennt (4). Die Abnahme muß nicht ausdrücklich erfolgen. Sie kann auch durch schlüssiges Handeln, das für den Gutachter aber als solches erkennbar sein muß (5), zum Ausdruck gebracht werden. Eine solche erkennbare Billigung durch schlüssiges Handeln ist in der Bezahlung der Rechnung des Gutachters zu sehen (6).

(1) BGH 26.10.78 NJW 79/214f. m. w. Nachw.
(2) BGH 10.3.77 NJW 77/947, 948
(3) BGH 26.10.78 NJW 79/214
(4) BGH 26.10.78 a.a.O.; zur Abnahme vgl. BGH 18.9.67 NJW 67/2259; BGH 15.11.73 NJW 74/95 (Abnahme des Statikerwerkes); BGH 12.6.75 NJW 75/1701 (Abnahme des Bauwerks)
(5) BGH 15.11.73 NJW 74/95, 96; BGH 2.5.63 Schäfer/Finnern Z 3.01 – Bl. 230 (Entgegennahme von Plänen)
(6) BGH 24.11.69 NJW 70/421 m. w. Nachw.; BGH 26.10.78 NJW 79/214

211 4 Gewährleistung und Schadensersatz beim feststellenden Gutachten

Es ist scharf zu unterscheiden zwischen einem „feststellenden" Gutachten und einem Projektierungs- (z. B. Sanierungs-) Gutachten. Die Unterscheidung ist von sehr großer Bedeutung bei der Beantwortung der Frage, ob ein Schaden bzw.

eine Schadensfolge als mittelbarer oder als unmittelbarer Schaden anzusehen ist (1). Der BGH hat mehrfach entschieden, daß Schäden, die erst aus der Verwendung eines feststellenden Gutachtens entstehen, nicht nach der Sachmängelhaftung des Werkvertragsrechts des BGB mit den kurzen Verjährungsfristen zu beurteilen sind, sondern als **entferntere Mangelfolgeschäden den Regeln der positiven Vertragsverletzung mit einer Verjährungsfrist von 30 Jahren** unterliegen (2). Der BGH begründet dies damit, daß Schäden aus unrichtigen Gutachten gewöhnlich erst lange nach Ablauf der Sechs-Monatsfrist des § 638 Abs. 1 BGB zu entstehen pflegen (3).

Beispiel:

Ein Architekt schätzt ein Hotelgrundstück zu Beleihungszwecken für eine Bank auf einen Verkehrswert von 1 Mio. DM. Der tatsächliche Wert beträgt 0,75 Mio. DM. Der Gutachter hat fehlerhaft und schuldhaft wesentliche wertbildende Faktoren übersehen. Die Bank hat entsprechend dem Gutachten beliehen. Sie fällt bei der 7 Jahre später erfolgenden Zwangsvollstreckung mit 200 000,— DM aus und erleidet dadurch — ursächlich bedingt durch das fehlerhafte Gutachten — einen Schaden in dieser Höhe. Hier haftet der Sachverständige 30 Jahre nach den Grundsätzen der positiven Forderungsverletzung.

Diese Rechtsprechung ist zu Recht auf Kritik gestoßen (4). Für den Ingenieur, der auch als Gutachter tätig ist, ist diese Rechtsprechung ein Anlaß, seinen Versicherungsschutz zu überprüfen (5) und die Haftung in zulässiger Weise vertraglich zu beschränken (6).

(1) vgl. dazu Honsell, Probleme der Haftung für Auskunft und Gutachten, JUS 76/621ff.
(2) BGH 20.10.64 NJW 65/106, 107; BGH 20.1.72 NJW 72/625, 626 r. Sp.; BGH 10.6.76 NJW 76/1502 = BauR 76/354 = BB 76/1473; ebenso OLG Frankfurt 19.9.74 WM 75/993, 996 und OLG Hamburg 24.11.67 bei Glaser/Ullrich, BoBauE Bd. 6 Gr. 11. S. 600, 602
(3) BGH 10.6.76 NJW 76/1502
(4) vgl. Döbereiner, Die Haftung des gerichtlichen und außergerichtlichen Sachverständigen nach der neueren Rechtsprechung des BVerfG und des BGH, BauR 79/282
(5) siehe zum Versicherungsschutz des Sachverständigen: Döbereiner/v. Keyserlingk, Sachverständigen-Haftung, 1979, RdZ 278–310
(6) siehe dazu RdZ 184ff.

5 Gewährleistung und Schadensersatz beim Projektierungsgutachten

Ganz anders ist es bei solchen Gutachten, die dazu bestimmt und „geeignet (sind), im Bauwerk selbst verwirklicht zu werden" (1). Derartige **baubezogene Gutachten** sind nach der neuesten BGH-Rechtsprechung (2) in bezug auf

Gewährleistung und Schadensersatz ebenso zu beurteilen wie baubezogene Planungsleistungen von Architekten, Statikern und Haustechnik-Projektanten. Schäden aus solchen baubezogenen Gutachten werden im Bauvorhaben selbst verwirklicht und unterliegen daher den für Baumängeln bestimmten kurzen Verjährungsfristen des § 638 BGB (= 1 Jahr bei Grundstücksarbeiten, 5 Jahre bei Bauwerken, gerechnet ab Abnahme).

Allerdings hat der BGH neuerdings (3) die Haftungszeit des Architekten dann verlängert, wenn dieser den Bauherrn nicht auf das eigene Architektenverschulden hingewiesen hat und dem Bauherrn damit nicht die Möglichkeit gegeben hat, die Verjährung gegen ihn — den Architekten — rechtzeitig zu unterbrechen. Die Unterlassung einer solchen Aufklärung „begründet — **nicht anders als eine falsche Beratung** — einen weiteren Schadensersatzanspruch dahin, daß die Verjährung der gegen den Beklagten gerichteten Gewährleistungs- und Schadensersatzansprüche als nicht eingetreten gilt" (4). Diese Grundsätze treffen insbesondere auf solche Projektierungs- und Sanierungsgutachten zu, bei denen die **Beratung des Auftraggebers der eigentliche Gutachtenszweck** ist.

Beispiel:

Der Bauherr läßt sich von einem Ingenieur ein Gutachten erstellen, um die Ursache für zahlreiche Risse im Ziegel-Mauerwerk herauszufinden. Der Ingenieur stellt als Mängelursache die falsche Wahl der Mörtelgruppe fest. Tatsächlich aber handelte es sich um Senkrisse infolge ungeeigneten Bodenuntergrundes, was der Ingenieur infolge Nachlässigkeit ungeprüft gelassen hatte.

Durch das fehlerhafte Gutachten entsteht dem Besteller ein Schaden, weil seine Ansprüche gegen den Bodenmechaniker, der die Baugrunduntersuchung gemacht hatte, verjähren.

In diesem Falle liegt kein Schaden vor, der aus dem Gutachten folgt und sich im Bauwerk verkörpert. Vielmehr liegt ein **Anspruch aus falscher Beratung** vor, der einer dreißigjährigen Verjährung unterliegt (5).

(1) BGH 26.10.78 NJW 79/214
(2) BGH 26.10.78 a.a.O.
(3) BGH 16.3.78 NJW 78/1311 = WM 78/727 = VersR 78/565 = BauR 78/235
(4) BGH 16.3.78 a.a.O. unter Berufung auf RGZ 158/130, 136
(5) vgl. BGH 6.2.64 NJW 64/1022, 1023; BGH 16.3.78 NJW 78/1311

VIII Haftung für falschen Rat, falsche Auskünfte und Empfehlungen gegenüber dem Auftraggeber

1 Der stillschweigende Beratungsvertrag

§ 678 BGB lautet:
„Wer einem anderen einen Rat oder eine Empfehlung erteilt, ist unbeschadet der sich aus einem Vertragsverhältnis oder einer unerlaubten Handlung ergebenden Verantwortlichkeit zum Ersatz des aus der Befolgung des Rates oder der Empfehlung entstehenden Schadens nicht verpflichtet."
Die Erteilung eines bloßen Rates führt also grundsätzlich — abgesehen von vorsätzlicher falscher Auskunft — nicht zu Haftungsansprüchen gegen den Ratserteiler (1).
Anders ist es, wenn ein **Auskunftsvertrag** vorliegt, der auch stillschweigend möglich ist. Ein solcher verpflichtender Auskunftsvertrag wird regelmäßig dann vorliegen, wenn die Auskunft erkennbar entscheidenden Einfluß auf Dispositionen des Auskunftsempfängers nimmt und weil sie gerade wegen der Sachkunde des Befragten erbeten wird (2).

Beispiel:

Ein Ingenieur für Heizungs- und Klimatechnik ist im Winter bei einem Geschäftsfreund eingeladen, der sich darüber beschwert, daß die Wohnungen in dem ihm gehörenden Mehrfamilienhaus trotz aller Heizkraft nicht warm werden. Der Ingenieur stellt fest, daß die Wohnungstrennwände ohne Fugen sind. Zwischen Hauptgericht und Nachtisch empfiehlt er, die Wohnungstrennwände beidseitig mit Mehrschicht-Leichtbauplatten zu versehen. Dies wird ausgeführt; die Wohnungen werden tatsächlich wärmer. Es tritt aber ein verheerender akustischer Effekt ein: Die Putzschicht bildet zusammen mit der biegesteifen Dämmschicht (z. B. aus Polystrol-Hartschaumplatten oder Holzwolle-Leichtbauplatten) ein Resonanzsystem, wodurch es zu einer gravierenden Verschlechterung des Luftschallschutzes der Betonwand um ca. 15 dB(A) kommt (3). Richtig wäre die Anbringung biegeweicher Vorsatzschalen gewesen, wie sie im DIN 4109 Entwurf (Gelbdruck), Februar 1979 Teil 3 Abschn. 4.3 Bild 5 dargestellt sind. Mit seiner Empfehlung hat der Ingenieur gegen längst bekannte Regeln der Technik verstoßen (4).
Im obigen Beispiel liegt kein unverbindlicher Rat vor, für den der Ingenieur nach § 678 BGB nicht haftet. Vielmehr liegt ein stillschweigend geschlossener Beratungs-Vertrag vor, weil der Ingenieur erkannt hat, daß sein Geschäftsfreund wesentliche Dispositionen von seinem Rat abhängig macht (5). Hier haftet der Ingenieur.

(1) BGH 10.7.64 WM 64/1163; BGH 3.2.70 WM 70/633, 636; BGH 13.12.74 DB 74/2392; Döbereiner/v. Keyserlingk, Sachverständigen-Haftung, 1979, RdZ 167ff.; Musielak, Haftung für Rat, Auskunft und Gutachten, 1974, S. 6; Honsell, Probleme der Haftung für Auskunft und Gutachten, JuS 76/621f.
(2) BGH 7.1.65 WM 65/287; BGH 14.1.69 WM 69/470; BGH 5.12.72 NJW 73/321; BGH 30.3.76 BB 76/855; BGH 12.2.79 BB 79/960 = NJW 79/1595; vgl. Hohloch, „Vertrauenshaftung" – Beginn einer Konkretisierung? (zugleich Bespr. v. BGHZ 70/337 = NJW 78/1374), NJW 79/2369
(3) vgl. dazu Lutz, Wohnungstrennwände aus Normalbeton, Mehrschicht-Leichtbauplatten und Beschichtung in Bauschaden-Sammlung DAB 78/442, sowie DIN 4109-Schallschutz im Hochbau-Entwurf Februar 1979 Teil 3 Abschn. 4.1.4
(4) vgl. Gösele, Reihenhaustrennwände aus Schwerbeton, Hartschaumplatten und Spachtelung – ungenügender Schallschutz, Bauschaden- Sammlung, Forum-Verlag, Stuttgart 1974, Bd. 1 S. 133; ders., Verschlechterung der Schalldämmung von Decken und Wänden durch anbetonierte Wärmedämmplatten, in Gesundheits Ingenieur 1961/333
(5) BGH 18.6.62 WM 62/933; vgl. auch Honsell a.a.O. (Fußn. 1) und Döbereiner/v. Keyserlingk a.a.O. (Fußn. 1) jeweils mit weiteren Nachweisen

2 Beratung als Nebenpflicht und bei vorvertraglichen Beziehungen

Die Beratung als Nebenpflicht eines Ingenieurvertrages sowie bei vorvertraglichen Beziehungen spielt in der Praxis eine große Rolle (1). Hier besteht eine Beratungspflicht immer da, wo der (künftige) Vertragspartner aus dem Sachzusammenhang redlicherweise eine vollständige Aufklärung erwarten darf (2).

Beispiel:

Ein Statiker erkennt, daß die Konstruktionsangaben des Architekten für einen geplanten Industriebau in der Durchführung kompliziert sind und daß es eine einfache und wesentlich billigere Lösung gibt, die allerdings zu einer Minderung des Statikerhonorars führen würde. Hier ist der Statiker verpflichtet, den Bauherrn auf diese einfachere und billigere Lösung hinzuweisen, auch wenn die vom Architekten vorgeschlagene Lösung technisch einwandfrei gewesen wäre. Der Statiker haftet aus Verletzung seiner Beratungspflicht, die ihm als Nebenpflicht des Statikervertrages obliegt, für den hieraus erwachsenen Schaden (= unterlassene Einsparung).

In der Praxis sehr bedeutsam wird die Beratungspflicht als Nebenpflicht eines Ingenieurvertrages zunehmend in bezug auf die sog. „Besonderen Leistungen" nach der HOAI.

Beispiel:

Nach § 54 Abs. 3 Nr. 4 HOAI gehört zu den Grundleistungen des Tragwerkplaners für die Genehmigungsplanung das „Aufstellen der prüffähigen statischen

Berechnungen für das Tragwerk unter Berücksichtigung der **vom Objektplaner vorzugebenden bauphysikalischen Anforderungen.**"

Hingegen gehörten zu den Besonderen Leistungen „bauphysikalische Nachweise, zum Beispiel Brand-, Wärme-, **Schallschutz**, soweit diese nicht von anderen an der Planung fachlich Beteiligten erbracht werden". Diese „Besonderen Leistungen" sind nach § 5 Abs. 4 HOAI nur vergütungspflichtig, wenn ein Honorar vorher schriftlich vereinbart worden ist (3). Das bedeutet nun nicht, daß der Tragwerkplaner von jeder Haftung in bezug auf bauphysikalische Probleme, wie Brand-, Wärme- oder Schallschutz, völlig frei wäre, wenn eine schriftliche Vereinbarung mit dem Bauherrn über solche „Besonderen Leistungen" nicht abgeschlossen wurde. Vielmehr ist der Planer infolge seiner vertraglichen Nebenpflicht zur Beratung des Bauherrn verpflichtet, den Bauherrn auf erkannte oder zu erwartende bauphysikalische Probleme hinzuweisen, damit der Bauherr entweder einen Sonderfachmann (Bauphysiker) hinzuzieht oder dem Tragwerkplaner einen schriftlichen Auftrag für die „Besonderen Leistungen" erteilt.

Aber auch wo ein Ingenieurvertrag später überhaupt nicht zustande kommt, kann ein **vorvertragliches Vertrauensverhältnis** entstehen, dessen schuldhafte Verletzung durch falsche Beratung zu einer zivilrechtlichen Haftung führen kann.

Beispiel:

Ein Bauherr bittet einen renommierten Akustik-Ingenieur um Beratung und eventuell notwendig werdende schalltechnische Planungen für ein großes Bauvorhaben mit Forschungslabors und Großraumbüros. Der Akustik-Ingenieur muß wegen einer bevorstehenden Operation und anschließendem längeren Krankenhausaufenthalt ablehnen. Auf ausdrückliche Bitte um Benennung eines anderen Fachmannes empfiehlt er dem Bauherrn als tüchtigen und erfahrenen Spezialisten einen jungen Kollegen ohne praktische Erfahrung, den er aus persönlichen Gründen fördern („ins Geschäft bringen") will. Der junge Kollege ist der Aufgabe nicht gewachsen, was zu erheblichen, kostenträchtigen Umplanungen und zu Zeitverlust führt.

Hier haftet der Akustik-Ingenieur dem ratsuchenden Bauherrn für den entstandenen Schaden aus Verletzung einer vorvertraglichen Beratungspflicht (4). Gerade weil der Bauherr für sein schalltechnisch kompliziertes Vorhaben eine erfahrene Fachkraft suchte, durfte der Ingenieur ohne entsprechende Aufklärung keinen unerfahrenen Kollegen benennen. Er durfte das aus seiner Unterstützungsaktion resultierende und von vorneherein erkennbare Risiko nicht dem Bauherrn aufladen.

(1) BGH 16.11.70 BB 71/62; BGH 12.5.76 BB 77/61, 62 1. Sp.
(2) BGH 12.11.69 NJW 70/655; BGH 12.2.79 NJW 79/1595; Hohloch a.a.O. (RdZ 213 Fußn. 2)
(3) vgl. dazu LG Weiden 2.5.78 BauR 79/71. 72
(4) vgl. BGH 6.11.74 Betrieb 74/2392

215 3 Nachvertragliche Beratungspflicht

Eine erhebliche Bedeutung kann in der Praxis die nachvertragliche Beratungspflicht eines Ingenieurs spielen.

Beispiel:

Der Statiker hat nach dem Vertrag auch die Anbringung (Verdübelung) einer abgehängten Decke über einer Verkaufshalle eines Kaufhauses zu überwachen. Infolge eines von ihm nicht bemerkten Ausführungsfehlers bricht diese Decke herunter und zerstört Verkaufsware im Wert von 100 000,– DM. Zuvor war er vom Bauherrn um Auskunft darüber gebeten worden, ob es etwas zu bedeuten habe, daß die Decke sich in der letzten Zeit in der Mitte ausgebeult habe. Nachdem ein Mitarbeiter des *Statikers* die Decke kurz besichtigt hatte, sagte er dem Bauherrn, die Sache sei völlig ungefährlich. Nach dem Vertrag haftete der Statiker nur für einen unmittelbaren Schaden am Bauwerk.

In einem solchen Fall bejahte der BGH (1) eine Haftung aus Verletzung der nachvertraglichen Beratungs- und Sorgfaltspflicht. Die dort für einen Architekten ausgeführten Grundsätze gelten in gleicher Weise für einen Statiker oder sonstigen Ingenieur. Der BGH begründet a.a.O. die Schadensersatzverpflichtung aus Verletzung nachvertraglicher Beratungspflicht wie folgt:

„Bei dieser Sachlage war der Beklagte noch auf Grund des Architektenvertrages verpflichtet, auftretenden Mängeln nachzugehen, die Örtlichkeit zu besichtigen und eine sachgerechte Auskunft zu erteilen. (Zur ‚nachvertraglichen Beratungspflicht' vgl. auch das Urteil des Senats VII ZR 87/68 vom 21. März 1970.) N. (= Angestellter des Architekten, für den dieser nach § 278 BGB haftet) hat im vorliegenden Fall keine sachgerechte Auskunft erteilt, denn er hat gesagt, die Sache sei harmlos, während am folgenden Tag die Decke herunterbrach. Daß das für N. vorhersehbar war, ist nach den bisherigen Feststellungen nicht auszuschließen (. . .).

Die Klausel des § 12 Ziff. 1 deckt — bei einer nach Treu und Glauben ausgerichteten Auslegung — nicht den hier in Betracht kommenden Fall, der durch folgende Besonderheiten gekennzeichnet ist: Der Architekt hatte durch schuldhafte Verletzung seiner Bauaufsichtspflicht einen gefahrdrohenden Zustand am Bauwerk geschaffen. Später, nachdem das Bauwerk fertiggestellt und in Benutzung genommen war und auch der Architekt sein Werk beendet hatte, erteilte er angesichts einer erkennbaren Gefahr eine vom Bauherrn erbetene Auskunft und Beratung. Diese war schuldhaft falsch und hat einen Schaden herbeigeführt, der bei richtiger Auskunft und Beratung vermieden worden wäre. In solchem Fall bildet die falsche Auskunft und Beratung gegen den Architekten einen zusätzlichen Haftungstatbestand, der sinnvollerweise nicht mehr unter die Haftungsbeschränkung des § 12 Ziff. 1 zu bringen ist. Daß diese Klausel auch einen derartigen, von der normalen Fallgestaltung wesentlich abweichenden Tatbestand erfassen sollte, ist ihr nicht zu entnehmen. In diesem Zusammenhang ist auch bedeutsam, daß nach Fertigstellung und Inbenutzungnahme eines Bauwerks ein diesem anhaftender gefahrdrohender Zustand (hier: die Gefahr eines Deckeneinsturzes) typischerweise die Gefahr weit höherer Personen- und Sachschäden heraufbeschwört, als das während der Bauzeit der Fall zu sein pflegt."

In einem derartigen Fall muß die Beratungspflicht auch dann vollständig und sorgfältig erfüllt werden, wenn dadurch ein eigenes Verschulden des Ingenieurs oder Architekten aufgedeckt würde. Vgl. dazu BGH Urt. v. 16.3.78 (2):

„Als Sachwalter des Bauherrn schuldet er aber die unverzügliche und umfassende Aufklärung der Ursachen sichtbar gewordener Baumängel sowie die sachkundige Unterrichtung des Bauherrn vom Ergebnis der Untersuchung und von der daraus sich ergebenden Rechtslage. Eine solche Aufklärung des Bauherrn gehört nicht weniger zum Aufgabenbereich des Architekten als den Umständen nach gebotene Hinweise auf **Vorschriften des öffentlichen Rechts** oder auf **steuerliche Baubegünstigungen** (vgl. BGHZ 60, 1(3) NJW 1973/237). Das entgegenstehende Interesse des Architekten, sich eigener Haftung möglichst zu entziehen, vermag das Unterlassen zutreffender Unterrichtung des Bauherrn nicht zu rechtfertigen. Die dem Architekten vom Bauherrn eingeräumte Vertrauensstellung gebietet es vielmehr, diesem im Laufe der **Mängelursachenprüfung** auch **Mängel des eigenen Architektenwerks zu offenbaren**, so daß der Bauherr seine Auftraggeberrechte auch gegen den Architekten rechtzeitig vor Eintritt der Verjährung wahrnehmen kann. Diese Vertragsverletzung durch **ständige pflichtwidrige Unterlassung jeglicher Untersuchung und Beratung**, mit der der Bekl. möglicherweise die Verjährung der gegen ihn selbst bestehenden Ansprüche herbeigeführt hat, begründet – nicht anders als eine falsche Beratung – einen weiteren Schadensersatzanspruch dahin, daß die Verjährung der gegen den Bekl. gerichteten Gewährleistungs- und Schadensersatzansprüche als nicht eingetreten gilt."

(1) BGH 11.3.71 WM 71/678
(2) BGH 16.3.78 NJW 78/1311, 1313

4 Schadensersatzpflicht und Verjährung bei Verletzung vertraglicher oder vorvertraglicher Beratungs- oder Aufklärungspflicht

Verletzt der Ingenieur schuldhaft eine der genannten Beratungspflichten, dann haftet er für den hieraus resultierenden Schaden aus **positiver Vertragsverletzung mit einer Verjährungsfrist von 30 Jahren** (1). Das gilt aber nur, wenn die Verletzung der Beratungspflicht nicht unmittelbar zu einem Werkmangel führt.

Bewirkt die Verletzung der Beratungspflicht unmittelbar einen Werkmangel, dann kommt nur eine Sachmängelhaftung mit den kurzen Verjährungsfristen des § 638 Abs. 1 BGB in Betracht (2).

(1) vgl. BGH 6.2.64 NJW 64/1022, 1023; BGH 16.3.78 NJW 78/1311 = BauR 78/235 = WM 78/727; vgl. auch BGH 8.2.78 BB 78/980
(2) BGH 6.2.64 NJW 64/1022, 1023; BGH 27.2.75 VII ZR 138/74 Betrieb 75/1263 m. w. Nachw.

IX Haftung für Auskünfte, Empfehlungen und Gutachten gegenüber Dritten

1 Vertragliche Haftung gegenüber Dritten

Eine Haftung des Ingenieurs aus Beratung und Gutachten kann auch gegenüber Dritten bestehen. Voraussetzung hierfür ist, daß die Beratung oder Begutachtung erkennbar für den Dritten bestimmt war (1) und daß der Dritte sonst in die Beratung oder Begutachtung miteinbezogen war (2). Das ist regelmäßig der Fall, wenn für den Ingenieur erkennbar das Gutachten oder die Empfehlung als Grundlage für die Vermögensdispositionen des Dritten dienen soll. Vgl. dazu OLG Frankfurt Urt. v. 19.9.74 (3):

„1. Nach ständiger Rechtsprechung besteht für den Gutachter eine Haftung nach Vertragsgrundsätzen auch gegenüber Dritten, wenn es sich um einen öffentlich bestellten und vereidigten Sachverständigen handelt und das Gutachten eine erhebliche wirtschaftliche Bedeutung für denjenigen besitzt, der darauf vertraut und seine Vermögensdispositionen auf dieses Gutachten gründet. Unter diesen Voraussetzungen genügt es, wenn dem Sachverständigen klar war, daß noch andere Personen als der Auftraggeber ihre Vermögensdispositionen von seinem Gutachten abhängig machen werden.
2. Solche Schadensersatzansprüche Dritter gegen den Gutachter beruhen auf einer positiven Vertragsverletzung; die Verjährung tritt daher nicht in der Sechs-Monats-Frist des § 633 BGB, sondern erst nach dreißig Jahren ein, sofern nicht zugleich eine unerlaubte Handlung vorliegt und mithin die dreijährige Verjährungsfrist des § 852 BGB zum Tragen kommt."

(1) BGH 7.1.65 WM 65/287; BGH 12.2.79 NJW 79/1595; vgl. Hohloch NJW 79/2369 sowie Nachweise bei OLG Saarbrücken 12.7.78 BB 78/1438
(2) BGH 29.10.52 NJW 53/60; BGH 5.7.62 BB 62/113; BGH 7.1.65 WM 65/287; BGH 12.7.66 WM 66/918; BGH 14.11.68 WM 69/36; BGH 16.1.69 WM 69/560; BGH

1.12.70 WM 71/206, 207; BGH 5.12.72 NJW 73/321, 323; BGH 12.7.78 BB 78/1434; Locher, Die Haftung für Expertisen, NJW 69/1567, 1568; vgl. Nißl, Die Haftung des Experten für Vermögensschäden Dritter, Münch. Diss. 1971; Döbereiner/ v. Keyserlingk, Sachverständigen-Haftung, 1979, RdZ 173ff.
(3) OLG Frankfurt 19.9.74 WM 75/993

2 Vertragsähnliche Haftung gegenüber dem, „den es angeht" 218

Die Rechtsprechung zieht gelegentlich eine Haftung gegenüber dem, „den es angeht", aus unrichtigen Bescheinigungen oder Gutachten in Betracht (1). Ein solcher haftungsbegründender Anspruch kann dann bestehen, wenn ein Gutachten nur zu dem Zweck gefertigt werden soll, noch unbekannte Dritte (z. B. künftige Kreditgeber) zu Vermögensdispositionen zu veranlassen (2).

Beispiel:

Ein Ingenieurbüro für Haustechnik erstellt nach einigen Laborversuchen für den Hersteller von Verschraubungen für Geschoßverbindungen der Wasserversorgungsleitungen von Sanitärzellen ein Gutachten, wonach diese Verschraubungen sich als „extrem widerstandsfest" erwiesen haben. Tatsächlich handelt es sich um eine Neuentwicklung ohne Langzeittest, so daß man von einem „Erweisen" extremer Widerstandskraft im Sinne nachhaltiger baupraktischer Erprobung nicht sprechen kann. Hier kann eine Haftung gegenüber dem, „den es angeht", vorliegen, wenn der Ingenieur weiß, daß das Gutachten als Unterlage für Verkaufsgespräche benutzt wird.

Die Haftung gegenüber dem, „den es angeht", wird im übrigen nur ausnahmsweise vorkommen. Von Rechtsprechung (3) und Literatur wird dieser Haftungstatbestand nur mit sehr großer Zurückhaltung herangezogen (4).

(1) BGH 6.7.70 NJW 70/1737; BGH 5.12.72 NJW 73/321, 323; zur „Auskunft an den, den es angeht" durch eine Bank vgl. BGH 12.2.79 NJW 79/1595
(2) vgl. OLG Frankfurt 19.9.74 WM 75/995; vgl. BGH 28.6.72 NJW 72/1658, wonach die Begutachtung eines Bildes einen wertbestimmenden Faktor dieses Bildes ausmacht
(3) BGH 5.12.72 NJW 73/321, 323; BGH 12.7.78 BB 78/1434; OLG Saarbrücken 12.7.78 BB 78/1438
(4) Lammel, NJW 73/700; Honsell, JuS 76/621, 627; Hohloch, NJW 79/2369

D Regeln der Technik und Haftung der Bauplanungs- und Ausführungsbeteiligten am Beispiel des Schallschutzes im Hochbau

I Vorbemerkung: zum Ziel dieses Abschnittes

Es würde den Rahmen dieses Buches sprengen, dem allgemeinen Teil über die Haftung der Ingenieure noch einen Teil über die juristischen Besonderheiten der einzelnen Baugewerke und der entsprechenden Ingenieur-Sparten anzufügen. Dies mag eventuell Gegenstand einer künftigen Veröffentlichung sein. Wir wollen daher hier — allerdings stellvertretend und zugleich beispielhaft für andere Gewerke — die Haftung der Bauplanungs- und Ausführungsberechtigten am Beispiel des Schallschutzes im Hochbau darstellen. Es eignet sich besonders gut, und zwar u. E. aus folgenden Gründen:

a) Die Regelungen des Schallschutzes beziehen sich oder haben Auswirkungen auf nahezu alle Gewerke des Hochbaues.

b) Die DIN 4109 aus dem Jahre 1962 ist weitgehend technisch überholt und entspricht insoweit nicht mehr den allgemein anerkannten Regeln der Technik.

c) Es liegt ein Entwurf einer Neufassung der DIN 4109 vom Feburar 1979 vor, der weitgehend den anerkannten Regeln der Technik entspricht. Dies wirft zahlreiche Fragen zum Verhältnis einer formal noch geltenden, bauaufsichtlich eingeführten Norm zu den allgemein anerkannten und daher zivilrechtlich einzuhaltenden Regeln der Technik auf (siehe RdZ. 59ff.; 69, 72).

d) Der neue DIN-Entwurf bringt wesentliche neue Anforderungen, die in der Planung größerer Objekte zum Teil jetzt schon zu berücksichtigen sind, um die Mängelfreiheit eines Bauwerkes zum Zeitpunkt der Fertigstellung zu gewährleisten.

e) Im Bereich des Schallschutzes mehren sich zunehmend die Prozesse, in denen Minderungs- oder Schadensersatzansprüche wegen bestehender Schallmängel am Bauwerk eingeklagt werden. Diese Klagen haben sehr häufig Erfolg. Der Ingenieur muß diesen Risiken künftig durch vertiefte Kenntnisse der Schallschutzregelungen oder durch Hinzuziehung von Schallschutz-Spezialisten vorbeugen.

II Die DIN 4109 (1962) und ihr Verhältnis zu den allgemein anerkannten Regeln der Technik

Es ist heute allgemeine Meinung, daß die DIN 4109 (1962) in ihren Anforderungen, insbesondere in ihren Mindestanforderungen, nicht mehr den allgemein anerkannten Regeln der Technik entspricht und daher zivilrechtlich unverbindlich ist (1). Das OLG Stuttgart (2) hat hierzu ausgeführt:

„ Nach den überzeugenden Ausführungen des Sachverständigen entsprechen jedoch die Mindestanforderungen von DIN 4109 keineswegs auch nur entfernt modernen Wohnansprüchen. Bereits 1962, als diese DIN-Norm festgesetzt wurde, handelte es sich dabei um die unterste, noch tolerierbare Grenze des Schallschutzes. In den Jahren bis 1970 haben sich jedoch sowohl die technische Entwicklung wie die Anforderungen an den Schallschutz weit über die Mindestanforderungen von DIN 4109 aus dem Jahr 1962 weiterentwickelt. So erfüllten bereits in den Jahren 1965 bis 1967 die Mehrzahl der in dieser Zeit fertiggestellten Wohnungen den erhöhten Tritt- und Luftschallschutz bei Massivdecken (3). Mit den weiteren Feststellungen von Gösele und den Ausführungen des Sachverständigen, wonach der Schallschutz subjektiv stets als eindeutig unzureichend empfunden wird, wenn nur die Mindestanforderungen nach DIN 4109 erfüllt sind, stimmen auch die Feststellungen des weiteren Sachverständigen in seinem schriftlichen Gutachten und die Feststellungen der Zivilkammer beim Augenschein überein, wonach eine deutlich über das als normal empfundene Maß hinaus gesteigerte Geräuschübertragung festzustellen war."

Ähnlich führt das LG Tübingen aus (4):

„Die Beklagte war verpflichtet, eine Eigentumswohnung zu erstellen, welche den Erfordernissen des sog. erhöhten Schallschutzes in DIN 4109 in der Fassung 1962 gerecht wurde. Bei diesem sog. erhöhten Schallschutz handelt es sich nämlich — entgegen dem mißverständlichen Wortlaut — **nicht etwa um ein überdurchschnittliches Maß an Schallisolierung, sondern um ein bereits im Jahre 1974 den anerkannten Regeln der Baukunst entsprechendes Mindesterfordernis.** Das hat sich in der Beweisaufnahme durch die überzeugenden Ausführungen des Sachverständigen B. ergeben, die sich im übrigen in den wesentlichen Punkten mit dem Parteigutachten des Sachverständigen N. und den Erkenntnissen decken, welche das Oberlandesgericht Stuttgart (6 U 27/76) im Urteil vom 10.11.1976 auf Grund der Ausführungen des Sachverständigen N. und das Landgericht Stuttgart (14 O 445/74) im Urteil vom 4.12.1975 auf Grund der Ausführungen des Sachverständigen S. gewannen. Der Sachverständige B. bekundete sowohl im Beweissicherungsverfahren als auch bei der mündlichen Erläuterung vor der Kammer, die in DIN 4109 in der Fassung 1962 aufgestellten „Mindestanforderungen" stellten sehr niedrige Werte dar, die keineswegs ein störungsfreies Wohnen gewährleisteten.

Obwohl die DIN 4109 in der Fassung 1962 erst im Jahre 1974 bauordnungsrechtlich durch Erlaß des Innenministeriums Baden-Württemberg eingeführt wurde, sind bereits im Jahre 1962 neben die Mindestanforderungen Vorschläge für einen „erhöhten Schallschutz" gesetzt worden. Allein dieser sog. „erhöhte Schallschutz gibt die im Jahre 1975 anerkannten Regeln der Baukunst, welche für die mangelfreie Erstellung eines Bauvorhabens allein maßgeblich sind, wieder. Die bauordnungsrechtlichen Bestimmungen sind hierfür ohne Belang. Das gilt namentlich auch bei Eigentumswohnungen, welche wie die Wohnung der Kläger bezüglich des Wohnkomforts lediglich durchschnittlichen Ansprüchen genügen. Etwa seit dem Jahre 1965 ist nämlich nach den Bekundungen des Sachverständigen C selbst bei durchschnittlichen Komfortansprüchen allgemein von den Erfordernissen des sog. erhöhten Schallschutzes auszugehen.

3. Diesen anerkannten Regeln der Baukunst wird die von der Beklagten erstellte Eigentumswohnung der Kläger vorwiegend nicht gerecht. Durch die von B. im Beweissicherungsverfahren durchgeführten Schallmessungen steht fest, daß der Trittschallschutz nur zwischen den mit Teppichböden belegten Wohn- und Schlafräumen der Wohnung W. und den Aufenthaltsräumen der Wohnung der Kläger den Ansprüchen des sog. erhöhten Schallschutzes genügt.

Zwischen dem Schlafraum der Wohnung der Kläger und dem Bad der darüberliegenden Wohnung erreicht der **Trittschallschutz nicht einmal die Werte der Mindestanforderungen in DIN 4109** Fassung 1962. Bezüglich des Trittschallschutzes zwischen der Küche der Wohnung W. und dem Wohnraum der Kläger sowie dem Flur der Wohnung W. und den Wohn- und Schlafräumen der Kläger wird die Trittschalldämmung **gerade den sog. Mindestanforderungen** gerecht. Gleiches gilt für den Luftschallschutz zur Wohnung 7 und zur Treppendecke.

Über diese Mängel, für die in DIN 4109 Fassung 1962 Richtlinien für den sog. erhöhten Schallschutz enthalten sind, hinausgehend, wurden die anerkannten Regeln der Baukunst zudem beim Trittschallschutz **zwischen der Treppe und der Wohnung der Kläger, beim Luftschallschutz zur Wohnungseingangstür und beim Schallschutz der sanitären Einrichtungen** verletzt. Obwohl es insoweit bei der Errichtung des Bauvorhabens **noch keine DIN-Bestimmungen gab**, hätte die Schallisolierung bei dem durchschnittlichen Wohnansprüchen genügenden Bauvorhaben nicht derart schlecht sein dürfen, daß die im Ergänzungserlaß in der Neufassung 1977 der DIN 4109 vorgesehenen Richtwerte um bis zu 10 dB, also das Doppelte, überstiegen werden."

Auch das LG München I (5) hat sich der Auffassung des vorzitierten Urteils des OLG Stuttgart angeschlossen:

„Nach Auffassung des Gerichtes schuldeten die Beklagten dem Kläger aufgrund des Kaufvertrages in Verbindung mit der Baubeschreibung einen erhöhten Schallschutz sowohl hinsichtlich des Luftschallschutzes als auch hinsichtlich des Trittschallschutzes. Insoweit macht sich das Gericht voll die Argumentation des Oberlandesgerichtes Stuttgart im Urteil vom 24.11.1976 (6 U 27/76, veröffentlicht in Baurecht 1977, Seite 279) zu eigen (...). Auch telefonische Rücksprachen bei mehreren Gerichtssachverständigen haben, wie den Parteien mitgeteilt, ergeben, daß im Münchner Raum die Mehrzahl der als Komfortwohnungen angebotenen Eigentumswohnungen die erhöhten Schallschutzbestimmungen erfüllten. Hiernach mußten die Kläger hinsichtlich des Trittschallschutzes 2 Jahre nach Fertigstellung des Baues mindestens 10 dB und hinsichtlich des Luftschallschutzes mindestens 3 dB einhalten. (...)

Damit haben die Beklagten zwar die Mindestanforderungen betreffend Trittschall- und Luftschallschutz im Rahmen der DIN 4109 erfüllt, jedoch nicht die zumindest bei Komfortwohnungen in den 70er Jahren nötigen erhöhten Schallschutzwerte."

Nach dem LG Heilbronn (6) „sind diese **Anforderungen der DIN Norm 4109, die aus dem Jahre 1962 stammen, veraltet und entsprechen nicht mehr dem derzeitigen technischen Stand ... Werte des Schallschutzes, die unter diesem Grenzwert des erhöhten Schallschutzes liegen, müssen daher als unterdurchschnittlich angesehen werden.**"

Anhand der vorzitierten Rechtsprechung und Literatur kann sich jeder Baubeteiligte seine denkbar ungünstigen Prozeßchancen ausrechnen, falls er nur mehr oder weniger knapp die Mindestanforderungen der formal noch gültigen DIN 4109 (1962) einhält und deshalb – z. B. auf Minderung – gerichtlich in Anspruch genommen wird.

(1) Vgl. Koch, KdL 23 (1976) 107, 108; Kranc, KdL 22 (1975) 149ff.; Lutz, DAB (Bauschäden-Sammlung) 1978/441; Ehm, Die Anforderungen der neuen DIN 4109 an den Schallschutz, VDI-Berichte Nr. 336, 1979, S. 17; Melcher, Erhöhter Schallschutz bei Massivbauten, VDI-Berichte Nr. 336, 1979, S. 37, 38; Salzer/Moll/Wilhelm, Schallschutz elementierter Bauteile, Bauverlag 1979, S. 88; Eisenberg, Zur neuen DIN 4109 – Schallschutz im Hochbau – Entwurf Februar 1979 in WKsb 1979/36
(2) OLG Stuttgart 24.11.1976 BauR 77/279
(3) So Gösele aufgrund einer empirischen Untersuchung von 400 Betten in 120 Bauten, vgl. FBW-Blätter 1968/33ff.
(4) LG Tübingen 24.8.1978 Schäfer/Finnern, Nr. 6 zu § 634 BGB
(5) LG München I 24.7.1978 – 35 O 9325/76 – Veröffentlichung unbekannt
(6) LG Heilbronn 29.11.77 20395/76 Veröffentlichung unbekannt

III Der Entwurf 1979 der DIN 4109

1 Schutzzweck des Normentwurfes

Zum Schutzzweck und Ziel des Normentwurfes heißt es in der Einführung zu Teil 1:

„Der Schallschutz in Gebäuden hat große Bedeutung für die **Gesundheit** und das **Wohlbefinden** des Menschen.

Besonders wichtig ist der Schallschutz im Wohnungsbau, weil die **Wohnung** dem Menschen sowohl zur **Entspannung** und zum **Ausruhen** dient, als auch den eigenen häuslichen Bereich gegenüber den **Nachbarn** abschirmen soll.

Auch in Schulen, Krankenanstalten, Beherbergungsstätten und Bürobauten ist der Schallschutz von Bedeutung, um eine zweckentsprechende Nutzung der Räume zu ermöglichen.

Das Ziel der Norm DIN 4109 ist der **Schutz des Menschen in Aufenthaltsräumen** vor Luft- und Trittschallübertragung aus benachbarten Räumen (siehe DIN 4109 Teil 2 und Teil 3 (z. Z. noch Entwürfe)) vor Lärm aus haustechnischen Anlagen und Betrieben (siehe DIN 4109 Teil 5 (z.Z. noch Entwurf)) und vor Außenlärm (siehe DIN 4109 Teil 6 (z. Z. noch Entwurf).

Um dieses Ziel zu erreichen, sind Mindestanforderungen, Richtwerte (in der Regel für den eigenen Wohn- und Arbeitsbereich) und Vorschläge für einen erhöhten Schallschutz festgelegt worden und zwar:

a) Bei der Luft- und Trittschalldämmung in Gebäuden sowie beim Schutz gegen Außenlärm als untere Grenzwerte für die Luft- und Trittschalldämmung der betreffenden Bauteile (Wand, Decke, Fenster, Dach) — ausgedrückt durch das bewertete Schalldämm-Maß bzw. Trittschallschutzmaß;

b) beim Schutz gegenüber Geräuschen aus haustechnischen Anlagen und Betrieben als obere Grenze für die Schallpegel, die durch diese Geräusche in Aufenthaltsräumen auftreten.

Die **Mindestanforderungen** und **Richtwerte** sind so bemessen, **daß Menschen in Aufenthaltshäumen bei vertretbarem Aufwand vor erheblichen Belästigungen durch Schallübertragungen geschützt** werden. Dies setzt voraus, daß in benachbarten Räumen **keine ungewöhnlich starken Geräusche** verursacht werden; der **Wohnlärm** sollte 80 dB (A) nicht überschreiten.

Neben den Mindestanforderungen und Richtwerden sind Vorschläge für einen erhöhten Schallschutz angegeben."

Schutz vor Belästigungen

1a Gesundheit und Wohlbefinden

Das Schutzziel der künftigen Norm — der Schutz der Bevölkerung vor gesundheitsschädlichen Lärmeinwirkungen (1) — führt zwar nicht zu unmittelbaren Rechten und Pflichten. Dieses Schutzziel ist aber ein bedeutsames Kriterium für „den Wert und die Tauglichkeit (einer Bauleistung) zu dem gewöhnlichen oder dem nach dem Vertrag vorausgesetzten Gebrauch" (§ 633 Abs. 1 BGB; § 13 Nr. 1 VOB/B).

(1) so für die DIN 4109 (1962) OLG Hamburg 18.12.69 zit. bei Otto in WM 73/184

1b Schutz vor „erheblichen Belästigungen"

Der Entwurf hat „die Mindestanforderungen und Richtwerte (...) so bemessen, daß Menschen in Aufenthaltsräumen bei vertretbarem Aufwand vor erheblichen Belästigungen durch Schallübertragungen geschützt werden" (1). Über die relevanten Lärmgrenzwerte für eine erhebliche Belästigung oder Gesundheitsgefährdung gibt es keine einheitlichen Richtlinien oder Erkenntnisse (2). Nach der VDI-Richtlinie 2058 (Juni 1973) — Beurteilung von Arbeitslärm in der Nachbarschaft — betragen bei Geräuschübertragungen innerhalb von Gebäuden und bei Körperschallübertragungen die Immissionsrichtwerte „Innen" für Wohnräume, unabhängig von der Lage des Gebäudes, tags 35 dB (A) und nachts 25 dB (A), wobei vermieden werden soll, daß kurzzeitige Geräuschspitzen den Richtwert um mehr als 10 dB (A) überschreiten. In der Rechtsprechung werden diese Werte der VDI-Richtlinie 2058 als „geeigneter Maßstab für die Feststellung der unzumutbaren Geräuschbelästigung und für die zulässigen Grenzwerte" bezeichnet (3). Die VDI-Richtlinie 2058 ist als „antizipierte Sachverständigenaussage" aufgrund neuerer Erkenntnisse anzusehen (4) und stellt wissenschaftlich-technische Grundsätze zur Lärmbekämpfung dar (5); sie sieht „Höchstwerte (vor), die nicht überschritten werden dürfen, ohne daß eine akute Gefahr für die Nachbarschaft angenommen werden muß" (6).
Die VDI-Richtlinie 2719 — Schalldämmung von Fenstern — (Oktober 1973) gibt in Tafel 5 „Anhaltswerte für Innengeräuschpegel (gültig nur für von außen in Aufenthalträume eindringenden Schall)":

1.	Schlafräume nachts	Mittelungspegel L_m dB (A)	mittlerer Maximalpegel (L_1) dB (A)
1.1	in reinen und allgemeinen Wohngebieten, Krankenhaus- und Kurgebieten	25–30	35–40
1.2	in allen übrigen Gebieten	30–35	40–45

Es handelt sich um Anhaltswerte für Innengeräuschpegel, die im allgemeinen als nicht mehr störend angesehen werden (7).

Nach Moll (8) entspricht diese Tabelle den lärmtechnisch relevanten Erkenntnissen der medizinischen Forschung.

Die noch „geltende" DIN 4109 hat nicht ausdrücklich angegeben, nach welchen Voraussetzungen ein „ausreichender Schallschutz" zu bemessen ist. Hingegen fordert die künftige Norm in der Einführung zu Teil 1 einen **Höchstwohnlärm im benachbarten Raum von 80 dB(A)**. Der Begriff des Wohnlärms wurde in einer ursprünglichen Entwurfsfassung (9) als „**Zimmerlautstärke**" bezeichnet, wobei ein Schallpegel von 30 dB(A) als „Anhaltswert für ein ungestörtes Wohnen" bezeichnet wurde. Die spätere Streichung dieses Anhaltswertes hat der Gesamtausschuß (10) wie folgt begründet:

„Der Hinweis über den Anhaltswert von etwa 30 dB(A) für ein ungestörtes Wohnen wurde ersatzlos gestrichen, da die Mehrheit der Mitarbeiter der Ansicht war, daß ein Schallpegel von **30 dB** unter Umständen bereits zu hoch sein kann. Auch wenn Teil 1 bauaufsichtlich wohl nicht eingeführt werde, sollte auf die Angabe eines konkreten Wertes — trotz der ergänzenden Einschränkungen — besser verzichtet werden.

Der mit 80 dB(A) angegebene Wert für den allgemeinen **Wohnlärm** stieß ebenfalls auf Widerspruch. Aufgrund dieser Angabe könnte der falsche Eindruck entstehen, als ob es sich um einen allgemein zulässigen Maximalwert handele. Dagegen wird mit dem in Klammern gegebenen Hinweis, daß beim Betrieb von elektroakustischen Geräten ein Wohnlärm von 80 dB(A) als „Zimmerlautstärke" bezeichnet wird, indirekt wieder eine Interpretation als Mittelwert eingeführt, der auch evtl. auftretende Schallpegelspitzen zuläßt.

Der Ausschuß stimmte daher dem Vorschlag zu, den Wert von **80 dB(A)** als Spitzenwert im Sinne einer Erinnerungsstütze z. B. bei starken Musikgeräuschen vorerst für den Norm-Entwurf zu belassen. Der Begriff „allgemeine" und der in der Klammer enthaltene Hinweis wurden somit ersatzlos gestrichen."

Im Teil 5 hingegen stellt der Normentwurf für den Schallschutz von Aufenthaltsräumen gegenüber Geräuschen aus **haustechnischen Anlagen** außer Mindestwerten für die Luft- und Trittschalldämmung auch „**Höchstwerte für den zulässigen Schallpegel in Aufenthaltsräumen von Geräuschen aus haustechnischen Anlagen und Betrieben**" von 30 dB(A) bzw. 25 dB(A) (erhöhter Schallschutz) auf. Dies wird vom Gesamtausschuß (11) wie folgt begründet:

„Auf keinen Fall sollte aber von dem mit 30 dB festgelegten zulässigen Schallpegel abgegangen werden. Dieser Wert stellt einen Höchstwert dar, der für ein gesundes Wohnen überhaupt noch angesetzt werden darf. Von vielen Menschen werden bereits Geräusche von 25 dB als äußerst störend empfunden. Eine Anhebung über 30 dB hinaus würde somit den Sinn der Norm grundsätzlich in Frage stellen. Nach den derzeitigen Erkenntnissen und Lösungsmöglichkeiten bedeutet der höchstzulässige Schallpegel von 30 dB keine unzumutbare Härte gegenüber den Heizgeräteherstellern."

Ausdrücklich stellt der Normgeber bei der Festlegung dieses „Höchstwertes" auf ein „gesundes Wohnen" ab. Der Normgeber entspricht damit den Anforderungen der Rechtsprechung, die zunehmend den „hohen Rang gesunden Wohnens" (12) betont.

Zu beachten ist allerdings, daß bei der Beurteilung der **Lästigkeit** eines Lärmes nicht allein auf die Lautstärke abgestellt werden darf. Nach der Rechtsprechung (13) kommt es für die Beurteilung der Lästigkeit eines Lärmes nicht nur auf das Ausmaß an, sondern insbesondere auch auf die spezifische Art des jeweiligen Lärmes. Die Lautstärke selbst ist nur eine der Komponenten der Lästigkeit eines Lärmes (14). Andere zu berücksichtigende Faktoren sind u. a. der „Zeitfaktor" (15), der „Erwartungseffekt" (16), „impulsartige Geräusche" (17) und Geräusche von „besonderer Penetranz" (18). Gerade bei Geräuschen, die nach ihrer besonderen Eigenart als ausgesprochen lästig empfunden werden, genügt nach der Rechtsprechung des BGH (19) schon eine geringe Überschreitung der allgemein für die Lautstärke aufgestellten Richtwerte, um die Belästigung als erheblich und damit als unzumutbar zu klassifizieren.

(1) Entwurf 1979 der DIN 4109 in der Einleitung zu Teil 1
(2) Vgl. Hassel und Oelkers, Problematische Anwendung der TA-Lärm, KdL 23 (1976) 29; OVG Münster 20.2.74 KdL 21 (1974) 168; OVG Münster 19.12.72 BauR 73, 180
(3) BVerwG 7.6.77 BayVBl. 77/769; vgl. auch BGH 15.6.77 NJW 77/1917; BGH 10.11.77 MDR 78/296; BGH 29.6.66 NJW 66/1858; OVG Münster 12.4.78 NJW 79/772; vgl. für die TA-Lärm BVerwG 17.2.78 BauR 78/201 ff = NJW 78/1450
(4) OVG Münster 12.4.78 NJW 79/772, 773; vgl. BVerwG 17.2.78 BauR 78/201 = NJW 78/1450 für die TA-Lärm als „antizipiertes Sachverständigengutachten"; vgl. OLG Hamm 21.10.74 KdL 23 (1976) 81f. und OLG Münster 19.12.72 GewA 74/65, 67, wonach die VDI-Richtlinie 2058 und die TA-Lärm als Regeln der Lärmbekämpfungstechnik anzusehen sind
(5) OLG Hamm 21.10.74 KdL 23 (1976) 81f.; vgl. dazu auch BGH 17.11.67 LM Nr. 25 zu § 906; OVG Münster 19.12.72 BauR 73/180; BGH 15.6.77 NJW 77/1917; BGH 10.11.77 MDR 78/296
(6) VGH Baden-Württemberg 26.4.66 HdL Nr. 52023; vgl. Krane, Grenzwerte und Richtwerte für Geräuschimmissionen, KdL 24 (1977) 9, 11, sowie Baltes, Immissionsgrenzwerte und Art. 2 Abs. 2 GG, BB 78/130
(7) Moll, Dämmung des Außenlärms durch Fenster – Kommentar zur Richtlinie VDI 2719 – in: KdL 21 (1974) 136, 138
(8) Moll a.a.O.
(9) Norm-Vorlage Sept. 77 NA-Bau II 28/1 Nr. 7/77
(10) Gesamtausschuß-Sitzung v. 24./25.1.78 NA-Bau II 28 Nr. 12/78, S. 6/7
(11) NA-Bau v. 27.2.78 II 28 Nr. 13/78, S. 8
(12) BGH 20.3.75 NJW 75/1406, 1408; BVerwG 1.11.74 NJW 75/841, 844; vgl. auch BGH 10.11.77 MDR 78/296 und BVerwG 21.5.76 NJW 76/1760
(13) vgl. BGH 10.11.77 MDR 78/296

(14) BGH 29.6.66 BGHZ 46, 35; BGH 25.9.70 MDR 71/37
(15) zum Einfluß regelmäßiger Lärmeinwirkungen mit niedriger Lautstärke auf den Schlaf mit der Folge gesundheitsschädlicher vegetativer Reaktionen vgl. Hess. VGH 18.5.65 HdL Nr. 54524; zu der spezifischen Lästigkeit von Nachtzeitgeräuschen vgl. BGH 16.10.70 WM 70/1460 = MDR 71/119; BGH 25.9.70 BB 70/1279; Hörmann, Lärm – psychologisch betrachtet, in: Bild der Wissenschaft 1968/6, 785–795; Griefahn und Jansen, Schlafstörungen durch Lärm in: Lärm – Wirkung und Bekämpfung, Erich Schmidt-Verlag, 1978, S. 14ff. m. w. Nachw.
(16) BGH 20.11.70, WM 71/134; OLG Karlsruhe 18.3.60 NJW 60/2241, 2242; OLG Hamburg 2.2.77 MdR 77/492
(17) BGH 28.9.62 NJW 62/2341; Hess. VGH 18.5.65 HdL Nr. 54524; BGH 16.10.70 WM 70/1460 = DB 70, 2264; BGH 22.3.68 NJW 68/1133, 1134
(18) BGH 29.6.66 NJW 66/1858; BGH 22.3.68 NJW 68/1133
(19) BGH 25.9.70 DB 70/1279

2 Neue oder verschärfte Anforderungen des Entwurfes (1979) gegenüber der DIN 4109 (1962)

2a Luft- und Trittschalldämmung von Bauteilen zum Schutz gegen Schallübertragung aus dem fremden Wohn- und Arbeitsbereich

Zur besseren Übersicht und Vergleichbarkeit haben wir in der nachstehenden Tabelle 1 die Mindestanforderungen und Vorschläge für einen erhöhten Schallschutz nach DIN 4109 (1962) dem Entwurf 1979 gegenübergestellt. Dabei werden in einer weiteren Spalte diejenigen Werte berücksichtigt, die 1979 als den anerkannten Regeln der Technik entsprechend angesehen werden können. Die letztgenannten Werte beruhen auf Aussagen von erfahrenen Sachverständigen und können nur als annähernde Schätzungen angesehen werden (1). Bei ihrer Anwendung ist die vertragliche und örtliche Situation in jedem Einzelfall zu berücksichtigen.

Bei **Wohnungstrenndecken** wurden die Mindestanforderungen an den **Luftschallschutz** von 0 dB (= R'_w 52 dB) auf 3 dB (= R'_w 55 dB) angehoben. Nach den Feststellungen des Instituts für Bauphysik in Stuttgart entsprechen diese künftigen Mindestanforderungen etwa dem Mittelwert des 1973/1974 vorhandenen Luftschallschutzmaßes (2). Im Bild 1 auf Seite 290 bedeuten

M = Mindestanforderung nach DIN 4109 (1962)

M_{neu} = Mindesanforderung nach dem Entwurf 1979

E_{neu} = Grenzwert für den erhöhten Schallschutz nach dem Entwurf 1979

Luft- und Trittschalldämmung

Tabelle 1: Luft- und Trittschalldämmung von Bauteilen zum Schutz gegen Schallübertragung aus fremdem Wohn- und Arbeitsbereich (Auswahl)

Bauteile		Mindestanforderung		Vorschläge für einen erhöhten Schallschutz	
		R'_w (LSM) dB	TSM dB	R'_w (LSM) dB	TSM dB
1. Geschoßhäuser mit Wohnungen und Arbeitsräumen					
Wohnungstrenndecken (auch -treppen) und Decken zw. schen fremden Arbeitsräumen	DIN 4109 (1962)	52 (0)	3/0	$\geq 55\ (\geq 3)$	$\geq 13/10$
	Reg. d. Techn. ca.	55 (3)	10	$\geq 57\ (\geq 3)$	≥ 17
	Entw. 1979	55 (3)	10	$\geq 57\ (\geq 5)$	≥ 17
Treppen, Treppenpodeste u. Fußböden von Hausfluren	DIN 4109 (1962)	–	3/0	–	$\geq 3/0$
	Reg. d. Techn. ca.	52 (0)	≥ 5	$\geq 55\ (\geq 3)$	≥ 10
	Entw. 1979	– (–)	10	–	≥ 17
Wohnungstrennwände und Wände zwischen fremden Arbeitsräumen	DIN 4109 (1962)	52 (0)	–	$\geq 55\ (\geq 3)$	–
	Reg. d. Techn. ca.	55 (≥ 3)	–	$\geq 57\ (\geq 5)$	–
	Entw. 1979	55 (3)	–	$\geq 57\ (\geq 5)$	–
Türen, die von Hausfluren oder Treppenräumen unmittelbar in Aufenthaltsräume – außer Flure u. Dielen von Wohnungen u. Wohnheimen oder in Arbeitsräume führen	DIN 4109 (1962)	– (–)	–	– (–)	–
	Reg. d. Techn. ca.	35 (–17)	–	$\geq 40\ (\geq 12)$	–
	Entw. 1979	42 (–10)	–	$\geq 52\ (\geq 0)$	–
Türen, die von Hausfluren oder Treppenräumen in Flure urd Dielen von Wohnungen u. Wohnheimen oder v. Arbeitsräumen führen	DIN 4109 (1962)	– (–)	–	– (–)	–
	Reg. d. Techn. ca.	25 (–27)	–	$\geq 30\ (22)$	–
	Entw. 1979	27 (–25)	–	$\geq 37\ (\geq -15)$	–
2. Einfamilien-Doppelhäuser und Einfamilien-Reihenhäuser					
Decken	DIN 4109 (1962)	– (–)	3/0	– (–)	$\geq 13/10$
	Reg. d. Techn. ca.	– (–)	10	– (–)	≥ 17
	Entw. 1979	– (–)	15	– (–)	≥ 25
Treppen, Treppenpodeste u. Fußböden von Flurer.	DIN 4109 (1962)	– (–)	–	– (–)	–
	Reg. d. Techn. ca.	– (–)	10	– (–)	≥ 17
	Entw. 1979	– (–)	10	– (–)	≥ 20
Haustrennwärde (Wohnungstrennwände)	DIN 4109 (1962)	55 (3)	–	$\geq 55\ (3)$	–
	Reg. d. Techn. ca.	55 (3)	–	$\geq 64\ (12)$	–
	Entw. 1979	57 (5)	–	$\geq 67\ (15)$	–

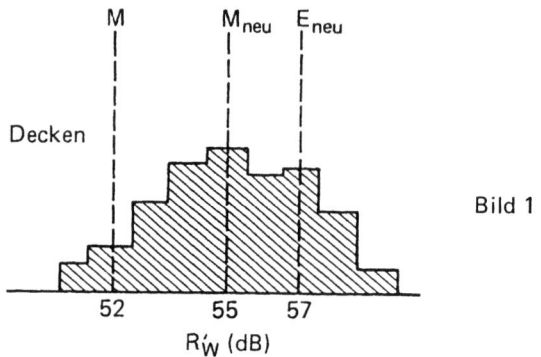

Bild 1

Häufigkeitsverteilung des bewerteten Schalldämm-Maßes R'_W bei Wohnungstrennwänden, nach Gösele (1973/74)

Die neuen Mindestanforderungen an den Luftschallschutz von Decken liegen an der Grenze des technisch und wirtschaftlich Möglichen (3). Entsprechendes gilt für die Anhebung der **Luftschallschutz-Mindestanforderungen bei Wohnungstrennwänden** von 0 dB (= R'_w 52 dB) auf 3 dB (= R'_w 55 dB):

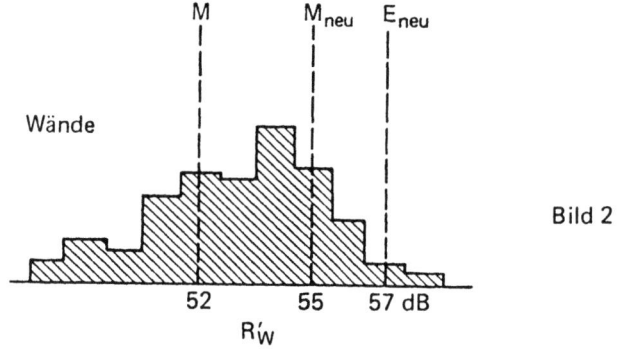

Bild 2

Häufigkeitsverteilung des Luftschallschutzes bei Wohnungstrennwänden, nach Gösele (1973/74)

Die Vorschläge für den **erhöhten Luftschallschutz** wurden bei Decken und Wohnungstrennwänden von ≥ 3 dB (= R'_w 55 dB) auf ≥ 5 dB (= R'_w 57 dB) angehoben. Wegen der Schallübertragung über flankierende Wände ist eine weitere Anhebung dieses Wertes nur mit zusätzlichen, sehr sorgfältig auszuführenden baulichen Maßnahmen möglich (4).

Anders ist es bei den Anforderungen an den **Trittschallschutz**. Hier ist die technische Entwicklung erheblich über die bisherigen Mindestanforderungen hinausgegangen (5), wie aus den Untersuchungen von Gösele (6) aus den Jahren 1973/74 (Bild 3) ersichtlich ist:

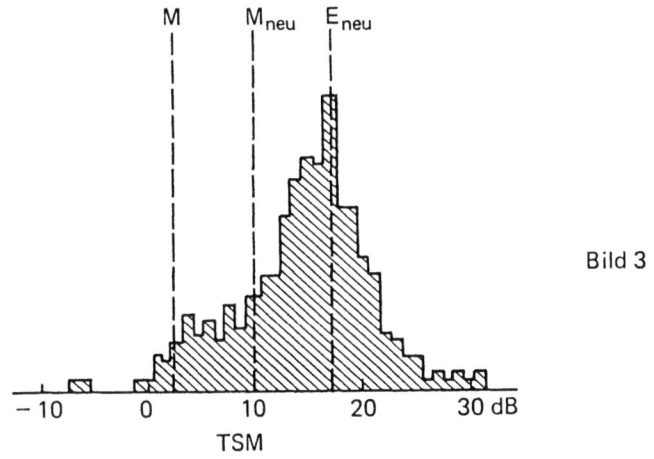

Bild 3

Häufigkeitsverteilung des Trittschallschutzmaßes von Wohnraumdecken in Mehrfamilienhäusern, nach Gösele (1973/74)

Nach den Feststellungen des LG Tübingen (7) entsprachen bereits 1974 nur die Anforderungen an den „erhöhten Schallschutz" den allgemein anerkannten Regeln der Technik, und zwar auch bei Wohnungen mit durchschnittlichen Komfortansprüchen. Die Anhebung der Mindestanforderungen des Trittschallschutzes von 3 dB auf 10 dB schreibt nur die allgemein anerkannten Regeln der Technik auf den neuesten Stand. Auch die Anhebung des erhöhten Trittschallschutzes auf 17 dB läßt sich technisch problemlos und ohne wesentlichen Kostenaufwand verwirklichen (8). Wenn Trittschallprobleme auftauchen, dann liegt es meist an erheblichen Ausführungsfehlern, z. B. bei den Anschlußfugen zwischen Boden- und Wandfliesen oder weil die Trennung zwischen Estrich und Wand nicht fachgerecht ausgebildet wurde (9). Der bauleitende Architekt oder fachbauleitende Ingenieur hat daher gerade bei der Ausführung von Schallschutzmaßnahmen eine erhöhte Überwachungspflicht (10).

(1) Vgl. dazu OLG Stuttgart 24.11.76 BauR 77/279; LG Tübingen 24.8.78; Schäfer/Finnern Nr. 6 zu § 634 BGB; LG München I 24.7.78 – 35 O 9325/76 –
(2) Gösele, Zur Neufassung von DIN 4109 „Schallschutz im Hochbau" – Grundlagen und Ziele, KdL 23 (1976) 143, 144; Ehm, Die Anforderungen der neuen DIN 4109 an den Schallschutz, VDI-Berichte Nr. 336, 1979, S. 17, 20 –; Gösele/Schüle, Schall-Wärme-Feuchte, 5. Auflage, 1979, S. 141ff.

(3) Gösele a.a.O.: Ehm a.a.O.; Eisenberg, Zur neuen DIN 4109 – Schallschutz im Hochbau – Entwurf Februar 1979, WKsb 1979/36
(4) Melcher, Erhöhter Schallschutz bei Massivbauten, VDI-Berichte Nr. 336, 1979, S. 37
(5) Ehm a.a.O. (Fußn. 2); Weiss, Zielvorstellungen hinsichtlich der zukünftig zu stellenden Anforderungen an den Schall- und Wärmeschutz, VDI-Berichte Nr. 336, 1979, S. 5, 9; Eisenberg a.a.O. (Fußn. 3)
(6) Gösele a.a.O. (Fußn. 2)
(7) LG Tübingen 24.8.78 Schäfer/Finnern, Nr. 6 § 634 BGB; vgl. die weitere in RdZ 220 zitierte Rechtsprechung
(8) Melcher a.a.O. (Fußn. 4); Eisenberg, Erläuterungen zu den Anforderungen an den Schallschutz im Entwurf zur Neufassung von DIN 4109 Teil 2 und zu den Ausführungsbeispielen des Teiles 3, VDI-Berichte Nr. 336, 1979, S. 25
(9) BGH 9.2.78 Schäfer/Finnern, Nr. 1 zu § 4 Ziff. 2 VOB/B (1952): in den Wohnungsdielen waren zwischen dem Natursteinplattenbelag und den Wänden, sowie unter den Sockelleisten keine Dämmstreifen zum Schallschutz eingefügt; vgl. auch Schütze, Der schwimmende Estrich, Bauverlag, 4. Aufl. 1974, S. 89 ff.
(10) BGH 27.6.56 Schäfer/Finnern Z 3.01 Bl. 41 = BB 56/739 = Betr. 56/771

225 1 b Luft- und Trittschalldämmung von Bauteilen zum Schutz gegen Schallübertragungen aus dem eigenen Wohn- und Arbeitsbereich

Erstmalig sind für den **Schallschutz innerhalb von Wohnungen**, aber auch zwischen **Büroräumen** u. a. Richtwerte vorgesehen, die aber nach dem Willen des Normgebers nur **empfehlenden Charakter** haben (1).

In Teil 2 Abschn. 4 des Entwurfes (1979) heißt es:

„Es wird unterschieden zwischen:

a) **Mindestanforderungen** zum Schutz gegen Schallübertragung aus einem fremden Wohn- oder Arbeitsbereich (siehe Tabelle 1),

b) **Richtwerten** zum Schutz gegen Schallübertragung aus dem eigenen Wohn- oder Arbeitsbereich (siehe Tabelle 2) sowie

c) **Vorschlägen** für einen erhöhten Schallschutz in beiden Bereichen a) und b) (siehe Tabellen 1 und 2).

Die Anwendung der Richtwerte für den Mindest-Schallschutz und der Vorschläge für einen erhöhten Schallschutz bedarf einer besonderen Vereinbarung, z. B. zwischen dem Bauherrn und dem Entwurfsverfasser."

Teil 5, der sich mit dem Schallschutz gegenüber haustechnischen Anlagen befaßt, bestimmt in Abschn. 4.1 bezüglich der Höchstwerte für die zulässigen Schallpegel in Aufenthaltsräumen gem. Teil 5 Tabelle 1:

„Die genannten Anforderungen stellen Mindestanforderungen dar. Wenn z. B. vom Bauherrn besondere, erhöhte Anforderungen an den Schallschutz gestellt werden, müssen diese gesondert vereinbart und zahlenmäßig festgelegt werden.

Luft- und Trittschalldämmung

Dafür wird vorgeschlagen, Werte zu verwenden, die um 5 dB(A) gegenüber Tabelle 1 verringert sind. Im Einzelfall sollte vorher geklärt werden, ob derartige erhöhte Anforderungen wegen sonstiger vorliegender Störgeräusche sinnvoll und ob sie technisch realisierbar sind. Meist werden erhöhte Anforderungen einen erhöhten Aufwand bedingen."

Nach beiden vorgenannten Bestimmungen muß ein erhöhter Schallschutz vorher gesondert vereinbart werden. Hieraus darf aber nicht geschlossen werden, daß im eigenen Bereich überhaupt keine Anforderungen bestehen, wenn diesbezügliche Vereinbarungen im Einzelfall nicht getroffen werden.

Nach den Ausführungen des Obmannes des für die DIN 4109 zuständigen Normenausschusses, Min.-Rat Prof. Ehm, sollen die Richtwerte und Vorschläge dazu dienen, „einen guten, mittelmäßigen oder einen schlechten Schallschutz innerhalb des eigenen Nutzungsbereiches zu definieren" (2). Mithin ist jeder Schallschutz im eigenen Bereich „schlecht", also mangelbehaftet, der unter dem Wert der Richtlinien liegt (3). Dabei ist zu berücksichtigen, daß die Richtwerte z. B. bei Decken zwischen Aufenthaltsräumen im eigenen Bereich unter den Mindestanforderungen im fremden Bereich liegen, wie sich aus folgender Gegenüberstellung ergibt:

1. Luft- und Trittschalldämmung von Bauteilen zum Schutz gegen Schallübertragung aus einem fremden Wohn- und Arbeitsbereich

Tabelle 1	Mindesanforderungen		Vorschläge für einen erhöhten Schallschutz	
	R'_w (LSM) dB	TSM dB	R'_w (LSM) dB	TSM dB
Wohnungstrenndecken (auch Treppen) und Decken zwischen fremden Arbeitsräumen	55 (3)	10	$\geq 67\ (\geq 6)$	≥ 17

2. Luft- und Trittschalldämmung von Bauteilen zum Schutz gegen Schallübertragung aus dem eigenen Wohn- oder Arbeitsbereich

Tabelle 2.	Richtwerte		Vorschläge für einen erhöhten Schallschutz	
	R'_w (LSM) dB	TSM dB	R'_w (LSM) dB	TSM dB
Decken zwischen Aufenthaltsräumen in Einfamilienhäusern	52 (0)	7	$\geq 66\ (\geq 3)$	≥ 17

Die Mindestanforderungen im fremden Bereich sind ohnehin nur so bemessen, daß Menschen in Aufenthaltsräumen „vor erheblichen Belästigungen" geschützt werden (Entwurf Teil 1 Abschnitt 1). Da die Richtwerte unter den Mindestanforderungen liegen, führt ein Unterschreiten der Richtwerte im eigenen Bereich in der Regel zwangsläufig zu einem Schallschutzmangel am Bauwerk.

(1) Gösele, Zur Neufassung der DIN 4109 „Schallschutz im Hochbau" — Grundlagen und Ziele, KdL 23 (1976) 143, 146
(2) Ehm, Die Anforderungen der neuen DIN 4109 an den Schallschutz, VDI-Berichte Nr. 336, 1979, S. 17, 21; ebenso („schlecht", „normal", „gut")˜Gösele, Zur Neufassung der DIN 4109 „Schallschutz im Hochbau" — Grundlagen und Ziele, KdL (1976), 143, 146
(3) vgl. Eisenberg, Zur neuen DIN 4109 — Schallschutz im Hochbau — Entwurf Februar 1979, wksb 1979/36, 39 r. Sp.

1c Vorschläge für einen erhöhten Schallschutz

Bereits die DIN 4109 (1962) sah für den fremden Bereich Vorschläge für einen erhöhten Schallschutz vor. Der Entwurf 1979 hat diese Werte angehoben und zusätzlich — neue — Vorschläge für einen erhöhten Schallschutz im eigenen Bereich aufgenommen. Wie dargestellt, bedarf die Anwendung dieser Vorschläge sowohl für den fremden als auch für den eigenen Bereich einer **besonderen Vereinbarung**. Diese Festlegung des Normgebers ist zivilrechtlich zumindest äußerst mißverständlich. Geschuldet ist nämlich nach § 663 Abs. 1 BGB eine Werkleistung bzw. deren „Tauglichkeit zu **dem gewöhnlichen oder dem nach dem Vertrage vorausgesetzten Gebrauch**". Dabei kann sich der Grad der Tauglichkeit auch stillschweigend aus dem nach den Umständen erkennbaren Zweck des Vertrages bzw. aus dem vorgesehenen Gebrauchszweck des Gebäudes ergeben (1). Das ist zum Beispiel der Fall, wenn ein Einfamilienhaus für eine Familie mit fünf halbwüchsigen Kindern oder für ein Ehepaar gebaut werden soll, von dem ein Teil als Musiklehrer und der andere Teil als (auch) zuhause arbeitender Geisteswissenschaftler tätig ist. Ein erhöhter Schallschutz wird meist stillschweigend auch dann vorausgesetzt, wenn eine Eigentumswohnung als Luxus- oder Komfortwohnung angepriesen und verkauft wird (2).

Die Erbringung des **erhöhten Schallschutzes** liegt vor allem in den Fällen nahe, in denen — wie etwa beim **Trittschall** — der Schallschutz problemlos, ohne wesentlichen Kostenaufwand „fast beliebig zu verbessern" (3) ist, oder bei denen der erhöhte Schallschutz — wie etwa bei **Reihen- und Doppelhäusern** durch eine durch die Außenwände bis zum Fundament durchgehende Trennfuge in der Haustrennwand (4) — dem Stand der Technik entspricht.

Den **Architekten** trifft als „Sachwalter des Bauherrn" eine **Beratungs- und Aufklärungspflicht** (5). Diese erstreckt sich insbesondere auch auf den nach den Umständen erforderlichen Schallschutz (6). Die Beratungs- und Aufklärungspflicht, wonach der Architekt den Bauherrn auch auf die Möglichkeiten einer zweckmäßigen Baugestaltung aufmerksam machen muß, wird verletzt, wenn der Architekt nur knapp den Mindestschallschutz vorsieht, obwohl dieser nach den erkennbaren Umständen dem vorausgesetzten Vertragszweck nicht genügt (7). Eine entsprechende Haftung kann auch andere Bau- und Planungsbeteiligte treffen, z. B. den nach § 54 Abs. 3 Ziff. 4 HOAI mit den Schallschutznachweisen beauftragten Tragwerkplaner.

(1) So für den Schallschutz OLG Stuttgart 26.8.1976 BauR 77/129, 130; für unterlassene Lärmschutzmaßnahmen bei der Bauplanung vgl. auch BGH 27.2.75 BauR 75/59
(2) OLG Stuttgart 26.8.76 BauR 77/129
(3) Melcher, Erhöhter Schallschutz bei Massivauten, VDI-Berichte Nr. 336, 1979, S. 37, 38
(4) Eisenberg, Erläuterungen zu den Anforderungen an den Schallschutz im Entwurf zur Neufassung von DIN 4109 Teil 2 und zu den Ausführungsbeispielen des Teiles 3, VDI-Berichte Nr. 336, 1979, S. 25, 26, der ausdrücklich empfiehlt, daß die Parteien einen erhöhten Schallschutz durch eine solche Haustrennwand mit durchgehender Trennfuge zur Vertragsgrundlage machen; vgl. Gösele/Schüle, Schall-Wärme-Feuchte 5. Aufl. 1979, S. 25; Mantel, Mangelhafte Schalldämmung an Reihenhäusern, Deutsche Bauzeitung, 1976, 47f.; Lutz, Einschalige Reihenhaustrennwand – ungenügender Luftschallschutz infolge Schall-Längsübertragung durch Decke, DAB 78, 441; Mechel, Hohlraumdämpfung in zweischaligen Trennwänden, wksb (Grünzweig + Hartmann), 1977, Heft 5
(5) BGH 23.11.72 BauR 73/121; vgl. auch BGH 12.6.75 NJW 75/1657; BGH 16.3.78 BauR 78/235 = NJW 78/1311 = VersR 78/565 m. w. Nachw.
(6) BGH 27.2.75 BauR 76/59
(7) BGH 27.2.75 BauR 76/59

1 d Trittschallschutz bei Treppen und Treppenpodesten

Treppengeräusche gehören zu den meistbeklagten Störgeräuschen in Mehrfamilienhäusern (1). Anforderungen an den Trittschallschutz sollen künftig daher auch an Treppen, Treppenpodeste und an Fußböden von Hausfluren gestellt werden. Der Entwurf bringt in Teil 3 Tabelle 4 für einige bereits gebräuchliche Ausführungen (2) die äquivalenten Trittschallschutzmaße. Es geht dabei um Schallschutzmaßnahmen gegen Schallübertragung waagerecht oder schräg zu den benachbarten Aufenthaltsräumen. Die Beispiele in Teil 3 Tabelle 4 können als heute den anerkannten Regeln der Technik entsprechend angesehen werden (3). Die Entwicklung geht dahin, den Schallschutz durch eine möglichst weitgehende akustische Trennung von Treppenlauf und Treppenpodest von der Treppenhauswand zu verbessern (4).

(1) Ehm, Die Anforderungen der neuen DIN 4109 an den Schallschutz, VDI-Berichte Nr. 336, 1979, 17, 21
(2) Eisenberg, VDI-Berichte Nr. 334, 1979, S. 29
(3) vgl. LG Tübingen 24.8.78, Schäfer/Finnern, Nr. 6 zu § 634 BGB – siehe letzter Absatz des Urteilsauszuges in RdZ 220; vgl. auch Gösele/Schüle, Schall-Wärme-Feuchte 5. Aufl. 1979, S. 134
(4) Ehm, a.a.O. (Fußn. 1); vgl. Gösele und Karadi, Schalldämmung zwischen Wohnung und Treppenraum, FBW-Blätter 1971, Folge 6

1e Luftschallschutz bei Wohnungseingangstüren

Neu aufgenommen wurden in den Normentwurf Anforderungen an Türen, die von Treppenräumen oder Hausfluren unmittelbar in Aufenthaltsräume – außer Flure und Dielen – von Wohnungen und Wohnheimen oder in Arbeitsräume führen. Hier gibt der Entwurf Mindestanforderungen von R'_w 42 dB (= LSM – 10 dB) und Vorschläge für einen erhöhten Schallschutz von $R'_w \geqslant$ 52 dB (= LSM $\geqslant$ 0 dB) an. Liegen zwischen den Aufenthaltsräumen Flure oder Dielen, so genügen R'_w 27 dB bzw. $\geqslant$ 37 dB beim erhöhten Schallschutz. Dem Schallschutz von Wohnungseingangstüren wurde bisher nicht die erforderliche Aufmerksamkeit gewidmet (1), obwohl er gerade wegen der bisherigen Vernachlässigung des Schallschutzes in Treppenhäusern von ganz besonderer Bedeutung gewesen wäre. Insbesondere vor Wohnungseingangstüren in Appartementhäusern treten – z. B. durch die vor den Aufzügen wartenden Personen – überdurchschnittliche Geräusche auf (2). Türen, die hier den belästigenden Lärm nicht auf ein zumutbares Maß dämmen, weisen einen Baumangel auf (3). Allerdings sind Türen mit einem R'_w-Dämmaß von 52 dB – wie sie den DIN-Entwurf für Wohnungseingangstüren ohne zwischenliegende Dielen oder Flure fordert – nur mit außerordentlichem Kostenaufwand, z. B. für Tonstudios, nicht aber für den gewöhnlichen Wohnungsbau, zu erstellen. Der Normentwurf führt also zu der Notwendigkeit, künftig zwischen Aufenthaltsräumen – auch Einzelzimmerappartements und Wohnheim-Appartements – und Treppenhäuser Flure oder Dielen einzuplanen. Für die dann erforderlichen Türen kann ein R'_w von 25 dB (LSB = 27 dB) als heute schon allgemein üblich angesehen werden.

(1) Vgl. LG Tübingen 24.8.78, Schäfer/Finnern, Nr. 6 zu § 634 BGB – Urteilszitat RdZ. 220 letzter Absatz
(2) BayObIG 11.5.78 MDR 78/936
(3) BayObLG a.a.O.; LG Tübingen a.a.O.

1 f Nichtberücksichtigung weichfedernder Bodenbeläge beim Trittschallschutz für Wohnungen

Nach DIN 4109 (1962) Blatt 3 Tabelle 2 war bei schweren einschaligen Decken eine ausreichende Trittschalldämmung durch aufgeklebte Bodenbeläge zulässig. Voraussetzung war die Vorlage eines Zeugnisses über die Eignungsprüfung nach Blatt 2 Abschnitt 4.1.2.3 und 4.1.2.5. In Blatt 5 Abschn. 2.2.3.1 war weiter vorgesehen:

„Gehbeläge wirken nur dann trittschalldämmend, wenn sie weich federn. Die Dämmwirkung ist umso größer, je weichfedernder der Belag ist. **Sie muß auf Dauer erhalten bleiben.**"

Blatt 5 Abschn. 2.4.1.3.1 schreibt vor, daß Teppichböden, die bei der Trittschalldämmung berücksichtigt werden sollen, als weichfedernde Gehbeläge „fest eingebaut" sein müssen. Von Gerichtssachverständigen wird gelegentlich der Standpunkt vertreten, daß trotz des Wortlautes der DIN 4109 (1962) Teppichböden auch bisher nicht zulässig seien, weil Eignungsprüfungszeugnisse praktisch unbekannt seien und Teppichböden entgegen DIN 4109 (1962) Blatt 5 Abschn. 2.2.3.1 ihre Dämmwirkung aufgrund ihres natürlichen Verschleißes eben nicht „auf Dauer erhalten" können. Außerdem würden Teppichböden von Käufern von Eigentumswohnungen erfahrungsgemäß häufig durch Steinfliesenböden ersetzt, wodurch nicht nur der von den Teppichböden erbrachte Schallschutz beseitigt, sondern der ohne Teppichböden bestehende bauliche Schallschutz häufig noch wesentlich verschlechtert werde.

Die Bedenken dieser Sachverständigen treffen in bezug auf die zugrunde gelegten Tatsachen zu. Es handelt sich dabei aber um eine Kritik an der DIN 4109 (1962), die unzweifelhaft weichfedernde Teppichböden zuläßt, sofern sie fest verlegt sind (1). Auch liegen Zeugnisse von Eignungsprüfungen vor, die zum Beispiel von Gösele, einem der Väter des Normentwurfes 4109, als Leiter des Instituts für Bauphysik in Stuttgart, ausgefertigt sind. Daneben müssen auch Teppichböden ohne Eignungsprüfung zulässig sein, wenn sie bei einer Individualprüfung die für eine Eignungsprüfung erforderlichen Werte aufweisen. Daß Teppichböden aufgrund natürlichen Abnutzungsverschleißes nicht die gleiche Lebensdauer wie etwa Estriche haben, war gewiß auch dem Normgeber klar. Das Erfordernis einer „auf Dauer" (2) zu erhaltenden Schallschutzeigenschaft kann daher nur die Bedeutung haben, daß diese Eigenschaft durch ständige Erneuerung der Teppichböden beizubehalten ist.

Genau dies ist in der Praxis aber nicht zu gewährleisten. Insoweit war der Optimismus der „alten" DIN nicht gerechtfertigt. Gerade Erwerber von Eigentumswohnungen ersetzen häufig von der ursprünglichen Planung vorgesehene Teppichböden durch Steinfliesen und vermindern dadurch regelmäßig den Schallschutz der übrigen Wohnungen. Geschieht dies aufgrund eines Sonderwunsches bei der Bauerrichtung, liegt regelmäßig ein Baumangel am Gemeinschaftseigentum wie auch am Sondereigentum der übrigen – hierdurch betroffenen – Eigentümer vor.

Hier setzt der Entwurf 1979 der DIN 4109 zu Recht an, indem er in Teil 3 Abschn. 3.1.3 vorschreibt, daß wegen der möglichen Austauschbarkeit von weichfedernden Bodenbelägen, die sowohl dem Verschleiß als auch den besonderen Wünschen der Bewohner unterliegen, für Gebäude mit Wohnungen beim Nachweis des Trittschallschutzes von Decken nach DIN-Entwurf Teil 2 derartige Bodenbeläge außer Betracht bleiben müssen. Hieran anschließend hebt der Entwurf a.a.O. aber hervor: „Zur weiteren Verbesserung des Trittschallschutzes empfiehlt sich die zusätzliche Verwendung von weichfedernden Bodenbelägen."

Daraus ist zu folgern, daß künftig jedenfalls der erhöhte Trittschallschutz mit weichfedernden Teppichböden erbracht werden darf, während bei den Mindestanforderungen solche Böden nicht berücksichtigt werden dürfen.

Planer und Bauträger werden aber bei einer Auswechselung von Teppichböden in Steinfliesenböden bei Mehrfamilienhäusern auch künftig darauf zu achten haben, daß hierdurch der ursprünglich geplante bzw. vertraglich geschuldete Schallschutz der übrigen Wohnungen nicht gemindert und damit geschädigt wird.

(1) LG Hamburg 3.3.70 ZMR 71/134; vgl. auch AG Karlsruhe 15.3.78 NJW 78/2602, wonach an den Wänden verspannte Teppichböden einen wesentlichen Bestandteil des Gebäudes darstellen
(2) Schneider und Böckl, Zur Neufassung der DIN 4109 – Schallschutz im Hochbau – in: Die Schalltechnik 1963 Heft 51–55, 1964, Heft 56 S. 54

230 1g Schallschutz und haustechnische Anlagen

Für den Ingenieur am bedeutsamsten und mit den größten Problemen verbunden, ist Teil 5 des Entwurfes 1979 der DIN 4109. **Zahlreiche andere Normen im Haustechnik-Bereich verweisen auf die DIN 4109** oder verlangen einen ausreichenden Schallschutz, wie z. B. VOB/C DIN 18 380 – Heizungs- und zentrale Brauchwassererwärmungsanlagen – in Abschn. 3.1.6, 3.2.6.5, 3.2.10 und 3.6.2 oder VOB/C DIN 18 381 – Gas-Wasser- und Abwasserinstallationsarbeiten innerhalb von Gebäuden – in Abschn. 3.1.3 oder Abschn. 3.3 und 3.4, wo auf DIN 1988 und DIN 1986 verwiesen wird, die ihrerseits die DIN 4109 zum Gegenstand haben(1).

Teil 5 des Entwurfes gilt für den Schallschutz von Aufenthaltsräumen gegenüber Geräuschen aus haustechnischen Anlagen und Betrieben, die baulich mit den Aufenthaltsräumen verbunden sind (Teil 5 Abschn. 1.1). Als haustechnische Anlagen gelten die zu einem Gebäude gehörenden technischen Einrichtungen, bei deren Betrieb Schall entsteht, der in die Aufenthaltsräume übertragen werden kann (z. B. Wasser- und Abwasseranlagen, Anlagen zur Heizung, Lüftung und Klimatisierung, Aufzüge etc.). Der Norm unterliegen nicht ortsveränderliche Haushaltsgeräte.

Der Normentwurf gibt in Tabelle 1 Höchstwerte beim Betrieb oder bei der Benutzung haustechnischer Anlagen für die zulässigen Schallpegel in Aufenthaltsräumen (2) an:

Höchstzulässige Schallpegel in fremden Aufenthaltsräumen von Geräuschen haustechnischer Anlagen und baulich verbundener Gewerbebetriebe (Mindestanforderungen)

Art der Anlage	Art der Aufenthaltsräume	
	Wohn- u. Schlafräume, Übernachtungsräume in Beherbergungsstätten, Bettenräume in Krankenanstalten u. a.	Unterrichtsräume und Arbeitsräume
	Schallpegel in dB(A)	
Armaturen u. Geräte der Wasserinstallation Wasserein- und -ablauf	30[1] 30	
Anlagen zur Heizung, Lüftung, Klimatisierung u. sonstige haustechn. Anlagen (z. B. Gemeinschaftswaschanlagen[4])	30[2][5]	35[5]
Maschinen u. Einrichtungen gewerblicher Betriebe	25[3]	

(1) Dieser Wert gilt bei den in DIN 52218 Teil 1 genannten kennzeichnenden (Bauakustische Prüfungen; Prüfung des Geräuschverhaltens von Armaturen und Geräten der Wasserinstallation im Laboratorium) Fließdrücken bzw. Durchflüssen; er darf um bis zu 5 dB(A) überschritten werden, wenn die Werte des kennzeichnenden Fließdruckes bzw. Durchflusses nach DIN 52218 im Einzelfall überschritten werden.
(2) In der Zeit von 7.00 Uhr bis 22.00 Uhr darf dieser Wert um bis zu 5 dB(A) überschritten werden.
(3) In der Zeit von 7.00 Uhr bis 22.00 Uhr darf dieser Wert um bis zu 10 dB(A) überschritten werden.
(4) Gültig auch für derartige Anlagen im eigenen Wohnbereich
(5) Bei Geräuschen aus Lüftungsanlagen sind um 5 dB(A) höhere Werte zulässig, sofern es sich um Dauergeräusche ohne auffällige Einzeltöne handelt. In diesem Fall darf der Zuschlag nach Fußnote 2 nicht zusätzlich berücksichtigt werden.

Teil 5 Abschn. 4.1 bestimmt:

„**4.1 Zulässige Schallpegel in Aufenthaltsräumen:**

Die Höchstwerte für die zulässigen Schallpegel in Aufenthaltsräumen sind in Tabelle 1 angegeben. Diese Anforderungen gelten nicht für haustechnische Anlagen des eigenen Wohn- und Arbeitsbereiches, mit Ausnahme der selbsttätig schaltenden oder für lange Betriebszeiten bestimmten haustechnischen Anlagen, z. B. Etagenheizungen oder Lüftungsanlagen für innenliegende Bäder. Wenn Etagenheizungen in Wohndielen und Wohnküchen aufgestellt sind, gelten diese Anforderungen nicht für diese Räume. Zum Schutz der anderen Aufenthaltsräume sind gegebenenfalls Türen mit erhöhter Schalldämmung zu verwenden."

Die Vorschriften des Teils 5 über die Schallschutzmindestanforderungen und Vorschläge für einen erhöhten Schallschutz gelten also bei haustechnischen Anlagen im **eigenen Bereich** auch im Falle von **Etagenheizungen oder Lüftungsanlagen, für innenliegende Bäder**; dies kann zu beachtlichen Haftungsrisiken führen:

Beispiel:

Die Etagenheizung im Flur erzeugt beim Einbau 50 dB. Die Tür zum Schlafzimmer hat einen R'_w-Wert von 15 dB, so daß im Schlafzimmer ein Schallpegel von 35 dB entsteht. Nach 4 Jahren erzeugt die Heizung, verschleißbedingt, 60 dB, so daß bei unterstelltem gleichbleibendem R'_w-Wert der Tür im Schlafzimmer sich der Schallpegel auf 45 dB erhöht. Hier liegt dann ein schwerer Baumangel vor.

Gegen diese Mindestanforderungen im eigenen Bereich sind bereits erhebliche Bedenken angemeldet worden. Nach den Bauordnungen der Länder muß nämlich die Weiterleitung von Schall aus haustechnischen Anlagen nur in fremde Aufenthaltsräume ausreichend gedämmt sein. Für die bauaufsichtliche Einführung dieser verschärften Anforderung, betreffend den eigenen Bereich, fehlt es also öffentlich-rechtlich an einer Rechtsgrundlage. Dies ändert aber nichts an der zivilrechtlichen Verbindlichkeit, sofern die Norm — etwa beim VOB-Vertrag über VOB/C — Vertragsinhalt wird. Ein weiteres Bedenken geht dahin, daß der einbauende Unternehmer für den von der DIN normierten Schallschutz einstehen muß, ohne daß es ein Verfahren gibt, mit dem der Einfluß des Baues auf das Endergebnis vorausgesagt werden kann (3). Der einbauende Unternehmer kann im allgemeinen weder die baulichen Voraussetzungen für die Einhaltung der Mindesanforderungen prüfen, noch hat er einen Einfluß auf den Geräteherstellern, der in erster Linie den Schallschutz im eigenen Bereich sicherstellen könnte (4). Letztlich bleibt daher die Haftung am Planer, also vor allem am Projektingenieur und am Fachbauleiter hängen.

Über die in DIN 4109 Entwurf 1979 Teil 2 festgelegten Mindestanforderungen hinaus gibt Tabelle 2 in Teil 5 für die Luft- und Trittschalldämmung von Bauteilen zwischen

— Räumen mit haustechnischen Anlagen oder Räumen von Betrieben („laute Räume") einerseits und
— Aufenthaltsräumen andererseits

die Mindesanforderungen an das bewertete Schalldämm-Maß R'_w und an das Trittschallschutzmaß TSM wie folgt an:

Tabelle 2. Mindestwerte[1] für die Luft- und Trittschalldämmung von Bauteilen zwischen Räumen haustechnischer Anlagen bzw. Räumen von Betrieben („laute Räume") und baulich mit diesen verbundenen Aufenthaltsräumen nach Abschnitt 1.1.1

Spalte	a	b		c
Zeile	„Laute Räume", Bauteile	bewertetes Schalldämmaß (Luftschallschutzmaß) R'_w dB	(LSM)	Trittschallschutzmaß[2] TSM dB
1	Räume für Anlagen zur Heizung, Lüftung, Klimatisierung und sonstige haustechnische Anlagen (z. B. Druckerhöhungsanlagen)			
1.1	Decken, Wände	57	(5)	–
1.2	Fußböden der „lauten Räume"	–		20
2	Handwerks-, Gewerbe- und ähnliche Betriebe, Küchen in Beherbergungsstätten, Krankenanstalten und Wohnheimen			
2.1	Decken, Wände	57	(5)	–
2.2	Fußböden der „lauten Räume"	–		20
3	Speisegaststätten, Cafes, Imbißstuben, nur bis 22.00 Uhr in Betrieb			
3.1	Decken, Wände	57	(5)	–
3.2	Fußböden der „lauten Räume"	–		20
4	Gaststätten ohne oder mit elektro-akustischen Anlagen geringer Leistung (maximaler Schallpegel 90 dB (A)), auch nach 22. Uhr in Betrieb			
4.1	Decken, Wände	62	(10)	–
4.2	Fußböden der „lauten Räume"	–		25
5	Kegelbahnen			
5.1	Decken, Wände	67	(15)	–
5.2	a) Keglerstube b) Bahn	– –		30 50
6	Gaststätten mit elektro-akustischen Anlagen großer Leistung, z. B. Tanzlokale mit Musikkapellen, Diskotheken, Lichtspieltheater, Variétés			
6.1	Decken, Wände	72	(20)	–
6.2	Fußböden der „lauten Räume"	–		35

1 Bezogen auf den im Bauwerk eingebauten Zustand des Bauteils, einschließlich der Schallnebenwegübertragung.
2 Jeweils in Richtung der Lärmausbreitung.

Nutzungsgeräusche: Das Schutzziel der alten Norm umfaßt uneingeschränkt auch die Benutzungsgeräusche (= Störgeräusche bei bestimmungsgemäßer Nutzung der haustechnischen Anlagen). Daran ändert der Normentwurf nichts, ausgenommen bei der Wasserinstallation. Hier wird zwar der höchstzulässige Schallpegel durch Geräusche der Wasserinstallation auf 30 dB(A) festgelegt (5). Sonstige Nutzungsgeräusche bei Anlagen der Wasserinstallation durch den Nutzer (persönliche Nutzungsgeräusche: z. B. Rutschen in der Badewanne, Spureinlauf etc.) unterliegen aber nicht den Anforderungen der Tabelle 1 in Teil 5 (Entwurf Teil 5 Abschn. 6.3.1). Der Entwurf erteilt jedoch zu diesen Nutzungsgeräuschen in Teil 5 folgenden Hinweis:

„6.3.1.2 Geräusche beim Wassereinlauf und bei der Nutzung von Einrichtungsgegenständen der Wasserinstallation. Beim Wassereinlauf entsteht überwiegend Luftschall, bei der Nutzung der Einrichtungsgegenstände überwiegend Körperschall.

Störende Luftschallübertragung in benachbarte Aufenthaltsräume wird vermieden, wenn die Anforderungen an die Luftschalldämmung der Bauteile nach DIN 4109 Teil 2 (z. Z. noch Entwurf), Tabellen 1 und 2, bzw. nach Tabelle 2 dieser Norm erfüllt sind.

Zur Körperschalldämmung zwischen den Einrichtungsgegenständen und der Decke sollte stets ein schwimmender Estrich eingebaut werden. Darüber hinaus sollte eine wirksame Körperschalldämmung gegenüber den Wänden, z. B. an den Berührungsstellen zwischen Badewanne und Wand, vorgesehen werden."

Werden diese Hinweise nicht beachtet und kommt es hierdurch zu belästigenden Schallübertragungen, so wird regelmäßig ein **Baumangel** vorliegen, für den in erster Linie **der Planer** einzustehen hat.

Wesentlich für den Planer ist auch, daß der DIN-Entwurf in Verbindung mit DIN 1053 T 1 (Mauerwerk; Berechnung und Ausführung) die herkömmliche **Verlegung von Leitungen unter Putz** weitgehend unzulässig macht. Für die **Trinkwasserleitungen** bestimmt der Entwurf in Teil 5 Abschn. 5.1.2.2:

„Einschalige biegesteife Wände von Aufenthaltsräumen, an denen Armaturen oder Trinkwasserleitungen befestigt sind, müssen eine flächenbezogene Masse von mindestens 250 kg/m² haben oder auf der dem Aufenthaltsraum zugewandten Seite mit einer Vorsatzschale versehen sein."

Für die **Hauptabflußleitungen** bestimmt der Entwurf in Teil 5 Abschn. 6.3.1.3:

„Hauptabflußleitungen (z. B. Falleitungen) sollten in der Regel vor der Wand verlegt werden. In Schlitzen von Wänden, die an Aufenthaltsräume grenzen, sollten sie nur dann verlegt werden, wenn die Wände eine flächenbezogene Masse von mindestens 450 kg/m² haben, die Schlitze sich auf der dem Aufenthaltsraum abgewandten Seite befinden und eine Mindestdicke von 10 cm verbleibt (6)."

Schallschutz und haustechn. Anlagen

Unter einem bestimmten Flächengewicht der Wände ist also eine Installation nicht möglich. Überdies ergeben sich Widersprüche und Überschneidungen mit DIN 1053 (7).

Das Hauptproblem im haustechnischen Bereich besteht in der **Körperschallübertragung**. Selbst wenn der Baukörper den Anforderungen an die Luft- und Trittschalldämmung entspricht, ist noch nicht gesagt, daß damit der zu erwartende akustische Erfolg beim Betrieb der haustechnischen Anlagen nicht unterlaufen wird. Im Hinblick auf die Körperschallübertragungen ist es bei der herkömmlichen Installation kaum möglich, den vom Normentwurf 4109 geforderten Höchstschallpegel von 30 dB(A) einzuhalten. Der höchstzulässige Schallpegel wird im benachbarten Aufenthaltsraum vielmehr nur dann einzuhalten sein (8),

– wenn nur ein Standklosett und kein Wandklosett verwendet wird;
– wenn zwischen Spülkasten, Waschtisch, Wanne, Küchenspüle und Wand eine wirksame Körperschalldämmung vorhanden ist;
– wenn die Wannenabmauerung (bzw. die Wannenschürze) nicht gemauert, sondern freistehend, ohne Randkontakt, auf dem Estrich befestigt ist;
– wenn die Fugen zwischen Wanne und Fliesenbelag dicht und wirksam körperschallgedämmt verschlossen sind;
– wenn die Wasser- und Abwasserleitungen ebenfalls körperschallgedämmt sind und an keiner Stelle Kontakt mit dem Bauwerk haben.

Der Entwurf erteilt in Teil 5 Abschn. 6.2 Hinweise für die Grundrißplanung:

„Lärmerzeugende haustechnische Anlagen (z. B. Müllabwurfanlagen, Aufzüge) sowie Maschinen und Einrichtungen von Betrieben sollen nicht an Wänden von Aufenthaltsräumen liegen. An Wohnungstrennwänden sollen sie nur dann liegen, wenn an diese Wände Nebenräume, z. B. Treppenräume, angrenzen oder wenn durchgehende Gebäudetrennfugen vorhanden sind.

Räume, von denen starke Geräusche ausgehen – wie Bäder, Küchen, Aborte – sollen nicht an Wohn- und Schlafräume fremder Wohnungen grenzen. Diese Räume sollen möglichst neben- und übereinander liegen.

Wenn Räume für haustechnische Anlagen (z. B. Heizzentralen) in oberen Geschossen von Gebäuden untergebracht werden, sollten im unmittelbar darunter- bzw. darüberliegenden Geschoß nur Räume mit weniger hohen Anforderungen an den Schallschutz liegen, z. B. Kantinen, Küchen. Andernfalls sind besonders wirksame Körperschall-Dämm-Maßnahmen zu treffen (z. B. Aufstellung der Maschinen auf einer gesonderten, „schwimmend" gelagerten Betonplatte).

Betriebe mit besonders starker Geräuscherzeugung, z. B. Tanzlokale mit Musikkapellen, Diskotheken, Kegelbahnen, sollten so geplant werden, daß keine unmittelbare bauliche Verbindung mit Aufenthaltsräumen besteht."

Diese Hinweise werden zwar bauaufsichtlich nicht eingeführt werden und haben nur den Charakter von „Soll-Vorschriften". Sie geben aber **anerkannte Regeln der Bautechnik** wieder. Wird gegen diese Hinweise verstoßen und resultieren aus dem Verstoß lästige Geräuschübertragungen, so liegt regelmäßig **ein Baumangel** vor (9).

Der eigene Bereich: Wie bereits ausgeführt, gelten die Höchstwerte für den zulässigen Schallpegel in Aufenthaltsräumen — mit Ausnahme selbsttätig schaltender oder für lange Betriebszeiten bestimmter haustechnischer Anlagen (z. B. Etagenheizungen) — nicht für haustechnische Anlagen des **eigenen Wohn- und Arbeitsbereiches.** Der Grund hierfür ist u. a., daß die Bauordnungen der Länder keine Rechtsgrundlage für die bauaufsichtliche Einführung solcher Anforderungen im eigenen Bereich enthalten. Dies kann aber zivilrechtlich nicht bedeuten, daß im eigenen Bereich ohne Berücksichtigung von Schallwerten installiert werden dürfte (10). Der Planer hat vielmehr generell den Schallschutz vorzusehen, der modernen Wohnansprüchen genügt (11). Dabei sind moderne technische Entwicklungen zu berücksichtigen (12). Gerade in Einfamilien-Reihenhäusern werden erfahrungsgemäß höhere Ansprüche an den Schallschutz gestellt als etwa in Miethäusern (13). Ähnliches gilt für Komfort-Eigentumswohnungen. Zivilrechtlich ist hier auch für den eigenen Bereich jedenfalls der Schallschutz geschuldet, der mit vertretbarem technischen und wirtschaftlichen Aufwand unter Berücksichtigung neuerer technischer Erkenntnisse erbracht werden kann. So können etwa heute die **Geräusche bei der Wasserentnahme** — die praktisch nur in der Armatur und nicht in der Rohrleitung entstehen (14) — durch die in den letzten Jahren wesentlich **verbesserten Armaturen** erheblich gemindert werden (15). Ebenso gelten die Hinweise und Empfehlungen des Normentwurfes über die **Grundrißanordnungen** — z. B. die bauakustisch günstige Grundrißanordnung II — als neuere technische Erkenntnisse zur Lösung von Schallschutzproblemen zivilrechtlich auch für den eigenen Bereich.

Planer und ausführende Unternehmer haben bei Feuerstätten, insbesondere bei **Etagenheizungen** zu beachten:

Nach dem Rundschreiben des DVGW G 3/1979 v. 1. Aug. 1979 und den Vorschriften der FeuV (16) muß bei Feuerstätten ein Rauminhalt von mindestens 4 m^3 je kW Nennwärmeleistung vorhanden sein. Dies bedeutet, daß der nach DIN 4109 Teil 5 (Entwurf) geforderte Schallschutz im eigenen Bereich häufig nicht oder weitgehend nicht realisierbar ist. Hinsichtlich der denkbaren Abhilfemaßnahmen, z. B. vom **Lüftungsverbund-Öffnungen** in schalldämmender Ausführung liegen nach Aussagen zuverlässiger Sachverständiger noch keine für die Ausführungspraxis ausreichenden Erfahrungen oder handelsübliche bewährte Einrichtungen vor. **Die Planung und Herstellung des in vielen Fällen notwendigen Lüftungsverbundes stellt daher vor allem den Architekten und den Projektingenieur in bezug auf den nötigen Schallschutz vor immense Probleme und gewährleistungsrechtliche Risiken.**

Schallschutz und haustechn. Anlagen

(1) Vgl. dazu im Einzelnen: Enge/Kraupner/Salzwedel/Wurr, Komm. zur DIN 18379/ 18380, Werner Verlag 1977, S. 93
(2) vgl. dazu Mai, Lärmprobleme bei haustechnischen Anlagen, IKZ 1977 Heft 18/20 und sbz 1977 Heft 19, sowie Mai, Haustechnische Anlagen und Schallschutz – Die neue DIN 4109 – sbz (Gentner Verlag Stgt) 1979, S. 500–518
(3) Gösele, Zur Neufassung von DIN 4109 „Schallschutz mit Hochbau" – Grundlagen und Ziele, KdL 23 (1976), 143, 146
(4) vgl. Mai, Haustechnische Anlagen und Schallschutz – Die neue DIN 4109, sbz 1979, S. 500, 504 r. Sp.; vgl. dazu die Resulution d. Zentralverb. Sanitär Heizung Klima in IKZ 1979 Heft 16 S. 14: „Vielmehr ist der in der Normvorlage vorgeschriebene zulässige Schallpegel für haustechnische Anlagen mit 30 dB (a) bzw. 35 dBC (A) mit handelsüblichen Geräten nicht einzuhalten. Das Eigengeräusch der üblicherweise erhältlichen haustechnischen Geräte liegt um 50 dB (A) und wesentlich darüber." Vgl. auch Breuer, Kommentar z. Entwurf DIN 4109 – Erhebliche Risiken für die Anlagebauer, in Sanitär- und Heizungstechnik 1979/764 ff.
(5) vgl. dazu ausführlich Eisenberg, Geräusche der Wasserinstallation – Stand der Entwicklung und Normung, VDI-Berichte Nr. 336, 1979, S. 65
(6) vgl. dazu Brewig, Schallschutz haustechnischer Anlagen und baulich mit Wohnungen verbundener Gewerbebetriebe – Ausführungshinweise und Kontrollen, VDI-Berichte Nr. 336, 1979, S. 69
(7) vgl. dazu Mai, Haustechnische Anlagen und Schallschutz – Die neue DIN 4109, sbz 1979, S. 500, 506 r. Sp.
(8) Mai, a.a.O. (Fußn. 7), S. 513
(9) vgl. dazu Gösele/Schüle, Schall-Wärme-Feuchte, 5. Aufl. 1979, S. 157; Gösele und Voigtsberger, Der Einfluß der Installationswand auf die Abstrahlung von Wasserleitungsgeräuschen, Acustica 35, 1976, S. 310
(10) vgl. Eisenberg, VDI-Berichte Nr. 336, 1979, S. 65, 66: „Richtwerte für höchstzulässige Schallpegel von Geräuschen aus Wasser- und Abwasseranlagen des eigenen Wohn- oder Arbeitsbereiches wurden in den Norm-Entwurf nicht aufgenommen. Dieser Beschluß ist zu bedauern und sollte während der Laufzeit des Entwurfs noch einmal überdacht werden. Es müßte erreicht werden, daß auch innerhalb einer Wohnung oder eines Einfamilienhauses Wasser- und Abwasseranlagen so projektiert werden und geräuscharme Armaturen erhalten, wie es dem im Norm-Entwurf beschriebenen Stand der Technik zum Schutz des fremden Bereichs entspricht."
(11) OLG Stuttgart 24.11.76 BauR 77/279
(12) vgl. BGH 12.10.67 VersR 67/1194; vgl. Wiethaup, Haftung des Architekten bei Nichtbeachtung der Schalldämmung im Hochbau, in: Baumeister 1963, 1146ff.
(13) Gösele/Schüle, Schall-Wärme-Feuchte, 5. Aufl. 1979, S. 25; vgl. auch Eisenberg, VDI-Berichte Nr. 336, 1979, S. 25, 26
(14) Gösele und Voigtsberger, Grundlagen zur Geräuschminderung bei Wasserauslaufarmaturen, „Gesundheitsingenieur" 1970/108–117
(15) Eisenberg, Geräusche der Wasserinstallation – Stand der Entwicklung und Normgebung, VDI-Berichte 336, 1979, 65, 66; Gösele/Schüle a.a.O. (Fußn. 11) S. 154; Gösele und Voigtsberger, Armaturengeräusche und Wege zu ihrer Verminderung, „Gesundheitsingenieur" 1968, S. 129ff. und 168ff.
(16) Bekanntm. d. BayStMdI v. 7.11.79 MABl. 1979/606 zur Aufstellung von Feuerstätten

231 1h Schallschutz gegen Außenlärm

Mit dem Schallschutz gegen Außenlärm befaßt sich der neue Teil 6 des Entwurfes 1979 der DIN 4109. Es handelt sich um eine nur redaktionelle Überarbeitung der im September 1975 veröffentlichten und bauaufsichtlich eingeführten „Richtlinien für bauliche Maßnahmen zum Schutz gegen Außenlärm" (1).

Die Norm bezweckt den Gesundheitsschutz (2). Dabei stellt die Norm Anforderungen an bauliche Maßnahmen zur Schalldämmung, insbesondere von **Fenstern und Außenwänden**, aber auch — soweit erforderlich — von Decken und Dächern. Die baulichen Maßnahmen werden von den jeweiligen „Außenlärmpegeln" abhängig gemacht. Die hierdurch bedingten Schallschutzmaßnahmen sind so zu treffen, daß in den Aufenthaltsräumen **„zumutbare Schallpegel"** entstehen, die in der Norm größenmäßig aber nicht beziffert werden. Es wurde lediglich festgelegt, welchen „Widerstand", also welches bewertete Schalldämm-Maß R_w bzw. R'_w die Bauteile gegen die Schalldurchlässigkeit haben müssen, um einen zumutbaren Innenschallpegel zu erreichen. Bei der „Übersetzung" der angegebenen Schalldämm-Maße ist ersichtlich, daß der zumutbare Innenschallpegel je nach der Nutzungsart der geschützten Räume unterschiedlich angenommen wurde, so z. B. für Bettenräume in Krankenhäusern mit ca. 25 dB, für Aufenthaltsräume in Wohnungen mit ca. 30 dB und für Büroräume mit ca. 35 dB. Diese Werte decken sich etwa mit den Anhaltswerten für Innengeräuschpegel der VDI-Richtlinie 2719 — „Schalldämmung von Fenstern" (Oktober 1973) (3), die nach der neueren medizinischen Forschung im allgemeinen als nicht mehr störend angesehen werden und die als Beurteilungsrichtlinien bei der Gewerbeaufsicht wie auch bei der Planung der Gemeinden dienen (4).

Für die Festlegung von Mindestwerten der Luftschalldämmung von Außenbauteilen wird von den Lärmpegelbereichen nach DIN 4109 Teil 6 (Entwurf) **Tabelle 1** ausgegangen.

Tabelle 1: Lärmpegelbereiche

Lärmpegelbereiche	0	I	II	III	IV	V
Maßgeblicher Außenlärmpegel (1) in dB(A)	≤ 50	51 bis 55	56 bis 60	61 bis 65	66 bis 70	> 70

(1) Ermittlung der „maßgeblichen Außenlärmpegel" siehe Anhang A.

Schallschutz gegen Außenlärm

Die diesen Lärmpegelbereichen zugeordneten Mindestdämmwerte ergeben sich aus
Tabelle 2: Mindestwerte der Luftschalldämmung von Außenbauteilen (Wand, Fenster, erforderlichenfalls Dach)

Spalte	1	2	3	4	5	6	7
		Raumarten					
Zeile	Lärmpegelbereich Tabelle 1	Bettenräume in Krankenanstalten und Sanatorien		Aufenthaltsräume in Wohnungen, Übernachtungsräume in Beherbergungsstätten, Unterrichtsräume		Büroräume (1)	
		Bewertetes Schalldämm-Maß R'_W (für Außenwände) bzw. R_W (für Fenster) in dB (2)					
		Außenwand (3)	Fenster (4)	Außenwand (3)	Fenster (4)	Außenwand (3)	Fenster (4)
1	0	30	25	30	25	30	25
2	I	35	30	30	25	30	25
3	II	40	35	35	30	30	25
4	III	45	40	40	35	30	30
5	IV	50	45	45	40	35	35
6	V	55	50	50	45	40	40

(1) in Einzelfällen kann es wegen der unterschiedlichen Raumgrößen, Tätigkeiten und Innenraumpegel bei Büroräumen zweckmäßig oder notwendig sein, die Schalldämmung der Außenwände und Fenster gesondert festzulegen.

(2) Die Mindestwerte der Schalldämmung gelten für Außenbauteile, nachgewiesen nach Abschnitt 5. Beim Gütenachweis am Bau nach Abschnitt 6 dürfen die sich aus der Tabelle für die Außenwand einschließlich Fenster ergebenden Mindestwerte der Gesamtschalldämmung unter anderem wegen anderer Meßverfahren um 2 dB unterschritten werden. Bei der Beurteilung des bewerteten Schalldämm-Maßes von Außenwand einschließlich Fenster ist der Mindestwert der Gesamtschalldämmung nach DIN 4109 Teil 2 (z. Z. noch Entwurf), Abschnitt 6.4, aus den Anforderungen an die Einzelbauteile zu ermitteln (siehe aber Fußnote 4).

(3) Für Decken von Aufenthaltsräumen, die zugleich den oberen Gebäudeabschluß bilden, sowie für Dächer und Dachschrägen von ausgebauten Dachgeschossen gelten die Mindestwerte für Außenwände. Bei Decken unter nicht ausgebautem Dachgeschoß und bei Kriechböden sind die Anforderungen durch Dach und Decke gemeinsam zu erfüllen. Die Anforderungen gelten als erfüllt, wenn das Schalldämm-Maß der Decke allein um nicht mehr als 10 dB unter dem geforderten Wert liegt.

(4) Wenn die Fensterfläche in der zu betrachtenden Außenwand eines Raumes mehr als 60 % der Außenwandfläche beträgt, sind an die Fenster die gleichen Anforderungen wie an Außenwände zu stellen.

Mindestwerte der Luftschalldämmung von Außenbauteilen nach DIN 4109 T. 6 (Entwurf)

Diese Anforderungen gelten nicht, soweit nach der **Fluglärm-VO** (BGBl. I 1974, S. 903–907) Schallschutzmaßnahmen zu treffen sind. Hier wird in der Schutzzone I (> 75 dB(A)) ein R'_w von $\geq$ 50 dB und in der Schutzzone II (67 bis 75 dB(A)) ein R'_w von > 45 dB gefordert.

Fenster: Die Übertragung von Außenlärm in die Räume erfolgt zumeist über die Fenster. Zu beachten ist: Wenn die Fensterfläche mehr als 60 % der zugehörigen Außenwandfläche beträgt, sind an das betreffende Fenster die gleichen Anforderungen wie an Außenwände zu stellen (Tabelle 2 Fußn. 4).

Mit Fenstern können beim derzeitigen Stand folgende R_w-Werte erreicht werden:

Erreichbare Werte des bewerteten Schalldämm-Maßes R_w von betriebsfertigen Fenstern (gemessen im Laboratorium (5)):

Fensterart	R_w in (dB)
Einfachfenster	
normales Isolierglas	35
hochschalldämmendes Isolierglas	bis 45
Verbundfenster	
Normalausführung	37–40
hochschalldämmende Ausführung	bis 45
Kastenfenster	
je nach Verglasung und Rahmen	50–60

Die Probleme bei Fenstern liegen hauptsächlich in den Dichtungen und bei der Lüftung. Die üblichen Fenster, ohne zusätzliche Dichtungen, werden durch längeren Gebrauch häufig so undicht (6), daß die Schalldämmung der Verglasung den ausreichenden Schallschutz nicht mehr erbringen kann. Für schalldämmende Fenster sollen deshalb stets **weichfedernde Dichtungen** und ein an mehreren Stellen einrastender Riegelverschluß verwendet werden (7).

Außerordentlich kompliziert ist das Problem von Schalldämmung und Lüftung. Das gilt hauptsächlich dann, wenn wegen starker Verkehrsgeräusche die Fenster überwiegend geschlossen gehalten werden müssen und daher für eine Lüftung gesorgt werden muß, die zwar den Luftaustausch vom Freien und ins Freie ermöglicht, nicht aber das Eindringen von Außengeräuschen. Die VDI-Richtlinie 2719 – auf die der DIN-Entwurf 4109 Teil 6 Abschn. 3.1 Fußn. 2 ausdrücklich verweist – bietet hierzu Lösungsmöglichkeiten, z. B.:

„In den zu belüftenden Räumen werden Lüftungseinrichtungen im Bereich des Fensters so angeordnet, daß die einströmende Luft oberhalb der Heizung in den Raum eintritt und bei kühler Witterung zwangsläufig angewärmt wird. Diese Lüftungsöffnungen müssen mit vorgeschalteten Schalldämpferstrecken versehen sein, die so zu bemessen sind, daß die Schalldämmung der gesamten Außenwand

(Fenster, Lüftungseinrichtung, Wandteil) den vorgegebenen Anforderungen entspricht. Anregungen für die konstruktive Lösung solcher Elemente sind aus dem Schrifttum zu entnehmen" (8).

Im Norm-Entwurf der DIN 4109 sind wichtige lüftungstechnische Anforderungen nicht berücksichtigt (9). Hieraus können sich **erhebliche Haftungsrisiken für Planer und Unternehmer ergeben**. Gösele/Schüle (10) bieten Lösungsmöglichkeiten durch Lüftungsöffnungen in Form eines Schalldämpfers an, wobei die Begrenzung der Kanäle schallabsorbierend verkleidet ist und ein Hohlraum als sogenannter Abzweigresonator vorgesehen wird. Die Lüftung muß durch ein Gebläse erfolgen, wobei nach Gösele/Schüle zwei Lösungen gebräuchlich sind:

„a) Für jedes Fenster ist an der Oberkante ein Gebläse angeordnet, wobei die Luft unterseitig über einen Schlitz angesaugt und über dem Fenster ausgeblasen wird (sog. schalldämmende Lüftungsfenster).

b) Die Luft wird über Lüftungsschlitze an der Unter- oder Oberkante der Fenster in den Raum gesaugt und über einen Schacht im Wohnungsinnern, meist im Bad, durch einen Ventilator am oberen Ende des Schachts wieder ins Freie transportiert." (11)

(1) Vgl. H. G. Meyer, Schallschutz gegen Außenlärm (DIN 4109, Teil 6) – Überblick über die Anforderungen und Auswirkungen auf derzeit übliche Außenwandkonstruktionen, VDI-Berichte Nr. 336, 1979, S. 83; Gösele/Schüle, Schall-Wärme, Feuchte 5. Aufl., 1979, S. 37
(2) H. G. Meyer a.a.O. (Fußn. 1) S. 84
(3) siehe dazu oben RdZ. 231
(4) Moll, Dämmung des Außenlärms durch Fenster – Komm. zur Richtlinie VDI-2719, KdL 21 (1974) 136, 138; vgl. Sälzer/Moll/Wilhelm, Schallschutz elementierter Bauteile, Bauverlag 1979, S. 35
(5) Gösele/Schüle, a.a.O. (Fußn. 1) S. 87; vgl. auch Gösele und Lakatos, Berechnung der Schalldämmung von Fenstern, IBP – Mitteilung 21 Gösele und Lakatos, Schalldämmung von Fenstern und Verglasungen, FBW-Blätter, 4-1977 (Forum Verlag, Stgt.); Gösele/Lakatos, Schalldämmung von Fenstern und Verglasungen – Neue Forschungsergebnisse –, DAB 1979, 138 ff. m. w. Nachw.; Sälzer/Moll/Wilhelm a.a.O. (Fußn. 4) S. 35 ff.; Herstellerkatalog mit Angabe der Schallschutzklassen: Umweltbundesamt, Lärmschutz an Gebäuden, Erich Schmidt Verlag 1978, S. 65–92
(6) vgl. VDI 2719 Abschn. 4.5 und Abschn. 6.1
(7) Gösele/Schüle a.a.O. (Fußn. 1), S. 86
(8) Schneider, Ein Beitrag zur Prüfung und Beurteilung der Schalldämmung bei zusammengesetzten Flächen unterschiedlicher Einzeltransmissionen unter besonderer Berücksichtigung des baulichen Schallschutzes gegenüber Außengeräuschen im freien Schallfeld, BAM-Bericht Nr. 6, April 71; Carroux, Schalldämmende Fenster mit zusätzlicher Belüftung für Wohnräume in Wohnungen mit gehobenem Schallschutz, KdL 1970/46; Mitter, Fenster, Schalldämmung und Lüftung, KdL H.2, 1971; vgl. neuerdings: Lutz, Lärmminderung durch Abschirmung von Gebäuden, Baupraxis Nr. 9, 1973; Lutz, Schalldämmende Lüftungsschleusen im Fensterbereich, FBW-Blätter 5, 1977; Roedler, Das Wohnungsfenster – isolierendes und verbindendes Bauelement, KdL 1974/131; Gummlich, Zur Messung der Luftschalldämmung von Fenstern, KdL

1975/29f.; Jokiel, Wie schalldämmende Fenster beurteilt werden, Umwelt 1977/ 450; zu schalldämmenden Fenstern in der Rechtsprechung vgl. BGH 6.6.69 LM Nr. 32 zu § 906 BGB; BGH 20.3.75, NJW 75, 1406, 1409; OVG Münster 20.2.74 KdL 1974/168, 169

(9) vgl. Antrag der Technischen Vereinigung der Firmen im Gas- und Wasserfach (FIG-AWA), mitgeteilt in gwf-gas 1978/576; vgl. auch Guski, Zumutbare Lärmgrenzen und Lärmschutzmaßnahmen im Wohnbereich, VDI-Berichte Nr. 336, 1979, S. 11, 14: „und dabei (nämlich bei hohem Außengeräusch-Mittelungspegel von 70 dB), müssen die Fenster, die die Anforderungen der Schallschutzklasse 4 oder 5 erfüllen sollen, dichtschließende Fenster sein – für die dabei entstehenden Lüftungsprobleme ist jedoch die DIN 4109 nicht zuständig."

(10) Gösele/Schüle a.a.O. (Fußn. 1) S. 160

(11) zu schallgedämpften Lüftungselementen für Fenster vgl. insbesondere auch Sälzer/Moll/ Wilhelm a.a.O. (Fußn. 4) S. 50 ff. m. w. Nachw.

IV Gewerkübergreifende Probleme – Lüftung und Schallschutz – am Beispiel der Fenster und ihre Auswirkungen auf die verschiedenen Bau- und Planungsbeteiligten

Die mit den Fenstern zusammenhängenden Probleme werden hier deshalb so betont, weil sie mehrere Gewerke und Planungsbeteiligte betreffen können; mit der VDI-Richtlinie 2719 wurde versucht, die notwendigen Ersatzeinrichtungen für die entfallenden natürlichen Lüftungen über Fensterfugen, Fensterspaltlüftung und Stoßlüftung, anzuführen. Dieses Zukunftssystem wird jedoch als mangelhaft angesehen. Die Landesbauordnungen schreiben eine ausreichende Belüftung von Aufenthaltsräumen durch Fenster oder Lüftungsanlagen vor (vgl. z. B. Art. 58 Abs. 2 und 3 der BayBO). Hierfür kann man von der „Pettenkofer-Grenze" bei einem CO_2-Pegel 0,1 bis 0,15 % ausgehen. Es wird daher bei Schallschutzfenstern zum Ausgleich der Nachteile nach den Vorschlägen der VDI-Richtlinie 2719 ein Lüftungssystem nach der VDI-Richtlinie 2088 empfohlen (1).

Es ist bekannt, daß bei stark außenschalldämmenden Fenstern – z. B. mit einem R'_w 45 dB – selbst in stark lärmbelasteten Gebieten, kaum noch meßbare Innen-Grundpegel um 15 dB(A) festzustellen sind. In solchen Fällen werden trotz normgerechten Schallschutzes „normale" Geräusche im Inneren des Gebäudes – z. B. aus haustechnischen Anlagen oder aus Nachbarwohnungen als überlaut empfunden (2). Innenlärm wird nach neueren Erkenntnissen (3) von den Betroffenen als wesentlich störender empfunden als Außenlärm. Beim Einsatz von Fenstern der drei obersten Schallschutzklassen wird man daher regelmäßig für einen erhöhten innerbaulichen Schallschutz sorgen müssen (4). Dies ist in erster Linie **Aufgabe des Planers**, da dem Einzelunternehmer die Wechselwirkungen aus anderen Gewerken in bezug auf Schallschutz, Installationsgeräusche, Lüftung und Fenster wegen der baulichen Besonderheiten des Einzelfalles oft nicht

Gewerkübergreifende Probleme

auffallen müssen. Hier sei beispielhaft auf einige Normenregelungen, Vorschriften und Rechtsprechungsgrundsätze hingewiesen, die Einfluß auf die zivilrechtliche Haftung der Baubeteiligten haben können, wenn infolge der Verkennung gewerküberschreitender Probleme Schallschutzmängel auftreten:

a) Nach § 15 Abs. 2 Nr. 3 HOAI hat der Architekt die Entwurfsplanung unter Berücksichtigung **bauphysikalischer Anforderungen** zu erstellen.

b) Der Architekt muß dem Lärmschutz von sich aus erhöhte Aufmerksamkeit widmen (5). Er muß prüfen, ob z. Zt. der Bauplanung die technischen Erkenntnisse etwa fortgeschritten und bestehende Regeln überholt sind (6). Als „koordinierende Stelle" hat der Architekt die „gesamte Verantwortung" für eine ausreichende Schalldämmung (7).

c) Die VDI-Richtlinie 2715 – Lärmschutzminderung an Warm- und Heißwasser-Heizungsanlagen – sieht in Abschn. 1.5 und 5.1 vor, daß bereits bei Be-Beginn der Planungsarbeiten eine Zusammenarbeit zwischen Architekt und Fachingenieuren erforderlich ist, um den nach DIN 4109 geforderten Schallschutz einhalten zu können.

d) Nach DIN 18 379 – Lüftungstechnische Anlagen – Abschn. 0.1.37.12 hat der Auftraggeber (durch seinen Planer) die zulässige oder geforderte Lautstärke in den zu lüftenden Räumen im Leistungsverzeichnis anzugeben.

e) Nach DIN 18 380 – Heizungs- und zentrale Brauchwasseranlagen, Abschn. 3.1.6 – hat der Auftragnehmer vor Beginn seiner Arbeiten die baulichen Verhältnisse auf Eignung für die Durchführung seiner Leistung zu prüfen, wobei bei unzureichender oder mangelhafter Schalldämmung unverzüglich schriftlich Bedenken anzumelden sind.

f) Jeder Bauunternehmer muß die einschlägigen Schallschutzbestimmungen kennen (8).

g) Bei der Kompliziertheit der wechselseitigen bauphysikalischen Beziehungen der einzelnen Gewerke in bezug auf einen ausreichenden Schallschutz wird der Architekt seiner Verpflichtung zur Erbringung einer mangelfreien Planung meist nur nachkommen, wenn er einen Fachingenieur als Spezialisten einschaltet (9).

---

(1) Trümper, Schallschutz gegen Außen- und Nachbarlärm bei Wohnungsbelüftungen, VDI Berichte Nr. 336, 1979, S. 93, 99
(2) Moll, Dämmung des Außenlärmes durch Fenster, KdL 21 (1974) 136, 142
(3) Schröder, Informationsgehalt – ein neuer Parameter zur Geräuschbeurteilung, KdL 1974/121–123
(4) Moll, a.a.O. S. 142
(5) BGH 27.2.75 BauR 76, 59
(6) BGH 12.10.67 VersR 67, 1194
(7) KG Berlin 21.4.64 Schäfer/Finnern Z. 2.414 Bl. 167
(8) BGH 9.2.78 BB 78/577; BGH 30.10.75 LM Nr. 40 zu § 635 = BB 76/17
(9) Moll a.a.O. (Fußn. 10) S. 142

233 V Bauaufsichtliche Einführung der künftigen DIN 4109 und ihr Verhältnis zur zivilrechtlich geschuldeten Leistung

DIN-Normen geben nicht aus sich selbst heraus anerkannte Regeln der Technik wieder. Der Begriff ‚Anerkannte Regeln der Technik' geht über die allgemeinen technischen Vorschriften hinaus, „indem letztere den ersteren unterzuordnen sind" (1). Widerspricht eine DIN-Norm – z. B. weil sie technisch überholt ist – einer allgemein anerkannten Regel der Technik, so wird sie durch diese verdrängt, wie sich aus § 4 Ziff. 2 VOB/B ergibt (2). Hieran ändert sich nichts durch die bauaufsichtliche Einführung einer DIN-Norm. Sie führt allerdings zu einer – wenn auch widerlegbaren – gesetzlichen Identitätsvermutung, wonach die eingeführte Norm den anerkannten Regeln der Technik entspricht (3). Praktisch bewirkt die bauaufsichtliche Einführung einer Norm fast schlagartig deren allgemeine Anwendung und führt damit nach kurzer Zeit zur Üblichkeit im Sinne einer allgemein anerkannten Regel der Technik (4).

Der Norm-Entwurf zur Neufassung der technisch überholten (5) DIN 4109 (1962) entspricht bereits heute – jedenfalls in bezug auf seine Mindestanforderungen – weitgehend den anerkannten Regeln der Technik (6). Soweit die Neufassung bauaufsichtlich eingeführt wird, werden bestehende Zweifel über ihre Identität mit den anerkannten Regeln der Technik dahin beseitigt, daß sie sich im Umfang der tatsächlich eingeführten Bestimmungen durch die bauaufsichtlich notwendige allgemeine Anwendung kurzfristig zu allgemeinen Regeln der Technik etabliert.

Gleichwohl werden erhebliche Probleme entstehen wegen **Divergenzen zwischen bauaufsichtlich eingeführten Anforderungen einerseits und den nach den Regeln der Technik (§ 4 Ziff. 2 Abs. 1 S. 2 VOB/B) oder den nach den bauaufsichtlich nicht eingeführten, vertraglich aber verbindlichen Bestimmungen der DIN 4109 geltenden Anforderungen an die Bauleitung andererseits**:

a) Bauaufsichtlich eingeführt werden hinsichtlich des **fremden Bereiches** nur die Mindestanforderungen, nicht aber die Vorschläge für einen erhöhten Schallschutz (7). Der Hinweis im Entwurf, daß der erhöhte Schallschutz einer besonderen Vereinbarung bedürfe (Teil 2 Abschn. 4), ist irreführend. Die Notwendigkeit eines erhöhten Schallschutzes kann sich auch stillschweigend aus dem Vertragszweck ergeben (8).

b) Ähnliches ergibt sich für Teil 2 Tabelle 2 – Richtwerte und Vorschläge bezüglich des **eigenen** Bereichs. Diese Tabelle wird bauaufsichtlich ebenfalls nicht eingeführt (9), weil die Landesbauordnungen für den eigenen Bereich keine Anforderungen vorsehen. Der Hinweis im Normentwurf auf das Erfordernis einer diesbezüglichen besonderen Vereinbarung ist auch hier mißverständlich: Etwa bei Reihenhäusern oder Einfamilienhäusern wird die Einhaltung mindestens der unter den Mindestwerten der Tabelle 1 liegenden Richtwerte regelmäßig für „die Tauglichkeit zu dem gewöhnlichen oder dem nach dem Vertrag vorausgesetzten Gebrauch" (§ 633 Abs. 1 BGB; § 13 Ziff. 1 VOB/B) erforderlich sein (10). Häufig wird hier sogar nur ein erhöhter Schallschutz dem „nach dem Vertragszweck vorausgesetzten Gebrauch" entsprechen, z. B. bei versprochener Luxusausführung.

c) Entsprechende Probleme ergeben sich bei sonstigen Teilen des Entwurfes, die voraussichtlich oder möglicherweise bauaufsichtlich nicht eingeführt werden wie z. B.

○ Teil 2 Tabelle 1, Zeile 7: Mindest-TSM 10 dB Treppen (11);

○ Schallschutzanforderungen für haustechnische Anlagen im eigenen Bereich (z. B. Etagenheizungen oder Lüftungsanlagen für innenliegende Bäder) (12);

○ die umfangreichen „Hinweise für Planung und Ausführung" (Teil 2 Abschn. 6 und Teil 5 Abschn. 6) (13), obwohl gerade hier umfangreiche Empfehlungen gegeben werden, die bereits den Regeln der Technik entsprechen. Das gleiche gilt für zahlreiche „Soll"-Vorschriften im Norm-Entwurf.

Handelt der Ingenieur gegen eine der vorgenannten, bauaufsichtlich nicht eingeführten Regelungen der künftigen DIN, obwohl die Regeln der Technik (VOB/B § 4 Ziff. 2 Abs. 1 S. 2) oder der ausdrücklich oder stillschweigend vorausgesetzte Vertragszweck dies erfordert hätten, so kann sich der Ingenieur gegenüber einem hieraus eventuell resultierenden Baumängel-Anspruch seines Auftraggebers nicht darauf berufen, daß die betreffende Regelung bauaufsichtlich nicht eingeführt sei.

(1) OLG Stuttgart 26.8.76 BauR 77/129
(2) Scherer, Die allgemein anerkannten Regeln der Baukunst, Bau und Bauindustrie 63/903, 906; Ingenstau/Korbion, VOB/B, 8. Aufl., § 4 RdZ. 69; vgl. insoweit zum Schallschutz BGH 9.2.78 MDR 78, 657
(3) Scherer, a.a.O. (Fußn. 2) S. 906; Tomasczewski, Die Bauverwaltung 1967/432; Sauerzapf, Bauwirtschaft 1962/359; Ingenstau/Korbion, VOB/B, 8. Aufl., § 4 RdZ 69c; für den Bereich der DIN 4109 vgl. Mang/Simon, BayBO Art. 17 RdZ 12
(4) So für die VDI 2719 Moll, Dämmung des Außenlärms durch Fenster, KdL 21 (1974) 136, 137
(5) siehe RdZ. 219 ff., Fußn. 1, 2, 4
(6) vgl. RdZ. 220 mit Nachweisen
(7) Ehm, Die Anforderungen der neuen DIN 4109 an den Schallschutz, VDI-Berichte Nr. 336, 1979 S. 17, 19
(8) vgl. oben RdZ. 232
(9) Protokoll NABau – II 28 Nr. 12/78 vom 24./25.1.78 – Seite 10
(10) vgl. oben RdZ. 230
(11) NABau Protokoll v. 24./25.1.78 – II 28 Nr. 12/78 – S. 5
(12) Schreiben des Innenministers von Nordrhein-Westfalen vom 13.10.78 – V A 4 100/19 – an den Arbeitsausschuß DIN 4109; siehe dazu Mai, Die neue DIN 4109: Haustechnische Anlagen und Schallschutz, sbz 1979/500, 504
(13) NABau II 28 Nr. 13/78 – S. 3

VI Maßgeblicher Zeitpunkt für die Fehlerfreiheit einer Ingenieurleistung bezüglich des Schallschutzes

Welche Regeln der Technik zu beachten sind, richtet sich nach ihrer Geltung zum Zeitpunkt der Abnahme (1). Bei dem nur planenden Architekten oder Ingenieur kann die Abnahme als Billigung der vertragsgemäßen Leistung (2) in der Entgegennahme (3), Verwendung der Pläne oder Bezahlung des Honorars liegen (4).
Hat der Planer auch die Bauleitung bzw. Fachbauleitung, so kommt es für die Mängelfreiheit auf die rechtliche Situation zum Zeitpunkt der Abnahme der gesamten Ingenieurleistung an, der nicht vor Beendigung des Bauwerkes liegt (5). Hier kann es passieren, daß sich DIN-Vorschriften oder technische Regeln zwischen Fertigstellung der Planung und der Baufertigstellung ändern (6), wie dies auch bei Einführung der künftigen DIN 4109 vorkommen wird. In diesem Fall können Planungen „objektiv mangelhaft" (7) sein. Subjektiv vorwerfbar und somit gewährleistungspflichtig ist ein objektiver Mangel aber nur dann, wenn der Planer gegen die Regeln verstoßen hat, „wie zur Zeit der Bauplanung sonst an vergleichbaren Bauobjekten das Problem der Schalldämmung gelöst wurde (und) welche technischen Möglichkeiten hierfür zur Verfügung standen" (8). Soweit zum Zeitpunkt der Planung neuere Bauweisen in Kreisen der Planer generell nicht bekannt waren, ist dem Planer ein objektiver Mangel nicht anzulasten, der nur durch eine zwischenzeitliche Änderung von DIN-Normen oder Regeln der Technik bewirkt wird (9). Soweit der DIN-Entwurf aber bereits vor Einführung der künftigen DIN als endgültiger Norm den anerkannten Regeln der Technik entsprach (10), kommt die Änderung der Norm als Entschuldigungsgrund für einen solchen Verstoß des Planers gegen die Regeln der Technik nicht in Betracht.

(1) Ingenstau/Korbion, 8. Aufl. VOB/B, § 4 RdZ. 68
(2) BGH 18.9.67 NJW 67/2259; BGH 15.11.73 NJW 74/95; BGH 26.10.78 NJW 78/214
(3) BGH 2.5.63 Schäfer/Finnern Z. 3.01 – Bl. 230
(4) BGH 24.11.69 NJW 70/421; BGH 26.10.78 NJW 79/214
(5) BGH 15.11.73 NJW 74/95; BGH 12.10.78 BB 78/1640; vgl. Trapp, Die Beendigung der vertraglichen Leistungspflicht des planenden und bauleitenden Architekten, BauR 77/322 m. w. Nachw.
(6) vgl. Lipps, Herstellerhaftung beim Verstoß gegen „Regeln der Technik"?, NJW 68/279, 280; Lindemann, Die Architekten und die DIN-Normen, DAB 78/947, 948
(7) BGH 12.10.67 NJW 68/43; BGH 22.10.70 NJW 71/92
(8) BGH 27.6.56 BB 56/739
(9) vgl. BGH 22.10.70 NJW 71/92, 93; Locher, Das private Baurecht, 2. Aufl. 1978, RdZ. 251; Korbion, BauR 71/59; Schmalzl, Die Haftung des Architekten und Bauunternehmers, RdZ. 38ff.; Jagenburg, NJW 71/1431
(10) vgl. oben RdZ. 220

E Das Beweissicherungsverfahren

I Bedeutung

Die planerischen Leistungen des Ingenieurs beziehen sich unmittelbar auf die Herstellung der baulichen Anlage oder des Einzelgewerkes selbst, so daß die Planungsleistungen des Ingenieurs als **Teilleistungen der baulichen Anlage** im Sinne des § 638 Abs. 1 Satz 1 BGB aufzufassen sind (vgl. RdZ. 39, 40)
Führt die Verwirklichung der Planung zu einem Mangel an der baulichen Anlage oder des Einzelgewerkes, so haftet dieser Mangel dem Ingenieurswerk **unmittelbar** an. Hieraus ergibt sich, daß der für die mangelhafte Bauleistung ursächliche Planungsfehler Gewährleistungs- bzw. Schadensersatzansprüche auslöst.
Bei Uneinigkeit über die Ursache der Bauwerksmängel oder die Verantwortlichkeit für etwa eingetretene Mängel am Bauwerk, haben sowohl der Auftraggeber als auch der Ingenieur als Auftragnehmer ein Interesse daran, im Hinblick auf spätere Auseinandersetzungen die Mängel an der baulichen Anlage oder am Einzelgewerk **beweiskräftig** feststellen zu lassen.
Hierbei sind die Vertragsparteien darauf angewiesen, etwaige Schäden und deren Verursachung möglichst rasch feststellen zu können, da sich mit dem Baufortschritt für umgehend durchzuführende Sanierungsmaßnahmen die tatsächlichen Gegebenheiten sehr stark verändern können. Dadurch werden spätere Feststellungen über Ausmaß und Ursache von Baumängeln sowie der Nachweis von Pflichtverstößen oder auch der Nachweis von vertragstreuem Verhalten erschwert bzw. unmöglich gemacht.

Beispiel:
Mit der Erstellung der statischen Berechnungen und Pläne für ein Hochhaus ist ein Tragwerksplaner beauftragt. Bereits während der Bauausführung treten starke Rissebildungen auf, die darauf schließen lassen, daß seitens des Statikers falsche Lastannahmen bei seinen Berechnungen zugrunde gelegt worden sind. Lehnt der Tragwerksplaner eine Überprüfung seiner Berechnungen ab und streitet eine Verantwortlichkeit seinerseits für die Rissebildungen rundweg ab, so ist es dem Auftraggeber (Bauherrn) nicht zuzumuten, die Einstellung der Arbeiten bis zur Klärung der Verantwortlichkeit des Tragwerksplaners in einem Bauprozeß anzuordnen. Dies kann sich der Bauherr meist schon aus Kostengründen nicht leisten.

Geht der Bauherr jedoch dazu über, sofortige Sanierungsmaßnahmen einzuleiten, läuft er Gefahr, in einem späteren Prozeß in Beweisnot zu geraten. Er kann im Bestreitensfall eventuell nicht mehr nachweisen, in welchem Umfange Mängel vorgelegen haben; insbesondere kann deren Ursache eventuell infolge der baulichen Veränderungen nicht mehr gutachterlich festgestellt und gewürdigt werden.

Aus diesem Grunde wird mit dem Beweissicherungsverfahren gemäß §§ 485ff. ZPO den Baubeteiligten ein Sicherungsmittel zur Verfügung gestellt, das eine **rasche** Feststellung von Baumängeln im Hinblick auf einen späteren Bauprozeß zuläßt.

Das Beweissicherungsverfahren hat daher für prozessuale Auseinandersetzungen zwischen Baubeteiligten erhebliche Bedeutung. In der Praxis sind die meisten Beweissicherungsanträge auf Feststellung von Baumängeln gerichtet.

Die Zwecksetzung des gerichtlichen Beweissicherungsverfahrens dient nicht der Sicherung werkvertraglicher Forderungen aus Bauverträgen. Vielmehr soll durch das Beweissicherungsverfahren die **Sicherung von Beweisen** gewährleistet werden, deren Beibringung in einem späteren Zeitpunkt aufgrund der tatsächlichen Veränderungen an der baulichen Anlage oder dem Einzelgewerk erschwert oder gar unmöglich wäre.

Seinem Inhalt nach ist das Beweissicherungsverfahren gemäß §§ 485ff. ZPO deshalb eine vorgezogene und vorsorgliche (1) Beweisaufnahme für den Fall, daß ein Prozeß anhängig gemacht werden soll oder in einem bereits anhängig gemachten Prozeß ein Beweisbeschluß noch nicht verfügt wurde.

Wegen seiner Bedeutung als vorgezogene Beweisaufnahme bewirkt die Durchführung eines Beweissicherungsverfahrens in der Praxis nicht selten, daß von den Parteien auf die Durchführung eines Prozesses verzichtet wird:

Liegt eine Stellungnahme eines vereidigten Sachverständigen vor, so beugen sich die Parteien häufig dessen Schlußfolgerungen und Wertungen und einigen sich außergerichtlich über die Ausgleichung eventuell bestehender Ansprüche. Schon allein aus Kostengründen erweist sich dieser Weg für die am Bau Beteiligten oft als sinnvoll, da langwierige und damit äußerst kostspielige Bauprozesse vermieden werden können.

---

(1) Werner/Pastor, Der Bauprozeß, RdZ 2; Wussow, Das gerichtliche Beweissicherungsverfahren in Bausachen, S. 15 ff.

II Zulässigkeit

1 Allgemeine Zulässigkeitsvoraussetzungen 236

Das Beweissicherungsverfahren kann beantragt werden, ohne daß eine rechtliche Verbindung zu einem bestimmten Rechtsstreit bestehen muß. Es ist also weder erforderlich, daß ein Prozeß bereits anhängig gemacht ist, noch ist eine Erklärung darüber notwendig, daß dies beabsichtigt sei (1). Das Gericht hat lediglich zu prüfen, ob aus den tatsächlichen Verhältnissen, die beweiskräftig festgestellt werden sollen, überhaupt ein bürgerlicher Rechtsstreit entstehen kann. Es ist nämlich nicht Aufgabe des Beweissicherungsverfahrens, gemäß §§ 485ff. ZPO Beweise für ein Strafverfahren oder ein Verwaltungsverfahren vorläufig zu sichern (2).

(1) Stein/Jonas, Vorbem. I zu § 485 ZPO; Thomas/Putzo, Vorbem. 1 zu § 485 ZPO
(2) Stein/Jonas, Vorbem. I zu § 485 ZPO

2 Besondere Zulässigkeitsvoraussetzungen 237

§ 485 ZPO bestimmt:

„Auf Gesuch einer Partei kann die Einnahme des Augenscheins und die Vernehmung von Zeugen und Sachverständigen zur Sicherung des Beweises angeordnet werden. Der Antrag ist nur zulässig, wenn der Gegner zustimmt oder zu besorgen ist, daß das Beweismittel verloren oder seine Benutzung erschwert werde, oder wenn der gegenwärtige Zustand einer Sache festgestellt werden soll und der Antragsteller ein rechtliches Interesse an dieser Feststellung hat."
Bereits aus der Formulierung des § 485 Satz 2 ZPO ergibt sich, daß eine Beweissicherung nur unter bestimmten Voraussetzungen zulässig ist.

2a Zustimmung des Gegners 238

Die Form der Zustimmungserklärung ist in § 485 ZPO nicht geregelt, so daß die Zustimmungserklärung wirksam sowohl mündlich als auch schriftlich erteilt werden kann. Diese Erklärung ist als **Prozeßerklärung**, von der die Zulässigkeit des Beweissicherungsantrages abhängen kann, dem Gericht gegenüber abzugeben (1). Da gemäß § 487 Nr. 4 ZPO die **Glaubhaftmachung** der Zulässigkeitsvoraussetzungen ausdrücklich gestattet ist, kann die Zustimmungserklärung des Antragsgegners auch mit dem Antrag glaubhaft gemacht werden. Dies insbesondere dann, wenn nicht ein gemeinsamer Antrag auf Beweissicherung gestellt wird (2).

Die einmal abgegebene Zustimmung kann nicht widerrufen werden. Es kann nämlich nicht im Belieben des Antragsgegners im Beweissicherungsverfahren liegen, ein einmal eingeleitetes Beweissicherungsverfahren durch Widerruf seiner Zustimmungserklärung zum Scheitern zu bringen. Dies würde zu unbilligen Ergebnissen führen (3).

Beispiel:

Zwischen dem Auftraggeber und dem Projektanten für die Sanitärinstallation ist anläßlich des Auftretens von Mängeln in der Sanitärinstallation die gemeinsame Durchführung eines Beweissicherungsverfahrens mit der Maßgabe vereinbart worden, daß der Gutachter zu der Verantwortlichkeit (Planungs- oder Ausführungsfehler) Stellung nehmen soll. Die Parteien haben weiter vereinbart, daß die Bewertung der Schäden durch den Gutachter ohne weitere prozessuale Auseinandersetzung die Ausgleichung etwaiger gegenseitiger Ansprüche bestimmen soll.

Nach Durchführung der Ortsbesichtigung durch den Gutachter läßt der Auftraggeber die an der Sanitärinstallation aufgetretenen Mängel beseitigen. Bevor die schriftliche Stellungnahme des Gutachters vorliegt, widerruft der Ingenieur seine Zustimmung zur Durchführung des Beweissicherungsverfahrens.

Der Auftraggeber kann das Gutachten des Sachverständigen nicht mehr verwerten, durch die Sanierung der aufgetretenen Schäden gerät er, was die Verantwortlichkeit für die aufgetretenen Fehler an der baulichen Anlage angeht, in Beweisnot.

(1) Wussow, Probleme des gerichtlichen Beweissicherungsverfahrens, NJW 69/1401 m. w. Nachw.; Wussow, Das gerichtliche Beweissicherungsverfahren, S. 22
(2) Stein/Jonas, § 485 Anm. III/2
(3) Werner/Pastor, Der Bauprozeß, RdZ 5; Wussow, NJW 69/1401 m. w. Nachw.; Thomas/Putzo, § 485 Anm. 1 a)

2 b Veränderung der baulichen Anlage

§ 485 Satz 2, 2. Alternative ZPO bestimmt, daß der Antrag auch dann zulässig ist, wenn ein Beweismittel verloren oder seine Benutzung erschwert werden kann.

Die Durchführung des Beweissicherungsverfahrens ist unter dieser Voraussetzung von der Zustimmung des Antragsgegners zum Beweissicherungsantrag nicht abhängig. Voraussetzung ist in diesem Fall aber, daß **nur eine sofortige Beweisaufnahme** eine Sicherung des Beweismittels gewährleistet.

Eine Erschwerung der Beweisführung in einem späteren Prozeß ist grundsätzlich immer dann anzunehmen, wenn durch den Baufortschritt einer noch nicht fertiggestellten baulichen Anlage oder eines Einzelgewerkes der mangelhafte Zustand verändert werden kann. Ist das Bauvorhaben oder das Einzelgewerk bereits ausgeführt, so kann aufgrund der besonderen Eigenart des Fehlers der Bauleistung, **eine sofortige** Sanierung erforderlich sein, die ebenfalls zum Verlust des Beweismittels und damit zur Beweisnot des Anspruchsberechtigten in einem späteren Prozeß führen kann.

Hier hat der Antragsteller gemäß § 487 Nr. 4 ZPO sorgfältig darzulegen und glaubhaft zu machen, aufgrund welcher Umstände die Besorgnis besteht, daß ein Beweismittel verloren oder seine Benutzung erschwert werde.

Ist nämlich eine bauliche Anlage oder ein Einzelgewerk entweder ganz oder teilweise mangelhaft hergestellt und eine Beseitigung des Mangels in absehbarer Zukunft durch den Bauherrn nicht beabsichtigt, ist ein Antrag auf Einleitung des Beweissicherungsverfahrens unzulässig:

Es fehlt an der „Besorgnis" im Sinne des § 485 ZPO, daß ein Beweismittel verloren oder seine Benutzung erschwert werden könne. Dem Auftraggeber kann hier zugemutet werden, im Hauptprozeß die aufgetretenen Mängel durch einen Sachverständigen überprüfen zu lassen oder durch Augenscheinseinnahme oder Zeugen nachzuweisen.

Sind an einer baulichen Anlage Mängel aufgetreten, die vom Bauherrn (dem Auftraggeber) auf fehlerhafte Planungsleistungen des Ingenieurs zurückgeführt werden, so muß der Bauherr die **Notwendigkeit einer sofortigen Behebung** der Mängel **darlegen und glaubhaft machen.** Streitet der befaßte Ingenieur nämlich seine Verantwortlichkeit für die aufgetretenen Mängel ab und verweigert er die Mitwirkung an der Mängelbeseitigung, so liegt es zunächst vollkommen im Belieben des Bauherrn, die Veränderung des baulichen Zustandes der Anlage herbeizuführen.

Ist eine Mangelbeseitigung aufgrund der Eigenart der aufgetretenen Fehler am Bauwerk oder aufgrund anderer Umstände (bei noch nicht fertiggestelltem Bauwerk übermäßige Kostenbelastung und vorläufige Baueinstellung) nicht geboten, so ist ein Antrag auf Beweissicherung gemäß §§ 485ff. ZPO unzulässig (1).

Dasselbe gilt dann, wenn eine Veränderung der baulichen Anlage nicht zu erwarten ist, z. B. bei einer Bauruine. Sind die Arbeiten an dem Objekt eingestellt, so können etwaige Fehler auch in einem späteren Prozeß noch festgestellt werden. Zutreffend machen Werner/Pastor (2) hier eine Einschränkung:

Ist zu befürchten, daß Veränderungen durch Witterungseinflüsse verursacht werden, so daß eine zukünftige Beweisführung erschwert wird, ist von der Zulässigkeit der Beweissicherung auszugehen.

Kann der Antragsteller durch Vorsorgemaßnahmen oder das Absehen von Veränderungen den Zustand der baulichen Anlage oder des Einzelgewerkes unverändert erhalten, so ist der Antrag auf gerichtliche Beweissicherung deshalb grundsätzlich nicht unzulässig. Entscheidend ist hier, ob die Belassung des − mangelhaften − baulichen Zustandes dem Antragsteller (Bauherrn) **zumutbar** ist (3).

Da der Antragsteller von Gesetzes wegen nicht verpflichtet ist, Beweismittel im Hinblick auf einen etwaigen Hauptprozeß zu erhalten, ist die Frage der Zumutbarkeit großzügig zu behandeln. Es besteht nämlich keine Verpflichtung des Bauherrn, ein Beweissicherungsverfahren gemäß §§ 485 ff. ZPO überflüssig zu machen.

(1) Werner Pastor, Der Bauprozeß, RdZ 7; Wussow, NJW 69/1401 (1402)
(2) Werner/Pastor, Der Bauprozeß, RdZ 7
(3) Werner/Pastor, Der Bauprozeß, RdZ 8; Stein/Jonas, § 485 Anm. IV m. w. Nachw.; Wussow, NJW 69/1401 (1402); Wussow, Das gerichtliche Beweissicherungsverfahren, S. 24

240 2 c Feststellung des gegenwärtigen Zustandes

Die dritte Möglichkeit des § 485 Satz 2 ZPO läßt die Durchführung eines Beweissicherungsverfahrens auch dann zu, wenn der gegenwärtige Zustand einer Sache festgestellt werden soll und der Antragsteller ein **rechtliches Interesse** an dieser Feststellung hat.

Hier bereitet die Zulässigkeit des Beweissicherungsverfahrens für den Antragsteller keine besonderen Probleme. Ein rechtliches Interesse im Sinne des § 485 Satz 2 ZPO hat der Antragsteller bei Geltendmachung von Bauwerksmängeln ohne weiteres, weil bei Feststellung von Mängeln durch den Gutachter Gewährleistungsansprüche gegen die am Bau Beteiligten in Betracht kommen (1).

Liegt ein rechtliches Interesse im Sinne des § 485 ZPO vor und wird lediglich die Feststellung des gegenwärtigen Zustandes einer baulichen Anlage oder eines Einzelgewerkes beantragt, so ist es nicht erforderlich, die Gefahr der Veränderung des gegenwärtigen Zustandes der Baulichkeiten gemäß § 487 ZPO glaubhaft zu machen. Schon aus der Formulierung des § 485 Satz 2 ZPO („gegenwärtiger Zustand einer Sache") wird deutlich, daß die Glaubhaftmachung einer möglichen Veränderung der Baulichkeiten nicht vom Gesetz verlangt wird. Der Begriff „gegenwärtiger Zustand" schließt ein, daß durch Zeitablauf Veränderungen am gegenwärtigen Zustande zu erwarten sind (2).

Es genügt also, wenn der Antrag im Falle des § 485 Satz 2 (3. Alternative) ZPO Mängel an der baulichen Anlage oder dem Einzelgewerk so präzise bezeichnet, daß der Sachverständige genau weiß, welche Bauwerksteile und welche Schäden er zu untersuchen hat.

Ist die Durchführung eines Beweissicherungsverfahrens lediglich in der Weise beantragt, daß unter Glaubhaftmachung eines rechtlichen Interesses des Antragstellers der gegenwärtige Zustand einer Sache – z. B. einer baulichen Anlage – festgestellt werden soll, so erschöpft sich die Beweisaufnahme grundsätzlich in der Feststellung der behaupteten Mängel (3).

Umstritten ist, was unter Feststellung des gegenwärtigen Zustandes einer Sache (z. B. einer baulichen Anlage) zu verstehen ist.

Wussow (4) ist der Auffassung, daß Feststellung des gegenwärtigen Zustandes im Sinne des § 485 Satz 2 ZPO nur alles das ist, was sich bei einer Ortsbesichtigung dem Richter oder Sachverständigen erkennbar darbietet. Wussow bringt hier folgendes **Beispiel:**

„Infolge Nichtfunktionierens der Dränage ist Wasser in das Innere des Gebäudes eingedrungen, und es zeigen sich Feuchtigkeitsflecke an den Kellerwänden. Der mit der Beweissicherung beauftragte Sachverständige muß den gegenwärtigen Zustand der Sache dahin feststellen, daß an näher zu bezeichnenden Stellen der Kellerwände Feuchtigkeitsflecke sichtbar sind."

Wussow verneint für diesen Fall die Befugnis des Sachverständigen, **den Ursachen** des gegenwärtigen Zustandes der Sache nachzugehen. Im vorgenannten Beispiel ist nach Ansicht von Wussow der Sachverständige nicht befugt oder verpflichtet, durch Aufgrabungen feststellen zu lassen, ob die Feuchtigkeitsflecke an den Kellerwänden darauf zurückzuführen sind, daß die Dränage mangelhaft geplant oder ausgeführt wurde und deshalb nicht funktioniert. Hier würde es sich nicht mehr um Feststellung des gegenwärtigen Zustands der Sache handeln, sondern um die Frage, **weshalb** die Sache in dem gegenwärtigen Zustand ist. Etwas anderes soll nur dann gelten, wenn sich die Ursache des gegenwärtigen Zustandes ohne weiteres aus diesem gegenwärtigen Zustand selbst ergibt.

Dieser Auffassung ist entgegenzuhalten, daß sich der gegenwärtige Zustand einer Sache nicht allein nach äußerlich auftretenden Symptomen feststellen läßt. Zutreffend weist Weyer (5) zu dem von Wussow angeführten Beispielsfall darauf hin, daß zum Feststellen des gegenwärtigen Zustandes auch Feststellungen darüber gehören, daß die Dränage eine bestimmte Beschaffenheit aufweist und sich die Feuchtigkeit bis zu einer bestimmten Tiefe in den Kellerwänden fortsetzt.

Dem Sachverständigen ist im Rahmen der Beweisaufnahme gemäß § 485 Satz 2 ZPO deshalb zu gestatten, über das äußere Erscheinungsbild eines Zustandes hinaus Feststellungen durch **Untersuchung** des Bauteils oder der baulichen Anlage zu treffen.

Nur so kann der Sachverständige den Zustand einer baulichen Anlage oder eines Einzelgewerkes im Rahmen der Beweisaufnahme **umfassend** darstellen.

Beispiel:

Ein Bauherr strengt ein Beweissicherungsverfahren gemäß § 485 Satz 2 ZPO an, mit der Behauptung, das vom Ingenieurbüro X konzipierte Sanitär- und Heizungsrohrnetz zeige Korrosionserscheinungen.

Hier wird der Sachverständige nicht umhin können, Teile des verlegten Sanitär- und Heizungsrohrnetzes aus dem Baukörper zu lösen, da sich sonst der Zustand des Rohrnetzes nicht feststellen läßt. Allein die Entnahme von Wasserproben aus den Mischbatterien würde den Sachverständigen zu einer umfassenden Feststellung des Zustandes des Rohrnetzes nicht befähigen. Auch eine allein optische Begutachtung der von außen erkennbaren Rohrleitungsteile würde eine zutreffende Feststellung des tatsächlichen Zustandes des — korrodierten — Rohrnetzes nicht ermöglichen.

Aus diesen Gründen läßt die herrschende Meinung Eingriffe des Sachverständigen in die Bausubstanz zu (6).

Der Sachverständige darf **nur** eine eingehende Untersuchung des Zustandes der baulichen Anlage oder des Einzelgewerkes vornehmen, um eine umfassende Beschreibung der zu untersuchenden Baulichkeiten abgeben zu können. Der Sachverständige ist nicht befugt, den Ursachen der vorgefundenen Zustände nachzugehen oder eine Stellungnahme zur Beseitigung von aufgefundenen Mängeln abzugeben (7).

Strebt der Antragsteller im Beweissicherungsverfahren **eine Klärung der Ursachen und Verantwortlichkeiten** für aufgetretene Baumängel an, so hat er entweder die Zustimmung des Antragsgegners (z. B. Ingenieurs) gemäß § 485 Satz 2, 1. Alternative ZPO einzuholen oder glaubhaft zu machen, daß infolge von notwendigen Veränderungen der baulichen Anlage der bestehende mangelhafte Zustand später nicht mehr nachgewiesen werden kann (§ 485 Satz 2, 2. Alternative ZPO).

---

(1) So zutreffend Wussow, NJW 69/1401 (1402)
(2) Wussow, NJW 69/1401 (1402) m. w. Nachw.; Stein/Jonas, § 485 Anm. V/1
(3) Werner/Pastor, Der Bauprozeß, RdZ 11; OLG Düsseldorf 1.6.78 BauR 78/506
(4) Wussow, NJW 69/1401 (1402); Wussow, Das gerichtliche Beweissicherungsverfahren, S. 25
(5) Weyer, Die Feststellung des gegenwärtigen Zustandes einer Sache i. S. des § 485 S. 2. ZPO, NJW 69/2233
(6) Werner/Pastor, Der Bauprozeß, RdZ 12 m. w. Nachw.
(7) Weyer, NJW 69/2233; OLG Düsseldorf 1.6.78 BauR 78/506

3 Zulässiges Feststellungsbegehren

Die Beurteilung des zulässigen Umfanges der vorgezogenen Beweisaufnahme gemäß §§ 485ff. ZPO macht dann keine Schwierigkeiten, wenn der Gegner seine Zustimmung Beweissicherungsverfahren erteilt hat. Nach herrschender Auffassung kann in diesem Falle der Sachverständige bei entsprechendem Antrag über die reine Mängelfeststellung in seiner gutachterlichen Stellungnahme hinausgehen. Er kann insbesondere **Ursachen** von festgestellten Mängeln und die Verantwortlichkeit eines oder mehrerer Baubeteiligter (planender Ingenieur/ausführender Unternehmer) untersuchen sowie Schlußfolgerungen und Bewertungen vornehmen (1).

Wird das Verfahren gemäß § 485 ZPO **einvernehmlich** mit dem Antragsgegner eingeleitet und durchgeführt, so ist der Sachverständige auch nicht gehindert, zu etwaigen Sanierungsmaßnahmen nach Art und Umfang sowie über die voraussichtlich entstehenden Mängelbeseitigungskosten Aussagen zu treffen.

Hier ist die Tätigkeit des Sachverständigen über die bloße Feststellung des baulichen Zustandes hinaus durch die Zustimmung des Antragsgegners gedeckt.

In Rechtsprechung und Literatur ist noch nicht eindeutig geklärt, ob bei fehlender Zustimmung des Antragsgegners durch den Antragsteller **in zulässiger Weise** ein Antrag dahingehend gestellt werden kann, daß der Sachverständige über die Feststellung von Mängeln hinaus weitere Untersuchungen anstellen darf. Dies gilt insbesondere für Anträge auf Prüfung und Feststellung von Mängelursachen, auf Bestimmung der Verantwortlichkeit der verschiedenen am Bau Beteiligten bezüglich festgestellter Mängel, auf Stellungnahmen zu Sanierungsmaßnahmen und zur Höhe der voraussichtlich entstehenden Mängelbeseitigungskosten.

Allzu häufig wird durch die Untergerichte die Auffassung vertreten, die gutachterliche Tätigkeit habe sich ihrem Umfange nach auf die Feststellung von Mängeln zu beschränken. So hat das Amtsgericht München in seinem Beschluß vom 5.10.1978 (2) ausgeführt:

„Im Beweissicherungsverfahren sind nur Tatsachenfeststellungen zulässig. Eine Ausforschung nach Ursachen und Verantwortlichkeit ist nach § 485 S. 2, 2. Alternative, 3. Alternative und 4. Alternative dieser Vorschrift (unzulässig). Bei Zustimmung des Gegners kann die Verantwortlichkeit auch im Beweissicherungsverfahren festgestellt werden (. . .)."

Das Amtsgericht München spaltet in dieser Entscheidung die im vorliegenden Buch RdZ 239 als 2. Alternative nach § 485 S. 2 ZPO behandelte Antragszulässigkeit, nach der der Beweissicherungsantrag zulässig ist, wenn zu besorgen ist, daß das Beweismittel verloren oder seine Benutzung erschwert werde, in 2 Alternativen auf und kommt damit auf insgesamt 4 Zulässigkeitsalternativen.

Soweit in dem oben genannten Beschluß eine „Ausforschung nach Ursachen" als unzulässig abgelehnt wird, kann dem nicht beigepflichtet werden.

Besteht die Sorge, daß durch die bauliche Veränderung infolge notwendiger Sanierungsmaßnahmen etc. das Vorliegen der Mängel nach Art und Umfang in einem späteren Prozeß nur erschwert oder gar nicht mehr nachweisbar ist, so besteht dieselbe Beweisnot bezüglich der Ursachen der aufgetretenen Mängel. Gerade aber die Feststellung der Ursachen von aufgetretenen Mängeln ist von entscheidender Bedeutung.

Beispiel:

Auf dem Dachgarten einer Eigentumswohnanlage ist ein Schwimmbad eingerichtet. Unter dem Becken sind in der Decke zu den darunterliegenden Räumen Heizungsrohre der Zentralheizungsanlage verlegt. Kurz nach Fertigstellung des Objektes zeigen sich an der Decke der unmittelbar unter dem Schwimmbad angeordneten Räume starke Feuchtigkeitsflecke.

Über die Verantwortlichkeit entsteht nun Streit. Der mit der Konzeption des Schwimmbades beauftragte Ingenieur versucht anhand seiner Planung nachzuweisen, daß aufgrund der konstruktiven Lösung des Schwimmbades Feuchtigkeitsaustritte aus dem Becken nicht möglich seien. Der mit der Planung und Fachaufsicht bezüglich der Installation der Heizungsanlage beauftragte Fachingenieur für Heizungstechnik lehnt ebenfalls jede Verantwortung ab. Dessen ungeachtet tropft weiter Wasser in die Räume unterhalb des Schwimmbeckens.

Hier ist der Sinn und Zweck eines Beweissicherungsverfahrens nicht dadurch erfüllt, daß der Gutachter feststellt, daß sich Feuchtigkeitsflecke an der Decke unter dem Schwimmbad befinden. Vielmehr hat der Gutachter zu klären, worauf die Durchfeuchtung der Decke zurückzuführen ist, ob auf Undichtheiten im Heizungsrohrnetz oder auf mangelhafte Konstruktion oder Ausführung des Schwimmbeckens selbst.

Wollte man dem Antragsteller die exakte Klärung der Schadensursache im Rahmen eines Beweissicherungsverfahrens gemäß §§ 485ff. ZPO verweigern, so wäre der Auftraggeber (Antragsteller) gezwungen, dringend notwendige Sanierungsmaßnahmen bis zur Klärung der Verantwortlichkeit in einem eventuell langwierigen Bauprozeß zurückzustellen. Gerade dies würde aber die Zumutbarkeit der Beweismittelerhaltung durch den Auftraggeber sprengen (3). Im vorstehenden Beispielsfalle ist der Auftraggeber (Antragsteller) nicht einmal in der Lage, geeignete Maßnahmen zu treffen, die eine Beurteilung des Schadens und seiner Ursachen nach Erlaß eines Beweisbeschlusses in einem anhängig zu machenden Bauprozeß zulassen würden: Er weiß ja nicht, durch welches Gewerk die Feuchtigkeitsschäden hervorgerufen worden sind.

Aus diesem Grunde ist für den Fall, daß ein Beweismittel (mangelhafter Zustand einer baulichen Anlage oder eines Einzelgewerkes) verloren geht oder seine Benutzung im Sinne des § 485 Satz 2 ZPO erschwert wird, unbedingt zuzulassen, daß der Sachverständige umfassende und präzise Ermittlungen bezüglich der Ursachen der aufgetretenen Mängel vornimmt (4).

Häufig werden auch Anträge durch Untergerichte als unzulässig abgelehnt, die auf eine gutachterliche Stellungnahme bezüglich der **notwendigen Mängelbeseitigungsmaßnahmen** gerichtet sind.

Hier hat das OLG Düsseldorf in seiner Entscheidung vom 1.6.1978 (5) in begrüßenswerter Klarheit Stellung bezogen:

„Die erbetene Beweiserhebung über die Frage, welche Maßnahmen im einzelnen zur vollständigen und nachhaltigen Beseitigung der festgestellten Mängel und zur Durchführung noch ausstehender Restarbeiten notwendig sind, ist den Antragstellern nach der 2. Alternative des § 485 Satz 2 ZPO nicht zu versagen. Es besteht eine Veränderungsgefahr mit Besorgnis der Beweiserschwernis in bezug auf die Maßnahmen zur Behebung des beanstandeten Zustandes. Eine solche Gefahr des Beweismittelverlustes oder der Erschwerung der Beweisführung kommt regelmäßig dann in Betracht, wenn eine Veränderung des beanstandeten gegenwärtigen Zustandes des Bauwerks bevorsteht. Dabei kann eine zuverlässige Prüfung der Behebungsmaßnahmen sachgerecht nur vor der Veränderung durchgeführt werden. Nach der Durchführung können insbesondere nicht mehr klärbare Zweifel ihrer Notwendigkeit übrig bleiben, wenn ein Beweissicherungsverfahren dazu stattgefunden hat (. . .).''

Ausdrücklich hat das OLG Düsseldorf in der oben genannten Entscheidung dargestellt, daß der Antrag zur Beweiserhebung über die notwendigen Mängelbeseitigungsmaßnahmen nicht dadurch unzulässig wird, daß die Antragsteller selbst die Sanierung durchführen wollen. Die Zumutbarkeit der Beweismittelerhaltung wurde durch das OLG Düsseldorf deshalb abgelehnt, da die Antragsgegner gegen die Antragsteller Klage auf Verurteilung angestrengt hatten, die Eintragung einer Bauhandwerkersicherungshypothek zu bewilligen, das Verfahren aber nicht weiter betrieben hatten.

Soweit ersichtlich, wird die Zulässigkeit eines Antrages im Beweissicherungsverfahren verneint, wenn eine gutachterliche Stellungnahme zu den zu erwartenden **Mängelbeseitigungskosten** beantragt wird.

In seiner Entscheidung vom 1.6.1978 hat das OLG Düsseldorf hierzu geäußert, daß ein derartiger Antrag durch § 485 Satz 2 ZPO nicht gedeckt sei.

Das OLG Düsseldorf führt aus, daß keine Sorge bestehe, daß das Beweismittel verloren gehe oder seine Benutzung erschwert werde. Wenn die Mängel sowie die Maßnahmen zur Mängelbeseitigung in einem Beweissicherungsgutachten festgestellt seien, könnten die Kosten regelmäßig ohne Schwierigkeiten auch noch später in einem Rechtsstreit durch einen unabhängigen Sachverständigen ermittelt werden, und zwar wesentlich zeitnäher und gestützt auf von den Antragstellern einzuholende Kostenvoranschläge.

Dieser Ansicht ist nicht zu folgen. Das Prädikat „Mangelhaftigkeit'' einer baulichen Anlage oder eines Einzelwerkes ist wesentlich durch die Höhe der Aufwendungen mitbestimmt, die zur Fehlerbeseitigung an dem mangelhaften Bauteil erforderlich sind. Die Gewichtigkeit eines Mangels wird sogar ausschließlich von den zur Beseitigung des Mangels erforderlichen Kosten bestimmt. Läßt es der Antragsteller bei der Feststellung des Mangels und seiner Ursachen mit dem Beweissicherungsverfahren bewenden und führt eine Sanierung des mangelhaften Bauteils durch, so läuft er Gefahr, die Gewichtigkeit des Mangel in einem späteren Bauprozeß nicht mehr nachweisen zu können. Der Prozeßgegner kann in einem späteren Bauprozeß die Erforderlichkeit der aufgewendeten Mängelbeseitigungskosten der Höhe nach bestreiten, insbesondere Kostenvoranschläge oder Schlußrechnungen als übersetzt angreifen. Ist die Sanierung bereits durchgeführt, so wird es dem Kläger auch unter Einschaltung eines unabhängigen Sachverständigen immer Schwierigkeiten bereiten, diesen Einwendungen des Prozeßgegners zu begegnen. Dies gilt insbesondere für die Fälle, in denen Sanierungsmaßnahmen unter Zeitdruck ausgeführt werden müssen, so daß erhöhte Lohnkosten infolge von Nachtarbeit etc. angefallen sind.

Beispiel:

Ein Klimafachmann ist mit der Konzeption einer Klimaanlage für ein Kaufhaus beauftragt. In den Ausführungszeichnungen für die Abluftschächte sind nur unzureichende Befestigungsangaben getroffen.

Kurz vor den Weihnachtsfeiertagen lösen sich wesentliche Teile der Abluftschächte und fallen in die Verkaufsräume. Menschen kommen nicht zu Schaden. Um das Weihnachtsgeschäft durchführen zu können (Schadensminderungspflicht!), läßt der Bauherr Aufräumungsarbeiten – Beseitigung beschädigter Waren, Neuordnung des Angebot-Sortiments etc. – durch verstärkten Personaleinsatz in Nachtarbeit durchführen; des weiteren schaltet der Bauherr ein Ingenieurbüro für Heizungs- und Klimatechnik ein, das umgehend die Wiederherstellung der Klimaanlage konzipieren und die Durchführung der Arbeiten beaufsichtigen soll. Dies deshalb, da der bisher eingeschaltete Klimafachmann seine Verantwortlichkeit an den aufgetretenen Schäden ableugnet und eine Mitarbeit verweigert.

In diesem Falle kann es aufgrund der besonderen Situation (Sicherung des erhöhten Umsatzes aus dem Weihnachtsgeschäft) dem Bauherrn als Antragsteller eines Beweissicherungsverfahrens nicht verwehrt sein, eine gutachterliche Stellungnahme zur Höhe der zur Schadensbeseitigung anfallenden Kosten zu begehren. Es liegt auf der Hand, daß nach Beseitigung der Schäden die Notwendigkeit des erhöhten Personaleinsatzes nur schwer nachweisbar ist.

In Wahrnehmung seiner Schadensminderungspflicht wird der Bauherr sogar überhöhte Lohnkosten für die ausführenden Unternehmen aufwenden müssen, um die Aufräumungs- bzw. Mängelbeseitigungsarbeiten überhaupt durchführen lassen zu können.

In dem eventuell später geführten Bauprozeß kann der Gutachter bezüglich der Notwendigkeit der aufgewendeten Kosten der Höhe nach nur Mutmaßungen treffen.

Aus diesen Gründen muß es dem Antragsteller in einem Beweissicherungsverfahren gestattet sein, eine Bewertung des Gutachters auch bezüglich der voraussichtlichen Mängelbeseitigungskosten zu beantragen (6).

Gerade bei **arbeitsintensiven** Sanierungsmaßnahmen wird eine gutachterliche Äußerung über die Höhe der Mangelbeseitigungskosten vor der Durchführung der Sanierung durch den Sinn und den Zweck des Beweissicherungsverfahrens gemäß §§ 485ff. ZPO gerechtfertigt sein. Bei der Bemessung der anfallenden Kosten bei Sanierungsmaßnahmen, die im wesentlichen nicht durch kostspieligen Materialaufwand geprägt sind, gerät der Antragsteller nur allzu leicht in Beweisnot, wenn die Erforderlichkeit der aufgewendeten Kosten der Höhe nach im späteren Prozeß bestritten wird.

(1) Werner/Pastor, Der Bauprozeß, RdZ 10; OLG Düsseldorf 1.6.78 BauR 78/506
(2) AG München 5.10.78 Az.: 10 H 19600/78 – unveröffentlicht –
(3) Werner/Pastor, Der Bauprozeß, RdZ 8; OLG Düsseldorf 1.6.78 BauR 78/506
(4) Werner/Pastor, Der Bauprozeß, RdZ 10; offengelassen durch: OLG Düsseldorf 1.6.78 BauR 78/506
(5) vgl. Fußnote 4
(6) ebenso: Werner/Pastor, Der Bauprozeß, RdZ 10 ohne nähere Begründung; Wussow, Das gerichtliche Beweissicherungsverfahren, S. 30

4 Rechte und Pflichten des Antragsgegners

Der Antragsgegner hat die Möglichkeit, Einwendungen gegen die Zulässigkeit der beantragten Beweissicherung vorzubringen. Auch nach Erlaß eines Beweissicherungsbeschlusses können Einwendungen erhoben werden – es steht dem Richter frei, den erlassenen Beschluß jederzeit abzuändern, insbesondere zu ergänzen, oder aufzuheben, wenn er zu der Überzeugung gelangt, daß die Beweissicherung nach dem eingebrachten Antrage nicht zulässig sei (1). Neben der Möglichkeit, formelle Einwendungen gegen den Beweissicherungsantrag vorzubringen (prozessuale Einwendungen, wie z. B. unzureichende Glaubhaftmachung gemäß § 487 Nr. 4 ZPO, steht dem Antragsgegner die Möglichkeit offen, durch Gegenanträge eine Erweiterung des Beweisthemas mit den vorgesehenen Beweismitteln herbeizuführen. Der Antragsgegner wird gut daran tun, sich nicht auf formelle Einwendungen im Beweissicherungsverfahren zu beschränken, sondern auf die Beweisaufnahme in materieller Hinsicht Einfluß zu nehmen. So kann der Antragsgegner den Ausgang des Beweissicherungsverfahrens wesentlich damit bestimmen, daß er zusätzliche Beweisanträge einbringt und einen Sachverständigen **seiner Wahl** als Gutachter benennt. Im späteren Hauptprozeß ist es dem Antragsgegner nämlich nur in Ausnahmefällen möglich, durch formelle Einwendungen ein einmal existierendes Gutachten zu bekämpfen. Ist der bauliche Zustand durch Sanierungsmaßnahmen nicht mehr auf die einmal behauptete Mangelhaftigkeit hin überprüfbar, so sind dem Antragsgegner im späteren Hauptprozeß alle Möglichkeiten genommen, seinen gegenteiligen Standpunkt durch Augenscheinsnahme oder Sachverständigenbegutachtung zu beweisen (2).

Die Einholung eines Obergutachtens kann nämlich nur dann mit Aussicht auf Erfolg begehrt werden, wenn sich eine objektiv unrichtige Feststellung von Mängeln nachweisen läßt oder aber die vom Gutachter gezogenen Schlußfolgerungen aus fachlich-technischen Gründen sich als unhaltbar erweisen.

Auch hier ist strittig, ob dem Antragsgegner **ohne jede Einschränkung** in einem späteren Prozeß die Möglichkeit eröffnet ist, durch Einwendungen materieller Art gegen das im Beweissicherungsverfahren gewonnene Ergebnis vorzugehen. Hat der Antragsgegner Einwendungen fachlicher Art bereits im Beweissicherungsverfahren geltend machen können, so kann, je nach den Umständen des Einzelfalles, aus dem Gesichtspunkt der Beweisvereitelung „bei arglistigem oder schuldhaftem Verhalten des Antragsgegners die Möglichkeit, unterlassene Einwendungen im Hauptprozeß nachzuholen, ausgeschlossen werden" (Wussow a.a.O.).

Stellt der Antragsgegner im Beweissicherungsverfahren seinerseits Beweisanträge, so gilt er als Antragsteller – auch bezüglich der Kostenvorschußpflicht (3). Erklärt sich der Antragsgegner mit der Durchführung des Beweissicherungsverfahrens nicht einverstanden, so besteht keine erzwingbare Pflicht des Antragsgegners, die Beweissicherung zu dulden oder gar Vorbereitungshandlungen zu treffen (Einräumung des Betretungsrechts des Grundstückes etc.).

Nach überwiegender Auffassung (vgl. Nachweise bei Wussow a.a.O.) besteht eine Pflicht des Antragsgegners zur Duldung einer Augenscheinsnahme oder zur Ermöglichung eines Ortsbesichtigungstermins nicht. Eine derartige Verpflichtung trifft auch nicht den Dritten, der Verfügungsberechtigter der streitgegenständlichen baulichen Anlage ist (neuer Eigentümer eines nach Fertigstellung veräußerten Wohnhauses). Die Weigerung, an der Durchführung des Beweissicherungsverfahrens mitzuwirken, unterliegt in einem späteren Hauptprozeß der freien richterlichen Würdigung (§ 286 ZPO). Das Gericht kann die Weigerung des Antragsgegners, den Fortgang des Beweissicherungsverfahrens durch Mitwirkung zu fördern, insbesondere zum Nachteil des Antragsgegners werten, wenn dem Antragsgegner nach Treu und Glauben eine Duldung und Mitwirkung bei der Durchführung des Beweissicherungsverfahrens zuzumuten war (4).

Eine Beweiswürdigung zum Nachteil des Antragsgegners in einem späteren Hauptprozeß ist dann möglich, wenn sich die bauliche Anlage zur Zeit der Beweissicherung im Besitz eines Dritten befunden hat und der Antragsgegner in arglistiger Weise den Dritten veranlaßt hat, die Durchführung der Beweissicherung zu verweigern.

Dabei wird aber zu berücksichtigen sein, daß der Antragsgegner in besonderen Fällen berechtigt sein kann, den Antragsteller von einer Ortsbesichtigung auszuschließen. Dies wird insbesondere dann der Fall sein, wenn zwischen den Streitteilen ein besonders gespanntes Verhältnis besteht oder aber wenn ein sachlicher Grund zur Verweigerung der Inaugenscheinnahme gegeben ist.

Beispiel:

Aufgrund von Betonabsprengungen am Fußboden einer Maschinenhalle treten Zweifel darüber auf, ob die vertraglich vereinbarte Betonqualität zur Ausführung gekommen ist. Es sei unterstellt, daß eine genaue Klärung dieser Frage nur durch die Entnahme umfangreicher Betonproben möglich ist. Die dafür erforderlichen Arbeiten würden eine Aussetzung der Produktionsvorgänge fordern.

Hier kann der dem Antragsgegner entstehende Produktionsausfall einen sachlichen Grund bilden, die Entnahme der Betonproben zu verweigern. Ein Verweigerungsgrund ist allerdings dann nicht mehr gegeben, wenn der Antragsteller für die eventuell entstehenden Verluste durch Produktionsausfälle Sicherheit leistet.

(1) Wussow, NJW 69/1401 (1403) m. w. Nachw.
(2) so zutreffend: Wussow, NJW 69/1401 (1405)
(3) Wussow, NJW 69/1401 (1405) m. w. Nachw.; Wussow, Das gerichtliche Beweissicherungsverfahren, S. 47
(4) Wussow, NJW 69/1401 (1406) m. w. Nachw.; Wussow, Das gerichtliche Beweissicherungsverfahren, S. 62

5 Prozessuales

Gemäß § 486 ZPO ist das Gesuch um die Durchführung des Beweissicherungsverfahrens bei dem Gericht anzubringen, vor dem der Rechtsstreit anhängig ist. Ist ein Rechtsstreit noch nicht anhängig, so ist das Gesuch bei dem Amtsgericht anzubringen, in dessen Bezirk sich die zu vernehmenden Personen aufhalten oder aber die zu begutachtende bauliche Anlage sich befindet.

(1) Thomas/Putzo Anm. § 494; vgl. im einzelnen: Wussow, Das gerichtliche Beweissicherungsverfahren, S. 32

244   5a   Erfordernisse eines Beweissicherungsantrages

Die Einleitung des Beweissicherungsverfahrens kann nur durch einen **schriftlichen** Antrag beim zuständigen Gericht bewirkt werden. Der Antrag kann auch zu Protokoll der Geschäftsstelle erklärt werden (§ 486 Abs. 1 ZPO).

Die Angaben, die der Antrag auf Einleitung des Beweissicherungsverfahrens im einzelnen enthalten muß, sind in § 487 ZPO aufgeführt. Dabei macht manchmal die präzise Bezeichnung des Antragsgegners Schwierigkeiten, insbesondere dann, wenn der Verursacher von aufgetretenen Bauwerksmängeln noch nicht feststeht.

Der Antragsteller muß sich dazu entschließen, entweder einen möglichen Schadensverursacher als Antragsgegner zu bestimmten, oder aber alle möglicherweise in Frage kommenden, an der Planung oder Bauausführung Beteiligten in das Verfahren einzubeziehen. Nur in Ausnahmefällen läßt das Verfahrensrecht ein Beweissicherungsverfahren ohne präzise Bezeichnung des Antragsgegners zu (§ 494 ZPO). Dies nur dann, wenn der Antragsteller **glaubhaft macht**, daß er ohne sein Verschulden außer Stande sei, den Gegner zu bezeichnen. Hierbei sind strenge Anforderungen zu stellen.

Ist sich der Antragsteller über den Verursacher im Unklaren, so ist ihm zu empfehlen, möglichst alle in Frage kommen Verursacher (also Planer, Bauaufsichtsführenden und ausführende Unternehmer) in das Beweissicherungsverfahren einzubeziehen, da auf diese Weise die möglichen Ansprüche des Antragstellers umfassend geschützt sind (Unterbrechung der Verjährung von Gewährleistungsfristen!).

Im Antrag sind weiter die Beweistatsachen zu benennen. Bei Baumängeln liegt es hier im Sinne des Antragstellers — wie auch im Sinne des Antragsgegners bei erwiderndem Antrag —, die zu beweisenden Tatsachen möglichst präzise zu bestimmen. Nur so kann der Antragsteller bzw. der Antragsgegner die Sicherheit haben, daß eine eingehende Begutachtung gerade der streitigen Mängel vorgenommen wird.

Die genaue Untersuchung der zur Beweisaufnahme gestellten Fehler einer baulichen Anlage oder eines Einzelgewerkes ist für die etwaige spätere Durchführung eines Hauptprozesses von entscheidender Bedeutung. Es kommt wesentlich zur Durchsetzung etwaiger Ansprüche des Antragstellers darauf an, die Mangelhaftigkeit des Bauteils **vor Sanierung** nach Ursachen und notwendigen Sanierungsmaßnahmen untersuchen zu lassen.

Dies kann entscheidende Voraussetzung für die erfolgreiche Durchsetzung etwaiger Schadensersatzansprüche sein. Denn bei einer etwaigen Schadensersatzklage hat der Bauherr und Antragsteller im Beweissicherungsverfahren einen bestimmten Schadensbetrag anzugeben.

Aber auch für den Antragsgegner ist die präzise Feststellung von Mängeln und deren Ursachen von ganz entscheidender Bedeutung. Begehrt der Bauherr von einem Ingenieurbüro wegen fehlerhafter Planungsleistungen, die zu Baumängeln geführt haben, im Prozeßwege Schadensersatz, so ist eine gesamtschuldnerische Haftung des Ingenieurbüros und ausführenden Unternehmers im Gewährleistungsbereich gegeben. Dies bedeutet, daß es dem Bauherrn und Antragsteller des Beweissicherungsverfahrens freisteht, ob er wegen aufgetretener Baumängel und des hieraus resultierenden Schadens die Planer oder die ausführenden Unternehmer in Anspruch nimmt. Ein Haftungsausgleich findet allerdings dann gesondert zwischen ausführendem Unternehmer und Projektanten statt (vgl. RdZ 175ff.).

Es liegt gerade im Hinblick auf den späteren Haftungsausgleich von Projektanten und ausführendem Unternehmer im Interesse beider Parteien, in einem durch den Bauherrn eingeleiteten Beweissicherungsverfahren auch ihre Verantwortungsbereiche bezüglich der Mängelverursachung abzuklären.

Beispiel:

Ein Ingenieurbüro ist für ein großes Bürogebäude mit der Planung der Sanitär- und Heizungsanlage durch den ausführenden Generalunternehmer beauftragt. Nach Fertigstellung des Gebäudes zeigen sich noch innerhalb der Gewährleistungsfrist Korrosionserscheinungen im Rohrleitungsnetz der Sanitär- und Heizungsanlage. Der Bauherr strengt ein Beweissicherungsverfahren gegen den Generalunternehmer an, der die schlüsselfertige Herstellung des Objektes als vertragliche Leistung geschuldet hat. Im Beweissicherungsverfahren wird festgestellt, daß tatsächlich Korrosionserscheinungen vorliegen, die eine umfassende Sanierung des gesamten Rohrleitungsnetzes erforderlich machen.

Hier muß das Ingenieurbüro unbedingt vor Durchführung der Sanierung ein Beweissicherungsverfahren gegen den Generalunternehmer dann einleiten, wenn bei der Ausführung der Planung von den Planungsangaben abgewichen worden ist (Verwendung anderer Materialien etc.).

In diesem Zusammenhang ist die genaue Bezeichnung der aufgetretenen Schäden und die **Bezeichnung des betroffenen Gewerkes** von entscheidender Bedeutung, da nur so gewährleistet ist, daß ein fachkundiger Sachverständiger mit der Mängelfeststellung und Untersuchung beauftragt wird.

5b Glaubhaftmachung

Wird ein Beweissicherungsverfahren eingeleitet, weil Sorge besteht, daß Veränderungen der Baulichkeiten infolge des Baufortschritts oder dringend erforderlicher Sanierungsmaßnahmen in einem späteren Bauprozeß zur Beweisnot des Antragstellers führen, so sind der Grund und die Umstände darzulegen und glaubhaft zu machen (§ 487 Ziff. 4 ZPO).

Der Antragsteller kann sich zur Glaubhaftmachung (§ 294 ZPO) aller Beweismittel bedienen, also Fotografien, Pläne oder Skizzen vorlegen. In der Praxis ist als Mittel der Glaubhaftmachung die Versicherung an Eides Statt sehr verbreitet. Wird ein einvernehmliches Beweissicherungsverfahren (§ 485 Satz 2 1. Alternative ZPO) angstrebt, so ist die Zustimmung des Antragsgegners zur Durchführung des Beweissicherungsverfahrens ebenfalls glaubhaft zu machen — es sei denn, sie ist vom Auftragsgegner bereits gegenüber dem Gericht erklärt worden.

5c Auswahlrecht bezüglich des Sachverständigen

Die Bedeutung des § 487 Ziff. 3 ZPO ist für das Beweissicherungsverfahren nicht zu unterschätzen:

Die Auswahl des Sachverständigen kann für den Ausgang des Beweissicherungsverfahrens von entscheidender Bedeutung sein.

Dieses Auswahlrecht bezüglich des Sachverständigen, das dem Antragsteller gemäß § 487 Ziff. 3 ZPO zusteht, kann nach allgemeiner Meinung (1) nicht dadurch beschränkt werden, daß der Richter einen Sachverständigen bestimmt. Insoweit steht dem Richter ein Auswahlrecht entgegen der sonst geltenden Vorschrift des § 404 Abs. 1 ZPO nicht zu. Der Richter ist verpflichtet, den vom Antragsteller benannten Sachverständigen zur Durchführung der Beweisaufnahme zu benennen (2).

Der Antragsgegner hat die Möglichkeit, mit einem Antrag auf Ergänzung des Beweisthemas einen Sachverständigen seiner Wahl für die Begutachtung der gerügten Baumängel zu benennen. Insoweit steht dem Antragsgegner das Recht zur Sachverständigenbenennung gemäß § 487 Nr. 3 ZPO in gleicher Weise zu (3). Strittig ist in Literatur und Rechtsprechung, ob das Gericht im Beweissicherungsverfahren in rechtlich zulässiger Weise zusätzlich zu dem vom Antragsteller oder Antragsgegner benannten Sachverständigen gemäß § 404 ZPO einen Sachverständigen seiner Wahl hinzuziehen kann (4). Ein solches zusätzliches Benennungsrecht des Gerichts wird man verneinen müssen. Insoweit stellt die Regelung des § 487 Ziff. 3 ZPO eine Spezialvorschrift dar, die Vorrang vor der Regelung des § 404 Abs. 1 ZPO hat.

(1) h. M., vgl. Nachweise bei Werner/Pastor, Der Bauprozeß, RdZ 22
(2) Wussow, NJW 69/1401 (1404) m. w. Nachw.; Wussow, Das gerichtliche Beweissicherungsverfahren, S. 52; LG Köln 14.10.77 MDR 78/235
(3) Wussow, NJW 69/1401 (1405) m. w. Nachw.
(4) Wussow, NJW 69/1401 (1404) mit Hinweis auf den Meinungsstand

5d Ablehnung des Sachverständigen im Beweissicherungsverfahren

Die Frage, ob der Sachverständige im Beweissicherungsverfahren wegen Besorgnis der Befangenheit gemäß § 406 ZPO abgelehnt werden kann, ist noch nicht geklärt. Nach der bisher herrschenden Meinung in Literatur und Rechtsprechung wurde dem Antragsgegner ein Ablehnungsrecht wegen Besorgnis der Befangenheit gegenüber dem Sachverständigen versagt (1).

Begründet wurde diese Auffassung damit, daß die gesetzliche Regelung des § 487 Ziff. 3 ZPO ausdrücklich ein Auswahlrecht bezüglich des Sachverständigen dem Antragsteller zugestehe, so daß der Antragsgegner durch Ablehnungsanträge dieses Auswahlrecht nicht unterhöhlen könne. Die Unzulässigkeit einer Ablehnung im Beweissicherungsverfahren wird weiter damit begründet, daß die Einräumung einer derartigen Befugnis des Antragsgegners **dem Ziele beschleunigter Beweiserhebung** zuwider laufen würde (2).

Der Ausschluß des Ablehnungsrechtes für den Antragsgegner im Beweissicherungsverfahren wird nach dieser Auffassung auch nicht als unzumutbare Benachteiligung des Antragsgegners gewertet.

So hat das LG Berlin (vgl. Fußn. 2) in seinem Beschluß vom 17.11.1970 darauf hingewiesen, daß im Rahmen der freien Beweiswürdigung gemäß § 286 ZPO das Gericht die Möglichkeit habe, ein von einem befangenen Sachverständigen erstattetes Gutachten in Richtung auf nachteilige Wirkungen für den Antragsgegner zu beschränken. Eine Kontrolle des Gerichts im Rahmen der freien Beweiswürdigung gemäß § 286 ZPO gewähre einen ausreichenden Schutz bei Befangenheit des Sachverständigen für den Antragsgegner. Demgegenüber seien die Beeinträchtigungen, denen der Antragsteller durch die Möglichkeiten der Verzögerung eines Beweissicherungsverfahrens bei einem Ablehnungsgesuch ausgesetzt sei, jedenfalls einschneidender und sprächen umsomehr für einen Ausschluß des § 406 ZPO im Beweissicherungsverfahren. Im übrigen habe der Antragsgegner zum Ausgleich einer etwaigen Benachteiligung die Möglichkeit, selbst ein Beweissicherungsverfahren mit eigenem Sachverständigen durchzuführen (3).

Diese Auffassung überzeugt nicht.

Zu Recht hat das OLG Karlsruhe in seinem Beschluß vom 12.10.1957 (4) darauf hingewiesen, daß die Einräumung des Ablehnungsrechtes des Antragsgegners im Interesse des Antragstellers liegen könne. Denn gerade diejenige Partei, die einen Grund habe, den Sachverständigen abzulehnen, könne die vom Gegner beantragte — und auf dessen Kosten durchzuführende — Beweissicherung dadurch entwerten, ja sogar völlig vereiteln, daß der Sachverständige **nicht im Beweissicherungsverfahren**, sondern erst im Hauptprozeß abgelehnt werde. Aus diesen Gründen sollte die Ablehnung eines Sachverständigen im Beweissicherungsverfahren nur in solchen besonders dringenden Fällen nicht zugelassen werden, in denen das mit der Zulassung der Ablehnung verbundene Verfahren die vom Antragsteller erstrebte Beweissicherung überhaupt unmöglich machen würde.

Auch das OLG Neustadt (5) weist zu Recht auf eine etwaige Beweisnot der antragstellenden Partei im Hauptprozeß hin, wenn die Klärung der Befangenheit des Sachverständigen nicht schon im Beweissicherungsverfahren erfolgen kann. Im übrigen führe das Verbot der Ablehnung eines Sachverständigen im Beweissicherungsverfahren zu einer ungerechtfertigten Versagung des der Partei zustehenden Rechtsbehelfs des § 406 ZPO und diene auch nicht der Förderung des vom Gesetzgeber mit diesem Verfahren erstrebten Beweissicherungszweckes: Die Gefahr der Beweisvereitelung wohne dem gesamten Beweissicherungsverfahren inne, wenn die Ablehnung des vom Antragsteller benannten Sachverständigen nicht im Beweissicherungsverfahren selbst geprüft werden könne.
Dieser Auffassung ist zuzustimmen.

Es ist davon auszugehen, daß ein Sachverständiger aus denselben Gründen abgelehnt werden kann, die eine Ablehnung eines Richters rechtfertigen (§ 406 Abs. 1 Satz 1 ZPO).

Achtung:

Das Ablehnungsgesuch ist grundsätzlich vor der Vernehmung des Sachverständigen bei einem Anhörungstermin, bei schriftlicher Begutachtung vor Einreichung des Gutachtens anzubringen. Eine Ablehnung nach diesem Zeitpunkt ist nur dann zulässig, wenn glaubhaft gemacht wird, daß der Ablehnungsgrund vorher nicht geltend gemacht werden konnte (vgl. § 406 Abs. 2 ZPO) (6).
Zu den Pflichten des gerichtlichen Sachverständigen vgl. im einzelnen RdZ 256 ff.

(1) Wussow, NJW 69/1401 (1404); Wussow, Das gerichtliche Beweissicherungsverfahren, S. 50; Locher, Das private Baurecht RdZ 478; Werner/Pastor, Der Bauprozeß RdZ 23; LG Berlin 17.11.70 NJW 71/251; OLG Oldenburg 21.9.76 MDR 77/499; OLG München 7.7.77 BauR 78/503
(2) LG Berlin 17.11.70 NJW 71/251; OLG München 7.7.77 BauR 78/503
(3) LG Berlin 17.11.70 NJW 71/251 m.w. Nachw.; Werner/Pastor, Der Bauprozeß RdZ 23
(4) OLG Karlsruhe 12.10.57 NJW 58/188; ebenso OLG München 31.5.76 MDR 76/851; LG Köln 14.7.76 MDR 77/57; OLG Frankfurt 16.12.77 BauR 78/416
(5) OLG Neustadt 15.6.64 NJW 64/2425; ebenso LG Köln 14.7.76 MDR 77/57; a.A. Wussow, Das gerichtliche Beweissicherungsverfahren, S. 50, 51
(6) OLG München 3.6.64 NJW 64/1576; OLG Frankfurt 16.12.77 BauR 78/416

248 5e Die Streitverkündung im Beweissicherungsverfahren

Seiner Natur nach stellt das Beweissicherungsverfahren keinen Rechtsstreit dar, sondern dient lediglich einer vorsorglichen und vorgezogenen Beweisaufnahme im Hinblick auf ein späteres Hauptverfahren. Aus diesem Grunde besteht keine Einigkeit darüber, ob im Rahmen eines Beweissicherungsverfahrens die Nebenintervention (§ 66 ZPO) und die Streitverkündung (§ 72 ZPO) zulässig sind.

Zutreffend geben Werner/Pastor (1) unter Hinweis auf die ausführliche Stellungnahme von Wussow (2) zu bedenken, daß gerade bei Bauschäden, bei denen mehrere Gewährleistungsverpflichtete in Betracht kommen können, für den Antragsteller ein erhebliches Interesse daran besteht, möglichst alle Baubeteiligten in das Beweissicherungsverfahren miteinzubeziehen. Dadurch können mehrfache — zeitraubende — Beweisaufnahmen über dasselbe Thema vermieden werden, und der Bauherr kann bei dringender Sanierungsbedürftigkeit einer baulichen Anlage oder eines Einzelgewerkes rasch zur Durchführung der erforderlichen Maßnahmen kommen. Die Interventionswirkung des § 68 ZPO will allerdings Wussow in der Weise beschränkt sehen, daß dem Nebenintervenienten oder Streitverkündeten in einem späteren, sich an das Beweissicherungsverfahren anschließenden Hauptprozeß zwischen ihm und einer Verfahrenspartei der Einwand abgeschnitten wird, die Verfahrenspartei habe das Beweissicherungsverfahren mangelhaft durchgeführt. Dem ist zuzustimmen.

(1) Werner/Pastor, Der Bauprozeß, RdZ 3
(2) Wussow, NJW 69/1401 (1407) m. w. Nachw.; vgl. auch Wussow, Das gerichtliche Beweissicherungsverfahren, S. 80 ff.

5 f Durchführung des Beweissicherungsverfahrens

§ 490 ZPO bestimmt, daß das Gesuch auf Einleitung des Beweissicherungsverfahrens gemäß §§ 485ff. ZPO ohne mündliche Verhandlung entschieden werden kann. Diese Regelung trägt dem Erfordernis einer möglichst umgehenden Beweisaufnahme Rechnung.
Aus diesem Grunde ist der Auffassung zuzustimmen, daß im Antrag auf Erlaß eines Beweissicherungsbeschlusses nebenbei der Antrag enthalten ist, die Angelegenheit als Feriensache zu behandeln (1).
Der vom zuständigen Gericht erlassene Beweisbeschluß kann nachträglich aufgehoben werden, wenn das Gericht die Überzeugung gewinnt, daß die Antragstellung unzulässig ist. Des weiteren kann eine Ergänzung des einmal erlassenen Beweisbeschlusses erfolgen — z. B., wenn der Antragsgegner seinerseits einen Beweisantrag zur Benennung eines Sachverständigen einbringt.
Wesentliche Bedeutung hat beim Beweissicherungsverfahren wegen Baumängeln die **Ortsbesichtigung**.
Der Antragsgegner ist deshalb vom Termin einer beabsichtigten Baubesichtigung so rechtzeitig zu unterrichten, daß er diesen Termin wahrnehmen kann. Ein Verstoß gegen diese Verpflichtung macht das Beweissicherungsgutachten in einem späteren Prozeß unverwertbar, wenn der Antragsgegner den Gutachter aus diesem Grunde wegen Besorgnis der Befangenheit rechtzeitig abgelehnt hat (2).

Gerade bei der Ortsbesichtigung besteht für die Parteien nämlich die Möglichkeit, dem Sachverständigen eine Fülle von technischen Informationen zu verschaffen, eine Möglichkeit, die nicht nur einer Partei zur Verfügung stehen soll (vgl. Fußn. 2).

Das Beweissicherungsverfahren darf aufgrund seiner besonderen Natur weder unterbrochen, ausgesetzt noch zum Ruhen gebracht werden. Dies gebietet die Zielsetzung des Beweissicherungsverfahrens: eine beschleunigte Beweissicherung.

Für die Durchführung der Beweisaufnahme selbst enthält das Verfahrensrecht keine besonderen Vorschriften. Die Beweisaufnahme wird gemäß § 492 ZPO nach den allgemeinen Vorschriften der §§ 355 ff. ZPO durchgeführt.

Mit der in § 492 ZPO vorgenommenen Verweisung auf die allgemeinen Vorschriften über die Beweisaufnahme ist die gutachterliche Stellungnahme durch den Sachverständigen in Form eines **schriftlichen Gutachtens** ohne mündliche Verhandlung nach allgemeiner Auffassung zulässig. Dies ergibt sich aus § 411 ZPO (3). Auch ist eine Zustimmung des Antragsgegners für die Erstellung eines **schriftlichen** Gutachtens nicht erforderlich.

Das schriftliche Gutachten wird in der Praxis meistens durch eine zu **beantragende Anhörung** des Sachverständigen ergänzt. Dies insbesondere dann, wenn der Sachverständige in seiner schriftlichen Äußerung Fragen offen gelassen oder unzureichend beantwortet hat.

Das Beweissicherungsverfahren ist mit dem Verlesen des Protokolls oder dessen Vorlage zur Durchsicht beendet, wenn ein Sachverständiger sein Gutachten mündlich erstattet hat oder nach Erstattung eines schriftlichen Gutachtens dieses in einem Anhörungstermin mündlich erläutert (4).

(1) Werner/Pastor, Der Bauprozeß, RdZ 28
(2) BGH 15.4.75 NJW 75/1363; Döbereiner/v. Keyserlingk, Sachverständigenhaftung, RdZ 64 m. w. Nachw.; Wussow, Das gerichtliche Beweissicherungsverfahren, S. 61
(3) Werner/Pastor, Der Bauprozeß, RdZ 35; Thomas/Putzo, § 492; vgl. auch BGH 29.5.70 NJW 70/1919
(4) BGH 21.2.73 NJW 73/698; Fricke, Zur Beendigung des Beweissicherungsverfahrens, BauR 77/231 m. w. Nachw.

5 g Kosten

Die Kosten des Beweissicherungsverfahrens gehören zu den **Kosten der Hauptsache** und werden nach der Kostenentscheidung, die nach Beendigung des Bauprozesses zu ergehen hat (§§ 91 ff. ZPO), auf die Parteien verteilt.

Da die Kosten des Beweissicherungsverfahrens Bestandteil der Kostenentscheidung des Hauptprozesses sind, können sie auch nicht gesondert als selbständiger Schadensersatz eingeklagt werden (1).

Uneinigkeit besteht noch bezüglich der **Streitwertbemessung** des Beweissicherungsverfahrens. Ein Teil der Rechtsprechung und Literatur neigt dazu, als Streitwert im Beweissicherungsverfahren lediglich eine Quote der voraussichtlich bestehenden Ansprüche zugrunde zu legen, während die herrschende Ansicht den Gegenstandswert der tatsächlich bestehenden Forderung in Ansatz bringt (2). Hier ist der Auffassung von Werner/Pastor (vgl. Fußn. 2) zu folgen, wonach für den Streitwert des Beweissicherungsverfahrens nur die Höhe des Anspruchs maßgebend sein kann, zu dessen Beweis das Beweissicherungsverfahren in Gang gesetzt worden ist. Zutreffend stellen Werner/Pastor darauf ab, daß das Beweissicherungsverfahren eine vorweggenommene Beweisaufnahme des Hauptverfahrens darstelle (3).

(1) Altenmüller, Die Entscheidung über die Kosten des Beweissicherungsverfahrens, NJW 76/92; OLG Hamm 8.10.74 NJW 76/116; AG Köln 6.9.78 BauR 79/446
(2) OLG Düsseldorf 15.5.75 NJW 76/115; Werner/Pastor, Der Bauprozeß, RdZ 49; vgl. auch: Wussow, Das gerichtliche Beweissicherungsverfahren, S. 99
(3) OLG Köln Jur Büro 78/1675; LG Köln AnwBl 78/323; LG Bayreuth JurBüro 78/739

5 h Rechtliche Wirkungen des Beweissicherungsverfahrens

Das Beweissicherungsverfahren gemäß §§ 485 ff. ZPO ist seiner Natur nach eine vorläufige Beweisaufnahme, kann also bestehende Gewährleistungs- oder Schadensersatzansprüche nicht im prozeßrechtlichen Sinne anhängig machen.

Die Hauptbedeutung des Beweissicherungsverfahrens liegt in seiner **verjährungsunterbrechenden Wirkung**. Für das Werkvertragsrecht des BGB ist die Unterbrechungswirkung in § 639 BGB ausdrücklich festgehalten. Dabei ist zu beachten, daß die Unterbrechungswirkung nur dann zum Zuge kommt, wenn das Beweissicherungsverfahren **zwischen den Parteien des späteren Rechtsstreits** eingeleitet und durchgeführt worden ist (1). Die verjährungsunterbrechende Wirkung tritt nicht ein, wenn das Beweissicherungsverfahren gegen einen Dritten eingeleitet worden ist und sich später herausstellt, daß Ansprüche nicht gegen diesen Dritten, sondern gegen einen anderen Auftragnehmer bestehen.

Achtung:

Die Unterbrechungswirkung tritt nur bezüglich der konkret gerügten Mängel ein, soweit sich das Beweissicherungsverfahren auf sie bezieht (2).
Die zur Sicherung aufgenommenen Beweise können im Rahmen eines späteren Rechtsstreites von beiden Parteien gleichberechtigt benutzt werden (§ 493 Abs. 1 ZPO). Eine Einschränkung enthält allerdings § 493 Abs. 2 ZPO. Danach ist

der Beweisführer im Hauptprozeß zur Benutzung des Ergebnisses der Beweisverhandlung dann nicht berechtigt, wenn der Gegner zum Beweistermin nicht erschienen ist, weil er nicht rechtzeitig geladen wurde, er diesen Mangel sofort bei Benutzung des Beweisergebnisses rügt und der Beweisführer nicht glaubhaft machen kann, daß die Ladung ohne sein Verschulden nicht rechtzeitig erfolgt ist.

Zutreffend weist das OLG Köln (3) für den Fall der fehlenden rechtzeitigen Benachrichtigung einer Partei von einem Ortstermin darauf hin, daß bei einer Verwertung des Beweissicherungsergebnisses das grundsätzliche Recht jeder Partei verletzt sei, zu allen beweisrechtlich erheblichen Tatsachen zugegen sein zu dürfen. Dabei komme es nicht darauf an, ob es sich um einen gerichtlich angeordneten Termin handle oder nicht.

Dem ist zuzustimmen.

(1) Werner/Pastor, Der Bauprozeß, RdZ 40; Ingenstau/Korbion, § 13 VOB/B, RdZ 115 b) m. w. Nachw.
(2) BGH 18.3.76 NJW 76/956; Ingenstau/Korbion, § 13 VOB/B, RdZ 115 b)
(3) OLG Köln MDR 74/589

F Die Streitverkündung

I Bedeutung

Sind an einem Bauobjekt mehrere Baubeteiligte mit der Planung und Durchführung der Bauleistungen selbst betraut, so kann sich für den Auftraggeber beim Auftreten von Baumängeln die Schwierigkeit ergeben, den **richtigen** Baubeteiligten in Anspruch zu nehmen. Dies deshalb, weil sich häufig der eigentliche Schadensverursacher nicht ohne weiteres ermitteln läßt.

Hier läuft der Auftraggeber Gefahr, den gegen einen Baubeteiligten angestrengten Prozeß zu verlieren, wenn im Verlauf der prozessualen Auseinandersetzung aufgrund eines Sachverständigengutachtens festgestellt wird, daß eine Verantwortlichkeit des in Anspruch genommenen für den eingetretenen Schaden nicht gegeben ist. Bei längerer Prozeßdauer kann es dann passieren, daß der Auftraggeber den wirklich Verantwortlichen nicht mehr in Anspruch nehmen kann, weil die Verjährungsfristen abgelaufen sind. Dies kann insbesondere dann der Fall sein, wenn er bei einem Baufehler zunächst den mit der Planung beauftragten Ingenieur in Anspruch nimmt, im Verlauf des Prozesses sich dann aber herausstellt, daß es sich um einen reinen Ausführungsfehler handelt, für den allein der ausführende Unternehmer verantwortlich zu machen ist. Bei der kurzen Verjährungsfrist gemäß § 13 VOB/B ist dann eine Inanspruchnahme des Bauunternehmers infolge des Ablaufs der Gewährleistungsfrist eventuell ausgeschlossen.

In diesen Schwierigkeiten befindet sich aber nicht nur der Auftraggeber, wenn mehrere Baubeteiligte an der Durchführung des Objektes teilgenommen haben, sondern auch die Baubeteiligten selbst:

Werden einzelne Baubeteiligte im Rahmen einer Gewährleistungs- oder Schadensersatzklage durch den Auftraggeber in Anspruch genommen, so stehen ihnen etwaige Rückgriffsansprüche gegen Dritte zu. So hat der wegen eines Planungsfehlers in Anspruch genommene Ingenieur Rückgriffsansprüche gegen den von ihm im eigenen Namen eingeschalteten Sonderfachmann, der Teile der Planungsarbeiten übernommen hat. Die Geltendmachung von Rückgriffsansprüchen ist daher nur innerhalb der Verjährungsfristen zwischen Ingenieur 1 und Ingenieur 2 möglich.

In beiden Fällen können die Anspruchsberechtigten die Durchsetzung ihrer Rechte auch nach Ablauf etwaiger Gewährleistungsfristen durch die **Streitverkündung** sichern.

Das Rechtsinstitut der Streitverkündung ist in den §§ 72ff. ZPO geregelt.
Danach kann eine Partei, die für den Fall des ihr ungünstiggen Ausganges des Rechtsstreits einen Anspruch auf Gewährleistung oder Schadloshaltung gegen einen Dritten erheben zu können glaubt oder den Anspruch eines Dritten besorgt, bis zur rechtskräftigen Entscheidung des Rechtsstreits dem Dritten gerichtlich den Streit verkünden.

Der Dritte ist zu einer weiteren Streitverkündung berechtigt (§ 72 ZPO).

Die Streitverkündung ist ihrer Natur nach die von einer Partei ausgehende Benachrichtigung eines Dritten über das Schweben eines Prozesses mit dem Zweck, dem Dritten die Möglichkeit der Beteiligung am Prozeß zu eröffnen. Der Streitverkünder kann den Streitverkündeten **nicht zwingen**, am Prozeß teilzunehmen. Insoweit bleibt es Sache des Dritten zu entscheiden, ob er sich am Rechtsstreit beteiligen will oder nicht. Zunächst wird ja ein Anspruch prozessualer oder materieller Art gegen ihn nicht erhoben.

Die Streitverkündung dient auch ohne Inanspruchnahme des Dritten dem Streitverkünder insofern, als sie dessen Stellung zu dem Dritten günstiger gestaltet (vgl. Wirkung RdZ 254).

253 II Voraussetzungen

Voraussetzung für die Streitverkündung ist, daß ein Rechtsstreit anhängig geworden und nicht endgültig erledigt ist. Die Streitverkündung kann also frühestens gleichzeitig mit der Klageerhebung erfolgen. Spätestens muß die Streitverkündung **vor** der rechtskräftigen Entscheidung erklärt werden. Im Mahnverfahren kann eine Streitverkündung nicht erfolgen (1).

Unzulässig ist die Streitverkündung dann, wenn eine gesamtschuldnerische Haftung des Prozeßgegners oder des Dritten gegeben ist (2). Dies deshalb, weil der Anspruch selbst durch den Streitverkünder in diesen Fällen gegenüber dem Prozeßgegner wie auch gegenüber dem Dritten geltend gemacht werden kann.

Allerdings hat der BGH die Zulässigkeit der Streitverkündung in diesem Punkte erleichtert:

Nach dem Urteil des BGH vom 22.12.1977 (3) ist eine zulässige Streitverkündung dann gegeben, wenn bei einem Gesamtschuldverhältnis die Haftung des einen von mehreren Gesamtschuldnern begrenzt ist, weil dieser dem Berechtigten dessen Mitverschulden gemäß § 254 BGB entgegenhalten kann, so aber **in Höhe** des Ausfalls die unbeschränkte Haftung des anderen Gesamtschuldners zum Zuge kommt.

Hierzu teilen Werner/Pastor (4) folgendes Beispiel mit:
Ist ein Bauschaden – möglicherweise – auf einen Mangel sowohl in der Bauausführung als auch in der Planung zurückzuführen, so ist in dem Prozeß des Auftraggebers gegen den bauausführenden Unternehmer eine Streitverkündung des Bauherrn gegenüber dem Planer zulässig, weil sich der Auftraggeber das Planungsverschulden des Projektanten gemäß § 254 BGB unter Umständen ganz oder teilweise anrechnen lassen muß und damit der Anspruch gegen den Unternehmer nicht in vollem Umfange durchgesetzt werden kann.
Sind die Baubeteiligten nicht gesamtschuldnerisch gegenüber dem Auftraggeber verpflichtet, sondern haften sie „alternativ", so ist die Streitverkündung des Auftraggebers nicht unzulässig, obwohl dieser gegen beide Beteiligten gleichzeitig Klage erheben könnte.
Die Streitverkündung bleibt wirksam, unabhängig davon, ob der Streitverkündende den Rechtsstreit gewinnt oder verliert. Der Ausgang des Rechtsstreits berührt also nicht die Wirksamkeit der Streitverkündung und deren Auswirkungen (5).
Die Prüfung der Zulässigkeit der Streitverkündung wird in dem anhängigen Prozeß nicht durchgeführt. Diese Prüfung erfolgt erst in dem Nachfolgeprozeß zwischen Streitverkünder und Streitverkündetem (6).
Der Streitverkündungsempfänger kann eine weitere Streitverkündung vornehmen (vgl. § 72 Abs. 2 ZPO). Dies wird insbesondere dann der Fall sein, wenn der Streitverkündete zur Erfüllung seiner vertraglichen Verpflichtungen mehrere Subunternehmer nicht im Gleichordnungs-, sondern im Unterordnungsverhältnis eingeschaltet hat.

Beispiel:

Ein Ingenieur-Büro ist mit der Erstellung einer gesamten Industrieanlage beauftragt.
Das Ingenieurbüro 1 (mit Gesamtdurchführung beauftragt) vergibt die Planung und die Gesamtleitung bezüglich eines Einzelgewerkes (Hochofen) an ein Ingenieurbüro 2. Das Ingenieurbüro 2 seinerseits übergibt an das Ingenieurbüro 3 die Aufgaben im Rahmen der örtlichen Bauleitung. Zeigt die Industrieanlage später Mängel und wird das Ingenieurbüro 1 deswegen in Anspruch genommen, so kann das streitverkündete Ingenieurbüro 2 wirksam dem Ingenieurbüro 3 den Streit verkünden.
Es kommt dabei nicht darauf an, ob das streitverkündete Ingenieurbüro 2 dem Rechtsstreit beitritt oder nicht – eine Streitverkündung gegenüber dem Ingenieurbüro 3 durch das Ingenieurbüro 2 ist trotzdem zulässig und wirksam.

Die **Form der Streitverkündung** ist in § 73 ZPO geregelt. Hiernach hat die streitverkündende Partei dem Streitverkündeten den Grund der Streitverkündung und die Lage des Rechtsstreites schriftsätzlich anzugeben. Dieser Schriftsatz ist dem Streitverkündeten zuzustellen, wobei die Streitverkündung erst mit Zustellung an den Streitverkündeten wirksam wird.

(1) Stein/Jonas, § 72 Anm. III/1; BGH 10.10.78 BauR 79, 255 m. w. Nachw.
(2) Werner/Pastor, Der Bauprozeß, RdZ 268; BGH 22.12.77 BauR 78/149; ebenso auch BGH 9.10.75 NJW 76/39
(3) BGH 22.12.77 BauR 78/149
(4) Werner/Pastor, Der Bauprozeß, RdZ 268
(5) BGH 9.10.75 NJW 76/39; BGH 22.12.77 BauR 78/149; BGH 10.10.78 BauR 79/255
(6) Stein/Jonas, § 72 Anm. V; BGH 22.12.77 BauR 78/149 m. w. Nachw.

III Wirkung der Streitverkündung

Die **zulässige** Streitverkündung hat zur Folge, daß die Feststellungen im Urteil des Erstprozesses auch für den Streitverkündeten verbindlich sind (vgl. §§ 74, 68 ZPO). Dies hat zur Folge, daß über die Schadensursachen und den Haftungsmaßstab des Streitverkündeten im Nachfolgeverfahren keine neuen Feststellungen mehr getroffen werden dürfen. Das Ergebnis des Erstprozesses ist insoweit für die Prozeßparteien des Nachfolgeprozesses verbindlich (1).

Als weitere Folge einer zulässigen Streitverkündung tritt eine Unterbrechung der Verjährungsfristen bezüglich der Regreß- bwz. Gewährleistungsansprüche gegen den schadensverantwortlichen Streitverkündeten ein (§ 209 Abs. 2 Nr. 4 BGB) (2).

Die Unterbrechung der Verjährungsfrist dauert bis zu rechtskräftigen Beendigung des Rechtsstreits (vgl. § 215 Abs. 1 BGB). Allerdings gilt die Unterbrechung als nicht erfolgt, wenn gegen den Streitverkündeten nicht binnen 6 Monaten nach Beendigung des Prozesses Klage auf Befriedigung oder Feststellung des Anspruchs erhoben wird (§ 215 Abs. 2 BGB).

(1) BGH 22.12.77 BauR 78/149; BGH 10.10.78 BauR 79/255, jeweils m. w. Nachw.
(2) BGH 10.10.78 BauR 79/255; für Klagerücknahme vgl. BGH 9.10.75 NJW 76/39

IV Kosten der Streitverkündung

Die Kosten der Streitverkündung trägt der Streitverkünder — sie sind nicht Bestandteil der Kostenentscheidung des Rechtsstreits gemäß § 91 ZPO (1). Dies deshalb, weil die Streitverkündung lediglich dem Interesse der streitverkündenden Partei gegenüber der streitverkündeten Partei dient, nicht aber der Rechtsverfolgung oder Rechtsverteidigung gegenüber dem Gegner.

Die Kosten der Streitverkündung können durch den Streitverkünder in einem späteren Prozeß zwischen Streitverkünder und Streitverkündetem als Nebenforderung geltend gemacht werden (2).

Tritt der Streitverkündungsempfänger dem Prozeß bei und verliert der Streitverkünder den Prozeß, so trägt der Streitverkündungsempfänger seine Kosten selbst. Verliert der Prozeßgegner des Streitverkünders den Prozeß, so sind ihm auch die Kosten der Streitverkündung zur Kostenentscheidung aufzuerlegen. Dies geschieht notfalls durch Ergänzungsurteil (3).

(1) Stein/Jonas, § 73 III
(2) BGH 28.2.69 NJW 69/1109
(3) vgl. Werner/Pastor, Der Bauprozeß, RdZ 276

G Die Haftung des Ingenieurs als gerichtlicher Sachverständiger

I Pflicht zur Gutachtenserstattung

Nach § 404 Abs. 2 ZPO und § 73 StPO soll das Gericht in erster Linie öffentliche bestellte und vereidigte Sachverständige als Gutachter in gerichtlichen Verfahren heranziehen. Das Gericht kann aber auch andere Fachleute, z. B. sog. „freie" Sachverständige zu gerichtlichen Gutachtern bestellen. Der öffentlich bestellte und vereidigte Sachverständige muß dann der Gutachtenspflicht nachkommen. Die gleiche Pflicht hat ein sonstiger Fachmann, der eine Sachverständigentätigkeit zu seinem öffentlich ausgeübten Beruf gemacht hat (§ 407 Abs. 1 ZPO und § 75 StPO; vgl. auch § 161 a StPO, § 98 VwGO, § 118 SGG und § 59 OrdnungswidrigkG).

Der zum gerichtlichen Sachverständigen Bestellte kann aber aus den selben Gründen, die einen Zeugen zur Gutachtensverweigerung berechtigen, eine Gutachtenserstattung verweigern (vgl. §§ 408 Abs. 1 S. 1, 383, 384 ZPO und §§ 76 Abs. 1 S. 1, 52, 53 StPO), also z. B. bei Verwandtschaft oder Verschwägerung mit einer der Parteien.

II Pflicht zur Ablehnung der Gutachtenserstattung

1 Gutachtensablehnung bei Gefahr eines Verstoßes gegen die berufliche Verschwiegenheitspflicht

Nach § 203 Abs. 2 Nr. 5 StGB wird ein öffentlich bestellter und auf die Erfüllung seiner Obliegenheiten förmlich verpflichteter Sachverständiger bestraft, wenn er unbefugt ein fremdes Geheimnis, namentlich ein zum persönlichen Lebensbereich gehörendes Geheimnis oder ein Betriebs- oder Geschäftsgeheimnis offenbart, das ihm in seiner Eigenschaft als öffentlich bestelltem Sachverständigen anvertraut oder sonst bekannt geworden ist (1). Er hat, soweit seine Verschwiegenheitspflicht reicht, ein Gutachtens-Verweigerungsrecht (§ 384 Nr. 3 ZPO). Der nicht öffentlich bestellte Sachverständige hat ein Zeugnisverweigerungsrecht, wenn er durch die Gutachtenserstattung ein Kunst- oder Gewerbegeheimnis offenbaren müßte (§ 384 Nr. 3 ZPO) (2). Ein zum gerichtlichen Sachverständigen bestellter Ingenieur oder Gutachter würde sich zivilrechtlich haftbar machen, wenn er durch die Offenlegung von Gewerbegeheimnissen eines früheren Auftraggebers diesem einen Schaden zufügt. Der Schaden könnte nämlich durch das für derartige Fälle gesetzlich vorgesehene Zeugnisverweigerungsrecht vermieden werden.

(1) vgl. Bleutge, Der Sachverständige 1977/118, 119; ders. in GewA 75/258, 260; Döbereiner/v. Keyserlingk, Sachverständigen-Haftung, 1979, RdZ 21, 54–63; vgl. LG Krefeld 6.6.78 BB 79/190 m. w. Nachw.
(2) Zu den Grenzen der Offenbarungspflicht des Mietsachverständigen siehe LG Krefeld BB 79/190; Zum Beweisverbot des § 383 III ZPO vgl. Gießler, NJW 77/185ff.

2 Hinweispflicht bei Vorliegen eines Grundes für eine Befangenheitsablehnung

Eine der wichtigsten Voraussetzungen für die Auftragserfüllung des gerichtlich bestellten Sachverständigen ist seine absolute **Unparteilichkeit** und innere **Unabhängigkeit** (1).
Der vom Gericht bestellte Sachverständige muß daher vor der Übernahme des Gutachtensauftrages darauf hinweisen, wenn Gründe vorliegen, die geeignet sind, ihn als befangen erscheinen zu lassen. Das gilt z. B., wenn der Sachverständige bereits vorher in der gleichen Sache im Auftrage einer Partei oder ihrer Versicherung tätig war (2) oder wenn er mit einer der Parteien oder ihrem Bevollmächtigten in einem sehr gespannten Verhältnis steht (3). Ein solcher objektiver Befangenheitsgrund kann auch bestehen, wenn der Sachverständige mit einer der Parteien befreundet ist oder in einem sonstigen nahen Verhältnis steht, z. B. als Angestellter oder Beamter (4). Die Hinweispflicht an das Gericht besteht in solchen Fällen unabhängig davon, ob der Sachverständige sich selbst als befangen fühlt oder nicht. Es kommt nur darauf an, ob ein Grund vorliegt, der einen verständigen Dritten zur Annahme berechtigt, der Sachverständige könne hier befangen sein (5). Kommt der Sachverständige dieser Hinweispflicht nicht nach und ist deshalb sein Gutachten nach erfolgreicher Befangenheitsablehnung unverwertbar, so wird er regelmäßig seinen Vergütungsanspruch verlieren. Das gilt jedenfalls dann, wenn grobe Fahrlässigkeit vorliegt (6).

(1) BGH 15.12.75 NJW 76/1154
(2) Stein/Jonas, Komm. z. ZPO, 19. Aufl., § 406 Anm. 1,4 m. w. Nachw.
(3) OLG Stuttgart, Die Justiz 65/196; OLG München VersR 68/207
(4) BGH 18.12.73 NJW 74/312, 314 r. Sp.; OVG Berlin NJW 70/1390
(5) vgl. dazu im einzelnen Döbereiner/v. Keyserlingk, Sachverständigen-Haftung, 1979, m. w. Nachw.
(6) BGH 15.12.75 NJW 76/1154; OLG Frankfurt 24.3.77 MDR 77/761; OLG Hamburg 17.10.77 MDR 78/237; LG Bremen 17.1.77 NJW 77/2126 m. w. Nachw.

III Rechtsverhältnis zwischen dem Sachverständigen, dem Gericht und den Parteien

Mit der Ernennung zum gerichtlichen Sachverständigen wird der Gutachter zum Helfer bzw. Entscheidungsgehilfen des Gerichts (1). Aufgabe des gerichtlichen Sachverständigen ist es, aus seinem eigenen besonderen Fachwissen dem Richter die zur Beurteilung eines bestimmten Sachverhalts erforderlichen Erfahrungssätze, die dieser selbst nicht kennt, zu vermitteln (2). Durch die Ernennung zum gerichtlichen Sachverständigen wird zwischen dem Sachverständigen und dem Staat als Träger der Gerichtsbarkeit ein öffentlich-rechtliches Verhältnis begründet (3). Dies beruht darauf, daß der Sachverständige mit der Gutachtenserstellung einer öffentlich-rechtlichen Pflicht nachkommt (4). Dies führt aber nicht dazu, daß der vom Gericht benannte Sachverständige öffentliche Gewalt für das Gericht ausübt (5). Da ein öffentlich-rechtliches Verhältnis vorliegt, kommen im Verhältnis zwischen Gericht und dem Sachverständigen die zivilrechtlichen Bestimmungen über den Dienst- und Werkvertrag nicht zur Anwendung (6). Aus den vorgenannten Gründen bestehen auch zwischen den Parteien und dem Sachverständigen keine vertraglichen Beziehungen, und zwar auch dann nicht, wenn die Auswahl und Benennung des Sachverständigen auf Vorschlag einer Partei oder auf Grund einer Einigung der Parteien erfolgt (§ 404 Abs. 3 u. 4 ZPO) (7).

(1) BGH 15.12.76 NJW 76/1154, 1155; BGH 14.5.75 ausführlich wiedergegeben bei Dallinger, MDR 76/17; OVG Münster 17.11.70 BB 71/498; Jessnitzer, DB 73/2497; Stein/Jonas, 19. Aufl., A I 1 vor § 402 ZPO; Zum Verhältnis zwischen Sachverständigem und Gericht vgl. ausführlich Döbereiner/v. Keyserlingk, Sachverständigen-Haftung, 1979, RdZ 38 mit zahlreichen Nachweisen
(2) BGH 21.2.78 1 StR 624/77 zit. bei Holtz, MDR 78/627; BGH 7.6.77 MDR 78/42; BGH 28.4.77 VersR 77/767; BVerwG 10.9.76 VersPraxis 28/866
(3) BGH 19.11.64 NJW 65/289; BGH 5.12.72 NJW 73/554; BGH 15.12.75 NJW 76/1154; OLG München 12.1.78 NJW 79/608, 609; OLG Hamm 31.3.70 NJW 70/1240, 1241; LG Bremen 17.1.77 NJW 77/2126
(4) BGH 15.12.75 NJW 76/1154; OLG München 16.1.78 – 8 U 1937/74 – Veröffentlichung nicht bekannt
(5) BGH 5.12.72 NJW 73/554
(6) BGH 15.12.75 NJW 76/1154
(7) Döbereiner/v. Keyserlingk, Sachverständigen-Haftung, 1979, RdZ 238; v. Keyserlingk, Die zivilrechtliche Haftung des gerichtlichen Sachverständigen, Der Sachverständige 1979/89; Döbereiner, Die Haftung des gerichtlichen und außergerichtlichen Sachverständigen nach der neueren Rechtsprechung des BVerfG und des BGH, BauR 79/282

IV Keine vertragliche Haftung des gerichtlichen Sachverständigen gegenüber den Parteien

260

Da zwischen den Parteien und dem gerichtlichen Sachverständigen keine Vertragsbeziehungen bestehen, bestehen auch **keine vertraglichen Haftungsansprüche der Parteien gegenüber dem Sachverständigen**, z. B. aus Verzug, Unmöglichkeit, Gewährleistung oder positiver Vertragsverletzung (1).

Beispiel:

Der auf Vorschlag des Bauherrn im Beweissicherungsverfahren zum Sachverständigen bestellte Akustik-Ingenieur soll nach dem Beweisbeschluß feststellen, daß die unzumutbare Geräuschübertragung aus der Nachbarwohnung durch unzureichende Dämmung von Installationsrohren verursacht sei. Der gerichtliche Sachverständige erstattet sein Gutachten entgegen einer früheren Terminzusage gegenüber dem Gericht erst nach einigen Zwangsgeldfestsetzungen mit erheblicher Verspätung. Das Gutachten kommt zum Ergebnis, daß die Dämmung der Rohre fachgerecht sei und die Schallübertragungen daraus resultieren, daß die Rohbaufirma die im LV vorgesehene zusätzliche Dämmung der Trennwand vergessen habe. Zum Zeitpunkt der Abgabe des Gutachtens waren die Ansprüche des Bauherrn gegen den in das Beweissicherungsverfahren nicht einbezogenen Rohbauunternehmer verjährt. Hätte der gerichtliche Sachverständige sein Gutachten rechtzeitig abgeliefert, so hätte der Bauherr den Ablauf der Verjährung gegen den Rohbauunternehmer noch unterbrechen können. Mangels vertraglicher Beziehungen zu den Parteien haftet der Akustik-Ingenieur hier dem Bauherrn nicht für den Schaden, der aus der verspäteten Abgabe seines Gutachtens resultiert.

(1) Döbereiner/v. Keyserlingk, Sachverständigen-Haftung, 1979, RdZ 238 m. w. Nachw.

V Ausnahmsweise vorliegend vertragliche Haftung des gerichtlichen Sachverständigen bei Empfehlungen außerhalb der gerichtlichen Tätigkeit

261

Im Rahmen eines Beweissicherungsverfahrens (1) will der Antragsteller häufig vom Sachverständigen festgestellt sehen lassen, welche Maßnahmen durchzuführen sind und was die Sanierung kostet. Tatsächlich könnte hierüber nach § 485 S. 2 Alternative 2 ZPO eine Beweiserhebung erfolgen, wenn zu befürchten ist, daß nachträglich (z. B. nach durchgeführter Sanierung) Feststellungen nicht mehr getroffen werden können (2). Wenn ein Antragsteller aber nur den „gegenwärtigen Zustand" im Sinne des § 485 S. 2 ZPO festgestellt sehen will, dann darf das Gericht dem Sachverständigen nicht aufgeben, sich auch noch über die Sanierungsmaßnahmen und deren Kosten zu äußern (3). Die Parteien erwarten dann aber gleichwohl häufig vom Sachverständigen konkrete Sanierungsempfehlungen und Ratschläge zur Kostenkalkulation. Wenn der Sachverständige hierauf eingeht und solche Empfehlungen abgibt, verläßt er den Schutzbereich der Haftungsprivilegien für gerichtliche Sachverständige. Sollen die außerhalb des gerichtlichen Gutachtens gewünschten und erteilten Ratschläge und Empfehlungen erkennbar als Grundlage wesentlicher Vermögensdispositionen dienen, so liegt meist ein stillschweigend abgeschlossener, haftungsbegründender zivilrechtlicher Beratungsvertrag vor (4).

(1) vgl. dazu im einzelnen 235ff.
(2) OLG Düsseldorf 1.6.78 BauR 78/506
(3) OLG Düsseldorf a.a.O.; Werner/Pastor, Der Bauprozeß, RdZ 11–14; Wussow, NJW 69/1401, 1402; Weyer, NJW 69/2233 jeweils m. w. Nachw.
(4) siehe dazu oben RdZ 213 m. w. N., sowie RdZ 241; vgl. BGH 18.6.62 WM 62/933; Pikart, WM 66/698, 699; Döbereiner/v. Keyserlingk, Sachverständigen-Haftung, 1979, RdZ 168 m. w. Nachw.

262 VI Haftung des gerichtlichen Sachverständigen aus unerlaubter Handlung bei der Vorbereitung des gerichtlichen Gutachtens

Es ist sehr scharf zu unterscheiden zwischen

a) einer Schadenszufügung durch unerlaubte Handlung **anläßlich** der Gutachtensvorbereitung

und

b) einer Schadenszufügung durch unerlaubte Handlung **durch** ein gerichtliches Gutachten (1).

Im Falle b) haftet der gerichtliche Sachverständige nur beschränkt (2). Hingegen haftet der gerichtliche Sachverständige unbeschränkt aus unerlaubter Handlung im Falle a), also bei einer Schadenszufügung anläßlich der Gutachtensvorbereitung (3).

Beispiel:

Ein Hochschullehrer für Apparatebau und Wärmetechnik soll als gerichtlicher Sachverständiger begutachten, warum ein Hochdruckdampfkessel mit Dampfleistung von 15 t/h nach Umstellung von Kohlefeuerung auf Heizöl (DIN 51 603) nur noch 50 % der vorherigen maximalen Dauerleistung erbrachte. Bei der ersten Überprüfung ließ der Sachverständige die Brennerleistung durch vermehrte Ölzufuhr derart steigern, daß der von ihm nicht beachtete Genehmigungsdruck von 40 atü weit überschritten wurde, wodurch es zu einer explosionsbedingten Zerstörung der Anlage kam.

Hier wirkt sich der Fehler des Sachverständigen auf das Gutachten selbst nicht aus. In einem solchen Fall eines **Untersuchungsschadens** „ist der gerichtliche Sachverständige für fahrlässige Rechts- und Rechtsgutverletzungen, die er bei der Vorbereitung des Gutachtens einem Verfahrensbeteiligten unmittelbar zufügt, nach § 823 Abs. 1 BGB haftbar" (4).

(1) vgl. dazu Döbereiner, Anmerkung zum Beschluß des BVerfG v. 11.10.78 (NJW 79/305) in BB 79/130, 131; ders., Die Haftung des gerichtlichen und außergerichtlichen Sachverständigen nach der neueren Rechtsprechung des BVerfG und des BGH in BauR 79/282
(2) BVerfG 11.10.78 NJW 79/305 = BB 79/130
(3) BGH 30.1.68 NJW 68/787; BGH 18.12.73 NJW 74/312, 315; BGH 5.10.72 NJW 73/554, 555
(4) BGH 18.12.73 NJW 74/312, 315; vgl. hierzu auch Döbereiner/v. Keyserlingk, Sachverständigen-Haftung, 1979, RdZ 241

VII Haftung des gerichtlichen Sachverständigen aus unerlaubter Handlung bei Schadenszufügung durch ein falsches Gutachten

1 Haftung aus unerlaubter Handlung nach § 823 Abs. 1 BGB   263

Vorbemerkung:

Die Ausführungen unter diesem Abschnitt beziehen sich auf den Sachverständigen, der auf sein unrichtiges Gutachten nicht vereidigt wurde und nicht auf seinen allgemeinen Sachverständigeneid Bezug genommen hat. Bei Vereidigung oder einer solchen Bezugnahme kommt der Tatbestand des § 823 Abs. 2 BGB in Betracht. Siehe dazu RdZ 267ff.

Nach § 823 Abs. 1 BGB haftet, wer vorsätzlich oder fahrlässig das Leben, den Körper, die Gesundheit, die Freiheit, das Eigentum oder ein sonstiges Recht eines anderen widerrechtlich verletzt.

Der BGH hat bisher den gerichtlichen Sachverständigen von einer Haftung nach dieser Vorschrift auch dann freigestellt, wenn das Gutachten durch grobfahrlässiges Verschulden des Sachverständigen zustande gekommen ist und zur Verletzung eines absoluten Rechtsgutes (z. B. Freiheitsentzug durch Verurteilung eines Unschuldigen) geführt hat. Der BGH (1) hat diese Haftungsfreistellung des Sachverständigen u. a. damit begründet, daß für den Sachverständigen als Gehilfen des Gerichts, der wesentlichen Einfluß auf die richterliche Entscheidung habe, die innere Unabhängigkeit von besonderer Bedeutung sei. Der Sachverständige dürfe nicht dem Druck oder der Drohung eines möglichen Rückgriffs ausgesetzt sein. Ein solcher — auch unbewußter — Druck könne sich nachteilig auf die durch das Gutachten mitbestimmte Entscheidung des Gerichts auswirken, was im Interesse des Funktionierens der Rechtspflege nicht zugelassen werden könne. Nachdem das Schrifttum sich einhellig und mit vollständig überzeugender Begründung gegen diese Meinung des BGH gewandt hatte (2), hat das BVerfG (3) dieses Urteil aufgehoben und die Haftung des Sachverständigen für die Verletzung eines verfassungsrechtlich geschützten Rechtsgutes durch ein grobfahrlässig falsches Gutachten bejaht.

(1) BGH 18.12.73 NJW 73/312f. = BGHZ 62, 54
(2) vgl. im einzelnen Hopt, JZ 1974/551; Blomeyer, ZRP 1974/214; Hellmer, NJW 1974/556; H. Arndt, DRiZ 1974/185 und 304; Rasehorn, NJW 1974/1172; Franzki, Der Sachverständige, 1974, S. 133 (139); Stuckmann, Der Sachverständige, 1974, S. 205; Schneider, Jur.Büro 1975/434; Speckmann, MDR 1975/461; Damm, JUS 1976/359; kritisch nunmehr auch Jessnitzer, Der gerichtliche Sachverständige, 6. Aufl., 1976, S. 292f.; aus früherer Zeit vgl. ferner Hopt, Schadensersatz aus unberechtigter Verfahrenseinleitung, 1968, S. 282ff.; Blomeyer, Schadensersatzansprüche des im Prozeß Unterlegenen wegen Fehlverhaltens Dritter, 1972, S. 117ff.; Bremer, Der Sachverständige, 2. Aufl., 1972, S. 65ff.; Müller, Der Sachverständige im gerichtlichen Verfahren, 1973, S. 432ff.; H. Arndt, DRiZ 1973/272; neuerdings Schneider, MDR 78/613
(3) BVerfG 11.10.78 NJW 79/305 = BB 79/130 m. Anm. v. Döbereiner, JZ 79/60, 63 m. Anm. v. Starck, JZ 79/60

Für den Bereich des § 823 Abs. 1 BGB gilt nach dem Vorliegen des Beschlusses des BVerfG v. 11.10.1978:

264 1 a Haftung bei Vorsatz

Der Sachverständige **haftet unbeschränkt** wegen einer unerlaubten Handlung gem. § 823 Abs. 1 BGB bei Schadenszufügung durch ein **vorsätzlich falsches Gutachten**.

265 1 b Haftung bei Verletzung eines absoluten Rechtes durch grobe Fahrlässigkeit

Der Sachverständige haftet **unbeschränkt** bei einer **Verletzung eines verfassungsrechtlich besonders geschützten Rechtsgutes durch ein grobfahrlässig falsches Gutachten**. Zu den verfassungsrechtlich besonders geschützten Rechtsgütern gehört das Recht auf persönliche Freiheit (Art. 2 Abs. 2 GG).

Beispiel:

Beim Einsturz eines Teiles eines Schulgebäudes werden mehrere Kinder getötet, andere zum Teil unheilbar verletzt. Der von der Staatsanwaltschaft beauftragte Statik-Sachverständige stellt nach einer nur überschlägigen Prüfung der ihm nicht vollständig vorliegenden statischen Berechnung fest, daß ein grober Berechnungsfehler ursächlich sei. Wegen der Schadenshöhe und der hieraus resultierenden Flucht- bzw. Verdunkelungsgefahr erläßt das Gericht gegen den Statiker Haftbefehl, der vollstreckt wird. Später stellt sich heraus, daß die Statik richtig war und der Schaden durch eine Grundwasserabsenkung infolge von Wasserbauarbeiten verursacht war.

Da hier ein **absolutes Recht** durch ein grobfahrlässiges gerichtliches Sachverständigen-Gutachten verletzt wurde, haftet der Sachverständige unbeschränkt nach § 823 Abs. 1 BGB.

Ein weiteres absolutes Recht ist das Eigentum (Art. 14 Abs. 1 GG), das durch ein grobfahrlässig falsches Gutachten verletzt werden könnte.

Beispiel:

In einer Eigentumswohnanlage mit 100 Wohneinheiten zeigen sich kurz nach Fertigstellung geringfügige Korrosionsspuren an den Versorgungsleitungen. In einem Beweissicherungsverfahren soll sich ein zum gerichtlichen Sachverständigen bestellter Korrosionsspezialist nach der 2. Alternative des § 485 S. 2 ZPO auch zur Art der Mängelbeseitigungsmaßnahmen äußern (1). Nach einer höchst ungenauen Analyse der zugespeisten Wässer kommt der Sachverständige zum Ergebnis, die noch unschädliche Korrosion könne durch eine bestimmte Sulfat-Chemikalie gestoppt werden, womit der Schaden behoben sei. Die vom Sachverständigen vorgeschlagene Chemikalie war bei der tatsächlich gegebenen Wasserqualität ungeeignet und führt zur Totalkorrosion der bis dahin noch kaum geschädigten Leitungen, die bei Zusatz der richtigen Chemikalie nicht weiterkorrodiert wären.

Hier haftet der Sachverständige aus grobfahrlässiger Eigentumsverletzung durch ein fehlerhaftes Gutachten. Nach der Rechtssprechung des BGH (2) liegt eine Eigentumsverletzung im Sinne des § 823 Abs. 1 BGB nicht erst beim Eintritt in die Substanz einer Sache (hier also des gesamten Gebäudes) vor, sondern auch bei sonstiger, das Eigentumsrecht beeinträchtigender Einwirkung auf die Sache.

Im übrigen werden Fälle der Verletzung **ausschließlicher Rechte** durch ein grobfahrlässiges Sachverständigengutachten eines Ingenieur-Sachverständigen im Baubereich nur sehr selten sein. Denkbar wären immerhin Verletzungen von **Patenten, gewerblichen Schutzrechten und Urheberrechten** (3). Denkbar wäre auch ein Eingriff in den **eingerichteten und ausgeübten Gewerbebetrieb** (4) durch ein grobfahrlässig unrichtiges Sachverständigen-Gutachten, wenn es auch hier vielfach an der notwendigen Betriebsbezogenheit des Eingriffs (5) fehlen wird.

(1) Zur Zulässigkeit solcher Feststellungen in einem Beweissicherungsverfahren vgl. OLG Düsseldorf, 1.6.78 BauR 78/506; vgl. auch RdZ 241
(2) BGH 8.12.76 NJW 77/384, 385
(3) vgl. BVerfG JZ 71/773, wonach Urheberrechte als Nutzungsrechte Eigentum i. S. d. Art. 14 I GG sind
(4) Zum verfassungsrechtlichen Schutz des eingerichteten und ausgeübten Gewerbebetriebes vgl. BVerfG 29.11.61 BVerfGE 13, 225 = BB 61/1381; BGH 8.1.68 BB 68/400
(5) vgl. dazu BGH 9.12.75 NJW 76/620, 624, sowie Döbereiner, BB 79/132

265a 1 c Haftung bei Verursachung eines Vermögensschadens

Ein **allgemeiner Vermögensschaden** fällt nicht unter § 823 Abs. 1 BGB (1). Das Vermögen als solches unterliegt insbesondere keinem besonderen verfassungsrechtlichen Schutz i. S. d. Beschlusses des BVerfG vom 11.10.1978 (2). Dies ist für die Haftung aus unrichtigem Sachverständigen-Gutachten besonders wichtig, weil die Mehrzahl aller Schadensfälle durch unrichtige Gutachten reine Vermögensschäden sind.

Beispiel:

Durch eine falsche Konstruktion der Verschiebegleise in einem Betonfertigteilwerk kommt es zu Produktionsausfällen. In einem Beweissicherungsverfahren des Fertigteilwerkes gegen den Konstrukteur der Anlage äußert sich der gerichtliche Sachverständige entsprechend dem gerichtlichen Auftrag im Beweissicherungsbeschluß auch zur Art der Sanierung. Da der Sachverständige die Belastungen durch die auf den Gleisen bewegten Betonteile und Schalungen grobfahrlässig nicht geprüft hatte, war sein Sanierungsvorschlag falsch. Die **vergeblich aufgewandten Kosten** stellen einen **Vermögensschaden** dar. Hier liegt nicht — wie im vorausgegangenen Beispiel — eine Eigentumsverletzung vor, weil die Konstruktion der Gleisanlage bereits untauglich war und nicht erst durch die vom Sachverständigen veranlaßte Sanierung untauglich wurde (3).
Da das Vermögen nicht Schutzgegenstand des § 823 Abs. 1 BGB ist, scheidet im obigen Beispielsfall eine Haftung des gerichtlichen Sachverständigen nach dieser Vorschrift auch bei grober Fahrlässigkeit von vorneherein aus.

Hinweis:

Hätte sich im obigen Beispielsfall der Sachverständige nach dem gerichtlichen Beweissicherungsbeschluß nicht zur Art der Sanierung äußern müssen, sondern eine solche Sanierungsempfehlung nur auf Wunsch der Parteien — gewissermaßen „privat" — gegeben, dann würde der Sachverständige nach den Grundsätzen über die Fehlerhaftigkeit eines Planungsgutachtens (4) haften (5).

Achtung:

Auch bei einem Vermögensschaden kann eine Haftung des gerichtlichen Sachverständigen bestehen, wenn er auf die Richtigkeit seines (fahrlässig falschen) Gutachtens vereidigt wird oder auf seinen allgemeinen Sachverständigeneid Bezug nimmt, § 823 Abs. 2 BGB, § 155 Nr. 2 StGB (6).

(1) BGH 4.2.64 NJW 64/720
(2) BVerfG 12.10.78 NJW 79/305 = BB 79/130
(3) Zur Abgrenzung des deliktischen Anspruchs wegen Eigentumsverletzung vom vertraglichen Gewährleistungsanspruch wegen eines Sachmangels vgl. BGH 12.7.73 NJW 73/1752; BGH 24.11.76 MDR 77/392; BGH 24.3.77 NJW 77/1819 m. w. Nachw. und Anm. v. Schlechtriem. Sehr einprägsam OLG München 6.10.76 NJW 77/438; „Weist das Dach eines Wohnhauses infolge eines Planungsfehlers schon bei der Errichtung einen Fehler auf, so liegt darin keine Eigentumsverletzung i. S. d. § 823 I BGB. Das Eigentum muß, bevor es verletzt werden kann, bereits vorhanden sein."
(4) siehe dazu BGH 26.10.78 NJW 79/214 (fehlerhaftes geologisches Baugrundgutachten)
(5) siehe im einzelnen dazu 213ff.
(6) BGH 18.12.73 BGHZ 62, 54 = NJW 74/312

1 d Haftung bei Verletzung eines absoluten Rechtes durch leichte Fahrlässigkeit 266

Beruht die Verletzung eines absoluten Rechts i. S. d. § 823 Abs. 1 BGB durch ein gerichtliches Sachverständigengutachten nur auf leichter Fahrlässigkeit, so scheidet eine Haftung des Sachverständigen nach § 823 Abs. 1 BGB aus (1). Siehe aber zur Haftung bei Vereidigung oder Bezugnahme auf einen allgemeinen Sachverständigeneid im Falle eines leicht-fahrlässig falschen Gutachtens nachstehend RdZ 267.

(1) BVerfG 11.10.78 NJW 79/305 BB 79/130 m. Anm. v. Döbereiner, JZ 79/60 mit Anm. v. Starck

2 Haftung aus unerlaubter Handlung nach § 823 Abs. 2 BGB – Verstoß gegen ein Schutzgesetz 267

Nach § 823 Abs. 2 BGB haftet der gerichtliche Sachverständige, wenn er durch die Erstattung seines unrichtigen Gutachtens schuldhaft gegen ein den Schutz eines anderen bezweckendes Gesetz (= Schutzgesetz) verstößt und hierdurch einen Schaden verursacht.

Bei einer Haftung aus Verletzung eines Schutzgesetzes gibt es kein die Haftung einschränkendes Sachverständigen-Privileg. Hier haftet der Sachverständige auch bereits im Falle leichter Fahrlässigkeit (1).
Im Bereich der Haftung gerichtlicher Sachverständiger kommen hauptsächlich folgende Schutzvorschriften bzw. Haftungstatbestände in Betracht.

(1) BGH Urt. v. 18.12.73 BGHZ 62, 54 = NJW 74/312; vgl. Döbereiner, BB 79/131, 132 sowie ders., Die Haftung des gerichtlichen und außergerichtlichen Sachverständigen nach der neueren Rechtsprechung des BVerfG und des BGH, BauR 79/282 jeweils m. w. Nachw.

268 2 a Vorsätzlicher Falscheid nach § 154 StGB

Beschwört der Sachverständige vor Gericht oder einer zur Abnahme von Eiden zuständigen Stelle, er habe sein Gutachten nach bestem Wissen und Gewissen gefertigt, obwohl er weiß oder billigend in Kauf nimmt (Vorsatz bzw. bedingter Vorsatz), daß sein Gutachten fehlerhaft ist, so liegt ein Falscheid vor. Ergeht dann auf der Grundlage dieses Gutachtens ein Urteil oder nehmen die Parteien auf der Grundlage dieses Gutachtens Vermögensdispositionen vor, so haftet der Sachverständige für den hierdurch verursachten Schaden (1).

(1) vgl. Döbereiner/v. Keyserlingk, Sachverständigen-Haftung, 1979, RdZ 244

269 2 b Fahrlässiger Falscheid nach § 163 StGB

§ 163 StGB ist ein Schutzgesetz i. S. d. § 823 Abs. 2 BGB (1). Beschwört der Sachverständige, daß er sein Gutachten nach bestem Wissen und Gewissen erstattet habe, so liegt ein **fahrlässiger Falscheid** vor, wenn der Sachverständige nach allen Umständen die Unrichtigkeit seines Gutachtens hätte erkennen müssen. Der Sachverständige haftet dann den geschädigten Parteien ebenso wie bei einem vorsätzlichen Falscheid.
Der **Begriff der Fahrlässigkeit** ergibt sich aus § 276 BGB. Danach handelt fahrlässig, „wer die im Verkehr erforderliche Sorgfalt außer Acht läßt". Hierbei ist nicht ein individueller Sorgfaltsmaßstab anzulegen; vielmehr ist die auf die allgemeinen Verkehrsbedürfnisse ausgerichtete Sorgfalt maßgeblich (2). Welches **Maß an Sorgfalt** ein öffentlich bestellter Sachverständiger aufzubringen hat, bestimmt sich nach dem **Pflichtenkatalog der Sachverständigen-Ordnungen**.

Diese sind zwar nur „Verwaltungsvorschriften" (3) und sind insbesondere keine Schutzgesetze i. S. d. § 823 Abs. 2 BGB (4). Dieser Pflichtenkatalog begründet die Sachverständigen–Pflichten nicht, sondern faßt nur die Pflichten zusammen, die sich originär aus dem Sachverständigeneid ergeben (5). Die Sachverständigenordnungen sowohl der Industrie- und Handelskammern als auch der Handwerkskammern sind weitgehend identisch (6) und haben die Geltung einer **Verkehrssitte**. Für das vom öffentlichen Sachverständigen zu erbringende Maß an Sorgfalt ist zu berücksichtigen, daß er zum Schutz der Öffentlichkeit bestellt ist (7). Von ihm werden nach der Rechtsprechung persönliche Integrität (8) und erheblich überdurchschnittliche Kenntnisse (9) verlangt, die ein objektives und qualifiziertes Gutachten garantieren sollen (10).

(1) BGH 28.10.58 LM Nr. 8 zu § 823 (Be) BGB m. w. Nachw.; BGH 18.12.73 NJW 74/ 312, 313
(2) BGH 27.11.52 NJW 53/257; BGH VersR 62/250
(3) BVerwG 27.6.74 GewA 74/333, 337; VG Saarlouis 8.11.74 GewA 75/89
(4) BGH 12.7.66 BB 66/918, 919
(5) Landmann/Rohmer, Komm. z. GewO, 13. Aufl., § 36 RdZ 33; Bleutge „Der Sachverständige", 77/101, 105
(6) siehe DIHT-Mitteilung in „Der Sachverständige" 79/36
(7) VG Ansbach 25.1.73 GewA 73/293, 294
(8) VG Ansbach 8.4.71 GewA 71/129, 130; Landmann/Rohmer a.a.O. § 36 RdZ 10, 53, 58; Bleutge, DS 77/101
(9) BVerwG 11.12.72 GewA 73/263, 264; OVG Lüneburg 15.6.77 GewA 77/377; OVG Koblenz 6.5.76 NJW 77/266, 267
(10) Bleutge, Der Sachverständige 77/101; vgl. BVerwGE 5/95, 96; BVerwG 27.6.74 GewA 74/333, 337; VG Freiburg 6.2.76 GewA 76/228

2c Berufung auf den allgemeinen Sachverständigen-Eid

Wenn der Sachverständige mündlich vor Gericht oder schriftlich zur Vorlage bei Gericht die Richtigkeit seines Gutachtens unter Bezugnahme auf seinen früher geleisteten allgemeinen Sachverständigen-Eid versichert, steht eine solche Bezugnahme einer Eidesleistung gleich, § 155 Nr. 2 StGB. Es gelten dann die obigen Ausführungen zum vorsätzlichen und fahrlässigen Falscheid (RdZ 268, 269).

Uneidliche fahrlässige Falschaussage

Das Strafgesetzbuch stellt eine uneidliche fahrlässige Falschaussage nicht unter Strafe. **Der Sachverständige haftet daher nicht für einen Schaden, der aus einem fahrlässig falschen Gutachten und dem darauf gestützten Urteil resultiert, sofern der Sachverständige unbeeidigt geblieben ist** (1). Der unvereidigt gebliebene

Sachverständige haftet aber für eine Verletzung eines verfassungsrechtlich besonders geschützten Rechtsgutes bei grober Fahrlässigkeit (2).

Die Vorschriften der §§ 410 Abs. 1 ZPO und 79 Abs. 2 StPO über die Eidesformel des Sachverständigen sind als solche keine Schutzgesetze i. S. d. § 823 Abs. 2 BGB (3).

(1) BGH 30.1.68 NJW 68/787; BGH 18.12.73 NJW 74/312
(2) siehe oben RdZ 165
(3) BGH 19.11.64 NJW 65/298; BGH 30.1.68 NJW 68/787; BGH 18.12.73 NJW 74/312. Weitere Nachweise bei Döbereiner/v. Keyserlingk, Sachverständigen-Haftung, 1979, RdZ 248

271 2d Verletzung der Schweigepflicht § 203 Abs. 2 Nr. 5 StGB

Nach dieser (seit dem 1.1.1975 geltenden) Vorschrift wird ein öffentlich bestellter Sachverständiger bestraft, wenn er unbefugt ein fremdes Geheimnis, ein Betriebs- oder Geschäftsgeheimnis offenbart, das ihm bei seiner gutachterlichen Tätigkeit bekannt geworden ist. Strafbarkeitsvoraussetzung ist, daß der Sachverständige gem. § 1 Abs. 1 N 3 des Verpflichtungsgesetzes (1) auf die gewissenhafte Erfüllung seiner Obliegenheiten förmlich verpflichtet wurde. Diese Verpflichtung ist nur eine persönliche Strafbarkeitsvoraussetzung. Das Aussageverweigerungsrecht des § 384 Nr. 3 ZPO sowie die zivilrechtliche Schadensersatzverpflichtung des öffentlich bestellten Sachverständigen bei Verletzung der Verschwiegenheitspflicht gem. § 823 Abs. 2 BGB i. V. m. § 203 Abs. 2 Nr. 5 StGB besteht aber unabhängig von der ausdrücklichen Verpflichtung nach dem Verpflichtungsgesetz (2).

(1) BGBl. 1974 I S. 469, 547 = Art. 42 EGStGB
(2) siehe Döbereiner/v. Keyserlingk, Sachverständigen-Haftung, 1979, RdZ 54, 61; zu den Grenzen der Offenbarungspflicht des Mietsachverständigen vgl. LG Krefeld 6.6.78 BB 79/190; zur prozessualen Verwertung unbefugt geoffenbarter Geheimnisse vgl. Gießler, Das Beweisverbot des § 383 III ZPO, NJW 77/1185

272 3 Haftung aus § 826 BGB — „Sittenwidrige vorsätzliche Schädigung"

Gemäß § 826 BGB ist zum Schadensersatz verpflichtet, wer vorsätzlich in einer gegen die guten Sitten verstoßenden Weise einen anderen schädigt. Für den Vorsatz ist das Bewußtsein erforderlich, daß die Handlung eine Schädigung nach sich ziehen wird. Hierfür reicht aus, daß der Schädiger mit einem etwaigen Schaden rechnet und diesen billigend in Kauf nimmt (bedingter Vorsatz) (1). Die Rechtsprechung (2) läßt es zu, daß aus einem besonders leichtfertigen Verhalten des Schädigers auf das Vorliegen eines bedingten Vorsatzes zur Schadenszufügung geschlossen werden kann. Dies kann insbesondere bei einer gewissenlosen Verletzung von Berufspflichten der Fall sein (3).

Beispiel:

Nach DIN 52 210 Teil 1 (Bauakustische Prüfungen; Luft- und Trittschalldämmung, Meßverfahren) sind für bauakustische Prüfungen „ausreichende Erfahrungen auf dem Gebiet der elektro-akustischen Meßtechnik und der Baukonstruktionen, sowie ausreichende Laboratoriums-Praxis unerläßlich" (4). Wenn nun ein Architekt ohne bauakustische Erfahrung, der als Sachverständiger für Bauschäden tätig ist, mit nicht DIN-entsprechenden Meßgeräten bauakustische Messungen vornimmt, so muß er wissen, daß er zu den zutreffenden Werten nur mit der Wahrscheinlichkeit eines Lotto-Hauptgewinnes kommt. Dieser Sachverständige handelt in gewissenlos leichtfertiger Weise und mit bedingtem Schädigungsvorsatz (5).

(1) BGH 13.7.56 NJW 56/1595; BGH WM 66/1150; BGH Betr. 57/185;
(2) BGH WM 66/1150; BGH 20.2.79 BB 79/550 (leichtfertige Kreditauskunft)
(3) vgl. dazu Honsell, Probleme der Haftung für Auskunft und Gutachten, JUS 76/621, 628
(4) Zum (damaligen) Stand und den Schwierigkeiten akustischer Meßtechnik vgl. BGH 29.6.66 NJW 66/1858 und BGH 20.11.70 WM 71/134; vgl. Bürck, Die Entwicklung der Geräuschmeßtechnik zur Lärmdosimetrie – Erfassung und Bewertung schwankender Geräuschbelästigungen Kampf dem Lärm 76/62f.
(5) Vergleiche dazu Mantel, Bewertung und Tendenzen der Normänderung: Schallmängel, Der Sachverständige 79/10, 14 Sp. 3, der schon bei geringeren Verfehlungen gegen den Stand bauakustischer Meßtechnik von einem Verstoß gegen das „Berufsethos" spricht; zur Haftung wegen sittenwidriger Schädigung durch leichtfertiges und grob fahrlässig unrichtiges Gutachten auch BGH VersR. 66, 1032 = WM 66, 1150 und BGH VersR 66, 1148 = WM 66, 1148 sowie OLG München (bestätigt durch BGH 26.10.76 VIZR 33/74) VersR 77, 482; vgl. Glaser, JR 71, 365

VIII Künftige gesetzliche Neuregelung der Haftung gerichtlicher Sachverständiger

In der Literatur (1) wurde die bisherige Rechtsprechung einhellig gerügt, soweit der gerichtliche Sachverständige von einer Haftung für grobe Fahrlässigkeit freigestellt wurde. Der Beschluß des BVerfG vom 11.10.1978 (2) hat hier nur teilweise Abhilfe geschaffen. Nunmehr haftet der gerichtliche Sachverständige bei Verletzung eines absoluten Rechtes — wie Leben, Gesundheit, Freiheit, Eigentum — auch im Falle grobfahrlässiger Schadensverursachung. Im übrigen — also insbesondere im Falle „bloßer" Vermögenschädigung — haftet der unvereidigte Sachverständige nur bei Vorsatz, der vereidigte Sachverständige hingegen schon bei leichter Fahrlässigkeit. Diese Diskrepanz hat das BVerfG a.a.O. zu Recht „ohnehin als wenig überzeugend" bezeichnet. Dabei verweist das BVerfG auf den Bericht der Kommission für das Zivilprozeßrecht (3), in welchem die in der Literatur geäußerte Kritik an der Rechtsprechung für berechtigt, die Rechtsprechung des BGH selbst als unbefriedigend gewertet wird. Nach den Vorschlägen der ZPO-Kommission, die in naher Zukunft Gesetz werden sollen, wird der gerichtliche Sachverständige künftig unabhängig von einer Vereidigung oder Nichtvereidigung (nur) für Vorsatz und grobe Fahrlässigkeit auf Schadensersatz haften (4).

(1) vgl. oben RdZ 263 Fußn. 2 sowie Nachweise bei Döbereiner/v. Keyserlingk, Sachverständigen-Haftung, 1979, RdZ 51 und 240
(2) BVerfG 11.10.78 NJW 79/305
(3) Bericht der Kommission für das Zivilprozeßrecht, hrsg. v. BMdJ, Dt. Bundesverlag, März 77, S. 141ff.; vgl. Franzki, Die Reform des Sachverständigenbeweises in Zivilsachen, DRiZ 76/97f.; Herbst, Die Vorschläge der ZPO-Kommission zur Neuregelung des Sachverständigenbeweises in Der Sachverständige 77/199
(4) Näher dazu und zum neuen Pflichtenkatalog der künftigen ZPO Regelung siehe Döbereiner/v. Keyserlingk a.a.O. RdZ 65, 66

H Versicherungen für Ingenieure

Technische Planer und Berater sind heute überdurchschnittlichen Haftungsrisiken ausgesetzt, und sie werden auch viel häufiger als Angehörige anderer Berufsgruppen von ihren Vertragspartnern, den Auftraggebern und Bauherren, in Anspruch genommen. Die Gründe für diese Entwicklung sind zahlreich: Die fortschreitende Technisierung verkompliziert die Planungs- und Überwachungsabläufe, eine zunehmende Bürokratisierung und der Drang nach rechtlicher Perfektionierung hat einen kaum noch überschaubaren Vorschriftenkatalog entstehen lassen, die in den Ingenieurverträgen vorgesehene Haftung wird insbesondere bei Verträgen mit der öffentlichen Hand immer mehr ausgeweitet, und die Rechtsprechung neigt zu einer Verschärfung der Haftung der Ingenieure, die sich bereits einer „Gefährdungshaftung", d. h. einer Haftung auch ohne Verschulden, stark angenähert hat.

Nachfolgend soll aus dem großen Angebot verschiedener Versicherungsmöglichkeiten die wesentlichen behandelt werden, die besonders geeignet sind, die Berufsrisiken des Ingenieurs abzusichern und ihn vor schweren wirtschaftlichen Nachteilen im Haftungsfall zu schützen.

274 Der Abschluß einer **Berufshaftpflichtversicherung**, zu der bisher weder aufgrund gesetzlicher noch standesrechtlicher Vorschriften (wie z. B. bei den Rechtsanwälten) eine Verpflichtung besteht, muß im existenziellen Interesse des Ingenieurs liegen. Der Zwang zu einer solchen Versicherung ergibt sich fast regelmäßig beim Abschluß des Ingenieurvertrages, in dem vom Auftraggeber der Nachweis einer Berufshaftpflichtversicherung mit ausreichender Deckungssumme gefordert wird.

275 Der Schutz des Bauwerkes und dessen Anfälligkeit gegenüber unvorhergesehenen Schäden wird zweckmäßigerweise mit einer **Bauwesenversicherung** versichert, über die sich der Ingenieur im Interesse seines Auftraggebers, aber auch im eigenen Interesse dann informieren sollte, wenn er selbst Bauleistungen erbringt.

276 Bedauerlicherweise wird sich der Ingenieur bei seiner Tätigkeit in zunehmendem Maß mit rechtlichen Problemen auf den verschiedensten Gebieten auseinanderzusetzen haben, so daß er sich rechtzeitig über die Möglichkeiten einer **Rechtsschutzversicherung** informieren sollte.

277 Die Baustelle, der Weg zu ihr und zurück in das Büro, bringt ein erhebliches Unfallrisiko mit sich, gegen das sich der Ingenieur nur durch ein Bündel von Versicherungen schützen kann. Hier bietet die **gesetzliche Unfallversicherung bei der Verwaltungsberufsgenossenschaft**, der sich der Ingenieur freiwillig anschließen kann, einen umfassenden Versicherungsschutz gegen Arbeitsunfälle und Berufskrankheiten.

I Die Berufshaftpflichtversicherung

1 Gesetzliche Grundlage – VVG, AHB, BHB

1 a Der Versicherungsvertrag

Die Berufshaftpflicht wird aufgrund eines Versicherungsvertrages zwischen dem Versicherungsnehmer – in seiner Eigenschaft als beratender, planender, bauleitender und gutachtlich tätiger Ingenieur usw. – und dem Versicherer geregelt; über diesen Versicherungsvertrag wird ein sog. Versicherungsschein ausgestellt.

278 Rechtsgrundlagen für den Versicherungsvertrag sind die Allgemeinen **Versicherungsbedingungen für die Haftpflichtversicherung (AHB)**, zu denen ergänzend und die speziellen Versicherungsfälle der Ingenieure regelnd die **Besonderen Bedingungen und Risikobeschreibungen für die Berufshaftpflichtversicherung von Architekten und Ingenieuren (BHB)** hinzukommen. Ferner finden noch die Vorschriften des **Versicherungsvertragsgesetzes (VVG)** Anwendung, die allerdings nur Rahmenbedingungen enthalten und im übrigen durch die AHB und BHB – mit Genehmigung der Aufsichtsbehörde (das Bundesaufsichtsamt für das Versicherungswesen in Berlin) – in einzelnen Teilen abgeändert werden können.

279 1 b Die neuen Besonderen Versicherungsbedingungen BHB

Seit Anfang 1978 gelten neue Besondere Bedingungen (**BHB**), die nach eingehenden Gesprächen mit den Architektenkammern, den Berufsverbänden (auch denen der Ingenieure) und dem Bundesaufsichtsamt für das Versicherungswesen ausgehandelt wurden. Eine Überarbeitung dieser Besonderen Bedingungen war notwendig geworden, weil sich im Laufe der Jahre in Ergänzung, aber auch in Abänderung der BHB eine Rechtsprechung entwickelt hatte, aus der sich eine umfangreiche Kommentierung der Versicherungsbedingungen ergab, die wiederum zu einer allgemeinen Verunsicherung der Vertragspartner führte. Zahlreiche Probleme, in den verschiedenen Kommentaren zu den Versicherungsbedingungen erläutert, haben sich daher inzwischen erledigt.

Diese neuen Versicherungsbedingungen werden von den verschiedenen Versicherungen mit geringfügigen Abweichungen seit Frühjahr 1978 verwendet und gelten bei Neuabschluß oder Änderung laufender Verträge. Bei „Altverträgen" müssen die Versicherten eine Umstellung ihrer Versicherungsverträge fordern, da es sonst bei den bisherigen Vereinbarungen bleibt (§ 5 Abs. 3 VVG).

1c Prüfung des Versicherungsfalles

Bei der rechtlichen Prüfung eines Versicherungsfalles ist an die bestehenden Querverbindungen der vorgenannten Vorschriften zu denken, wobei die Prüfung im einzelnen in folgender Reihenfolge zu geschehen hat: Individuelle Bestimmungen des Versicherungsvertrages – BHB – AHB – VVG.

Zum besseren Verständnis wird nachfolgend auf die wesentlichen Probleme der Berufshaftpflichtversicherung anhand der Vorschriften der BHB eingegangen, die im Wortlaut jedem einzelnen Abschnitt vorangestellt sind.

2 Gegenstand der Versicherung

2a Versicherungsschutz nur für die Berufstätigkeit

„Versichert ist die gesetzliche Haftpflicht des Versicherungsnehmers für die Folgen von Verstößen bei der Ausübung der im Versicherungsschein beschriebenen Tätigkeit" (I Nr. 1 BHB).

Unter der im Versicherungsschein beschriebenen Tätigkeit ist die Berufstätigkeit des Architekten, des Ingenieurs, des Statikers, des Sachverständigen usw. zu verstehen, also die Tätigkeit, die dem jeweiligen Berufsbild entspricht. Bekanntlich ist die Definition des Berufsbildes des Architekten wie des Ingenieurs nicht unproblematisch und es findet eine immer wieder neu diskutierte Abgrenzung ebenso wie eine von den Standesvertretungen dieser Berufsgruppen gesteuerte Weiterentwicklung statt.

Die Abgrenzung des Versicherungsschutzes gegenüber den Risiken aus berufsfremden Tätigkeiten ist in den neuen BHB in einer eigenen Position, und zwar unter Ziffer VI „Nicht versicherte Risiken" vorgenommen. Sie stellt klar, daß die Berufshaftpflichtversicherung stets dort ihre Grenze findet, wo und „wenn der Versicherungsnehmer Verpflichtungen übernimmt, die über das Berufsbild eines Architekten/Bauingenieurs hinausgehen" (VI Nr. 1 BHB).

„Dies ist insbesondere der Fall, wenn der Versicherungsnehmer Bauten ganz oder teilweise im eigenen Namen und für eigene Rechnung, im eigenen Namen für fremde Rechnung, im fremden Namen für eigene Rechnung erstellen läßt, selbst Bauleistungen erbringt oder Baustoffe liefert" (VI Nr. 1 a und b BHB).

Nach der Rechtsprechung des BGH verliert der Versicherungsnehmer in diesen Fällen den gesamten Versicherungsschutz, also auch für Planung oder für Bauführung (1).

(1) so schon BGH 21.4.71 NJW 71/1315; anders für den bei einer Bauträgergesellschaft angestellten Ingenieur: BGH 28.5.69 VersR 69/723; für Ingenieur als vollmachtlosen Vertreter vgl. BGH 20.11.70 Betr. 71/473

282 2 b Berufsfremde Risiken

Berufsfremde Tätigkeiten sowie das gesamte unternehmerische Risiko ist im Rahmen der Berufshaftpflicht nicht versicherbar (vgl. RdZ. 281).

Der Versicherte kann diese Vorschriften auch nicht über Dritte umgehen, da ein Haftungsausschluß auch dann erfolgt, wenn die „genannten Voraussetzungen in der Person des Ehegatten des Versicherungsnehmers oder bei Unternehmen gegeben sind, die vom Versicherungsnehmer oder seinem Ehegatten geleitet werden, die ihnen gehören oder an denen sie beteiligt sind" (VI Nr. 2 BHB).

Auf diese Umstände haben besonders die Ingenieure zu achten, die neben ihrer beratenden und planenden Tätigkeit auch ein gewerbliches Unternehmen betreiben, mit dem sie Bauleistungen erbringen oder Baustoffe liefern können.

Beispiel:

Der Heizungs-Fachingenieur plant die Heizungsanlage und führt diese auch mit seinem eigenen Gewerbebetrieb aus. Hier entfällt der Versicherungsschutz der Berufshaftpflicht, da diese Tätigkeit nicht mehr dem Berufsbild des Ingenieurs und der ihm zugehörenden Berufstätigkeit entspricht; der Ingenieur mit seinem Gewerbebetrieb hat gegebenenfalls Versicherungsschutz über eine rechtzeitig abgeschlossene Betriebshaftpflichtversicherung.

283 Zu den berufsfremden Risiken gehören ferner Termin- und Preisgarantien, die üblicherweise nicht zum Berufsbild eines Ingenieurs gehören, also auch nicht versicherbar sind (vgl. hierzu auch Rdz. 281).

2 c Gutachterliche Tätigkeiten

Gerade die Tätigkeit der Bau- und Fachingenieure als Sachverständige, Gutachter oder Schätzer war in der Vergangenheit bezüglich des Versicherungsschutzes umstritten, ist aber nun durch die neuen BHB, die von den großen Versicherungsträgern den Versicherungsverträgen zugrunde gelegt werden, eindeutig geregelt.

Die gutachterliche Tätigkeit der Architekten, Ingenieure und Sonderfachleute, ob gerichtlich oder außergerichtlich, ist voll abgedeckt, wenn der betreffende Versicherte im Rahmen seines spezifischen Berufsbildes tätig wird, also keine Verpflichtungen übernimmt, die über sein Berufsbild hinausgehen (so I Nr. 1 und VI Nr. 1 BHB). Infolge der Neufassung von I Nr. 2 BHB (der Versicherungsschutz umfaßt Personen-, Sach- und Vermögensschäden) ist es auch ohne Bedeutung, ob die fehlerhafte gutachterliche Tätigkeit Sach- oder Vermögensschäden auslöst, da beide Schadensersatzanspruchsarten vom Versicherungsschutz umfaßt werden.

Das bedeutet allerdings im Einzelfall, daß ein Statiker z. B. Gutachten über statische Konstruktionen, nicht aber über die Bewertung von Grundstücken oder über ihm berufsfremde Bauleistungen machen kann. In diesen beiden Fällen würde der Versicherungsschutz entfallen.

Der gutachterlich tätige Fachingenieur sollte auch daran denken, daß in Einzelfällen die im Versicherungsvertrag vereinbarte Deckungssumme dann nicht mehr ausreichen wird, wenn von seinem Gutachten erhebliche wirtschaftliche Entscheidungen abhängen. Hier kann bei entsprechender Prämienerhöhung auch eine Erhöhung der Versicherungssumme erreicht werden. Andererseits erhalten Ingenieure und Sonderfachleute, die sich nur mit gutachterlichen Tätigkeiten beschäftigen, entsprechende Prämienrabatte, da bei ihnen in der Regel mangels anderer Berufstätigkeit Personen- und sonstige Sachschäden nicht zu befürchten sind.

„Sachverständige" können sich auch bei einer Vermögenschaden-Haftpflichtversicherung versichern lassen, was für zwei Gruppen interessant ist, nämlich für Sachverständige, die die prämiengünstigere Vermögenschadenhaftpflichtversicherung der prämienhöheren Berufshaftpflichtversicherung vorziehen, zumal wenn sie nicht zugleich auch planend oder bauüberwachend tätig sind, und für Sachverständige, die mangels entsprechender Qualifikation keine Berufshaftpflichtversicherung für Architekten und Ingenieure und Sonderfachleute abschließen können.

Bei der Vermögenschadenhaftpflichtversicherung ist allerdings weder Personen- noch Sachschaden versichert.

2d Personen-, Sach- und Vermögensschaden

„Der Versicherungsschutz umfaßt Personenschäden und sonstige Schäden (Sach-) und Vermögensschäden gem. § 1 Ziffer 1 und 3 AHB zu den im Versicherungsschein festgelegten Versicherungssummen. Diese bilden die Höchstgrenze bei jedem Verstoß" (I Nr. 2 BHB).

286 Relativ einfach zu fassen ist der Begriff des **Personenschadens**. Das sind alle Schäden, die durch die Verletzung oder Tötung eines Menschen entstehen können; im Falle der Verletzung oder Gesundheitsschädigung fallen hierunter insbesondere die zur Wiederherstellung der Gesundheit des Verletzten aufzuwendenden Kosten (Heilungskosten), ferner der hierdurch eventuell bedingte Verdienstausfall, sowie gegebenenfalls auch Schmerzensgeldansprüche. Nicht erfaßt werden hingegen immaterielle Eingriffe in das Persönlichkeitsrecht, wie z. B. Ehrverletzungen.

287 Als **Sachschaden** fallen unter den Versicherungsschutz alle Schäden, die durch Beschädigung oder Vernichtung von Sachen im Sinne von körperlichen Gegenständen entstehen. Hierzu gehören in erster Linie Schäden, die durch Einsturz von Gebäuden oder Gebäudeteilen infolge fehlerhafter Planungs- oder Ausführungstätigkeit verursacht werden. Nach der BGH-Rechtsprechung muß der Sachschaden eine wertmindernde Wirkung auf die Sachsubstanz ausgeübt haben, durch welche die Brauchbarkeit der Sache zur Erfüllung des hier eigentümlichen Zwecks beeinträchtigt wird (1).

Nach einer Entscheidung des BGH (VersR 1960, 1074) wurde z. B. eine ungenügende Wärmedämmung infolge mangelhafter Isolierung als Sachschaden angesehen.

(1) BGHSt NJW 59/1457; BGH 14.4.76 NJW 76/2350; vgl. auch BGH 27.6.79 NJW 79/2406 für Versicherungsschutz von Teilleistungen, sowie Umfang des versicherten Mangelbeseitigungsaufwandes

288 Problematischer war früher die Abgrenzung des **Vermögensschadens** zum Sachschaden, weil ursprünglich Architektenhaftpflichtversicherungen ausschließlich auf der Grundlage der AHB abgeschlossen wurden und dort in § 1.3 lediglich die Möglichkeit zur gesonderten Vereinbarung der Deckung von Vermögensschäden bestand. In den nun gültigen Besonderen Bedingungen sind die Sach- und Vermögensschäden versicherungsrechtlich gleichgestellt worden.

2e Beschränkung auf die Deckungssumme

„Die Versicherungssummen stehen – in teilweiser Abweichung von § 3 Ziffer II 2 Abs. 1 AHB – nur einmal zur Verfügung,
a) wenn mehrere auf gemeinsamer Fehlerquelle beruhende Verstöße zu Schäden an einem Bauwerk oder mehreren Bauwerken führen, auch wenn diese Bauwerke nicht zum selben Bauvorhaben gehören;
b) wenn mehrere Verstöße zu einem einheitlichen Schaden führen;
c) gegenüber mehreren entschädigungspflichtigen Personen, auf die sich der Versicherungsschutz bezieht" (I Nr. 3 BHB).

Grundsätzlich ist davon auszugehen, daß die im Versicherungsvertrag vereinbarte **Deckungssumme** (= Versicherungssumme) für jeden einzelnen Schadensfall zur Verfügung steht. Allerdings sind die Gesamtleistungen für alle Verstöße eines Versicherungsjahres in der Regel auf das Doppelte der vereinbarten Versicherungssumme beschränkt. **289**

Diese Grundsätze sind ferner unter den vorgenannten Voraussetzungen zusätzlich eingeschränkt, die zur Anschaulichkeit durch praktische Beispiele erläutert werden sollen.

Der Fall des I Nr. 3a BHB betrifft vor allem den sog. „**Serienschaden**". Hat der Ingenieur auf einem durch Grundwasser gefährdeten Gelände geeignete Entwässerungsmaßnahmen unterlassen, so daß an einer Vielzahl von Gebäuden Feuchtigkeitsschäden entstehen, so beruhen diese Schäden auf einer Ursache, nämlich der unzureichenden Entwässerung. Der Versicherer ist daher in diesen Fällen nur zur Zahlung der einmaligen Deckungssumme verpflichtet, mögen auch die verschiedenen Schäden zusammengenommen die vereinbarte Deckungssumme bei weitem übersteigen. **290**

Die zweite Alternative des I Nr. 3 BHB betrifft den „**einheitlichen Schaden**", also den Fall, daß mehrere unterschiedliche Verstöße zu einem Schaden führen, der sich bei natürlicher Betrachtungsweise als eine Einheit, d. h. als ein Schaden darstellt. **291**

Das ist z. B. dann der Fall, wenn der Ingenieur keine Bodenuntersuchung vornehmen läßt und deshalb den Grundwasserstand nicht berücksichtigt (erster Verstoß). Im Rahmen des Baugrubenaushubs hätte er dann den Wasserstand erkennen müssen (zweiter Verstoß). Dennoch hat er weder das Gebäude höher gelegt noch eine Wanne geplant, so daß als Folge Wasser in die Kellerräume eintritt. Durch die verschiedenen Fehlleistungen entsteht ein einheitlicher Schaden.

Diese Regelung soll also verhindern, daß ein einheitlicher Schaden in mehrere Verstöße aufgespalten wird (z. B. Planungs- und Aufsichtsfehler), um nicht ausreichende Deckungssummen mehrmals zur Auszahlung kommen zu lassen.

I Nr. 3c BHB betrifft die Schadensregulierung bei Verstößen von **Personenmehrheiten**, z. B. Partnern einer Gesellschaft, für die ein einheitlicher Versicherungs- **292** vertrag besteht. Auch bei Verstößen mehrerer entschädigungspflichtiger Personen, wie z. B. bei fehlerhafter Planung des Büroinhabers und Aufsichtsfehlern seines bauleitenden Partners, wird die Versicherungssumme nur einmal bezahlt.

3 Beginn und Umfang des Versicherungsschutzes

3a Dauer des Versicherungsschutzes

„Der Versicherungsschutz umfaßt Verstöße, die zwischen Beginn und Ablauf des Versicherungsvertrages begangen werden, sofern sie dem Versicherer nicht später als 5 Jahre nach Ablauf des Vertrages gemeldet werden" (II Nr. 1 BHB).

293 Die früher umstrittene Frage, was unter dem Begriff des „Ereignisses" in § 1 AHB zu verstehen ist, hat für die Besonderen Bedingungen — BHB — nun eine eindeutige Klärung insofern gefunden, als die BHB auf den „Verstoß", das heißt, auf den Zeitpunkt der Schadensverursachung und nicht auf den des Eintritts der Schadensfolge abstellen. Diese Regelung hat für den Versicherungsnehmer den Vorteil, daß Deckung auch dann noch gewährt wird, wenn das schadensstiftende Ereignis innerhalb der Vertragszeit lag, die Schadensfolge jedoch erst nach Beendigung des Vertrages eintritt.

Allerdings gilt dies nicht unbegrenzt: 5 Jahre nach Beendigung des Versicherungsvertrages und unabhängig von der materiellen Rechtslage endet für alle Schäden der Versicherungsschutz, falls bis dahin keine Ansprüche gegen den Versicherungsnehmer geltend gemacht worden sind.

294 ### 3b Voraussetzung des Versicherungsschutzes

Wesentliche Voraussetzung für das Inkrafttreten der Versicherung ist allerdings die rechtzeitige Bezahlung der Erstprämie, § 38 Abs. 2 VVG, mit der der Versicherungsvertrag inkraft tritt und die Haftung des Versicherers beginnt; anderenfalls ist der Versicherer von der Leistungspflicht befreit, sofern zwischenzeitlich ein Schaden eingetreten ist.

Bei Nichtbezahlung der Folgeprämie tritt gemäß § 39 VVG sowie nach § 8 Abs. 1 AHB nicht sofort eine Leistungsbefreiung des Versicherers ein; dieser muß dem Versicherungsnehmer erst eine Zahlungsfrist von 2 Wochen gesetzt haben. Diese Fristsetzung muß außerdem eine umfassende Belehrung über die Rechtsfolgen (Kündigungsrecht, Leistungsfreiheit usw.) enthalten, die sich durch Nichtbezahlung der Folgeprämien ergeben.

Der Versicherer kann im übrigen auch aus anderen Gründen eine Deckung des 295
Schadens ablehnen, muß aber mit seinem Ablehnungsbescheid eine Frist von
6 Monaten zur Klageerhebung setzen (§ 12 Abs. 3 VVG). Ist eine solche Frist
nicht gesetzt, so verjähren die Ansprüche gegen den Versicherer in 2 Jahren,
beginnend mit dem Schluß des Jahres, in welchem die Leistungen verlangt werden konnten (§ 12 Abs. 1 VVG).

3 c Rückwärtsversicherung für 1 Jahr 296

„Beim erstmaligen Abschluß einer Berufshaftpflichtversicherung erstreckt sich
der Versicherungsschutz auch auf solche Verstöße, die innerhalb eines Jahres vor
Beginn des Versicherungsvertrages begangen wurden, wenn sie dem Versicherungsnehmer bis zum Vertragsabschluß nicht bekannt waren (Rückwärtsversicherung).
Als bekannt gilt ein Verstoß auch dann, wenn er auf einem Vorkommnis beruht,
das der Versicherungsnehmer als Fehler erkannt hat oder das ihm gegenüber als
Fehler bezeichnet wurde, auch wenn noch keine Schadensersatzansprüche erhoben oder angedroht wurden" (II Nr. 2 BHB).
Durch die Rückwärtsversicherung sind auch die Folgen aller im Zeitraum eines
Jahrs **vor dem Beginn** der Versicherung vorgekommenen Verstöße des Versicherungsnehmers abgedeckt, die — das ist allerdings eine Grundvoraussetzung — dem
Versicherungsnehmer bis zum Abschluß des Vertrages nicht bekannt geworden
sind.
Die Rückwärtsversicherung gilt nur für den **erstmaligen Abschluß** einer Haftpflichtversicherung; es ist also nicht möglich, die Versicherung jeweils zu kündigen und erst nach Ablauf eines Jahres wieder zu erneuern. Dieser Klausel kann
auch nicht durch einen Wechsel der Versicherung entgangen werden, da die Versicherer dies untereinander kontrollieren.
Die Rückwärtsversicherung gilt auch nur für Fehler, die nicht bekannt waren
und auch noch nicht als Fehler bezeichnet wurden. Als bekannt genügt bereits
auch nur die Vermutung, daß in einem bestimmten Fall ein Verstoß nicht
unmöglich sein könne.

3 d Haftung für Schadensersatz wegen Nichterfüllung 297

„Eingeschlossen in den Versicherungsschutz ist der Schadensersatzanspruch
wegen Nichterfüllung (§ 635 BGB), wenn es sich um einen Schaden am Bauwerk
handelt" (II Nr. 3 BHB).

§ 635 BGB besagt, daß, „wenn der Mangel des Werkes auf einem Umstand beruht, den der Unternehmer zu vertreten hat, der Besteller statt der Wandlung oder der Minderung Schadensersatz wegen Nichterfüllung verlangen kann".

Nach den Allgemeinen Versicherungsbedingungen ist an sich gemäß § 4 Abs. 1 Nr. 6 AHB die Erfüllung von Verträgen und die an die Stelle der Erfüllungsleistungen getretenen Ersatzleistungen nicht Gegenstand der Haftpflichtversicherung. Da diese Regelung aber zum Ausschluß der meisten Ansprüche aus dem Vertragsrecht führen würde, sind nach der spezielleren Vorschrift des BHB die Schadensersatzansprüche gegen Architekten und Ingenieure wegen Nichterfüllung ihres Vertrages, soweit es sich um einen Schaden am Bauwerk handelt, einbezogen worden. Wann immer also der Ingenieur vom Auftraggeber wegen eines Mangels seiner Planungs- oder Aufsichtsleistungen, der zu einem Schaden am Bauwerk geführt hat, in Anspruch genommen werden kann, muß die Versicherung eintreten, wenn die Ansprüche des Bauherrn auf Schadensersatz — regelmäßig Geld — gehen.

298 Durch diese eindeutige Regelung steht gleichzeitig fest, welche Ansprüche auch weiterhin nicht versichert sind:
— der Anspruch auf Erfüllung des Architekten- bzw. Ingenieurvertrages,
— die Ansprüche auf Wandelung (Rückgängigmachung des Vertrages) und Minderung (des Honorars wegen Schlechterfüllung oder teilweiser Nichterfüllung), § 634 BGB,
— Ansprüche auf Nachbesserung, § 633 Abs. 2 BGB.

299 Macht der Auftraggeber gegen den Ingenieur einen über den genannten Anspruch des § 635 BGB hinausgehenden Schaden — einen sogenannten mittelbaren Schaden geltend — z. B.: die Starkstromanlage eines industriellen Werkkomplexes sei infolge eines Planungsfehlers unbrauchbar (unmittelbarer Schaden); der durch den Fehler außerdem entstehende Brand zerstöre ein Bürogebäude (mittelbarer Schaden) —, so ist die Rechtsgrundlage die sog. positive Vertragsverletzung (auch Schlechterfüllung des Vertrages). Auch dieser Anspruch ist, da der angestrebte Schadensausgleich über das vertragliche Erfüllungsinteresse hinausgeht, durch die übliche Ingenieurhaftpflichtversicherung gedeckt.

300 Problematisch ist allerdings, daß Ansprüche aus § 635 BGB in 5 Jahren solche aus positiver Vertragsverletzung dagegen erst in 30 Jahren verjähren. Für diese Ansprüche steht also der Versicherungsschutz nur dann zur Verfügung, wenn der Versicherungsvertrag auch über die gesamte Zeit läuft.

3 e Erweiterung des Versicherungsschutzes

„Die Ausschüsse gemäß § 4 Ziff. 1.5 und Ziffer 1.6 b AHB finden keine Anwendung (2 Nr. 4 BHB)".

Auch dies ist eine wichtige Erweiterung des Versicherungsschutzes für Architekten und Ingenieure für Schäden, die gerade für ihren Beruf im Bereich des Möglichen liegen. Positiv ausgedrückt heißt dies, daß Versicherungsschutz gegen alle Haftpflichtansprüche aus Sachschäden an fremden Grundstücken gewährt wird, die entstehen können aus Schwammbildung, Senkung von Grundstücken (auch eines darauf errichteten Werkes), durch Erdrutsche, Erschütterungen, Rammarbeiten, berufliche Tätigkeiten der Ingenieure an oder mit fremden Sachen.

4 Arbeitsgemeinschaften und Planungsringe

„Für Haftpflichtansprüche aus der Teilnahme an Arbeitsgemeinschaften, bei denen die Aufgaben im Innenverhältnis nach Fachgebieten, Teilleistungen oder Bauabschnitte aufgeteilt sind, besteht Versicherungsschutz für Verstöße, die bei einer vom Versicherungsnehmer übernommenen Aufgabe begangen wurden, und zwar voll bis zu den vereinbarten Deckungssummen.

Sind die Aufgaben nicht im Sinne von Ziffer 1 aufgeteilt, so ermäßigen sich die Ersatzpflicht des Versicherers und die vereinbarten Versicherungssummen auf die Quote, welche der prozentualen Beteiligung des Versicherungsnehmers an der Arbeitsgemeinschaft entspricht. Ist eine quotenmäßige Aufzählung nicht vereinbart, so gilt der verhältnismäßige Anteil entsprechend der Anzahl der Partner der Arbeitsgemeinschaft.

Vom Versicherungsschutz ausgeschlossen bleiben Ansprüche der Partner der Arbeitsgemeinschaft untereinander sowie Ansprüche der Arbeitsgemeinschaft gegen die Partner oder umgekehrt wegen solcher Schäden, die ein Partner oder die eine Arbeitsgemeinschaft unmittelbar erlitten hat.

Die Bestimmungen der Ziffern 1 bis 3 sind bei Teilnahme an Planungsringen entsprechend anzuwenden" (3 Nr. 1, 2, 3 und 4 BHB).

Die vorgenannte Vorschrift ist zu unterscheiden von I Nr. 3 c BHB (vgl. Rdz. 292), wo eine Partnerschaft oder Sozietät aufgrund eines gemeinsamen Versicherungsvertrages allgemeinen Versicherungsschutz genießt. Arbeitsgemeinschaften und Planungsringe sind dagegen nichtständige Arbeitsgemeinschaften, bei denen der Versicherungsträger von vorneherein eine entsprechende Offenlegung fordert.

Die übliche Kooperationsform ist die der **Arbeitsgemeinschaft**, die im Regelfall nur zur Abwicklung eines bestimmten Projektes gebildet wird; die Arbeitsgemeinschaft wird man also als eine auf ein konkretes Objekt bezogene nicht selbständige Gesellschaft des Bürgerlichen Rechts verstehen, wobei die einzelnen Partner der Arbeitsgemeinschaft im Außenverhältnis gegenüber dem Auftraggeber gesamtschuldnerisch haften.

Die Ersatzhaftpflicht des Versicherers bleibt im Rahmen der vereinbarten Versicherungssummen auf die Quote beschränkt, welche der prozentualen Beteiligung des Versicherungsnehmers und der Arbeitsgemeinschaft entspricht (**Quotenprinzip**). Sind prozentuale Anteile nicht vereinbart, so gilt der verhältnismäßige Anteil, entsprechend dem der Partner an der Arbeitsgemeinschaft (**Kopfprinzip**).

Beide Versicherungsprinzipien bringen insbesondere dann für die Partner der Arbeitsgemeinschaft erhebliche Risiken mit sich, wenn einer oder mehrere nicht ausreichend versichert sind, der entstehende Schaden also nicht in voller Höhe durch die jeweilige Deckungssumme abgefangen werden kann. Wegen der gesamtschuldnerischen Haftung müssen aber alle Partner der Arbeitsgemeinschaft im Schadensfall auch für einen eventuell nicht ausreichend abgesicherten Ingenieur aufkommen. Es ist daher zu empfehlen, vor Bildung einer Arbeitsgemeinschaft nicht nur auf die fachliche Qualifikation der einzelnen Partner, sondern insbesondere auf einen ausreichenden und dem Risiko des Projektanten entsprechenden, etwa gleichhohen Deckungsschutz zu achten.

303 Unter einem **Planungsring** versteht man einen größeren Zusammenschluß von Architekten, Ingenieuren und Sonderfachleuten, ohne daß diese ihr eigenes Büro aufgeben; der Planungsring ist regelmäßig nicht auf ein einziges Projekt, sondern auf längere Zeit ausgerichtet. Die Versicherung dieser Planungsringe kann in verschiedener Form erfolgen:

— Der Planungsring kann eine Pauschalversicherung abschließen, durch die sowohl das Risiko des Planungsringes im Außenverhältnis als auch das Risiko aller angeschlossenen Büros abgesichert ist (was bezüglich der Prämienaufteilung nicht ganz einfach ist);
— Der Planungsring kann ferner eine Berufshaftpflicht für sein eigenes Risiko abschließen; daneben ist jedes Mitglied durch eine eigene Versicherung für die Schäden abgedeckt, die eventuell aus Regreßansprüchen des Planungsringes an die Mitglieder hergeleitet werden können.

Diese Versicherungsmöglichkeit ist sicherlich richtiger, dafür aber teurer, da jedes Mitglied des Planungsringes zum einen beim Planungsring, zum anderen als selbständiges Büro versichert sein muß.

Sowohl bei der Arbeitsgemeinschaft als auch beim Planungsring sind Ansprüche der Partner untereinander vom Versicherungsschutz ausgeschlossen.

5 Ausschlüsse vom Versicherungsschutz

„Ausgeschlossen sind Ansprüche wegen Schäden
1. Aus der Überschreitung der Bauzeit sowie von Fristen und Terminen,
2. aus der Überschreitung ermittelter Massen oder Kosten,
3. aus fehlerhafter Massen- und Kostenermittlungen,
4. aus Verletzung von gewerblichen Schutzrechten und Urheberrechten,
5. aus der Vergabe von Lizenzen,
6. aus dem Abhandenkommen von Sachen einschließlich Geld, Wertpapieren und Wertsachen,
7. die als Folge eines im Inland oder Ausland begangenen Verstoßes eingetreten sind,
8. die der Versicherungsnehmer und sein Mitversicherer durch ein bewußt gesetz-, vorschrifts- oder sonst pflichtwidriges Verhalten verursacht hat,
9. aus der Vermittlung von Geld-, Kredit-, Grundstücks- oder ähnlichen Geschäften sowie aus der Vertretung bei solchen Geschäften,
10. aus Zahlungsvorgängen aller Art, aus der Kassenführung sowie wegen Untreue und Unterschlagung" (IV BHB).

Der Katalog der Ausschlüsse wurde sowohl in der Aussage als auch in der Gliederung präzisiert.

Das Überschreiten der Bauzeit sowie der Fristen und Termine hat nichts zu tun mit den ohnehin nicht versicherbaren Termingarantien (da derartige Tätigkeiten nicht innerhalb des herkömmlichen Berufsbildes liegen). Es handelt sich hierbei vielmehr um die Verletzung vertraglicher Sorgfaltspflichten, für die die Versicherung keine Haftung übernimmt. Nicht anwendbar ist diese Klausel jedoch, wenn Schadensersatzansprüche aus Terminverzögerungen als Folge von Bauwerkschäden geltend gemacht werden.

Entsprechendes gilt auch für Massen- und Kostenrisiken, wobei Ziffer IV 2 von der Überschreitung ermittelter Massen und Kosten spricht, während Ziffer IV 3 auf die fehlerhafte Ermittlung von Massen und Kosten eingeht. Auch hier ist zu erwähnen, daß Kostengarantien als nicht mit dem Berufsbild vereinbar ebenfalls nicht versicherbar sind (vgl. BGH 21.4.71 NJW 71/1315 = BB 71/722).

Eine der wichtigsten Ausschlußtatbestände wird durch die sogenannte „Vorsatzausschlußklausel" geregelt. Diese grundlegende Regelung findet sich in § 152 VVG, ebenso wie in § 4 Abs. 2 Ziff. 1 AHB, nach denen der Versicherer von der Haftung frei wird, wenn der Versicherungsnehmer vorsätzlich den Eintritt der Tatsachen, für die er den Dritten verantwortlich ist, widerrechtlich herbeigeführt hat.

Diese Vorsatzausschlußklausel ist in IV Nr. 8 BHB erheblich erweitert worden, und zwar vor allem bezüglich der Beweislast. Der sonst notwendige Beweis des Versicherers, daß der Versicherungsnehmer auch mit dem Schaden als Folge seines Verhaltens gerechnet hat, wird dadurch nicht mehr erforderlich. Nach der Rechtsprechung ist das gesetz-, vorschrift- oder pflichtwidrige Verhalten des Versicherten, das „bewußt" begangen wird, im Sinne von „Kenntnis" auszulegen; auf eine fahrlässig bedingte Unkenntnis kann sich der Versicherungsnehmer nicht berufen. Das bedeutet, daß der Versicherungsnehmer die gegen sein Verhalten sprechende Argumente entkräften muß (Beweis des ersten Anscheins), wenn die äußeren Tatbestände des Verstoßes gegen ihn sprechen. Einen derartigen Gegenbeweis wird zum Beispiel der Ingenieur insbesondere in den Fällen im allgemeinen nicht führen können, in denen er ohne die erforderliche Baugenehmigung gebaut hat, die bewußte Prüfung des Baugrundes unterlassen, gewisse Beratungspflichten gegenüber dem Bauherrn vernachlässigt oder allgemein gegen anerkannte verkehrsübliche Regeln der Baukunst verstoßen hat. In all diesen Fällen hat der Ingenieur keinen Versicherungsschutz.

307 Die Ausschlußklausel für das Eintreten des Versicherers aus solchen Schäden, die als Folge eines im Inland oder Ausland begangenen Verstoßes im Ausland eingetreten sind, kann aufgrund einer zusätzlichen Prämie versichert werden, in der Regel durch eine besondere Projektversicherung.

308 Ausgeschlossen sind auch Haftpflichtansprüche aus Personenschäden, bei denen es sich um Arbeitsunfälle im Betrieb des Versicherungsnehmers gemäß der Reichsversicherungsordnung handelt (vgl. Rdz. 351).

6 Objektversicherungen

309 Im Rahmen der Berufshaftpflichtversicherung gibt es auch die sog. **Objektversicherung**, also bezogen auf ein bestimmtes Objekt, während die Berufshaftpflichtversicherung eine Zeitversicherung ist (Laufzeit mindestens 1 Jahr).

Bei der Objekversicherung ist jedoch zu beachten, daß die Nachhaftung in der Regel auf 2 Jahre (VOB-Haftung) beschränkt ist, die Berufshaftpflichtversicherung dagegen eine Nachhaft von 5 Jahren hat.

Die Objektversicherung, für die im übrigen die AHB und BHB in gleicher Weise wie für die Berufshaftpflichtversicherung gelten, wird dann für einen Ingenieur interessant sein, wenn dieser nur gelegentlich beruflich tätig ist, sich also eine kontinuierliche Berufshaftpflichtversicherung nicht lohnt, ferner aber auch dann, wenn wegen der Größe und Beschaffenheit des Objekts die Versicherungssummen der üblichen Berufshaftpflichtversicherung nicht mehr ausreichen.

7 Prämiengestaltung

Die Prämie setzt sich zusammen aus verschiedenen Komponenten, nämlich aus   310
der
- Inhaber- oder Grundprämie, die sich bei mehreren Partnern entsprechend vervielfacht,
- aus Prämien für freie Mitarbeiter und sämtliche kaufmännischen, technischen und sonstigen Mitarbeiter, wobei der Berechnungsfaktor die Honorar- oder Bruttolohnsumme ist,
- aus Prämien bei Unterbeauftragung, wenn Leistungsteile an andere Büros weitergegeben werden.

Die Prämie kann sich infolge verschiedener, **individueller Risikominderungen** ver-   311
ringern, die der Versicherer bei der Prämiengestaltung berücksichtigen wird.
Dazu gehören u. a.:
- Vereinbarung höherer Selbstbehalte,
- Schadensfreiheitsrabatte — vergleichbar mit der Kfz-Versicherung — falls mehrere Jahre schadensfrei gearbeitet wurde,
- Beschränkung der Berufstätigkeit nur auf planerische Tätigkeiten (Stadt-Planung, Bebauungsplanung),
- Beschränkung der Berufstätigkeit nur auf gutachterliche Tätigkeiten,
- Günstige Gestaltung der Ingenieurverträge (soweit dies heute noch möglich ist) mit der Vereinbarung einer gegenseitigen Anspruchsverjährung von 2 Jahren, einer nur subsidiären Haftung für Ausführungsmängel, einer Begrenzung der Haftung auf den unmittelbaren Schaden am Bauwerk und einer Klarstellung, daß nicht die Funktion eines „verantwortlichen Bauleiters" nach der jeweiligen Landesbauordnung übernommen wird (2).

(1) VersR 1969, 723; 1971, 141; BauR 1973, 71.
(2) Bindehardt/Ruhkopf, S. 290; Colonia-Informationsdienst „Sicher bauen — geschützt wohnen", S. 14.

II Die Bauwesenversicherung

1 Gegenstand der Versicherung

1 a Sachversicherung des Bauherrnrisikos

Die Bauwesenversicherung ist eine relativ junge Versicherungssparte. Sie wurde   312
1934 als Spezialversicherung für die Bauwirtschaft eingeführt und versicherte damals ausschließlich die Risiken der Bauunternehmer. In mehrfachen Refor-

men, letztmals 1974, wurde der Kreis der Versicherungsnehmer erweitert. Die Bauwesenversicherung deckt nunmehr die Interessen aller am Bau Beteiligten ab, insbesondere aber das **Risiko des Bauherrn**.

Dennoch sollte sich auch der Ingenieur mit den wesentlichen Grundzügen dieser Versicherungsart befassen, und zwar einerseits, um den Bauherren über diese Versicherungsmöglichkeit aufzuklären, andererseits aber auch, wenn er selbst — neben seiner beratenden und planenden Tätigkeit — Bauleistungen erbringt (vgl. RdZ 320).

Es ist heute üblich geworden, daß private wie öffentliche Bauherren selbst oder durch ihre Architekten bzw. Ingenieure Bauwesenversicherungen abschließen und die beteiligten Unternehmer und Handwerker bereits in den Ausschreibungsunterlagen auf die Prämienbeteiligung hinweisen (die Prämien sind regelmäßig den Baukosten zuzuordnen).

313 Die Bauwesenversicherung ist — im Gegensatz zu den Haftpflichtversicherungen, die gegenüber Ansprüchen Dritter schützen sollen — eine **reine Sachversicherung**. Der Versicherer leistet also nur Entschädigung, wenn die im Versicherungsschein aufgeführten versicherten Sachen — z. B. Bauleistungen, Materialien und Lieferungen, Baustelleneinrichtungen — während der Bauzeit durch unvorhergesehen eintretende Schäden beschädigt oder zerstört werden. Der Versicherungsschutz wird gewährt ohne Rücksicht darauf, ob der abgedeckte Schaden vom Bauherrn selbst oder von einem der übrigen am Bau Beteiligten verursacht wurde.

1 b Weitere Bausachversicherungen

Neben der Bauwesenversicherung gibt es eine Reihe weiterer Bausachversicherungen, die allerdings nur am Rande und der Vollständigkeit halber erwähnt werden sollen, soweit sie in einzelnen Bereichen die Bauwesenversicherung ergänzen bzw. verschiedene Sachleistungen unter speziellen Versicherungsschutz stellen. Es handelt sich dabei um folgende Bedingungwerke:

314 — Allgemeine Bedingungen für die Bauwesenversicherung von Unternehmerleistungen (ABU),
— Allgemeine Bedingungen für die Kaskoversicherung von Baugeräten (ABG),
— Allgemeine Bedingungen für die Maschinen- und Kaskoversicherung von fahrbaren Geräten (ABMG),
— Klauseln und Zusatzbedingungen zu den ABU, ABN, ABG und ABMG.

315 Die in diesem Abschnitt besprochene Bauwesenversicherung richtet sich nach den **Allgemeinen Bedingungen für die Bauwesenversicherung von Gebäudeumbauten durch Auftraggeber (ABN)**. Sie umfaßt im übrigen gem. § 3 ABN gleich-

zeitig auch die versicherten Interessen eines beauftragten Unternehmers im Rahmen der vorgenannten ABU (während der Unternehmer sonst nur eine Entschädigung für Schäden erhalten würde, die nach der VOB zu seinen Lasten gehen würden § 3 ABU) (1).

(1) Die Bedingungswerke sind abgedruckt in den Veröffentlichungen des Bundesaufsichtsamtes für das Versicherungswesen, VerBAV 74, Nr. 11, S. 284 ff.

2 Abgrenzung zur Haftpflichtversicherung

2 a Gegensatz Sachversicherung — Haftpflichtversicherung 316

Der wesentliche Unterschied zwischen der Haftpflichtversicherung (einer Schadensersatzversicherung für Ansprüche Dritter) und der Bauwesenversicherung (einer reinen Sachversicherung) besteht darin, daß die Haftpflichtversicherung Entschädigung leistet, wenn fremde Sachen oder Personen, die bei Vertragsabschluß noch nicht bestimmt sind, einen Schaden erleiden, während die Bauwesenversicherung eine bestimmte Sache, nämlich das entstehende Bauwerk, unter Versicherungsschutz stellt.

Die Bauwesenversicherung als Sachversicherung — ersetzt nur Schäden am Bauwerk, an der Baustelleneinrichtung und der Lieferung von Baustoffen und Bauteilen. Sie tritt dagegen nicht für fehlerhafte Arbeiten am Bauwerk (Pfuscharbeit!) ein, sie schützt auch nicht gegen Ansprüche anderer aus Haftpflicht, gegen Vermögensansprüche und Vertragsstrafen. 317

2 b Zusammentreffen von Sach- und Haftpflichtversicherung 318

In der Praxis kann manchmal zweifelhaft sein, ob eine Beschädigung oder Zerstörung eines Bauwerkes „unvorhergesehen" im Sinn von § 2 Ziff. 1 ABN war, oder auch ein Verschulden des planenden Ingenieurs vorlag (1). Besteht für das Bauwerk eine Bauwesenversicherung, so hat der Bauwesenversicherer für diese Beschädigung oder Zerstörung vorerst gegenüber seinem Versicherungsnehmer — dem Bauherrn — Ersatz zu leisten. Stellt sich dann heraus, daß diesem Schaden auch ein Verschulden des Ingenieurs zugrunde liegt, so wird der Bauwesenversicherer bei dem Ingenieur bzw. dessen Haftpflichtversicherung Regreßansprüche geltend machen, weil es sich dann um einen in der Haftpflichtversicherung gedeckten Schaden handelt. Für diesen Fall kann im übrigen vereinbart werden, daß ein Regreß nur in Höhe der Deckungssumme der Haftpflichtversicherung möglich sein soll.

(1) Zur Abgrenzung von Sachschaden und Gewährleistungsschaden bei der Bauwesenversicherung vgl. BGH 27.6.79 NJW 79/2404; BGH 27.6.79 NJW 79/2406

2 c Bauwesenversicherung für den Ingenieur

319 Nachdem also die Bauwesenversicherung mehr eine Versicherung für den Bauherrn und die Bauunternehmer ist und mangelhafte Leistungen des Ingenieurs nicht abdeckt, wird dieser dennoch ein Interesse daran haben, seinen Bauherrn vor finanziellen Schäden zu schützen, das Baukapital zu sichern, damit die Fortführung des Bauvorhabens auch dann gewährleistet bleibt, wenn es von einem Großschaden betroffen wurde. Es gehört daher zur Beratungspflicht des Architekten oder Ingenieurs, den Bauherrn auf die Möglichkeit der Bauwesenversicherung hinzuweisen, da gerade auf dem Bau zahlreiche unvorhergesehene Ereignisse eintreten können, die ohne entsprechenden Versicherungsschutz zu Lasten des Bauherrn gehen.

320 Am Abschluß einer Bauwesenversicherung wird der Ingenieur u. U. sogar ein eigenes Interesse haben, wenn er als planender und beratender Ingenieur gleichzeitig ein Baugewerbe betreibt und mit diesem an der Bauausführung beteiligt ist, wie dies z. B. bei Fachingenieuren für Lüftung, Heizung und Sanitär, aber auch in anderen Bereichen, denkbar sein kann.

3 Rechtsgrundlage der Bauwesenversicherung

3 a Der Versicherungsvertrag

321 Die Bauwesenversicherung wird in Form eines Versicherungsvertrages geschlossen, der sich nach den **Allgemeinen Bedingungen für die Bauwesenversicherung von Gebäudeumbauten durch Auftraggeber (ABN)**, — bei Bauunternehmern nach der ABU — vor allem aber nach den besonderen Verhältnissen des Einzelfalles richtet. Der Versicherungsvertrag kann als Einzelversicherung auf ein bestimmtes Bauvorhaben bezogen werden, während Bauunternehmer z. B. ihr gesamtes Jahresvolumen und ihren Gerätepark prämiengünstiger über Jahresverträge versichern.

322 3 b Die Prämiengestaltung

Die Prämien sind, gemessen an denen anderer Versicherungen, ziemlich hoch, da es sich um eine sehr schadensträchtige Sparte handelt; sie richten sich nach den speziellen Risiken des Einzelfalles und orientieren sich an Konstruktion, Art und Umfang des Ausbaus; bei Ingenieurbauten ist das Risiko weitgehend von der Konstruktion und Ausführungsart abhängig; im Tiefbau bedarf es einer besonderen Risikobeurteilung, weil sich diese Bauvorhaben wesentlich von einander

Versicherte Sachen und Leistungen

unterscheiden und zuviele Details zu berücksichtigen sind (z. B. Brücken oder Straßen). Grundsätzlich wird eine prozentuale Selbstbeteiligung — in der Regel von 10—20 % — und ein im Einzelfall zu vereinbarender Mindestselbstbetrag vorgesehen (§ 14 ABN).

3c Prüfung des Versicherungsfalls 323

Die Beurteilung eines eingetretenen Versicherungsfalles richtet sich nach den besonderen Vereinbarungen des speziellen Versicherungsvertrages sowie nach den im übrigen geltenden ABN, aus denen nachfolgend stichwortartig die wesentlichen Probleme angesprochen werden sollen.

4 Versicherte Sachen und Leistungen

Nach § 1 ABN „sind alle Bauleistungen, Baustoffe und Bauteile für den Roh- 324 und Ausbau oder für den Umbau des in dem Versicherungsschein bezeichneten Gebäudes einschließlich der als wesentliche Bestandteile einzubauenden Einrichtungsgegenstände und der Außenanlagen mit Ausnahme von Gartenanlagen und Pflanzungen versichert".
Versichert sind ferner auch Baugrund und Bodenmassen, sofern sie Bestandteil der Bauleistungen sind, z. B. wenn sie zur Baustelle geliefert oder innerhalb derselben bewegt werden, wobei aber die bloße Oberflächenbearbeitung (z. B. von Baugrubensohlen oder Böschungen) noch nicht diesen Tatbestand erfüllt (1).

(1) Zum Umfang der Bauwesenversicherung vgl. BGH 27.6.79 NJW 79/2404

Aufgrund besonderer Vereinbarung im Versicherungsvertrag können auch beson- 325 ders wertvolle Einrichtungsgegenstände (wie medizinisch-technische Einrichtungen, Stromerzeugungsanlagen, Datenverarbeitungsanlagen und ähnliches) versichert werden — § 1 Ziff. 2 ABN.
Dagegen sind alle diejenigen Gegenstände nicht versichert, die nach den Allge- 326 meinen Bedingungen für die Kaskoversicherung von Baugeräten (ABG) oder den Allgemeinen Bedingungen für Maschinen- und Kaskoversicherung von fahrbaren Geräten (ABMG) versichert werden können, ferner bewegliche Einrichtungsgegenstände, die nicht als wesentliche Bestandteile eingebaut werden, Fahr-

zeuge aller Art (versicherbar über Kraftfahrzeug-Kaskoversicherung) und Akten, Zeichnungen und Pläne (versicherbar über Allgemeine Feuerversicherungsbedingungen gegen Brand), § 1 Ziff. 3 ABN.

5 Versicherte Gefahren

327 Entschädigung wird geleistet gemäß § 2 ABN „für unvorhergesehen eintretende Schäden (Beschädigungen oder Zerstörung) an versicherten Bauleistungen oder den sonstigen versicherten Sachen".

328 Nach der Definition des § 2 Abs. 1 ABN „sind Schäden dann unvorhergesehen, wenn sie weder der Auftraggeber noch der beauftragte Unternehmer oder deren Repräsentanten rechtzeitig vorhergesehen haben oder mit dem jeweils erforderlichen Fachwissen hätten vorhersehen können".

Nicht unproblematisch ist in dieser Definition der Begriff des „Repräsentanten" — nach einer neueren Entscheidung des BGH (VersR 71, 538) eine Person, die „in gewissem, nicht ganz unbedeutendem Umfang" für den Versicherungsnehmer selbständig handeln darf, wobei nicht einmal rechtsgeschäftliches Tätigwerden erforderlich ist. Um von vornherein keinen Zweifel für die Beurteilung der Repräsentanteneigenschaft aufkommen zu lassen, sollte dies bereits im Versicherungsvertrag beispielhaft erklärt werden, um die Eintrittspflicht der Versicherung festzulegen. Auch der Begriff „mit dem jeweils erforderlichen Fachwissen" ist unklar und bedürfte genauerer Definition. Eine leichte Fahrlässigkeit des Bauherrn, seines Unternehmers oder eines Repräsentanten dürfte jedenfalls die Leistungspflicht des Versicherers entfallen lassen.

329 Aufgrund besonderer Vereinbarung wird auch Entschädigung geleistet für Verluste durch Diebstahl mit dem Gebäude fest verbundener, versicherter Bestandteile, ferner für Schäden durch Brand, Blitzschlag oder Explosion sowie durch Löschen oder Niederreißen bei diesen Ereignissen, § 2 Ziff. 2 u. 6 ABN.

330 Keine Entschädigung wird geleistet für Mängel der versicherten Bauleistungen und sonstige versicherte Sachen, bei Verlusten nicht mit dem Gebäude fest verbundener Sachen sowie bei Schäden an Glas-, Metall- oder Kunststoffoberflächen oder an Oberflächen vorgehängter Fassaden durch eine Tätigkeit an diesen Sachen, § 2 Ziff. 3 ABN.

331 Ebenfalls keine Entschädigung wird geleistet, wenn der betroffene Unternehmer gegen anerkannte Regeln der Technik verstoßen oder notwendige und zumutbare Schutzmaßnahmen nicht getroffen hat, und zwar bei Frost, bei Gründungsmaßnahmen oder Grundwasser oder durch Eigenschaften oder Veränderungen des Baugrunds („Schäden aus Grund und Boden"), bei Ausfall der Wasserhaltung, bei gänzlicher Unterbrechung der Arbeiten des betreffenden Unternehmers auf dem Baugrundstück, § 2 Ziff. 4 ABN.

Keine Entschädigung wird ferner ohne Rücksicht auf mitwirkendes Verschulden geleistet für Schäden durch normale Witterungseinflüsse, mit denen wegen der Jahreszeit und der örtlichen Verhältnisse gerechnet werden muß — anders jedoch, wenn der Witterungsschaden erst infolge eines anderen entschädigungspflichtigen Schadens entstanden ist —, durch Baustoffe, die durch eine zuständige Prüfstelle beanstandet oder vorschriftswidrig noch nicht geprüft wurden, durch Kriegsereignisse jeder Art, Streik, Aussperrung, Beschlagnahmung oder sonstige hoheitliche Eingriffe und durch Kernenergie, § 2 Ziff. 5 ABN. 332

Keine Entschädigung wird schließlich geleistet für Schäden, die innerhalb des in dem Versicherungsschein als Baustelle bezeichneten räumlichen Bereichs eingetreten sind, § 4 — wichtig ist daher, bei getrennten Baustellen auch die Transportwege einzubeziehen und im Rahmen der Versicherungszeit bestimmte Fristen zu vereinbaren. 333

Für Schäden an Bauleistungen, die zu Lasten des Versicherungsnehmers gehen, endet die Haftung spätestens mit der Bezugsfertigkeit oder nach Ablauf von sechs Werktagen seit Beginn der Benutzung oder mit dem Ablauf der behördlichen Gebrauchsabnahme (maßgebend ist der früheste dieser Zeitpunkte), § 48 ABN. 334

6 Umfang der Entschädigung

„Der Versicherer leistet Entschädigung in Höhe der Kosten, die aufgewendet werden müssen, um die Schadenstätte aufzuräumen und einen Zustand wiederherzustellen, der dem Zustand unmittelbar vor Eintritt des Schadens technisch gleichwertig ist. Bei Totalschäden an versicherten Hilfsbauten und Bauhilfsstoffen leistet der Versicherer Entschädigung für das Material nur in Höhe des Zeitwertes. Der Zeitwert von Resten und Altteilen wird angerechnet." (§ 9 ABN). 335

Der Versicherer ersetzt deshalb nicht: Mehrwertsteuer, Zuschläge für Gewinn und Wagnis, nicht schadensbedingte Gemeinkosten und allgemeine Baustellen- und Geschäftskosten, ferner Kosten, die der Versicherungsnehmer zur Verhütung eines Schadens aufgewendet hat und Kosten für behelfsmäßige Reparaturen und daraus entstehenden Folgen. Erhöhte Schadensbehebungskosten sind besonders nachzuweisen (vgl. BGH 27.6.79 NJW 79/2406).

Besonderheiten gelten bezüglich der Entschädigung für Kosten der Wiederherstellung und Aufräumung in eigener Regie eines versicherten Unternehmens (§ 10 ABN) und bei Wiederherstellungs- und Aufräumungskosten durch Lieferungen und Leistungen Dritter (§ 11 ABN). Bei einer etwaigen Unfallversicherung werden auch nur Teile der ermittelten Entschädigungsbeträge ersetzt. 336

7 Pflichten des Versicherungsnehmers

337 Außer der in der Regel im voraus für die ganze Bauzeit zu leistenden Prämienzahlung ist der Versicherungsnehmer verpflichtet, Änderungen des Risikos anzuzeigen, und zwar nachträgliche Erweiterungen des Bauvorhabens, wesentliche Änderungen der Bauweise und des Bauzeitenplans und eine Unterbrechung der Bauarbeiten. Verstößt der Versicherungsnehmer gegen diese Anzeige- bzw. Meldepflichten, so wird der Versicherer von seiner Verpflichtung zur Leistung frei, es sei denn, daß den Versicherungsnehmer kein Verschulden an der Unterlassung trifft, § 17 ABN.

338 Der Versicherungsnehmer hat bei Eintritt des Versicherungsfalles dem Versicherer unverzüglich schriftlich den Schaden anzuzeigen, Diebstähle der Polizei sofort zu melden und eine entsprechende Bestätigung einzuholen. Der eingetretene Schaden ist ggf. nach den Weisungen des Versicherers möglichst gering zu halten. Die Schadensstelle ist vor einer Besichtigung durch den Versicherer nach Möglichkeit zu fotografieren. Veränderungen sind zu unterlassen, soweit nicht besondere Sicherheitsmaßnahmen dies erfordern. Der Versicherungsnehmer hat dem Versicherer jederzeit die Nachprüfung der Schadensursachen zu gestatten und zur Aufklärung erforderliche Angaben zu treffen sowie die Schadenssumme zu belegen.

Bei einer Verletzung der genannten Obliegenheiten wird der Versicherer von einer Entschädigungspflicht frei.

339 Lehnt der Versicherer — aus welchen Gründen auch immer — eine Leistung ab, so kann der Versicherungsnehmer seine Ansprüche einer gerichtlichen Klärung zuführen. Voraussetzung ist die Inlaufsetzung der sog. 6-Monatsfrist. Das bedeutet:

Der Versicherer muß die Ansprüche des Versicherungsnehmers schriftlich ablehnen. Gleichzeitig hat er ihm mitzuteilen, daß er von der Verpflichtung zur Leistung frei ist, wenn der Versicherungsnehmer nicht innerhalb von 6 Monaten seine Ansprüche gerichtlich geltend macht.

III Die Rechtsschutzversicherung

1 Gegenstand der Versicherung

340 **1 a Rechtsschutz in der Haftpflichtversicherung**

Wird der Ingenieur wegen Schadensersatzansprüchen Dritter im Rahmen seiner Berufshaftpflichtversicherung in Anspruch genommen, so trägt die Haftpflichtversicherung — falls sie nicht ohnehin an seiner Stelle die Schadensregulierung durchführt — auch die daraus resultierenden Anwalts- und Gerichtskosten, die u. U. aus der Prozeßführung wegen dieser Ansprüche entstehen können. Dieser Grundsatz gilt aber nur dann uneingeschränkt, wenn auch die Deckungssumme der Haftpflichtversicherung zur Schadensregulierung ausreicht; anderenfalls muß der Ingenieur den überschießenden Teil der Prozeßkosten selber tragen.

Für diesen Fall, aber auch für alle anderen rechtlichen Risiken, die dem Ingenieur in Ausübung seiner beruflichen Tätigkeit erwachsen können, besteht nur dann ein Rechts- und Kostenschutz, wenn dieser im Rahmen einer **Rechtsschutzversicherung** abgedeckt wird   341

1 b Umfang der Rechtsschutzversicherung

Diese sehr junge, erst seit etwa 1977 bestehende Versicherungsmöglichkeit umfaßt gegenwärtig die Leistungsarten des Schadensersatz-, Straf-, Standes-, Arbeits-, Sozialgerichts- und Vertragsrechtsschutzes, und zwar für letzteren bei gerichtlichen Streitigkeiten von einem Mindeststreitwert von DM 300,— an.

Der Leistungsumfang beträgt in der Regel pro Versicherungsfall bis zu DM 50 000,—, und zwar für Anwalts- und Gerichtskosten einschließlich Zeugen- und Sachverständigengebühren, für Gerichtsvollzieherkosten, für die zu Lasten des Versicherten festgesetzten Kosten der Gegenseite, für die Kosten der passiven Nebenklage sowie für berechtigt angeforderte Kostenvorschüsse.   342

1 c Der Versicherungsvertrag

Der Rechtsschutzversicherung liegen die **Allgemeinen Bedingungen für die Rechtsschutzversicherung** (ARB) zugrunde, darüber hinaus der spezielle Versicherungsvertrag, in dem die Prämie, die Deckungssumme, der Beginn und die Dauer der Rechtsschutzversicherung — auch individuell verschieden — festgelegt werden.   343

2 Umfang des Versicherungsschutzes

2 a Personenkreis   344

Gemäß § 24 ARB wird Versicherungsschutz Gewerbetreibenden wie freiberuflich Tätigen entsprechend der im Versicherungsschein bezeichneten Eigenschaft gewährt, ebenso ihren Familienangehörigen, soweit sie in deren beruflichen Bereich tätig sind. Der Versicherungsschutz erstreckt sich auch auf die Arbeitnehmer des Versicherten, wenn diese in Ausübung der betreffenden Berufstätigkeit handeln.

2 b Versicherte Risiken

Der Versicherungsschutz umfaßt im einzelnen:

345 (1) Die Geltendmachung von Schadensersatzansprüchen aufgrund gesetzlicher Haftpflichtbestimmungen. Es besteht also Versicherungsschutz bei der Durchsetzung von Schadensersatzansprüchen gegen einen gesetzlich haftenden Schadensverursacher.

Beispiel:

Der versicherte Ingenieur hat Ausgleichsansprüche gegenüber mithaftenden Unternehmern, mit denen er als Gesamtschuldner wegen mangelhafter Ausführungen und Verletzungen der Aufsichtspflicht in Anspruch genommen wurde.

Beispiel:

Der versicherte Ingenieur werde auf der Baustelle bestohlen oder verletzt; die daraus entstandenen Schadensersatzansprüche müssen durch einen Anwalt geltend gemacht werden.

346 (2) Die Wahrnehmung rechtlicher Interessen aus Arbeitsverhältnissen.

Beispiel:

Ein entlassener Angestellter erhebt Klage gegenüber dem versicherten Ingenieur, daß die ausgesprochene Kündigung unwirksam gewesen sei.

347 (3) Die Kosten der Verteidigung in Angelegenheiten des Straf-, Ordnungswidrigkeiten-, Disziplinar- oder Standesrechtes.

Beispiel:

Durch fehlerhafte Berechnung stürzt in einem Neubau eine Zwischenwand ein; ein Bauarbeiter erleidet tödliche Verletzungen, gegen den bauleitenden Ingenieur wird Anklage wegen fahrlässiger Tötung erhoben.
Auch wenn ein Ingenieur in einem Strafverfahren, z. B. wegen Kollegenbeleidigung oder sittenwidriger Werbung freigesprochen wird, kann die Standesvertretung noch immer ein standesrechtliches Verfahren gegen ihn einleiten, wodurch Anwalts- und Verfahrenskosten entstehen können.

348 (4) Die Kosten der Wahrnehmung rechtlicher Interessen vor Sozialgerichten.

Beispiel:

Eine Mitarbeiterin verunglückt auf dem Heimweg; die Berufsgenossenschaft verneint jedoch das Vorliegen eines Arbeitsunfalles, weil die Angestellte nicht auf dem direkten Wege nach Hause fuhr. Hier ist eine rechtliche Klärung der Ansprüche notwendig.

(5) Die Wahrnehmung gerichtlicher Interessen des Versicherten aus schuldrechtlichen Verträgen.

Hierzu gehören in erster Linie die gerichtlichen Auseinandersetzungen wegen — aus welchen Gründen auch immer — zurückbehaltener Honorarforderungen.

2 c Geltung des Versicherungsschutzes

Im Schadensersatz- und Strafrechtsschutz besteht keine Wartezeit; in allen übrigen Fällen ist eine Wartezeit von 3 Monaten vorgesehen.
Der Anwalt kann am Gerichtsort frei gewählt werden. Der Rechtsschutz gilt grundsätzlich in ganz Europa und den außereuropäischen Mittelmeerländern. Der Sozialgerichts-Rechtsschutz besteht lediglich vor Sozialgerichten in der Bundesrepublik Deutschland einschließlich West-Berlins.

IV Versicherungsschutz bei der Berufsgenossenschaft

1 Gegenstand der Versicherung

1 a Personenkreis

Bei Arbeitsunfällen „am Bau" sind die Berufsgenossenschaften als Hauptträger der gesetzlichen Unfallversicherung zuständig. Bei ihnen ist jeder aufgrund eines Arbeits-, Dienst-, oder Lehrverhältnisses Beschäftigte ohne Rücksicht auf Alter, Geschlecht, Höhe seines Einkommens und ohne Rücksicht darauf, ob es sich um eine ständige oder nur vorübergehende Tätigkeit handelt, gegen die Folgen von **Arbeitsunfällen** und **Berufskrankheiten** versichert.

Eine private Haftpflicht- oder Unfallversicherung befreit nicht von dieser gesetzlichen Unfallversicherungspflicht.

Während nach der **Reichsversicherungsordnung** (RVO) nur der vorgenannte Personenkreis kraft Gesetzes versichert ist, werden die Angehörigen der freien Berufe — wie u. a. auch Architekten und Ingenieure, die ebenfalls „am Bau" tätig sind — von diesem Versicherungsschutz nur dann erfaßt, wenn sie der gesetzlichen Unfallversicherung als freiwillige Mitglieder beitreten. Gleiches gilt auch für die „am Bau" tätigen Unternehmer.

353 1 b Zugehörigkeit zur gesetzlichen Unfallversicherung

Bezüglich der Zugehörigkeit zur gesetzlichen Unfallversicherung wird also unterschieden zwischen der Zugehörigkeit kraft Gesetzes (vgl. RdZ 351, 355), der Zugehörigkeit kraft Satzung (für gewerbliche Unternehmen, aber auch für Angehörige freier Berufe, vgl. RdZ 352) und der Zugehörigkeit aufgrund freiwilligen Beitritts. Der Versicherungsschutz für Arbeitsunfälle und Berufskrankheiten ist für alle Gruppen derselbe.

354 1 c Zuständigkeiten

Bezüglich der Zuständigkeiten der Berufsgenossenschaften wird unterschieden zwischen den **Bau-Berufsgenossenschaften** für gewerbliche und nicht gewerbliche Unternehmer und ihren Beschäftigten sowie für Bauherren und der **Verwaltungsberufsgenossenschaft**, der die Angehörigen der freien Berufe als freiwillige Mitglieder beitreten können.

2 Versicherungsschutz für Angehörige freier Berufe

2 a Zugehörigkeit kraft Satzung

355 Nach den Vorschriften der RVO gehört der selbständige Ingenieur nicht zu dem kraft Gesetzes versicherten Personenkreis der „am Bau" Beschäftigen; er kann jedoch kraft Satzung für Teilbereiche seiner Berufstätigkeit in den Versicherungsschutz einbezogen werden oder freiwillig der für ihn zuständigen **Verwaltungsberufsgenossenschaft** beitreten.

356 So hat z. B. die Verwaltungsberufsgenossenschaft für ihren Zuständigkeitsbereich **kraft Satzung** festgelegt, daß „Personen, die nicht im Unternehmen beschäftigt sind, aber (...) als selbständige Angehörige der beratenden freien Berufe (...) die Stätte des Unternehmens im Auftrag oder mit Zustimmung des Unternehmers aufsuchen oder auf ihr verkehren, während ihres Aufenthalts auf der Stätte des Unternehmens beitragsfrei versichert, soweit sie nicht schon nach anderen Vorschriften oder freiwillig nach § 545 RVO versichert sind".

Beitrittserklärung

Diese „Versicherung kraft Satzung ist, bezogen auf das weite Feld der beruflichen Betätigung eines Selbständigen, unter diesen Umständen zu eng begrenzt und kann umfangmäßig die Leistung der gesetzlichen Unfallversicherung dann nicht immer voll ausschöpfen. Insbesondere aber umfaßt sie nur den Aufenthalt auf der Stätte des Unternehmens, nicht dagegen die Wege zu oder von der Stätte des Unternehmens, auf denen dieser Personenkreis dem relativ größeren Unfallrisiko ausgesetzt ist.

2 b Zugehörigkeit aufgrund freiwilligen Beitritts

Es ist daher grundsätzlich ein freiwilliger Beitritt zur gesetzlichen Unfallversicherung zu empfehlen, zumal für eine im Vergleich zu privaten Unfallversicherungen erheblich günstigere Beitragsprämie, ein umfassender Versicherungsschutz für Arbeitsunfälle und den sich daraus ergebenden Konsequenzen geboten wird, wie er sonst nur durch ein ganzes Bündel privater Versicherungen (wie Kranken- und Unfall-, Tagegeld- und Lebensversicherung usw.) erreicht werden könnte.

Für den Ingenieur bestehen aufgrund der gesetzlichen Vorschriften folgende Möglichkeiten, Versicherungsschutz in Anspruch zu nehmen:

(1) Der Ingenieur ist Angestellter in einem Ingenieurbüro oder in einem gewerblichen Unternehmen (Baugesellschaft, Fachbetrieb etc.). In diesen Fällen ist es kraft Gesetzes bei der gesetzlichen Unfallversicherung versichert.

(2) Der Ingenieur ist selbständig, sei es als Inhaber eines eigenen Planungsbüros oder eines gewerblichen Unternehmens. In diesen Fällen ist er zwar verpflichtet, seine Angestellten bei der gesetzlichen Unfallversicherung anzumelden und zu versichern, er selbst ist aber nur dann versichert, wenn er freiwillig der gesetzlichen Unfallversicherung beitritt.

2 c Die Beitrittserklärung

Der Beitritt muß schriftlich erklärt werden, die Beitrittserklärung muß eigenhändig unterzeichnet sein und die Versicherungssumme enthalten, die der Versicherung zugrunde gelegt werden soll. Soll auch der mitarbeitende Ehegatte versichert sein, so muß dieser ein gleiches, eigenhändig unterschriebenes Schreiben an die Berufsgenossenschaft richten.

Der Beitrag zur freiwilligen Versicherung wird nach der vom Versicherten gewählten Versicherungssumme und der Gefahrenklasse errechnet.

Zuständig für die Beitrittserklärungen: Verwaltungsberufsgenossenschaft, Überseering 8, 2000 Hamburg 60

3 Umfang des Versicherungsschutzes

3a Versicherungsschutz bei Arbeitsunfällen

360 Die Verwaltungsberufsgenossenschaft tritt nur für Schäden ein, die durch einen Arbeitsunfall erlitten werden. **Arbeitsunfälle** sind Unfälle, die durch die versicherte berufliche Tätigkeit verursacht worden sind. Dazu gehören Unfälle auf Geschäftsfahrten ebenso wie im eigenen Büro oder in fremden Betrieben, die aus geschäftlichen Gründen aufgesucht werden. Auch der Weg von der Wohnung zum eigenen Büro und zurück steht im allgemeinen unter Versicherungsschutz.

3b Versicherungsschutz bei Berufskrankheiten

361 Die Berufsgenossenschaft gewährt auch Leistung, wenn der Schaden durch eine Berufskrankheit eingetreten ist. **Berufskrankheiten** sind allerdings nur die Krankheiten, die in der von der Bundesregierung erlassenen „Berufskrankenverordnung" aufgezählt sind („Typische" Berufskrankheiten für selbständige Angehörige freier Berufe gibt es nicht; auf keinen Fall fallen darunter Verschleiß- und Alterserscheinungen, wie z. B. Bandscheibenschäden, Herzinfarkte etc.).

3c Entschädigungsverpflichtungen

362 Die Berufsgenossenschaft ersetzt nur Körperschäden, gewährt also keinen Ersatz für beschädigte Kleidungsstücke, Kraftfahrzeuge oder andere Gegenstände, die der Verletzte bei sich führt.

363 Die Geldleistungen richten sich u. a. nach der Versicherungssumme, die der Selbständige selbst der freiwilligen Versicherung zugrunde gelegt hat. Die Versicherungssumme ist die Berechnungsgrundlage für die Geldleistungen; sie ist weder ein Betrag, der in einer Summe oder in Teilbeträgen bezahlt wird, noch ein Höchstbetrag, nach dessen Erreichen die Berufsgenossenschaft ihre Leistungen einstellt.

Die Geldleistungen umfassen die Kosten der Heilbehandlung, die Ausstattung mit Körperersatzstücken und Hilfsmitteln und die Gewährung von Pflege. Sie wird ohne zeitliche Begrenzung gewährt. Es gibt keine Aussteuerung wegen Ablauf oder Erreichens von Höchstbeträgen und auch grundsätzlich keine Selbstbeteiligung an den von der Berufsgenossenschaft gewährten Leistungen.

Auch ein Übergangsgeld wird dem freiwillig Versicherten für die Zeit der Arbeitsunfähigkeit bezahlt. Berufshilfe wird dann gewährt, wenn der Verletzte durch die Folgen des Unfalls so schwer geschädigt ist, daß er seinen früheren Beruf nicht ohne weiteres oder überhaupt nicht mehr ausüben kann.

Wird der Versicherte durch einen Arbeitsunfall getötet oder stirbt er an den Folgen des Arbeitsunfalls, so gewährt die Berufsgenossenschaft auch Sterbegeld, Überführungskosten, Überbrückungsgeld und Hinterbliebenenrente.

4 Gegenseitige Pflichten aus der Unfallversicherung

4a Aufgaben des Versicherers

Der Berufsgenossenschaft sind durch Gesetz folgende Aufgabengebiete zugewiesen: Verhütung von Unfällen, Heilung der Unfallverletzten, Berufshilfe für Unfallverletzte und Entschädigung für Unfallfolgen durch Geldleistungen.

Die Berufsgenossenschaften haben also die gesetzliche Verpflichtung, mit allen geeigneten Mitteln für die Verhütung von Arbeitsunfällen und für eine wirksame Erste Hilfe zu sorgen. Diesem Zweck dienen vor allem die Unfallverhütungsvorschriften. Verstoßen Mitglieder oder Versicherte vorsätzlich oder grob fahrlässig gegen die Unfallverhütungsvorschriften, so werden Ordnungsstrafen bis zu 10000,- DM festgesetzt; bei leicht fahrlässigen Verstößen kann davon abgesehen werden.

4b Obliegenheiten des Versicherten

Die Versicherten haben gegenüber den Versicherungsträgern Verpflichtungen in zweifacher Hinsicht:

— Sie sind verpflichtet, ihrer Berufsgenossenschaft sofort Anzeige zu erstatten, sobald sie ein Unternehmen eröffnen oder übernehmen und haben alle ihre Angestellten anzumelden und zu versichern.

— Sie haben jeden Unfall in ihrem Betrieb anzuzeigen, bei dem ein im Unternehmen Beschäftigter getötet oder so verletzt wird, daß er für mehr als 3 Tage völlig oder teilweise arbeitsunfähig geschrieben wird. Der Unfall ist binnen 3 Tagen anzuzeigen, nachdem der Unternehmer von ihm erfahren hat. Bei Todesfällen ist außerdem eine fernmündliche oder telegrafische Anzeige an die Berufsgenossenschaft vorgeschrieben.

366 4 c Versicherungsschutz bei Auslandstätigkeit

Tätigkeiten im Ausland sind bis zur Dauer von 6 Monaten versichert, wenn ein Zusammenhang mit der inländischen Tätigkeit besteht. Bei längerem Auslandsaufenthalt bedarf es zur Gewährleistung des Versicherungsschutzes gegebenenfalls des Beitritts des Unternehmers zur Auslandsunfallversicherung nach §§ 762ff. RVO.

Literaturhinweise

Merkblatt der Berufsgenossenschaft Banken, Versicherungen, Verwaltungen, freie Berufe und besondere Unternehmen über die gesetzliche Unfallversicherung, zu beziehen bei der Verwaltungsberufsgenossenschaft, Überseering 8, 2000 Hamburg

Merkblatt für Bauherren über die gesetzliche Unfallversicherung, zu beziehen bei der Bayerischen Bau-Berufsgenossenschaft, Loristraße 8, 8000 München 2

Die Entschädigungspflicht beruht auf § 551 RVO in Verbindung mit der 7. Berufskrankenverordnung vom 20.6.1968 (BGBl. 1 S. 721)

Bauversicherungen, Klaus Neuenfeld, Forum-Verlag Stuttgart 1976

Die Berufshaftpflichtversicherung der Architekten und Ingenieure, Hans-Ernst Bachmann, Deutscher Consulting Verlag Wuppertal

Wussow, Allgemeine Versicherungsbedingungen für Haftpflichtversicherung, 8. Aufl. 1976, Verlag Robbers & Co., Frankfurt

Colonia – Informationsdienst: „Sicher bauen – geschützt wohnen".

Literaturverzeichnis

Acustica, Fachzeitschrift, Verlag S. Hirzel, Stuttgart

Altenmüller, Die Entscheidung über die Kosten des Beweissicherungsverfahrens, NJW 1976, 92 ff.

Archiv für die civilistische Praxis

Aurnhammer, Ein Versuch zur Lösung des Problems der Schadensquote, VersR 1974, 1060 ff.

Backherms, Unzulässige Verweisung auf DIN-Normen, ZRP 1978, 261 ff.

Baltes, Immissionsgrenzwerte und Art. 2 Abs. 2 GG, BB 1978, 130 ff.

Baumbach/Duden, Kommentar zum Handelsgesetzbuch, 21. Aufl. 1974, Beck-Verlag, München

Baumbach/Lauterbach/Albers/Hartmann, Kommentar zur Zivilprozeßordnung, 35. Aufl. 1977, Beck-Verlag, München

Bau und Bauindustrie, Fachblatt für Bautechnik und Bauwirtschaft, Werner-Verlag, Düsseldorf

Baumeister, Fachzeitschrift, Baden-Württembergischer Baumeisterbund e.V., Stuttgart

Baupraxis, Fachzeitschrift

baurecht, Zeitschrift für das gesamte öffentliche und zivile Baurecht, Werner-Verlag, Düsseldorf

Bauschädensammlung, 1974, Forum-Verlag, Stuttgart

Beeg, Kosten- und Termingarantie durch den Architekten, BauR 1973, 71 ff.

Bild der Wissenschaft, Zeitschrift, Deutsche Verlagsanstalt, Stuttgart

Bindhardt, Die Haftung des Architekten, 7. Aufl. 1974, Werner-Verlag, Düsseldorf

– Über die Rechtsprechung des Bundesgerichtshofes zur Verkehrssicherungspflicht des Architekten, BauR 1975, 376 ff.

Blomeyer, Schadensersatzansprüche des im Prozeß Unterlegenen wegen Fehlverhaltens Dritter, 1972

– Zur zivilrechtlichen Haftung des gerichtlichen Sachverständigen, ZRP 1974, 214 ff.

Brandt, Die Vollmacht der Architekten zur Abnahme von Unternehmerleistungen, BauR 1977, 69 ff.

Brewig, Schallschutz haustechnischer Anlagen und baulich mit Wohnungen verbundener Gewerbebetriebe – Ausführungshinweise und Kontrollen, VDI-Berichte 1979, Nr. 336, S. 69 ff.

Brügmann, Die gesamtschuldnerische Haftung der Baubeteiligten gegenüber dem Bauherrn – und die Regelung im Innenverhältnis, BauR 1976, 383 ff.

Brych, Bauhandwerkersicherungshypothek bei der Errichtung von Eigentumswohnungen, NJW 1974, 483 ff.

Carroux, Schalldämmende Fenster mit zusätzlicher Belüftung für Wohnräume in Wohnungen mit gehobenem Schallschutz, KdL 1970, S. 46 ff.

Consulting, Fachzeitschrift, Vogel Verlag, Würzburg

Damm, Die zivilrechtliche Haftung des gerichtlichen Sachverständigen, JuS 1976, 359 ff.

Das gesamte Boden- und Baurecht, Entscheidungssammlung, Luchterhand
Der Betrieb, Fachzeitschrift, Verlag Handelsblatt, Düsseldorf
Der Betriebsberater, Fachzeitschrift, Verlagsgesellschaft Recht und Wirtschaft mbH, Heidelberg
Der Sachverständige, Fachzeitschrift, Neuer Merkur Verlag, München
Deutsche Bauzeitung, Fachzeitschrift
Deutsche Rechtsprechung, Entscheidungssammlung und Aufsatzhinweise, Deutsche Rechtsprechungs-Verlags-GmbH, Hamburg
Deutsche Richterzeitung, Fachzeitschrift, Heymanns Verlag, Köln-Berlin-Bonn-München
Deutsche Wohnungswirtschaft, Fachzeitschrift, Deutscher Mieterbund, Köln
Deutsches Architektenblatt, Fachzeitschrift, Forum-Verlag, Stuttgart
Deutsches Autorecht, Fachzeitschrift, ADAC-Verlag, München
Deutsches Verwaltungsblatt, Fachzeitschrift, Heymanns Verlag, Köln-Berlin-Bonn-München
Die Bauverwaltung, Fachzeitschrift, Vincentz-Verlag, Hannover
Die Bauwirtschaft, Zentralblatt für das gesamte Bauwesen
Die öffentliche Verwaltung, Fachzeitschrift, W. Kohlhammer Verlag, Stuttgart
Die Schalltechnik, Fachzeitschrift
Dittmann/Stahl, Allgemeine Geschäftsbedingungen, Kommentar, 1977, Bauverlag, Wiesbaden und Berlin
Döbereiner, Die Haftung des gerichtlichen und außergerichtlichen Sachverständigen nach der neueren Rechtsprechung des BVerfG und des BGH, BauR 79, 282 ff.
– Anm. zu BVerfG 11.10.78, BB 1979, 130
Döbereiner/Liegert, Baurecht für Praktiker, 2. Aufl. 1977, Bauverlag, Wiesbaden und Berlin
Döbereiner/v. Keyserlingk, Sachverständigen-Haftung, 1979, Bauverlag, Wiesbaden und Berlin
Dreher, Kommentar zum Strafgesetzbuch, 36. Aufl. 1976, Beck-Verlag, München
Ebel, Die Kollision Allgemeiner Geschäftsbedingungen, Jus 1978, 1033 ff.
Eberstein, Technische Regeln und ihre rechtliche Bedeutung, BB 1969, 1291 ff.
– Technik und Recht, BB 1977, 1723 ff.
Ehm, Die Anforderungen der neuen DIN 4109 an den Schallschutz, VDI-Berichte 1979, Nr. 336, S. 17 ff.
Eisenberg, Erläuterungen zu den Anforderungen an den Schallschutz im Entwurf zur Neufassung von DIN 4109 Teil 2 und zu den Ausführungsbeispielen des Teils 3, VDI-Berichte 1979, Nr. 336, S. 25 ff.
– Geräusche der Wasserinstallation – Stand der Entwicklung und Normgebung, VDI-Berichte 1979 Nr. 336, S. 65 ff.
Enge/Kraupner/Salzwedel/Wurr, Kommentar zur VOB – DIN 18379/18380, 1977, Werner-Verlag, Düsseldorf
Fachblatt für Gastechnik und Gaswirtschaft sowie für Wasser und Abwasser, Fachzeitschrift, Oldenbourg Verlag, München
Fehl, Zur Identität von Besteller und Grundstückseigentümer als Voraussetzung einer Bauhandwerkersicherungshypothek i.S. des § 648 BGB, BB 1977, 69 ff.
Finger, Die Haftung des Werkunternehmers für Mangelfolgeschäden, NJW 1973, 81 ff.
Franzius, Voraussetzungen fachgerechter Weiterbildung, Der Sachverständige 1976, 38 ff.

Literaturverzeichnis

Freund/Barthelmess, Anm. zu OLG München 6.10.76, NJW 1977, 438

Fricke, Zur Beendigung des Beweissicherungsverfahrens, BauR 1977, 231 ff.

Friedrichs, Sachverständigenernennung, Hilfskraft und Gutachtenserläuterung, DRiZ 1975, 336 ff.

– Sachverständigengruppe und ihr Leiter, JZ 1974, 257 ff.

Ganten, Neue Ansätze im Architektenrecht? NJW 1970, 68 ff.

– Anm. zu BGH 20.1.72, VersR 1972, 54

– Gedanken zum Deliktsrisiko des Architekten, BauR 1973, 148 ff.

– Die Hinweispflicht des Architekten, BauR 1974, 78 ff.

– Anm. zu OLG München 5.4.74, NJW 1975, 391

– Kriterien der Beweislast im Bauprozeß, BauR 1977, 162 ff.

Gesundheits-Ingenieur, Fachzeitschrift, Oldenbourg Verlag, München

Gewerbearchiv, Fachzeitschrift, Gildeverlag Dobler, Alfeld/Leine

Glaser/Ullrich, Das gesamte Boden- und Baurecht, Entscheidungssammlung, Luchterhand

Gnad, Auswirkungen des AGB-Gesetzes auf die künftige Ausgestaltung von Architektenformularverträgen, Schriftenreihe der Deutschen Gesellschaft für Baurecht, Bd. 4, S. 12 ff.

Gösele, Verschlechterung der Schalldämmung von Decken und Wänden durch anbetonierte Wärmedämmplatten, Gesundheits-Ingenieur 1961, 333 ff.

– Reihenhaustrennwände aus Schwerbeton, Hartschaumplatten und Spachtelung – ungenügender Schallschutz, Bauschädensammlung, Forum-Verlag, Stuttgart 1974, Bd. 1, S. 133 ff.

– Zur Neufassung von DIN 4109 „Schallschutz im Hochbau" – Grundlagen und Ziele, KdL 1976, Nr. 23, S. 143 ff.

Gösele/Karádi, Schalldämmung zwischen Wohnung und Treppenraum, FBW-Blätter 1971, Nr. 6

Gösele/Lakatos, Schalldämmung von Fenstern und Verglasungen, FBW-Blätter 1977, Nr. 6

Gösele/Voigtsberger, Armaturengeräusche und Wege zu ihrer Verminderung, Gesundheits-Ingenieur 1968, 129 ff.

– Grundlagen zur Geräuschminderung bei Wasserauslaufarmaturen, Gesundheits-Ingenieur 1970, 108 ff.

– Der Einfluß der Installationswand auf die Abstrahlung von Wasserleitungsgeräuschen, Acustica 1976, 310 ff.

Gösele/Schüle, Schall-Wärme-Feuchte, 5. Aufl. 1979, Bauverlag, Wiesbaden und Berlin

Gossrau/Stephany/Conrad/Dürre, Handbuch des Lärmschutzes und der Luftreinhaltung, Erich Schmidt-Verlag, Berlin

Griefahn/Jansen, Schlafstörungen durch Lärm, Lärm-Wirkung und Bekämpfung, 1978, Erich Schmidt-Verlag, Berlin

Grimm, Zur Abgrenzung der Schadensersatzansprüche aus § 635 BGB und aus positiver Vertragsverletzung, NJW 1968, 14 ff.

Groß, Bauhandwerkersicherungshypothek und Mehrwertsteuer, BauR 1971, 177 ff.

Grunau, Sachverständige – „Universalgenies" im Bauwesen. Der Sachverständige 1977, 205 ff.

Grün/Grün, Bautaschenbuch für Richter und Rechtsanwälte, 1978, Vieweg Verlag, Braunschweig

Gummlich, Zur Messung der Luftschalldämmung von Fenstern, KdL 1975, 29 ff.

Guski, Zumutbare Lärmgrenzen und Lärmschutzmaßnahmen im Wohnbereich, VDI-Berichte 1979, Nr. 336, S. 11 ff.

Hammer, Die rechtliche Bedeutung von technischen Vorschriften, gwf 1964, 12 ff.

– Technische „Normen" in der Rechtsordnung, MDR 1966, 977 ff.

Handbuch des Lärmschutzes und der Luftreinhaltung, Erich Schmidt-Verlag, Berlin

Hassel/Oelkers, Problematische Anwendung der TA-Lärm, KdL 1976, Nr. 23, S. 29 ff.

Heiermann/Linke, AGB im Bauwesen, 1978, Bauverlag, Wiesbaden und Berlin

Heiermann/Riedl/Schwaab, Handkommentar zur VOB, 2. Aufl., 1979, Bauverlag, Wiesbaden und Berlin

Heinrichs, Der Rechtsbegriff der Allgemeinen Geschäftsbedingungen, NJW 1977, 1505 ff.

Heinz, Der fachkundige Bauherr, BauR 1974, 305 ff.

Hereth, Besprechung zu Mang/Simon: BayBO, NJW 1963, 1489

Herschel, Regeln der Technik, NJW 1968, 617 ff.

Hess, Die Haftung des Architekten für Mängel des errichteten Bauwerks, 1966, Gieseking-Verlag, Bielefeld

Hesse, Verlust des Entschädigungsanspruches des gerichtlichen Sachverständigen, NJW 1969, 2263 ff.

– Haftungsbeschränkungen in Architektenverträgen, BauR 1970, 193 ff.

– Der Einheits-Architektenvertrag und die geplante Regelung des Rechts der Allgemeinen Geschäftsbedingungen, BauR 1975, 80 ff.

– Das Verbot der Architektenbindung, BauR 1977, 74 ff.

Hesse/Korbion/Mantscheff, Honorarordnung für Architekten und Ingenieure, Kommentar, 1978, Beck-Verlag, München

Hochstein, „Unmittelbarer Schaden", „Schaden an dem Bauwerk" und „unmittelbarer Schaden am Bauwerk", BauR 1972, 8 ff.

Honsell, Probleme der Haftung für Auskunft und Gutachten, JuS 1976, 621 ff.

Hörmann, Lärm-psychologisch betrachtet, Bild der Wissenschaft 1968, 785 ff.

Ingenstau/Korbion, Kommentar zur VOB, 8. Aufl. 1977, Werner-Verlag, Düsseldorf

Jagenburg, Anm. zu OLG Köln 9.7.74, BauR 1975, 213

– Der Einfluß des AGB-Gesetzes auf das private Baurecht, BauR-Sonderheft Nr. 1/1977, S. 27 ff.

– Die Vollmacht des Architekten, BauR 1978, 180 ff.

Jessnitzer, Ortsbesichtigung und Untersuchungen durch Bausachverständige und ihre gerichtliche Verwertung, BauR 1975, 73 ff.

Jochem, Die Auswirkungen der unterlassenen Mitwirkungshandlung gegenüber dem Architekten, BauR 1976, 392 ff.

Jokiel, Wie schalldämmende Fenster beurteilt werden, Umwelt 1977, 450 ff.

Juristenzeitung, Fachzeitschrift, J.C.B. Mohr, Tübingen

Juristische Rundschau, Fachzeitschrift, Walter de Gruyter, Berlin

Juristische Schulung, Fachzeitschrift, Beck-Verlag, München

Juristische Wochenschrift, Fachzeitschrift

Literaturverzeichnis

Kaiser, Mängelbeseitigungspflicht des Architekten, NJW 1973, 1910 ff.
- Die Bedeutung des AGB-Gesetzes für vorformulierte vertragliche Haftungs- und Verjährungsbedingungen im Architektenvertrag, BauR 1977, 313 ff.

Kampf dem Lärm, Fachzeitschrift, Springer Verlag, Berlin

Kapellmann, Einzelprobleme der Sicherungshypothek, BauR 1976, 323

Kirchner, Rechtliche Probleme bei Ingenieurverträgen, BB 1971, 67 ff.

Kleine-Möller, Vertragsstrafe im Bauvertrag, BB 1976, 442 ff.

Kleinknecht, Kommentar zur Strafprozeßordnung, 33. Aufl. 1977, Beck-Verlag, München

Koch, Zur Bewertung von Lärmbelästigungen durch Discotheken etc., KdL 1976, S. 107 ff.

Korbion, Anm. zu BGH 22.10.70, BauR 1971, 59

Kötz, Zur Teilunwirksamkeit von AGB-Klauseln, NJW 1979, 785 ff.

Krane, Lärmbekämpfung aus der Sicht der Verwaltungsbehörden, KdL 1975, Nr. 22, S. 149 ff.
- Grenzwerte und Richtwerte für Geräuschimmissionen, KdL 1977, Nr. 24, S. 9 ff.

Kromer/Fleischmann, Ingenieurrecht, Verlag L. Schwan, Düsseldorf

Lammel, Anm. zu BGH 5.12.72, NJW 1973, 700

Landmann/Rohmer/Bleutge, Kommentar zur Gewerbeordnung, 13. Auflage

Lehmann/Hübner, Allgemeiner Teil des BGB, 16. Auflage

Lewenton/Schnitzer, Verträge im Ingenieurbüro, 1974, Werner-Verlag, Düsseldorf

Lindemann, Die Architekten und die DIN-Normen, DAB 1978, 947 ff.

Lindenmaier/Möhring, Nachschlagewerk des Bundesgerichtshofes, Beck-Verlag, München

Linke, Gewährleistung bei Spurrinnen, Die Bauwirtschaft 1976, 1038

Lipps, Herstellerhaftung beim Verstoß gegen „Regeln der Technik"?, NJW 1968, 279 ff.

Locher, Die Haftung des Architekten für Bausummenüberschreitung, NJW 1965, 1696 ff.
- Die Auskunfts- und Rechenschaftspflicht des Architekten und Baubetreuers, NJW 1968, 2324 ff.
- Die Haftung für Expertisen, NJW 1969, 1567 ff.
- Zur Beweislast des Architekten, BauR 1974, 293 ff.
- Das private Baurecht, 2. Auflage, 1978, Beck-Verlag, München
- Die Problematik des Beweissicherungsverfahrens im Baurecht, BauR 1979, 23 ff.

Locher/Koeble/Frik, Kommentar zur HOAI, 2. Auflage 1978, Werner-Verlag, Düsseldorf

Löwe, Voraussetzungen für ein Aushandeln von AGB, NJW 1977, 1328 ff.

Löwe/Graf von Westphalen/Trinkner, Kommentar zum Gesetz des Rechts der Allgemeinen Geschäftsbedingungen, 1977, Verlagsgesellschaft Recht und Wirtschaft, Heidelberg

Lukes, Die Bedeutung der sog. Regeln der Technik für die Schadensersatzpflicht von Versorgungsunternehmen, Veröffentlichung des Instituts für Energierecht an der Universität zu Köln 1968, 23 ff.

v. Lüpke, Die Sonderfachleute im Bauwesen, BB 1968, 651 ff.

Lutz, Schalldämmende Lüftungsschleusen im Fensterbereich, FBW-Blätter 1977, Nr. 5
- Lärmminderung durch Abschirmung von Gebäuden, Baupraxis 1977, Nr. 9
- Wohnungstrennwände aus Normalbeton, Mehrschicht-Leichtplatten und Beschichtung, DAB 1978, 422 ff.

Mahlberg, Die rechtliche Situation und Haftung des Sachverständigen, insbesondere des Bausachverständigen, Die Bauwirtschaft 1977, 1933 ff.

Mai, Lärmprobleme bei haustechnischen Anlagen, sbz 1977, H. 19

– Haustechnische Anlagen und Schallschutz – Die neue DIN 4109, sbz 1979, S. 500 ff.

Mang/Simon, Bayerische Bauordnung, Beck-Verlag, München

Mantel, Mangelhafte Schalldämmung an Reihenhäusern, Deutsche Bauzeitung 1976, 47 ff.

Maser, Bauwerkssicherungshypothek des Architekten, BauR 1975, 91 ff.

Mechel, Hohlraumdämpfung in zweischaligen Trennwänden, wksb 1977, Nr. 5

Melcher, Erhöhter Schallschutz bei Massivbauten, VDI-Berichte 1978 Nr. 336, S. 37 ff.

Meyer, Schallschutz gegen Außenlärm, VDI-Berichte 1979 Nr. 336, S. 83 ff.

Mitter, Fenster, Schalldämmung und Lüftung, KdL 1971, Heft 2

Moll, Dämmung des Außenlärm durch Fenster, Kommentar zur Richtlinie VDI 2719, KdL 1974, Nr. 21, S. 136 ff.

Monatsschrift für Deutsches Recht, Verlag Otto Schmidt, Köln

Müller, Die Pflichten des öffentlich bestellten und vereidigten Sachverständigen, DB 1972, 1809 ff.

– Der Sachverständige im gerichtlichen Verfahren, 2. Aufl. 1978

Musielak, Haftung für Rat, Auskunft und Gutachten, 1974

Neue Juristische Wochenschrift, Fachzeitschrift, Beck-Verlag, München

Neuenfeld, Handbuch des Architektenrechts (Honorarordnung), W. Kohlhammer Verlag, Stuttgart

Nikusch, § 330 StGB als Beispiel für eine unzulässige Verweisung auf die Regeln der Technik, NJW 1967, 811 ff.

Nissl, Die Haftung des Experten für Vermögensschäden Dritter, Münch.Diss. 1971

Osenbrück, Wenn Nachlässe die Honorare drücken, Consulting 1975, 10

Palandt, Bürgerliches Gesetzbuch, Kommentar, 38. Aufl. 1979, C.H. Beck-Verlag, München

Peters, Mangelschäden und Mangelfolgeschäden, NJW 1978, 665 ff.

Pott/Frieling, Vertragsrecht für Architekten und Ingenieure, 1979, Verlag für Wirtschaft und Verwaltung Hubert Wingen, Essen

Raschorn, Zur Haftung für fehlerhafte Sachverständigengutachten, NJW 1974, 1172 ff.

Roedler, Das Wohnungsfenster – isolierendes und verbindendes Bauelement, KdL 1974, 131

Raspe/Schubert, Berufsbilder des Handwerks

Sanitär-Heizungs-Klimatechnik, Fachzeitschrift, Gentner Verlag, Stuttgart

Sauerzapf, Die allgemein anerkannten Regeln der Baukunst, Die Bauwirtschaft 1962, 359 ff.

Schäfer/Finnern, Rechtsprechung der Bauausführung, Entscheidungssammlung, Werner-Verlag, Düsseldorf

Scherer, Die allgemein anerkannten Regeln der Baukunst, Bau- und Bauindustrie 1963, 903 ff.

Schlechtriem, Anm. zu BGH 20.1.72, NJW 1972, 1554

Schmalzl, Die Gewährleistungsansprüche des Bauherrn gegen den Bauunternehmer, NJW 1965, 129 ff.

– Zur Rechtsnatur des Statikervertrages, MDR 1971, 349 ff.

Literaturverzeichnis

- Bauvertrag, Garantie, Verjährung, BauR 1976, 221 ff.
- Die Haftung des Architekten und Bauunternehmers, NJW-Schriftenreihe, Heft 4, 3. Aufl. 1976, Beck-Verlag, München

Schmidt, W., Die Rechtsprechung des Bundesgerichtshofes zum Bau-, Architekten- und Statikerrecht, WM 1972, Sonderbeilage 4

Schmidt-Futterer, Das Mieterhöhungsverlangen für nicht preisgebundenen Wohnraum, MDR 1975, 1 ff.

Schneider, E., Haftungsausschluß für falsche Gutachten gerichtlicher Sachverständiger, JurBüro 1975, 434 ff.

- Der Widerruf von Werturteilen, MDR 1978, 613 ff.

Schneider, Ein Beitrag zur Prüfung und Beurteilung der Schalldämmung bei zusammengesetzten Flächen unterschiedlicher Einzeltransmission unter besonderer Berücksichtigung des baulichen Schallschutzes gegenüber Außengeräuschen im freien Schallfeld, BAM-Bericht 1971, Nr. 6

Schneider/Böckl, Zur Neufassung der DIN 4109 — Schallschutz im Hochbau, Die Schalltechnik, 1963, Heft 51–55, 1964, Heft 56, S. 54 ff.

Schröder, Informationsgehalt — ein neuer Parameter zur Geräuschbeurteilung, KdL 1974, 121 ff.

Seelig, Rechtliche Betrachtung zur Sicherheit des Gasrohrnetzes, gwf (Gas) 1965, 860 ff.

Slibar, Möglichkeit und Grenzen der Rekonstruktion des Unfallherganges, DAR 1978, 305 ff.

Soergel/Siebert, Kommentar zum BGB, 11. Auflage

Staats, Zur Problematik bundesrechtlicher Verweisungen auf Regelungen privatrechtlicher Verbände, ZRP 1978, 59 ff.

Staudinger, Kommentar zum BGB, 11. Auflage

Stein, Pflichten und Rechte des öffentlich bestellten und vereidigten handwerklichen Sachverständigen unter Berücksichtigung der Sachverständigenordnung der Handwerkskammer, DS 1978, 71 ff.

Stein/Jonas, Kommentar zur Zivilprozeßordnung, 19. Auflage 1972, J.C.B. Mohr, Tübingen

Thomas/Putzo, Kommentar zur Zivilprozeßordnung, 10. Aufl. 1978, Beck-Verlag, München

Tomasczewski, Unterschiedliche Auffassung über die allgemein anerkannten Regeln der Baukunst (der Technik), Die Bauverwaltung 1967, 430 ff.

Trapp, Die Beendigung der vertraglichen Leistungspflicht des planenden und bauleitenden Architekten, BauR 1977, 322 ff.

Trümper, Schallschutz gegen Außen- und Nachbarlärm bei Wohnungsbelüftungen, VDI-Berichte 1979, Nr. 336, S. 93 ff.

Tschenitschek, Die subsidiäre Haftung des Architekten, NJW 1963, 1133 ff.

Ulmer/Brandner/Heusen, AGB-Gesetz, Kommentar 1977, Otto Schmidt-Verlag, Köln

Umwelt, Fachzeitschrift, VDI-Verlag, Düsseldorf

Varrentrapp, Die Stellung des gerichtlichen Sachverständigen, DRiZ 1969, 351 ff.

VDI-Berichte, VDI-Verlag, Düsseldorf

Veröffentlichungen des Bundesaufsichtsamtes für das Versicherungswesen, Fachzeitschrift

Veröffentlichungen der Forschungsgemeinschaft Bauen und Wohnen, Fachzeitschrift, Bauverlag, Wiesbaden und Berlin

Versicherungs-Praxis, Fachzeitschrift, DVS-Wirtschaftsgesellschaft, Bonn

Versicherungsrecht, Fachzeitschrift, Versicherungswirtschaft e.V., Karlsruhe

Wärmeschutz, Kälteschutz, Schallschutz, Brandschutz, Fachzeitschrift

Weitnauer, Einige Fragen zum Verhältnis von VOB und AGBG, BauR 1978, 73 ff.

Weiss, Zielvorstellungen hinsichtlich der zukünftig zu stellenden Anforderungen an den Schall- und Wärmeschutz, VDI-Berichte 1979, Nr. 336, S. 5, 9

Wellmann, Der Sachverständige in der Praxis, 3. Aufl. 1974

Werner, Die allgemein anerkannten Regeln der Baukunst, Die Bauwirtschaft 1962, 359 ff.

Werner/Pastor, Der Bauprozeß, 3. Aufl. 1978, Werner-Verlag, Düsseldorf

Wertpapiermitteilungen, Wertpapier- und Baufragen, Rechtsprechung

Weyer, Ansprüche des Bauherrn gegen den Architekten bei Ablehnung des Baugesuchs, NJW 1967, 1998 ff.

- Die Feststellung des gegenwärtigen Zustandes einer Sache i.S. des § 485 Satz 2 ZPO, NJW 1969, 2233 ff.

Wiethaup, Haftung des Architekten bei Nichtbeachtung der Schalldämmung im Hochbau, Baumeister 1963, 1146 ff.

Wilhelm, Bauunternehmersicherungshypothek und wirtschaftliche Identität von Besteller und Eigentümer, NJW 1975, 2322 ff.

Wolf, Individualvereinbarungen im Recht der AGB, NJW 1977, 1937 ff.

Wussow, Baumängelhaftung nach der VOB, NJW 1967, 953 ff.

- Probleme der gerichtlichen Beweissicherung in Baumängelsachen, NJW 1969, 1401 ff.
- Auslegung der Subsidiaritätsklausel in Architekten-Verträgen, NJW 1970, 113 ff.
- Das gerichtliche Beweissicherungsverfahren in Bausachen, 1979, Verlagsgesellschaft Rudolf Müller, Köln
- Der Ausgleich zwischen Architekt und Bauunternehmer gemäß § 426 BGB, JuS 1974, 9 ff.

Zeitschrift für Rechtspolitik, Fachzeitschrift, Beck-Verlag, München

Zeitschrift für Zivilprozeß, Fachzeitschrift

Stichwortverzeichnis

A = Architekt AG = Auftraggeber BH = Bauherr
BU = Bauunternehmer I = Ingenieur SV = Sachverständiger

A

	RdZ	Seite
Ablehnung		
des Auftrages durch SV	196	260
Ablehnung des Sachverständigen		
– Befangenheit des SV	258	345
– im Beweissicherungsverfahren	247	333
Ablehnungsandrohung		
– Beweislast	38, 87, 102	42, 132, 149
– Kündigung durch I	181	248
– Leistungsverzögerung	34	43 ff.
– Leistungsverweigerung	35	44
– Minderung	103	150
– Nachbesserung	87	132
– Schadensersatz wegen Nichterfüllung	108	156
– Termingarantie	135	196
Abnahme	76 ff.	113 ff.
– AGB-Gesetz	186 ff.	253 ff.
– Abnahmefähigkeit der Leistung	78, 234	11, 314
– Abnahmepflicht des AG	82, 94	122, 142
– Abnahmeverlangen des I	82	122
– Abnahmewille des AG	79	118
– Abschlagszahlungen	79	119
– Anfechtung	84	124
– Annahmeverzug des AG	82	122
– durch Architekten	81	121
– Begriff	76	113
– behördliche	65, 78	89, 115
– besondere Vertragsbestimmungen	79	119
– Beweislast	83	123
– DIN-Vorschriften	74, 234	110, 314
– Durchführung	80	119
– Fehlerfreiheit der Leistung	73	106
– Form	80	119
– geringfügiger Mangel	85	125
– von Gutachten	210, 212	270 f.
– Ingebrauchnahme	78	116
– Kenntnis von Mängeln	78	116
– Mängel der Leistung	78 ff.	114 ff.
– Minderungsverlangen	78	116
– der Nachbesserung	94	142

	RdZ	Seite
– Pflichten des I nach Abn.	78, 216	116, 277
– der Planung	73, 78	106, 114
– Prüfstatiker	51	70
– rechtsgeschäftliche Abn.	81	121
– Schadensersatz	78, 109	116, 157
– des Statikerwerkes	80	120
– technische Abn.	81	121
– Teilabnahme	79	117
– Teilleistungen	79, 186	118, 252
– unberechtigt verweigerte Abn.	82	122
– Voraussetzungen	77	113
– Vorbehalt wegen Mängeln	87	132
– Wandlungsverlangen	78	116
– Wirkungen	83	122
– Zeitpunkt	78	114
Abschlagszahlungen	79	119
Absolute Rechte i.S. § 823 Abs. 1 BGB	148, 265	214, 351
Abtretung		
– von Gewährleistungsansprüchen	92	139
– Leistungsverweigerungsrecht des AG	92	139
– Minderungsanspruch bei Teilabtretung der Vergütung	105	153
– Wandelungsrecht	99	149
– der Werklohnforderung u. Sicherungshypothek	26	34
Änderung		
– der Beweislast in AGB's	192	258
– der Kostenanschlagssumme	134	192
– technischer Vorschriften	74, 234	110, 314
– Änderungswünsche des AG bei Garantiezusagen des I	134 f.	193 ff.
Änderungsbereitschaft		
– bei vorformuliertem Vertragstext der Allgemeinen Geschäftsbedingungen	12, 185	12, 251
– Beweislast	12	13

	RdZ	Seite
Abschlagszahlungen	79	119
– Kaufleute	12	14
– Leistungsverweigerungsrecht	95	143
– technische Normen	71	100 ff.
– Sicherungshypothek	28	36
– Subsidiaritätsklausel	193	258
– Verjährungsfristen	191	257
– Verkürzung von Gewährleistungsfristen	184, 186	250 f.
– Verschulden	188, 192	254, 258
– Vertragsstrafe	145	210
– Verwender von AGB's	12	13
– VOB und AGB-Gesetz	70 f.	99 ff.
– zeitliche Haftungsbeschränkungsklauseln	191	257 ff.
AGB-Gesetz (siehe auch Allgemeine Geschäftsbedingungen)		
– Abgrenzung zum Individualvertrag	12	11
– Abnahme	186 ff.	252 ff.
– Abänderungsbereitschaft bei AGB's	12	12
– Änderung der Beweislast	192	258
– Anwendungsbereich	12	12 ff.
– Aufklärungspflicht des Verwenders	12	13
– Aushandelungsabsprachen	12, 185	13, 251
– Gerichtsstand	15	20
– Haftungsbeschränkung	124, 184 ff.	180, 250 ff.
– Wandelungsverlangen	78	116
– Wirkungen	83	122
Allgemein anerkannte Regeln der Technik	53 ff.	72 ff.
– Abweichen durch Vereinbarung	70	99
– Änderung technischer Normen	74, 234	110, 314
– Anerkennung in Theorie und Praxis	55, 57, 220	75, 77, 281
– bauaufsichtlich eingeführte technische Normen	64, 233	86, 312
– Bauwesenversicherung	331	378
– Begriff	53, 60, 220	72, 80, 281
– behördliche Genehmigung	65	89
– Beweislastverteilung	75	111
– Beweisvermutung bei technischen Normen	66 ff., 233	90 ff., 313
– DIN-Entwürfe	62, 67, 220	83, 92, 281

	RdZ	Seite
– DIN-Normen	60, 70, 220	80, 99, 281
– DIN 4109 (1962)	233	312
– Fachleute	56	76
– Geltungsbereich	54	73
– gerichtliche Überprüfung	72	103
– Hilfsbauten	54	74
– maßgeblicher Zeitpunkt der Beurteilung	73, 111, 234	106, 162, 314
– objektive Pflichtwidrigkeit bei Verstoß gegen die ...	75	112
– rechtliche Bedeutung	58	78
– sachkundiger AG	74	110
– Schallschutz	219 ff.	280 ff.
– Schutzfunktion	56	76
– Sollvorschriften in technischen Normen	230, 233	304, 313
– technischer Fortschritt	61, 234	81, 314
– Verschulden bei Verstoß	74 f.	110 ff.
– Verweisungen	59	78
– VOB	70	99
– werkvertragliche Leistungspflicht	65, 69, 233	89, 95, 312
Allgemeine Beweisregeln	66	92
Allgemeine Geschäftsbedingungen (siehe auch AGB-Gesetz)		
– Abgrenzung zu Formularvertrag/Individualvertrag	11/12	11/12
– AGB-Gesetz	12	11 ff.
– Aufklärungspflicht des Verwenders	12	13
– Aushandeln	12	12
– Aushandelungsabsprache	12	13
– Bauhandwerkersicherungshypothek	28	36
– Begriff	11 f.	11 ff.
– Beweislastumkehr	12, 192	14, 258
– Gerichtsstand	15	20
– Gesamtschuld	194	259
– Haftungsbeschränkungen	184 ff.	250 ff.
– Haftungsbeschränkung auf Versicherungssumme	187	254
– LHO	17	23
– Subsidiaritätsklauseln	193	258
– Tatsachenbehauptungen	12	13
– technische Normen als ...	71	100
– Unmittelbarkeitsklausel	190	255
– Verjährungsfristen	191	257
– Verkürzung von Gewährleistungsfristen	184	250
– Verschulden	188, 192	254, 258

Stichwortverzeichnis

	RdZ	Seite
– Vertragsstrafe	143, 145	208 f.
– VOB	70	97
– Vorverlegung des Abnahmezeitpunktes	186	252
– Widersprechende Bedingungen	11	11
– zeitliche Beschränkungsklauseln	191	257
– Zurückbehaltungsrecht	95	143
Allgemeine Versicherungsbedingungen		
– Bauwesenversicherung	314 ff.	374 ff.
– Berufshaftpflichtversicherung	278 ff.	360 ff.
– Haftungsausschlüsse	304, 327	371, 378
– Rechtsschutzversicherung	342 ff.	381 ff.
– Vermögensschäden	286 ff.	364 ff.
Allgemeiner Sachverständigeneid	270	355
Alternative Schuldnerschaft	253	341
– Streitverkündung	253	340
Amtspflichtverletzung		
– Prüfstatiker	51	71
Anerkenntnis		
– Abschlagszahlung	79	119
– einstweilige Verfügung/ Sicherungshypothek	29	37
– Verjährungsunterbrechung	122	178
Anfechtung		
– der Abnahmeerklärung	84	124
– und Gewährleistungsansprüche	162	229
– des Vertrages	162	229
– der Vertragsstrafenabrede	137	199
Anforderungen		
– an Gutachten	197 ff., 256 ff.	261 ff., 343 ff.
– haustechnische Anlagen	230	298 ff.
– Heizgeräte	223	287
– Luftschalldämmung	224	289
– Schallschutz	220 ff., 234 ff.	281 ff., 314 ff.
– Trittschallschutz	224	289
angemessene Frist	100	147
Anhörung des SV		
– im Beweissicherungsverfahren	249	335
– Ende der Verjährungsunterbrechung	122	178

	RdZ	Seite
Anlagenvertrag	12	12
Anrechenbare Kosten	17	23
Anrechnung der Vertragsstrafe		
– auf Schadensersatzansprüche	140 f.	203 ff.
Anscheinsbeweis		
– bauaufsichtlich eingeführte technische Normen	68	93
– Beweiserleichterung	66, 111, 117	91, 163, 173
– Beweislastumkehr	66	92
– Beweiswürdigung	66	92
– Grundsätze	66	91 ff.
– Mängel der Planung	111	161 ff.
– positive Forderungsverletzung	132	189
– Schadensersatz	117, 132	173, 189
– technische Normen als Regeln der Technik	66	90
Anspruch		
– Erfüllung	85	125
– Nachbesserung	85 f.	125 ff.
Anspruchskonkurrenzen	156 ff.	227 ff.
Antrag		
– Beweissicherungsverfahren	244	330
– einstweilige Verfügung	29	36
– Herabsetzung der Vertragsstrafe	144	208
– bei Wandelungsklage	102	149
Anzeigepflicht des BU und I bei Bedenken (s. Bedenken)		
Anzeigepflicht des SV		
– Befangenheitsgründe	258	345
– Gutachtensablehnung	196	260
Arbeitsgemeinschaft		
– Funktion	302	369
– Versicherung	302	369
Architekt		
– Abnahmeerklärung durch A	81	121
– Adressat für Bedenken	16, 170	22, 238
– Architektenbindung	16	22
– Aufklärungspflicht/ Mängel	120, 212	176, 271
– Auftragserteilung durch A	10	10
– Ausdrückliche Vollmacht	10	10

Stichwortverzeichnis

	RdZ	Seite
– Bauleitung	2, 149, 234	2, 219, 314
– Beratungspflichten, nachvertragliche	78, 189, 215	114 ff., 255, 277
– Bindung an Schlußrechnung	17	24
– Bodenverhältnisse	169	236
– Erfüllungsgehilfe des BH	50, 91, 172	65, 137, 240
– Fachkenntnisse	163, 219, 232	230, 280, 310
– Genehmigungen, öffentlich-rechtliche	50	66
– Gesamtschuldnerische Haftung	163 ff.	229 ff.
– Koordinationspflicht	115, 169, 232	172, 237, 311
– Leistungspflicht/Inhalt	40	50
– Mitwirkung bei Nachbesserung	86	129
– Nachbesserungsrecht des A	88	133
– Nebenpflichten	186, 189	252, 255
– Oberleitung	50, 163 ff.	66, 229 ff.
– originäre Vollmacht	10, 81	10, 121
– Planungsfehler	168, 172, 230, 234	235, 240, 300, 314
– Sachwalter des BH	49, 226	62, 294
– Schallschutzmaßnahmen	219 ff, 230	280, 300
– Unternehmer i.S. § 648 BGB	19	25
– Verkehrssicherungspflicht	149	219
– Verschulden – siehe dort		
– Vertreter, vollmachtloser	143	207
– Vollmacht	10, 48, 81, 143	10, 60, 207
– Vorbehaltserklärung durch A	81, 143	121, 207
– Zuziehung von Sonderfachleuten	163, 232	230, 311
Architektenbindung	16	22
Architekten-Formularvertrag	186 ff.	252 ff.
– Ausgleichsansprüche	194	259
– Haftungsausschluß bei p.V.V.	189	255
– Haftungsbeschränkungen	186 ff.	252 ff.
– Subsidiaritätsklausel	193	258
– Unmittelbarkeitsklausel	190	255
– Verjährung	191	257
– Verschuldens-Nachweisklausel	192	258

	RdZ	Seite
– Versicherungs-Deckungssumme	187	254
– zeitliche Beschränkungsklauseln	191	257
Architektenvertrag		
– Bestätigungsschreiben	8	8
– Dienstvertrag	2	2
– Koppelungsverbot	16	22
– Rechtsnatur	2, 19, 39	2, 25, 48
Architektenwerk		
– Abnahmereife	73	106
– Baukosten	134	192
– Erfüllungsort	13	16
– Genehmigungsfähigkeit	50	65
– Kostenschätzung	133	192
– Leistungsinhalt	40	50
– Mängel	163 ff.	230 ff.
– Planungsfehler	40, 168, 172, 230, 234	49, 235, 300, 314
– Wirtschaftlichkeit	49	61
Arglistige Täuschung		
– Abweichen von behördlicher Auflage	50	136
– keine Anfechtung der Abnahme	84	124
– durch Erfüllungsgehilfen	123	179
– fehlende Ingenieurseigenschaft	30	38
– über Planungsfehler	75	112
– Verjährung von Ansprüchen	123	179
– durch Vertreter	30	39
Artikelgesetz	16 f.	22 f.
Aufenthaltsräume		
– Fensterschalldämmung	223	285
– haustechnische Anlagen	230	298
Aufgabenübertragung auf Dritte		
– durch Gutachter	203 f.	265 f.
– durch Ingenieur	16, 48, 111	21, 60, 161
Aufgedrängte Bereicherung		
– bei Bausummenüberschreitung	134	194
– Rechtsmißbrauch	134	195
Aufklärungspflicht		
– des Architekten	120, 212	176, 271
– des Ingenieurs	50, 168, 172	64, 235, 240
– des Sachverständigen	212, 258	271, 345

Stichwortverzeichnis

	RdZ	Seite
Aufrechnung		
– Leistungsverweigerungsrecht	92	139
– bei Minderung	105	153
– bei Schadensersatz	112	164
Auftragsbestätigung		
– Begriff	9	9
– Widerspruch	9	9
Auftragserteilung durch A	10	10
Aufwendungsersatz		
– bei Kündigung durch I	181	249
– für Mängelbeseitigung	90, 113	135, 169
Ausführungsfehler		
– Gesamtschuldnerische Haftung des BU	171	239
– Trittschallschutz	224	290
Ausführungsplanung	50	66
Ausgleichsanspruch unter Gesamtschuldnern		
– des Architekten	172	240
– Ausführungsfehler des BU	176	243
– Befriedigung des Gläubigers	177	244
– Besonderheiten	177	243
– des BU	175	243
– Erlaßvertrag mit Gläubiger	194	259
– Gesamtschuldverhältnis	175	242
– Haftungsbegrenzungen	177, 194	244, 259
– Haftungsverteilung	175 ff.	242
– des Ingenieurs	176	243
– Streitverkündung	253	340
– Subsidiaritätsklausel	177	244
– treuwidriges Verhalten	177	244
– Vergleichsabschluß	177	244
– Verjährung	194	259
Aushandelungsvereinbarung	12, 185	13, 251
Auskunftsvertrag (siehe auch Beratungsvertrag)		
– Begründung	213	273
– Gewährleistung	216 f.	269 ff.
– Schadensersatz	216 f.	269 ff.
– stillschweigender	213	273
– zugunsten Dritter	217 f.	278 f.
Auslandstätigkeit		
– Versicherungsschutz	366	388
Aussage des SV		
– falsche	268 ff.	354 ff.
– Falscheid	268 ff.	354 ff.
– uneidliche	270	355

	RdZ	Seite
Aussageverweigerungsrecht des SV	257	344
Ausschluß von der Leistungspflicht des Versicherers		
– Ausschlußklauseln	304, 327	371, 378
– Obliegenheitsverletzungen	337 ff.	380
– Verjährung	295	367
Außenbauteile		
– Schallschutzmaßnahmen	231	306
Außenlärm		
– Fenster	231	308
– Lüftung	231	308
– Schallschutzmaßnahmen	231	306
Außergerichtliches Gutachten	195 ff.	260
– Kostenerstattung für Gutachten bei Baumängeln	113	169
Ausstattung des SV	200	263
Ausübung eines öffentlichen Amtes	259	346
Auswahl des SV		
– im Beweissicherungsverfahren	246	332
– durch das Gericht	246	332

B

	RdZ	Seite
Bankbürgschaft		
– Sicherheitsleistung	29	37
Bauaufsicht		
– des Architekten	2, 149, 234	2, 219, 314
– Ausführungsfehler des BU	171, 173	238, 241
– Ausgleichsansprüche	176 ff.	243 ff.
– Gesamtschuldnerische Haftung bei Fehlern	173	241
– Minderungsanspruch	104	152
– Schallschutzmaßnahmen	224	291
– Verkehrssicherung	149 ff.	218 ff.
– Werkvertrag	2	2
Baubeschreibung	16	22
Baugefährdung	53	72
Baugenehmigung		
– Bedenken bezüglich Erteilung	50	68
– Dispens	50	65, 68
– Ermessensentscheidung	50	68
– Erteilung bei vertragswidriger Leistung	50	67

	RdZ	Seite
– Fehlentscheidung der Behörde	50	68
genehmigungsfähige Leistung	50	64
– Schutzgesetz i.S. § 823 BGB	152	221
– vertragsgemäße Leistung	50	66
– Vertragsgrundlage	16	22
– Voranfrage	50	67
– Wertsteigerung i.S. § 648 BGB	22	29
Baugrund		
– Bodenmechaniker	19, 39	26, 48
– Prüfung durch A	33, 115, 169	42, 172, 236
– Untersuchungspflicht des Statikers	45, 152	56, 222
Bauhandwerkersicherungshypothek		
– Abtretung	26	34
– AGB-Gesetz	28	36
– Anspruchsumfang	25	31
– Anwaltskosten	25	32
– Architekt	19	25
– Ausschluß	27	35
– Bankbürgschaft	29	37
– Baugenehmigung	22	29
– Begriff	18	24
– Betreuungsleistungen	22	30
– Beweislast bei Mängeln	24	31
– Bruchteilseigentum	21	28
– einstweilige Verfügung	24	31
– Eintragung	29	36
– Entschädigungsanspruch des I	25	34
– Erbbaurecht	21	28
– Erfüllungsanspruch des I	25	33
– Fälligkeit der Forderung	24	31
– Finanzierungshilfen	22	30
– Gerichtskosten	25	32
– Gesamthypothek	23	30
– Identität von AG und Eigentümer	21	27
– Kommanditgesellschaft als AG	21	27
– Löschung	29	37
– Mängel der Leistung	24	31
– Pfändung	26	34
– p.V.V.	25	32
– Schadensersatz	25	33
– Unternehmereigenschaft des I	19 f.	25 ff.
– Vermessungsingenieur	19	26
– Vertragsstrafe	25	34

	RdZ	Seite
– Vertragsverhältnis	20	26
– Widerspruch	29	37
– Wohnungseigentum	23	30
– Zweitentwurf	22	29
Bauklasse	17	23
Baukosten		
– Garantiezusagen	134 ff.	192 ff.
– Honorarberechnung	17	23
– Kostenanschlag	134	192
– Überschreitung	134	192
Bauleiter (s. Bauaufsicht)		
– verantwortlicher	150	220
– Verkehrssicherungspflichten	149 ff.	218 ff.
Baumangel (s. auch Fehler)	40 ff., 75	49 ff., 112
– Beweislast	75 ff., 117	111 ff., 173
– Mangel des Architektenwerkes	40	50
– Mangel der Bauausführung	170 ff.	237 ff.
– Mangel der Ingenieurleistung	40	50
– Planungsfehler	73, 75	105, 110
– Substantiierung	75, 117	112, 173
– Werkvertragstheorie	40	50
– Zeitpunkt	73 f.	105 ff.
Baustoffe		
– Haltbarkeitsgarantie	133	191
– neue	74	111
Bausummengarantie	134	192 ff.
Bausummenüberschreitung		
– aufgedrängte Bereicherung	134	194
– Bausummengarantie/Abgrenzung	134	193
– Erfolgshaftung	134	193
– HOAI	134	192
– Pflichtverletzung des A oder I	134	192
– Schaden des BH	134	194
– Sonderwünsche des BH	134	194
– Verschulden	134	192 f.
Bauüberwachung (s. Bauaufsicht)		
Bauunternehmer		
– Anzeigepflicht bei Bedenken	170	238
– Gesamtschuldner	164 ff.	233 ff.
– Schalldämmung	232	311
– Schallschutzmaßnahmen	230	300
Bauwesenversicherung	312 ff.	373 ff.
– Abgrenzung zur Haftpflichtversicherung	316	375

Stichwortverzeichnis

	RdZ	Seite
– Bauwesenversicherung für I	319	376
– Beratungspflicht des I	319	376
– Gegenstand der Bauwesenversicherung	312	374
– Pflichten des Versicherungsnehmers	337 ff.	380 ff.
– Prämiengestaltung	322	376
– Rechtsgrundlage	321	376
– Sachversicherung	313, 316	374, 375
– Versicherungsumfang	324, 327 ff.	377, 378 ff.
– Umfang der Entschädigung	335 ff.	379 ff.
– Zusammentreffen mit Haftpflichtversicherung	318	375
Bedenken / Anzeigepflicht		
– Adressat	16, 170	22, 238
– Architektenplanung	168, 172	235, 240
– Baustoffe, neue	74	111
– Bauherr, fachkundiger	74	110
– des Bauunternehmers	4, 170, 232	4, 238, 311
– Genehmigungsfähigkeit	50	68
– des I als Planer	50, 168, 172, 232	68, 235, 240, 311
– Gutachtensablehnung	196, 258	260, 345
– Gutachtenserstattung	200	263
Beendigung des I-Vertrages (siehe auch Kündigung)		
– einvernehmliche	183	249
Beeidigung des SV	270	355
Beeinträchtigung		
– mittelbare	112, 126 ff.	165, 181 ff.
– unmittelbare	112, 126 ff.	165, 181 ff.
Befähigung des SV	200, 259	263, 346
Befangenheit des SV		
– Ablehnung im Beweissicherungsverfahren	247	333
– Ablehnung des Gutachtensauftrages	258	345
– Hinweispflicht des SV	258	345
Begleitschäden (s. Mängelfolgeschäden)		
Begründungspflicht des SV	197	261
Begutachtungspflicht des SV		
– Hilfskräfte	203, 256	265, 344
– persönliche Leistungspflicht	203, 256 ff.	265, 344 ff.

	RdZ	Seite
Beitragspflicht des AG		
– Nachbesserungskosten	91	138
Belästigung		
– erhebliche B./Richtwerte	223	285
– Schallschutzmaßnahmen	221	284
– unzumutbare	223	284
Beratende Ingenieure		
– Gutachtenserstellung	195 ff.	260 ff.
– Versicherungsschutz	284 ff.	363 ff.
Beratung		
– Bauwesenversicherung	319	376
– besondere Leistung i.S. HOAI	214	274
– zum Gutachtensthema	201	263
– Haftung gegenüber Dritten	217	278
– nachvertragliche	78, 205, 215	114, 267, 276
– Nebenpflicht	214	274
– Schadensersatz	120, 216	176, 278
– Verjährung bei fehlerhafter B.	120, 216	176, 277
– vorvertragliche	214	273 f.
Beratungsfehler		
– nachvertragliche Beratung	215	276
– stillschweigender Beratungsvertrag	213	273
– Schadensersatz	216	277
– Verjährung	120, 212, 216	176, 271, 276
– vertragliche Haftung gegenüber Dritten	217	278
– vertragsähnliche Haftung	218	279
Beratungspflicht des SV		
– Aufgabenstellung	201	262
– nachvertragliche	205	267
– Projektierungsgutachten	212	271
Beratungsvertrag (siehe auch Auskunftsvertrag)		
– Begründung	213	273
– Gewährleistung	216 f.	269 ff.
– Haftung gegenüber Dritten	217	278
– Schadensersatz	216 f.	269 ff.
– stillschweigender	213	273
– Verjährung	212, 216	271, 276
– vertragsähnliche Haftung	217	278
– zugunsten Dritter	217 f.	278 f.
Bereicherung, ungerechtfertigte	134	193 ff.
– aufgedrängte Bereicherung	134	194

	RdZ	Seite
Berichtigungspflicht des SV	205	267
Berufsgenossenschaft / Versicherungsschutz		
– Arbeitsunfälle	360	386
– Beitrittserklärung	359	385
– Berufskrankheiten	361	386
– Entschädigung	363	386
– freiwilliger Beitritt	357	385
– Personenkreis	351	383
– Versicherungsschutz	351 ff.	383 ff.
Berufshaftpflichtversicherung		
– Abgrenzungsfragen	316	375
– Arbeitsgemeinschaften / Planungsringe	302	369
– Ausschlüsse	298	368
– Berufsbild	284	362
– berufsfremde Tätigkeiten	281 ff.	361 ff.
– Besondere Versicherungsbedingungen	279	360
– Dauer des Versicherungsschutzes	293	366
– Deckungssumme	288	365
– einheitlicher Schaden	291	365
– Gegenstand	280	361
– Gutachtertätigkeit	283	363
– Nachbesserung	298	367
– Objektversicherung	309	372
– Personenmehrheiten	292	366
– Personenschäden	286 ff.	364 ff.
– Prämiengestaltung	310	372
– Rückwärtsversicherung	296	367
– Serienschäden	290	365
– Versicherungsfall	279	361
– Versicherungsvertrag	278	360
– Zusammentreffen mit Sachversicherung	318	375
Berufung auf die Vereidigung	270	355
Beseitigungsanspruch	86	129
Besondere Leistungen nach HOAI		
– Schallschutzmaßnahmen	232	311
– Vergütungspflicht	214	274
– Vereinbarung, schriftliche	214, 233	275, 312
Besondere Versicherungsbedingungen		
– Berufshaftpflichtversicherung	279	360
Bestätigungsschreiben, kaufmännisches	8	8 ff.
– Beweisfunktion	8	8
– Beweislast	8	9

	RdZ	Seite
– inhaltliche Anforderungen	8	8
– Schweigen auf	8	8
– Widerspruch	8	8
Beweis des ersten Anscheins (s.a. Allgemeine Beweisregeln)		
– Grundsätze	66	92
– Umkehr der Beweislast	66	93
– technische Normen	66 ff.	91 ff.
Beweislast		
– Ablehnungsandrohung	38	47
– Abnahme	83	123
– nach Abnahme	83, 210	123, 270
– vor Abnahme	83, 210	123, 270
– Allgemeine Geschäftsbedingungen	12, 192	14, 258
– Aushandelungsabsprache (AGBs)	12	14
– Baukostenüberschreitung	134	192
– Fristsetzung	38	47
– Gewährleistungsansprüche	83, 192, 210	124, 258, 270
– Gutachten	210	270
– Nachbesserung	87	133
– Planungsfehler/objektive Pflichtwidrigkeit	75, 117, 132	111, 173, 189
– p.V.V.	132	189
– Schadensersatz	117, 132	173, 189
– Sicherungshypothek/Mängel	24	31
– Teilabnahme	79	118
– unerlaubte Handlung	155	226
– Verschulden	75, 117, 132, 155	111, 173, 189, 226
– Vertragsstrafe	147	213
– Vorbehalt – siehe dort		
– Wandelung	102	150
Beweislastregeln		
– Allgemeine Geschäftsbedingungen	12, 192	13, 258
– Individualvertrag	12, 192	14, 258
Beweislastumkehr		
– nach Abnahme	83, 210	123, 270
– Allgemeine Geschäftsbedingungen	12, 192	14, 258
– Gutachten	210	270
– Individualvereinbarung	12	14
– Planungsfehler (Verschulden)	75	112
– p.V.V. (Verschulden)	132	189
– Schadensersatz (Verschulden)	132	189
– unerlaubte Handlung	154	226

Stichwortverzeichnis

	RdZ	Seite
Beweissicherungsverfahren		
– Ablehnung des SV	247	333
– Antrag	239, 244	319, 330 ff.
– Befangenheit des SV	247	333
– Bestellung des SV	242, 246	328, 332
– Beweisaufnahme	239 f., 249	319 ff., 336
– Beweismittelerhaltung	239	320
– Beweisvereitelung	242	328
– Duldungspflichten	242	326 ff.
– Durchführung	249	335
– Eingriffe in das Bauwerk	240	322
– Einwendungen	242	328 ff.
– Feststellungsbegehren, zulässiges	244	323
– Glaubhaftmachung	238 ff., 249	317 ff., 331
– und Hauptprozeß	242, 251	328, 337
– Kosten	250	336
– Kostenvorschußpflicht	242	328
– Mängelbeseitigungskosten	241	325
– Mängelbeseitigungsvorschläge	241	325
– rechtliches Interesse	240	320
– Streitwert	250	337
– Streitverkündung	248	334
– Untersuchungen des SV	240	320
– Veränderungsgefahr	239	318
– Verantwortlichkeiten/ Klärung	240	322
– Wirkungen	251	337
– Zulässigkeit	236, 239	317, 319
– Zumutbarkeit	239	320
– Zuständigkeit	243	329
– Zustimmung des Antragsgegners	238 ff.	317 ff.
Beweisvereitelung	242	328
Beweiswürdigung	66	93
Bewertungsgutachten	208	268
Bewertungsmaßstab		
– bei Gutachten	209	269
– Planungsleistungen	65, 79, 233	89, 95, 312
Bezugnahme auf den allgemeinen SV-Eid	270	355
Bodenbeläge		
– Schallschutz	229	297
Bodengutachten		
– Abnahmereife	73	106
Bodenverhältnisse		
– Bodenmechaniker	19, 39	26, 48
– Prüfung durch Architekten	33, 115, 169	42, 172, 236
– Statiker/Hinweispflicht	45, 152	56, 222

	RdZ	Seite
Brandschutz	214	274
C		
culpa in contrahendo (s. a. Verschulden bei Vertragsschluß)	30, 214	38, 275
D		
Darlegungslast		
– Abnahme	83	123
– Auftragsumfang	7	7
– Baukostenüberschreitung	134	192
– Fristsetzung	38	47
– Kostenschätzung	134	192
– Mängel	75, 117	111, 173
– Minderung	103	150
– objektive Pflichtwidrigkeit	75	111
– Planungsfehler	75, 117, 132	111, 173, 181
– p.V.V.	132	189
– Schadensersatz wegen Nichterfüllung	117	173
– Sicherungshypothek/ Mängel	24	31
– Teilabnahme	79	118
– Teilleistungen	7	7
– unerlaubte Handlung	155	226
– Verschulden	75, 117, 132, 155	111, 173, 189, 226
– Vertragserfüllung	83	123
Darstellungsmängel im Gutachten	207 ff.	266 ff.
Deckungspflicht der Berufshaftpflichtversicherung	293 ff.	366 ff.
Dienstvertrag	2	2
DIN-Normen (s. a. allgemein anerkannte Regeln der Technik)	60, 70, 220	80, 99, 281
DIN 4109 (1962)		
– anerkannte Regeln der Technik	219 f.	280 f.
– bauaufsichtliche Einführung	220	281
– Mindestanforderungen	220	281
– zivilrechtliche Verbindlichkeit	220	281
DIN 4109 (Entwurf 1979)	219 ff.	280 ff.
– anerkannte Regeln der Technik	219	280
– bauaufsichtliche Einführung	233	312

	RdZ	Seite
– haustechnische Anlagen	230, 233	298, 313
– Höchstwohnlärm	223	286
– Luftschalldämmung (fremder Bereich)	224	289
– Mindestanforderungen	224	289
– Schutzzweck	221	284
– Soll-Vorschriften	233	313
– Trittschalldämmung (fremder Bereich)	224	289
Dokumentation	78	115
Doppelhäuser		
– Grundriß	230	303
– Schallschutz	226	294
Drittbegünstigte beim Auskunftsvertrag	218	279
– Schadensersatzansprüche	217	278
– vertragsähnliche Haftung	218	279

E

	RdZ	Seite
Eid des SV		
– Berufung auf den allgemeinen SV-Eid	270	355
– fahrlässiger Falscheid	269	354
– vorsätzlicher Falscheid	268	354
– uneidliche Falschaussage	270	355
eigener Bereich (Schallschutz)		
– haustechnische Anlagen	230, 233	300, 313
– Luftschallschutz	225	292
– Trittschallschutz	225	293
eigener Wissensstand des SV	200	263
Eigenleistungsverpflichtung		
– des gerichtlichen SV	203, 256	265, 344
– des I als Planer	16, 48, 111	21, 60, 161
– des Privatgutachters	203a	266
– Verkehrssitte	203	264
Eigennachbesserung	89	134
Eigentumsverletzung		
– durch falsches Gutachten	263 ff.	349 ff.
– durch mangelhafte Werkleistung	148	214
– durch Überbau	151	220
Eignung des SV	198 ff.	262 ff.
Einbeziehung von AGBs in den Vertrag	12	14
Eingerichteter und ausgeübter Gewerbebetrieb	204, 265	266, 351
Einheits-Architektenvertrag	186 ff.	252 ff.

	RdZ	Seite
Einrede des nichterfüllten Vertrags	92 ff.	138
– und Erfüllungsanspruch	85	125
– Leistungsverzug	32	41
– Verletzung der Eigenleistungspflicht	48	61
– Zug um Zug Verurteilung	96	144
– Zurückbehaltungsrecht	92	139
Einstweilige Verfügung		
– Bauhandwerkersicherungshypothek	29	36
Empfehlungen des SV		
– fehlerhafte	213 ff.	273 ff.
– Haftung gegenüber AG	213 ff.	273 ff.
– Haftung gegenüber Dritten	217 ff.	278
Entbehrlichkeit der Fristsetzung	100	147
Entgangener Gewinn	112 f.	164, 169
Entwurf		
– DIN-Entwürfe	62, 233	83, 312
– Planentwürfe	7, 50	7, 66
Erfüllungsanspruch		
– Abgrenzung zur Mängelbeseitigung	85	125
– Erlöschen des Erfüllungsanspruchs	85	126
– Nachbesserung	85 f.	125 ff.
– Mitwirkungspflicht des I	86, 88	130, 133
Erfüllungsgehilfe		
– Abschlußbevollmächtigter	30	39
– A des BH	50, 91, 172	65, 137, 240
– arglistige Täuschung des E.	123	179
– I des A	10, 50	10, 65
– I des BH	10, 50	10, 65
– Schadensersatz bei Verschulden des E	111	161
Erfüllungsort	13	15
Erkenntnisstand, neuester		
– und allgemein anerkannte Regeln der Technik	61	81
– Berücksichtigung bei Gutachtenerstellung	202	264
Ersatz von Vermögensschäden		
– gerichtlicher SV	265a	352 ff.
– Ersatzberechtigte	114, 217	170, 278
Ersatzvornahme		
– Nachbesserung	89	134
– bei Verzug	32	41
Erwartungseffekt	223	287

Stichwortverzeichnis

	RdZ	Seite
Estrich, schwimmender		
– fehlender E. als Baumangel	230	302
– Körperschalldämmung	230	302
Etagenheizung		
– Schallschutz	230	300
F		
Fachgebiet des SV	200	263
Fachwissen des SV	202	264
Fahrlässigkeit		
– Begriff	111	161
– des gerichtlichen SV	258, 265	345, 350
– Haftungsausschluß	188	254
Fälligkeit		
– des Honorars	83	124
– und Kündigung	179 ff.	247 ff.
– Leistung des BH	4	5
– und öffentliche Genehmigung	50	65
– und Schlußrechnung	17	24
– und Sicherungshypothek	24	31
– und Zurückbehaltungsrecht	92	139
Falschaussage des SV	270	355
Falscheid des SV (s. Eid des SV)	268 ff.	354
Fehler der Leistung	40 ff.	49 ff.
– Auskünfte des SV	213	273
– Begriff	40, 52	49, 71
– behördliche Genehmigung	51	69
– besondere Umstände	45	55
– Gebrauchsfähigkeit	42, 209	51, 269
– Gefälligkeitsleistung	42, 213	52, 273
– Genehmigungsfähigkeit	50	64
– unerheblicher Mangel	47	58
– unterlassene Planung	44	55
– Verwendungszweck	43 ff.	53 ff.
– Wertbeeinträchtigung	41	51
– Wirtschaftlichkeit	49	61
– Zeitpunkt	73	106
– zugesicherte Eigenschaft	47, 52, 208	58, 71, 268
Fehlschlagen der Nachbesserung	90, 97	135, 144
Fenster		
– gewerkübergreifende Probleme	232	310
– Lüftung	231	308
– Schalldämmung	223, 231	285, 308

	RdZ	Seite
feststellendes Gutachten	211	270
Feststellung durch Hilfskräfte des SV	203	265
Feststellungsinteresse	240	320
Folgeschäden		
– falsches Gutachten	211 ff.	271 ff.
– u. p.V.V.	126 ff.,	181 ff., 186
– Schadensersatz wegen Nichterfüllung	112 ff.	163 ff.
– Versicherungsschutz	297	367
Formularvertrag (s.a. AGBG, Allgemeine Geschäftsbedingungen)		
– Abgrenzung zu AGBs	11	11
– Gerichtsstand	15	20
– Haftungsbeschränkungen	184 ff.	250 ff.
– Widersprechende Bedingungen	11	11
Freistellungsanspruch	114, 126	171, 183
Freizeichnungsklauseln	184 ff.	250 ff.
fremder Bereich		
– haustechnische Anlagen	230	299
– Luftschallschutz	224	289
– Trittschallschutz	224	291
Fristberechnung/Vertragsstrafe	144	209
Fristsetzung		
– Beweislast	38	47
– Entbehrlichkeit	100	147
– Kündigung durch I	181	248
– Leistungsverweigerung	35	44
– Leistungsverzögerung	34	43
– Minderung	103	150
– Nachbesserung	87	132
– Rücktritt	35	44
– Schadensersatz wegen Nichterfüllung	108	156
– Terminsgarantie	135	196
– Wandelung	100	147
Funktionsbereich des Werks	131	188
G		
Garantie		
– Baumaterial	133	191
– Bausummengarantie	134	193
– Erklärung/Form	134	194
– Kostengarantie	134	192
– selbständige G.	133	190
– Termingarantie	135	196
– unselbständige G.	133	190

Stichwortverzeichnis

	RdZ	Seite
– unzulässige Rechtsausübung	135	196
– Verjährung	136	197
– Verschulden	134	193 ff.
– Vorteilsausgleichung	134	194
Gefahrenabwehr		
– Maßnahmen zur G.	149	219
– öffentliches Interesse	152	222
– Prüfstatiker	51	70
Gefahrenbereich		
– Umkehr der Beweislast	75, 132	112, 189
Gefahrübergang		
– BGB-Vertrag	4	4
– Leistungsgefahr	77	113
– Vergütungsgefahr	83	124
– VOB-Vertrag	4	4
Gefälligkeitsgutachten	198	262
Geheimhaltungspflicht des SV	204, 257	266, 342
Geltungsbereich		
– AGB-Gesetz	12	12
– HOAI	17	23
Gemeinschaftseigentum		
– Schallschutzmängel	229	297
Genehmigung (öffentl.-rechtliche)		
– Beweislast für Befreiung	50	65
– Kenntnis des AG	50	68
– Planungsfehler bei fehlender Genehmigungsfähigkeit	50	67
– Statiker	50	66
– Verantwortung des A	50	65
– u. vertragswidrige Leistung	51	69
– Voranfrage	50	67
Geräuschspitzen	223	285
gerichtlicher SV		
– Ablehnung im Beweissicherungsverfahren	247	333
– Aufgabenstellung	259	346
– außergerichtliche Tätigkeit	261	347
– Befangenheit	247, 258	333, 345
– Bestellung	242, 256	328, 344
– Falschaussage	270	355
– falsches Gutachten	263	349
– Falscheid	268	354
– Gutachtenerstattungspflicht	256	344
– Gutachtensverweigerungsrecht	257	345

	RdZ	Seite
– Haftung	260 ff.	347
– Hinweispflicht/Befangenheit	258	345
– Hilfskräfte	203	265
– Neuregelung der Haftung	273	357
– Schutzgesetzverletzung	267, 271	353, 356
– unerlaubte Handlung	262	348
– Verletzung absoluter Rechte	265	350
– Versicherung	283	363
– Vorsatz	264	350
Gerichtsstand		
– Erfüllungsort	13	15
– Gerichtsstandsvereinbarungen	14 f.	19 f.
– Mahnverfahren	14	20
– p.V.V.	13	18
– Versäumnisurteil	15	21
Geringfügiger Mangel	85, 99, 103	125, 145, 150
Gesamtschuldverhältnis	163 ff.	229 ff.
– A und I	163, 168	230, 235
– A und Statiker	169	236
– alternative Schuldnerschaft	253	340
– anteilige Haftung	172	240
– Ausgleichsanspruch	175	242
– Fachkenntnisse des I	163	231
– Gleichrangigkeit	166	234
– Haftungsbegrenzungen	166, 177, 194	233, 243, 259
– Hinweispflicht des BH	170	238
– Nachbesserungsansprüche	163	231
– Quotenhaftung	172	240
– Streitverkündung	253	340
– Subsidiaritätsklausel	177	244
– Vergleichsabschluß	177	244
Gesamtsicherungshypothek	23	30
Gesundheit		
– Schallschutzmaßnahmen	221	284
Gewährleistung		
– Abgrenzungsfragen	52, 148 ff.	71, 227 ff.
– Gutachtensvertrag	206	268
– feststellendes Gutachten	211	270
– gegenüber Dritten	217	278
– Planungsfehler	39 ff.	48 ff.
– Projektierungsgutachten	212	271
Gewährleistungsfristen		
– gesetzliche	118 ff.	173 ff.
– Verkürzung	184 ff.	250 ff.

Stichwortverzeichnis

	RdZ	Seite
Gewerbebetrieb		
– gutachterliche Schweigepflicht	204, 257	263, 344
– Recht am G.	148	216
Glaubhaftmachung		
– Beweissicherungsverfahren	238 ff., 249	317 ff., 331
– Sicherungshypothek/Mängel	24	31
Grundpflichten des SV	197 ff.	261 ff.
Grundrißanordnung	230	304
Grundstücksbewertung	209	269
Grundstücksvertiefung	152	222
Grundwasser	152	222
Gutachten		
– Abnahme	210	270
– Anforderungen	197	261
– Aufbau	197	261
– Aufgabenstellung	201	263
– Begründung	197	261
– Beweislast bei Mängeln	210	270
– bewertendes G.	195	260
– feststellendes G.	195, 211	260, 270
– Gefälligkeitsgutachten	198	262
– gerichtliches G.	197, 257	261, 344 ff.
– Gewährleistung	211	270
– gewöhnlicher Gebrauch	209	269
– Gutachtenszweck	212	272
– Haftung gegenüber Dritten	217	278
– Kostenerstattung	113	169
– Mangelfolgeschäden	211	271
– Nachvollziehbarkeit	197, 209	261, 269
– Privatgutachten	197	261
– Projektierungsgutachten	212	271
– Quellenangabe	197	261
– Richtigstellungspflicht	205	267
– Sanierungsgutachten	211	270
– Schutzgesetzverletzung	267	252
– Stand der Wissenschaft und Technik	202	264
– Unparteilichkeit	198	262
– unrichtiges	199, 263	262, 349
– Untersuchungsschaden	262	349
– Vermögensschaden	265a	352
– Verwertbarkeit	201, 209, 258	263, 269, 345
– zugesicherte Eigenschaft	208	268
Gutachtensauftrag		
– Beratungspflicht des SV	212	272
– Delegation	203	265

	RdZ	Seite
– nachvertragliche Beratungspflicht	205	267
Gutachtenserstattung		
– Ablehnung	196, 257	260, 344
– Anzeigepflicht bei Ablehnung	196	260
– Aufgabenstellung/Klärung	201	263
– Beeidigung	268	354
– Hilfskräfte	203	265
– nachvertragliche Beratungspflicht	205	267
– persönliche Leistungspflicht	203	265
– Richtigstellungspflicht	205	267
– Verweigerungsrecht	257	344
Gutachtensvorbereitung		
– unerlaubte Handlung	262	348
Gutachterkosten/Erstattung	112	166
Gutachtervertrag		
– Beratung	212	272
– Gewährleistung	206	208
– Leistungstreuepflicht	204	267
– Rechtsnatur	195	260
Gute Sitten	272	356
H		
Haftpflichtversicherung	278 ff.	360 ff.
Haftung		
– Auskunft	213	273
– Auskünfte gegenüber Dritten	217	278
– Beratung	212 ff.	272 ff.
– Empfehlungen	213	273
– Garantie	133 ff.	191 ff.
– Gefälligkeitsgutachten	198	262
– gerichtlicher SV	256 ff.	344 ff.
– Gutachten, unrichtiges	206 ff., 263 ff.	268 ff., 349 ff.
– Mangelfolgeschäden – siehe dort		
– Planungsfehler	40 ff.	49 ff.
– Schallschutzmaßnahmen	226, 230 ff.	291, 300 ff.
– vertragsähnliche Haftung	218 ff.	279 ff.
– vorvertragliches Vertrauensverhältnis	30, 214	38, 275
– zugesicherte Eigenschaft – siehe dort		
Haftungsbegünstigung		
– bei Gesamtschuldausgleich	177, 194	244, 258

Stichwortverzeichnis

	RdZ	Seite
Haftungsbeschränkungen	184 ff.	250 ff.
– Abnahmezeitpunkt / Vorverlegung	186	252
– u. Ausgleichsanspruch	177, 194	244, 258
– Gewährleistungsfristen/ Verkürzung	184 ff.	250 ff.
– Individualvereinbarung	185	251
– p.V.V.	186, 189, 191	253, 255, 257
– „Sonderpreis"	42	52
– Subsidiaritätsklausel	193	258
– Unmittelbarkeitsklausel	190	255
– Versicherungs-Deckungssumme	187	254
– Verschulden	188, 192	254, 258
– zeitliche Beschränkungsklauseln	191	257
Haustechnische Anlagen	230	302
Heizgeräte		
– zulässiger Schallpegel	233	287
Hemmung der Verjährung	89, 121 ff.	134, 177 ff.
Herstellungskosten	17	23
Hilfskräfte des SV	203	265
Hinweispflicht		
– besondere Leistungen	30	39
– des BU	170	237
– fehlende Ingenieurseigenschaft	30	38
– des gerichtlichen SV/Befangenheit	258	345
– u. Gesamtschuld	168	235
– Grundstücksvertiefung	152	222
– Gutachtenserstattung	200	263
– Kosten	30	38
– öffentl.-rechtliche Genehmigungen	50	68
– Planungsrisiko	74	110
– sachkundiger BH	74	110
– Schallschutzmaßnahmen	219 ff., 230	280 ff., 300
– Vergütung	30	38
– auf Versicherungen	319	376
HOAI		
– besondere Leistungen	214	274
– Entwurfsplanung/ Schallschutz	232	311
– Höchstpreischarakter	17	23
– Objektbetreuung	186	252
– schriftliche Vereinbarung	214, 233	275, 312
– Vergütung	17, 214	23, 275

	RdZ	Seite
Höchstwerte		
– haustechnischer Anlagen	230	299
– Schalleinwirkung	223	285
– Wohnlärm	223	286
Honorar des I		
– Abschlagszahlungen	79	119
– Aufklärungspflicht	30	38
– Berechnung/LHO	17	23
– besondere Leistungen	214	274
– Erstattung bei Rücktritt des AG	37	46
– Fälligkeit	83	124
– „Freundschaftspreis"	42	52
– Gerichtsstand	13	15 ff.
– HOAI	17, 214	23, 275
– LHO	17	23
– Mangelbeseitigung	78	115
– Schlußrechnung	17	24
– schriftliche Vereinbarung	214	275
– Teilleistungen	7	7
– vertraglose Leistungen	6	7
– Verlust des Anspruchs	258	345
Hypothek (s. Bauhandwerkersicherungshypothek)		

I

	RdZ	Seite
Identität		
– von Auftraggeber und Grundstückseigentümer/ Sicherungshypothek	21	27
– des Bauobjektes/Baukostenüberschreitung	134	194
Immaterieller Schaden	112, 265	164, 350
Immissionsrichtwerte		
– Wohnräume	223	285
Individualvereinbarung		
– AGB-Gesetz	12	11 ff.
– Bauhandwerkersicherungshypothek	27	35
– Begriff	12	11
– Beweislastumkehr	192	258
– Gerichtsstand	14	19
– Haftungsbeschränkungen – siehe dort		
– Vertragsstrafe	145	210
– Zurückbehaltungsrecht	95	143
Informierungspflicht	63	84
Ingenieur		
– Berater	213	273
– Erfüllungsgehilfe – siehe dort		

Stichwortverzeichnis

	RdZ	Seite
– Gutachter	*196 ff.,* *256 ff.*	260 ff., 344 ff.
– Kaufmann i.S. AGBG	*12*	14
– SV	*196 ff.,* *256*	260 ff., 344 ff.
– Sachwalter des BH	*49*	62
– Schallschutz	*219, 232*	280, 311
– Unternehmereigenschaft	*19, 39*	25, 48
– Versicherung – siehe dort		
Ingenieurleistungen		
– Erfüllungsort	*13*	15 ff.
– Genehmigungsplanung	*13*	17
– Gutachten – siehe dort		
– kaufmännischer Bereich	*2, 22*	2, 30
– Leistungszeit	*31*	40
Ingenieur-Versicherung (s. Versicherung)		
Ingenieurvertrag		
– Abschluß	*5 ff.*	6 ff.
– AGB-Gesetz	*12, 184 ff.*	11, 250 ff.
– Allgemeine Geschäfts- bedingungen – siehe dort		
– Aufhebung	*183*	250
– Auskunftsvertrag	*213*	273
– Beratungsvertrag	*213*	273
– Bestätigungsschreiben	*8*	8
– Dienstvertrag	*2*	2
– Eigenleistungsverpflichtung – siehe dort		
– Form	*5*	6
– Formularvertrag	*11*	11
– Gutachtensvertrag – siehe dort		
– Kündigung	*179 ff.*	246 ff.
– Rechtsnatur	*2, 39, 195*	2, 48, 260
– Teilleistungen	*7*	7
– Vergütung – siehe dort		
– Vertragsparteien	*10*	9
– Vertragsabschluß mit A	*10*	10
– VOB	*2, 70 ff.*	3, 96 ff.
– Widersprechende Bedin- gungen	*11*	11
Ingenieurswerk		
– Abnahme	*78*	115 ff.
– Abnahmereife	*73*	106
– behördliche Genehmigung	*51*	70
– fehlerfreie Leistung	*78, 234*	114, 314
– geschuldete Leistung	*40 ff.,* *110, 207*	50 ff., 159, 268
– Planungsfehler – siehe auch Fehler	*1, 40 ff.*	1, 49 ff.
– Vergütung – siehe dort		

	RdZ	Seite
– Verkehrssicherungspflicht	*149*	218
– Versicherung – siehe dort		
Innengeräuschpegel		
– Anhaltswerte	*223*	285
– Fensterschalldämmung	*223*	285
K		
Kalkulationsirrtum	*134 ff.*	192 ff.
Kaufleute		
– AGB-Gesetz	*12*	14
– Änderung der Beweislast	*192*	258
– Bestätigungsschreiben	*8*	8
– Gerichtsstand	*14*	19
– Haftungsbeschränkungen – siehe dort		
– Konkludente Abnahme	*80*	119
– Konkurrenzen	*156 ff.*	227 ff.
Konstruktionsfehler	*39, 46*	48, 57
Koppelungsverbot (s. Architektenbindung)		
Körperschallübertragung		
– haustechnische Anlagen	*230*	302
– Immissionsrichtwerte	*223*	285
Kosten		
– Anerkenntnis	*29*	37
– Beweissicherungsver- fahren	*250*	336
– Kostenvorschuß / Mängel- beseitigung	*89, 113*	134, 169
– Nachbesserung	*89, 113*	134, 169
– Privatgutachten	*113*	169
– Streitverkündung	*255*	343
Kostenanschlagssumme	*134*	192
Kostengarantie	*134 ff.*	192 ff.
Kostenschätzung		
– Toleranzspanne	*134*	192
– Überschreitung	*134*	192 ff.
– Verschulden	*134*	193
– Vertragsstrafe	*138*	200
Kostenvorschußanspruch	*89, 113*	134, 169
Kündigung	*179 ff.*	246 ff.
– Aufwendungsersatz	*181*	249
– Dienstvertrag	*3*	3
– ersparte Aufwendungen	*179, 181,* *183*	246, 249 f.
– Form	*182*	249
– ordentliche	*179*	246
– Vergütung	*179, 181*	246, 249
– Verschulden des AG	*181*	249
– wichtiger Grund	*180, 182*	247, 249

	RdZ	Seite
L		
Landesbauordnungen		
– Schutzgesetze i.S. § 823 BGB	*152*	221
Lärm		
– Außenlärm	*231*	306
– Erwartungseffekt	*223*	287
– Innenlärm	*232*	310
– Lärmgrenzwerte	*223*	285
– Lästigkeit	*223*	287
– Nutzungsgeräusche	*230*	302
– Penetranz	*223*	285
Leistungsbild		
– besondere Leistungen / HOAI	*214, 233*	275, 312
– LHO	*2*	2
– Objektbetreuung	*186*	252
Leistungsverweigerungsrecht		
– abgetretener Nachbesserungsanspruch	*92*	139
– AGB-Gesetz	*95*	143
– Aufrechnung	*92*	139
– Ausschluß	*95*	143
– Erlöschen	*94*	142
– Fälligkeit der Vergütung	*96*	144
– Quotenbeschränkung	*92*	140
– Rechtsmißbrauch	*92, 95*	140, 143
– Umfang	*93*	141
– Verzug	*92*	139
– Zinsen	*92*	139
– Zug um Zug Verurteilung	*96*	144
Leistungsverzeichnis		
– Angaben zum Schallschutz	*232*	311
Leistungsverzögerung		
– Ablehnungsandrohung	*32*	41
– Beginn der Leistungspflicht	*31*	40
– Leistungszeit	*31, 34*	40, 42
– Rücktritt des AG	*33 ff.*	41 ff.
– Schadensersatz	*32*	41
– Termingarantie	*135*	196
– unerhebliche Verzögerung	*33*	42
– Verschulden	*33 ff.*	41 ff.
– Verzug	*32*	41
Luftschallschutz		
– Außenbauteile	*231*	306
– eigener Bereich	*225*	292
– erhöhter	*224*	290
– fremder Bereich	*224*	289
– haustechnische Anlagen	*230*	300

	RdZ	Seite
– Mindestanforderungen	*224*	290
– Wohnungseingangstüren	*228*	296
– Wohnungstrennwände	*224*	290
Lüftung		
– Fenster	*231 ff.*	308
– gewerkübergreifende Probleme	*232*	310
– Haftungsrisiken	*232*	310
– Planungsaufgabe	*232*	310
– Schallschutz	*231 ff.*	308 ff.
Lüftungsanlagen	*230*	300
Lüftungsverbund	*230*	304
Luxuswohnung		
– erhöhter Schallschutz	*226*	294
M		
Mahnung (s. Ablehnungsandrohung)		
Mängel		
– des Architektenwerkes	*40, 163 ff., 230*	49, 230 ff., 300
– der Ausführung	*171, 224*	239, 291
– Bauaufsicht – siehe dort		
– des Gutachtens – siehe dort		
– Planungsfehler	*40 ff.*	49 ff.
– durch Unterlassen	*44*	55
– Zeitpunkt der Beurteilung	*73, 234*	106, 314
Mängelbeseitigungskosten		
– Beweissicherungsverfahren	*241*	325
– Umfang	*90, 113*	135, 169
– Vorschußanspruch	*89, 113*	134, 168
Mängelfolgeschäden		
– Abgrenzungsfragen	*112, 126*	165, 181
– feststellendes Gutachten	*211*	271
– Projektierungsgutachten	*212*	272
– u. Schadensersatz wegen Nichterfüllung	*112*	165
Mehrwertsteuer		
– Sicherungshypothek	*25*	34
Meineid des SV	*268 ff.*	354 ff.
Merkantiler Minderwert	*42, 113*	51, 168
Minderleistungen		
– ohne Schadenseintritt	*104*	152
Minderung		
– Abtretung des Vergütungsanspruches	*105*	153
– Aufrechnung	*103*	150
– Ausschluß	*192*	258

Stichwortverzeichnis

	RdZ	Seite
– Bauaufsicht	104	152
– Berechnung	104	150
– Durchführung	105	153
– geringfügiger Mangel	103	150
– Höhe des M.	104	151
– Sicherungshypothek	24	31
– Teilleistungen	104	152
Mindestanforderungen		
– Außenbauteile	231	306
– DIN 4109 (1962)	220	283
– eigener Bereich	225	291
– erhöhter Schallschutz	224	289
– haustechnische Anlagen	230	300
– Luftschallschutz	224	289
– Trittschallschutz	224	289
Mitverschulden		
– Beweislast	91	137
– Kündigung durch I	181	248
– Nachbesserung, verzögerte	88, 91	133, 136
– p.V.V.	130	188
– Schadensersatz	115	172
– Terminüberschreitung	135	196
Mitwirkungspflicht		
– des BH/behördliche Genehmigungen	50	66
– Kündigung bei Unterlassen	181	248
– bei Nachbesserung	86	129
Musterarchitektenvertrag	184 ff.	250 ff.

N

	RdZ	Seite
Nachbargrundstück		
– Beeinträchtigung der Bodenfestigkeit	152	222
Nachbesserung		
– Abtretung des Anspruchs auf N.	92	139
– arglistiges Verhalten des I	90	136
– Art der N.	85	130
– Beseitigungsanspruch	85	125
– Erlöschen des Anspruchs auf N.	98	145
– u. Gesamtschuld	163	230
– Kosten	89, 113	134, 169
– Kostenvorschuß	89	134
– mißlungene N.	97	144
– Mitverschulden des AG	91	137
– Nachbesserungsrecht des I	88	132
– Nachbesserungsverlangen des AG	89	133
– als Schadensersatz	87	131
– u. Schadensersatz wegen Nichterfüllung	97, 107	144, 155
– Unzumutbarkeit	90, 113	135, 168
– Vereinbarung der N.	87 ff.	132 ff.
– Verschulden	87	132
– Versicherung	298	368
– Voraussetzungen des Anspruchs	87	131
– Vorbehalt	87	132
– Verweigerung	90	135
– Verzug	89	134
Nachbesserungsrecht		
– Mitwirkungspflicht des I	107	155
– Schadensminderungspflicht des AG	88	133
Nachbesserungsverlangen		
– Form	87, 89	132 ff.
– Wirkungen	89	133
nachvertragliche Beratungspflicht		
– des Gutachters	205, 215	267, 276
– Schadensersatz	120, 216	176, 278
– Verjährung	216	277
nachvertragliche Leistungspflicht		
– Abnahme	78	116
– des Gutachters	205, 215	267, 276
– Mängelbeseitigung	78	115
– Schadensersatz	120	176
– Verjährung	120, 216	176, 277
Nebenpflichten		
– Beratungspflicht	214	274
– des Gutachters	205	267
– p.V.V.	125, 189	181, 255
– öffentlich bestellter SV	200	263
– u. unerlaubte Handlung	148	216
– Verschwiegenheitspflicht	148, 204	217, 266
– u. Vertragsstrafe	138	200
Neuherstellung	85, 90, 106	125, 135, 154
Neutralitätspflicht des SV	198	262
Nutzungsentschädigung	112	164

O

	RdZ	Seite
Objektbetreuung	186	252
– Objektivität des SV	198	262
Objektplaner	214	275
Objektüberwachung (s. Bauaufsicht)		
Objektversicherung	309	372

	RdZ	Seite
Obliegenheiten des Versicherungsnehmers	337 ff.	380 ff.
öffentlich-rechtliche Pflichten des SV	259	346
örtliche Zuständigkeit		
– Gerichtsstand	13 ff.	15 ff.
Ortstermin	251	338
P		
persönliche Gutachtenserstattung	203 f.	265 ff.
Personenschaden		
– Versicherung	286	364
Pflicht zur Gutachtenserstattung	256	344
Pflichtverletzung, objektive	73, 75	107, 111
Pflichtversicherung	278 ff.	360 ff.
Planänderungen	138, 141	200, 204
Planungsfehler		
– des A	168, 172, 230, 234	235, 240, 300, 314
– Beweislast	75	111
– u. Eigentumsverletzung	148	214
– u. Gesamtschuld	163, 169	229, 236
– Haftungsbeschränkung – siehe dort		
– maßgeblicher Zeitpunkt	73, 234	106, 314
– objektive Pflichtwidrigkeit	75	112
– Schadensersatz	110	159
– Überbau	152	220
– Verschulden	73, 75	106, 112
Planungsringe	302	369
positive Vertragsverletzung (p.V.V.)		
– Abgrenzungsfragen	112, 125	165, 181
– Beweislast	132	189
– feststellendes Gutachten	211	271
– gegenüber Dritten	217	278
– Haftungsbeschränkungen	186 ff.	253 ff.
– Mangelfolgeschäden	126	181
– Mitverschulden des AG	130	188
– Rechtsgutverletzungen	126	182
– Rücktrittsrecht des AG	128	187
– Schadensersatz	128	186
– nachvertragliche Leistungspflicht – siehe dort		
– Nebenpflichten	127, 189	184, 255
– Schweigepflicht	204	267
– Verjährung	131	188
– Vertragsstrafe	140	203

	RdZ	Seite
prima-facie-Beweis (s. Anscheinsbeweis)		
Privatgutachten	195 ff.	260 ff.
– Kostenerstattung	113	169
Privatgutachter		
– Aufgabenstellung	201	263
– Ausstattung	200	263
– Hilfskräfte	203 ff.	266 ff.
– Kenntnisstand	200 ff.	263 ff.
– nachvertragliche Beratungspflicht	205	267
– Spezialgebiet	200	263
– Verschwiegenheitspflicht	204	267
– Versicherung	283	363
– Zeugnisverweigerungsrecht	257	344
Projektierungsgutachten	212 ff.	271 ff.
Prüfstatiker	51	70
Q		
Quellenangaben	197	261
R		
Rat		
– Haftung für R.	195 ff., 213	260 ff., 273
Rechnungsprüfung	78	115
Rechtsgut, absolutes	148, 263	214, 349
Rechtsmangel	48	61
Rechtsschutzversicherung	340 ff.	380 ff.
– Haftpflichtversicherung	340	381
– Personenkreis	344	381
– Umfang	342	381
– versicherte Risiken	345	382
Rechtsverlust durch Obliegenheitsverletzungen	337 ff.	380 ff.
Rückgriffsanspruch		
– Streitverkündung	252	339
Rücktritt		
– Ablehnungsandrohung	34	43
– Abnahme	37	47
– Ausschluß	36	46
– Beweislast	38	48
– Einrede des nichterfüllten Vertrags	37	47
– Leistungsverweigerung	35	44
– Schadensersatz	34, 128	43, 187
– unerhebliche Verzögerung	33	42
– unzulässige Rechtsausübung	36	46

Stichwortverzeichnis

	RdZ	Seite
– Vergütung	37	47
– VOB-Vertrag	4	5
– Wahlrecht des AG	34	43
– Wirkungen	37	47

S

	RdZ	Seite
Sachverständigen-Kosten	113	169
Sachverständigen-Ordnung		
– Delegation des Gutachtensauftrages	203	265
– Pflichtenkatalog	269	354
Sachverständiger		
– Ablehnung	247	333
– Anhörung	122	178
– Ausstattung	200	263
– Auswahlrecht im Beweissicherungsverfahren	246	332
– Beratungspflicht	201, 215	263, 276
– Bestellung im Beweissicherungsverfahren	242	328
– Eid	203	265
– Eigenleistungspflicht	203 ff.	265 ff.
– gerichtlicher SV – siehe dort		
– Gewissenhaftigkeit	199	262
– Haftung	211 ff., 261 ff.	270 ff., 345 ff.
– Hilfskräfte	203	265
– Hinweispflicht/Spezialgebiet	200	263
– Kenntnisstand	200	263
– Objektivität	198	262
– öffentlich bestellter SV	196, 199	260 ff.
– Schweigepflicht	204, 257	266, 344
– Unparteilichkeit	198	262
– Versicherung	283	363
Samstage	144	209
Sanierungsgutachten	211	270
Schadensersatz wegen Nichterfüllung		
– bis zur Abnahme	87	132
– Abnahme	109	157
– Beweislast	117	173
– Eigenleistungsverpflichtung	111	161
– Einzelfälle	113	167 ff.
– entgangener Gewinn	113	169
– Entlastungsbeweis	111	163
– Entschädigung in Geld	106	154
– Ersatzberechtigte	114	170
– feststellendes Gutachten	211	270
– Freistellungsanspruch	114	171

	RdZ	Seite
– Geltendmachung des Anspruchs	116	172
– geringfügige Mängel	109	158
– Gesamtschuld	163	229
– Haftungsbeschränkungen	184 ff.	250 ff.
– Kostenüberschreitung	134	192
– Leistungsverzögerung	32	41
– Mangelfolgeschäden – siehe dort		
– merkantiler Minderwert	113	168
– Mitverschulden des AG	115	172
– Naturalherstellung	106	154
– nachvertragliche Beratungspflicht	120, 215	176, 276
– objektive Pflichtwidrigkeit	75, 111	112, 163
– pauschalierter Anspruch	137	198
– p.V.V.	125	181
– Privatgutachten	113	169
– Projektierungsgutachten	212	272
– Selbsthilferecht des AG	108	156
– Umfang des Anspruches	112	165
– unmittelbarer Schaden	112	165
– Verletzung von Nebenpflichten	127	184
– Vermögensschaden	112	163
– Versicherung	297	366
– Vertragsstrafe	140, 143	202, 208
Schadensersatz wegen Verletzung der Nachbesserungspflicht	97	144
Schadensersatzanspruch		
– Sicherungshypothek	25	33
Schadensminderungspflicht		
– Nachbesserung	91	137
Schallschutz		
– Außenlärm	231	306
– Beratungspflicht	214	275
– besondere Leistung/HOAI	214	275
– bewertetes Schalldämmaß	221	284
– DIN 4109 (1962)	219	280
– erhöhter Schallschutz	220 ff.	283 ff.
– Fenster	231	308
– Grenzwert	220	283
– Grundrißanordnung	230	304
– haustechnische Anlagen	223, 230 ff.	286, 298 ff.
– Höchstwohnlärm	283	286
– Luftschallschutz	221 ff.	284 ff.
– Lüftung	231	308
– Mindestanforderungen	224 ff.	289 ff.
– moderne Wohnansprüche	220	283

Stichwortverzeichnis

	RdZ	Seite
– Schlafräume	223	285
– Vereinbarungen	225	292
– Vorschläge für erhöhten Sch.	226	294
– Wohnungstrennwände	224	290
– Zeitpunkt der Fehlerfreiheit	234	314
Schallschutzspezialist		
– Pflicht zur Einschaltung	219	280
Schallübertragung		
– benachbarte Aufenthaltsräume	224, 227	289, 295
– flankierende Wände	224	290
– haustechnische Anlagen	230	298
Schiedsvertrag	121	177
Schlafräume	223	285
Schlitze	230	302
Schlußrechnung		
– Bindung an	17	24
Schlußzahlung		
– Vorbehalt	120	176
Schriftformerfordernis		
– HOAI	214	275
Schutzgesetzverletzung	152, 267	221, 353
Schweigepflicht		
– Gutachtensverweigerungsrecht	257	344
– des öffentlich bestellten SV	204	266
– Verletzung der Sch.	271	356
Selbsthilferecht des AG	108	156
Sicherheitsleistung		
– Sicherungshypothek	29	37
– s. Bauhandwerkersicherungshypothek		
Sondereigentum	229	298
Sonderwünsche des AG		
– Kostenüberschreitung	134	192
– Terminüberschreitung/ Vertragsstrafe	139	202
Statiker		
– Beratungspflicht	214	274
– besondere Leistungen/ HOAI	214	275
– Bodenprüfung – siehe Bodenverhältnisse		
– Brandschutz	214	275
– Planungsfehler	45	56

	RdZ	Seite
– Schallschutznachweise	214, 226	275, 295
– Tragwerksplanung	49	62
– Wärmeschutz	214	275
– Werkvertrag	19	25
Streitverkündung		
– Bedeutung	252	339
– im Beweissicherungsverfahren	248	334
– Form	253	342
– Gesamtschuld	253	341
– Kosten	255	343
– Mahnverfahren	253	340
– Voraussetzungen	253	340
– Wirkung	254	342
– Zulässigkeit	253	341
Subsidiärhaftung		
– beim Ausgleichsanspruch	177, 194	243, 259
– Gesamtschuld	166, 173	234, 241
– Subsidiaritätsklausel	193	258

T

	RdZ	Seite
Täuschung durch Dritte	123	179
Tauglichkeit des Gutachtens	209	269
technische Normen		
– als AGBs	71	100
– u. allgemein anerkannte Regeln der Technik	60 ff.	80 ff.
Teilleistungen		
– Abnahme	79	117
– Auftrag durch schlüssiges Verhalten	7	7
– Auftragsumfang	7	7
– Beweisvermutung	7	7
– mangelhafte	50	66
– Minderung	104	152
– Vergütung	7	7
– Vertragsstrafe	142	206
Termine		
– Garantie	135	196
– Leistungsbeginn	31, 141	40, 204
– Vertragsstrafe	137 ff.	199 ff.
Tragwerksplanung		
– Genehmigungsfähigkeit	50	64
– Prüfstatiker	51	70
– Wirtschaftlichkeit	49	62
Treppen		
– Schallschutzmaßnahmen	227	295
Trittschallschutz		
– anerkannte Regeln der Technik	224	291

Stichwortverzeichnis

	RdZ	Seite
– Ausführungsfehler	224	291
– Bodenbeläge	229	297
– eigener Bereich	225	292
– fremder Bereich	224	289
– haustechnische Anlagen	230	300
– Treppen, Treppenpodeste	227	295

Ü

Überbau
– Beseitigung	151	221
– entschuldigter	151	221
– Planungsfehler	151	220
– Rente	151	220

Überprüfbarkeit des Gutachtens 197 261

Überprüfung des Gutachtensthemas 200 263

Unabhängigkeit des Gutachters 198 262

uneidliche Falschaussage 270 355

unerlaubte Handlung
– Beweislast	155	226
– Eigentumsverletzung	148 ff.	215 ff.
– des gerichtlichen SV	262 ff.	348 ff.
– Haftungsbeschränkung	188	254
– Konkurrenzfragen	148	217
– durch mangelhafte Werkleistung	148	214
– Nebenpflichten	148	215
– Schutzgesetze	152, 267	221, 353
– sonstiges Recht i.S. § 823 BGB	148, 265	216, 350
– Überbau	151	220
– Verjährung	154	225
– Verkehrssicherungspflicht	149	218
– Verschulden	153	224
– Verschwiegenheitspflicht	148, 204, 271	206, 217, 356

Unfallverhütungsvorschriften 150 220

Unfallversicherung
– Aufgaben des Versicherers	364	387
– Auslandstätigkeit	366	388
– Pflichten des Versicherungsnehmers	365	387

ungerechtfertigte Bereicherung
– aufgedrängte Bereicherung	134	194
– Leistungen ohne Vertrag	6	7
– bei Rücktritt des AG	37	46

unmittelbarer Schaden
– Abgrenzungsfragen	112, 126	165, 181
– Beschränkung auf den	190	255
– Einzelfälle	113	167
– p.V.V.	125 ff.	181 ff.

Unparteilichkeit des Gutachters 198 262

Unterbrechung der Verjährung
(s. Verjährungsunterbrechung)

unterlassener Vorbehalt
(s.a. Vorbehalt)
– bei Abnahme trotz Mängelkenntnis	87, 143	131, 208
– bei Vertragsstrafe	142	206

Untersuchungsschaden 262 349

Unverwertbarkeit des Gutachtens 209, 258 269, 345

Unzulässige Rechtsausübung
– geringe Fristüberschreitung/ Rücktritt	36	46
– geringfügiger Mangel/ Leistungsverweigerung	92	140
– Mängelbeseitigungskosten, überhöhte	90, 113	135, 169
– bei angebotener Nachbesserung	95	143
– Terminüberschreitung	135	196

Unzumutbarkeit
– der Mängelbeseitigung	90, 113	135, 169

Urheberrecht 265 351

V

Veränderungsgefahr 239 318

Vereinbarung der Vergütung / HOAI 214, 233 275, 312

Verfahrenskosten
– Beweissicherungsverfahren	250	336
– Sicherungshypothek	25	32

Vergleich
– u. Ausgleichsanspruch	177	244

Vergütung
– Abschlagszahlungen	79	119
– Aufklärungspflicht	30	38
– Aufrechnung – siehe dort		
– Aufwendungsersatz	181	249
– Berechnung nach HOAI/LHO	17	23

Stichwortverzeichnis

	RdZ	Seite
– besondere Leistungen/ HOAI – siehe dort		
– Bindung an Schlußrechnung	17	24
– Erstattung bei Rücktritt des AG	37	47
– Fälligkeit	83	124
– Freundschaftspreis	42	52
– Gerichtsstand	13	15 ff.
– HOAI – siehe dort		
– Kündigung des Vertrages	179 ff.	246 ff.
– Mahnverfahren	14	20
– Mangelbeseitigung	78	115
– Minderung – siehe dort		
– Rechtsgrundlagen	17	22
– Schadensersatz	112	164
– Schlußrechnung	17	24
– Schlußzahlung, vorbehaltlose	120	176
– schriftliche Vereinbarung	214	275
– Teilleistungen	7	7
– Verlust des Anspruchs	258	345
– vertragslose Leistungen	6	7
– Vertragsstrafe	144	209
– Wandelung – siehe dort		
Verjährung		
– Abnahmeverweigerung	120	176
– AGB-Gesetz	124, 184 ff.	180, 250 ff.
– arglistiges Verschweigen	123	179
– Ausgleichsanspruch	177	244
– Beginn	120	175
– Beratungsfehler	212, 216	272, 277
– Erfüllungsanspruch	118	173
– Fristen	118 ff.	173
– Garantiezusagen	136	197
– Gewährleistungsansprüche	119	174
– Haftung gegenüber Dritten	217	278
– Hemmung – s. Verjährungshemmung		
– Kostenerstattungsanspruch	89	134
– Mangelfolgeschäden	131	188
– Nachbesserungsanspruch	118	173
– nachvertragliche Leistungspflicht	120	176
– p.V.V.	131	188
– Schadensersatzanspruch	119	174
– unerlaubte Handlung	154	225
– Unterbrechung – siehe Verjährungsunterbrechung		

	RdZ	Seite
– Verkürzung	124, 184 ff.	180, 250 ff.
– versteckter Mangel	123	179
– Vertragsstrafe	146	213
Verjährungsfristen		
– Gewährleistungsansprüche	118 ff.	173 ff.
– Nachbesserung	118	173
– Schadensersatz wegen Nichterfüllung	118 ff.	173 ff.
– p.V.V.	131	188
– unerlaubte Handlung	154	225
– Verkürzung	124, 184 ff.	180, 250 ff.
Verjährungshemmung		
– Mängelbeseitigung	121	177
– Prüfung des Mangels	89	134
– Schiedsvereinbarung	121	177
– Umfang	122	178
Verjährungsunterbrechung		
– Anerkenntnis	122	178
– Beweissicherungsverfahren	122, 251	178, 337
– Einschreibebrief	122	178
– Klageerhebung	89	133
– Mahnbescheid	122	178
– Nachbesserungsverlangen	89	133
– Streitverkündung	254	341
– Umfang	122	178
Verkehrssicherungspflicht		
– des A	149	219
– verantwortlicher Bauleiter	150	220
– Verletzung der	149	218
Verkehrssitte	203	265
Verkehrswert	41	51
Verkürzung der Verjährungsfrist	184 ff	250 ff.
Verlust des Versicherungsschutzes	294, 337	366, 380
Vermessungsingenieur	19, 119	26, 175
Vermögensschaden		
– Haftpflichtversicherung	286	364
– Haftung des gerichtlichen SV	265a	352
Verpflichtung zur Gutachtensberichtigung	205	267
Verpflichtungsgesetz	204	266
Verschulden		
– AGB-Gesetz	187	254
– Anscheinsbeweis	111, 132	163, 189

Stichwortverzeichnis

	RdZ	Seite
– Beweislast – siehe dort		
– Branchenüblichkeit	*111*	163
– Entlastungsnachweis	*111*	163
– Erfüllungsgehilfe – siehe dort		
– Fahrlässigkeit	*111, 269*	162, 354
– Garantiezusagen	*133*	191
– Gesamtschuld	*168*	235
– des Gutachters	*207 ff., 263 ff.*	268 ff., 349 ff.
– Haftungsbeschränkungen	*188, 192*	254, 258
– Hilfskräfte	*111*	161
– Kostenüberschreitung	*134*	193
– objektive Pflichtwidrigkeit	*75, 111*	112, 163
– Schadensersatz wegen Nichterfüllung	*111*	161
– Termingarantie	*135*	196
– unerlaubte Handlung	*153*	224
– Vertragsstrafe	*139*	201
Verschulden bei Vertragsschluß		
– Abbruch von Verhandlungen	*30*	39
– fehlende Ingenieureigenschaft	*30*	38
– negatives Interesse	*30*	39
– Vergütungsanspruch	*6*	7
– Vertreter	*30*	39
Verschwiegenheitspflicht		
– des SV	*204, 257*	266, 344
– u. unerlaubte Handlung	*148*	217
Versicherung für Ingenieure		
– Ausschlüsse	*304, 327 ff.*	371 ff., 378 ff.
– Bauwesenversicherung	*275, 312*	359, 373
– Berufsgenossenschaft	*351*	383
– Berufshaftpflichtversicherung	*274, 278 ff.*	359, 360 ff.
– Objektversicherung	*309*	372
– Obliegenheiten	*337*	380
– Rechtsschutzversicherung	*276, 340*	359, 380
– Unfallversicherung	*364*	387
Versicherungsvertragsgesetz	*278*	360
vertraglich vorausgesetzter Gebrauch	*43 ff.*	53 ff.
– Schallschutz	*226, 233*	294, 313
vertragsähnliche Haftung	*218*	279
Vertragsstrafe		
– AGB-Gesetz	*143, 145*	208 f.
– Akzessorietät	*137*	199
– Änderung der Leistung	*139*	202
– Anrechnungspflicht	*141*	205
– Beweislast	*147*	213

	RdZ	Seite
– Festsetzung durch das Gericht	*144*	209
– Fristberechnung	*144*	209
– Herabsetzung	*144*	208
– Höhe	*141, 144*	205, 208
– Kündigung	*143*	208
– Nebenpflichten	*138*	200
– nicht ordnungsgemäße Erfüllung	*140*	202
– pauschalierter Schadensersatz	*137*	198
– u. Schadensersatz	*140 f.*	202 ff.
– Sicherungshypothek	*25*	34
– Verjährung	*146*	213
– verspätete Erfüllung	*141*	203
– Verzugszinsen	*141*	205
– Vorbehalt	*142*	206
Verzögerung der Leistung	*31 ff.*	40
VOB-Vertrag		
– allgemeine technische Vorschriften	*70*	99
– Bedenken/Anzeigepflicht	*4*	4
– Behinderungsanzeige	*4*	4
– Gefahrübergang	*4*	4
– Gewährleistung	*4*	5
– Handelsbrauch	*70*	96
– Ingenieurvertrag	*2*	3
– Kündigung	*4*	4
– Rechtsnatur	*70*	96
– Rücktritt	*4*	5
– Schadensersatz	*4*	5
– Verjährung	*4*	5
– Verweisung auf DIN-Normen	*70*	99
Vollmacht des Architekten		
– Abnahme	*81*	120
– Adressat für Hinweise	*170*	238
– Auftragserteilung	*10, 48*	10, 60
– Vorbehaltserklärung	*81, 143*	121, 207
Vorbehalt		
– Abdingbarkeit	*143*	208
– Abnahme	*83, 87, 100 ff.*	123, 132, 146 ff.
- Beweislast	*102*	149
– unterlassener Vorbehalt	*87, 100, 143*	132, 146, 208
– Vertragsstrafe	*142 ff.*	206 ff.
Vorleistungspflicht	*18*	24
Vorschußanspruch	*113*	168
Vorteilsausgleichung	*134*	194
vorvertragliches Vertrauensverhältnis	*214*	275

Stichwortverzeichnis

W	RdZ	Seite
Wärmeschutz	214	275
Wahlrecht		
– Wandelung/Minderung	101	148
Wandelung		
– Abtretung des Rechtes auf	99	146
– Ausschluß	100	146
– Beweislast	102	159
– Durchführung	101	148
– Fristsetzung	100	147
– Kenntnis von Mängeln	100	146
– Schadensersatz	100	146
– unerheblicher Mangel	99	145
– Voraussetzungen	100	146
– Vorbehalt	100	146
– Wahlrecht	101	148
– zugesicherte Eigenschaft	100	146
Werkvertrag (s. A- und I-Vertrag)		
Werkvertragstheorie	40	50
Wertzuwachs	134	194
Widerspruch		
– Sicherungshypothek	29	37
Wirtschaftlichkeit der Planung	49	61
Wohnkomfort		
– Luxuswohnung	226	293
– Planungsaufgabe	230	304
– Schallschutz	220 ff.	281 ff.
Wohnlärm	221	284
Wohnungseigentum	228	296
Wohnungstrennwände	224	290

Z	RdZ	Seite
Zeitliche Haftungsbeschränkung	184 ff.	250 ff.
Zeugnisverweigerungsrecht des SV	257	344
Zimmerlautstärke	223	286
Zinsen		
– Leistungsverweigerungsrecht	92	139
– Vertragsstrafe	141	205
zugesicherte Eigenschaft		
– bei Gutachten	208	268
– Haftung bei fehlender	47, 52	58, 71
– Kenntnis des Auftragnehmers	47	59
– Wandelung	100	146
– unzulässige Rechtsausübung	47	58
– Verjährung	123	179
Zug-um-Zug		
– Verurteilung	96	144
Zulässigkeit		
– Beweissicherungsantrag	236, 239	317, 319
Zurückbehaltungsrecht (s. Leistungsverweigerungsrecht)		
Zwangsvollstreckung		
– Erfüllungsanspruch	32	41
– Verurteilung Zug-um-Zug	96	144

If you have any concerns about our products,
you can contact us on
ProductSafety@springernature.com

ase Publisher is established outside the EU,
he EU authorized representative is:
r Nature Customer Service Center GmbH
ropaplatz 3, 69115 Heidelberg, Germany

Printed by Libri Plureos GmbH
in Hamburg, Germany